湛江远通高新技术有限公司

湛江远通高新技术有限公司坐落在具有旖旎热带风光的湛江市遂溪县岭北工业基地。公司占地面积33000多平方米，其中生产车间、仓库共有建筑面积7000多平方米，办公及科研场所建筑面积3000多平方米。公司从事环保节能装备及水处理剂的研发、生产、销售与技术服务，现拥有自主知识产权发明专利5项，实用新型专利19项，是国家认定的高新技术企业。

公司长期与中石化石油化工科学研究院（简称石科院）紧密合作，致力于工业污水处理、工业循环水处理和工业污水回用的技术开发，以及工业水处理剂的生产及配方优选；同时，还与中国石油大学（北京）开展“产学研”合作，建立研究生工作站，在炼化企业高含盐特种污水和油泥除油处理等方面取得多项技术成果。公司成立20多年来一直为炼化企业提供物资、装备和技术服务。

公司通过了ISO9001:2008、ISO14001:2015、GB/T 28001-2011三个管理体系认证，并取得了企业安全生产标准化证书和易派客商业信用评定A级、产品质量评定A级，以及ICA信用AAA等级证书。

地址：广东省湛江市遂溪县岭北工业基地　　联系人：黄松林（公司总经理）

电话：13929721962、0759-7908866　　传　真：0759-7908836

邮箱：hsl196298@163.com

中石化石油化工科学研究院有限公司

石化废水全流程智慧污水系统

隔油气浮模型

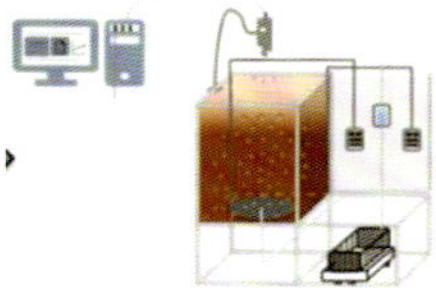

混凝沉淀模型

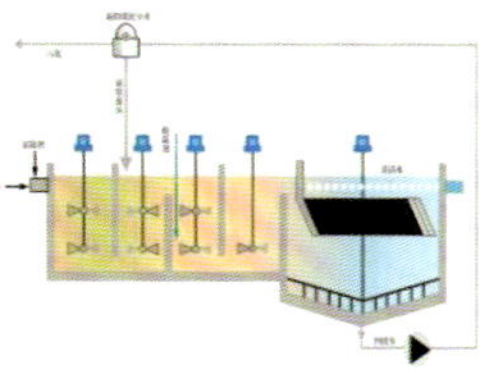

活性污泥生化模型

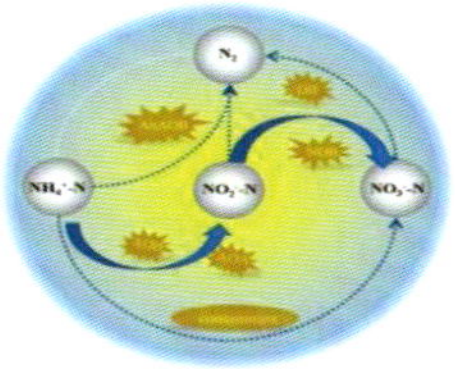

臭氧催化模型

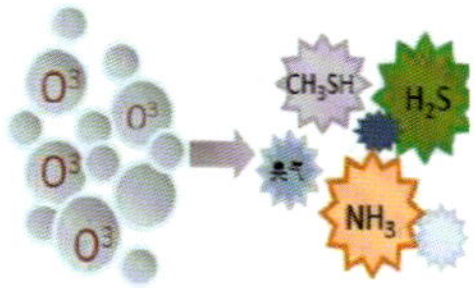

水质预测：当来水水质变化时即时预测出水水质变化，模拟不同反应条件对工艺运行效果的影响。

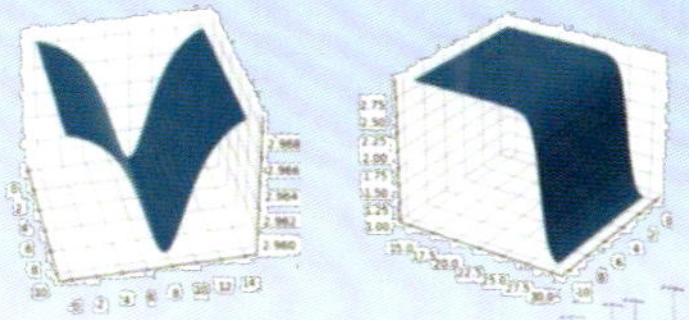

参数优化：通过模型关键项参数计算、多条件模拟结果分析，优化工艺运行关键参数，实现出水稳定和节能降耗。

异常处置：与在线监测、控制系统联动，进行污水处理流程的实时监控、问题预警，并给出全流程处置建议。

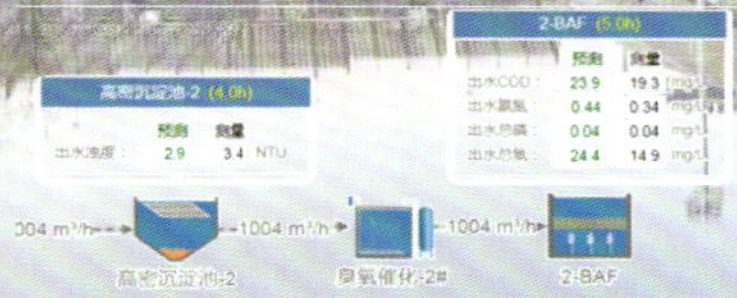

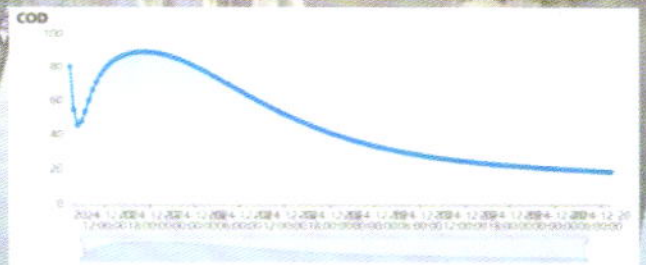

已在**5**家石化企业的污水处理装置实现上线及试运行工作，实现不同污水处理单元COD、氨氮、总氮、总磷等水质的实时预测，实现分单元、全流程工艺参数优化计算及水质异常处置。

天津石化
含油含盐污水处理装置

扬子石化
净化一车间污水处理装置

茂名石化
低浓度含油污水处理装置

齐鲁石化
乙烯污水处理装置

联系人：赵 锐　010-82368901　zhaorui.ripp@sinopec.com

中石化石油化工科学研究院有限公司

循环水水质集约化技术服务

1 低/无磷阻垢缓蚀技术

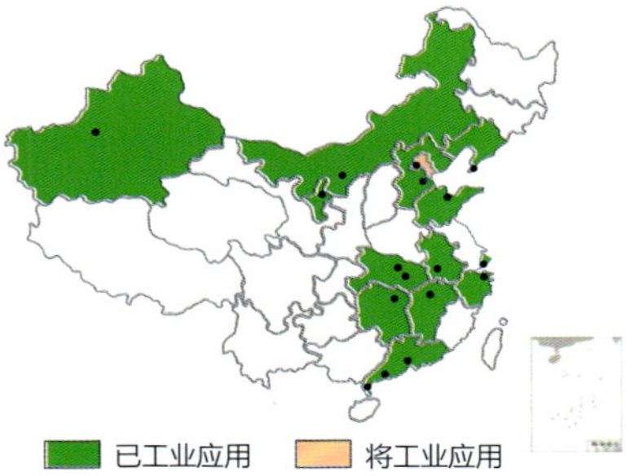

- 研制全新高效缓蚀、阻垢无磷聚合物；
- 污水回用比最高超90%，腐蚀、黏附速率远优于标准；
- 入选工信部、水利部《国家鼓励的工业节水工艺、技术和装备目录》；
- 获中国石油和化学工业联合会三等奖（2021）；
- 入选《中国石化内部优势产品目录》（2023）。

2 定制化水质稳定服务

- 以水处理剂为基础，制定加药、运行、清洗和预膜方案；
- 负责药剂投加、水质监测及换热器运行监督等服务工作；
- 依托水质集约化管理系统提供运行月报和优化建议。

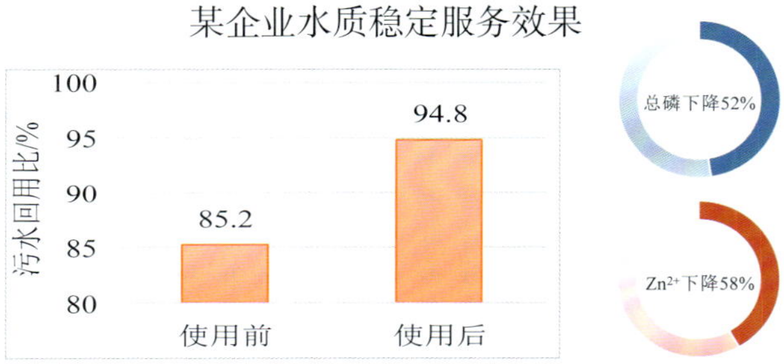

3 有机物料泄漏快速溯源技术

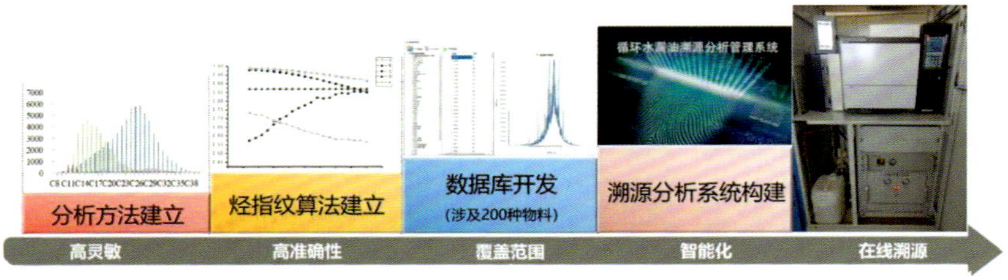

- 准确识别低至10 mg/L的泄漏物料；
- 2小时内精准溯源，提效5倍以上。

4 循环水系统水冷器周期运行管理评价服务

- **全生命周期管理**：全周期管理循环水系统稳定运行；
- **精确诊断**：综合水冷器表面状态、水质指标、垢样成分、流速等参数，多维度评价循环水系统的处理效果；
- **定制化服务**：一企一策，保障下一周期设备长稳运行。

联系人：赵 锐　010-82368901　zhaorui.ripp@sinopec.com

工业水处理技术

（第二十册）

秦 冰 赵 锐 王 辉 傅晓萍 主编

中国石化出版社
·北京·

内 容 提 要

本书为《工业水处理技术》第二十册，集中介绍水处理技术有关内容，是众多从事水处理技术和管理人员近几年来研发成果和经验的总结。主要内容包括：新技术、新材料、新方法，污水处理及污水回用技术，循环水、化学水与工业水处理技术，节水节能降耗，废气及危废治理技术等。

本书可供从事水处理工作的技术管理人员参考。

图书在版编目（CIP）数据

工业水处理技术. 第二十册 / 秦冰等主编. — 北京 ：中国石化出版社，2025. 7. — ISBN 978-7-5114-8029-3

Ⅰ. TQ085

中国国家版本馆 CIP 数据核字第 2025R218H1 号

中国石化出版社出版发行

地址：北京市东城区安定门外大街 58 号
邮编：100011 电话：(010)57512500
发行部电话：(010)57512575
http://www.sinopec-press.com
E-mail:press@sinopec.com
北京科信印刷有限公司印刷
全国各地新华书店经销

*

787 毫米×1092 毫米 16 开本 25.5 印张 6 彩页 645 千字
2025 年 7 月第 1 版 2025 年 7 月第 1 次印刷
定价：98.00 元

前　　言

水资源是一种战略资源，特别是在我国的北方地区，依然是制约生产发展的硬约束。石油化工行业属于五大高耗水行业之一。2023 年，石油化工行业总取水量约 83.1 亿 m^3，约占工业用水量的 8.6%。在习近平生态文明思想指引下，"十三五"以来，全国万元工业增加值用水量从 2015 年的 58.3m^3 下降至 2024 年的 24.0m^3，规模以上工业用水重复利用率从 89%提高至 93%以上。石油化工行业节水亦取得一定成效，单位产品取水量呈下降趋势。2022 年，工业和信息化部、国家发展改革委等六部门发布的《工业水效提升行动计划》提出，到 2025 年，全国万元工业增加值用水量较 2020 年下降 16%，其中，石油化工行业主要产品单位取水量下降 5%。这些成绩与目标的实现与广大水务和环保工作者的不懈努力密不可分。

中国石化始终秉持绿色低碳发展理念，以"清污分流、污污分治、分级控制、分类利用、达标排放、总量控制全过程管理"为原则，通过优化过程控制，采取新工艺和新技术，减少废水的产生量并进行资源化再利用。在多年的摸索实践中，在中国石油化工集团公司的支持和鼓励下，下属各企业在新技术开发和应用上开展了大量工作，管理和操作更加科学精细，从研发层面到生产操作层面均积累了丰富经验，节水减排取得了明显成效。在生态环保要求的不断提升和"双碳"驱动的大背景下，环保工作的范围不断扩大，扩展至废气等领域。

为了加强集团内和国内同行业的企业及研发机构间的经验沟通和交流，自 1995 年以来中国石油化工集团公司水处理技术服务中心每两年召开水处理技术研讨会，在技术发展、应用等方面互通有无，共同进步，为国家的节水减排贡献力量。在新形势下，研讨会旨在搭建高层次的"产学研用"学术交流平台，与石油化工业界及环境保护领域的专家学者、政府环境部门管理者、企业单位的研究开发、工程技术人员等，共同探讨企业合理用水、节水减排、废水处理、废气治理、固体废物处理、土壤修复等技术，助力石油化工行业减污降碳协同增效，推动绿色发展转型。

本书为《工业水处理技术》第二十册，系中国石化第十九届水处理技术研讨会论文集，共收录科技论文59篇，汇集了作者们近几年来的研发成果和经验总结，论文内容丰富、信息广泛、技术新颖、实用性较强，对业内同仁具有较好的参考价值。在此，向本书积极投稿的论文作者们表示感谢！同时向为中国石化水处理技术研讨会和本书审稿和发行做出贡献的全体工作人员表示感谢！

限于水平和经验以及时间仓促，书中疏漏和不妥之处在所难免，敬请读者批评指正。

目　　录

循环水、化学水与工业水处理技术

SNAD 系统处理高氨氮石化废水脱氮性能的研究

左陆珅

（中石化石油化工科学研究院有限公司，北京 100083）

【摘要】 本研究利用 SBR 反应器，通过接种一体式厌氧氨氧化污泥启动短程硝化、厌氧氨氧化及反硝化耦合脱氮系统（simultaneous partial nitrification，anammox and denitrification，SNAD）处理高氨氮石化废水，进水氨氮 300～400mg/L、COD500～700mg/L 时，COD、氨氮、总氮去除率分别达到 70%、95%、90%，总氮去除负荷达到 0.2kgN/(m^3·d)。利用该系统处理高氨氮石化废水，出水氨氮低于 20mg/L，总氮低于 50mg/L。进一步的研究表明当进水 C/N 为 1.6～2.0 时，SNAD 系统可以稳定运行并达到良好的脱氮效果。

【关键词】 高氨氮石化废水　氨氮　短程硝化　厌氧氨氧化　反硝化

1 引　言

我国是工业大国，石化行业发展迅速，相应地产生了大量的石化生产废水[1]。其中部分工艺产生的高氨氮石化废水是一种对环境污染严重的废水[2]，具有以下特点：有机物浓度、悬浮物浓度高，COD 高达 12000～20000mg/L[3]；温度较高，pH 值较低，氮、磷含量较高，易导致水体富营养化[4]。

目前高氨氮石化废水的处理工艺多采用厌氧-好氧多级生物处理法。废水先采用厌氧折流板反应器（ABR）[5,6]、升流式厌氧污泥床反应器（UASB）[7]、内循环反应器（IC）等厌氧处理系统处理[8]。这些厌氧反应器都做到了较高的 COD 去除率，但是出水氨氮较高，C/N 较低。采用传统好氧生物法进一步处理时脱氮率有限，造成出水中氨氮和总氮难以达到相关标准的要求。

厌氧氨氧化（anaerobic ammonium oxidation，Anammox）工艺是一种适于处理高氨氮、低 C/N 废水的高效脱氮工艺。厌氧氨氧化是近年来自然界及废水生物处理过程中新发现的一种氮的自养转化途径，是指在厌氧或者缺氧条件下，厌氧氨氧化菌以亚硝氮为电子受体，氧化氨氮为氮气的生化过程[9,10]。以其为主体的脱氮过程具有脱氮效率高、能耗与成本低等特点，在废水生物脱氮过程中具有广泛的应用前景[11]。

但是厌氧氨氧化工艺处理污水时只能去除90%的总氮，仍有10%的氮元素转化为硝态氮不能被去除[12]，且厌氧氨氧化工艺去除COD的效果有限[13]。因此一些研究将短程硝化、厌氧氨氧化及反硝化耦合在单一反应器，形成短程硝化、厌氧氨氧化及反硝化耦合脱氮系统（SNAD）。该系统比单一的厌氧氨氧化系统具有更高的脱氮率[14~16]，是一种处理高氨氮废水的新思路。

本研究采用SBR反应器构建SNAD脱氮系统，以实际高氨氮石化废水为处理对象，研究SNAD系统处理污染物的去除效果，同时重点考察了进水C/N比对系统脱氮效果的影响及系统运行的优化控制，为高氨氮石化废水处理的升级改造提供依据。

2 材料与方法

2.1 试验装置

本试验采用两组SBR反应器，由有机玻璃制成，内径6cm，总高50cm，有效容积为1.2L。反应器为水浴加热；反应器采用蠕动泵从底部进水，底部设曝气头，通过鼓风机进行曝气；反应器如图1所示，本试验接种污泥取自实验室处理人工配水的一体化厌氧氨氧化反应器，接种污泥分别加入两组平行反应器。反应器1加入絮状污泥和海绵填料污泥，填充率为30%；反应器2则加入絮状污泥和颗粒污泥。反应器中污泥浓度保持在6000mg/L左右。

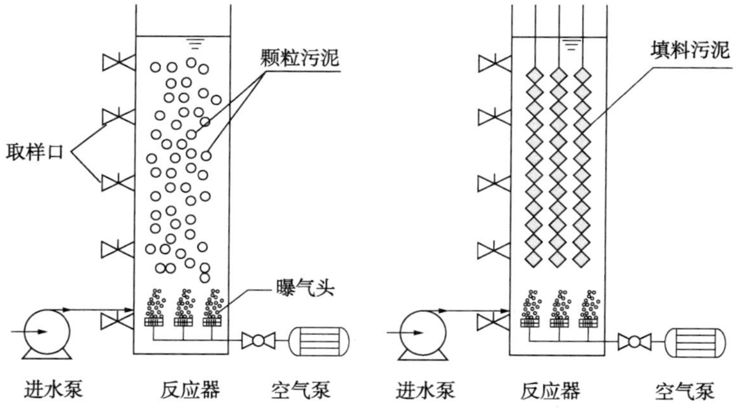

图1 反应器示意图

2.2 试验水质

本试验所用废水取自内蒙古某高氨氮石化废水处理厂，该厂废水处理流程采用厌氧工艺（UASB）和好氧工艺（SBR）进行处理。分别取其UASB和SBR的出水，其水质如表1所示。

表1 试验进水水质情况表

项　目	厌氧出水	好氧出水	项　目	厌氧出水	好氧出水
COD/(mg/L)	825±125	300±50	硝氮/(mg/L)	7±3	90±20
氨氮/(mg/L)	404±66	225±25	C/N	2.5±0.3	1.2±0.2

2.3 试验运行条件

两反应器水力停留时间(HRT)为 24h，每天运行 2 个周期，每个周期，曝气 10.5h，沉淀和排水 1.5h；曝气时溶解氧控制在 0.2~0.5mg/L，沉淀阶段溶解氧小于 0.1mg/L；排水比为 60%~70%；反应器通过水浴加热将温度控制在 30±1℃；高氨氮石化废水 pH 较低，通过投加碳酸氢钠将 pH 维持在 8.0~8.3，进水碱度为 2000~3000mg/L(以 $CaCO_3$ 计算)。

2.4 检测方法

每周期进水阶段完成后 30min 及沉淀阶段开始后 30min 进行取样，并检测水样的氨氮、亚硝氮、硝氮、COD、pH 及溶解氧。pH 和溶解氧利用水质快速测定仪(WTW，德国)监测，氨氮检测用纳氏试剂分光光度法，亚硝氮检测利用重氮耦合分光光度法，硝氮检测利用紫外分光光度法，COD 利用快速密闭消解法测定。

3 试验结果

3.1 反应器启动阶段

反应器运行第 1 阶段为一体式厌氧氨氧化启动及负荷提升阶段，共运行 61d。1-1 阶段两反应器接种厌氧氨氧化污泥后，进水首先采用好氧出水，氨氮为 200mg/L，COD 为 300mg/L；随着脱氮负荷的提升，1-2 阶段的进水采用好氧出水和厌氧出水混合的形式，1-3 阶段继续提高厌氧水在混合进水中的比例，进水氨氮浓度逐渐提高到 300mg/L，反应器进水氨氮负荷达到 0.3kgN/(m^3·d)。本阶段进水的 C/N 始终控制在 1.8 以下。该阶段两反应器进出水水质变化情况及脱氮负荷如图 2 所示。

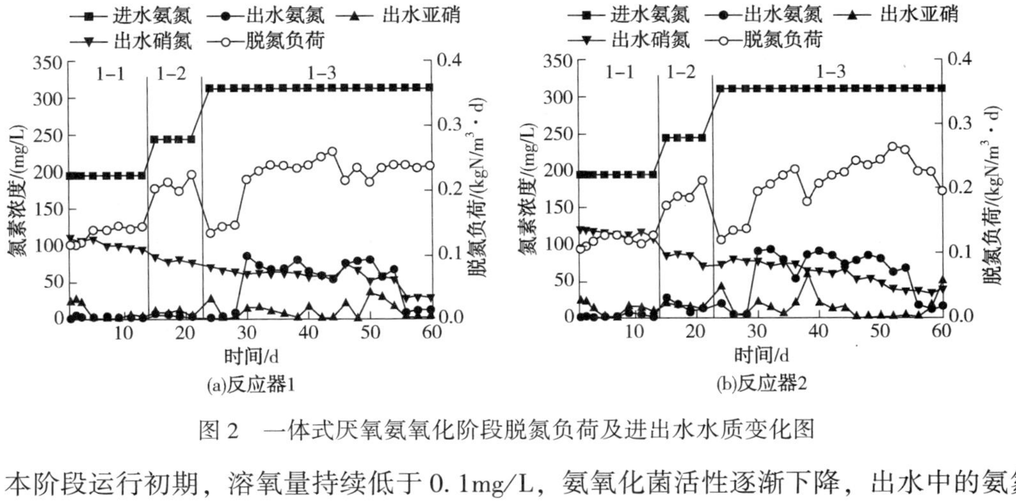

图 2 一体式厌氧氨氧化阶段脱氮负荷及进出水水质变化图

本阶段运行初期，溶氧量持续低于 0.1mg/L，氨氧化菌活性逐渐下降，出水中的氨氮浓度升高到 70~100mg/L，两个反应器的脱氮率分别下降到 61%和 59%。反应器持续运行 30d 后，出水水质逐渐改善，该阶段末期两反应器出水氨氮均低于 20mg/L，亚硝氮、硝氮几乎没有积累。两反应器最高脱氮负荷分别达到 0.24 和 0.23kgN/(m^3·d)，总氮去除率最高达 91%和 87%，高于短程硝化-厌氧氨氧化的最高理论脱氮效率。本阶段出水 COD 分别为 580±30mg/L 和 620±27mg/L，COD 去除率分别为 39%和 35%，反硝化效果逐渐提升。

3.2 反硝化耦合阶段

阶段1发现反应器内存在部分反硝化反应（硝氮积累量小于一体式厌氧氨氧化的理论硝氮产量），故在阶段2利用厌氧出水内有机物浓度高的特点提高系统的反硝化效果。第2阶段从63d开始，C/N提升至2.2~2.8，进水氨氮负荷为0.24~0.28kgN/(m^3·d)，前期换水比为70%；同时采用间歇式曝气，曝气1.5h，沉淀0.5h，使反应器在缺氧-厌氧状态循环；降低曝气阶段的溶解氧，使整个反应过程中溶解氧维持在0.1mg/L以下。通过以上运行措施强化厌氧氨氧化-反硝化的耦合作用。该阶段两反应器进出水水质变化情况及脱氮负荷如图3所示。

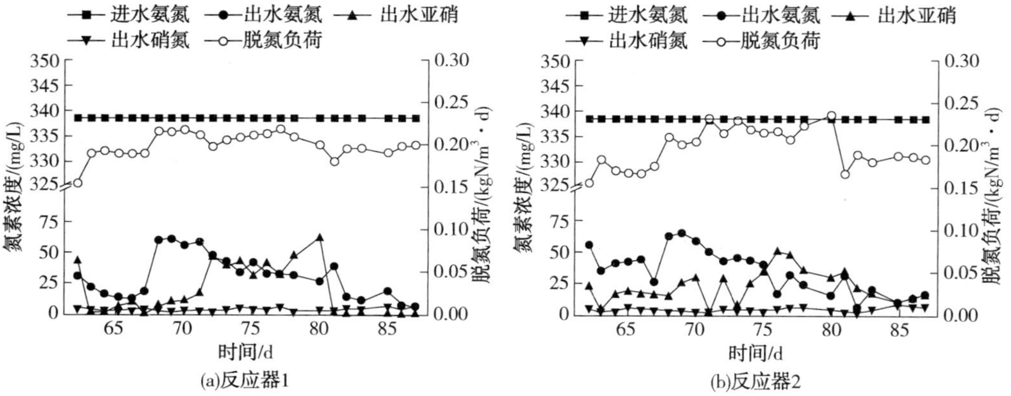

图3 反硝化耦合阶段脱氮负荷及进出水水质变化图

两组反应器在进水高C/N条件下运行，从72d开始出水亚硝氮出现逐渐升高的现象，并最终达到50mg/L以上。为缓解亚硝酸盐积累的情况，于80d开始减小曝气量，为了降低出水氨氮，降低反应器的换水比至60%。经过10d运行，出水氨氮、亚硝均降低至10mg/L以下。反应器1脱氮率达到90%，脱氮负荷为0.20kgN/(m^3·d)；反应器2脱氮率为85%，脱氮负荷为0.17kgN/(m^3·d)。

第2阶段发现在反应器在进水C/N为2.2~2.8的条件下连续运行，COD去除负荷上升，但脱氮负荷出现下降的趋势。高C/N进水条件下运行，厌氧氨氧化菌的活性呈现出一定的下降，同时反硝化菌的活性还没有得到足够的提高，从而导致脱氮负荷的下降。朱静平等[17]研究发现，当C/N为1.7~1.9时厌氧氨氧化和反硝化耦合脱氮效果最佳，高于1.9时反硝化作用远比厌氧氨氧化效果强烈，导致厌氧氨氧化菌活性的下降。

3.3 稳定运行阶段

第3阶段从88d开始，进水采用稀释1.5倍的厌氧出水，进水氨氮为300~350mg/L，进水COD降低至500~700mg/L，C/N下降至1.6~2.0。

稳定运行阶段初期发现，出水亚硝氮出现一定程度的升高。从上一阶段结束时的10mg/L以下提高至30~50mg/L，造成脱氮负荷的降低。分析原因是进水中COD大大降低，反硝化菌的反硝化效率下降造成的。经过30d的连续运行，两反应器最终脱氮率分别达到95.0%和90.5%，脱氮负荷经过初期的下降后，又恢复至0.21和0.19kgN/(m^3·d)。COD去除率分别达到61.5%和70.8%，COD去除负荷达到0.20和0.22kgN/(m^3·d)。具体情况见图4。

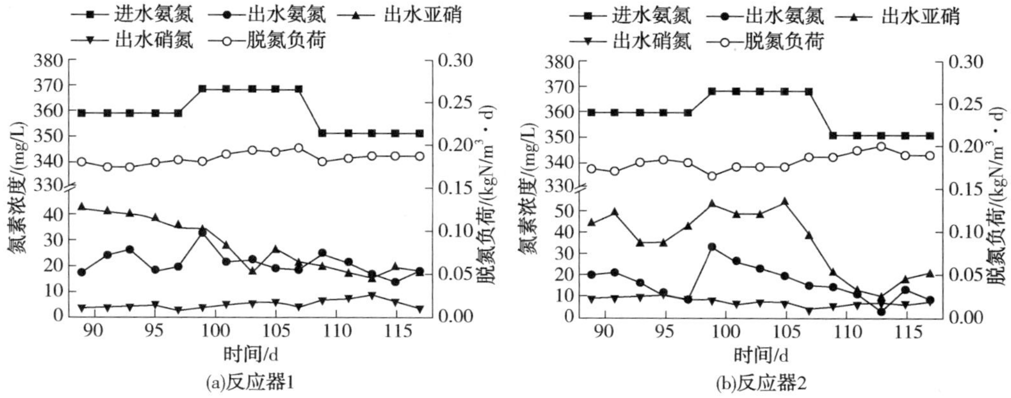

图 4　稳定运行阶段脱氮负荷及进出水水质变化图

3.4　C/N 对系统脱氮性能及稳定性的影响

C/N 是影响短程硝化、厌氧氨氧化及反硝化耦合的重要因素。根据反应器进出水中氨氮、亚硝氮、硝氮及 COD 的变化情况，结合 SNAD 系统中主要反应的反应式，分别计算出厌氧氨氧化和反硝化各自的脱氮负荷以及对总体脱氮效果的贡献率[18]，进而反映出反应器内菌群结构的变化情况。两反应器中不同碳氮比条件下，厌氧氨氧化反应脱氮负荷及反硝化反应脱氮负荷的变化情况如图 5 所示。

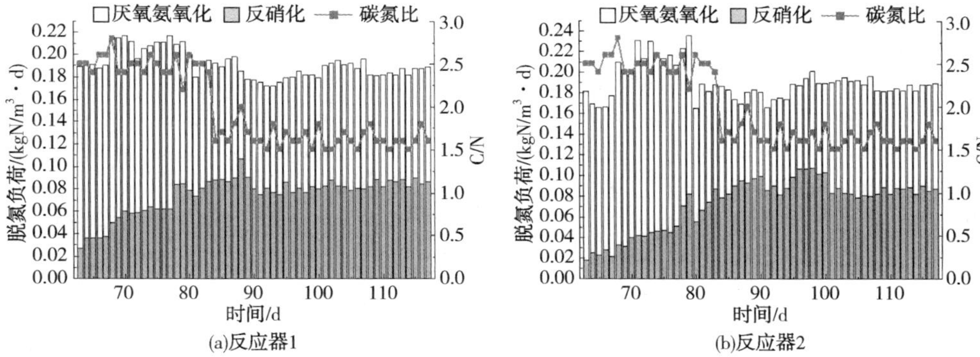

图 5　两反应器脱氮负荷变化情况

在阶段 1，C/N 维持在较低水平(1.3~1.8)，反硝化脱氮负荷均低于 0.02kgN/(m^3·d)，厌氧氨氧化反应贡献了 90%以上的脱氮量。从阶段 2 开始，C/N 达到 2.2 以上，反硝化脱氮负荷上升很快，从 62d 至 88d，两反应器反硝化脱氮负荷分别上升至 0.08 和 0.10kgN/(m^3·d)，对脱氮量的贡献分别提升至 43%和 56%，而反应器整体的脱氮负荷从 0.22~0.23kgN/(m^3·d)下降至 0.18~0.20kgN/(m^3·d)。本试验中，C/N 的变化对反应器的脱氮性能和菌群结构产生较大的影响。反硝化反应和厌氧氨氧化反应的吉布斯自由能分别为−472kJ/mol 和−355kJ/mol，在有机物充足的条件下反硝化更容易发生[12]。同时反硝化菌的增长速率也大于厌氧氨氧化菌。复合系统的进水 C/N 较高，会促进反硝化菌的生长，对厌氧氨氧化菌产生竞争，造成了反应器脱氮负荷的下降。

为了维持 SNAD 系统的稳定，防止厌氧氨氧化菌进一步被反硝化菌取代，在稳定运行阶段重新降低了进水的 C/N。发现当 C/N 下降至 1.6~2.0 时，SNAD 系统基本处于稳定状态，连续运行 40d，反应器 1 内厌氧氨氧化、反硝化对总体脱氮负荷的贡献率各占 54%和 46%，反应器 2 内则分别为 45%和 55%。此阶段中两反应器厌氧氨氧化菌脱氮负荷和反硝化脱氮负荷基本保持稳定。需要指出的是，从阶段 2 开始进水 C/N 维持在较高水平(2.2~2.8)，两反应器中厌氧氨氧化活性均没有增加，说明厌氧氨氧化菌的增殖速率较慢，逐渐被反硝化菌所替代。其中反应器 1 内反硝化菌的增殖速率要略低于反应器 2，一定程度上说明生长在填料上的厌氧氨氧化菌受到 C/N 的影响要比颗粒污泥中的小。

以上试验结果说明，当系统进水的 C/N 处于 1.6~2.0 时，SNAD 系统在处理高氨氮石化废水时菌群结构较为稳定。这个结果略高于其他的一体式厌氧氨氧化受 C/N 影响研究的结果(C/N<1.4)[16,19,20]，主要原因在于本研究成功耦合了氨氧化菌、厌氧氨氧化菌和反硝化菌，比起单纯短程硝化-厌氧氨氧化受 C/N 的影响较小；并且本研究采用的是实际的高氨氮石化废水，废水的可生化性低于其他研究中的模拟废水，在较高的 C/N 条件下也可稳定运行，取得良好的处理效果。

3.5 SNAD 系统群落结构变化特征

取长期试验开始前的污泥样品，以及试验结束时经历逐渐提升 C/N 的生物膜污泥、颗粒污泥样品进行群落结构的检测，高通量测序结果如图 6 所示。

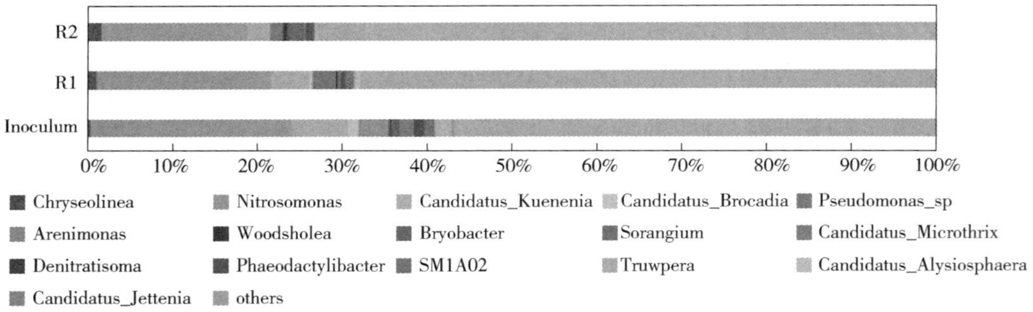

图 6 高通量测序种群丰度变化

长期实验前后 SNAD 工艺的群落结构发生明显变化，其短程硝化菌、厌氧氨氧化菌的主要功能菌种均有了一定程度的降低，部分反硝化菌的丰度增加。长期实验开始前，短程硝化菌的主要功能菌种是 Nitrosomonas，其相对丰度为 23.2%。此外，反应器内厌氧氨氧化菌的主要功能菌种是 Candidatus Kuenenia 和 Candidatus Brocadia，两种菌属相对丰度分别为 7.7%和 1.9%。在高氨氮石化废水实验条件下培养 117 天，两个反应器中短程硝化菌和厌氧氨氧化菌的相对丰度有不同程度的降低。两反应器中的 Nitrosomonas 相对丰度分别降低到 16.3%和 20.1%。而厌氧氨氧化菌方面的 Candidatus Kuenenia 分别降低至 4.3%和 5.5%，且生物膜中的 Candidatus Brocadia 完全消失，颗粒污泥反应器中 Candidatus Brocadia 仍有 0.7%。相较而言，生物膜状态的生物膜功能菌种相对丰度的降低少于颗粒污泥，说明了厌氧氨氧化菌在生物膜污泥中相对更容易保存。同时，厌氧氨氧化菌相对丰度的减少也解释了 SNAD 系统中厌氧氨氧化菌对整体脱氮贡献率的降低。反硝化菌方面，接种污泥中含有 3.8%的砂单胞菌属 Arenimonas 及 0.4%的假单胞菌属 Pseudomonas sp。经过实际高氨氮石化废水长期实验后，砂单胞菌属 Arenimonas 几乎完全消失，假单胞菌属 Pseudomonas sp 分别在两个反应器中增加到 2.7%和 1.4%。砂单胞菌属 Arenimonas 主要为好氧菌，而随着 C/N 的提升反应器内溶解氧长期维持在 0.1mg/L 以下，好氧菌逐渐被兼性厌氧的假单胞菌属替代。同时，成为主要的反硝化菌属的 Pseudomonas sp 提升也解释了随着 C/N 提升，反硝化菌贡献的脱氮比例逐渐增大。

4 结 论

经过 117d 的试验表明，利用 SNAD 脱氮系统进行高氨氮石化废水的脱氮可取得良好的脱氮效果。其中填料-絮状污泥反应器的脱氮率可以达到 95.0%，脱氮负荷达到 0.21kgN/(m^3·d)；颗粒-絮状污泥反应器的脱氮率达到 90.5%，脱氮负荷达到 0.19kgN/(m^3·d)。

C/N 是影响 SNAD 脱氮系统稳定的重要因素，当 C/N 大于 2.2 时，系统中反硝化菌的竞争性优于厌氧氨氧化菌，不利于系统的稳定运行；当 C/N 降低至 1.6~2.0 时，SNAD 系统可以稳定运行。

参 考 文 献

[1] 麻微微，康舒宇，黄虹溶，等．典型石化废水有机物组成特点及与生物毒性效应相关性分析[J]．环境科学学报，2025，45(2)：110-120.

[2] 李海鹏，麻微微．石化废水处理厂特征污染物变化及水质安全研究[J]．工业水处理，2024，44(6)：88-93.

[3] 曹雁．厌氧氨氧化与反硝化协同脱氮及微生物特性研究[D]．广州：华南理工大学，2018.

[4] 刘诗艺．厌氧氨氧化耦合硫自养反硝化污水处理脱氮途径[D]．重庆：重庆大学，2021.

[5] 杨小飞．硫酸根及盐度对火电厂烟气脱硝尾液厌氧氨氧化脱氮性能的影响[D]．青岛大学，2015.

[6] 郭春明．ABR 处理石化生产废水的实验研究[D]．哈尔滨工业大学，2012.

[7] 金仁村，马春，郑平，等．盐度对 Anammox 的短期影响研究[J]．高校化学工程学报，2013，27(2)：322-329.

[8] 马放，郭静波，赵立军，等．生物强化工程菌的构建及其在石化废水处理中的应用[J]．环境科学学报，2008(5)：885-891.

[9] Mulder A，van deGraaf A，Robertson L，et al. Anaerobic ammonium oxidation discovered in a denitrifying fluidized bed reactor[J]. FEMS Microbiology Ecology，1995，16(3)：177-184.

[10] 胡宝兰，郑平，胡安辉，等．Anammox 反应器的启动及其菌群演变的研究[J]．农业工程学报，2005，21(7)：107-110.

[11] Grommen R，Verstraete W. Environmental biotechnology：the ongoing quest[J]. Journal of Biotechnology，2002，98(1)：113-123.

[12] Kumar M，LinJG. Co-existence of anammox and denitrification for simultaneous nitrogen and carbon removal-Strategies and issues[J]. Journal of Hazardous Materials，2010，178(1)：1-9.

[13] 杨洋，左剑恶，沈平，等．温度、pH 值和有机物对厌氧氨氧化污泥活性的影响[J]．环境科学，2006，27(4)：691-695.

[14] Michela L，Jia Y，Suzane CM Haaijer，et al. Coexistence of nitrifying，anammox and denitrifying bacteria in a sequnencing batch reactor[J]. Microbiology，2014，28(5)：1-12.

[15] Acglesh Daverey，Su SH，Huang YT，et al. Nitrogen removal from opto-electronic wastewater using the sim-

ultaneous partial nitrification, anaerobic ammonium oxidation and denitrification(SNAD)process in sequencing batch reactor[J]. Bioresource Technology, 2012, 113(6): 225-231.

[16] Wang CC, Lee PH, Kumar M, et al. Simultaneous partial nitrification, anaerobic ammonium oxidation and denitrification(SNAD)in a full-scale landfill-leachate treatmentplant[J]. Bioresource Technology, 2010, 175(1): 622-628.

[17] 朱静平，胡勇有，闫佳，等. 有机碳源条件下厌氧氨氧化 ASBR 反应器中的主要反应[J]. 环境科学，2006，27(7)：1353-1357.

[18] Lan CJ, Kumar M, Wang CC, et al. Development of simultaneous partial nitrification, anammox and denitrification(SNAD) process in a sequential batch reactor[J]. Bioresource Technology, 2011, 102(9): 5514-5519.

[19] Chamchoi N, Nitisoravut S, Schmidt JE. Inactivation of ANAMMOX communities under concurrent operation of anaerobic ammonium oxidation(ANAMMOX) and denitrification[J]. Bioresource Technology, 2008, 99(9): 3331-3336.

[20] Jenni S, Vlaeminck SE, Morgenroth E, et al. Successful application of nitritation/anammox to wastewater with elevated organic carbon to ammonia ratios[J]. Water Research, 2014, 49(1): 316-326.

曝气生物滤池处理石油化工企业反渗透浓水的研究

常　成　秦　冰　高　峰　桑军强

（中石化石油化工科学研究院有限公司，北京 100083）

【摘要】 本研究对比了四种不同材料作为载体的曝气生物滤池（BAF）反应器对石油化工企业反渗透浓水（ROC）中有机物的去除效果。结果表明，以轻质颗粒活性炭为载体的反应器具有最佳的有机物去除效果，TOC 去除率为 78.22%，出水 TOC 仅为 4.17mg/L，重质颗粒活性炭和柱状活性炭反应器 TOC 的去除率也达到 62.69%和 61.52%，但陶粒反应器 TOC 去除率仅为 7.37%。三维荧光光谱显示 ROC 中主要污染物为腐殖酸类物质和溶解性微生物代谢产物，通过活性炭材料为载体的反应器处理后的 ROC 荧光强度显著降低，出水中荧光类有机物得到有效去除，三维荧光光谱图中无明显荧光峰。同时环境因素实验表明，在 HRT 为 4h～8h，DO>2mg/L，温度 25～35℃时有机物去除效果较好。

【关键词】 曝气生物滤池　反渗透浓水　有机物降解　三维荧光光谱　环境因素

反渗透工艺可以通过将溶液中溶剂和溶质分离的方式有效去除污水中的有机物、无机物和微生物，适用于污水的深度处理和回用目的[1]。石油化工企业为降低生产过程中的吨油耗水量，普遍采用超滤+反渗透的双膜工艺进行污水回用[2]。然而，在回用过程中炼化废水中本身的难降解有机污染物会积累和浓缩，形成反渗透浓缩液（ROC）。石油化工企业的 ROC 水质复杂，含有酚类化合物、长链正构烷、多环芳烃（PAHs）、呋喃、含氧/硫杂环等，并且具有高盐度和高硬度的特点，其处理方法是工业废水处理领域的一项重要研究内容[3~5]。

曝气生物滤池（BAF）是一种依靠滤料（载体）的吸附、截留以及微生物在载体表面增殖起到微生物降解作用的生化方法，已被证明能有效去除各种污染物[6~8]。但使用 BAF 直接处理 ROC 废水的报道有限，这可能是由于传统载体沸石和火山岩负载的生物量有限，限制了生化系统的有机负荷率，不利于在难降解废水中的应用[9]。因此，载体的改进是提升 BAF 在难降解废水处理领域应用前景的有效途径。

本研究以重质颗粒活性炭、轻质颗粒活性炭、柱状活性炭和陶粒四种材料为 BAF 反应器载体，以反渗透浓水为处理对象，对比不同载体反应器对反渗透浓水的处理效果，通过三维荧光光谱对处理前后的水质进行分析，探寻最佳的水力停留时间（HRT）、溶解氧（DO）和温度条件，优化处理工艺，为石油化工企业反渗透浓水的处理提供理论依据。

1 试验与方法

1.1 试验材料

四种载体为重质颗粒活性炭、轻质颗粒活性炭、柱状活性炭和陶粒，粒径分别为2~4mm，1~2mm，3~4mm和4mm。在试验开展之前，四种材料均使用去离子水多次浸泡冲洗，并置于60℃的烘箱烘干后使用。

本研究的试验用水为华南某炼化企业污水处理厂双膜工艺产出的反渗透浓水。该企业双膜工艺为超滤和反渗透组合工艺，双膜工艺进水为经过均质、隔油、两级气浮、厌氧/好氧(A/O)生化单元和催化氧化处理后的炼化废水，双膜工艺产出清水供给循环水补水，双膜工艺产出反渗透浓水经高级氧化+曝气生物滤池处理后流经流砂过滤器后达标排放。双膜工艺产出的反渗透浓水为本研究试验的进水，水质指标见表1。

表1 试验期间反渗透浓水水质

pH	电导率/(μS/cm)	COD/(mg/L)	TN/(mg/L)	NH_3-N/(mg/L)
7.36~8.45	11647~16268	65.7~152.8	32.45~69.23	2.15~4.65

1.2 试验装置

试验装置由多个同步运行的BAF反应器组成，BAF反应器由有机玻璃制成，柱高为1.2m，直径90mm，内径85mm。柱体上每隔0.3m均匀设置三个取样口。载体层厚度约为0.8m，载体层上留有0.2m清水区供载体沉淀避免随出水流出造成损失，在底部设置5cm左右砾石层作为承托层防止载体下渗堵塞进水口和进气口。装置运行时反渗透浓水和空气由装置底部的进水口和进气口进入，分别由蠕动泵和压缩空气泵进行供水供气，通过转子流量计控制进水和进气流量，水流和气流自下而上通过载体和生物膜，水流由上方出口溢流而出。填料类型试验中设置4个BAF反应器，分别记作载体1(重质颗粒活性炭)、载体2(轻质颗粒活性炭)、载体3(柱状活性炭)和载体4(陶粒)。

1.3 试验方法

BAF反应器通过投加市售复合菌剂干粉的方式快速挂膜，菌剂干粉中包括苏云金芽孢杆菌、枯草芽孢杆菌、肠球菌和亚硝酸菌等菌株。BAF反应器除载体不同外，其他运行条件工艺均相同。试验开始后，将反渗透浓水和菌剂干粉加入BAF，设置进气量为300mL/min，闷曝48h排出柱体内全部液体，如此反复三次，共闷曝7天后开始连续进水，正式启动。试验期间水力停留时间始终保持在4h，通过控制进气量将溶解氧控制在3~4mg/L，利用加热带将反应器中环境温度控制在25℃左右。每天检测BAF装置进出水中pH、电导率和TOC。反应器稳定运行期间取反应器出水进行三维荧光测试。

环境因素影响试验分为三个阶段进行，分别考察HRT(2h、4h、8h)、DO(<2mg/L、3~4mg/L、>5mg/L)和温度(15℃、25℃和35℃)对BAF反应器去除有机物效率的影响，反应器选择重质颗粒活性炭作为载体。

2 结果与讨论

2.1 反应器对反渗透浓水有机物去除效果

反应器挂膜成功后连续运行 60 天，其间共进行 60 次进出水的 TOC 值测定，结果如图 1 所示。

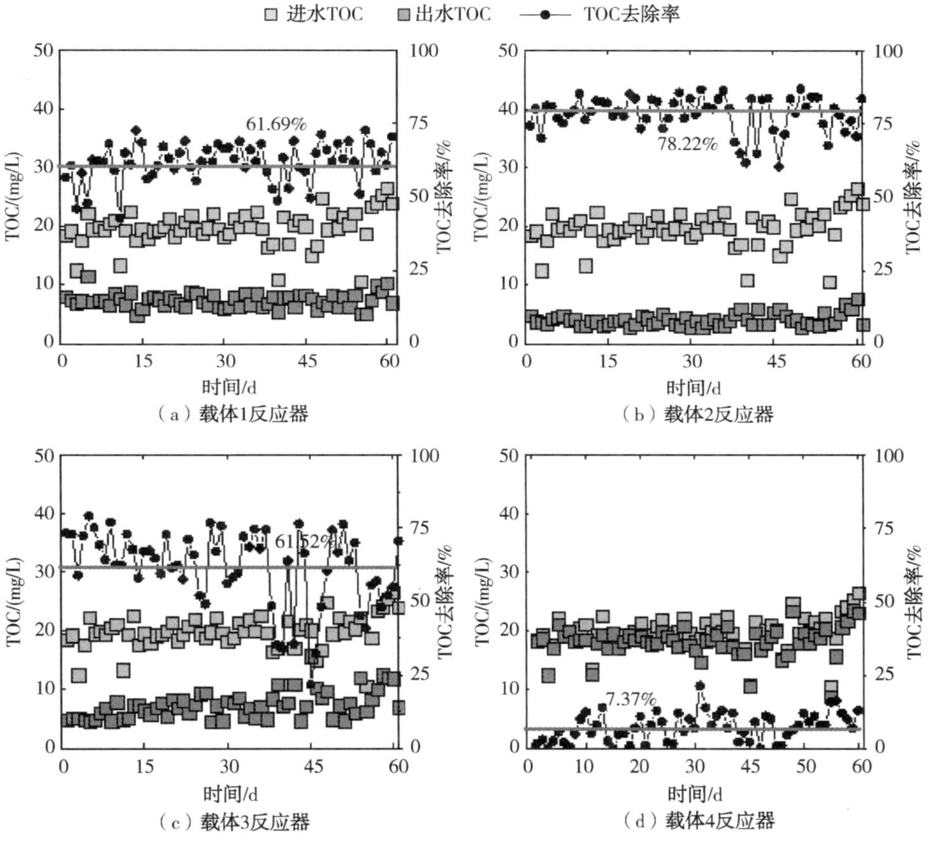

图 1 不同填料 BAF 对 TOC 的去除效果

试验期间反应器进水水质较为稳定，TOC 在 10.98~26.56mg/L 之间波动，整体变化幅度较小，平均 TOC 为 19.63mg/L。结果显示四种反应器对反渗透浓水中 TOC 的去除效果存在显著差异。其中载体 2 反应器在有机物去除方面表现最为出色，试验期间出水 TOC 为 2.89~7.76mg/L，平均值 4.17mg/L，TOC 去除率在 61.75%~86.99%之间变化，平均 TOC 去除率高达 78.22%。载体 1 反应器出水 TOC 为 4.80~11.62mg/L，平均为 7.42mg/L，TOC 去除率在 42.76%~72.63%之间变化，平均 TOC 去除率为 62.69%。载体 3 反应器对有机物的去除效果与载体 1 反应器效果较为接近，平均出水 TOC 为 7.53mg/L，平均去除率为 61.52%，但其去除效果受进水水质影响较大，TOC 去除率的波动范围 33.79%~76.62%要大于载体 2 反应器。载体 4 反应器的去除效果最差，出水 TOC 浓度相对较高，范围为 8.90~23.56mg/L，平均 TOC 去除率仅为 7.37%。

以活性炭为载体的反应器都表现出对反渗透浓水良好的处理能力，这可能和活性炭本身材质有关。活性碳的高比表面积和丰富的表面官能团可以通过物理化学吸附污水中有机物，增加有机物停留时间，促进有机物的降解。而其丰富的内部孔隙又可以为微生物提供生长空间，有利于功能微生物的繁殖，促进生物膜的形成，生物膜和载体材料对有机物的吸附截留又减少了有机物降解过程中的传质阻力，从而提高了污染物去除效率[10~12]。以陶粒为载体的传统 BAF 反应器对反渗透浓水的处理效果较差，这可能归因于陶粒本身对反渗透浓水中有机物缺乏足够的亲和力，难以吸附有机物分子，同时其内部结构不利于微生物的生长繁殖，挂膜微生物量少且活性低，无法充分发挥生物降解作用[13]。这也是传统 BAF 在面对反渗透浓水等难降解废水时表现出来的困境，其实际应用中往往需要更长的水力停留时间，更高的曝气量或者频繁的菌剂投加才能维持一定的有机物去除效果。

2.2 三维荧光分析

三维荧光光谱分析通过利用水体中有机物的荧光特性，可以得到水体中溶解性有机物的分支结构信息[14]。一般情况下水体中溶解性有机物为类蛋白荧光物质和类腐殖质类物质，使用荧光区域整合(FRI)方法可以将其分为五个区域，分别代表五类荧光性有机物：酪氨酸类蛋白质物质、色氨酸类蛋白质物质、富里酸类物质、溶解性微生物代谢产物和腐殖酸类物质[15,16]，分区情况见表 2。

表 2 荧光区域的分区

区域	代表有机物类型	激发波长/nm	发射波长/nm
Ⅰ	酪氨酸类物质	200~250	300~330
Ⅱ	色氨酸类物质	200~250	330~380
Ⅲ	富里酸类物质	200~250	280~500
Ⅳ	溶解性微生物代谢产物	250~400	200~380
Ⅴ	腐殖酸类物质	250~400	380~500

谱图中反渗透浓水显示出较多荧光峰，集中在区域Ⅴ腐殖酸类物质、区域Ⅳ溶解性微生物代谢产物和区域Ⅲ富里酸类物质，而区域Ⅱ色氨酸类物质和区域Ⅰ酪氨酸类物质相对较少。两个明显的响应峰 1#荧光峰发射波长：410nm，激发波长：260nm；2#荧光峰发射波长：410nm，激发波长：310nm 都位于区域Ⅴ腐殖酸类物质。这表明反渗透浓水中有机物组分复杂，整体荧光响应强度较高，含有较多腐殖酸类物质。而腐殖酸类物质是复杂分子混合物，难以用单一结构表达，具有较高的芳香性，且尺寸一般要大于蛋白类物质，更难被微生物所利用[17]。

四个 BAF 反应器出水显示出不同的三维荧光光谱图(图 2)。载体 1 和载体 3 反应器出水中荧光强度显著降低，荧光性有机物被有效去除，图中几乎没有强荧光峰，反渗透浓水中位于区域Ⅴ的两个荧光峰在出水中也只有微弱荧光强度(图 3)，除载体 3 反应器对区域Ⅴ的荧光强度降低 77.12%外，两个反应器对五个区域有机物的荧光强度都有接近 90%的降低。载体 2 反应器出水中区域Ⅴ、区域Ⅲ、区域Ⅱ和区域Ⅰ中几乎没有荧光响应，只有区域Ⅳ显示出微弱荧光强度，这可能和生物滤池中微生物代谢产物和死亡后的微生物分解产物残留相关。载体 4 反应器出水中荧光强度出现下降，但荧光峰位置没有发生明显变化，区域Ⅴ中的 1#、2#荧光峰依旧明显，说明载体 4 反应器对腐殖酸类等荧光有机物的去除作用有限，与前述中 TOC 的去除规律一致。

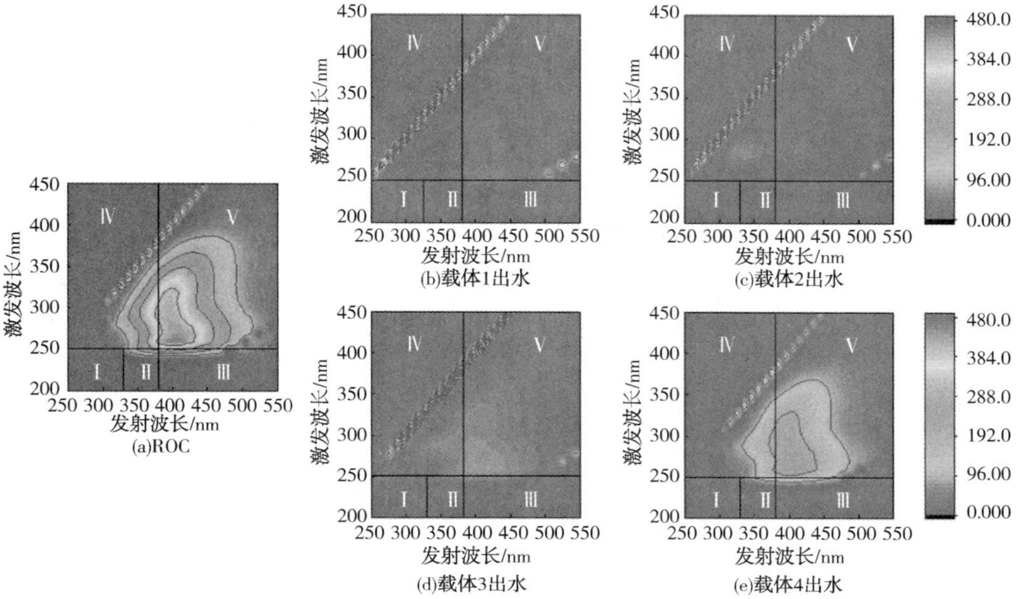

图 2　三维荧光光谱图

2.3　环境因素对有机物去除率的影响

2.3.1　HRT 对有机物去除率的影响

在温度为 25℃，溶解氧为 4mg/L 左右时，控制实验装置 HRT 分别为 2h、4h 和 8h，测定不同 HRT 系统对 TOC 的去除效果。如图 4(a) 所示，当 HRT 为 2h 时，去除率只有 36.25%。如果将 HRT 延长至 4~8h，有机物的去除效率会显著提高。当 HRT 为 4h 时，TOC 去除率提高至 61.69%。当 HRT 为 8h 时，反应器对 TOC 的去除率可以达到 67.80%。当停留时间较长时，反渗透浓水中有机物在滤池中有足够的时间与生物膜上的微生物进行接触和反应，有利于有机物的充分降解和去除，而 HRT 过短会降低反应器内微生物氧化降解有机物的时间，影响反应器运行稳定性和处理效果[7]。HRT 的增加可以增强有机物的去除效果，但 HRT 过长则容易导致处理过程冗余，造成资源浪费。因此最合适的 HRT 为 4~8h。

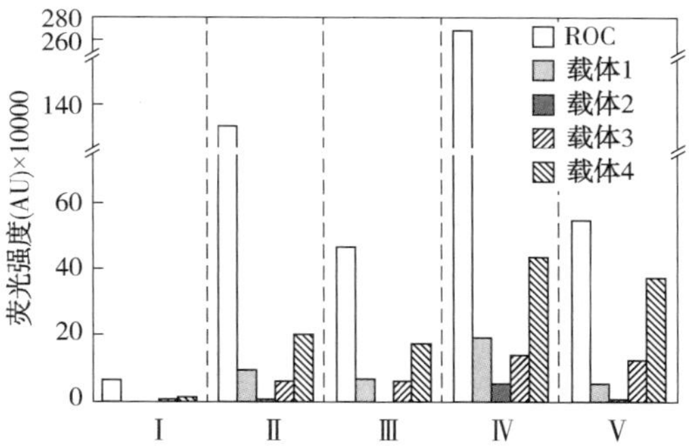

图 3　不同区域荧光强度

2.3.2　DO 对有机物去除率的影响

在温度为 25℃，停留时间为 4h 左右时，控制实验装置溶解氧分别为 1~2mg/L、3~4mg/L 和>4mg/L，测定不同 DO 下系统对 TOC 的去除效果。图 4(b) 为不同 DO 浓度下，进出水 TOC 的浓度变化。当曝气池 DO 浓度控制在 3~4mg/L 时，出水 TOC 平均值为 7.42mg/L，去除率为 61.69%。提高反应器 DO 浓度至 5mg/L 以上时，TOC 去除率略有升高为 63.40%，此时好氧微生物能够正常进行生长代谢等生命活动，有机物去除效率高。当 DO 浓度降至 2

以下时，反应器 TOC 去除效率降低至 48.13%，好氧微生物在降解有机物中需要消耗氧气，溶解氧不足时异养菌代谢活性受到抑制，影响了有机物的去除效率[7]。

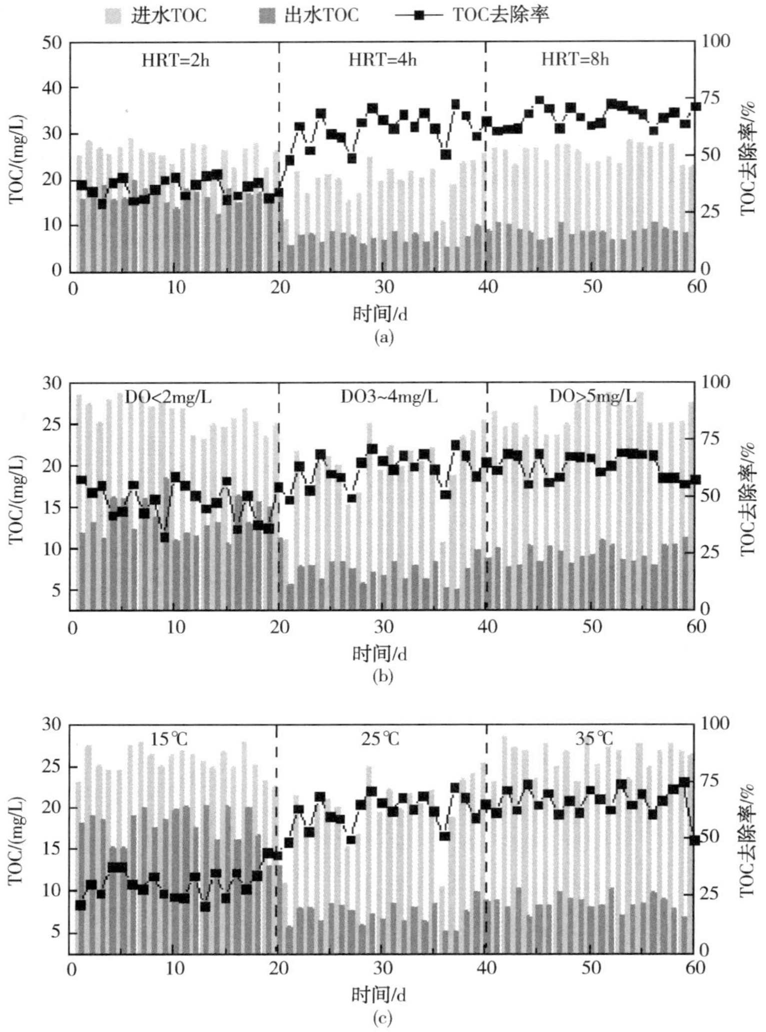

图 4 不同环境因素下的 TOC 去除效率

2.3.3 温度对有机物去除率的影响

在停留时间为 4h，溶解氧为 4mg/L 左右时，控制实验装置温度分别为 15℃、25℃和 35℃，测定不同温度下系统对 TOC 的去除效果。如图 4(c)所示，在系统环境温度为 35℃时，TOC 去除率最高为 66.37%；温度为 25℃时，TOC 去除率为 61.69%；而当温度降低至 15℃时，出水 TOC 浓度在 17.69mg/L 左右，去除率明显降低(31.15%)。低温环境会降低微生物生长代谢速度，降低酶活进而影响有机物去除效率。同时低温条件下一些低温敏感型微生物的活性受到抑制，耐受低温的菌株会逐渐成为优势菌株进而改变反应器中微生物的群落结构，影响有机物的去除。因此为实现有机物的有效降解，系统运行温度应维持在 25℃以上[9]。

3 结　论

（1）在 HRT 为 4h，温度在 25℃左右，DO 为 3~4mg/L 的条件下，重质颗粒活性炭、轻质颗粒活性炭、柱状活性炭和陶粒为载体的四个 BAF 反应器对反渗透浓水的平均 TOC 去除率分别为 62.69%、78.22%、61.52%和 7.37%，小颗粒轻质活性炭为载体的反应器有机物去除效果最好。

（2）以活性炭为载体的 BAF 对荧光类有机物有较好去除率，出水中有机物的荧光强度都出现显著降低(≥90%)，区域Ⅴ腐殖酸类物质的强荧光峰消失。而以陶粒为载体的 BAF 反应器对荧光类有机物去除效果较差，强荧光峰减弱但并未消失。

（3）当 HRT 在 4~8h 时，温度大于 25℃，DO 大于 2mg/L 时，反应器有着较高的有机物去除效率，TOC 的去除率可以达到 60%以上。

参 考 文 献

[1] Ding P, Chu L, Wang J. Advanced treatment of petrochemical wastewater by combined ozonation and biological aerated filter[J]. Environmental Science and Pollution Research, 2018, 25(10): 9673-9682.

[2] HU J, FU W, NI F, et al. An integrated process for the advanced treatment of hypersaline petrochemical wastewater: A pilot study[J]. Water Research, 2020, 182: 116019.

[3] 马骏，李丹，张雪英，等．臭氧催化氧化联合曝气生物滤池工艺对炼化二级出水中污染物的去除效果[J]．南京工业大学学报(自然科学版)，2023，45(3)：323-332.

[4] 王丽雪．基于功能性载体的石化废水强化生化处理研究[D]．大连理工大学，2021.

[5] CHEN Weiming, WANG Fan, ZENG Lin, et al. Bioremediation of petroleum-contaminated soil by semi-aerobic aged refuse biofilter: Optimization and mechanism[J]. Journal of Cleaner Production, 2021, 294: 125354.

[6] 宋志敏，常成，高峰，等．基于生物滤池的炼化企业反渗透浓水处理研究[J]．石油炼制与化工，2024，55(08)：151-156.

[7] HAN M, ZHAO Z W, GAOW, et al. Study on the factors affecting simultaneous removal of ammonia and manganese by pilot-scale biological aerated filter(BAF) for drinking water pre-treatment[J]. Bioresource Technology, 2013, 145: 17-24.

[8] 罗敏，纪轩，李晨光，等．高效生物反应器(ABR)深度处理难降解有机废水[J]．工业水处理，2021，41(05)：147-150.

[9] 王由好，朱五星，污泥活性炭填料在污水深度处理领域中的应用[J]．给水排水，2023.49(S1).

[10] 闫首龙，李爽，陈曦，等．生物炭固定化微生物修复石油烃污染研究进展[J]．化学与生物工程，2023，40(9)：10-14，26.

[11] 韩杰，蔡元奇，李欣，等．碳质材料载体对微生物的固定化作用及其在环境污染控制中的应用[J]．沈阳农业大学学报，2023，54(1)：121-128.

[12] 邓宇，杨东海，陈慧珍，等．生物载体在污水处理中的研究进展[J]．环境科学与管理，2022，47(4)：107-112.

[13] Wang YY, Fang HY, Zhou D, et al. Characterization of nitrous oxide and nitric oxide emissions from a full-scale biological aerated filter for secondary nitrification[J]. Chemical Engineering Journal, 2016, 299: 304-313.

[14] 杨克利，彭姣玉，董亚萍，等．溶解性有机质在盐田中的光谱学变化特征[J]．光谱学与光谱分析，2023，43(12)：3775-3780.

[15] 魏健，何锦垚，宋永会，等．臭氧催化氧化-BAF深度处理抗生素废水效能及微生物群落结构分析[J]．环境科学学报，2020，40(6)：2090-2100.

[16] SUN SS，YANG K L，ZHANG Z S，et al. Novel iron-carbon micro-electrolysis-anoxic/oxic biofilter system for enhanced treatment of tetracycline wastewater：Significant reduction of antibiotic-resistant and pathogenic bacteria[J]. Journal of Cleaner Production，2023，396. 136480.

[17] 刘鑫，信欣，秦嘉伟，等．生物增效低曝气BC-BAF处理低碳高氨氮废水的性能研究[J]．水处理技术，2024，50(1)：111-115.

石化企业综合污水处理场离子平衡模型构建及仿真应用

刘　凯

（中国石化工程建设有限公司环境工程室，北京 100101）

【摘要】 针对石化企业综合污水处理流程中离子平衡调控难题，本研究构建了适用于复杂化工废水处理体系的离子平衡稳态模型。通过解析污水处理关键环节的离子迁移转化机制，建立包含酸碱平衡、络合反应、混凝沉淀、膜浓缩等多维度数学模型，实现对 Ca^{2+}、Mg^{2+}、硫酸根、全盐量等特征离子在不同工艺段浓度变化的精准模拟。本研究以国产软件 IAuto 为平台开发模型算法，结合某百万吨级乙烯石化企业综合污水处理场实际工况数据，开展全流程离子平衡建模、模型参数校准与有效性验证。研究表明，建立的离子平衡仿真模型拟合误差≤10%，满足实际运行监控与模拟预测需求。该离子平衡模型为炼化企业污水处理工艺参数优化提供了量化分析工具，其数字化建模方法可为水务系统智能化改造提供核心算法支持，助力企业实现污水处理过程的精准化控制与数智化转型。

【关键词】 污水处理　离子平衡模型　模拟与仿真

1　概　　况

随着全球工业化进程的深度推进，水资源污染呈现复杂化、多元化趋势，石化企业装置特别是新材料装置排放的高盐废水尤为突出。该类废水除含有苯系物、酚类、醛类、多环芳烃等复杂有机物外[1]，还存在高浓度阴阳离子、硅化物等特征，其离子间的络合反应、化学平衡及相态转化过程，不仅直接影响生化处理系统的微生物活性，更通过离子累积效应加剧膜处理单元污染，成为废水深度处理与回用的主要瓶颈。在此背景下，传统基于经验参数的处理工艺已难以应对离子组分动态变化的调控需求，构建能够精准刻画离子迁移转化规律的定量模型，成为突破石化废水处理效率瓶颈的核心技术路径。

离子平衡建模通过解析水中离子强度、电荷守恒及络合反应动力学，揭示不同处理单元（如中和、絮凝、生化、膜分离）中离子形态转化的内在机制。相较于传统定性分析，离子平衡模型可实现对钙镁离子结垢风险、化学沉淀平衡的量化预测，为高密度澄清池等混凝沉淀及 pH 调节工艺的药剂投加策略，以及膜系统的抗污染调控提供精准的离子浓度阈值参数[2]。特别是针对石化企业废水回用时面临的硅铝离子结垢、高氯根腐蚀等难题，离子平衡模型结合仿真模拟技术，可动态模拟不同 pH 值、温度、TDS 条件下的离子状态，量化揭示操作参数与离子去除率、能耗成本之间的耦合机制，从而建立兼具处理效能与经济性的最优控制区间。

构建适配炼化废水特征的离子平衡模型体系，通过精准调控离子组成，可有效调节化学污泥产量、延长膜组件寿命、降低药剂消耗，减少运行费用。将离子平衡数智化融入污水处理工程运行，可助力企业实现从“经验操作”到“数据决策”的智能化转型，对推动水资源循环利用、降低工业水环境污染风险具有显著的工程应用价值和社会效益。

2 石化综合污水离子组分特征

石化综合污水的离子组分特征与生产工艺、原料属性呈现显著工艺特异性关联，其浓度分布规律可作为识别污染来源的关键化学指纹，常规工艺废水（乙烯及聚烯烃类装置常规工艺污水、地面清扫水、锅炉排污等）和特种工艺废水（乙烯废碱液、化水站中和废水、循环水排污水等）离子组分差异明显。常规工艺废水中，无机离子以硫酸根、氯离子、钠/钙/镁离子为主，其中硫酸根源于硫醇、硫醚等含硫化合物在加氢脱硫工艺中的氧化反应，氯离子含量与原油电脱盐效率呈负相关；碳酸氢根（HCO_3^-）等弱酸根离子则与酸碱中和工艺相关。特殊工艺废水中，乙烯废碱液因烯烃脱硫过程中 NaOH 与 CO_2/H_2S 的中和作用，呈现高浓度碳酸根及硫化物，经湿式氧化后，硫化物转化为硫酸盐，浓度约为 2%~4%，碳酸盐约为 3%~5%；化学水站中和废水因树脂再生引入硫酸/盐酸，硫酸根、氯离子及钙镁离子浓度显著升高，总硬度可达 100~500mg/L；循环水场排污受中水回用影响，碳酸氢根、钙离子及硫酸根浓度随浓缩倍数（4~7 倍）呈指数增长，碱度可达 400~800mg/L。此外，石化企业综合污水离子浓度的时空变异受生产周期与外部环境驱动，开停工阶段设备清洗可使离子浓度骤升 2~3 倍，雨水充沛地区丰水期和枯水期，装置排放的废水离子浓度波动范围为 2~5 倍。

3 石化综合废水离子平衡模型构建

3.1 石化综合废水处理过程中离子行为解析

在石化综合废水处理体系中，各单元的离子行为受化学反应动力学与传质过程的协同调控。目前石化废水领域应用广泛、技术成熟可靠的处理流程包含中和、离子交换、混凝沉淀、生化、高级氧化、膜浓缩等离子反应过程，主要处理单元离子行为及建模原则分析如下：

（1）混凝沉淀单元通过化学沉淀反应［如 Ca^{2+} 与 CO_3^{2-} 生成 $CaCO_3$、Mg^{2+} 与 OH^- 生成 $Mg(OH)_2$］及胶体吸附作用去除硬度离子与总硅，其过程建模基于溶度积原理与物料守恒定律。

（2）中和反应单元通过 pH 调控实现离子形态的动态演替（如 HCO_3^- 与 CO_3^{2-} 的平衡转化），依赖电荷守恒方程与质子平衡模型描述离子浓度演变。

（3）离子交换单元利用树脂功能基团（如 $R—SO_3^-$）与 Ca^{2+}、Mg^{2+} 的置换反应机制，通过离子交换平衡方程建模。

(4) 缺氧好氧生化单元通过反硝化($NO_3^- \rightarrow N_2$)与硝化($NH_4^+ \rightarrow NO_3^-$)反应路径实现总氮去除，借助氮素物料守恒模型追踪其转化轨迹；臭氧高级氧化单元通过羟基自由基(·OH)的强氧化作用引发链式反应，需耦合氧化还原平衡模型解析 OH^- 生成与碱度变化机制。

(5) 反渗透膜浓缩单元遵循选择性截留原理(截留率模型)与物料守恒定律，揭示离子在膜两侧的非平衡分配规律。

上述模型体系基于耦合化学热力学、反应动力学与传递过程理论，开展污水处理过程离子平衡建模，本研究中污水处理过程中主要的离子反应建模原则[3]见表 1。

表 1　污水处理过程中主要的离子反应

处理单元	主要离子反应	数学模型	核心反应公式
混凝沉淀	$Ca^{2+}+CO_3^{2-} \longrightarrow CaCO_3 \downarrow$	溶度积模型、物料守恒	$K_{sp,CaCO_3}=[Ca^{2+}][CO_3^{2-}]$
	$Mg^{2+}+2OH^- \longrightarrow Mg(OH)_2 \downarrow$		$C_{Ca,0}=C_{Ca,e}+nCaCO_3$
中和反应	$H^++OH^- \longrightarrow H_2O$	电荷守恒、质子平衡	$[H^+]+\Sigma[Mn^+]=[OH^-]+\Sigma[Am^-]$
离子交换除硬度	$2R—SO_3H+Ca^{2+} \longrightarrow (R—SO_3)_2Ca+2H^+$	离子交换平衡方程	$Q_0-Q_e=(C_{Ca,0}-C_{Ca,e})V+(C_{Mg,0}-C_{Mg,e})V$
AO 生化	缺氧：$NO_3^- \longrightarrow N_2$	物料守恒(氮素追踪)	$C_{NO_3^-,0}=C_{NO_3^-,e}+2nN_2$
	好氧：$NH_4^+ \longrightarrow NO_3^-$		$C_{NH_4^+,0}=C_{NH_4^+,e}+C_{NO_3^-,new}$
臭氧高级氧化	$O_3+H_2O \longrightarrow OH^-+O_2+[O]$(自由基反应)	氧化还原平衡、碱度变化模型	$A_e=A_0+\Delta[OH^-]$(Δ 与 O_3 投加量相关)
反渗透膜浓缩	离子选择性截留(Cl^-、SO_4^{2-}等)	截留率模型、物料守恒	$R_i=(1-C_{i,feed}C_{i,permeate})\times100\%$
			$Q_{feed}C_{i,feed}=Q_{permeate}C_{i,permeate}+Q_{concentrate}C_{i,concentrate}$

3.2　某石化企业污水处理场离子平衡模型构建

污水处理流程各节点离子浓度控制是石化企业污水回用处理设计的关键影响因素之一，直接制约污水回用率，间接影响企业运行成本及经济效益。

本研究以某石化企业化工厂区综合污水处理场循环水排污水回用处理流程为建模对象，流程包含除硬除浊、膜浓缩等过程，构建的模型可对 Ca^{2+}、Mg^{2+}、K^+、Na^+等 5 种阳离子和 SO_4^{2-}、CO_3^{2-}、NO_3^-、Cl^-等 6 种阴离子开展自动物料平衡计算及离子平衡计算。离子平衡数学模型创建依托国产图形软件“IAuto”搭建可视化计算模型，并完成离子平衡仿真计算。可视化模型见图 1。

模型由多组计算模块(节点)构成，采用 JavaScript 编译，算法内嵌在每个节点中，节点之间通过连线传递上下游数据，通过多节点组合完成整个单元的计算并将计算后的输出变量传递至下一单元的输入节点，如铵根电离模型的单元逻辑图及示例编译程序见图 2。

在模型中，通过显示面板可以实时看到各单元输入和输出数据，以及关键调控参数，方便技术人员掌握实时运行状态，在水质波动的情况下及时调控参数，保障生产平稳运行。显示面板可以根据实际运行需求进行优化和调整，具体见图 3。

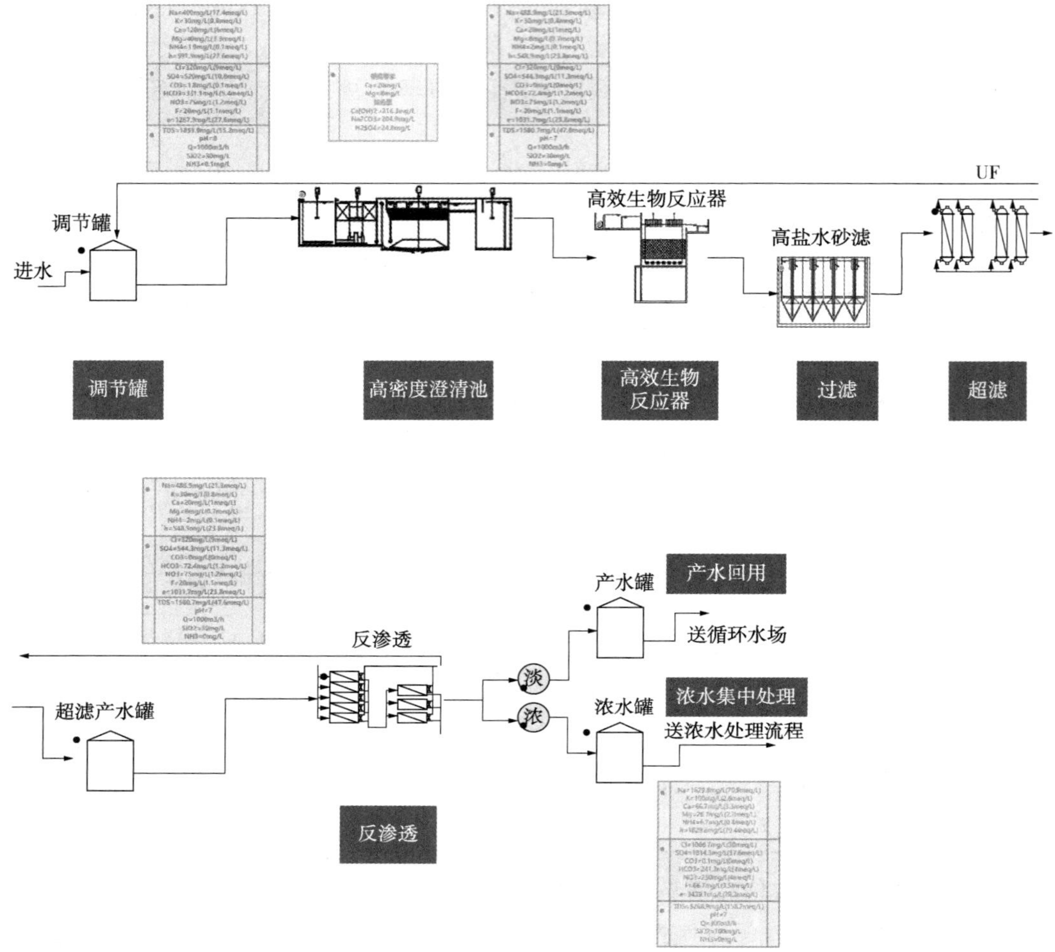

图 1　基于“IAuto”的某石化企业化工厂区综合污水处理场循环水排污水回用处理流程离子平衡模型

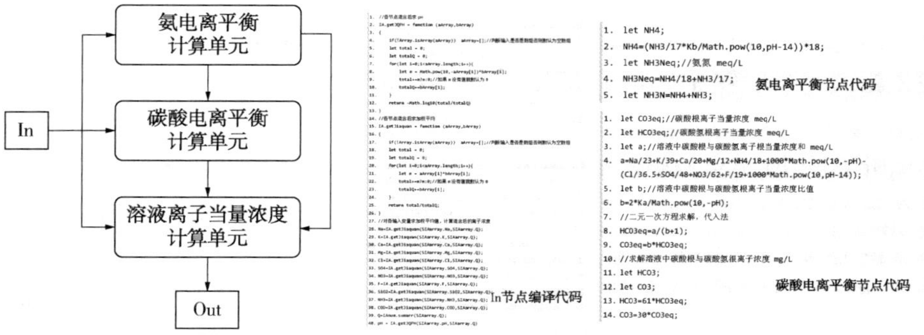

图 2　铵根电离模型的单元逻辑图及示例编译程序

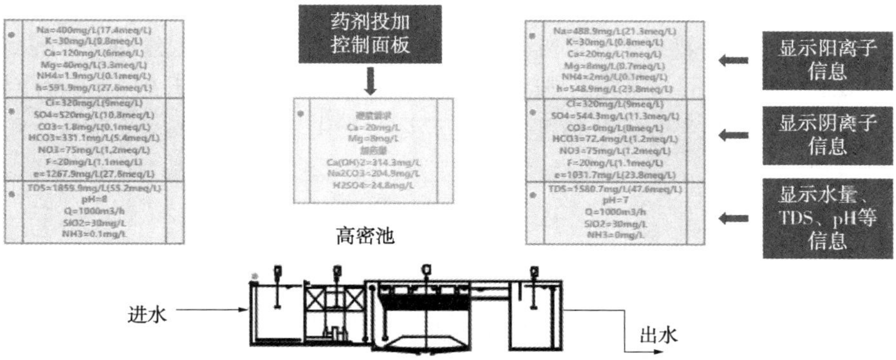

图 3　离子平衡模型数据可视化控制面板示意图

4　模拟结果分析

为校验模型的准确性，针对以上创建的循环水排污水回用处理流程离子平衡模型(图 2 所示)，代入该企业自 2021~2024 年间平均水量及离子浓度水质数据，得出高密度沉淀池进口与末端反渗透浓水中钙镁离子、全盐量(TDS)、硫酸根模拟值与实际值偏差详见图 4。

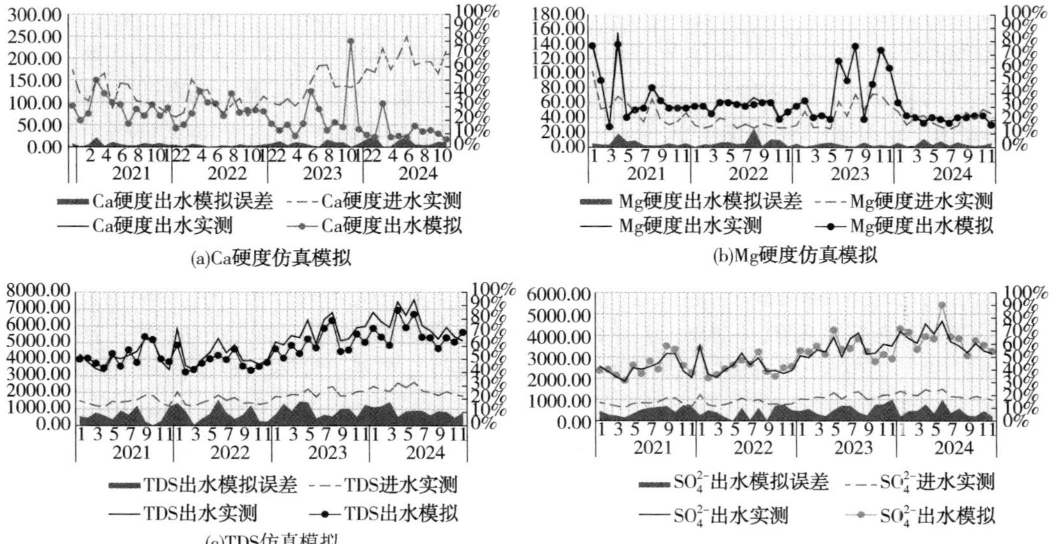

(a)Ca硬度仿真模拟　(b)Mg硬度仿真模拟

(c)TDS仿真模拟　(d)硫酸根仿真模拟

图 4　2021~2024 年月均高密度沉淀池进口与末端反渗透浓水中钙镁离子、全盐量(TDS)、硫酸根模拟值与实际值偏差

通过上图分析可以发现，Mg、Ca 硬度的模拟误差均控制在 10%以内，平均误差低于 5%，显示出良好的拟合精度。TDS 模拟误差在 5%~20%间波动，平均误差小于 12%。硫酸根模拟误差保持在 5%~18%间波动，平均误差≤10%。经现场分析，硫酸根离子模拟误差显著受水体硅浓度波动影响，目前模型中简化了高密度单元除硅算法，使得硅浓度变化对硫酸酸化药剂计算精度提出更高要求，导致模型拟合中出水硫酸根变化较明显，未来需优化模

型参数以将其模拟误差控制在5%以内；TDS拟合误差较大主要受全盐量模型架构相关，目前模型尚未建立硝酸盐、氟离子迁移变化过程。总体而言，本研究构建的离子平衡仿真模型拟合误差≤10%，满足实际运行监控与模拟预测需求。为进一步提升模型准确性与实用性，还需持续优化以提高其他参数拟合精度，为生产运行提供更精准的技术支持。

5 结论与展望

（1）结论

通过构建炼化企业综合污水处理场离子平衡模型并开展仿真研究，结果表明：模型通过解析污水中主要离子的浓度、流量及反应速率参数，可精准预测不同工艺条件下的离子去除率，为工艺优化提供量化依据。该模型不仅为污水处理理论体系提供了新的分析工具，更通过揭示离子迁移转化机制，为污水资源化利用（如盐分回收、特种离子定向去除）开辟了技术路径。研究证实，模型在典型炼化污水场景中的拟合准确率达90%，可作为工艺设计与设备改进的重要参考。

（2）展望

随着全球水环境保护需求升级与资源循环利用理念的深化，石化污水处理技术正加速向精准化、智能化革新。离子平衡模型未来发展聚焦于三大方向：通过融合AI与大数据构建智能闭环调控系统，提升对水质波动的响应精度（预测误差<5%）；强化材料科学与模型协同，开发“材料-工艺-模型”一体化技术；在“双碳”政策驱动下拓展至污水资源化，实现盐分梯级回收与节能降耗。同时，国家水污染物排放标准提升将引导水处理行业构建“数据共享-技术互鉴”生态链，未来研究需重点突破模型在高盐/高毒废水的适应性，推动与新能源技术跨界融合，助力污水处理从“达标排放”向“价值创造”转型。

参 考 文 献

[1] 唐安中．石化行业污水处理厂智能化建设与探索[J]．工业水处理，2022，42(7)：186-191.
[2] 曹宇．精确加药控制系统在污水处理厂中的应用[J]．中国资源综合利用，2024，9：55-59.
[3] 安景辉．煤化工废水“零排放”过程中离子转化及平衡[J]．石油化工安全环保技术，2021，37(5)：56-60.

一种黏泥分散性能评价方法的研究

赵　玥　王金华

（中石化石油化工科学研究院有限公司，北京 100084）

【摘要】 本研究针对传统黏泥分散性能测试方法存在的人为操作误差影响大、准确度和精密性欠佳等问题，开发了一种基于激光浊度分析的新型评价方法。该方法通过实时监测黏泥悬浊液上层浊度的动态变化，运用一元六次多项式函数对实验数据进行非线性回归分析和降噪化处理，得到该药剂的黏泥分散率，并据此评价药剂的黏泥分散性能。该方法实现了自动数据采集，消除人为操作的不确定性；通过原位进行空白和加药实验，有效消除黏泥样品不均匀对实验重复性造成的影响；通过标准化的数据处理方法，有效确保了取数的一致性和代表性，测定结果的相对标准偏差仅为5%，较传统方法(61%)显著降低。

【关键词】 生物黏泥　分散率　激光浊度分析　评价方法　标准偏差

1 背　　景

生物黏泥的生成是循环冷却水系统中一类较为常见的问题。它会导致换热器的换热效率及冷却塔的冷却效率下降、水质恶化，并且加速设备的局部腐蚀，最终导致系统运行成本的提高和寿命的缩短[1,2]。目前，工业上普遍使用黏泥剥离剂对已滋生在设备和管壁上的黏泥进行剥离，从而实现黏泥控制，即通过冲击式投加高浓度黏泥剥离剂，使药剂在系统内保持足够接触时间(通常 24~48h)，待循环水浊度达到峰值后进行大规模排污置换[3]。然而，随着石化行业节能减排要求的提高，传统的“大排大补”模式正在向“小排小补”策略转变。这一转变带来了新的技术挑战：由于排污速率降低，剥离后的黏泥颗粒在水相中的停留时间延长，受布朗运动、范德华力等物理化学作用影响，容易发生再聚集和二次沉积。因此，现代水处理药剂的研发重点已从单纯的剥离性能转向“剥离-分散”协同效应。这种转变使得药剂的分散性从辅助指标升级为关键评价参数，对药剂的分散性能评价方法提出了更高要求。

目前常用的药剂黏泥分散性能评价方法有高岭土分散法和黏泥分散法[4]。高岭土分散法测试的是药剂对高岭土的分散性。加入一定量的高岭土母液和一定浓度的药剂，在 55℃恒温水浴中充分搅拌，静置后取上清液，使用 3cm 比色皿，利用分光光度计在 420nm 下确定上清液的吸光度，吸光度越大表明该药剂分散性能越好。但由于高岭土较生物黏泥密度大，且不具有黏性，所以实验结果误差较大。而黏泥分散法将高岭土换为培养黏泥，使实验能更好地代表工业现场循环水的情况。目前，黏泥分散法为较为常用的分散性能评价方法。

然而，黏泥分散法也存在明显的缺陷。首先，由于培养黏泥不均匀，导致每次实验虽然加入黏泥的重量一致，其不加药的初始浊度也不相同。这会导致使用该方法对药剂的分散性能进行评价时准确度欠佳、重复性和精密度下降。另外，“吸取上清液测量吸光度”这一操作主观性强，不同的操作者或同一操作者对不同样品操作时吸取的位置可能有所不同，这进一步增大了该方法的分析结果误差，降低了该方法的准确性和精密度。最后，由于上清液的吸光度测定为异位测量，从静置结束到测量吸光度有时间差，这导致在同时进行多组实验时，每组实验的时间并不完全相等。这也会影响该方法的重复性和精密度。

激光散射装置被广泛应用于水垢生成过程中浊度变化的测定[5~7]。本研究拟以此为基础，开发出一种能够原位、实时、自动测定药剂黏泥分散性能的方法，以克服现有方法人为操作误差影响大、准确度和精密性欠佳的缺点。

2 实验与材料

2.1 设备(仪器)和试剂

绿色激光(532nm)、控温磁力加热搅拌器、硅光电二极管、数据采集器、计算机、水浴结晶皿、磁力搅拌子(650mm)、硼硅酸盐玻璃螺纹口试剂瓶(500mL)、异噻唑啉酮、戊二醛、十二烷基二甲基苄基氯化铵(1227)、十四烷基二甲基苄基氯化铵(1427)、葡萄糖、氯化铵、硫酸镁、氯化钾、酵母膏、磷酸二氢钠。

2.2 实验装置及原理

搭建如图1所示的激光浊度分析装置。其运行原理为：绿色激光穿过反应器内上液面下方2mm处，激光信号由1cm×1cm的硅光电二极管接收。硅光电二极管可以将光信号转化为电信号，并由相连接的数据采集器实时记录于计算机。通过对记录电信号结果进行分析，可计算得到该液面处的实时浊度。溶液的浊度(TU)根据下式计算[8]：

$$TU=-\frac{1}{l}\ln\left(\frac{I_t}{I_0}\right) \tag{1}$$

其中，l 为光路的长度，I_t 为实验中透射激光的电流强度(本研究中即为硅光电二极管接收到的电流强度)，I_0 为激光发出的电流强度。通过测试，实验用激光发出的电流强度为3.4247mA。

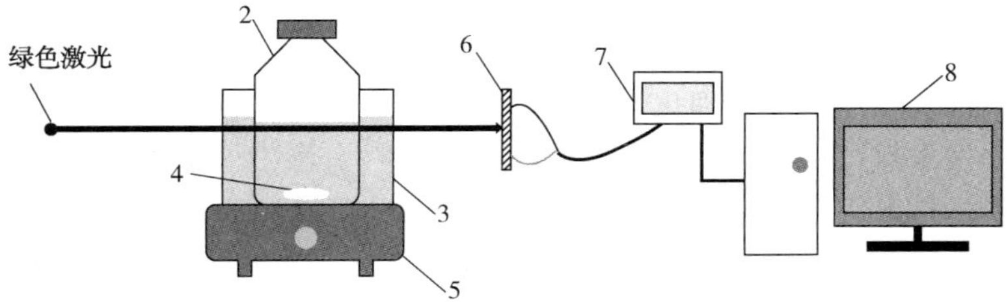

图1 激光浊度分析装置

1—绿色激光(532nm，13.6mW)；2—硼硅酸盐玻璃螺纹口试剂瓶(500mL)；3—结晶皿；4—磁力搅拌子(650mm)；5—控温磁力加热搅拌器；6—硅光电二极管；7—数据采集器；8—计算机

2.3 实验步骤

激光浊度分析装置的操作步骤如下：

(1) 开始实验前，将激光打开，预热30min以上，确保激光输出光源功率的稳定性。同

时，将温控磁力加热搅拌器调节到32℃。

（2）在硼硅酸盐玻璃螺纹口试剂瓶中加入0.500g的培养黏泥（精确到±0.001g），后加入250mL去离子水与650mm磁力搅拌子。将试剂瓶放入水浴中静置半小时，待反应溶液亦达到32℃。在此过程中，调整绿色激光与硅光电二极管的位置，使绿色激光穿过液面下方2mm处并被硅光电二极管所接收。

（3）调节温控磁力加热搅拌器的转速至250r/min，将黏泥在反应溶液中充分搅拌均匀30min后，关闭搅拌器，同时开始记录输出电流随实验时间的变化（1个数据/s）。

（4）记录4h后存储相关数据，所完成实验称为“空白实验”。

（5）再次调整转速至250r/min，通过试剂瓶瓶盖正中央的小孔加入待评价药剂，搅拌30min，使得药剂与黏泥充分反应。30min后，关闭搅拌器，同时开始记录输出电流随实验时间的变化（1个数据/s）。当黏泥悬浊液完全搅拌后，上层液体的悬浮物浓度大，导致较多的激光被散射，激光通过率较低；在静置一段时间后，一些悬浮物开始沉降，上清液激光通过率逐渐升高，通过记录上清液激光通过率的变化即可确定不同药剂对黏泥的分散性能。在静置相同的反应时间后，激光通过率越低，对应的药剂分散性能越好。

（6）记录4h后再次存储相关数据，所完成实验称为“加药实验”。空白实验数据结果与加药实验数据结果做对比，求得该药剂的分散率。

3 实验结果与讨论

3.1 生物黏泥培养

本研究使用去离子水培养生物黏泥。采用小型循环设备进行动态模拟实验，设备示意图见图2，温度保持为30~35℃，循环水流量为60~70L/h，每隔24~36h添加营养液。营养液的组成为：葡萄糖的含量为0.45~0.55g/L，所述氯化铵的含量为1.5~2.5g/L，所述硫酸镁的含量为0.08~0.15g/L，所述氯化钾的含量为0.2~0.3g/L，所述酵母膏的含量为0.18~0.22g/L，所述磷酸二氢钠的含量为0.8~1.0g/L。实验共进行2周。得到附着于管壁的黏泥后进行离心、脱水，最后共得到生物黏泥100g。

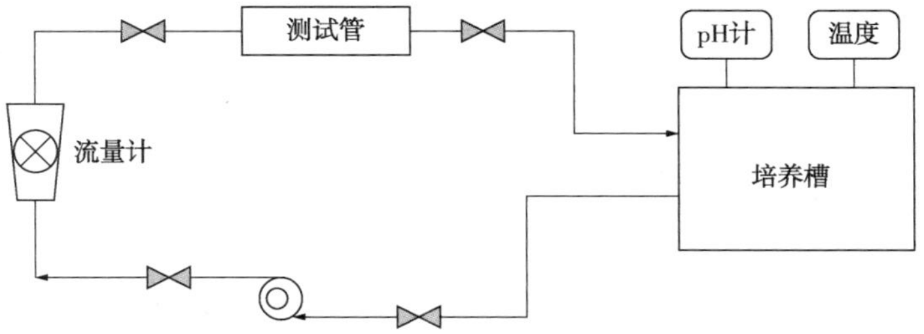

图2 生物黏泥培养装置图

3.2 不同药剂分散率测定

在连续记录4h电流变化值后，通过如下方法处理数据：

以实验时间（s）为横坐标，每秒记录的电流值为纵坐标画散点图，如图3中圆点集区域所示。用一元六次多项式函数拟合散点图（图3中拟合线所示），利用拟合的方法进行数据降噪化处理。拟合出的一元六次多项式函数用来计算在任意实验时刻下装置输出的电流强度。用此数据处理方法得到在开始实验 4h 时刻下加药实验与其对应的空白实验装置输出的电流强度。“空白实验”中硅光电二极管接收到的电流强度为 I_k，“加药实验”中硅光电二极管接收到的电流强度为 I_j。

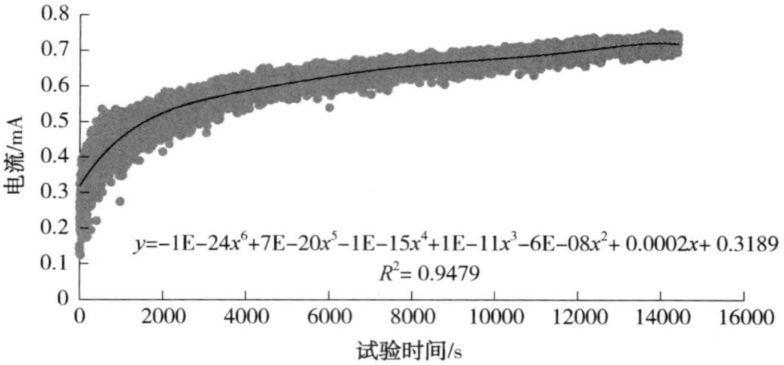

图 3　输出数据及分析

在此基础上，药剂的黏泥分散率(D)通过下式计算：

$$D(\%)=\frac{(TU)_j-(TU)_k}{(TU)_k}\times100\%=\frac{-\frac{1}{l}\ln\left(\frac{I_j}{I_0}\right)+\frac{1}{l}\ln\left(\frac{I_k}{I_0}\right)}{-\frac{1}{l}\ln\left(\frac{I_k}{I_0}\right)}\times100\%=\frac{\ln\left(\frac{I_j}{I_0}\right)-\ln\left(\frac{I_k}{I_0}\right)}{\ln\left(\frac{I_k}{I_0}\right)}\times100\% \quad (2)$$

其中，$(TU)_k$ 为“空白实验”的浊度，$(TU)_j$ 为“加药实验”的浊度。

通过式(2)可求得各药剂在不同浓度条件下的黏泥分散率，从而对药剂的黏泥分散性能进行评价。

利用本研究开发的激光浊度分析方法，对四种常用非氧化性杀菌剂，异噻唑啉酮、戊二醛、1227、1427 的黏泥分散性能进行评价。所有非氧化性杀菌剂的投加浓度为 10mg/L，实验重复三次，实验结果见表 1。根据式(2)计算黏泥分散率，结果见表 1。在得到某非氧化性杀菌剂在三次实验条件下的黏泥分散率后，通过计算变异系数评价该方法的精密性。变异系数(C·V)可由式(3)进行计算：

$$C\cdot V(\%)=\frac{标准偏差}{均值}\times100\% \quad (3)$$

每种非氧化性杀菌剂黏泥分散率的变异系数计算结果见表 1。需要注意的是，当原数据同时有正、负数时，变异系数的值无对比意义。

表 1　非氧化性杀菌剂黏泥分散性能评价(激光浊度分析法)

项　目		第 1 次	第 2 次	第 3 次
异噻唑啉酮	I_{kt}/mA	0.8146	0.6229	0.7175
	I_{jt}/mA	0.8055	0.6073	0.7374
	D/%	0.78	1.49	-1.75
	C·V/%	—		

续表

项目		第 1 次	第 2 次	第 3 次
戊二醛	I_{kt}/mA	0.6428	0.7357	0.5963
	I_{jt}/mA	0.5861	0.6762	0.5457
	D/%	5.52	5.48	5.07
	C·V/%	4.63		
1227	I_{kt}/mA	0.7614	0.7136	0.6578
	I_{jt}/mA	0.6069	0.5528	0.5161
	D/%	15.08	16.28	14.70
	C·V/%	5.35		
1427	I_{kt}/mA	0.5975	0.5895	0.6321
	I_{jt}/mA	0.4731	0.4748	0.5076
	D/%	13.37	12.30	12.98
	C·V/%	4.21		

3.3 精密度

通过表 1 的结果可以看出，3 次重复实验获得的药剂黏泥分散性能评价结果均为：异噻唑啉酮<戊二醛<1427<1227，这与通过工业应用经验对前述 4 种待测药剂黏泥分散性的排序一致，表明本研究开发的方法具有较高的准确性；三次重复实验的变异系数均在 5%左右；表明本研究开发的方法具有较高的精密度(也即重复性)。综上所述，本研究开发的激光浊度分析方法用于评价药剂对黏泥的分散性能时具有高准确性以及高精密度。

3.4 与现有方法对比

根据现有黏泥分散率评价方法(黏泥分散法)，对以上几种非氧化性杀菌剂的黏泥分散性进行评价。具体评价方法如下[4]：

取 6 个 250mL 锥形瓶分别加入 0.500g 黏泥(精确到±0.001g)和 250mL 去离子水，摇匀后，除第一个锥形瓶用作空白对比实验外，其他锥形瓶分别加入 10mg/L 的待评价药剂异噻唑啉酮、戊二醛、1227 和 1427。用摇床摇匀半小时后在 32℃保温箱内静置。静置 4h 后，用滴管吸取上层清液，检测上清液在 420nm 下的吸光度。空白对比实验测试得到的吸光度为 A_0，加药实验测试得到的吸光度为 A。在此方法下，分散率(D')通过如下方式计算：

$$D'(\%)=\frac{A-A_0}{A_0}\times 100\% \tag{4}$$

实验重复三次，亦根据式(3)计算变异系数，结果见表 2。

表 2 非氧化性杀菌剂黏泥分散性能评价(黏泥分散法)

项目		第 1 次	第 2 次	第 3 次
空白对照	A_0	0.269	0.252	0.261
异噻唑啉酮	A	0.251	0.238	0.246
	D'/%	-6.69	-5.56	-5.75
	C·V/%	-10.14		

续表

项目		第1次	第2次	第3次
戊二醛	A	0.255	0.277	0.274
	D'/%	-5.20	9.92	4.98
	C·V/%	—		
1227	A	0.308	0.296	0.333
	D'/%	14.50	17.46	27.59
	C·V/%	34.58		
1427	A	0.293	0.318	0.290
	D'/%	8.92	26.19	11.11
	C·V/%	61.02		

对表2进行分析可以看出，在使用黏泥分散法后，3次重复实验获得的结果均不同，且变异系数最高达61.02%。此方法无法确定戊二醛是否具有分散作用，也无法确定1427的分散作用是否优于1227，无法对现有药剂的黏泥分散性能做出准确评价。

4 结论

本研究开发了一种新型的基于激光浊度分析的药剂黏泥分散性能评价方法。该方法通过原位空白实验有效消除黏泥样品不均对药剂评价带来的影响；通过设备对数据的自动读取，有效消除了人为操作误差。通过标准化的数据处理方法，有效确保了取数的一致性和代表性。整个实验过程实现了数据采集的自动化，使得操作简便性显著提升。与现有方法对比，新方法黏泥分散率测试的变异系数由61%降低至5%，在评价准确性、数据重复性及精密度方面都有显著提升。

参考文献

[1] 王子晗．基于数据驱动的循环冷却水关键水质指标与生物黏泥预测模型研究[D]．杭州：浙江大学，2024.

[2] 张迪彦，姚光源，张久志．一种生物黏泥处理剂TA-11的制备及评价[J]．工业水处理．2016，36(4)：58-60.

[3] 于瑞红，李本高，余正齐．一种黏泥剥离剂评价方法的初步探讨[J]．工业水处理，2003，23(2)：50-52+74.

[4] 陈超．微生物分散技术研究[D]．南京：南京理工大学，2012.

[5] Yan C，Kan A T，Zhang F，et al. Systematic Study of Barite Nucleation and Inhibition with Various Polymeric Scale Inhibitors by Novel Laser Apparatus[J]. SPE Journal，2015，20(3)：642-651.

[6] He S，Oddo J E，Tomson M B. The Nucleation Kinetics of Calcium Sulfate Dihydrate in NaCl Solutions up to 6 m and 90℃[J]. Journal of Colloid and Interface Science，1994，162(2)：297-303.

[7] Xiao J，Kan A T，Tomson M B. Prediction of $BaSO_4$ Precipitation in the Presence and Absence of a Polymeric Inhibitor：Phosphino-Polycarboxylic Acid[J]. Langmuir，2001，17(15)：4668-4673.

[8] Berg J C. An Introduction to Interfaces & Colloids：the Bridge to Nanoscience[M]. World Scientific，2010.

石油化工行业中水包油乳液的破乳研究进展

李　博　秦　冰　张　峰　朱志灏

（中石化石油化工科学研究院有限公司，北京 100083）

【摘要】 本文系统梳理了针对水包油(O/W)乳液的化学破乳、物理破乳、生物破乳、膜破乳等技术的原理、应用场景及优劣势，并探讨了一些新型单元破乳技术在提升破乳效率中的关键作用。未来研究可聚焦以下方向：通过整合化学破乳剂(如阳离子 REBs、离子液体)、物理破乳手段(如电场、超声)设计具有多重作用机制的复合体系可能成为研究重点，优化绿色物理破乳技术(如低温脉冲电场、高效超声多频共振)工艺参数和操作条件，推动生物破乳剂的工程化应用(如固定化酶反应器与微生物代谢产物协同路径)，研发抗污染膜材料(如动态响应纳米涂层)及智能膜清洗系统，以及探索破乳过程中油品回收与资源化利用。

【关键词】 石油化工　水包油乳液　破乳　新型破乳技术

1 引　言

在石油工业中，乳化含油废水(水包油乳液，Oil-in-Water Emulsions，O/W)是常见的污染物来源，其形成和稳定性对油水分离工艺提出了严峻挑战[1]。O/W 乳液由油滴分散在水相中组成，其稳定性主要依赖于表面活性物质的存在、电荷效应等因素，由于表面活性物质能够降低油水界面张力，并在油滴表面形成稳定的界面膜，从而防止油滴聚并和沉降，导致其处理难度较大，成为含油废水处理过程中的重点和难点[2]。石油行业中有 60%~80%的含油废水以界面活性物质稳定的乳化态存在，其具有组成复杂、处理难度大、稳定性强等特征，被列入《国家危险废物名录》HW09 类别[3,4]。因此，开发高效、稳定、绿色的石油化工行业含油废水处理技术，是保护环境、节约资源、实现可持续发展的重要课题。

针对 O/W 乳液的破乳方法主要包括化学破乳、物理破乳、生物破乳和膜破乳等技术。化学破乳通过添加有机或无机破乳剂破坏乳化剂膜，促进油水分离；物理破乳利用外部能量输入(如加热、离心和电场)促使液滴聚并；生物破乳依赖微生物或酶的作用降解乳化剂或改变乳液界面特性；而膜破乳则基于孔径筛分原理，通过选择性透过膜材料实现油水分离[5~7]。这些方法各有优缺点，在实际应用中需要根据乳液的类型、稳定性机制以及工艺条件进行选择。

本综述旨在系统探讨石油工业中 O/W 乳液的稳定机制及其破乳研究进展。本文将介绍油水乳液的基本类型及其稳定机制，进而重点讨论化学破乳、物理破乳、生物破乳和膜破乳等主要破乳方法的原理、应用及优缺点，并对新型单元破乳技术工程应用实例进行归纳，以期为石油工业中乳化含油废水的处理提供理论支持和实践指导。

2　油水乳液类型及稳定机制

在石油工业中，乳液的形成与稳定性直接决定了油水分离的难度，而乳液类型(油包水W/O和水包油O/W)及其稳定机制的研究是优化破乳工艺的核心。根据班克罗夫特规则(Bankroff's Rule)，乳液的连续相主导其物理化学特性，因此含油废水(如油田采出水、炼油废水)中以水包油乳液(O/W)为主[8]。近年来，研究者通过先进表征技术(如原子力显微镜AFM和表面力仪SFA)揭示了W/O和O/W乳液在稳定机制上的差异，并为破乳方法的开发提供了理论依据。W/O乳液主要通过界面活性物质形成的界面膜及其位阻排斥力得以稳定，见图1(a)；O/W乳液的稳定则主要归因于电双层(EDL)排斥力以及界面活性物质形成的界面膜的位阻排斥力，见图1(b)；此外，其还受到环境因素(如温度、pH值和离子强度)的显著影响[9]。对于O/W乳液破乳的关键要素可以归纳为以下方面：破坏双电层排斥力、降低油水界面张力、强化疏水相互作用、减少水合效应、削弱空间位阻[10,11]。

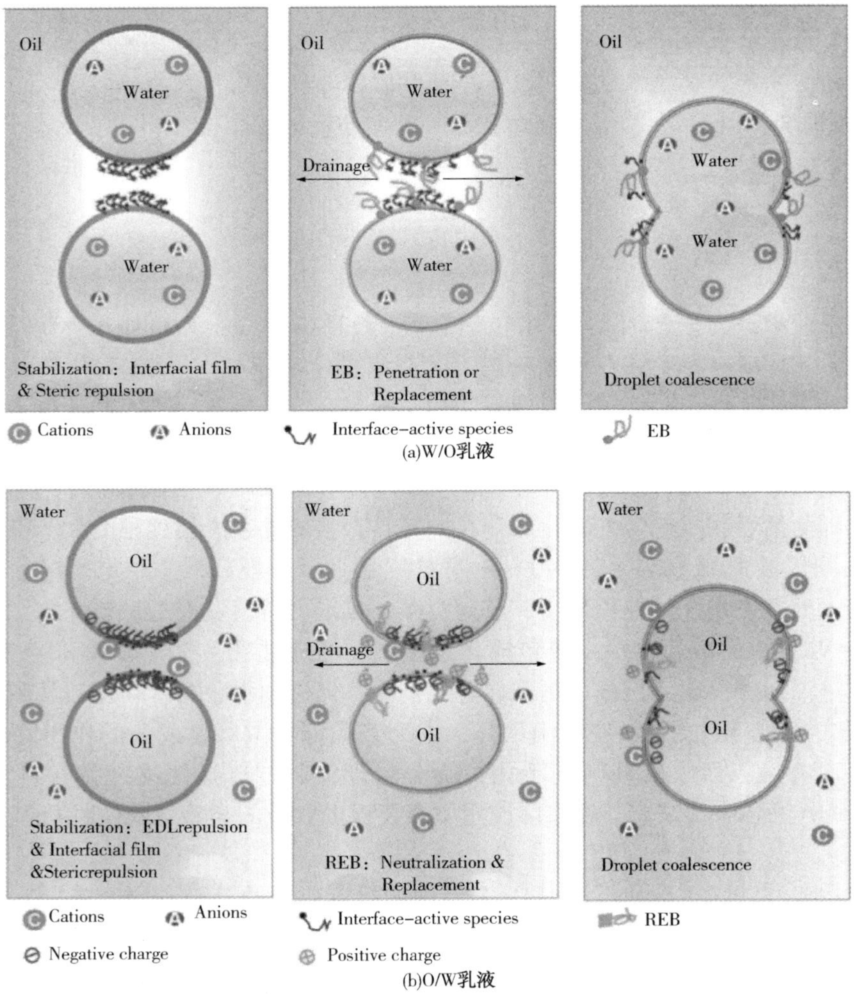

图1　不同类型乳液稳定和破乳机制示意图[9]

3 水包油乳液破乳方法

3.1 化学破乳

化学破乳是石油工业中处理乳化含油废水(O/W 乳液)的重要手段，其核心在于通过添加破乳剂破坏乳化剂膜，降低油水界面张力，从而促进油滴聚并和分离。破乳剂作为化学破乳的核心手段，其发展经历了从传统离子型到新型功能化材料的演变。近年来，随着对乳液稳定机制的深入解析，破乳剂的设计已逐步从经验性配方转向基于构效关系的定向开发[12~14]。

破乳剂按分子特性可分为离子型(如阳离子聚季铵盐)、离子液体(ILs)、非离子型(如聚醚类化合物)及磁性破乳剂(如磁性氧化石墨烯)[15]。其核心性能要求包括：高水相溶解性与扩散能力，需快速渗透至油/水界面并避免在连续相中形成沉淀；强界面活性，优先吸附于界面膜并通过静电中和或空间位阻效应破坏乳化剂膜；竞争性吸附能力，与天然表面活性物质(如胶质、沥青质)争夺界面结合位点并替代其稳定作用；吸附后形成的界面层应缺乏机械强度，避免形成新的稳定膜；以及低毒性、易获取性、成本可控性及大规模工业适用性[16]。水溶性破乳剂(REBs)作为针对 O/W 乳液的稳定破坏剂，其核心作用在于中和油滴表面的负电荷，从而消除双电层排斥力，促进油滴在范德华力作用下的聚结。理想的 REB 需具备高效中和油滴电荷的能力，并诱导带电物质向油/水界面迁移。当前研究中，阳离子 REB 和离子液体(ILs)被广泛验证为有效的 O/W 乳液破乳剂，同时新型材料如氧化石墨烯纳米片、磁性氧化石墨烯和胺功能化磁性纳米颗粒也展现出潜在应用价值[17]。

近年来，破乳剂作用机制的研究取得显著进展。分子动力学模拟揭示了破乳剂在油/水界面的吸附行为，发现其可降低界面弹性模量并增加界面柔性，从而削弱乳液稳定性，例如聚季铵盐类 REBs 的引入使界面弹性模量下降 50%以上，促进油滴聚结[18]，阳离子破乳剂通过中和油滴表面负电荷、消除电双层排斥，使油滴在范德华力作用下接近并聚并。AFM 研究表明，破乳剂的特殊拓扑结构可渗透至原有界面膜中，取代天然乳化剂并形成松散多孔结构，降低膜的机械强度，例如树枝状大分子聚酰胺胺(PAMAM)破乳剂的疏水链段与界面活性物质的强相互作用可使膜厚度减少 40%[19]。温度、pH 值及外部场(如电场)对破乳剂性能的增强效应被系统量化，例如升温至 60℃可使 REBs 的界面扩散速率提升 3 倍，而电场辅助下油滴聚结效率提高 50%[20]。

基于机制研究的突破，新型破乳剂的设计呈现以下趋势：商业 REB 通过改性聚酰胺等聚合物，引入特定官能团形成多样化结构，例如聚季铵盐、三元共聚物、聚醚-聚季铵盐共聚物及烷基三甲基卤化铵等均被开发用于 O/W 乳液破乳[21]；基于胺的树枝状大分子聚酰胺胺(PAMAM)因其独特的三维结构被广泛用于 O/W 乳液破乳[22]；功能化离子液体通过引入特定阴离子(如双氰胺、磺酸盐)或阳离子(如咪唑、吡啶)，可同时实现电荷中和与界面膜破坏[23]；磁性响应材料在外部磁场驱动下可定向迁移至油/水界面，加速破乳过程，实验表明磁场强度每增加 1T，油滴沉降速率提高 20%[24]；智能响应型破乳剂基于 pH/温度响应性聚合物(如聚丙烯酸酯)可动态调节界面吸附行为，适应不同乳液体系的分离需求[25]。

尽管破乳剂研究取得重要进展，仍需解决以下问题：复杂体系适应性方面，高盐度、高乳化剂含量或非牛顿流体特性乳液对破乳剂的稳定性提出更高要求；环境友好性方面，部分合成破乳剂存在生物降解性差的问题，需开发可降解材料(如淀粉基或壳聚糖衍生物)；规模化应用瓶颈方面，实验室高效破乳剂在工业场景中常面临成本高、操作条件苛刻等限制；此外，环境条件(如温度、pH 值和离子强度)也会显著影响化学破乳剂的性能，因此在实际应用中需要优化操作条件以提高破乳效率。未来，结合人工智能辅助分子设计、多尺度模拟及绿色化学合成方法，有望推动破乳剂从“经验导向”向“机制驱动”转型，为石油工业提供更高效、可持续的分离解决方案。

3.2 物理破乳

3.2.1 加热破乳

加热破乳是石油工业中传统的破乳方法，主要通过提高乳液的温度来降低油滴的黏度，从而促进油滴的聚并和沉降。在加热过程中，乳液的黏度降低，油滴的布朗运动增强，使得油滴之间的碰撞频率增加，从而提高聚并的速率。此外，加热还可以降低乳化剂的稳定性，使其更容易从油水界面解吸，从而削弱 O/W 乳液的稳定性[26]。

加热破乳的优势在于其操作简单，适用于多种乳液体系。例如，在油田采出水处理过程中，加热可以显著提高油水分离的效率，减少化学破乳剂的使用量[27]。此外，加热破乳还可以与其他破乳方法结合使用，例如在加热的同时施加电场，以进一步提高破乳效率[26,28]。然而，加热破乳的主要缺点在于其能耗较高，特别是在大规模工业应用中，加热过程需维持高温(通常 80~120℃)数小时，导致燃料消耗大，碳排放量高，与当前“双碳”目标相悖。此外，某些乳液体系对温度变化较为敏感，加热可能引起乳化剂的分解或乳液类型的转换，从而影响破乳效果。

3.2.2 电破乳

电破乳是一种利用电场作用破坏 O/W 乳液稳定性的方法，主要通过电场诱导油滴的聚并和沉降[29]。在电破乳过程中，乳液被置于电场中，油滴受到电场力的作用，发生定向运动，从而促进油滴的聚并，此外电场还可以改变油滴的表面电荷状态，降低油滴之间的静电排斥，从而提高聚并的速率。

电破乳的优势在于其高效、可控、更为环保，特别适用于含有带电油滴的 O/W 乳液体系，电破乳可以在较低的温度和压力条件下进行，因此不会对乳液的化学性质造成显著影响[30]。然而，电破乳的主要缺点在于其对乳液的电导率要求较高，某些乳液体系可能需要额外的添加剂来提高电导率，此外电破乳设备的成本较高，且在处理高黏度乳液时，电场可能难以穿透整个乳液体系，从而影响破乳效果。

3.2.3 超声破乳

超声破乳是一种基于机械振动原理的物理破乳方法，通过高频声波在油水乳液中产生空化效应、剪切力和振动速度差异，破坏乳液稳定性并促进油水分离。其作用机理主要包括[31]：①超声波在液体中传播时，油相和水相因密度差异产生不同的振动速度，导致液滴碰撞聚并；②空化效应产生的微射流和局部高温高压可破坏乳化剂膜，降低界面张力；③高频振动增强液滴布朗运动，提高聚并速率。

超声破乳具有无化学试剂污染、能耗低、通用性强等优点，且对不同乳液类型(O/W 或 W/O)和组成(含油量、乳化剂种类)的适应性较强。此外，超声设备模块化设计便于工业放大，例如采用多级超声反应器串联操作可进一步提升处理效率。然而，研究表明超声功率存在临界值(Critical Power Threshold)，当功率超过该阈值时，空化产生的微射流和局部高压会破坏已聚并的油滴，引发二次乳化；另外实验室规模的超声破乳效率难以直接映射到工业场景，需解决声场均匀性和设备稳定性问题[32]。

总体而言，物理破乳是一种重要的破乳方法，其优势在于无须使用化学试剂，具有环境友好性和较低的处理成本。然而，物理破乳方法的局限性在于其能耗较高、设备成本较高以及对 O/W 乳液特性的依赖性较强。在实际应用中，需要根据具体工艺条件和乳液特性选择合适的破乳方法，或结合多种破乳方法以提高破乳效率。

3.3 生物破乳

3.3.1 微生物降解

微生物降解是生物破乳的一种重要方法，主要通过微生物代谢活动降解 O/W 乳液中的乳化剂或其他稳定组分，从而破坏乳液的稳定性。在石油工业中，某些微生物(如假单胞菌、芽孢杆菌和曲霉菌等)能够利用天然乳化剂(如胶质、沥青质和皂类物质)作为碳源，并在代谢过程中将其分解，从而降低 O/W 乳液的稳定性[33]。此外，某些微生物还能分泌生物表面活性剂(如鼠李糖脂、槐糖脂等)，这些生物表面活性剂可以与 O/W 乳液中的天然乳化剂相互作用，改变油水界面的性质，促进油滴的聚并和分离[34]。

微生物降解的优势在于其高效性和环境友好性。相比化学破乳，微生物降解不会引入额外的化学物质，从而减少二次污染的风险。此外，某些生物表面活性剂具有良好的生物降解性，能够在自然环境中被进一步分解，降低对生态环境的影响。然而，微生物降解的主要挑战在于其反应条件的依赖性较强。例如，微生物的生长和代谢通常受到温度、pH 值、溶解氧和营养物质等因素的影响，因此在实际应用中需要优化培养条件以提高破乳效率。此外，某些天然乳化剂可能对微生物的降解作用不敏感，导致破乳效果受限[35]。

3.3.2 酶催化

酶催化是另一种重要的生物破乳方法，主要通过特定的酶(如脂肪酶、酯酶和蛋白酶)催化 O/W 乳液中的乳化剂或其他稳定组分的降解反应，从而破坏乳液的稳定性。例如，脂肪酶能够催化油脂的水解反应，使其分解为甘油和脂肪酸，从而降低 O/W 乳液的稳定性。此外，酯酶可以催化酯类乳化剂的水解，使其失去乳化能力，从而促进油水分离[36]。

酶催化的优势在于其高度的专一性和高效性。相比化学破乳剂，酶催化反应通常在温和条件下进行，不会对 O/W 乳液的化学性质造成显著影响。此外，某些酶(如脂肪酶)能够在较宽的温度和 pH 范围内发挥作用，使其适用于多种 O/W 乳液体系[37]。然而，酶催化的主要挑战在于其成本较高。例如，某些工业级酶制剂的生产成本较高，且在某些情况下，酶的活性可能受到 O/W 乳液体系中杂质的影响。此外，某些天然乳化剂可能对酶的作用不敏感，导致破乳效果受限。

生物破乳的主要优势在于其环境友好性和可持续性。此外，生物破乳技术在某些特定条件下可能比化学破乳更高效。例如，在低温或高盐度环境下，某些微生物或酶制剂可能比化学破乳剂更有效地破坏 O/W 乳液的稳定性。然而，生物破乳仍面临一些挑战。首先，虽然生物破乳剂(如生物表面活性剂和酶制剂)在实验室研究中表现出良好的破乳效果，但在大规模工业应用中，其生产成本不易控制，影响其经济可行性。其次，生物破乳的反应条件依赖性较强，例如微生物的生长和代谢通常受到环境因素(如温度、pH 值和溶解氧)的显著影响，在实际应用中需要优化培养条件以提高破乳效率。此外，某些 O/W 乳液体系可能对生物破乳剂的适应性较差，例如高黏度乳液或含有复杂乳化剂的体系，这可能限制生物破乳的适用范围。

3.4 膜破乳

膜破乳是一种新兴的物理破乳技术，其核心原理基于膜材料的孔径筛分和界面相互作用，可通过以下两种方式实现破乳：一是挤压聚结破乳，当乳液通过膜时，在外部压力作用下，液滴被强制挤压穿过膜孔，由于膜孔径通常小于乳液液滴尺寸，液滴在穿过过程中经历剧烈的不均匀变形，导致乳化剂膜破裂并释放分散相，破碎的分散相随后被膜表面润湿并吸附，逐渐聚结成大液滴，进而在重力作用下实现油水分离[38]；二是依赖材料孔隙结构的筛分机制及疏分散相特性，通过尺寸排阻效应将分散相截留在材料一侧，而连续相穿过膜孔[39]。

膜破乳受进水波动影响较小，可确保出水水质均一性，且无须添加化学试剂，避免了二次污染，其模块化设备也便于工业集成和空间优化。然而，其仍面临众多挑战：①由于对流输运速率高于扩散回流速率，溶质在膜表面富集，形成浓度极化层，导致渗透压升高、通量下降及截留性能波动，低跨膜压力(TMP)和缓慢流速会加剧这一现象[40]。②乳液组分(如油滴、胶体、有机物)在膜表面沉积形成污染层，显著降低通量并缩短膜寿命[41]。③聚合物膜在长期运行中易发生功能降解，尤其对极性物质和含氯溶液敏感。

针对上述膜破乳过程中的关键问题，研究者们提出了多种缓解策略以减少浓度极化与膜污染对膜性能的影响，一方面可优化分离模式，使乳液流动方向与膜表面相切(错流模式)，在膜表面形成湍流或高剪切应力层流，降低膜表面分散相积累[42]；另一方面可通过调整跨膜压力和流速以平衡通量与污染风险，例如采用间歇脉冲式进料和周期性膜清洗(包括反冲洗和超声波清洗等物理清洗，以及如酸洗、碱洗和氧化剂清洗等化学清洗)以缓解膜污染；此外，采用动态分离模式(在分离过程中持续、稳定移除分散相)，可能是从根本上避免浓差极化与膜污染的可行方向[39]。

膜破乳技术凭借其绿色、高效等优势具有广阔的应用前景，未来，智能响应膜、低成本抗污染材料及多功能集成系统的开发有望进一步提升分离效率并降低运营成本，为乳液处理提供可持续解决方案，推动膜破乳在复杂乳液体系中的广泛应用。

4 新型单元破乳技术工程应用实例

为了实现石油化工行业乳化含油废水处理的长远目标，即污染物极低排放、能耗物耗极低消耗，国内外研究者积极开发了众多创新型单元破乳技术。总体来看，以物理法为核心的破乳技术，因其低能耗、低排放、低污染、资源化等优势，成为未来发展的主流[43]。一些已实现工业化的典型实例如下：

(1) 组合纤维聚结除油技术(CFC)[44,45]

这是一种利用特殊润湿性的纤维聚结模块作为核心，以“X/Ω”形态将亲/疏水纤维组合编织，实现不同尺寸油滴的分步分级脱除的技术(图2)。该技术由杨强等人研发，其工作原理为：含油废水在泵的推动下进入CFC装置，在装置内部形成上升流动；含油废水与填充在装置内部的组合纤维聚结模块接触，组合纤维聚结模块由亲水纤维和亲油纤维按一定比例和形态组合编织而成，构成了多级纤维聚结单元；在多级纤维聚结单元中，油水乳液流动过程中乳化液滴会在异质纤维交叉节点处因油水极性受力差异而发生破乳。该技术的优势是：

组合纤维聚结模块具有梯度润湿性和高孔隙率，能提供充足的特殊润湿性表面和聚结空间；组合纤维聚结模块具有良好的破乳能力，能处理难以分离的乳化油；组合纤维聚结模块具有良好的耐久性和抗污染性，能长期稳定运行。

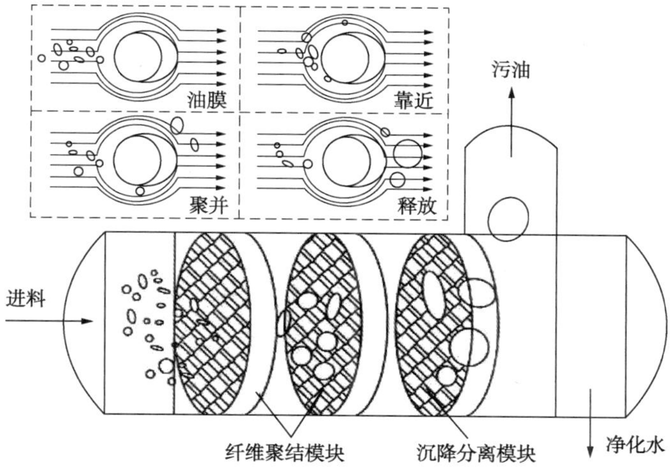

图 2　新型纤维聚结装置结构及分离原理

（2）沸腾床分离技术[46]

这是一种利用亲水和亲油的混合颗粒介质构造颗粒微通道分离床层，并耦合旋流再生技术实现连续分离的技术。该技术的工作原理是：含油废水与填充在分离器内部的混合颗粒介质接触，混合颗粒介质由亲水颗粒和亲油颗粒按一定比例混合而成，构成了具有梯度润湿性的床层；由于油水对介质的亲和力差异和流速差异，实现油水分离；分离完成后向分离器内注入旋流气体，将混合颗粒介质搅动起来，并将其输送至旋流再生器；在旋流再生器中，利用旋流气体的离心力，将混合颗粒介质中的油滴和悬浮物分离出来，并通过冷凝回收；再生后的混合颗粒介质重新输送回分离器，实现循环利用。该技术的优势是：颗粒微通道分离床层具有高分离效率和高处理量，能适应不同浓度和粒径的含油废水；旋流再生技术能实现混合颗粒介质的高效清洗和回收，无须添加化学药剂，无二次污染。

（3）大孔隙聚合物萃取技术（MPPE）[47]

这是一种利用大孔隙聚合物颗粒作为载体，内填不易挥发的特殊疏水性萃取剂，通过萃取和蒸汽再生的方式，高效去除水中的油类物质的技术（图 3）。该技术由荷兰阿克苏诺贝尔（Akzo Nobel）公司开发，其工作原理为：含油废水与填充在 MPPE 装置内部的大孔隙聚合物颗粒接触，疏水的聚合物颗粒和在颗粒内部孔隙中填充的特殊疏水性萃取剂将油类物质从水相中萃取出来，实现油水分离。分离完成后向 MPPE 装置内注入低压蒸汽，将吸附在颗粒上的油类物质脱附出

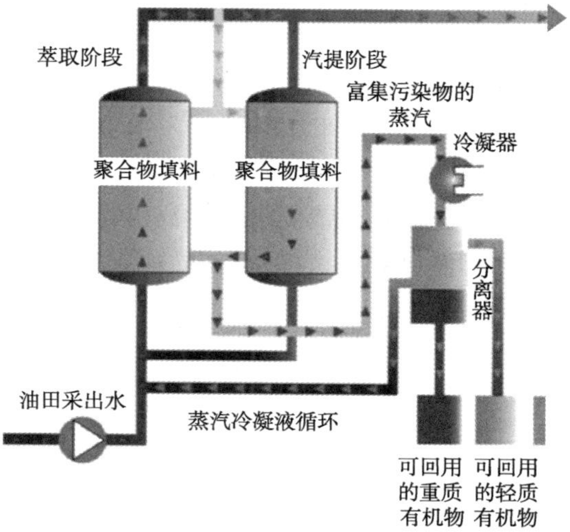

图 3　MPPE 技术的工艺流程示意图[33]

来，并通过冷凝回收。该技术的优势是：大孔隙聚合物颗粒具有高比表面积和高孔隙率，能提供充足的接触面积和萃取空间；特殊疏水性萃取剂对水中的油类物质具有高选择性和高亲和力，能实现高效去除；蒸汽再生方式能实现连续运行和资源回收，无须添加化学药剂。

(4) 天然气凝析液注入聚结技术(CTour)[48]

这是一种利用井口产出的天然气凝析液作为聚结剂，与含油废水混合后，通过萃取和相似亲和的原理，促进油滴聚并增大的预处理技术(图4)。该技术由美国 ProSep 公司研发，其工作原理为：收集足够的天然气凝析液，使其在工作压力和温度下处于液态；凝析液与含油废水在混合器中充分混合，使油类污染物被凝析液萃取；后续再经由聚结器或旋流器等设备处理，分离凝析液与水。该技术的优势是：天然气凝析液作为聚结剂，可有效提高油滴的亲和性和聚并速度；同时，天然气凝析液也是一种有价值的资源，可以回收利用；此外，该技术无须添加化学药剂，避免了二次污染和药耗成本。

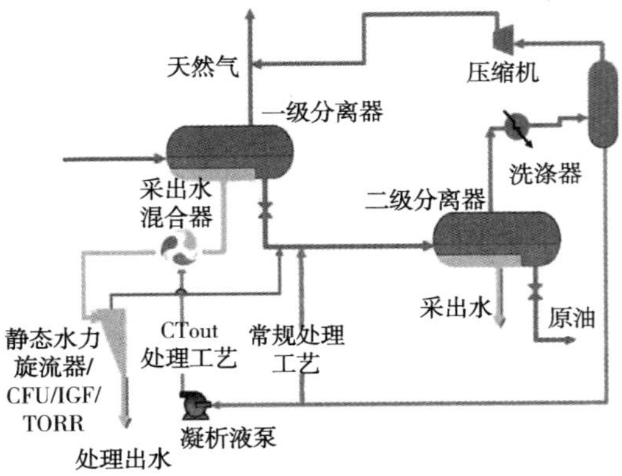

图4 CTour 技术的基本工作原理示意图[34]

(5) OMS 含油废水处理技术[49]

这是一种利用 OSORB 吸附剂作为载体，通过吸附和蒸汽或凝析液再生的方式，广泛去除水中的油类物质的技术[35]。该技术由美国 ProSep 公司开发，其工作原理为：含油废水进入 OMS 装置后，与填充在装置内部的 OSORB 吸附剂接触，OSORB 吸附剂是一种基于硅基材料的有机改性介孔材料，通过对水中的油类物质的吸附作用，从而实现油水分离。分离完成后，向 OMS 装置内注入蒸汽或凝析液，将吸附在 OSORB 上的油类物质脱附出来，并通过冷凝回收。该技术的优势是：OSORB 吸附剂具有高比表面积和高孔隙率，能提供充足的接触面积和吸附空间；OSORB 吸附剂对水中的油类物质具有高选择性和高亲和力，能实现广谱去除；蒸汽或凝析液再生方式能实现连续运行和资源回收，无须添加化学药剂，无二次污染。

还有一些新型的单元处理技术也值得关注，如超声波技术、臭氧催化氧化技术（O_3/AC)、Fenton 氧化技术（Fenton)、电催化氧化技术(EC)、湿式氧化技术(WAO)、催化湿式氧化技术（CWAO)、超临界水氧化技术（SCWO)等。这些技术主要利用物理或化学作用对含油废水中难降解或有毒有害物质进行深度处理或无害化处理，提高含油废水的可生化性或达到达标排放或回用要求。这些技术在实验室或中试阶段已经取得了一定的效果，但还存在一些问题和挑战，如能耗高、运行成本高、操作复杂等，需要进一步完善和优化[39,40]。

5 总结与展望

针对该领域当前研究的局限性与存在的问题，为实现对油水乳液的高效、低耗、绿色处理，对未来研究作出以下展望：

(1) 通过整合化学破乳剂(如阳离子 REBs、离子液体)、物理破乳手段(如电场、超声)

设计具有多重作用机制的复合体系可能成为研究重点。

（2）绿色物理破乳方法（如低温脉冲电破乳和高效超声破乳）的优化将有助于降低能耗，提高破乳技术的可持续性。

（3）开发低成本、高适应性的生物破乳剂是未来趋势，此外利用微生物代谢产物辅助破乳，有望形成“生物-化学”协同路径生物破乳技术的进一步发展将推动低成本、高适应性的生物破乳剂的开发。

（4）膜破乳技术需突破污染导致通量衰减的瓶颈，基于纳米涂层（如石墨烯氧化物）、动态响应材料（如 pH/温度敏感膜）或仿生结构的抗污染膜可延长膜寿命，动态反冲洗策略或外场辅助清洗技术，有望实现膜系统的自适应调控。

（5）着重探究物理法组合工艺的协同原理和效应，构建多级联合或者是一体化的处理工艺，开发出更优化、协调、创新的处理技术，以实现乳化含油废水的高效处理和资源化利用。

参 考 文 献

[1] GALÍ A, DOSTA J, MACÉ S, et al. Comparison of reject water treatment with nitrification/denitrification via nitrite in SBR and SHARON chemostat process[J]. Environmental Technology, 2007, 28(2): 173-176.

[2] CHEN J, ZHANG W, WAN Z, et al. Oil spills from global tankers: Status review and future governance [J]. Journal of Cleaner Production, 2019, 227: 20-32.

[3] DENG Y, DAI M, WU Y, et al. Emulsion system, demulsification and membrane technology in oil-water emulsion separation: A comprehensive review[J]. Critical Reviews in Environmental Science and Technology, 2023, 53(12): 1254-1278.

[4] FERNÁNDEZ E, BENITO J M, PAZOS C, et al. Regeneration of an oil-in-water emulsion after use in an industrial copper rolling process[J]. Colloids and Surfaces A: Physicochemical and Engineering Aspects, 2005, 263(1): 363-369.

[5] YU L, HAN M, HE F. A review of treating oily wastewater[J]. Arabian Journal of Chemistry, 2017, 10: S1913-S1922.

[6] GUPTA R K, DUNDERDALE G J, ENGLAND M W, et al. Oil/water separation techniques: a review of recent progresses and future directions[J]. Journal of Materials Chemistry A, 2017, 5(31): 16025-16058.

[7] JAMALY S, GIWA A, HASAN S W. Recent improvements in oily wastewater treatment: Progress, challenges, and future opportunities[J]. Journal of Environmental Sciences, 2015, 37: 15-30.

[8] RUCKENSTEIN E. Microemulsions, Macroemulsions, and the Bancroft Rule[J]. Langmuir, 1996, 12(26): 6351-6353.

[9] WANG D, YANG D, HUANG C, et al. Stabilization mechanism and chemical demulsification of water-in-oil and oil-in-water emulsions in petroleum industry: A review[J]. Fuel, 2021, 286: 119390.

[10] HARKINS W D, DAVIES E C H, CLARK G L. The orientation of molecules in the surfaces of liquids, the energy relations at surfaces, solubility, adsorption, emulsification, molecular association, and the effect of acids and bases on interfacial tension. 1 (surface energy vi.)[J]. Journal of the American Chemical Society, 1917, 39(4): 541-596.

[11] RAYNER M, TRÄGÅRDH G, TRÄGÅRDH C, et al. Using the Surface Evolver to model droplet formation processes in membrane emulsification[J]. Journal of Colloid and Interface Science, 2004, 279(1): 175-185.

[12] 李松涛，赵谨，张丽锋．超支化聚酰胺-胺的合成及其在 O/W 型乳状液的破乳应用[J]．化工进展，2023，42(1)：401-408.

[13] 张丽锋，詹宁宁，陈翠婷，等．改性超支化聚乙烯亚胺破乳剂的合成及其应用[J]．石油学报(石油加工)，2021，37(3)：584-592.

[14] KUANG J，MI Y，ZHANG Z，et al. A hyperbranched Poly(amido amine) demulsifier with trimethyl citrate as initial cores and its demulsification performance at ambient temperature[J]. Journal of Water Process Engineering，2020，38：101542.

[15] LIU J，WANG H，LI X，et al. Recyclable magnetic graphene oxide for rapid and efficient demulsification of crude oil-in-water emulsion[J]. Fuel，2017，189：79-87.

[16] WANG Q，PUERTO M C，WARUDKAR S，et al. Recyclable amine-functionalized magnetic nanoparticles for efficient demulsification of crude oil-in-water emulsions[J]. Environmental Science：Water Research & Technology，2018，4(10)：1553-1563.

[17] LIU J，LI X，JIA W，et al. Demulsification of Crude Oil-in-Water Emulsions Driven by Graphene Oxide Nanosheets[J]. Energy & Fuels，2015，29(7)：4644-4653.

[18] WANG S，AXCELL E，BOSCH R，et al. Effects of Chemical Application on Antifouling in Steam-Assisted Gravity Drainage Operations[J]. Energy & Fuels，2005，19(4)：1425-1429.

[19] BI Y，LI W，LIU C，et al. Dendrimer-Based Demulsifiers for Polymer Flooding Oil-in-Water Emulsions [J]. Energy & Fuels，2017，31(5)：5395-5401.

[20] WANG J，Li，C. Q.，Qu，H. J.，et al. Terminal Group Effects on Demulsification Using Dendrimers [J]. Petroleum Science and Technology，2010，28(9)：883-891.

[21] SUN H，WANG Q，LI X，et al. Novel polyether-polyquaternium copolymer as an effective reverse demulsifier for O/W emulsions：Demulsification performance and mechanism[J]. Fuel，2020，263：116770.

[22] YAO X，JIANG B，ZHANG L，et al. Synthesis of a Novel Dendrimer-Based Demulsifier and Its Application in the Treatment of Typical Diesel-in-Water Emulsions with Ultrafine Oil Droplets[J]. Energy & Fuels，2014，28(9)：5998-6005.

[23] BERA A，BELHAJ H. Ionic liquids as alternatives of surfactants in enhanced oil recovery—A state-of-the-art review[J]. Journal of Molecular Liquids，2016，224：177-188. DOI：10. 1016/j. molliq. 2016. 09. 105.

[24] LIU J，WANG H，LI X，et al. Recyclable magnetic graphene oxide for rapid and efficient demulsification of crude oil-in-water emulsion[J]. Fuel，2017，189：79-87.

[25] LIU J，LI X，JIA W，et al. Demulsification of Crude Oil-in-Water Emulsions Driven by Graphene Oxide Nanosheets[J]. Energy & Fuels，2015，29(7)：4644-4653.

[26] TAYLOR S E. Thermal destabilisation of bitumen-in-water emulsions—A spinning drop tensiometry study [J]. Fuel，2011，90(10)：3028-3039.

[27] SAAD M A，KAMIL M，ABDURAHMAN N H，et al. An Overview of Recent Advances in State-of-the-Art Techniques in the Demulsification of Crude Oil Emulsions[J]. Processes，2019，7(7)：470.

[28] MOWEA W S，IBRAHIM R I，OUDAH M K. Electromagnetic Heating for the Separation of Water-Oil Emulsion[J]. Petroleum Chemistry，2024，64(1)：53-61.

[29] YASIR A T，HAWARI A H，TALHAMI M，et al. The impact of electric field on the demulsification efficiency in an electro-coalescence process[J]. Journal of Electrostatics，2023，122：103796.

[30] LI W，ZENG H，TANG T. Molecular dynamics simulation on water/oil interface with model asphaltene subjected to electric field[J]. Journal of Colloid and Interface Science，2022，628：924-934.

[31] PEDROTTI M F，ENDERS M S P，PEREIRA L S F，et al. Intensification of ultrasonic-assisted crude oil demulsification based on acoustic field distribution data[J]. Ultrasonics Sonochemistry，2018，40：53-59.

[32] XU X, CAO D, LIU J, et al. Research on ultrasound-assisted demulsification/dehydration for crude oil [J]. Ultrasonics Sonochemistry, 2019, 57: 185-192.

[33] YAO L, SELMI A, ESMAEILI H. A review study on new aspects of biodemulsifiers: Production, features and their application in wastewater treatment[J]. Chemosphere, 2021, 284: 131364.

[34] COUTINHO J O P A, SILVA M P S, MORAES P M, et al. Demulsifying properties of extracellular products and cells of Pseudomonas aeruginosa MSJ isolated from petroleum-contaminated soil[J]. Bioresource Technology, 2013, 128: 646-654.

[35] HUANG X, PENG K, LU L, et al. Carbon Source Dependence of Cell Surface Composition and Demulsifying Capability of Alcaligenes sp. S-XJ-1[J]. Environmental Science & Technology, 2014, 48(5): 3056-3064.

[36] SABATI H, MOTAMEDI H. Ecofriendly demulsification of water in oil emulsions by an efficient biodemulsifier producing bacterium isolated from oil contaminated environment[J]. Biotechnology Letters, 2018, 40(7): 1037-1048.

[37] WEN Y, CHENG H, LU L J, et al. Analysis of biological demulsification process of water-in-oil emulsion by Alcaligenes sp. S-XJ-1[J]. Bioresource Technology, 2010, 101(21): 8315-8322.

[38] ZHU X, ZHU L, LI H, et al. Enhancing oil-in-water emulsion separation performance of polyvinyl alcohol hydrogel nanofibrous membrane by squeezing coalescence demulsification[J]. Journal of Membrane Science, 2021, 630: 119324.

[39] LIU Z, SI Y, YU C, et al. Bioinspired superwetting oil-water separation strategy: toward the era of openness [J]. Chemical Society Reviews, 2024, 53(20): 10012-10043. DOI: 10.1039/D4CS00673A.

[40] MATTHIASSON E, SIVIK B. Concentration polarization and fouling[J]. Desalination, 1980, 35: 59-103.

[41] KO M K, PELLEGRINO J J. Determination of osmotic pressure and fouling resistance and their effects of performance of ultrafiltration membranes[J]. Journal of Membrane Science, 1992, 74(1): 141-157.

[42] HONG A C, FANE A G, BURFORD R P. The effects of intermittent permeate flow and crossflow on membrane coalescence of oil-in-water emulsions[J]. Desalination, 2002, 144(1): 185-191.

[43] ALI N, BILAL M, KHAN A, et al. Design, engineering and analytical perspectives of membrane materials with smart surfaces for efficient oil/water separation [J]. TrAC Trends in Analytical Chemistry, 2020, 127: 115902.

[44] LU H, PAN Z, WANG H, et al. Fiber coalescence treatment of oily wastewater: A new theory and application[J]. Journal of Hazardous Materials, 2021, 412: 125188.

[45] LU Z, HU Z, LUO H, et al. Application of a combined fibrous coalescence technique in deep purification separation of composite ionic liquid alkylation reaction products[J]. Journal of Cleaner Production, 2020, 261: 121290.

[46] 洪波. 取消药剂消耗的电脱盐污水物理法预处理[J]. 化工进展, 2022, 41(5): 2788-2796.

[47] 邓欣艳, 陈家庆, 孔惠. 大孔隙聚合物萃取技术及其在水处理中的应用[J]. 工业水处理, 2009, 29(2): 5.

[48] VOLDUM K, GARPESTAD E, ANDERSSEN N O, et al. The CTour Process, An Pption to Comply with Zero Harmful Discharge Legislation in Norwegian Waters-Experience of CTour Installation on Ekofisk After Start up 4th Quarter 2007; proceedings of the Abu Dhabi International Petroleum Exhibition and Conference, F, 2008[C]. SPE-118012-MS.

[49] SMATHERS C, JACKSON T, BUCKWALD S, et al. Removing Dispersed and Dissolved Hydrocarbons From Water Using Adsorption Media Systems With Multiple Regeneration Processes[M]. 2018.

工业水处理系统绿色阻垢剂的研究进展

雷　雪　秦　冰　孙　飞　乔富林

（中石化石油化工科学研究院有限公司，北京 100083）

【摘要】 本文系统梳理了绿色阻垢剂的主要类型：天然高分子衍生物、合成聚合物及新型功能材料。其作用机理主要包括螯合增溶、晶格畸变、凝聚–分散及复配协同效应，通过干扰晶体成核生长实现高效阻垢。然而，绿色阻垢剂在产业化应用中仍面临高温高盐工况下稳定性不足、阻顽固垢类效率低、成本偏高、动态应用效果与实验室数据差异大以及生态安全性评估不完善等挑战。未来研究需聚焦分子精准设计、纳米复合技术、生物基材料开发及全生命周期评估，突破性能瓶颈并推动绿色阻垢剂的规模化应用。

【关键词】 工业水处理　绿色阻垢剂　阻垢机理　应用挑战

1　引　　言

结垢是工业水处理系统（如油田注水、循环冷却水）中普遍存在的难题。由钙、镁、硅等矿物离子形成的碳酸钙、硫酸钙、硅酸盐等沉积物会显著降低传热效率、堵塞管道、诱发垢下腐蚀，导致设备损坏和生产停滞[1]。相较于物理防垢技术，化学阻垢剂具有操作简便、成本低廉、适用性广的优势。早期阻垢剂主要依赖无机化合物和简单有机分子，这些方法虽然能在一定程度上抑制垢物沉积，但无机磷酸盐稳定性差、易水解产生正磷酸盐，导致二次结垢（磷酸钙垢）和微生物滋生风险；强酸的使用则伴随着设备腐蚀加剧和操作安全隐患[1]。

有机膦酸盐（如羟基亚乙基二膦酸 HEDP、氨基三甲叉膦酸 ATMP）在 20 世纪 60~70 年代的出现是阻垢剂技术的重要进展[2]。它们通过与钙、镁等金属离子形成稳定络合物、抑制晶体生长以及分散晶核等方式，展现出更高的阻垢效率、化学稳定性和缓蚀协同效应，迅速在油田、冷却水等领域获得广泛应用。然而，传统有机磷系阻垢剂 HEDP、ATMP 及部分聚合物阻垢剂存在生物降解性差、易造成水体富营养化、含磷/氮污染等问题[2,3]。随着环保法规日益完善及“绿色化学”理念的普及，环境友好、可生物降解、低（无）磷/氮的绿色阻垢剂成为研究热点[4,5]。本文系统梳理绿色阻垢剂的分类、作用机理、研究现状及应用挑战，并展望了其未来发展方向。

2　绿色阻垢剂

绿色阻垢剂的发展核心在于环境友好性与高效性的平衡，其主要类型可归纳为天然高分子衍生物、合成聚合物及新型功能材料。研究者通过分子设计、绿色催化及缓释技术突破传统局限，推动阻垢剂向低毒、可降解方向演进。

2.1 天然高分子衍生物

天然高分子以其可再生性和低生态毒性成为研究热点，主要包括植物提取物(如单宁酸、木质素)及多糖改性产物。例如，以菊粉为原料经羧甲基化修饰制得的羧甲基菊粉(CMI)，在 n(氢氧化钠)：n(菊粉)= 4：1、50℃反应4h时工艺最优，阻碳酸钙垢率达78%(40mg/L)，其多羟基结构通过晶格畸变干扰晶体规整生长，且发光细菌实验证实其无生物毒性[6]。然而，天然产物分子量分布宽导致性能波动，需通过分级纯化解决。改性木质素基阻垢剂(如PSYB)在20mg/L下对 $CaCO_3$ 阻垢率高达99.2%，缓释91天后仍保持84.42%阻垢率[7]。尽管天然材料环保优势突出，但其原料成分复杂、改性反应位点不均一，工业化放大仍面临挑战。

2.2 合成聚合物类阻垢剂

合成聚合物类阻垢剂中，聚环氧琥珀酸(PESA)和聚天冬氨酸(PASP)是两类典型代表。PESA的合成以马来酸酐为原料，经环氧化(钨酸钠催化，H_2O_2 氧化)生成环氧琥珀酸(ESA)，再在 $Ca(OH)_2$ 引发下开环聚合制得，其结构式见图1。优化工艺表明，在 n(氢氧化钠)：n(马来酸酐)= 1.5：1、90℃聚合3h条件下，产物阻垢率达90.3%(6mg/L)，其醚键与羧基协同螯合钙离子，但耐温性不足(>80℃效率衰减30%)[8]。PESA常与少量有机膦复配，利用协同效应显著提升阻垢率并降低总磷含量[9]。

PASP通常以马来酸酐和尿素缩合生成聚琥珀酰亚胺(PSI)，再经碱性水解或与含功能性基团的胺类(如牛磺酸、对氨基苯磺酸)开环改性制得，典型PASP合成方法见图2。其阻垢性能可通过侧链引入磺酸基、羧基等增强[11]。改性PASP对 $CaCO_3$、$CaSO_4$ 垢阻垢率可达95%以上，且28天生物降解率超60%[12]。近年来，衣康酸共聚物因双羧基结构备受关注。刘展等[13]以衣康酸(IA)、苯乙烯磺酸钠(SSS)自由基共聚，产物对碳酸钙垢的阻垢率>97%，其优势在于磺酸基赋予的高硬度水适应性。

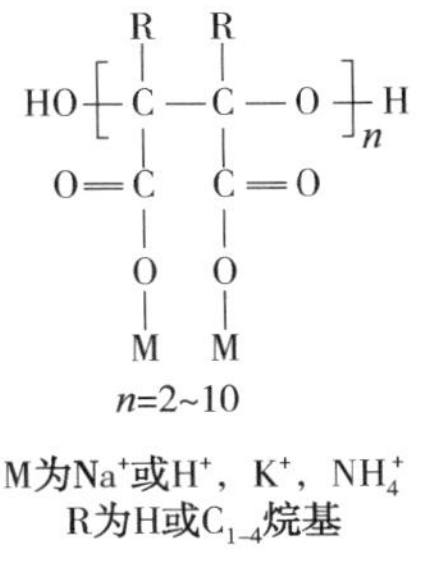

图1 PESA结构式[10]

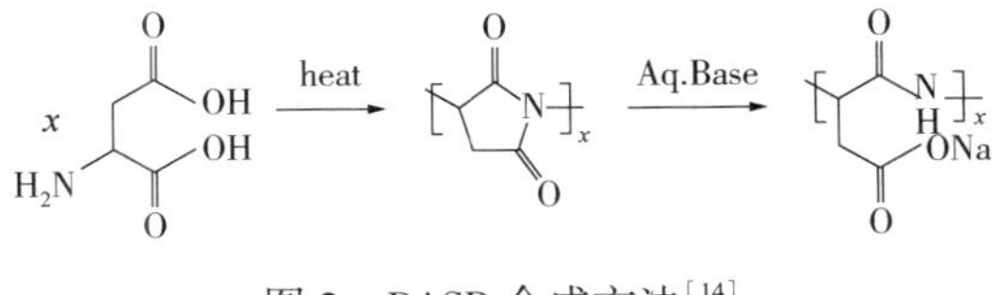

图2 PASP合成方法[14]

2.3 新型环保材料

为突破现有阻垢剂的性能瓶颈，有研究者提出两类创新设计：碳基纳米材料(如碳量子点)与超支化聚合物。例如，以乙二胺四乙酸为碳源，水热法制备N，S共掺杂碳量子点(CQDs)。表面丰富的羧基与磺酸基使其兼具阻垢($CaSO_4$ 阻垢率80%)与缓蚀(腐蚀速率0.09mm/a)功能，其纳米尺寸(<10nm)促进在金属表面的吸附成膜[15]。Dong等利用超支化聚乙烯亚胺(HPEI)与2-丙烯酰胺-2-甲基丙烷磺酸(AMPS)合成的超支化共聚物(CHPEI-AMPS)，通过其三维骨架中的大量氨基与磺酸基协同作用，表现出优异的阻垢性能，对

$CaCO_3$垢的阻垢率达到95.4%[16]。另外，以生物质原料为基础的端羧基超支化阻垢剂(木糖醇-柠檬酸缩聚物)，凭借其分子末端的丰富羧基与无毒可降解特性，在阻垢领域展现出应用潜力。实验表明，当投加浓度为24mg/L时，该阻垢剂对$CaCO_3$垢的静态阻垢率达91.6%；而对于溶解度更低的$CaSO_3$垢(常见于高硫酸盐水质)，其在15mg/L的低投量下即可实现94.7%的高阻垢率[17]。

3 阻垢机理

阻垢剂通过干扰无机盐晶体的成核、生长和沉积过程实现防垢功能。传统阻垢机理主要包括螯合增溶作用、晶格畸变作用和凝聚-分散作用及其协同效应[10,18]。在绿色阻垢剂研究中，除经典作用外，生物降解性成为绿色阻垢剂的独有特性。例如，PASP和PESA的肽键结构可被微生物酶解，避免传统含磷阻垢剂造成的富营养化风险[3,7]。值得注意的是，天然植物提取物类阻垢剂(如单宁酸)虽阻垢效率较低，但其多酚羟基可通过氢键强化分散作用，且降解产物对环境无害[19]。

3.1 螯合增溶作用

螯合增溶作用是阻垢剂的核心机制之一。阻垢剂溶于水后发生电离，与Ca^{2+}形成螯合物或络合物，使其溶解在水中，起到阻止Ca^{2+}与CO_3^{2-}接触并降低成垢概率的作用，相对地，也增大了钙盐在水体中的溶解度[20]。Wang等[21]设计并合成了低膦酸共聚物马来酸酐-对苯乙烯磺酸钠，通过静态阻垢试验、扫描电子显微镜(SEM)和X射线衍射(XRD)研究了药剂对$CaCO_3$生成的影响。并得出结论，在相同条件下，由于低膦共聚物分子中羧基和膦基的高螯合作用，对$CaCO_3$晶体结合能力更强，具有更好的抑制晶体生长的效果。绿色阻垢剂如聚环氧琥珀酸和聚天冬氨酸分子中的羧基、醚键等官能团，可与水体中的Ca^{2+}、Mg^{2+}等成垢离子形成稳定水溶性络合物，降低游离离子浓度，从而延缓结晶析出[7]。值得注意的是，此类螯合作用需在低剂量下保持高效性，而PESA因其多齿配位结构表现出优于传统膦系阻垢剂的阻垢率[2]。

3.2 晶格畸变作用

晶格畸变作用是通过分子吸附干扰晶体正常生长。绿色阻垢剂的极性基团选择性吸附于晶体活性位点[如碳酸钙的(104)晶面]，破坏晶格有序排列，形成疏松易脱落的无定形沉淀[22,23]。例如，阻垢剂与Ca^{2+}的螯合作用，被吸附掺杂在$CaCO_3$晶粒生长的活性位点中，阻碍了$CaCO_3$微晶的正常生长，形成的$CaCO_3$晶体发生畸变产生不稳定晶型，$CaCO_3$垢变成软垢，易被冲掉分散。研究表明，改性绿色阻垢剂(如酰胺基接枝PASP)可通过增强吸附能力提升畸变效果，使垢层更易被流体冲刷[2]。Chen等[20]研究了组氨酸聚天冬氨酸(His-PASP)对$CaCO_3$的阻垢性能，认为His-PASP引入了羧基、咪唑环及酰胺等带负电荷和孤对电子的功能性基团，可以与Ca^{2+}螯合形成稳定的配合物。通过对$CaCO_3$晶体的SEM、XRD分析，得出结论：His-PASP吸附在晶体表面并掺杂在晶格中，$CaCO_3$晶格发生畸变，晶体形态不再只有稳定的方解石态，出现了球霰石形态晶体，硬垢变为软垢，很容易清除。吴变喜等[24]对PASP衍生物的阻垢机理进行了研究，空白水样形成的$CaCO_3$晶体为边长15μm的六面体结构，加入药剂后，阻垢剂的吸附作用使$CaCO_3$晶粒活性增长点受到干扰，晶粒为 1μm 左右的球状，分散性良好。这一机理在高温、高碱度油田注水系统中尤为重要[25]。

3.3 凝聚-分散作用

凝聚-分散作用主要依赖阻垢剂的静电斥力和空间位阻效应。阻垢剂在水中解离为阴阳离子形态，阴离子与 $CaCO_3$ 微晶发生碰撞的过程中，由于物理化学吸附，会在微晶表面形成外层显负电的双电层，微晶之间存在静电斥力，难以聚集形成大晶体。阴离子型绿色聚合物(如 PESA)电离后带负电荷，吸附于微晶表面形成双电层，阻碍晶粒聚并沉积[1,10]。阻垢剂在发挥分散作用时，并非浓度越高效果越好。宋春华[26]认为，$CaCO_3$ 微晶表面形成的双电层结构具有一定的 Zeta 电位，随着阻垢剂的加入，Zeta 电位升高，粒子表面的静电斥力增大，$CaCO_3$ 晶粒在溶液中难以靠拢聚集，阻垢性能增强。但加入过量的阻垢剂后，会因为离子浓度的升高导致 Zeta 电位下降，$CaCO_3$ 晶粒发生团聚，阻垢性能下降。近年研究发现，纳米复合型绿色阻垢剂(如碳纳米粒子/PESA 复配体系)可增强分散稳定性，其微界面效应能阻断垢层在管壁的附着[5]。

3.4 协同效应

此外，绿色阻垢剂常通过复配实现增效。例如，PESA 与天然聚合物(如单宁酸)复配时，除发挥各自螯合、分散作用外，单宁酸的酚羟基还可与 PESA 形成氢键网络，增强对垢晶的包裹能力，体现“1+1>2”的协同效应[27]。这种非简单叠加的协同机制是当前研究热点。图 3 为阻垢剂的作用机理示意图。钙、镁离子与碳酸根、硫酸根离子经离子配对、聚集及成核过程形成微晶，微晶进一步生长并沉积形成具有有序结构的垢体。阻垢剂的加入通过以下途径抑制该过程：阻垢剂分子通过阈值效应吸附于微晶的活性生长点位，直接阻滞晶体生长；被阻垢剂分子包覆的微晶发生晶格畸变，形成缺陷结构，破坏其规则排列与沉积能力；阻垢剂通过分散作用维持微晶稳定悬浮于水中，阻碍其进一步团聚和生长。这三方面协同作用有效抑制了垢体的形成与沉积。

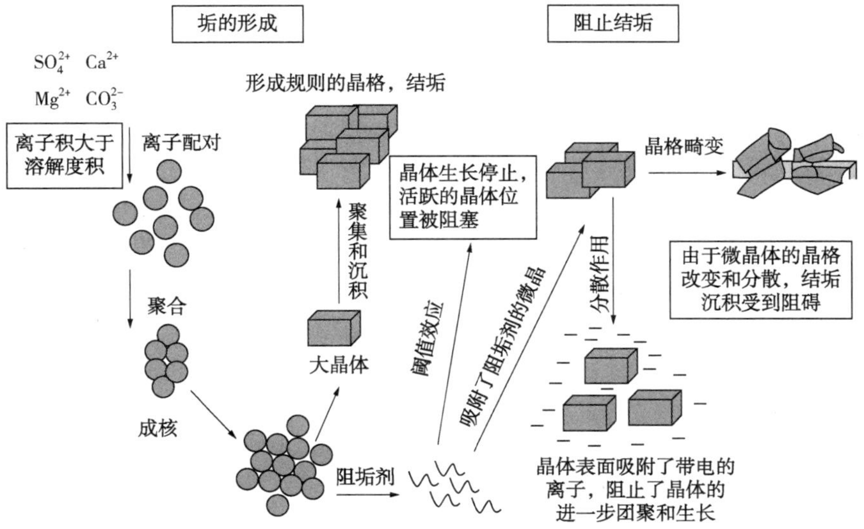

图 3 阻垢机理示意图[23]

4 研究现状及应用挑战

绿色阻垢剂的发展已从概念验证步入产业化应用初期，在油田开采与工业循环水系统两大核心领域，其应用效果与局限也逐渐显现。

在油田复杂工况环境下，绿色阻垢剂的应用面临严峻考验。随着注水开发技术的普及，油井综合含水量普遍升高，高矿化度地层水与温度压力波动形成动态结垢环境。长庆油田的现场数据表明，聚环氧琥珀酸对碳酸钙垢的抑制效果可达 92%，有效延长了设备清洗周期[18]。但当地层温度超过 120℃时，PESA 的分子结构开始分解，阻垢效率下降明显[22]。对于硫酸钡、硫酸锶等顽固垢类，即使采用侧链磺酸基改性的聚天冬氨酸，在 Ba^{2+}浓度超过 500mg/L 的高盐油藏中，阻垢率仍不足 70%[7]。此外，阻垢剂与油田其他化学剂的配合问题也不容忽视，例如将绿色阻垢剂与阳离子型破乳剂同时使用时，会因电荷中和作用产生絮状沉淀，不仅降低阻垢效率，更可能堵塞地层孔隙[28]。

工业循环冷却水系统作为水资源集约利用的关键环节，对阻垢剂提出多功能、长周期运行的特殊要求。齐鲁工业大学何振波团队的运行数据显示，在浓缩倍数 5~6 倍的循环水系统中，PASP/PESA 复配体系能使 $CaSO_4$ 沉积量减少 85%，同时碳钢腐蚀速率控制在 0. 075mm/a 以下，实现阻垢缓蚀双重功效[10]。但随着循环水浓缩倍数提高至 8 倍以上时，阻垢剂在换热金属表面的竞争吸附效应加剧，导致局部垢下腐蚀风险倍增[29]。天然植物提取物类阻垢剂虽然环保，但存在原料稳定性问题，不同产地单宁酸、橡椀提取物等五种植物基阻垢剂的阻垢效率波动幅度达 40%，且高温下色素成分分解造成的系统着色问题难以消除[4]。此外，实际环境中的降解情况与实验室数据也存在差距，某些改性阻垢剂在实际污水处理系统中的分解速度明显慢于实验室测试结果，例如，含有酰胺基团的改性 PESA 在活性污泥系统中的半衰期延长至 26 天，远高于实验室测定的 15 天[30]。

除去上述技术问题，成本问题同样制约着绿色阻垢剂的推广。尽管衣康酸等天然原料价格低廉，但经磺化改性的衣康酸-丙烯酸共聚物生产成本仍比传统 ATMP 磷系阻垢剂高 35%[31]。同时，评价标准的不统一也带来困扰，现行行业标准中静态鼓泡法与动态模拟装置的测试结果相关性不足 0. 6，某阻垢剂在静态测试中阻垢率达 95%，但在实际循环水场动态试验中仅实现 78%的实际抑垢率[32]。此外，生态安全性评估也需加强，有研究人员指出，部分含季铵盐基团的改性阻垢剂 LC_{50}值低于 10mg/L，存在潜在生态风险[23]。

这些实际问题导致绿色阻垢剂产业化进程缓慢。例如碳纳米管负载 PESA 在实验中效果优异，对 $CaCO_3$ 阻垢率高达 98%，但实际运行中因纳米颗粒聚集导致加药泵频繁堵塞，最终被迫中止试验[5]。这说明工程应用中的设备兼容性问题与实验室研究同等重要。当前需要从研发初期就考虑实际应用条件，结合工程需求进行设计。

5 总结与展望

绿色阻垢剂作为环境友好型水处理化学品，已在 PESA、PASP、改性天然高分子等体系取得显著进展。通过分子设计改性、复配协同及缓释技术，其阻垢效率与适用性持续提升。然而，其在极端工况(高温、高盐)下的稳定性、阻硅垢效能、成本控制及长效性验证仍是产业化瓶颈。

未来研究应聚焦以下方面：①分子精准设计，利用计算化学（如分子动力学模拟）指导合成具有高亲和力官能团及耐温骨架的阻垢剂。②纳米复合技术，探索碳纳米管、SiO_2纳米颗粒等与绿色聚合物的复合，提升分散性与热稳定性。③生物基材料深度开发，挖掘纤维素、壳聚糖等可再生资源的改性潜力，降低成本。④全生命周期评估（LCA），系统评价从原料获取到降解的全过程环境足迹，确保材料绿色环保。

参 考 文 献

[1] 宋娜，王雅慧．循环冷却水系统绿色阻垢剂的研究进展[J]．现代盐化工，2022(2)：16-18.

[2] 凌革，李张洁，李宁博，等．油田开发用绿色阻垢剂的研究进展[J]．油田化学，2022，39(3)：564-570.

[3] 刘蕾．国内绿色缓蚀阻垢剂的研究进展[J]．石油化工安全环保技术，2017，33(3)：36-40，69.

[4] 任大军，庄梦娟，张淑琴，等．绿色阻垢剂研究进展[J]．工业水处理，2021，41(12)：41-45.

[5] 白鹏凯，许萍．水处理领域中的绿色环保阻垢剂及其研究进展[J]．中国腐蚀与防护学报，2020，40(2)：87-95.

[6] 李玉敏．绿色阻垢剂羧甲基菊粉的研究与应用[D]．长江大学，2023.

[7] 邓菁玉，韩丰泽，罗晓静，等．面向油田结垢治理的绿色阻垢剂研究进展[J]．当代化工，2022，51(12)：2935-2940.

[8] 邹凯然，徐斌，樊保民，等．聚环氧琥珀酸衍生物绿色阻垢剂的合成及性能研究[J]．工业水处理，2021(5)：109-113.

[9] 南秋利，李倩倩，张绮琳，等．PBTCA/PESA复配物阻硫酸钙垢性能研究[J]．应用化工，2022(5)：1341-1344.

[10] 何振波，张厉，高铭心，等．循环冷却水用绿色阻垢剂的研究进展[J]．山东科学，2023，36(5)：102-120.

[11] 韩小倩．长效缓释固体阻垢剂的合成及性能研究[D]．陕西科技大学，2022.

[12] 张小娟，张梦龙，张冉冉，等．4-氨基丁酸改性聚天冬氨酸聚合物的合成及其阻垢性能研究[J]．化学研究，2023(4)：297-302.

[13] 刘展，闫美芳，高玉华，等．衣康酸类水处理剂的研究进展[J]．化工管理，2021(34)：70-73.

[14] Mazumder J A M. A Review of Green Scale Inhibitors：Process，Types，Mechanism and Properties[J]. Coatings，2020，10(10)：928.

[15] 吕杰．新型缓蚀阻垢剂的制备及性能评价[D]．西南石油大学，2020.

[16] Dong S，Yuan X，Chen S，et al. A Novel HPEI-Based Hyperbranched Scale and Corrosion Inhibitor：Construction，Performance，and Inhibition Mechanism[J]. Industrial & Engineering Chemistry Research，2018，57(42)：13952-13961.

[17] 李美兰，贺子纯，穆凯飞，等．端羧基超支化型绿色阻垢剂的制备及阻垢性能[J]．中国塑料，2020(9)：38-45.

[18] 侯博礼．油田注水系统阻垢剂药剂研究进展[J]．石化技术，2024(9)：97-98，146.

[19] 张克峰，刘春，胡宏．绿色化学阻垢剂协同防垢研究进展[J]．山东化工，2015(3)：48-49.

[20] Chen J，Xu H，Han J，et al. A Green Multifunctional Antiscaling Inhibitor for Crystallization Control of Ca-Scale Crystals[J]. Chemical Engineering & Technology，2019，42(2)：444-453.

[21] Wang C，Li S ping，Li T duo. Calcium carbonate inhibition by a phosphonate-terminated poly(maleic-co-sulfonate) polymeric inhibitor[J]. Desalination，2009，249(1)：1-4.

[22] 王玉江，方洪波，姚明修．碳酸钙阻垢剂研究进展及阻垢作用机理[J]．应用化工，2021，50(12)：3430-3435.
[23] 柳鑫华，张怀芳，刘越，等．阻垢剂阻垢性能及阻垢机理的研究进展[J]．材料保护，2021，54(8)：150-157.
[24] 吴变喜，高玉华．聚天冬氨酸衍生物的不同功能基团对阻垢性能的影响[J]．清洗世界，2018(3)：21-26.
[25] 徐勇，王卫忠，高锋博，等．油田注水阻垢剂研究进展[J]．广州化工，2014，42(18)：43-44，59.
[26] 宋春华．绿色阻垢剂聚环氧琥珀酸对纳米粒子的分散作用[D]．北京化工大学，2007.
[27] 刘丽娟，赵希林，刘继宁，等．水处理阻垢剂作用机理研究进展[J]．广东化工，2015，42(1)：68-69.
[28] 王洋洋，刘庆旺，范振忠，等．油田常用阻垢剂的研究进展[J]．石油化工，2021，50(11)：1222-1228.
[29] 赵彦，章立新，高明，等．循环冷却水系统除碳酸钙污垢的研究进展[J]．精细化工，2020(12)：2447-2456.
[30] 贾静娴，柳鑫华，王丽红，等．聚环氧琥珀酸衍生物及复合配方在天然海水中阻垢缓蚀性能的研究[J]．表面技术，2021(12)：390-399.
[31] 郝玉，陈证旭．阻垢剂作用机理介绍及应用前景[J]．化学工程师，2020(11)：58-61.
[32] 沈英，周雪峰，徐连荣，等．复合有机阻垢剂在工业锅炉中的应用研究[J]．工业水处理，2017(10)：100-102.

炼油循环冷却水系统催化富气泄漏现象及处理

宋志敏

（中科（广东）炼化有限公司，湛江 524012）

【摘要】 循环冷却水系统是炼油生产过程中重要的环节，炼油工艺物料的泄漏，会导致循环水水质恶化，黏泥滋生，冷却效率逐渐下降。本文结合南方某炼油公司 2# 循环冷却水系统运行过程中水质指标、日常药剂投加、水质感官异常现象，查明催化装置富气泄漏为直接原因，并及时采取有效措施，确保循环水系统平稳运行。

【关键词】 循环冷却水　催化富气　泄漏　黏泥滋生

1 前　　言

循环水冷却系统是炼油装置生产过程中重要的给水系统，能实现对冷却水的循环使用，大大降低生产过程中冷却水的用量。炼油生产过程中，循环水冷却器长期与生产物料换热运行，生产工艺的调整、操作压力和温度的变化等原因使得冷却器容易发生泄漏，工艺介质漏入循环水系统，会导致循环水水质恶化和冷却器腐蚀[1]。因此，为保证炼油装置正常运行，需加强循环水质监测及异常情况排查，及时消除泄漏对整个系统造成的不良影响。

1.1 油品类泄漏现象[2]

石脑油发生泄漏后，水体出现浊度、黏泥量上升，凉水塔顶和凉水塔内有明显气味，可检测出可燃气，轻石脑油挥发性较强，手接触时明显有凉感，重石脑油泄漏时有时可闻见水体有蜡油味。

汽油在水中略显暗红色，漏量大小决定颜色深浅，经填料喷淋后，有较浓的汽油味，漏量较大时，会造成加氯失效，余氯消失；如漏量较小时，通过加大氯量，仍能有效控制微生物。

轻柴油泄漏后水体颜色变为灰白色，油含量、浊度快速增加，水体表面有黄白色泡沫，但泡沫较轻，泄漏量少时，水面无明显油味；泄漏量大时，循环水有明显柴油味。

重柴油、蜡油泄漏后进入循环冷却水中，水体呈现蜡黄色浮沫，浮沫较重，手感较黏，油含量和浊度均大幅提高。

1.2 烃类泄漏现象

气态烃发生泄漏时，气态烃与氯、溴等氧化型杀生剂发生反应，直接导致余氯减少甚至消失；若漏量大，则增大加氯量也难以控制余氯浓度；循环水经凉水塔喷淋后，散发较大异味；气态烃泄漏量大，在上塔管线内常常出现强烈的气体扰动声音；气态烃进入循环冷却水后，水质不会有明显的颜色变化，但如果与水中物质发生反应，则会有所不同。

液化气开始泄漏时循环冷却水外观无明显变化，一般不产生泡沫，浊度增幅小甚至可能降低。持续一段时间后，水逐渐呈土黄色，漏量大时有液体气味，浊度升高，余氯值明显降低。一般富气含硫化物，泄漏时碱度和 pH 值明显下降，冷却水中硫化物、硫酸根离子浓度增大，黏泥监测箱内出现大量气泡。

氨出现泄漏后典型特征是循环冷却水 pH 值出现一个上升过程，余氯浓度下降甚至消失，异养菌数上升较快，一段时间后 pH 值下降，硝酸盐、亚硝酸盐含量显著上升。

环丁砜溶剂漏入水中后，水体变为乳白色；出现颜色较白的泡沫，气泡较大且不易破裂；当水中铁含量较高时，会与铁和水中其他物质反应，导致水体呈红色；当加入一些非氧化型杀生剂时，又会导致水体呈绿色。环丁砜在冷却水中分解生产硫酸，冷却水的 pH 值、正磷、总碱度降低，硫酸根离子浓度升高。

南方某炼油公司 2#循环冷却水系统为炼厂催化装置、气分装置、硫黄回收装置、汽油加氢装置、MTBR 装置和苯乙烯装置水冷却器提供循环冷却水。2022 年，2#循环冷却水系统全年运行良好。2023 年 1 月开始，循环冷却水水质逐步恶化，冷却效率逐渐下降。本文通过循环水系统水质情况分析，进行循环水系统物料泄漏排查，及时采取泄漏处理措施，确保了循环冷却水系统平稳运行。此外，建立物料泄漏与水质指标异常变化的响应关系，根据循环水水质指标变化，及时准确排查泄漏隐患，为循环水系统运行管理积累经验。

2 循环水系统水质变化

循环水系统水质主要监控指标：余氯、关键水质指标(浊度、COD、异养菌数、碱度和碳酸氢钠)、水质感官指标(颜色和气味)。因此，本节对主要监控指标进行系统分析，明确指标异常诱因。

2.1 余氯指标

根据 2#循环冷却水系统的设计工艺，系统正常运行的余氯指标控制在 0.3mg/L 左右，每日维持余氯指标的氧化型杀生剂投加量为 150kg。如表 1 所示，自 2023 年 1 月 10 日开始，余氯测量值逐渐下降，而循环水系统氧化型杀生剂消耗量逐渐由 150kg 激增到 550kg 的同时，余氯指标仍由 0.3mg/L 逐渐下降至 0.05mg/L，系统余氯含量一度失控，推测系统存在泄漏，且泄漏介质是含油的还原性物质。

表 1 循环水系统的余氯控制情况

时间		余氯/(mg/L)	氧化型杀生剂投加量/kg
异常前	2022 年 12 月	0.35	150
异常后	2023 年 1 月 11 日	0.30	200
	2023 年 1 月 12 日	0.2	200
	2023 年 1 月 13 日	0.25	175
	2023 年 1 月 14 日	0.2	200
	2023 年 1 月 15 日	0.2	200

续表

时间		余氯/(mg/L)	氧化型杀生剂投加量/kg
异常后	2023 年 1 月 16 日	0.1	250
	2023 年 1 月 17 日	0.1	550
	2023 年 1 月 18 日	0.05	非氧化型杀生
	2023 年 1 月 19 日	0.05	非氧化型杀生
	2023 年 1 月 20 日	0.05	200
	2023 年 1 月 21 日	0.05	550

2.2 关键水质指标

2#循环水系统的关键水质指标情况如表 2 所示。日常运行中，循环水系统各项指标均能稳定控制在工艺卡片要求范围之内。自 2022 年 12 月底开始，在其他操作参数未发生变化的条件下，浊度、COD、异养菌和碱度等关键指标均出现了不同程度的异常变化。主要分为两个阶段，异常初期 2022 年 12 月~2023 年 1 月 10 日和异常后期 2023 年 1 月 11 日~25 日。

浊度指标在异常初期由 13.5NTU 上升至 24.8NTU，而异常后期又突然降低至 2.4~6.5NTU；系统 COD 指标日常控制控制值为 112mg/L，异常初期系统 COD 值逐渐上升，最高值达到 386mg/L，但在异常后期却开始出现下降，COD 测量值 95mg/L 低于日常运行值；异养菌数逐渐上升，异常后期高达 22000 个/mL；碱度指标逐渐下降，这说明循环水水质恶化，系统内存在耗碱物质。此外，虽在循环水系统采取排污、加大药剂(碳酸氢钠)投入量等应对措施，但水质仍未得到改善，推测泄漏源仍在持续污染循环水系统。

表 2 循环水系统的关键水质指标变化情况

项目	日常运行 2022 年 12 月	异常初期 2023 年 1 月 10 日前	异常后期 2023 年 1 月 11 日至 25 日
浊度平均值/NTU	13.5	24.8	4.3(最低 2.4)
COD 平均值/(mg/L)	112	165(最高 386)	95
异养菌数/(个/mL)	3500	8500	22000
碱度平均值/(mg/L)	255	220	200
碳酸氢钠投加量/kg	200	250	400

2.3 水质感官指标

2.3.1 水体颜色变化

2#循环水系统日常运行水体颜色稍微偏黄色，2022 年底水池两边溢流槽出现少量泡沫，此时运行水质指标未见异常，随着浊度逐渐上升水体黄色逐渐加深，2023 年 1 月 10 日之后，2#循环水系统水体突然变清澈，塔底黄色悬浮物与泡沫逐渐消除，溢流槽聚集一层薄黏泥。

2.3.2 水体气味变化

2#循环水系统出现异常初期，在循环水场进行冲击式投加氧化型杀生剂和碳酸氢钠时，偶尔闻到池内散发的轻微油气味，2023 年 1 月 10 日之后，随着系统水质逐渐恶化，循环水场气味从油气味变化到腥臭味，而且气味逐渐增强。

2.3.3 杀生剥离现象

随着各项关键指标的上升，以及初始查漏生产装置反馈未发现水冷器泄漏结果。2023年1月10日，临时对2#循环水系统投加了600kg(约100mg/L)非氧化型杀生剂(季铵盐)进行杀生剥离。在系统正常运行情况下，系统产生泡沫将持续24h且大置换排污后才消失。而此次非氧化型杀生剂投加4h后水池内泡沫就大部分消失，且杀生剂投加后泡沫产生量异常少，杀生剥离现象异常。

图1 2023年1月10日投加季铵盐水场情况

综上所述，2023年1月开始，系统各运行参数的异常表明炼油装置可能出现生产物料泄漏，工艺介质漏入循环水系统，导致水质恶化，黏泥大量滋生，循环水冷却效率下降。因此，需进行循环水系统物料泄漏排查，明确物料泄漏与水质指标异常变化的相应关系。

3 循环水系统物料泄漏排查

3.1 循环凉水塔内检查

随着循环冷却水水质的异常以及冲击式投加非氧化型杀生剂剥离效果失效，2023年1月11日经调整2#循环水场凉水塔回水布水后，轮流停运一间冷却塔，并进入塔内进行详细检查。检查情况如图2所示，凉水塔内的第二层、第三层填料和布水喷头挂满黏糊糊的黏泥微生物，黏泥大量滋生，填料上的流道几乎被黏泥完全堵塞。

图2 凉水塔内部填料与布水喷头情况

3.2 生产装置水冷却器泄漏排查

根据水处理车间进入2#循环水系统凉水塔内查看的情况以及水质分析结果，生产调度重新安排对相关生产装置水冷器进行检漏，此次重点组织对气态烃、液化气以及富气等烃类水冷却器进行泄漏检查，排查过程中采用余氯法、油含量分析法等。经排查发现，2#催化气压机中间冷却器循环出水余氯值大量消耗，且经分析含有烃组分，立刻将其切出循环水系统，随即拆检确认该水冷器泄漏，其余水冷却器运行正常。

如图3所示，拆检的2#催化气压机中间水冷器内的阳极块出现严重冲蚀，对换热器拆开外头盖进行管程试压，试压至0.9MPa时小浮头法兰都出现泄漏；且管箱内的隔板上有厚厚的一层垢物，壳体内堆积很多的黑色物质，抽芯后发现管束的两端壳程进气处管束外表面有厚的垢物堆积。

图3 小浮头螺栓断掉情况与浮头盖内部隔板阳极块冲蚀情况

4 循环冷却水系统泄漏处理及恢复

4.1 旁滤系统处理[4]

为防止大量活性黏泥进入旁滤系统，污染旁滤滤料致使板结失效，在确认系统存在泄漏后，暂时关闭循环水进入2#循环水系统旁滤设施，旁滤系统独立过滤作为补充水的回用水，同时从源头提高回用水的碱度和余氯含量，配合旁滤设施强制反冲洗，将2#循环水系统旁滤滤料清洗后，恢复该旁滤设施以作备用。

4.2 强制杀生剂剥离循环水系统黏泥

强制杀生剂剥离循环水系统黏泥主要分为三个阶段：提升系统供回水压力、开启系统溢流堰排污、投加非氧化型杀生剂剥离黏泥，并且大置换。具体杀生置换周期如表3所示。

表3 系统杀生置换期间情况

名 称	时 间	操 作	浊度/NTU
提升压力阶段	1月17日~1月18日	(1)增开供水泵； (2)提高单塔水量	3.20~3.48

续表

名　　称	时　　间	操　　作	浊度/NTU
剥离阶段 1	1 月 18 日～1 月 30 日	(1)投加非氧化型杀生剂剥离; (2)剥离后彻底排污置换; (3)保持余氯 0.3mg/L 以上	2.79～21.00
剥离阶段 2	1 月 30 日～2 月 24 日	(1)投加非氧化型杀生剂剥离; (2)剥离后彻底排污置换; (3)投用旁滤设施; (4)保持余氯 0.3mg/L 以上	12.70～38.00
杀生剥离后	2 月 25 日之后	保持余氯 0.3mg/L 运行	13.00～17.80

(1) 提升系统供回水压力

2023 年 1 月 17 日，2#循环水系统增开一台供水泵，将系统供水压力由 0.37MPa 提升至 0.45MPa，流量由 13380m^3/h 提升至 15820m^3/h，同时配合切换凉水塔上塔水量，轮流提高 2#循环水系统单塔上塔水量，调整系统回水压力至 0.22MPa，提升回水冲刷填料压力。

(2) 开启系统溢流堰排污

随着循环水供回水压力的提升，2#循环水系统填料中的附着的部分活性黏泥被增大的水流冲刷进入塔底水池，浮于塔底集水池水面和墙壁四周。提高塔底水池液位，开启塔底水池溢流堰持续溢流排污，将塔底水池中的部分黏泥排出循环水系统，防止被冲刷出的粘泥随着回水再次回到填料上。

(3) 投加非氧化型杀生剂剥离黏泥

第一阶段，配合提高的供回水压力和流量，一次性投加 800kg 非氧化型杀生剂(120mg/L)，填料黏泥随着杀生剂泡沫冲洗，剥离至塔底水池，第一次投药后运行 20h，待系统内泡沫逐渐消失后补投 250kg 非氧化型杀生剂继续运行，杀生运行过程中剥落于塔底水池面漂浮的黏泥从溢流堰排污带出系统，直到运行 32h 后对 2#循环水系统进行大排污置换，置换后保持余氯 0.3mg/L 条件下运行。

第二阶段，第一阶段杀生剥离后，系统结合氧化型杀生剂和非氧化型杀生剂共同杀菌作用[3]，维持氯 0.3mg/L 余氯指标条件下正常运行 10 日，为防止微生物黏泥再次大量滋生，再次投加 800kg 非氧化型杀生剂进行强化剥离置换，置换后保持余氯 0.3mg/L 条件下运行。

强化杀生剥离黏泥过程中，循环水系统填料内的大量黏泥被剥离至塔底水池，系统水体的浊度指标逐渐增大，说明填料上剥离清洗下来的黏泥越多。泄漏处理至 2 月 25 日之后，再次组织进塔检查，塔内填料以及布水喷头上的黏泥基本冲洗剥离干净。源头泄漏水冷器切出系统检修，循环水系统旁滤设施投入正常运行，经过杀菌、剥离以及大置换的 2#循环水系统转入正常运行。具体黏泥剥离情况如图 4。

5　结　　论

炼油循环冷却水系统在运行中，各种工艺物料泄漏是使循环水水质恶化的常见问题，导致水冷器的腐蚀、结垢和黏泥滋生，造成冷却效率逐渐下降。每种工艺物料泄漏均有对应的水质异常现象[4]。通过本文分析发现，循环水余氯指标由 0.3mg/L 失控下降至 0.05mg/L，

图 4　循环水系统杀生剥离情况

浊度、COD、异养菌异常上升，碱度下降且投加碳酸氢钠仍不能改善水质，加之浊度逐渐上升水体黄色逐渐加深，气味从油气味变化到腥臭味等异常变化，为系统烃类酸性催化富气泄漏的对应体现。及时采取旁滤系统处理和强制杀生剂剥离措施，快速有效地实现了循环水系统的恢复。

参 考 文 献

[1] 姜海清，刘殿明，王兴武，等．浅谈炼油厂循环水冷却器泄漏的影响及对策[R]. 2011 中国水处理技术研讨会暨第 31 届年会．

[2] 栾金义，傅晓萍．石油化工水处理技术与典型工艺[M]北京：中国石化出版社，2013：215-231.

[3] 盛况，李红梅，李洪洲．浅议炼油厂循环水水质持续改进[J]．现代化工，2009(7)：63-64.

[4] 王培．炼油厂循环水换热器泄漏原因及对策[J]．石油和化工设备，2011，14(6)：74-76.

炼油企业污水的 VOCs 排放及其处理工艺

辛嫣琼

（中石化石油化工科学研究院有限公司，北京 100083）

【摘要】 炼油企业生产运行过程中产生的污水，是炼油企业重要的 VOCs 和恶臭废气排放源。本文考察了相关炼油企业污水的来源，以及其中 VOCs 的种类、含量。按照目前我国炼油企业的相关排放标准，对于不同浓度的 VOCs 气体，可采取不同的处理工艺，以达到安全环保达标排放。

【关键词】 炼油企业污水　挥发性有机物　VOCs　吸附工艺　氧化工艺

根据世界卫生组织（WHO）的定义，VOCs（volatile organic compounds）是在常温下，沸点 50~260℃的各种有机化合物。在我国，VOCs 是指常温下饱和蒸汽压大于 70Pa、常压下沸点在 260℃以下的有机化合物，或在 20℃条件下，蒸汽压大于或者等于 10Pa 且具有挥发性的全部有机化合物。VOC 的主要成分有：烃类、卤代烃、氧烃和氮烃，按其化学结构的不同，可以进一步分为八类：烷类、芳烃类、烯类、卤烃类、酯类、醛类、酮类和其他[1~3]。

1　石油炼制工业污染物排放标准

随着国务院《大气污染防治行动计划》的出台，全国对于挥发性有机物（VOCs）的管控力度迅速加大，石油炼化企业作为大气环境有机污染的重要来源之一，面临着巨大挑战。环保部发布的《石化行业挥发性有机物综合整治方案》，要求对废水、废液、废渣逸散的 VOCs 处理后达标排放。关于石油炼制工业的 VOCs 排放标准，我国国家和地方标准中均有相关指标[4~7]。

GB 31570—2015《石油炼制工业污染物排放标准》规定：用于集输、储存和处理含挥发性有机物、恶臭物质的废水设施应密闭，产生的废气应接入有机废气回收或处理装置，装置出口苯浓度不大于 4mg/m^3、甲苯浓度不大于 15mg/m^3、二甲苯浓度不大于 20mg/m^3、NMHC 浓度（以碳计）不大于 120mg/m^3。GB 14554—1993《恶臭污染物排放标准》规定：15m 高排气筒允许排放量为 H_2S 浓度不大于 0. 33kg/h，臭气浓度不大于 2000（无量纲）。

天津市 DB12/524—2020《工业企业挥发性有机物排放控制标准》规定：所有有机废气排气筒最高允许 VOCs 排放浓度为焚烧处理不大于 20mg/m^3、非焚烧处理不大于 80mg/m^3、15m 排气筒 VOCs 最高允许排放速率不大于 2. 8kg/h。北京市 DB11/447—2015《炼油与石油化学工业大气污染物排放标准》规定：所有有机废气排气筒最高允许 VOCs 排放浓度为焚烧处理不大于 20mg/m^3、非焚烧处理不大于 100mg/m^3、VOCs 去除效率不小于 97%。河北省 DB13/2322—2016《工业企业挥发性有机物排放控制标准》规定：炼油和石化工业的废水处理有机废气收集处理装置和其他有机废气排放口 NMHC 浓度不大于 100mg/m^3、苯浓度不大于

$4mg/m^3$、甲苯浓度不大于 $15mg/m^3$、二甲苯浓度不大于 $20mg/m^3$。

2 炼油企业污水的来源

炼油企业污水系统可分为污水处理场和污水集输系统，是炼油企业重要的 VOCs 和恶臭废气排放源。炼油污水处理场的主要构筑物有提升池(又称格栅井或总进口)、均质罐(池)、隔油池(包括斜板、平流)、气浮池(包括溶气浮选、涡凹气浮)、厌(缺)氧池、鼓风曝气池[含膜生物反应器(MBR)、曝气生物滤池(BAF)]、氧化沟、污油罐(池)、污泥池、污泥脱水设备等[8~10]。

污水集输系统用于炼油装置和罐区排放污水的收集、储存以及向污水处理场的输送，包括地漏、管道、沟渠、连接井、集水池、储罐等。提升池、均质罐、污油罐、隔油池等的废气散发机理与油罐有相似之处，主要是大、小呼吸排气，但还有污水夹带的气体释放、罐(池)底泥厌氧发酵产生的沼气等；气浮池主要是用于气浮的空气释放；曝气池、氧化沟、厌(缺)氧池和污泥处理单元散发的废气主要来自生化曝气供氧(空气)、生物(好氧、厌氧)降解产生的释放气以及大、小呼吸排气等。

炼油污水处理场 VOCs 和恶臭废气可按污染物浓度高低分两类，高浓度废气来自提升池、均质罐、隔油池、气浮池(浮选池)、污油罐(池)等，主要污染成分包括 H_2S、NH_3、油气、苯系物、硫醇、硫醚等有机硫化物。低浓度废气来自曝气池、氧化沟、污泥脱水间，主要污染成分包括 H_2S、NH_3、有机硫化物、苯系物、污泥飞沫等。

污水集输系统位于污水处理场上游，通常其散发的污染物的量高于污水处理场，浓度也一般高于污水处理场，主要污染成分包括 H_2S、NH_3、油气、苯系物、硫醇、硫醚等有机硫化物。

3 炼油企业污水中的种类

石化废水集输、储存、处理过程逸散的 VOCs 是石化企业 VOCs 排放的主要源项之一，大部分 VOCs 通过废水与空气的接触面以无组织排放形式进入大气，石化废水中的 VOCs 种类及含量引起了研究者的重视。

研究者[8]经过详细的 NIST 数据库比对及前后流程验证，共从炼油废水中鉴别出 VOCs215 种，鉴别出的 VOCs 种类远高于对污水处理厂区大气采样监测的报道，说明对水样进行直接检测，对于挥发性有机物含量核算具有更高的合理性。鉴别出的 VOCs 种类包含烷烃、烯烃、炔烃、芳香烃、多环芳烃、有机酚、醇、酮、酯、硫醚、噻吩等。其中，烷烃类分子多达 75 种，占比 35.21%，是 VOCs 的主要组成部分，也是非甲烷总烃的主要构成组分，分子量最大的成分达到 C20 左右。其他占比较大的依次为醇(35 种)、芳香烃(24 种)、酮(21 种)、烯烃(17 种)等。芳香烃属于石化行业的特征 VOCs 组分。

各节点水样中 VOCs 含量较高的有机物种类中，原水中 VOCs 组分浓度最高的是苯，其质量浓度高达 23.03%，其次为甲苯 21.23%，2-丁酮 12.16%，丙酮 9.55%。其他质量浓度 >1%的还有丙烷、乙硫醇、环戊烯、甲硫醇、间二甲苯、异丙醇、二甲基-环丙烷、丁烷、二硫化碳、乙苯、丁烯。其中，甲硫醇、乙硫醇、二硫化碳属于恶臭气体，是污水处理厂恶臭气味的主要来源；丙酮、丁酮也具有一定的刺激性气味；苯、甲苯属于世界卫生组织国际癌症研究机构公布的致癌物清单中的物质，应当引起注意和重点管控；挥发性有机酚由3-甲基苯酚、4-甲基苯酚、3,4-二甲基苯酚、3,4,5-三甲基苯酚等不同烷基取代基的苯酚组成。

在物化处理流程中，并没有新的有机物类型出现，所有VOCs来自炼油废水源头，VOCs种类和浓度呈递减关系。经过二级物化处理措施后，废水中VOCs成分减少到150种，其中烷烃仍有42种，芳香烃21种，酮21种，醇11种。苯(25.45%)、甲苯(17.96%)、丙酮(16.43%)、2-丁酮(15.36%)仍具有较高的含量，恶臭气体二硫化碳(5.14%)、甲硫醇(2.44%)的质量分数甚至有所上升，说明此类挥发性有机物影响相对持久。

4 炼油企业污水VOCs处理工艺

4.1 低浓度VOCs气体处理工艺

对于生化池加盖收集的低浓度VOCs气体，一般采用生物法加活性炭纤维吸附装置处理后，实现稳定达标排放[11~13]。

4.1.1 生物法处理工艺

生物法是利用生物细菌将废气中的污染物降解或转化为CO_2和H_2O的过程。在10~35℃条件下，生物细菌在填料上会形成一层生物膜，废气经过填料孔隙时，废气中的污染物被生物细菌分解为无机物，从而使废气得以净化。比如废气中的硫化氢通过硫细菌分解成硫酸根和水；甲硫醇通过硫细菌和兼性好氧细菌分解成二氧化碳、硫酸根和水，氨通过硝化和反硝化细菌分解成水和氮气。微生物去除VOCs可分为3个过程：首先将部分VOCs由气相转变为液相的传质过程；其次，溶于水中的VOCs通过微生物的细胞壁和细胞膜被微生物吸收，不溶于水的VOCs先附着在微生物体外，由微生物分泌的细胞外酶分解为可溶性物质，再渗入细胞；最后VOCs进入细胞后，在体内作为营养物质为微生物所分解、利用，使VOCs得以去除。

4.1.2 活性炭纤维吸附法

深度处理段拟采用活性炭纤维吸附深度处理工艺。当生物滤池的处理效果不能达到废气外排要求时，深度处理段利用活性炭纤维吸附剩余的VOCs成分，可有效降低废气中非甲烷总烃等污染物质。该处理段配备活性炭纤维在线式再生设施，使排放的废气稳定达到排放标准的要求。活性炭纤维再生时产生的凝结水经过降温处理后，再由专用导流管排放到污水池内；再生时产生的尾气，返回进口收集系统循环处理。

上述组合处理工艺的优点是：工艺简单，投资低、运行成本低，不产生二次污染；缺点是：仅适用于低浓度生化系统VOCs废气治理；对较高浓度废气，去除率低，不能稳定达标。

4.2 高浓度VOCs气体处理工艺

对于目前污水场调节罐、隔油池、气浮池、集油池、污油罐、污泥脱水等设备设施收集的高浓度VOCs气体，一般采用销毁法进行处理，销毁技术主要有燃烧法、等离子体法、生物法、光催化氧化法等。

工业上常用的燃烧法处理工艺，可分为常规催化燃烧工艺(CO)、蓄热催化燃烧工艺

（RCO）、常规燃烧工艺（TO）、蓄热燃烧工艺（RTO），表 1 列出了这四种处理工艺的适用范围及优缺点。

表 1 不同类型燃烧处理工艺适用范围及其优缺点

工艺类型	适用处理类型	优缺点
常规催化燃烧工艺（CO）	浓度低于 $10g/m^3$（低于 25%LEL）；除了有机硅烷类、卤代烃、烯烃、有机硫化物、重金属（及其他易致催化剂中毒元素）以外的几乎所有污染物	①占地规模居中；②启动时间长，需通过电加热器将系统预热至燃烧温度才能进入尾气；③入口浓度过高，有爆炸隐患，入口浓度需降低至 25%LEL，需大量空气预混以降低入口尾气浓度；④处理效率介于 97%~99%；⑤热能利用率低，≥70%；⑥催化剂约 3 年定期更换，催化剂费用高，能耗适中，运行维护费用高；⑦废气组分对催化剂性能及寿命影响大
蓄热催化燃烧工艺（RCO）	浓度低于 $6g/m^3$（低于 25%LEL）；除了有机硅烷类、卤代烃、烯烃、有机硫化物、重金属（及其他易致催化剂中毒元素）以外的几乎所有污染物	①占地规模大；②启动时间长，需通过电加热器将系统预热至燃烧温度才能进入尾气；③入口浓度过高，有爆炸隐患，入口浓度需降低至 25%LEL，需大量空气预混以降低入口尾气浓度；④处理效率介于 97%~99%；⑤热能利用率高，≥95%；⑥催化剂约 3 年定期更换，催化剂费用高，能耗适中，运行维护费用高；⑦废气组分对催化剂性能及寿命影响大
常规燃烧工艺（TO）	浓度低于 $15g/m^3$（低于 25%LEL）；除了有机硅烷类、氯苯以外的几乎所有污染物	①占地规模居中；②启动时间长，需通过燃烧气燃料将系统预热至燃烧温度才能进入尾气；③入口浓度过高，有爆炸隐患，入口浓度需降低至 25%LEL，需大量空气预混以降低入口尾气浓度；④处理效率介于 95%~98%；⑤能耗高，运行费用高
蓄热燃烧工艺（RTO）	浓度低于 $5g/m^3$（低于 25%LEL）；除了有机硅烷类、氯苯以外的几乎所有污染物	①占地规模小；②启动时间长，需通过燃烧气燃料将系统预热至燃烧温度才能进入尾气；③入口浓度过高，有爆炸隐患，入口浓度需降低至 25%LEL，需大量空气预混以降低入口尾气浓度；④处理效率大于 98%；⑤热能利用率高，≥95%；⑥能耗适中，运行费用适中

5 总　　结

炼油企业污水系统可分为污水处理场和污水集输系统，是炼油企业重要的 VOCs 和恶臭废气排放源。从炼油废水中鉴别出的 VOCs 种类包含烷烃、烯烃、炔烃、芳香烃、多环芳烃、有机酚、醇、酮、酯、硫醚、噻吩等。

炼油企业污水相关处理中，对于生化池加盖收集的低浓度 VOCs 气体，一般采用生物法加活性炭纤维吸附装置处理后，实现稳定达标排放。

对于目前污水场调节罐、隔油池、气浮池、集油池、污油罐、污泥脱水等设备设施收集的高浓度 VOCs 气体，可采用常规催化燃烧工艺（CO）、蓄热催化燃烧工艺（RCO）、常规燃烧工艺（TO）、蓄热燃烧工艺（RTO）等处理工艺进行处理。

参 考 文 献

[1] 王恩廷．生物法组合工艺在炼油 VOCs 废气治理中的应用[J]．云南化工，2022，49(5)：75-77.

[2] 邹智．炼油化工污水集输系统 VOCs 恶臭气体处理工艺技术比较[J]．石油化工安全环保技术，2022，38(1)：57-60+8.

[3] 韦清华，王小雄，李常青，等．超重力吸收工艺处理炼油污水场挥发性有机物的吸收剂优化[J]．石化技术与应用，2022，40(1)：54-56.

[4] 侯晓松，王欣，郭斌，等．生物法联用技术治理 VOCs 的研究进展[J]．应用化工，2022，51(2)：603-607.

[5] 张文惠．VOCs 综合治理项目施工风险管理研究[D]．山东科技大学，2020.

[6] 李玉果．炼化污水处理全流程污染物组成特征及转化规律研究[D]．中国石油大学(北京)，2020.

[7] 迟婷．炼油污水处理场硫化氢产生原因及有效控制分析[J]．化工管理，2019(25)：51-52.

[8] 栗则，张宇曦，季远玲，等．石化废水挥发性有机物排放特征分析[J]．环境工程，2019，37(04)：177-180+136.

[9] 刘忠生，王新，王海波，等．炼油污水处理场挥发性有机物和恶臭废气处理技术[J]．石油炼制与化工，2018，49(5)：85-91.

[10] 黄晓星．吸附冷凝-生物氧化联合工艺对炼油污水废气的处理[D]．兰州大学，2018.

[11] 韦清华，韩振刚，李常青，等．炼油污水场挥发性有机化合物(VOCs)处理技术现状[J]．广东化工，2017，44(9)：171-172+177.

[12] 周亚军．炼油企业含恶臭物质的 VOCs 治理技术及应用[D]．华东理工大学，2014.

[13] 耿长君．生物过滤法处理炼油污水厂恶臭的工艺研究[D]．大连理工大学，2006.

胜利致密砂岩压裂返排液资源化处理研究

高　峰　桑军强　赵　锐　孟凡宾　杨春鹏　任黎明

（中石化石油化工科学研究院有限公司，北京 100083）

【摘要】 压裂改造是致密砂岩非常规油藏实现开发价值的重要手段，其对水资源消耗严重，产生的返排液黏度高且含石油类及悬浮物类污染物。本研究以胜利油田某地块致密砂岩压裂返排液为研究对象，对其开展了全面的水质分析，并基于氧化破胶、絮凝沉降、离子去除及过滤工艺影响要素及工艺优化研究，形成了致密砂岩压裂返排液资源化处理组合工艺技术，实现处理后的压裂返排液铁离子浓度小于5mg/L，悬浮物浓度小于10mg/L，含油量小于5mg/L，满足配液回用的水质要求，有效避免了返排液的环境污染风险，大幅降低了压裂施工水资源的消耗水平。

【关键词】 致密砂岩　返排液　资源化　压裂

1　开发背景

能源需求的日益增加、常规油气资源的枯竭以及油气价格的持续高位，导致各国对非常规能源的依赖持续增加。致密砂岩油气资源不仅储量丰富，而且分布范围广，是非常规能源的重要组成[1,2]。

致密砂岩油气藏压裂改造中，压裂液配置对水资源消耗巨大，产生的返排液黏度大，且含悬浮物、石油类等污染物[3,4]。返排液的直接排放则会对环境产生巨大的危害，处理后排放费时费力，且造成极大的水资源浪费[5~7]。因此，返排液的回收再利用，不仅可节省大量配置压裂液所需的水资源，同时能够避免返排液对环境造成的污染。

返排液的重复利用受到了国内外的广泛关注，但对于致密砂岩开采过程中产生的压裂返排液的处理，相关技术文献和应用的报道较少。压裂施工中的液体类型、工艺方案需根据实际地层的岩性、敏感性、塑性以及微观结构进行选择[8~11]；因而，基于致密砂岩储层特征配套的压裂改造工艺与配方导致了返排液的差异性，从而最终导致与之相匹配资源化利用技术的开发需求。

胜利油田某地块的深层致密砂岩非常规油藏，常规开发效果不理想，基于引进的压裂技术与工艺，结合油藏特点，通过长井段水平井裸眼分段压裂核心工艺的优化，压裂液与支撑剂优选等一系列措施，形成了致密砂岩非常规油藏开发配套工艺，现场施工取得了100%的压裂成功率。然而，基于该引进并优化后的压裂技术产生返排液，相较于其他返排液，具有

COD 高、硬度高、氯离子浓度高的特点，导致常规的返排液处理回用技术中自由基失活等问题[12,13]，亟须开展针对此类返排液处理回用工艺的开发研究。

本文以胜利油田上述地块的致密砂岩压裂液返排液作为研究对象，在对其水质进行全面分析的基础上，通过氧化降黏工艺优选、絮凝沉降工艺优化、离子去除与过滤工艺开发，结合压裂返排液处影响因素的研究，开发出胜利致密砂岩压裂返排液资源化处理组合工艺技术。

2 试验方法

2.1 水质分析方法

在压裂液返排液资源化利用前，为了解其 COD 质量浓度、BOD 质量浓度、氨氮质量浓度、悬浮物质量浓度、含油质量浓度、黏度以及各种离子质量浓度等指标的基础特性，对来自胜利油田不同批次的压裂液返排液，采用表 1 中测定方法进行了测定。

表 1 返排液水质分析指标及其检测方法

指标名称	检测方法	指标名称	检测方法
氨氮质量浓度	纳氏试剂分光光度法	pH 值	玻璃电极法
COD 质量浓度	重铬酸盐法	电导率	玻璃电极法
悬浮物质量浓度	重量法	粒径中值	激光粒度测定法
含油质量浓度	红外分光光度法	ζ 电位	ζ 电位仪测定法
黏　度	布氏黏度计测定法	离子质量浓度	等离子体火焰分光光度法

2.2 氧化破胶试验方法

本研究选择以 H_2O_2 为氧化剂，$FeSO_4 \cdot 7H_2O$ 为催化剂，将 200mL 的压裂液返排液置于 400mL 的烧杯中，调节实验所需的 pH 值，依实验所需的量加入氧化剂与催化剂，反应一定的时间后，通过旋转黏度计(DV－Ⅱ+Pro)对处理后的返排液进行黏度分析。

2.3 絮凝沉淀试验方法

在转速为 120r/min 左右搅拌下，向 400mL 水样中加入絮凝剂主剂，继续搅拌 1min，然后加入絮凝剂助剂，搅拌 1min，将转速调至 60r/min，继续搅拌 5min，静置 60min，取上层清水样采用重量法检测悬浮物质量浓度。

2.4 离子去除试验方法

在转速为 120r/min 左右搅拌下，向 400mL 水样中加入离子去除剂，静置 60min，取上层清水样，通过紫外可见光分光光度计(756PC，上海仪电分析分析有限公司)，采用邻菲罗啉分光光度法对铁离子质量浓度进行检测。

2.5 过滤试验方法

在直径为 60mm，高为 600mm 的玻璃柱子容器中装填石英砂，石英砂床层的高度为 500mm，采用蠕动泵将水样以一定的流速经过石英砂床层，取经过床层的水样，采用上述 2.1 中的重量法，对悬浮物这一指标进行分析。

3 结果与讨论

3.1 水质分析结果

通过对胍胶压裂液返排液水质分析可知，胜利油田压裂返排液中的悬浮物质量浓度、含油质量浓度及 COD 质量浓度都较高；且含盐较多，电导率和氯离子质量浓度非常高，由于含有高分子聚合物，压裂返排液的黏度也很高。同时，压裂返排液的水质波动大，不同压裂井，甚至是同一压裂井的不同批次的压裂返排液水质都相差很大；返排液组成复杂，其中钠、钙、硫酸根、铵根离子的质量浓度都较高，铁离子的质量浓度也超过了配液回用要求的指标。以上水质分析结果显示，污染物含量高、氯离子浓度高、矿化度高、组分复杂以及水质波动较大是压裂液返排液的主要特征，须经复杂的处理工艺方可实现其资源化利用。

残存的增稠剂(胍胶等)高分子聚合物导致返排液的黏度较高，给油和悬浮物等污染物处理带来极大的困难。通过对不同黏度(表 2、图 1)的返排液沉降效果考察发现，返排液的黏度越大，沉降分离的效果越差，黏度为 0.9mPa·s 的压裂返排液，沉降 1h 固液就能完全分离；而黏度为 1.3mPa·s 的压裂返排液比黏度为 0.9mPa·s 的压裂返排液沉降效果差一些，但固体也能沉降到烧杯的底部，而黏度为 2.3mPa·s 的压裂返排液，分离后固体悬浮于溶液的上方，而黏度大于 4mPa·s 的压裂返排液沉降 24h 后，固液仍然无法分离，可见返排液黏度过大时，难以采用沉降的方法除去返排液中的污染物。因此，通过降解压裂中残存的增稠剂高分子聚合物，实现压裂返排液黏度的降低是其保障后续处置工艺顺利实施及最终资源化利用的前提与关键。

表 2 模拟压裂返排液的黏度

烧杯序号	1#	2#	3#	4#	5#	6#
黏度/(mPa·s)	0.9	1.3	2.3	4.0	6.0	7.5

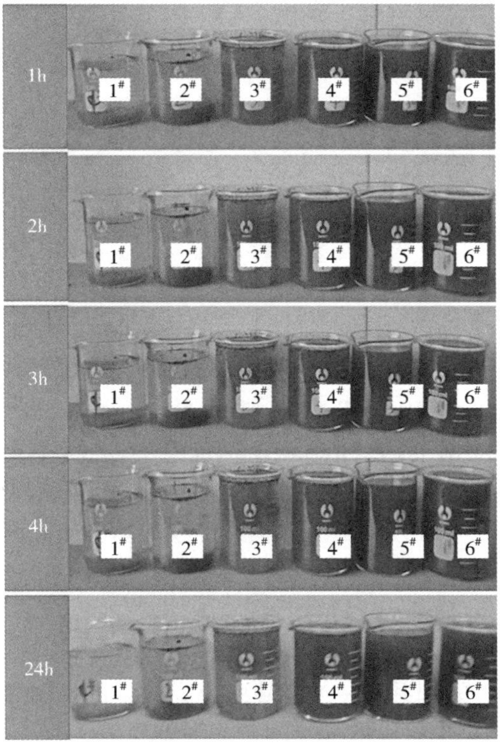

图 1 表 1 中不同初始黏度的压裂返排液经质量浓度为 200mg/L 的聚合氯化铝絮凝，静置 1h、2h、3h、4h 及 24h 后的沉降效果图

3.2 氧化破胶试验

为保障返排液后续处理工艺及资源化利用的顺利实施，本研究在 pH 值为 3，*n*(氧化剂)：*n*(催化剂)= 1：1 条件下，采用催化氧化的方法开展对初始黏度为 7.9mPa·s 的压裂返排液的破胶氧化实验。

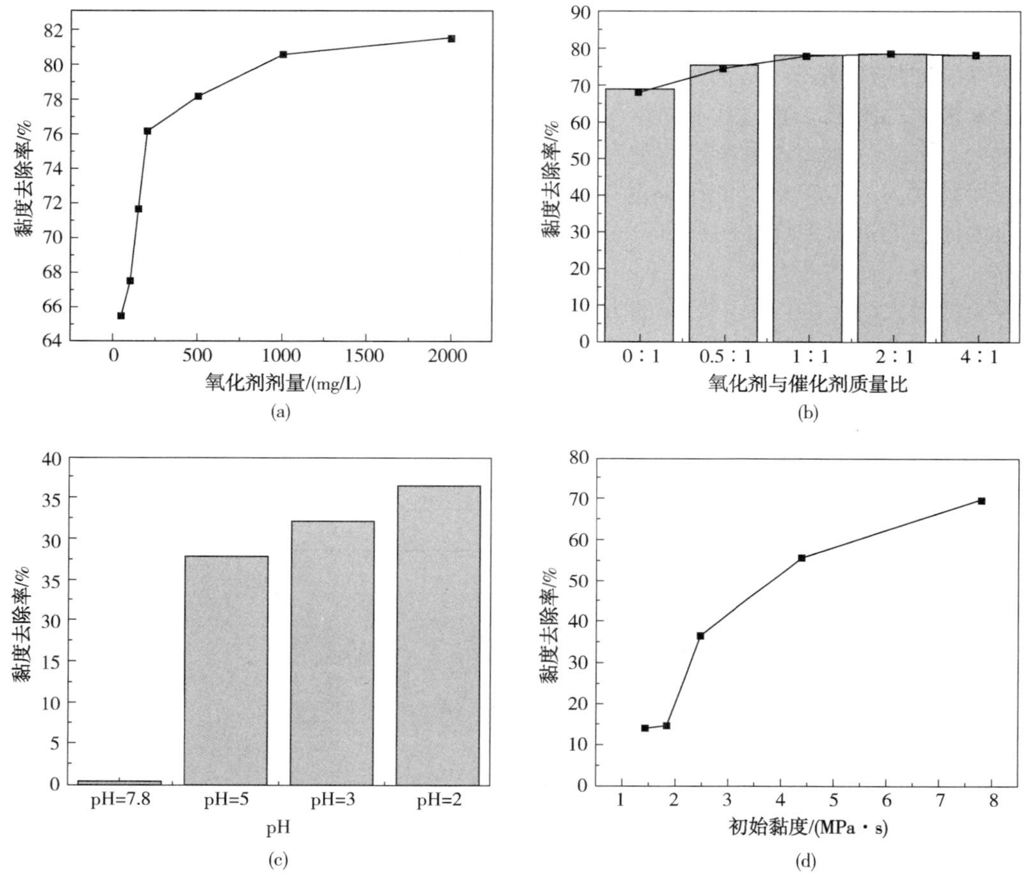

图 2　不同氧化剂剂量浓度、氧化剂与催化剂质量比、pH 以及返排液初始黏度条件下的黏度去除效果图

由图 2(a)可知，随着氧化剂投加质量浓度的增加，压裂返排液的黏度去除率也逐渐增加；当氧化剂投加质量浓度由 50mg/L 增加到 2000mg/L 时，压裂返排液的黏度去除率由 65.5%提高到 81.5%；当氧化剂投加质量浓度增加到 200mg/L 以上，压裂返排液的黏度去除率高达 75%，再继续提高氧化剂投加质量浓度，压裂返排液的黏度去除率提高有限。

随着催化剂与氧化剂质量比的增加，压裂返排液的黏度去除率也逐渐增加，见图 2(b)；当催化剂与氧化剂的投加物质的质量比由 0 增加到 1 时，压裂返排液的黏度去除率由 69.3%提高到 78.4%；再继续提高催化剂与氧化剂的投加物质的质量比，压裂返排液的黏度去除率的增加有限。

本研究中，基于催化氧化体系处理返排液的降黏效果的实验结果显示，压裂返排液的黏度的去除率随 pH 的降低而升高，尤其是 pH 从 7.8 降低到 5 时，压裂返排液的黏度去除率从 0 增加到 27.9%，见图 2(c)。pH 是影响催化氧化的处理效果的关键要素，因高 pH 的环境会导致铁离子沉淀，使得·OH的生成量降低，从而降低催化活性，可见酸性条件下有利于催化氧化的降黏效果。

基于上述条件考察实验，结合工艺成本考量，确立了氧化剂投加质量浓度为200mg/L，n(氧化剂)：n(催化剂)＝1：1，pH值为3的返排液降黏优选实验条件下。基于上述优选条件，考察了压裂返排液的初始黏度对返排液黏度去除率的影响，研究结果如图2(d)所示，显示随着压裂返排液初始黏度的增加，返排液黏度的去除率也逐渐增加，当压裂返排液的初始黏度由1.43mPa·s增加到7.73mPa·s时，压裂返排液的黏度去除率由14%提高到70%。从图中还可以看出，当压裂返排液的黏度小于1.85mPa·s时，返排液的黏度去除率增加明显，而当压裂返排液的黏度大于1.85mPa·s时，返排液的黏度去除率显著增加。

采用催化氧化处理压裂返排液，氧化剂投加量越高，催化剂与氧化剂的物质的量比越高，反应的pH值越低，返排液初始黏度越高，降黏的效果越好。在较佳的反应条件下(压裂返排液的初始黏度为7.9mPa·s，pH值为3，氧化剂投加质量浓度为200mg/L，催化剂与氧化剂的投加物质的质量比为1，采用催化氧化法可以使压裂返排液的黏度去除率达到78%以上。

3.3 絮凝沉淀试验

以胜利油田破胶后的试剂压裂返排液为絮凝沉淀试验用水，经水质分析后得到的数据如表3所示。

表3 絮凝试验用水水质数据

项　目	水质数据	项　目	水质数据
pH	7~8	ζ电位/mV	-11.2~-32.4
电导率/(mS/cm)	3.5~28.4	ρ(悬浮物)/(mg/L)	45.7~116.9

3.3.1 絮凝剂主剂种类的影响

在投加质量浓度为200mg/L的条件下，通过对市面常见絮凝剂主剂去除压裂返排液中悬浮物的效果考察发现(表4)，在聚合类絮凝剂中聚合氯化铝和聚合硫酸铁的处理效果最好，悬浮物的去除率达到60%以上。聚合类无机高分子絮凝剂絮凝效果优于单体类絮凝剂的原因是由其本身的特性决定的。以聚合氯化铝(简称PAC)为例，PAC是介于氯化铝和氢氧化铝两种物质之间的一种水溶性无机高分子聚合物，PAC可在中性甚至碱性范围内仍能保持较高的正电性，而不像硫酸铝这样的低分子絮凝剂那样很快形成$Al(OH)_3$沉淀，所以聚合性的高分子絮凝剂更容易使废水中的ζ电位降低而使废水中的胶粒失去稳定性，此外聚合型的絮凝剂分子质量较大，网捕和卷扫的作用都更明显。所以处理效果也更好。

表4 絮凝剂主剂种类的影响

药剂种类	悬浮物去除率/%	试验现象
聚合氯化铝	63.7	上清液清，絮体疏松，产渣量较多
聚合硫酸铝	58.5	上清液清，絮体疏松，产渣量较多
聚合铝铁	57.3	上清液清，絮体疏松，产渣量较多
聚合硫酸铁	62.6	上清液清，絮体疏松，产渣量较多
聚合硅酸铝	56.5	上清液清，絮体疏松，产渣量较多

续表

药剂种类	悬浮物去除率/%	试验现象
氯化铝	42.1	上清液较浑浊，絮体疏松，产渣量较多
硫酸铁	34.6	上清液较浑浊，絮体疏松，产渣量较多

3.3.2 絮凝剂主剂投加量的影响

选择絮凝效果最优的聚合氯化铝作为絮凝剂主剂，研究发现(表5)，随着絮凝剂投加量的增加，悬浮物的去除率增加，絮凝效果越好，当絮凝剂主剂的投加质量浓度大于400mg/L的时候，继续提高絮凝剂的投加量，对于悬浮物的去除效果提高不明显。药剂投加量的增加不但会增加药剂处理的成本，也会使絮凝沉渣量增加，因此，基于絮凝效果及成本控制的综合考虑，确定了以聚合氯化铝为絮凝主剂，投加质量浓度为400mg/L的絮凝沉降实验条件。

表5 絮凝剂主剂投加量的影响

主剂投加质量浓度/(mg/L)	悬浮物去除率/%	试验现象
50	33.7	上清液较浑浊，絮体疏松，产渣量较多
100	41.5	上清液清，絮体疏松，产渣量较多
200	51.3	上清液清，絮体疏松，产渣量较多
400	63.7	上清液清，絮体疏松，产渣量较多
600	65.5	上清液清，絮体疏松，产渣量多
800	66.1	上清液较浑浊，絮体疏松，产渣量多
1000	67.6	上清液较浑浊，絮体疏松，产渣量多

3.3.3 絮凝剂助剂种类的影响

单独采用絮凝剂主剂产生的絮体疏松，产渣量较多。为提高絮凝效果，减少产渣量，有必要将絮凝剂主剂与絮凝剂助剂复配并考察絮凝效果。

通过对常见的阳离子、阴离子、非离子及两性絮凝剂助剂协同主剂的絮凝实验效果考察发现(表6)，含阳离子配方的絮凝效果优于阴离子和两性絮凝剂。由于压裂返排液中的胶粒带负电荷，废水 ζ 电位值为负值。加入阳离子絮凝剂，ζ 电位绝对值降低，而且降低幅度大于加入阴离子或两性或非离子型的絮凝剂助剂。因此从电荷中和角度考虑，应该选用阳离子型的第二组分絮凝剂为宜。由于阳离子絮凝剂带正电荷，可将污水中胶粒表面的电荷中和，降低 ζ 电位绝对值，压缩双电层，胶粒更容易脱稳而凝聚。

表6 助剂电荷类型对絮凝的影响

主 剂	指 标	助剂类型			
		阳离子	阴离子	非离子	两性
聚合氯化铝	悬浮物去除率/%	72.2	65.1	65.3	64.7
	ζ 电位/mV	-10.4	-29.8	-30.2	-36.5

以聚合氯化铝作为絮凝剂主剂，在投加质量浓度为400mg/L，絮凝剂助剂质量浓度为8mg/L时，通过对阳离子絮凝剂助剂的分子量和电荷密度对絮凝的影响考察发现(表7)，分子质量和电荷密度值对絮凝性能的影响显著。具有适中电荷密度的第二组分絮凝剂絮凝性能

好，上层清液澄清，下层絮体体积小，悬浮物去除率高。电荷密度过大或过小时絮凝性能变差。电荷密度小的第二组分分子链上阳离子基团少，不能完全中和污水中胶体颗粒表面的负电荷，颗粒不易相互聚集而絮凝沉降，表现出絮凝能力不强，悬浮物去除效果差。电荷密度值过大的絮凝剂助剂的分子链上阳离子基团多，除了将污水中胶体颗粒表面的负电荷完全中和外，剩余的正电荷会使颗粒表面电荷符号反转，颗粒间斥力增大，反而不利于絮凝。另外由于合成原料的比例决定了产品的阳离子度，考虑到成本价格因素，选阳离子度为30%~40%的絮凝剂助剂为好。

表7　絮凝剂助剂分子质量和电荷密度对絮凝的影响

分子量	电荷密度	悬浮物去除率/%	分子量	电荷密度	悬浮物去除率/%
小	高	65.0	中	中	68.3
中	较高	72.2	大	低	69.1

絮凝剂助剂分子质量过小，絮凝试验所形成的絮体体积小，沉降速度慢，高分子的“卷扫”和“捕集”作用弱，絮凝效果差，悬浮物去除率低。分子质量增大，有利于大分子链段对胶体颗粒的捕集和桥连作用，因而有利于絮凝作用，但分子质量过大，所形成的絮体体积大，沉降速度快，一些悬浮物来不及被沉降，悬浮物去除率也较差。根据试验结果，分子质量适中且电荷密度较高的絮凝剂助剂的絮凝性能最好，悬浮物去除率最高，可以达到72.2%。

3.3.4　絮凝剂助剂投加量的影响

本研究在以聚合氯化铝为絮凝剂主剂(400mg/L)，相对分子质量为800万，阳离子度为40%的聚丙烯酰胺为絮凝剂助剂实验条件下，考察了絮凝助剂的投加量对于处理后压裂返排液的悬浮物去除率和试验现象的影响。结果显示(表8)，随着絮凝剂助剂投加量的增加，悬浮物的去除率增加，絮凝效果越好，但是药剂投加量的增加不但会增加药剂处理的成本，也会使絮凝沉渣量增加。当絮凝剂助剂的投加量大于8mg/L的时候，继续提高其投加量，对于悬浮物的去除效果提高并不明显。

表8　絮凝剂助剂投加量的影响

助剂投加量/(mg/L)	悬浮物去除率/%	试验现象
2	64.8	上清液清，絮体较疏松，产渣量较多
4	67.5	上清液清，絮体较大而密，产渣量较少
6	69.3	上清液清，絮体大而密，产渣量较少
8	72.2	上清液清，絮体大而密，产渣量较少
10	72.5	上清液清，絮体大而密，产渣量较少
15	73.1	上清液清，絮体大而密，产渣量较少

3.3.5　絮凝沉淀小结

本研究通过絮凝沉淀的方法处理压裂返排液的研究，确定了聚合的无机高分子絮凝剂作为絮凝剂主剂，阳离子型的，分子质量适中，电荷密度较高的有机高分子型絮凝剂作为絮凝剂助剂。在采用投加的聚合氯化铝的质量浓度为400mg/L；相对分子质量为800万，阳离子度为40%的聚丙烯酰胺0.8%的投加质量浓度实验条件下，可实现压裂返排液的悬浮物70%以上的去除。

3.4 离子去除试验

本研究的催化氧化工艺中，引入二价铁离子作为氧化破胶的催化剂，大幅提升了返排液的氧化降黏效果。但是，已有的研究表明，压裂液配置液中铁离子对羟丙基胍胶增稠能力产生极为不利的影响；同时，处理前的返排液的水质分析结果显示，铁离子浓度较高，已超出配液回用的指标要求。因此，本研究通过添加离子去除剂，以期降低铁离子浓度，达到压裂配置液的施工要求。

在本研究中，随着离子去除剂投加量的增加，压裂返排液中的铁离子含量逐渐减少；当离子去除剂投加的质量浓度增加到 100mg/L 时，压裂返排液中的铁离子质量浓度由接近 200mg/L 降低到 10mg/L 以下(图 3)，此时再继续增加离子去除剂的投加量，压裂返排液铁离子含量减少不明显。

3.5 过滤试验

前置液中悬浮物是配制压裂液重要因素，过高的悬浮物浓度会显著降低以胍胶类(尤其是羟丙基胍胶)增稠剂的压裂液基液黏度以及黏度稳定性，因此，返排液在回用前，经上述步骤处理后，还需通过过滤实验去除其中的悬浮物，以保障以回用返排液配制的压裂液的黏度性能。

研究结果显示(图 4)，随着过滤速度的降低，压裂返排液中的悬浮物去除率逐渐增加；当滤速降低至 3mm/s 时，再继续降低过滤速度对压裂返排液悬浮物去除率的提高不明显。

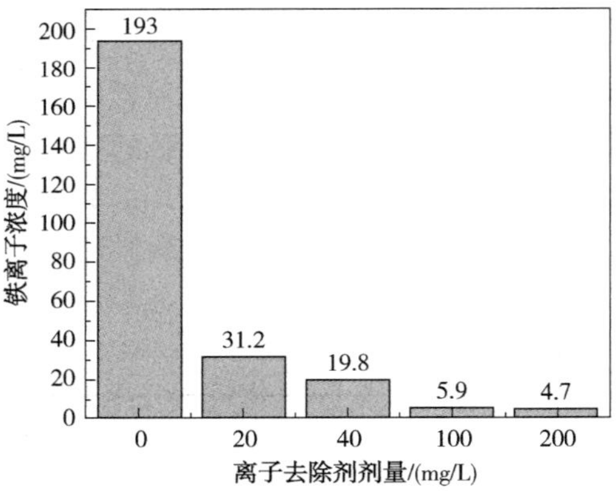

图 3　离子去除实验结果图

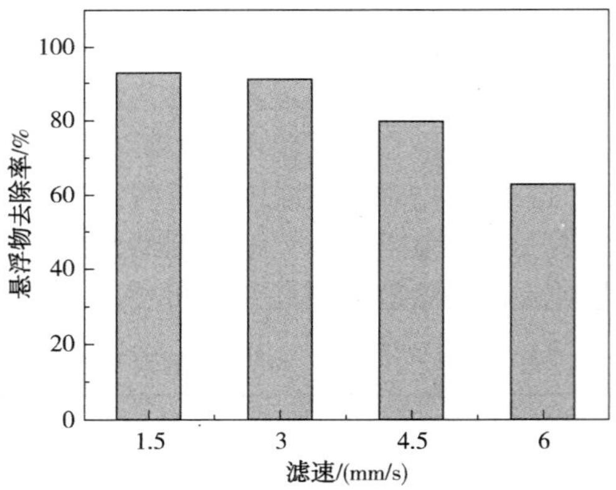

图 4　过滤试验中不同滤速条件下的悬浮物的去除效果图

3.6 组合工艺试验

各单元在较佳的试验条件下，采用氧化破胶、絮凝沉降、离子去除、过滤的组合方法处理对不同批次的压裂返排处理后(表 9)，压裂返排液污染物浓度得到了大幅度降低，其中悬浮物质量浓度小于 10mg/L，含油质量浓度小于 5mg/L，铁离子质量浓度小于 5mg/L，满足 Q/SH-0444—2011 中对于压裂液配置用水的水质要求[14]。

3.7 压裂返排液处理成本分析

压裂返排液的处理成本包括药剂的处理成本以及设备损耗折旧、电耗、维护、人工费用等其他处理成本。根据试验的结果分析，压裂返排液各单元的药剂费用及总的处理成本分析见表 10。

表 9 组合工艺的处理效果

压裂返排液水样		指标			
		含油质量浓度/(mg/L)	悬浮物质量浓度/(mg/L)	铁离子质量浓度/(mg/L)	黏度/(mPa·s)
批次 1	处理前	10.4	630	11.7	8.1
	处理后	2.2	8	1.8	1.8
批次 2	处理前	173.7	620	24.1	2.8
	处理后	4.8	7	2.1	1.3
批次 3	处理前	56.7	97	151.8	1.4
	处理后	4.3	5	3.6	1.1

表 10 压裂返排液处理成本分析

处理单元	氧化降黏	絮凝沉淀	离子去除	过滤
药剂成本/(元/t)	4~15	0.5~1.2	0.5~1.8	0
总药剂成本/(元/t)	5~18			
其他处理成本/(元/t)	1~2			
总处理成本/(元/t)	6~20			

从表 10 的结果可以看出，压裂返排液的处理成本主要是投加的药剂的成本，加上设备损耗折旧、电耗、维护、人工费用等其他处理成本组成，处理每吨压裂返排液的总的处理成本为 6~20 元。

4 结 论

(1) 相较于普通的压裂返排液，黏度大、COD 和盐含量高、水质波动大以及组成复杂是胜利油田压裂返排液的主要特征，因此，开展针对胜利油田返排液的回用技术的开发，可节省大量配置压裂液所需的水资源，同时，能够避免返排液对环境造成的污染，也为其他场地的致密砂岩压裂返排液的处理以及回用提供技术支持与参考借鉴。

(2) 采用氧化破胶、絮凝沉降、离子去除、过滤的组合工艺技术处理压裂返排液，处理后的压裂返排液污染物浓度大大降低，其中悬浮物质量浓度小于 10mg/L，含油质量浓度小于 5mg/L，铁离子质量浓度小于 5mg/L，满足 Q/SH-0444—2011 中对于压裂液配置用水的水质要求，处理每吨压裂返排液的成本不超过 20 元。

因此，胜利油田致密砂岩压裂返排液资源化处理技术的研究，可有效降低致密砂岩返排液回用的处置成本与能量消耗，同时，具有安全环保、反应条件温和等优势。

参 考 文 献

[1] 李阳．中国石化致密油藏开发面临的机遇与挑战[J]．石油钻探技术，2015，(05)：1-6.

[2] 郑志红，李登华，王志欣，等．我国重点盆地致密油气资源潜力评价[J]．中国矿业，2017，26(08)：22-29.

[3] Maloney K O，Baruch-Mordo S，Patterson L A，et al. Unconventional oil and gas spills：Materials，volumes，and risks to surface waters in four states of the U.S.[J]. Science of the-56-Total Environment，2017，581-

582：369-377.

[4] Small M J，Stern P C，Bomberg E，et al. Risks and Risk Governance in Unconventional Shale Gas Development[J]. Environmental Science & Technology，2014，48(15)：8289-8297.

[5] Uliasz-Misiak B，Przybycin A，Winid B. Shale and tight gas in Poland — legal andenvironmental issues [J]. Energy Policy，2014，65：68-77.

[6] Cozzarelli I M，Skalak K J，Kent D B，et al. Environmental signatures and effects of an oiland gas wastewater spill in the Williston Basin，North Dakota[J]. Science of the TotalEnvironment，2017，579：1781-1793.

[7] 仝少凯，高德利 . 水力压裂基础研究进展及发展建议[J]. 石油钻采工艺，2018：1-14.

[8] 李仲铭 . 油水井压裂液性能及分类[J]. 石化技术，2018，25(09)：56.

[9] 李元灵，杨甘生，朱朝发，等 . 页岩气开采压裂液技术进展[J]. 探矿工程(岩土钻掘工程)，2014，(10)：13-16.

[10] 郭浩 . 关于压裂技术在油田增产中的应用分析[J]. 内江科技，2018，(09)：36-42.

[11] Pignatello J J. Dark and photoassisted Fe^{3+}-catalysed degradation of chlorophenoxy herbicides by hydrogen peroxide[J]. Environmental Science and Technology，1992，26(5)：944-951.

[12] Lu Mingchun. Effect of inorganic ions on the oxidation of dichlorvos insecticide with Fenton's reagent [J]. Chemosphere，1997，35(10)：2285-2293.

[13] 中国石油化工股份有限公司 . Q/SH 0444—2011 非常规油气井压裂液配制和返排液回收处理推荐作法[S]. 2011.

基于活性污泥模型的多目标智能曝气控制系统及应用

刘　帅

（中石化石油化工科学研究院有限公司，北京 100083）

【摘要】 本文从出水水质和能耗两个主要目标出发，结合活性污泥模型、运筹学以及机器学习研发了一套多目标曝气调控系统，打破“恒 DO”常规曝气控制模式和“仅满足氨氮达标”局部视角工艺调控模式。系统在某污水厂部署并运行，在保证出水水质稳定达标基础上，中控室运行工作量减少 2/3，气水比下降 18%，电单耗平均下降 12%。

【关键词】 曝气　能耗　活性污泥模型　机器学习

1　引　　言

为应对日益严格的水质标准，一般污水处理厂往往将曝气量维持在一个较高水平，这样虽然能够保证出水水质达标，但也不可避免地造成了能源浪费。据统计，污水处理厂中曝气风机电耗占总能耗的 30%~70%[1,2]，由此可见曝气环节的智能控制非常重要，曝气控制效果直接关系到污水处理厂运行成本和节能减排。因此，运营管理者对污水厂生化池溶解氧（DO）控制越来越严格。传统恒 DO 反馈控制逻辑虽能一定程度减轻运行人员工作量，但不能解决进水负荷波动及污水处理滞后性带来的影响。国际水协推出的活性污泥模型近些年在国内逐步推广应用，部分智能控制厂商、科研人员深入解构模型，试图将其嵌入实时控制中[3~5]。目前一些项目应用效果受限于以下因素：

（1）模型应用于控制的前提是能够实现动态模拟，如采用商业模拟软件需耗费较高成本支撑 API 接口接入，且需定期自动校正缺省参数，但在线仪表数据准确性和模型优化算法均是需攻克的难题。

（2）模型本身能够描述碳化、脱氮除磷相关生物反应过程，然而对于 DO 调控仍需曝气模型将之融合，单纯的活性污泥模型如 ASM1、ASM2d 等并不能直接计算出曝气量。由此可见，实现基于活性污泥模型的曝气控制是顶层设计的系统工程，需要打破层层壁垒。

本研究以某再生水厂为案例，利用基于活性污泥模型的多目标曝气控制四步法，通过机理模型构建、优化目标确定、曝气量测算、控制执行四步，实现对污水厂曝气环节智能控制，为污水生物模型技术在国内污水厂智能控制应用提供借鉴。

2 材料与方法

2.1 技术路线

基于活性污泥模型的多目标曝气控制方法，实施步骤如下：

(1) 利用过往年全年运行数据，构建工艺模拟模型，并对模型参数进行校核。

(2) 根据优化目标即在出水水质达标前提下，降低能耗并实现氨氮达标点位控制，构建优化目标函数。

(3) 利用差分进化算法和自然断点法筛选优化工况并计算分段优化气量。

(4) 通过过程控制系统对 SCADA 和优化模型进行终端连接，打通控制回路，将优化结果下发至 PLC 对风机和阀门开度进行实时控制。

2.2 机理模型构建

(1) 污水处理厂概况

该厂进水全部为市政污水，出水水质达到地表水准Ⅳ类标准，主要用于工业用水、市政杂用及河湖景观补水。水厂平均日处理水量为 127963m^3。水厂上游管网有一定存水能力，提升泵单元按恒液位或恒流量运行，因此全年水量控制稳定，无明显冲击。

(2) 模型搭建

生化反应池分为四个系列，每个系列两组反应池，两组共用一套污泥回流系统。以下建模以一个系列为例。生化池主体工艺为厌氧+两级 AO 工艺，分 3 点配水，总停留时间 25h，其中厌氧 1.5h，一段缺氧 5h，一段好氧 11.5h，消氧 0.5h，二段缺氧 4h，二段好氧 2.5h。二沉池每座有效水深 4.5m，单池表面积 392m^2。其中，厌氧和缺氧池分别按完全混合池构建，好氧池根据物料流态、溶解氧仪表位置和曝气支管阀门位置，分成 4 个完全混合池，好氧一廊道对应一段好氧池 1、好氧二三廊道对应一段好氧池 2、好氧第四廊道对应一段好氧池 3 和二段好氧池。

(3) 模型校正

将 2023 年运行数据进行清洗和修正，剔除异常数据后输入模型进行参数校正。同时，为获取准确需气量数据，对好氧池曝气参数进行修正。通过稳态模拟和动态验证，该模型需校正以下 5 个计量学参数、2 个动力学参数、2 个曝气参数(参见表 1)。

表 1 模型校正参数

校正参数名称	校正值	缺省值	单位	参数描述	校正原因
Frsi	0.06	0.075	g/g	溶解惰性 COD 占比	拟合出水 COD
insi	0.04	0.05	g/g	溶解惰性氮组分	拟合污泥氮组分
ipsi	0.007	0.01	g/g	溶解惰性磷组分	拟合污泥磷组分
ipxi	0.006	0.01	g/g	颗粒惰性磷组分	拟合污泥磷组分
XCOD/VSS	1.5	1.8	g/g	颗粒 COD 与有机物占比	拟合污泥浓度
munh	0.65	0.9	1/d	氨氧化菌最大生长速率	拟合硝化速率

续表

校正参数名称	校正值	缺省值	单位	参数描述	校正原因
kno3	0. 3	0. 32	—	反硝化还原因子	拟合 TN 平衡
αF	0. 8	0. 6	—	氧气传质效率	拟合 DO 梯度
SOTE 系数	0. 5	0. 3	—	标准氧传递系数	拟合曝气量

（4）模拟结果展示

稳态（表 2）和动态模拟结果（图 1）如下所示。其中，内外回流量、排泥量、DO、曝气流量均有在线仪表监测，将其与进水水质、水量参数以天为单位输入至模型。

表 2　出水稳态模拟结果 mg/L

		COD	TN	NH_4^+-N	TP
一季度	实际值	15. 6	8. 3	0. 43	0. 1
	模拟值	14. 3	7. 9	0. 45	0. 1
二季度	实际值	15. 9	6. 5	0. 31	0. 1
	模拟值	13. 7	6. 7	0. 29	0. 1

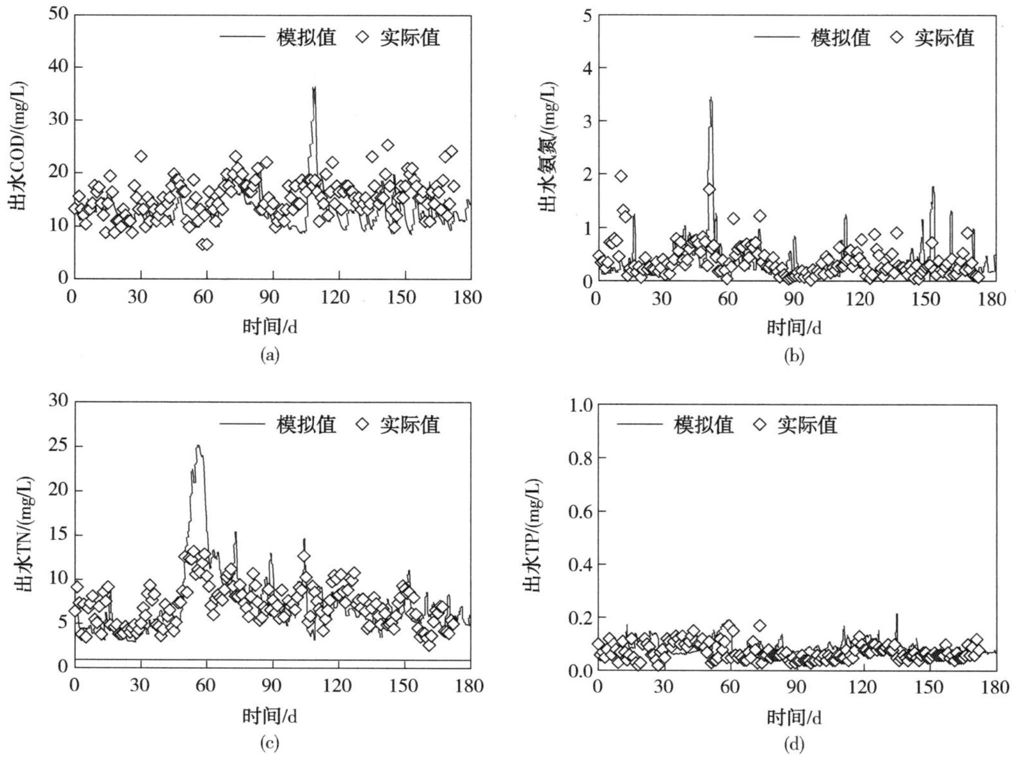

图 1　历史动态出水水质模拟

输入沿程 DO 数据，拟合两段模拟曝气量与实际曝气量，如图 2 所示。其中气量 1 对应一段好氧第一廊道曝气量，气量 3 对应一段好氧第四廊道和二段曝气量。

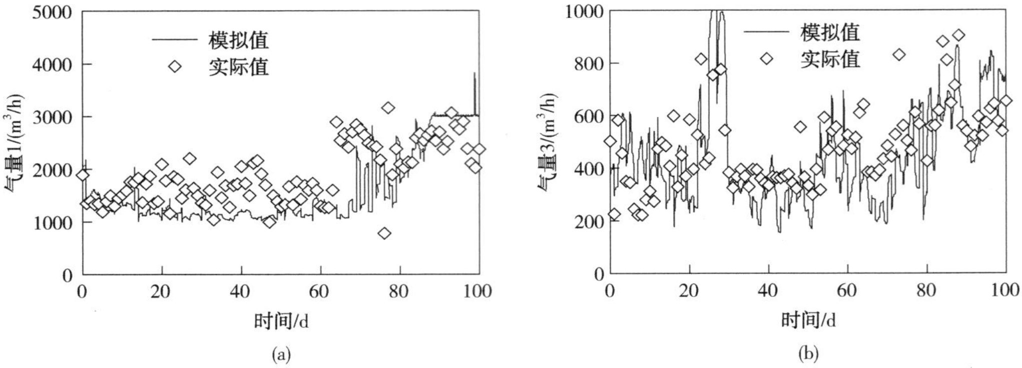

图 2 好氧池沿程曝气量拟合

2.3 优化目标确定

曝气控制主要目标有两个：保证出水水质达标；降低能耗。

（1）出水水质达标

为保证生产运行稳定，污水厂会根据出水水质标准制定相对合理的内控值，当出水水质超过任一内控指标时，即对工艺进行干预。因此，对出水水质达标这一要求，设定其边界作为本问题可行解约束条件。该厂出水标准和内控值参见表 3。

表 3 优化过程中水质范围 mg/L

	COD	TN	NH_4^+	TP	SS
出水标准	45	15	2(c3.5)	0.3	10
内控值	36	12	1	0.18	8

（2）能耗

对于能耗主要考虑曝气电耗(AC，元/天)。用电设备瞬时功率能够直接从模型中获取，鼓风机瞬时功率记为 W_a(kW)，污水处理厂电单价记为 y_e(元/kWh)，因此，电耗成本如下：

$$AC = 24 \times W_a \times y_e \tag{1}$$

（3）不同优化目标归一化处理

将以上三类优化目标进行归一化处理，此处引入“目标函数”，即三种不同维度指标通过一个函数表征，通过目标函数大小确定最佳曝气量，目标函数最高值表征对应曝气量能够使水质达标、接近内控值，并且能耗较低，沿程氨氮达标点符合要求。

在实际应用过程中将需要控制的变量最大值加载到活性污泥模型中，得到以上电设备成本最大值 AC_{max}。为了便于综合其他目标奖励，将各个目标归一化到单位区间，对运行成本而言，归一化后目标值为：

$$target_{AC} = 1 - \frac{AC}{AC_{max}} \tag{2}$$

对于达标点氨氮来说，记 $NH_{4target}$ 和 NH_4 分别为好氧 3/4 处达标设定的氨氮达标值和模拟值，NH_{4in} 为进水氨氮值。同时保证分区气量控制维持氨氮在好氧 3/4 处达标，因此有：

$$target_{NH_4}=1-\frac{|NH_{4target}-NH_4|}{NH_{4in}-NH_{4target}} \tag{3}$$

综合式(2)和式(3)，同时考虑出水水质低于内控值后，只关注能耗对目标函数的影响，则有：

$$target=\begin{cases} target_{AC}\cdot target_{NH_4} & \text{其他} \\ target_{AC}\cdot target_{NH_4}+1 & \text{若 } out<out_s \end{cases} \tag{4}$$

因此，

$$out<out_d$$

其中，out 为出水水质包含 COD、总氮、氨氮和总磷四项，同时 out_s 为内控值，out_d 为出水水质标准。

2.4 需气量测算

对于生化反应器，沿水流方向的底物负荷不断降低，好氧段沿程的需氧量也逐渐降低。为了适应好氧区不同区域需氧量差异，将好氧池划分为三个控制区，每个控制区都可以单独设定 DO 目标控制值并计算出相应气量。

好氧池安装有菱形调节阀门、气体流量计和 DO 仪表。其中阀门 1 和气体流量计 1 对应一段好氧第一廊道，对应气量记为 Q_{air1}；阀门 2 和气体流量计 2 对应一段好氧第二三廊道，对应气量记为 Q_{air2}；阀门 3 和气体流量计 3 对应一段好氧第四廊道和二段好氧，对应气量记为 Q_{air3}。对应模型中参数如表 4 所示。

表 4 控制对象上下限

序号	优化气量	模型气量参数	单位	参数上下界
1	Q_{air1}	一段好氧 1 气量	m^3/h	100~10000
2	Q_{air2}	一段好氧 2 气量	m^3/h	100~5000
3	Q_{air3}	一段好氧 3 气量+二段好氧气量	m^3/h	50~2000

为实现优化气量实时输出目标，本文采用将启发式优化算法与自然断点法相结合的方式。启发式算法作为优化算法，在历史数据基础上对 Q_{air1}、Q_{air2} 和 Q_{air3} 进行优化得到对应各段最优曝气数值。然后利用自然断点法，将实时进水划入不同类别，计算对应最优气量，通过软件将最优控制量下发实现实时控制。

(1) 差分进化算法

在优化过程中控制参数存在于活性污泥模型中，而活性污泥模型本身为微分方程，难以用梯度下降法直接求解，在此使用启发式算法作为求解方法。相比于粒子群算法[6]、遗传算法[7]等，差分进化算法[8,9]具有高效、可靠、鲁棒性强、易于使用等优点，且差分进化算法为一种全局最优化方法，因此本文采用差分进化算法作为求解方法。

① 种群初始化：$x_i^0=(x_{i1}^0, x_{i2}^0, \cdots, x_{in}^0)$ 为初代种群，其中 x_{ij}^0 为初代第 i 个个体中第 j 个变量的值，根据式(5)得到，$n=3$ 为待优化变量个数，$i=1, 2, \cdots, NP$，$NP=500$ 为种群数量。

$$x_{ij}^0=x_{ij}^{min}+rand(0, 1)(x_{ij}^{max}-x_{ij}^{min}) \tag{5}$$

其中，$rand(0, 1)$ 为区间 $[0, 1]$ 内的均匀随机数。

② 变异：对第 i 个个体，从整数 1 到 NP 均匀随机选择 r_{i1}，r_{i2} 和 r_{i3}($1 \leqslant i \neq r_{i1} \neq r_{i2} \neq r_{i3} \leqslant NP$)，按照下式生成变异向量 v_{iG}：

$$v_{ij}^{G}=x_{r_{i1}}^{G}+F \cdot (x_{r_{i2}}^{G}-x_{r_{i3}}^{G}) \tag{6}$$

其中，$F \in [0, 1]$ 为变异因子，此处取值为 0.8。

③ 交叉：通过组合 v_i^G 与 x_i^G 按照下式生成中间体 u_i^G

$$u_{ij}^{G}=\begin{cases} v_{ij}^{G} & 若\ rand \leqslant C_r \\ x_{ij}^{G} & 其他 \end{cases} \tag{7}$$

其中，$rand$ 为单位区间[0，1]内的随机数，C_r 为交叉概率此处取值为 0.5。

④ 选择：利用贪婪法选择下一代种群：

$$x_i^{G+1}=\begin{cases} u_{ij}^{G} & 若\ f(u_{ij}^{G}) \geqslant f(x_{ij}^{G}) \\ x_{ij}^{G} & 其他 \end{cases} \tag{8}$$

（2）自然断点法

差分进化算法解算过程耗时较长，无法满足实时输出最优控制量的需求。为解决这一问题，采用线上实时优化，将优化结果与进水量、水质等存入指定路径，利用机器学习算法实时查询历史最优解的方法实现实时最优控制量输出需求。由于本文设计算法主要解决曝气控制最优解，与气量相关水质指标可以按照污染物负荷(以 COD 计)进行评价：

$$load=Q_{in} \cdot (COD_{in}+4.57 \cdot TN_{in})/1000 \tag{9}$$

式中 Q_{in}——进水流量，m^3/d；

TN_{in}——进水总氮，mg/L。

利用历史进水污染物负荷数据，使用自然断点分类法(Jenks Natural Breaks)[10]将负荷进行聚类。

$$SDCM=\sum_{i=1}^{k} \frac{1}{N_i} \sum_{j=1}^{N_i} (x_{ij}-\bar{x}_i)^2 \tag{10}$$

$$SDAM=\frac{1}{N} \sum_{i=1}^{N} (x_i-\bar{x})^2 \tag{11}$$

$$GVF=1-\frac{SDCM}{SDAM} \tag{12}$$

其中，$SDCM$ 为类内方差，$SDAM$ 为总体方差，$\bar{x}_i=\frac{1}{N_i}\sum_{j=1}^{N_i} x_{ij}$，$\bar{x}=\frac{1}{N}\sum_{i=1}^{N} x_i$，$k$ 为区间数量。

根据自然断点法分类原则(GVF 值不低于 0.7，且选择使 GVF 值靠近最大值的最少类别)。污染物负荷对应气量最优解如表 5 所示。针对进水在线仪表数据计算相应负荷后，自动归类为 5 类负荷之一，按照上下负荷对应最优解进行加权均值测算最佳曝气量。

表 5 不同进水负荷对应最优气量和 DO

进水分类	负荷/(kg/d)	Q_{air1}/(m^3/h)	Q_{air2}/(m^3/h)	Q_{air3}/(m^3/h)	DO_1/(mg/L)	DO_2/(mg/L)	DO_3/(mg/L)
负荷 1	11955	916	958	167	0.3	1.7	1.2
负荷 2	17826	1208	1125	250	0.3	2.1	1.2

续表

进水分类	负荷/(kg/d)	Q_{air1}/(m^3/h)	Q_{air2}/(m^3/h)	Q_{air3}/(m^3/h)	DO_1/(mg/L)	DO_2/(mg/L)	DO_3/(mg/L)
负荷 3	27826	2041	1135	333	0.4	2.3	0.8
负荷 4	38867	3333	1125	500	0.7	2.3	1.1
负荷 5	53273	5791	1958	667	1.5	2.5	1.3

2.5 控制执行

根据模型优化策略，对该厂全年不同季节和进水负荷大致分类，进行工艺参数优化，给出固定 DO 设定值、内外回流比等，这是建立在假设污水处理厂稳态运行基础之上，实际进水污染物浓度、水量、水温、泥龄(SRT)及污泥浓度(MLSS)均随时间不断发生变化，为满足对进水负荷变化的时刻响应，在控制过程中需要参考在线进水流量、COD、TN、NH_4^+-N 等前馈数据，实时对控制参数进行调整。

根据前面求解最优曝气量后，将所有系列需风量求和作为总需风量。考虑管道损失和鼓风机调节死区(低于 100m^3/h 风机不做调整)，风机总的鼓风量为：

$$鼓风机风量=\lceil 总需风量/100 \rceil \times 100+100 \tag{13}$$

其中，$\lceil \cdot \rceil$表示向上取整，例如$\lceil 3.5 \rceil =4$，单位为 m^3/h。

算法通过 SCADA 获得实时进水，采用去跳、滤波和上下限等手段对数据进行修正。计算出对应最优曝气量后，由 SCADA 发送给对应阀门的 PLC 控制其开度，使之达到期望气量。同时，在经过(13)式后，将得到的鼓风机送风量由 SCADA 发送给鼓风机，使鼓风机送风量达到期望的总风量。

3 结果与讨论

如前所述，按当前进水负荷只运行两系列生化池，该智能曝气系统部署于五区运行(7 月 10 日)，同时以使用常规曝气控制的六区作为对照。

3.1 DO 控制效果

实施智能曝气前后对比如图 3 所示，实施后好氧 3 个分区 DO 浓度均较之前更平稳。在水量水质相同情况下，五区比六区气水比整体下降 28%，DO 日稳定性(方差对比)提升 50%。

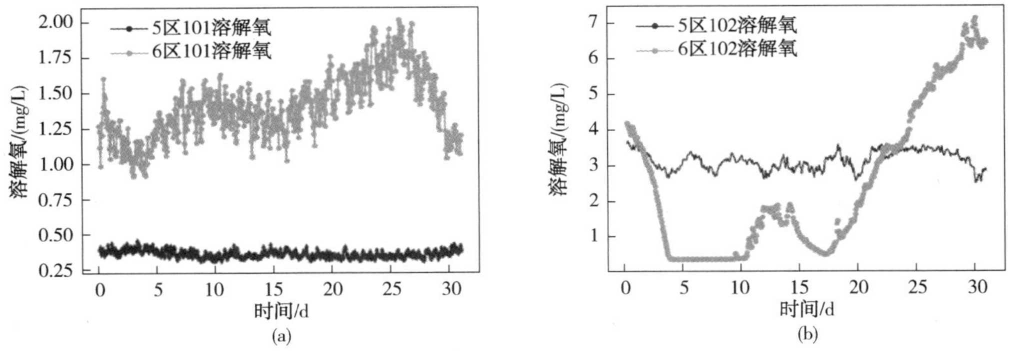

图 3　应用智能曝气系统后 DO 对比图

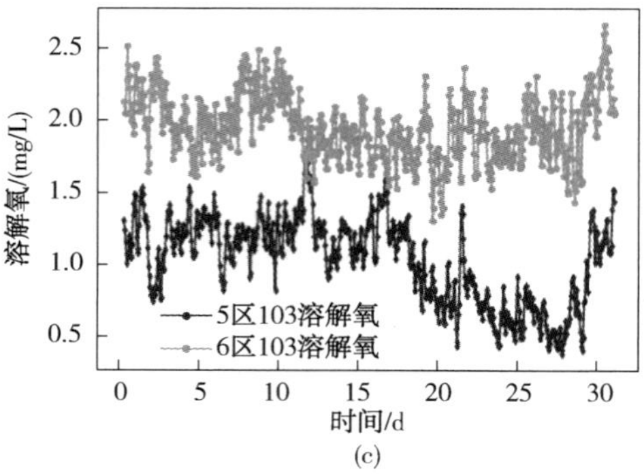

(c)

图 3　应用智能曝气系统后 DO 对比图(续)

3.2　出水水质效果

实施智能曝气控制系统后，出水水质均稳定达标，控制效果符合预期，见图 4。

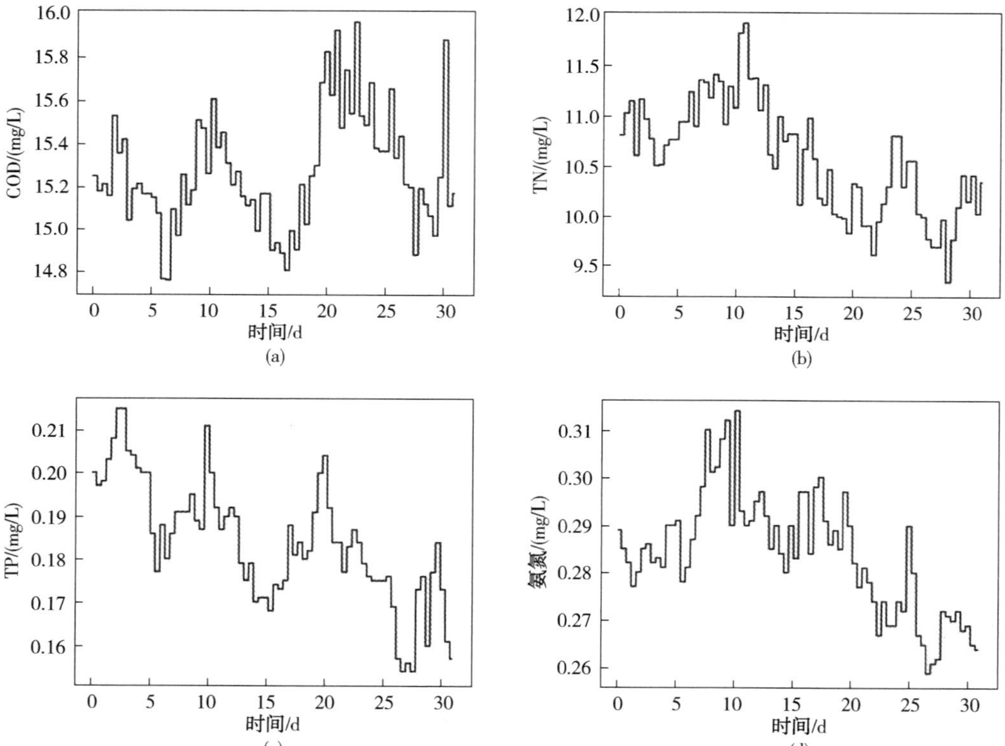

图 4　应用智能曝气控制系统后出水水质

3.3　人员效率及能耗分析

未实施智能曝气前，需要人工介入调整手动和电动阀门，以保证各区合适的气量分配。实施后由于各区阀门和气量匹配良好，无须调整阀门。未实施智能控制前，中控室需要两名同事参与工艺调整和远控；实施智能控制后，中控值班人员工时可减少 2/3。节能降耗情况如表 6 所示，吨水曝气单耗下降 12%、除磷药剂加药量下降 30%。

表 6 系统运行前后运行数据对比

项　目	2023 年 5、6 月	2023 年 7、8 月均值	环比增长
水量/(m^3/d)	129625	115140	-11%
进水 TN/(mg/L)	40.7	43.9	8%
进水 COD/(mg/L)	373.5	305.9	-18%
进水 TP/(mg/L)	5.84	5.69	-3%
进水氨氮/(mg/L)	31.5	35.8	14%
出水 COD/(mg/L)	16.3	18.6	14%
出水氨氮/(mg/L)	0.22	0.22	0%
出水 TN/(mg/L)	10.4	10.1	-3%
出水 TP/(mg/L)	0.18	0.27	50%
吨水曝气单耗/(kWh/m^3)	0.10	0.09	-12%
除磷药剂加药量/(kg/d)	2689	1887	-30%

4 结　论

以建立的该厂工艺模型为基础，基于历史数据对模型进行校正，根据进水负荷变化，利用差分进化算法实时优化曝气量，进行智能曝气控制。相比于固定 DO 设定值的控制模式，智能曝气控制系统通过机理模型模拟，一方面保证出水水质稳定达标，另一方面利用数据模型降低了能耗，同时出水水质达标模拟时考虑了好氧末端 DO 等影响，确保脱氮除磷效率和污泥沉降性能良好。实际应用结果证明，该系统能在确保稳定达标基础上，节省人工和能耗。

参 考 文 献

[1] 陈秀成. 地下式污水处理厂能耗指标分析及节能方向[J]. 给水排水，2022(3)：35-39.

[2] 陈宏儒. 城市污水处理厂能耗评价及节能途径研究[D]. 西安建筑科技大学，2009. DOI：10. 7666/d. d193900.

[3] 张荣兵，鲍海鹏，白雪，等. AVS 系统在 A_2/O 工艺稳定运行及节能优化中的应用[J]. 中国给水排水，2012，28(12)：4.

[4] 虞正平，孙林忠，史维忻，等. 苏州福星污水厂生物池工艺控制系统设计及分析[J]. 中国给水排水，2012(1)：5.

[5] 杜先君. 污水生物处理过程建模，优化与控制研究[D]. 兰州理工大学，2013.

[6] 张利彪，周春光，马铭，等. 基于粒子群算法求解多目标优化问题[J]. 计算机研究与发展，2004，41(7)：6.

[7] 周明，孙树栋. 遗传算法原理及应用[M]. 北京：国防工业出版社，1999.

[8] 刘波，王凌，金以慧. 差分进化算法研究进展[J]. 控制与决策，2007，22(7)：9.

[9] HuangFZ，Wang L，He Q. An effective co－evolutionary differential evolution for constrained optimization [J]. Applied Mathematics & Computation，2007，186(1)：340-356.

[10] Saleh M. Clustering via Jenks NaturalBreaks[J]. 2020. DOI：10. 13140/RG. 2. 2. 14166. 68167.

高盐废水零排放技术探讨

代蓓蓓　纪　轩

（中石化（天津）石油化工有限公司水务部，天津 300271）

【摘要】 高盐废水处理是提高污水回用率的技术关键点，本文总结了天津石化目前高盐废水的处理手段及存在问题，深入分析和探讨了零排放的原理、技术难度和运行瓶颈，比较了中国石化现有多家企业零排放装置的实际运行情况，对天津石化高盐废水零排放处理提出了工艺路线及处理思路。

【关键词】 零排放　高盐　局部零排放　分盐

"零排放"是指无限地减少污染物和能源排放直至为零的活动：即利用清洁生产，3R（Reduce，Reuse，Recycle）及生态产业等技术，实现对自然资源的完全循环利用，从而不给大气，水体和土壤遗留任何废弃物。零排放，就其内容而言，一方面是要控制生产过程中不得已产生的废弃物排放，将其减少到零；另一方面是将不得已排放的废弃物充分利用，最终消灭不可再生资源和能源的存在。"零排放"决策至少应当考虑以下三大方面的因素：环保要求、经济成本、生产安全性。

当前我国社会上谈论的"零排放"主要还是原始意义上的"废水排放为零"，主要指没有废水从工厂排出，所有废水经过二级或三级污水处理，除了回用就只剩下转化为固体的废渣。废水零排放，通常是对零液体排放（Zero Liquid Discharge，ZLD）的简称，指的是某一企业或园区达到不向外部环境排放废水的状态，即通过高度回收废水中的水分，水中的盐类或污染物经过浓缩结晶以固体的形式排出去妥善处理或回收利用。

零排放技术是综合应用膜分离，蒸发结晶和干燥等物理、化学、生化过程，将废水当中的固体杂质浓缩至很高浓度，大部分水已循环回用，剩下少量伴随固体废料的水，可以根据具体情况选择结晶、干燥、焚烧、生产副产品进入固体产品或被固体废料吸收作为固体废料处理。

要想达到"零排放"，重点是要实现高含盐废水的全回收，本质是要实现废水中水和盐类的分离。因此，浓缩技术、结晶技术，以及 2 种技术耦合协同后的技术被应用于实现高盐废水回收零排放。高盐废水零排放及资源化处理工艺要求，在技术经济可行的条件下，最大限度地实现各类物质的分离和回收利用，如产水回用、盐结晶或制酸碱盐。盐分单一的以浓缩回收为主，盐分复杂的以分盐资源化为主。目前普遍采用预处理→浓缩→蒸发结晶系统工艺对高盐废水进行处理，实现零排放或近零排放，产生盐固体进行处置或回收。

1 天津石化高盐废水处理现状

1.1 天津石化高含盐废水基本情况

天津石化目前需要处理的高含盐废水主要有5种，分别来自炼油、热电、化工、和水务生产过程，分别是炼油过程产生的废碱液、催化裂化装置脱硫脱硝废水、热电脱硫脱硝过程排放的废水、PO生产工艺过程产生的废碱液、树脂法除盐产生的酸碱中和水。天津石化5类高含盐废水水质情况见表1。

表1 天津石化高盐废水水质一览表

废水来源	水量/(t/d)	COD/(mg/L)	pH	盐度/%	油/(mg/L)	氨氮/(mg/L)
炼油碱渣	1.09	40000	≥13	19.48	500	1000
FCC烟脱废水	50	60	6~9	5	0	10
酸碱中和水	10	70	6~9	1	0	8
PO高含盐废水	2.93	24000	≥13	15	50	0
热电烟脱废水	25	1259.5	6~9	3.5	0	778

从水质指标看，表1中5种高含盐废水各有特点，按照水质特点还可以进一步分类：

(1) 如果按照COD值划分，其中炼油碱渣和PO高盐废水属于高盐高COD废水，而热电脱硫脱硝废水、FCC烟脱水和酸碱中和水属于高盐低COD废水。

(2) 如果按照高盐水中盐阳离子种类划分，其中炼油碱渣、PO高盐废水和FCC烟脱水以钠离子为主，属于低硬度高盐废水，而热电脱硫脱硝废水中除了钠离子外，还含有大量的钙离子、镁离子等金属离子和少量镍、铬、镉、铅、锌等离子，以及大量铵离子，属于高硬度高氨氮高盐废水。

(3) 如果按照高盐水中盐阴离子划分，其中炼油碱渣以硫离子、碳酸根离子、氢氧根离子为主，PO高盐废水以硫酸根离子、碳酸根离子为主，FCC烟脱水以亚硫酸根硫离子、硫酸根离子、碳酸根离子为主，属于成分相对简单的高盐废水，而热电脱硫脱硝废水中除了硫酸根离子、氯离子外，还含有硝酸根离子、氟化物、二氧化硅等，属于成分非常复杂的高盐废水。

1.2 高盐废水处理装置实际运行情况及存在的问题

从5种高含盐废水的处理结果看，除了混合处理的化学水酸碱中和水出水水质比较稳定外，其他4套专门处理高含盐废水的装置实际运行中，都出现了一些问题。

1.2.1 处理碱渣的1#高含盐生物处理装置

由于炼油装置运行的不断优化，炼油碱渣的产生量逐渐减少，从2016年开始主要用于处理乙烯碱渣。在处理乙烯碱渣的过程中，由于乙烯碱渣中的高硫化物、高轻组分有机物含量的特点，在加酸调整pH值及曝气生物处理过程中产生大量的高硫、高VOC废气，导致采用抚研院技术的废气催化燃烧装置不能稳定达标运行，脱硫罐甚至出现过爆燃。为此，公司在烯烃部引入乙烯碱渣脱硫处理装置，将碱渣中的硫化物转化为硫酸盐，预处理后的碱渣再进入炼油污水处理场含盐污水处理系统，和其他含盐污水一起混合处理，最后进入1#提标装置处理后达标排放。目前，炼油碱渣的产量很少，1#高含盐生物处理装置处于停运状态，进入催化燃烧装置的废气硫化物符合设计要求。

1.2.2 处理 FCC 废水的 2#提标装置

烟气脱硫单元排出的废液中含有大量的催化剂悬浮固体颗粒物，以及溶解性亚硫酸盐。废水处理系统利用高密度沉降器和胀鼓式过滤器两级工艺去除悬浮固体，降低出水的 SS；再利用压缩空气对上清液进行氧化(为增加氧化效果，氧化罐内设有搅拌器)将亚硫酸盐转化为硫酸盐，降低出水的 COD 值。排放到水务部的废水设计水质指标为温度≤45℃、pH 值 6~9、SS≤20mg/L、COD≤50mg/L。

随着 2#催化烟气脱硫废水水质长期不能达设计值，主要表现为烟气脱硫废水 pH 值、COD、SS 均不符合 2#提标装置进水设计值。pH 持续超过 9，促使在 ABR 填料层内部积累了大量含硅、铝、钙盐的结垢，导致 ABR 池处理水量减少、对 COD 去除率明显下降、填料板结，高密度澄清池底泥板结造成排泥管线无法输送、出水水质变差，已经严重影响 2#提标装置稳定运行和炼油化工污水区域外排稳定达标。

1.2.3 处理 PO 废水的 2#高含盐生物处理装置

PO 废水 COD 稀释到 2500mg/L 后，利用 2#高含盐生物装置预处理到 COD 小于 800mg/L，出水进入炼油含盐污水处理系统和其他含盐污水一起混合处理，最后进入 1#提标装置处理后达标排放。

PO 装置 2022 年 12 月 14 日开车，水务部自 2023 年 1 月 14 日开始接收 PO 废水。自 1 月底至今，间歇回撤处理 PO 废水，其间多次因外排水 COD 超标停止回撤。经与上海研究院、上海工程公司、石科院、大连院等科研院所及设计单位开展技术交流并开展相关试验，确定了水中油含量对废水处理装置的影响，探究了曝气池运行异常的原因及造成外排 COD 升高的关键因素，并摸索出回撤废水的相关经验，由初期回撤周期为 2 日至可连续稳定回撤 12 日以上。

1.2.4 处理热电脱硫废水的废水零排放装置

为了实现脱硫废水的系统开路处理，曾提出两种工艺路线：一是针对约 2.5t/h 圆盘脱水机后产生的滤液，增加处理设施，去除部分 COD 及氨氮，确定是否能达到进入污水处理场的条件；二是不对脱硫废水进行浓缩，以约 20t/h 的排水量直接进入污水处理场。

就检测数据看，无论采用上述两种方案中的哪一种，也无论直接进入含盐污水处理系统的进水端，还是直接进入提标装置进口，依靠现有工艺流程都会导致外排水水质氨氮等指标超标，而且会因为以氯化物为代表的含盐量升高导致污水处理系统内管道、阀门、构筑物等与水接触设施的严重腐蚀。

3 天津石化实现零排放的方案选择

3.1 对高盐、低 COD 废水实施局部零排放处理

对热电脱硫脱硝废水部分、FCC 脱硫脱硝废水以及化学水酸碱中和水等 3 股高盐、低 COD 废水实施局部零排放处理，其余高盐、高 COD 废水仍然进入污水处理场，污水回用率可以达到 75%以上。这 3 股废水的最大特点是盐含量高而 COD 低，在零排放过程中可以避免有机物浓度过高、容易引起蒸发浓缩和蒸发结晶装置飞料等问题，但仍需要进行除硬、除

碱、除硅、除氟等预处理。

针对热电双脱废水的水质特点，考虑和 FCC 烟脱废水及化学水酸碱中和水一起处理，尤其是在去除热电双脱废水工艺过程中，可以充分利用 FCC 烟脱废水及化学水酸碱中和水中的碱度。而且这 3 股水混合后盐含量超过 2%，可以减少浓缩过程，直接进入结晶环节。建议工艺流程如图 1 所示。

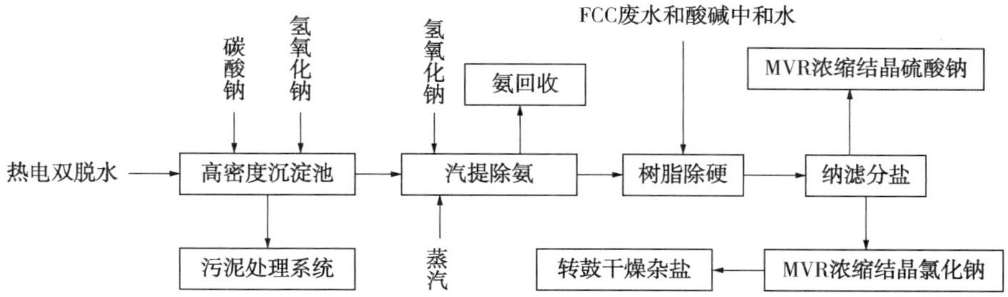

图 1　高盐废水零排放建议流程

这个工艺路线的最大问题是没有对热电双脱水中硝酸盐进行去除的工艺过程，这样会使氯化钠结晶器的运行效果较差，整个系统的杂盐产量比例较大。而且杂盐转鼓干燥过程中，如果杂盐中硝酸钠的比例过大，会存在爆炸起火的隐患。因此，为了实施针对含有热电双脱废水的高效治理，必须解决脱硝废水中的硝酸盐含量过高问题。脱硝废水中的氨氮含量高，可以通过加碱、加热等增加能耗的方式，在不计代价的前提下，是有现成的技术路线可以实施的。而硝酸盐含量过高，目前常用的水处理工艺是生物反硝化脱氮，这需要将废水的盐含量稀释降低到 TDS10000mg/L 以下才能实现，而且需要按照 4∶1 的比例投加碳源。

因此，不能有效解决氨逃逸问题和脱硝废水含有高浓度的硝酸盐问题，单独零排放处理热电双脱废水存在很大技术风险。简单保守的处理方法是进入大污水处理系统，整体含盐量稀释到 1%以下生物法处理，实现氨的硝化后和其他硝酸氮一起进行反硝化，其结果是只能以达标排放为目的，对提高污水回用率绝对是负贡献。

这 3 股水的水量，按照济南炼化的投资估算，再加上分盐造成的投资增加，零排放的合计投资在 4 亿元以上，年运行费用超过 3000 万元。

3.2　对所有高盐污水在源头实施局部零排放处理

所有高盐污水在源头实施局部零排放处理，即将需要水务部集中处理的天津石化炼油碱渣、热电脱硫脱硝废水、化学水酸碱中和水、FCC 烟脱水、PO 高盐水等 4 股含盐量超过 2%的高盐水，合并后新建局部零排放设施进行处理。

为了消除炼油碱渣和 PO 高盐水中的高 COD 和高油对零排放装置的影响，需要增加除油和除 COD 措施。除油工艺采用几乎不产生废气新材料聚结法，除 COD 采用不增加废水中盐含量的臭氧催化氧化方法。建议工艺流程如图 2 所示。

实施过程中遇到的较大问题有两个，一个依然没有对热电双脱水中硝酸盐进行去除的工艺过程，导致杂盐中硝酸钠的比例过大及会存在爆炸起火的隐患；另一个是炼油碱渣和 PO 高盐水的除油和除 COD 过程属于技术创新，有一定技术风险，而且臭氧氧化能耗极高，建成后运行成本可观。

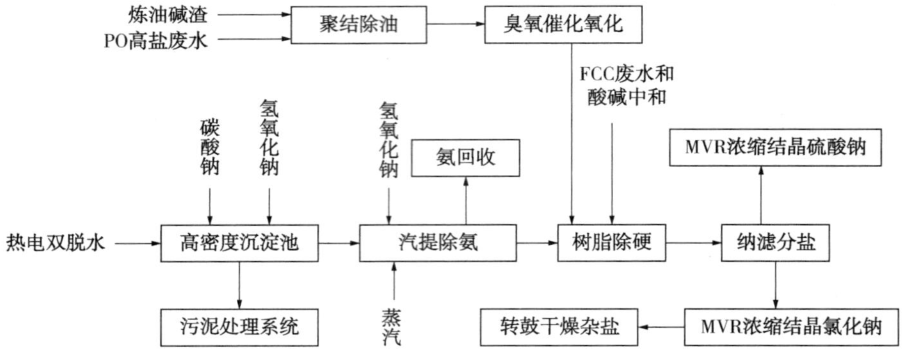

图 2 PO 废水、炼油碱渣零排放处理建议流程

参照南港乙烯废碱液冷冻结晶的工程经验，第三步的投资额度估计在 6 亿元以上，年运行费用超过 1 亿元。

3.3 实施全部污水零排放处理

对污水处理场尾水进行零排放处理，对污水处理尾水进行浓缩、分盐、结晶等进一步处理，污水回用率可以达到 95%以上。

结合目前天津石化外排水的水质特点，实施整体污水零排放时，需要对提标装置出水进行除悬浮物、除硬、除硅、除氟、浓缩等预处理。常用预处理工艺为软化澄清+V 型滤池过滤+超滤+常规 RO+弱酸树脂除硬+浓水 RO，该过程 RO 产水回收利用，RO 浓水进入结晶单元。软化澄清单元需要向高效澄清池中加入石灰、纯碱、除硅剂、除氟剂、除镁剂等药剂，后续需要投加烧碱、硫酸等调整 pH 值，来降低原水中的硬度、碱度、硅、氟的含量。多级 RO 则实现污水中盐的浓缩，尽可能减小结晶单元的处理规模。

盐的浓缩结晶工艺是零排放核心工艺，通常有产生混盐和分盐两种工艺路线。产生混盐的零排放工艺流程简单，投资额度较低、运行管理相对简单，直接运行费用较低，但生产的混盐属于危废，外委处理费用很高，具体工艺流程可以参考宁夏能化装置，如图 3 所示。

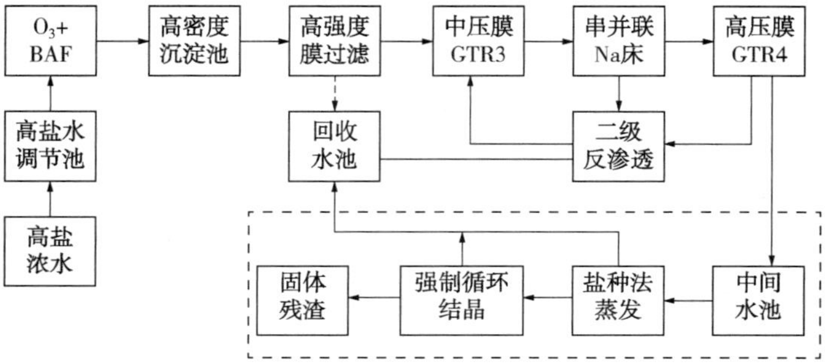

图 3 宁夏能化零排放流程

分盐结晶技术是将污水中的盐分成硫酸钠、氯化钠，同时产生一部分杂盐的污水零排放过程。中安联合煤化工公司产出分盐使用的中国石化自有技术，即纳滤+多效蒸发+MVR 结晶分盐工艺，具体工艺流程可以比照中安联合煤化工装置的污水零排放项目，如图 4 所示。

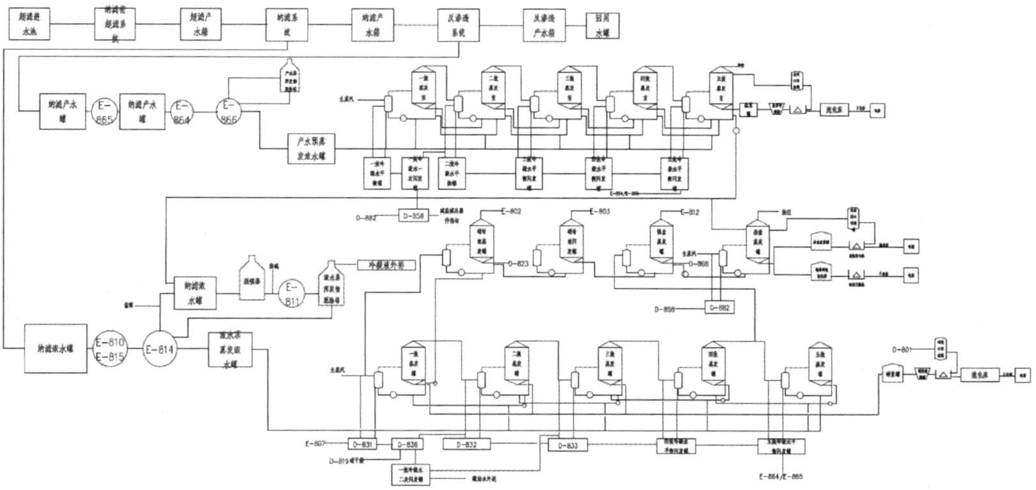

图 4 中安联合零排放流程

2015 年，曾请 GE 公司、威立雅公司分别为天津石化做过混盐零排放方案，结晶盐按危废处理。当时投资为均超过 1.3 亿元，相对便宜的 GE 公司估算运行成本为每吨水 15 元，每天的运行成本是 25.2 万元。含盐量按 5000mg/L、进水量按 700m^3/h 计算，每天将产生的杂盐量为 84t，每吨危废按 3000 元计算，一天杂盐的处理费用为 25.2 万元。如果按 COD 全部进入杂盐中，将增加的重量是 0.672t。再加上杂盐中还有要一小部分水分，因此，杂盐每天的处理费用将至少增加至 25.4 万元。

按水全部回收考虑，每天可产生中水 16800m^3。每吨中水按产生效益 8 元计算(外购淡化海水、市政中水)，每天效益为 13.44 万元。

核算每天支出费用的方式为运行费用+危废费用-回用水收入=37.16 万元，每年增加费用支出约 1.35 亿元。

4 零排放问题讨论

污水处理场尾水零排放技术是一项技术密集度较高的水处理技术，经过调研了解，目前中国石化在运行的项目基本都在煤化工领域，比如产出混盐的宁夏能化、产出分盐的中安联合和中天合创，产出分盐的中安煤化工采用的分盐技术是中国石化自有技术，中天合创则是经过多轮改造而成。

由于排水限盐而开展局部零排放相关工作的企业有燕山石化、济南炼化等，天津南港乙烯也做了废碱零排放的设计，但目前已经实施的只有济南炼化。实施污水零排放存在以下问题：

（1）投资极高

2015 年，曾请 GE 公司、威立雅公司为天津石化做过 700t/h 的尾水零排放方案，当时投资估算均超过 1.3 亿元。2021 年投运的中安联合尾水零排放装置，处理规模 360t/h，含盐量 8000~10000mg/L，零排放装置的总投资约 5 亿元，再加上 8 个 5 万 m^3 的盐水平衡罐的 3 亿投资，合计投资约 8 亿元。2023 年投运的济南炼化 FCC 废水零排放装置，处理规模

25t/h，投资7000万元。

(2) 运行成本极高

2015年，GE公司、威立雅公司为天津石化做生产混盐的零排放方案时，按含盐量5000mg/L、进水量700t/h计算，估算的最低运行成本为15元/t，运行成本为25.2万元/d，产生的混盐量约为84t/d，混盐的处理费用为25.4万元/d(3000元/t计算)。按水全部回收减少外购淡化海水计算效益为13.44万元/d。不计算折旧，零排放装置每年增加费用支出约1.35亿元。

以济南炼化蒸汽和电耗的运行费用超过40元/t为计算依据，对热电脱硫脱硝废水和FCC废水以及化学水酸碱中和水等3股高盐、低COD废水实施局部零排放处理，按照84t/h的水量计算，每年零排放装置的能耗费用就接近3000万元。含盐量按照较低值3%计算，每年产生的杂盐处置费用接近7000万元。考虑到这些高盐废水的预处理还会产生大量污泥，这套高盐、低COD废水局部零排放装置的年运行费用也会在1亿元以上。

现在流行的零排放工艺是分盐工艺。虽然分盐工艺会减少危废产量，但氯化钠和硫酸钠的销售收益几乎可以忽略不计(济南炼化纯度99.6%的硫酸钠只能卖到约100元/t)，而由此增加的处理工艺过程带来的投资增加、运行成本和管控难度升高却是显而易见的。

济南炼化的FCC零排放装置运行1个月后进行标定，随之即因能耗高的原因而停运。正在建设的南港乙烯碱渣零排放装置，泰港水务现在已经开始考虑停运的相关措施。

(3) 运行管理复杂

零排放装置通常包括除硬、除硅、除氟、除氨、除硝氮、除TOC等单元，同时还需要对污水进行浓缩、分盐、结晶等，涉及防腐、防结垢、防泡沫等运行难题。其工艺过程已经完全不同于传统的污水处理，而是变成了纯粹的盐化工工艺，中安联合的结晶部分由中盐自贡院设计就是一个佐证。

就目前掌握的信息来看，中国石化现有的3套尾水零排放装置，运行效果最好的是产生混盐的宁夏能化，工艺过程相对简单，其运行周期最长已经接近7个月，其余2套分盐零排放装置虽然经过多次完善和改造，目前的结晶系统运行周期分别为1~2个月和3~6个月。

(4) 水平衡难度大

针对零排放装置只能短周期运行、需要经常检修的现状，需要配备足够的浓水缓冲存放池，比如宁夏能化配有340万m^3的缓冲池，中天合创配有18万m^3的缓冲池，中安联合配有40万m^3的缓冲罐。另外，零排放过程中产生的回用水量和装置的使用水量之间也存在不平衡现象，需要相应的平衡水罐以实现回用水产用平衡。

5 建　　议

(1) 综合考虑占地、投资、能耗、管控等多方面因素，在国家和地方明确没有对天津石化外排水提出限盐要求的情况下，还是以优化排水水质及提升现有污水回用设施能力等方式，减少工业水的使用量和设法实现不脱盐污水回用以提升污水回用率，避免以建设零排放装置的方式实现污水回用率的提升。

(2) 对各股高盐水水质和提标装置外排水水质进行仔细分析研究，做好局部零排放，乃至全厂外排水零排放的技术储备。

氨氮对污水场的冲击影响分析及对策

肖　君　陈春欣

（中国石油大连石化公司，大连 116000）

【摘要】 分析了引起污水场出水氨氮上升的各种因素，这些因素抑制了生化系统硝化反应，导致氨氮对污水场的冲击影响，并提出对策。

【关键词】 氨氮　硝化作用　作用机理

1 前　　言

过量的氮、磷是水体富营养化的根源，通过对污水进行多级处理从而降低氨氮的排放总量、确保外排污水氨氮达标是企业应尽的义务和责任。在石油炼制过程中，原油中的氮通过一、二次生产装置(如蒸馏、催化、加氢等)加工后，大部分直接进入到含硫污水汽提装置进行预处理，使之转化为液氨、氨水或碳铵资源，低浓度的含氮化合物则进入污水场进行集中处理，硝化作用是废水生物脱氮的第一个步骤[1]。硝化作用分为两个阶段，即亚硝化(氨氧化)和硝化(亚硝酸氧化)，分别由两类化能自养微生物完成：氨氧化细菌完成氨(NH_3)的氧化过程，硝化细菌完成亚硝酸氧化过程。经过同化、氨化、硝化、异化性硝酸盐还原等生物转化作用及其相伴的迁移运动，最终借助反硝化作用，以氮气的形式输出，最后确保氨氮达标排放。

2023 年 6 月污水场上游蒸馏、催化、硫黄等装置停工检修，停工过程产生的清洗钝化水排放至污水场，该部分污水不仅含有低浓度氨氮，并且经过化学试剂清洗后，设备内附着的含硫化合物也会随污水一同排放至污水场，导致污水场遭受冲击，造成出水氨氮上升。

2 污水场出水氨氮上升原因分析

2.1 污水场入水氨氮波动

污水场去除氨氮主要通过生化池硝化系统将氨氮转化为硝酸盐及亚硝酸盐。硝化细菌属于化能自养型微生物，个体游离，需要依靠异养型微生物而凝聚存活，且比异氧菌更为脆弱。并且硝化细菌生长繁殖周期较长，通常在 5~15d，相对于异养型微生物的繁殖周期滞后一代，培养所需条件较为严苛。

由图 1 可以看出，污水场在遭受冲击前入水氨氮在 10mg/L 左右，硝化细菌菌群数量保持在偏低水平。6 月 24 日污水场入水氨氮由 9.4mg/L 上升至 15.7mg/L，上涨 67.02%。正常工况下，污水处理系统每日负荷增加不宜超 20%，否则可能导致在入水氨氮负荷突升后硝化系统遭受冲击。根据图 1 变化趋势可以看出，在入水氨氮突升后，出水氨氮也随之上升，且在 6 月 29 日入水氨氮有所下降的情况下，出水氨氮依旧偏高，说明入水氨氮的突升对生化系统造成了冲击，直至 6 月 30 日生化系统处理能力才逐步恢复。

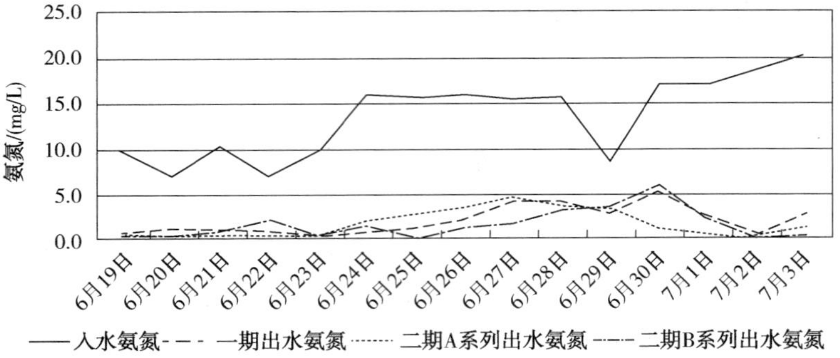

图 1 生化系统入水氨氮变化趋势

2.2 生化系统温度上升

由于夏季环境温度上升导致上游装置排水温度较高，虽然对生化池采取了加入消防水进行降温的措施，但其温度仍接近 40℃。将表 1 数据进行对比可以看出，与 5 月份相比，7 月份生化池温度较高，在入水氨氮浓度相差不大的情况下，7 月份出水氨氮浓度相较 5 月而言明显偏高，说明生化系统温度较高会影响微生物活性，从而导致氨氮去除率下降。

表 1 一期进出水氨氮和生化池温度 5 月和 7 月数值对比

生化池温度/℃		一期入水氨氮/(mg/L)		一期出水氨氮/(mg/L)	
5 月	7 月同期	5 月	7 月同期	5 月	7 月同期
36.3	38.9	24.0	22.4	0.134	0.452
36.2	39.1	23.0	27.0	0.205	0.483
36.2	39.3	14.6	17.7	0.102	1.00
36.4	39.1	6.8	21.0	0.077	0.654
36.3	39.1	3.9	18.1	0.114	0.688
36.3	39.2	16.8	16.9	0.259	0.708
36.4	39	16.3	11.8	0.102	0.329
36.4	39	13.4	9.8	0.102	0.677
36.4	39.2	11.1	19.1	0.105	0.553
36.3	39.2	17.8	14.4	0.142	0.432

2.3 生化系统微生物种群数量

将污水场一期、二期 A/B 系列生化池污泥样品送至石油化工研究院进行微生物分类测序分析，检测结果如图 2 所示，其中，硝化螺旋菌门是生化系统中对氨氮的去除起决定作用的菌种。从图中可以看出，污水场一期、二期 A/B 系列生化池硝化螺旋菌门的相对丰度明显低于正常生化系统(西太污水场生化系统样品)，说明污水场一、二期生化池中硝化菌含量较正常生化系统的硝化菌含量明显不足。

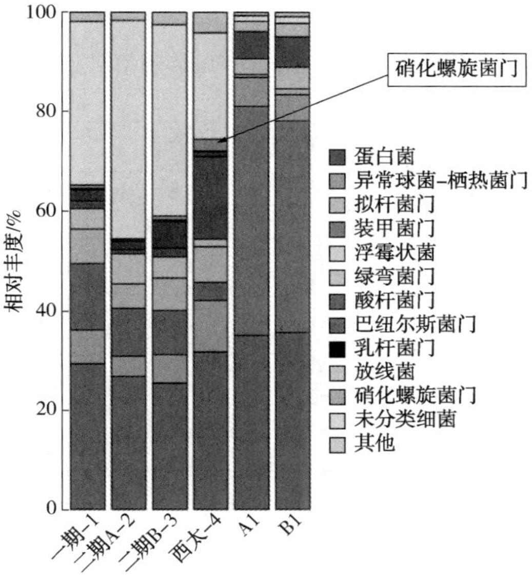

图 2 微生物分类测序分析结果

硝化菌数量少主要有两方面原因：一是由于受冲击前来水氨氮负荷低，无法为硝化细菌提供增殖所需条件；二是受冲击期间入水水质较差，可能含有抑制性物质，导致硝化菌数量下降。

2.4 生化系统硝化反应受抑制

为判断生化系统是否因为受到硫化物抑制作用而遭受冲击，对受冲击时污水场生化系统入水水质及正常工况下生化系统入水水质进行 GC-MS 分析，结果如图 3 所示。对比有机物种类，正常工况下污水仅含有 4 种有机物，而受冲击时污水中有 24 种含有—S—结构的硫醚、噻吩类化合物及茚、苯、酚等芳香类化合物。而多种含硫化合物如二硫化碳(CS_2)、硫脲、烯丙基硫脲和烯丙基硫醚等会抑制硝化作用，且不同化学结构的含 S 化合物对硝化作用的抑制机理也有所不同，主要分为两种形式：①含有—S—结构的硫醚类化合物可作为氨氮加氧酶的底物对 NH_3氧化产生竞争性抑制[2]，同时氧化生成的亚砜也有毒害作用[3]；②含 C═S结构的硫脲类化合物通过与 Cu 的螯合作用破坏 NH_3的催化氧化[4]。结合 GC-MS 分析结果可以判断，污水中携带的 24 种含有—S—结构的化合物对 NH_3氧化产生竞争性抑制和毒害作用是造成生化系统遭受冲击的重要原因。

3 对 策

针对上述可能造成污水场出水氨氮上升的情况，做出以下对策：

(1) 强化管理，控制污染源头，超标排水提前报告，调整流程收集到应急储存空间勾兑处理，杜绝乱排乱放及各种偷排现象。

(2) 增加污水场本身的调节和抗冲击的能力，充分利用污水场的各种调节手段，尤其是短时间的冲击，应及时调整操作，加大生化系统的回流量。

(3) 处理上游装置停工检修过程产生的废水时，应考虑清洗钝化过程产生的化合物是否会对污水场运行造成影响。

受冲击时污水				正常工况污水			
序号	化合物	序号	化合物	序号	化合物	序号	化合物
1	2-甲基丁烷	1	丙烷	1	二甲基砜	1	丙烷
2	噻吩	2	异丁烷	2	1-乙烯基-3-乙基苯	2	异丁烷
3	乙基异丙基硫醚	3	丁烷	3	甲基苯胺	3	丁烷
4	四氢噻吩	4	2-甲基-1-丙烯	4	环丁砜	4	2-甲基-1-丙烯
5	四氢-3-甲基噻吩	5	戊烷	5	环戊烷	5	戊烷
6	二乙基二硫醚	6	2-甲基戊烷	6	2-丙烯酸丁酯	6	2-甲基戊烷
7	三甲基苯	7	正己烷	7	1,2-二甲基环戊烷	7	3-甲基戊烷
8	2,4-二甲基苯乙烯	8	3-甲基戊烷	8	2-甲基庚烷	8	正己烷
9	2-甲基苯酚	9	甲基环戊烷	9	辛烷	9	甲基环戊烷
10	四氢-2-噻吩酮	10	甲乙硫醚	10	1,1-二甲基环己烷	10	甲乙硫醚
11	茚	11	2-丁酮	11	1,1,3-三甲基环己烷	11	2-丁酮
12	甲基酚	12	环己烷	12	2,3,4-三甲基己烷	12	环己烷
13	二甲基乙苯	13	3-甲基己烷	13	3-甲基辛烷	13	3-甲基己烷
14	甲基茚	14	苯	14	二基甲苯	14	苯
15	乙基苯酚	15	庚烷	15	1,2,3-三甲基苯	15	庚烷
16	二乙基三硫醚	16	二乙基硫醚	16	癸烷	16	二乙基硫醚
17	三甲基酚	17	甲基环己烷	17	1-甲基-2-乙基-苯	17	甲基环己烷
18	硫代丙二腈	18	乙基环戊烷	18	苯基乙基酮	18	乙基环戊烷
19	2-丙硫醇	19	1,3-二甲基环己烷	19	十一烷	19	1,3-二甲基环己烷
20	丙硫醇	20	甲苯	20	1-甲基丙基苯	20	甲苯
21	1,2,4-三硫杂戊环	21	乙基环己烷	21	1-甲基-3-（1-甲基乙基）苯	21	乙基环己烷
22	1,2,4,5-四硫杂环己烷	22	乙苯	22	甲基苯酚	22	乙苯
23	1,2,3,5,6-五硫杂环庚烷	23	异丙基苯	23	2,3-二甲基辛烷	23	异丙基苯
24	1,2,3,4,5,6-六硫杂环庚烷	24	丙基苯	24	4-甲基丙苯酮	24	丙基苯
25	2-丁烯	25	1-乙基-4-甲基苯	25	2-（1,1-二甲基乙基）环丁酮	25	1-乙基-4-甲基苯
26	1-戊烯	26	1-乙烯基-2-甲基苯	26	十三烷	26	1-乙基-2-甲基苯
27	2-甲基-1-丁烯	27	1,4-二乙基苯	27	十四烷	27	异丙基甲苯
28	1,2-二甲基顺式环丙烷	28	苯酚	28	乙酸丙酯	28	1-乙烯基-2-甲基苯
29	丙酮	29	异丙基甲苯	29	6-甲基-3-庚酮	29	1,4-二乙基苯
30	环戊烯	30	1-甲基茚满	30	甲基乙基苯	30	苯酚
31	2-甲氧基-2-甲基丙烷	31	1,2,3,5-四甲基苯	31	亚油酸甲酯	31	1-甲基茚满
32	2,3-二甲基2-丁烯	32	十二烷	32	硬脂酸甲酯	32	1,2,3,5-四甲基苯
33	1-甲基环戊烯	33	叔丁基苯			33	十二烷
34	2-甲氧基-2-甲基丁烷	34	4-乙烯基-1,2-二甲基苯			34	叔丁基苯
35	3-甲基-2-丁酮	35	1,2,3,4-四氢萘			35	4-乙烯基-1,2-二甲基苯
36	2,3-二甲氧基-2-甲基丁烷	36	2,3-二氢-1,1-二甲基1H茚			36	1,2,3,4-四氢萘
37	2-甲基己基2-丙烯酸酯	37	萘			37	2,3-二氢-1,1-二甲基1H茚
38	反式1,2-二甲基环己烷	38	甲基萘			38	萘
39	二甲基苯	39	二甲基萘			39	甲基萘
40	3-辛酮	40	苯胺			40	苯胺
41	1-甲基-4-丙基苯	41	二甲基苯酚			41	二甲基苯酚
42	2-甲基-1-丁烯基苯	42	邻苯二甲酸二辛酯			42	二甲基萘
43	苯丁酮	43	棕榈酸甲酯			43	邻苯二甲酸二辛酯
44	2-戊烯	44	油酸甲酯			44	棕榈酸甲酯
45	4-乙基-1,2-二甲基苯	45	双酚A			45	油酸甲酯
		46	C16~C26正构烷烃			46	双酚A
		47	1-乙基-2-甲基苯			47	C16~C26正构烷烃

	受冲击时污水中存在而正常时污水不存在的物质
	对硝化反应存在较强抑制性的物质。其中含有-S-结构的硫醚、噻吩类化合物及茚、苯、酚等芳香类化合物。
	受冲击时及正常工况污水共有物质
	正常工况存在而受冲击时污水不存在物质

图 3　GC-MS 分析结果

（4）生化系统遭受冲击，硝化反应受到抑制时可根据水质适当投加解毒制剂和硝化细菌，加快硝化系统恢复速度。

采取上述措施后，在入水氨氮存在波动的情况下，污水场出水氨氮基本上可以保持在 0.1~0.5mg/L（见图 4），说明采取的措施后生化系统的抗冲击性能和处理效果均有所提升。

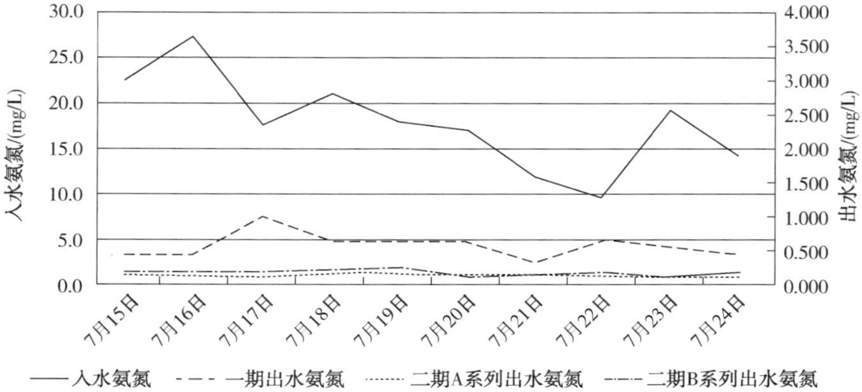

图 4　采取对策后进出水氨氮变化趋势

4 结　论

综上所述，氨氮对污水场的冲击受入水氨氮浓度、温度、硝化细菌数量及硫化物含量等多因素影响，这些因素抑制硝化反应，致使生化系统处理效率下降、出水氨氮超标。为有效应对这一问题，需构建系统化的处理策略：通过严格控制源头排水水质，从根本上降低冲击负荷；依据实时水质数据动态调整工艺参数，保障系统运行的最佳工况；结合实际需求合理投加药剂，强化处理效果。多维度协同调控，可确保生化系统稳定运行，实现污水达标排放。

参 考 文 献

[1] 刘志培，刘双江. 硝化作用微生物的分子生物学研究进展[J]. 应用与环境生物学报，2004，10(4)：521-525.

[2] MCCARTY GW. Modes of action of nitrification inhibitors[J]. Biol Fertil Soils，1999，29：1-9.

[3] HAUCKRD. Nitrification inhibitors[J]. Organic Chemicals in the Soil Environment，1971，2：653-666.

[4] HYMANMR，KIMCY，ARPDJ. Inhibition of ammonia monooxygenase in Nitrosomonas europaea[J]. J Bacteriol，1990，172：4775-4782.

污泥沉降比对 A/O 生化池运行的控制

邓 超

（中国石油大连石化公司动力二车间，大连 116031）

【摘要】 大连石化公司污水处理场大连石化公司一期、二期污水处理装置采用的技术线路分别是“隔油、浮选、A/O 生化”和“平流隔油、部分加压溶气气浮、A_2O 生化、深度处理”，其中生化系统采用的是活性污泥法。污泥沉降比在生化池运行当中起到了重要作用，本文总结了污水运行十多年的经验，通过 A/O 池污泥沉降比辅以其他参数来指导工艺运行控制管理，对污水处理管理中污泥沉降比的作用进行阐述。

【关键词】 A/O 池 活性污泥 沉降比法 运行控制

1 污水生物处理的理论依据

活性污泥法是以活性污泥为主体的废水生物处理方法。活性污泥是由细菌、真菌、原生动物和后生动物等微生物群体与污水中的悬浮物质、胶体物质混杂在一起形成的具有很强吸附分解有机物能力的絮状体。在有氧条件下，活性污泥中的微生物将污水中的有机物分解为二氧化碳和水等无机物，同时微生物自身得到增殖。

1.1 污泥微生物的代谢理论

活性污泥法处理污水，主要是通过活性污泥微生物，在有氧条件下，将有机物合成新的细胞物质并将其分解代谢，然后再经过由合成细胞形成的菌体对有机物的絮凝、沉淀、分离，从而达到去除污水中有机物、净化污水的目的。微生物代谢关系见图 1。

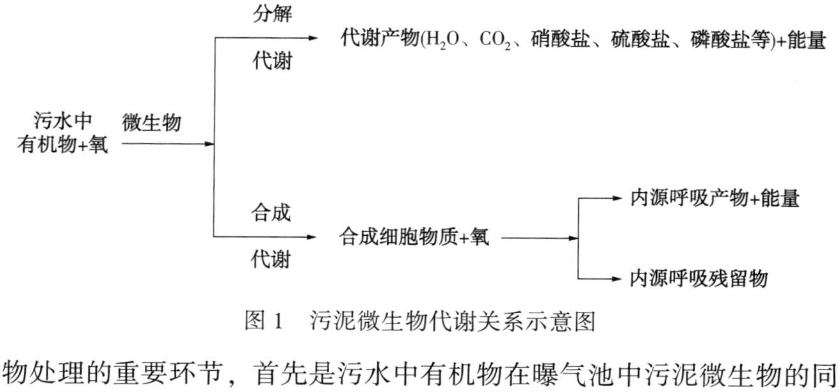

图 1 污泥微生物代谢关系示意图

污水生物处理的重要环节，首先是污水中有机物在曝气池中污泥微生物的同化、异化作用下合成菌胶团的过程；其次是菌体有机物的絮凝、沉淀和分离过程。由此研究推论证明，影响污水处理效果的主要因素，首先是 A/O 池中由菌体有机物形成的活性污泥浓度（MLSS）

的大小；其次是活性污泥凝聚、沉淀性能的好坏。而污泥沉降比(SV,%)是指曝气池混合液在 1000mL 量筒中，静置、沉降 30min 后，沉淀污泥与混合液总体积之比。

由此，污泥沉降比一方面可以直接了解污泥凝聚、沉淀性能的好坏；另一方面污泥沉降比值在一定程度上也是污泥浓度大小的定量反映，是污泥微生物性状好坏的标志。因此，污泥沉降比是用以指导污水处理工艺运行的重要控制参数。

1.2 MLSS 是影响污水中有机物去除的关键

活性污泥微生物去除污水中有机物的代谢过程，主要是由微生物细胞物质的合成(活性污泥增长)、有机物(包括一部分细胞物质)的氧化分解和氧的消耗组成。

当供氧充足时，活性污泥的增长分为对数增长期、减速增长期和内源呼吸期。在每个增长期，有机物的去除速率、氧利用速率、活性污泥特征等都各不相同。

研究发现，有机物总量(F)与微生物总量(M)的比值(污泥负荷率 F/M)是影响活性污泥处于不同阶段及影响有机物从污水中去除效果的重要因素。

$$F/M=\frac{QLa}{XV}，\ \text{kgBOD}_5/(\text{kgMLSS}\cdot\text{d})$$

式中 Q——污水流量，m^3/d；

La——进水有机物(BOD_5)浓度，mg/L；

V——曝气池容积，m^3；

X——混合液悬浮固体(MLSS)浓度，mg/L。

在 A/O 池容积固定，进水水量和水质(COD)相对稳定的条件下，由以上公式不难发现，MLSS 的大小是污泥负荷率的决定因素，直接影响有机物的去除。

1.3 污泥沉降比值是 MLSS 定量的直观反映

这一点由以下公式可以证明：

$$MLSS(\text{g/L})=SV/SVI$$

式中，SVI(mL/g)为污泥指数，是评定活性污泥凝聚、沉淀性能的指标。在运行平稳时，SVI 值在一段时间内基本保持在某一稳定区间。通常情况下，污泥沉降比值能够反映曝气池中混合液的浓度，它与污泥浓度呈正比例关系。

2 实践应用

在以活性污泥法处理污水的二级污水处理场，影响污水处理工艺运行效果的因素很多，在缺乏经验数据支持情况下，运行管理人员可以用污泥沉降比作为指导运行的主要参数。

首先，因为沉降比操作简单、历时短的特点；其次，工艺员可以通过测量污泥沉降比随时观察活性污泥的絮凝、沉淀过程，了解活性污泥特性，掌握活性污泥量，判断曝气池工艺运行情况，为工艺控制和调整提供依据。

2.1 沉降比与污泥指数(SVI)的关系

由测量污泥沉降比的过程，可以直接了解污泥絮凝、沉淀性能的好坏。在运行中，当 SVI 值在 50~80 之间，此时污泥呈褐色、絮状，沉淀性能良好；当 SVI 值小于 50 时，污泥泥龄过长或有机物含量过低，此时污泥细碎，颜色发黑，活性不好；当 SVI 值大于 80 时，污泥过于松散，呈浅褐色，沉淀性能较差。

另外，污泥沉降比测量结束后，通过观察量筒中污泥放置多少时间后上浮，可以判定曝气池的供氧情况。如污泥在静沉放置3~4h后仍不上浮，呈褐色，证明活性污泥性状较好，曝气供氧充分；如静沉2h左右污泥上浮，呈黑色，说明污泥厌氧，A/O池供氧量不足。

在运行中，如果进水水量、水质以及剩余污泥排放量等运行条件比较稳定，污泥沉降比值一般不会发生突变，SVI值也比较稳定，此时的污泥沉降比值对应一定的活性污泥浓度。但是，当污泥沉降比值在进水水质、温度或其他运行条件的影响下突然发生改变时，说明活性污泥增长期将处在不同阶段，SVI值也必然受到影响，此时污泥沉降比值与MLSS的对应关系也将发生改变。

运行条件变化影响沉降比值发生改变的比较，见表1、表2。

表1 A/O池曝气前、后污泥沉降比值与SVI值、MLSS的对比

运行条件	沉降比/%	SVI/(mL/g)	MLSS/(mg/L)
停止曝气前	21	71.4	2940
恢复曝气后	33	94.3	3500

表2 水量突增前、后污泥沉降比值与SVI值、MLSS的对比

运行条件	沉降比/%	SVI/(mL/g)	MLSS/(mg/L)
污水量300m^3/h	18	50.6	2560
污水量420m^3/h	37	112	3300

这两种情况的影响条件尽管不同，但其变化的根本原因实际上是一样的，都是因微生物受到了运行条件改变的影响(前者是缺氧；后者是受到水力负荷冲击)，使微生物松散，因而无法形成良好的污泥絮凝体，SVI值也相应增大，此时的出水中悬浮物(SS)浓度上升。但这种情况是暂时的，通过对污泥沉降比大小的掌握，适当确定剩余污泥的排放量，使MLSS值稳定在2500~2500mg/L范围内，待活性污泥絮凝体吸附能力增强，SVI值趋于正常，出水也将显著澄清，此时水质达标。

上述情况表明，一方面，运行管理(技术)人员和操作人员可以通过活性污泥沉降过程发现问题，从污泥沉降比大小的突变、活性污泥颜色及静置后上浮情况，了解污泥性质及曝气供氧情况；另一方面，运行管理人员可以通过测定污泥沉降比来确定剩余污泥的排放量，从而控制曝气池中污泥浓度，使A/O池污泥负荷处于设计负荷区，确保出水水质。

2.2 沉降比与污泥浓度(MLSS)的关系

在SVI值比较稳定的条件下，污泥沉降比值与污泥浓度存在着一定的线性关系或对数关系。长期对相关数据进行分析研究，得出在SVI为不同值时污泥沉降比与污泥浓度的对应关系，见图2至图4。

此三图及对应关系式表明，当SVI<80时，污泥沉降比与MLSS呈线性关系，其中，当SVI<50时，MLSS值随污泥沉降比变化的斜率比50<SVI<80时的大，当SVI>80时，污泥沉降比与MLSS呈对数关系。这说明，当SVI值比较稳定的情况下，污泥浓度与污泥沉降比之间存在着稳定的对应关系。随着SVI值的阶段性增大，污泥浓度随污泥沉降比变化的幅度越来越小。

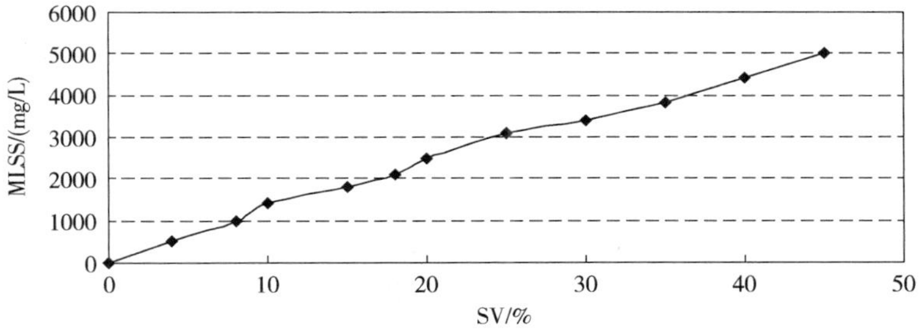

图 2　SVI<50 时，沉降比与 MLSS 的关系

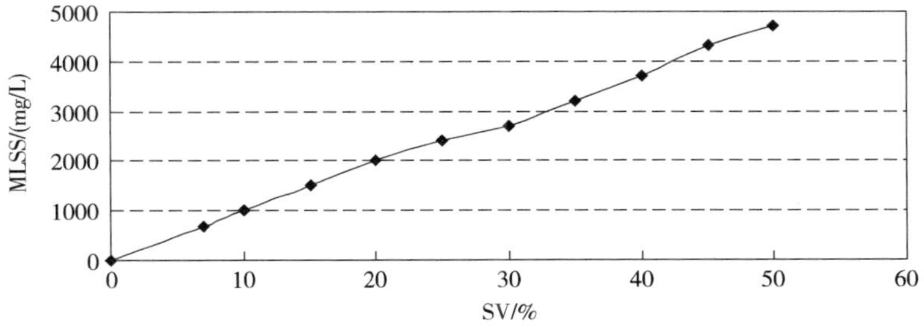

图 3　50≤SVI≤80 时，沉降比与 MLSS 的关系

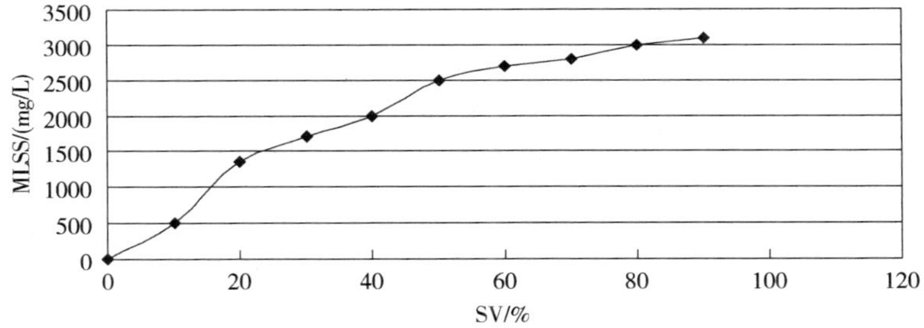

图 4　SVI>80 时，沉降比与 MLSS 的关系

2.3　温度变化影响污泥沉降比

温度上升，微生物活性下降，出水污染物浓度上升。污泥沉降比与污泥浓度的对应关系，主要因 SVI 值的改变而发生变化，SVI 值大小的改变，除受生物增长期和一些偶然因素影响外，温度是影响 SVI 值大小的主要因素。一年四季中不同月份下所对应的 SVI 值情况见图 5。

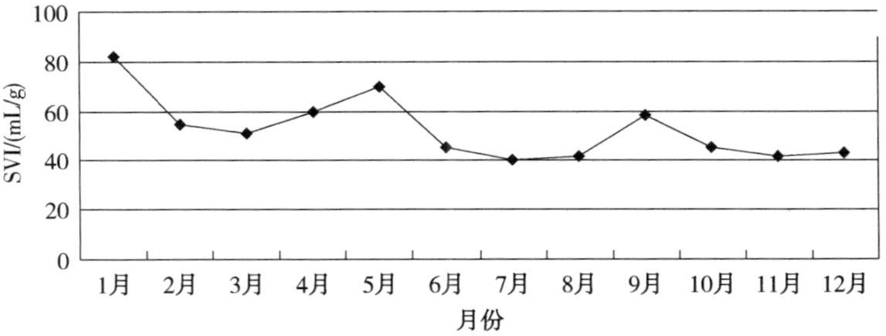

图 5　不同月份下，SVI 值变化曲线

图5表明，在一年四季中，SVI值随着季节的不同变化较大，一般情况下，在换季季节，SVI值会突然增大，后来，随着对季节温度的适应，SVI值又逐渐减小，直到下一个季节的转换，SVI值又出现另一个最高值。

由图5可以看出，SVI在1月、5月、9月份出现较高值，在3月、7月、8月、11月、12月出现较低值，总体来讲，春季SVI值相对较高，冬季较低。当然，因每年的季节温度变化不会完全一样，再加上其他因素的影响，所以每年SVI值随季节的变化曲线也会有所不同，但是，因季节温差而产生的对SVI值的影响将不会改变，其影响趋势也基本相同。

2.4 污泥沉降比对污水处理效果的影响

不同的污泥沉降比，会导致不同的污水处理效果，COD去除率与污泥沉降比的关系见图6。

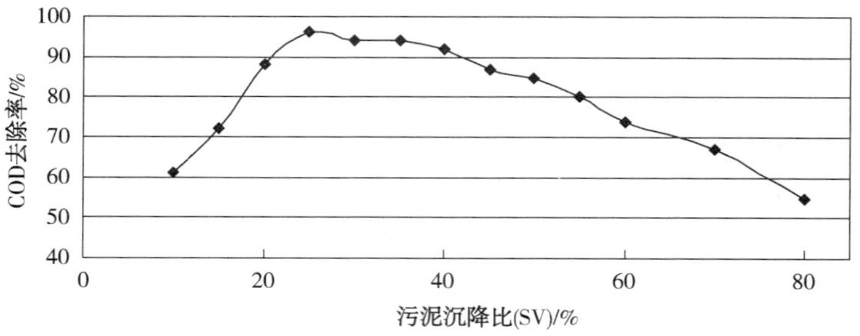

图6 污泥沉降比与COD去除率的关系

由图6可以看出，COD去除率在沉降比小于15%时较低，当沉降比值在20%~50%之间时，其去除率基本能稳定在80%以上，当沉降比大于50%时，COD去除率明显下降。

说明污泥沉降比小于15%时，曝气池混合液浓度低，活性污泥发育不良，处于不成熟期，污泥絮凝、沉淀效果差，菌胶团松散，活性污泥微生物不活跃，从而造成出水水质不稳定，甚至不能达标；当沉降比在15%~50%之间时，活性污泥已经成熟，混合液浓度较高，一般都在2000~4000mg/L，污泥负荷处在沉降区段，污泥絮凝、沉淀性能都比较好，微生物也很活跃，出水水质良好、稳定。为了减少曝气池的鼓风量，节约能源，一般将污泥沉降比控制在15%~30%为宜。

当沉降比大于50%时，COD去除率明显下降的原因有以下几点：

（1）污泥结构异常

① 污泥膨胀：丝状菌过度繁殖（如低溶解氧、负荷冲击），污泥絮凝性变差，间隙水增多，实际有效菌胶团减少，降解能力下降。

② 污泥老化：长期低负荷运行导致污泥泥龄过长，微生物活性降低，分解有机物能力减弱。

（2）传质效率降低

① 污泥浓度过高：沉降比高意味着MLSS（混合液悬浮固体浓度）过高，污泥絮体密集，氧气和有机物向微生物表面扩散受阻，反应速率下降。

② 溶解氧不足：高污泥浓度加剧供氧负荷，易导致局部缺氧，好氧微生物代谢受抑制，COD去除效率降低。

3 结 语

在实际运行中，SV 值的合理调控是维持活性污泥系统高效运转的基础。当 SV 处于 20%~40%的合理区间时，活性污泥的吸附与降解能力达到动态平衡，既能保证微生物与污染物的充分接触，又可通过良好的沉降性能实现泥水分离。若 SV 异常升高(如大于 50%)，可能预示着污泥膨胀、老化或工艺参数失调等问题，导致微生物活性抑制、传质效率下降，最终引发 COD 去除率降低等连锁反应。反之，SV 过低则可能表明污泥浓度不足或流失，造成系统负荷失衡，影响处理效果的稳定性。

因此，以 SV 为切入点的生化池运行控制，本质是通过对污泥微观生态与宏观性能的双重调控，实现活性污泥法效能的最大化。这不仅需要实时监测 SV 与其他水质参数(如 MLSS、DO、营养比等)的联动关系，更需深入理解污泥结构演变与微生物代谢活动的内在规律，从而建立动态、精准的调控策略。

未来，随着废水处理标准的不断提升，强化以 SV 为核心的过程控制技术，推动活性污泥法向智能化、精细化方向发展，对于提升废水处理系统的稳定性、经济性及环境效益具有重要意义。这一过程中，需持续深化污泥性能表征与工艺调控的耦合机制研究，为活性污泥法在高难度废水处理领域的广泛应用提供更坚实的理论与技术支撑。

参 考 文 献

[1] 唐受印，汪大翚．废水处理工程[M]．北京：化学工业出版社，2001.
[2] 许保玖．当代废水处理原理讲义[M]．北京：清华大学出版社，1993.

基于芬顿氧化法的反渗透浓水处理工艺优化研究

王 祁

（中国石化燕山石化公司，北京 102599）

【摘要】 本研究针对燕山石化反渗透浓水高 COD、高盐分及可生化性差的特性，探究了芬顿氧化法处理过程中 pH 值、氧化剂浓度、氧化剂/催化剂比例、反应时间及投加方式对处理效果的影响。实验结果表明，在初始 pH 值为 5、氧化剂投加量为 120mg/L、氧化剂/催化剂摩尔比为 1∶1.5、一次性投加模式下反应 1h 时，COD 去除率最佳，处理后出水满足 COD≤60mg/L 的排放要求。

【关键词】 芬顿氧化　反渗透浓水　工艺优化

1 前　　言

反渗透（Reverse Osmosis，RO）技术凭借其卓越的脱盐性能（>98%）与相对较低的运行能耗（0.5~1.5kWh/m^3），已成为石化、煤化工、制药等行业废水深度处理与资源化回用的核心工艺[1]。然而该技术运行过程中产生的浓缩液（RO 浓水，占进水总量 15%~40%）具有显著的污染倍增效应，其污染物负荷可达原水的 2~6 倍。炼油污水回用中常采用“超滤-反渗透”双膜工艺处理，产生的浓水呈现典型的“三高一低”特征：①盐度指标突出，电导率>5000μS/cm（以 Na^+、Cl^- 为主），存在土壤次生盐渍化风险及设备结垢隐患[2]；②有机污染严重，难降解 COD>100mg/L（多环芳烃、杂环化合物占比超 60%）；③生物毒性显著，B/C 值<0.2 且含硫化物（S^{2-}≥15mg/L）、氰化物（CN^-≥2mg/L）等抑制因子[3]；④可生化性缺失，传统生物处理工艺去除率<20%。这类高盐高毒浓水的无序排放不仅会引发受纳水体生态毒性累积和富营养化风险，更直接制约工业企业“近零排放”战略目标的实现。

在《水污染防治行动计划》（“水十条”）和《工业废水循环利用实施方案》的政策驱动下，RO 浓水的高效处理已成为石化行业可持续发展的技术瓶颈。常规物化处理技术存在显著局限：混凝沉淀法对溶解态 COD 去除率<30%，活性炭吸附面临吸附容量衰减快（<50cycles）、再生成本高（>2.8 元/m^3）、易产生危废等[4]。而高级氧化技术（AOPs）通过原位生成羟基自由基（·OH，E_0=2.8V）实现污染物深度矿化，展现出独特优势[5]。对比主流 AOPs 工艺：臭氧氧化需维持 0.6~1.2MPa 系统压力，且存在溴酸盐（BrO_3^-）生成风险；电化学氧化虽适配高盐体系，但受制于贵金属电极成本（Ti/RuO_2-IrO_2>800 元/m^2）与能耗强度（>8kWh/m^3）[4]。相较而言，芬顿氧化技术凭借其宽 pH 值适应范围（2.5~5.0）、装置兼容性强（可衔接现有水处理设施）及吨水处理成本优势（<4.5 元/m^3），在石化浓水处理领域展现出显著竞争力[6]。

尽管芬顿氧化法在反渗透浓水处理中已取得显著成效，但其在高盐-高 COD 复合体系下的反应动力学机制、氧化剂/催化剂协同作用机制及工艺参数全局优化等方面仍缺乏系统性研究。本研究针对燕山石化反渗透浓水，揭示了 pH 值、氧化剂浓度、催化剂比例、反应时间等多因素交互作用的规律。

2 实验部分

2.1 主要试剂和仪器

水样取自燕山石化反渗透浓水排放口。

试剂：双氧水(H_2O_2，质量分数为 30%)、芬顿氧化催化剂(主要活性组分为 Fe^{2+})、硫酸(H_2SO_4)、氢氧化钠(NaOH)、絮凝剂聚丙烯酰胺(PAM)。

仪器：COD 消解仪(Hach DRB200)、可见光分光光度计(Hach DR3900)、pH 计(雷磁 PHB-4 型编写 pH 计)、磁力搅拌器(IKA RCT)、便携式电导率仪。

2.2 实验方法

2.2.1 芬顿氧化实验方法

将 300mL 反渗透浓水倒入 500mL 烧杯中，用硫酸溶液使其 pH 调节至特定值，加入特定量的芬顿氧化催化剂，分散均匀后加入特定量的 H_2O_2，在磁力搅拌器上搅拌反应一定的时间后，使用氢氧化钠溶液将反应液 pH 值调节至中性以终止反应，并加入一定量的 PAM 先快速搅拌再慢速搅拌，直至形成矾花后，停止搅拌静置一段时间后，取上清液进行相关指标分析。

2.2.2 相关指标测定方法

化学需氧量(COD)测定：采用哈希 USEPA 消解比色法(方法 8000)进行检测，消解温度为 150℃，消解时间为 2h，对于测试量程为 0.7~40.0mg/L 的试剂盒，检测波长为 310nm；对于测试量程为 3~150mg/L 的试剂盒，检测波长为 420nm。

pH 值测定：利用 pH 标准溶液对便携式 pH 计进行校准后测定 pH 值。

电导率测定：采用便携式电导率仪测定。

3 实验结果与讨论

3.1 反渗透浓水水质

实验采用的水样为燕山石化反渗透装置产生的浓水，该水样的常规水质指标见表 1。可看出反渗透浓水的 pH 接近中性，但 COD 远高于 GB 31570—2015《石油炼制工业污染物排放标准》中 COD<60mg/L 的排放要求，且盐含量较高，必须经妥善处理后方可排放。本研究利用芬顿氧化法对此反渗透浓水进行了处理，并深入探究了各因素对该反渗透浓水处理效果的影响。

表 1 反渗透浓水的常规水质指标

COD_{Cr}/(mg/L)	电导率/(μS/cm)	pH
113	6300	7.5

3.2 初始 pH 值对处理效果的影响

将反渗透浓水 pH 值分别调节至 2、3、4、5、6 和 7，在 H_2O_2 浓度为 60mg/L，氧化剂和催化剂中 Fe^{2+} 物质的量比 1∶1，反应时间为 1h 的条件下，进行了芬顿氧化处理实验，反应后废水的 COD 去除率如图 1 所示，可以看出在 pH<7 的范围内，COD 的去除效果随 pH 值的降低先升高再减小，与常规芬顿氧化处理效果随 pH 值的变化趋势相符合。这是因为在 pH>5 的条件下，H_2O_2 会自发分解为 H_2O 和 O_2[7]，且 Fe^{3+} 容易生成 $Fe(OH)_3$ 沉淀，使得氧化剂和催化剂的含量较低、·OH 生成量减少；而在 pH 值过低的情况下，也会引发 H_2O_2 的质子化($H_2O_2+H^+ \longrightarrow H_3O_2^+$)，抑制其与 Fe^{2+} 之间电子转移，减少·OH 生成[8]。然而该体系中最佳反应 pH 条件为 5 左右，这与芬顿氧化常规认知中的 pH 值在 3~4 的范围内处理效果最佳有所不同，这有可能与该反渗透浓水中有机物的质子化状态有关，此废水中的有机污染物在 pH 值为 5 的条件下最容易被氧化；也可能是由于此废水中盐含量较高，而某些无机离子如 Cl^- 会与·OH 进一步发生反应($Cl^- + \cdot OH \longrightarrow ClO^-$)[9]，产生新的氧化降解路径，从而使 pH 值为 5 条件下的氧化效果最佳。

3.3 氧化剂浓度对处理效果的影响

经 pH 条件优化，在 pH=5，氧化剂和催化剂中 Fe^{2+} 物质的量比 1∶1，反应时间为 1h 的条件下，探究了 H_2O_2 浓度对处理的影响。如图 2 所示，当 H_2O_2 浓度低于 120mg/L 时，芬顿氧化对反渗透浓水 COD 的去除效果随 H_2O_2 浓度的升高而升高，而当 H_2O_2 浓度提高至 150mg/L 时，COD 去除率反而有所下降，这涉及自由基生成与猝灭失衡、催化剂失活及反应动力学限制等多重因素的影响。

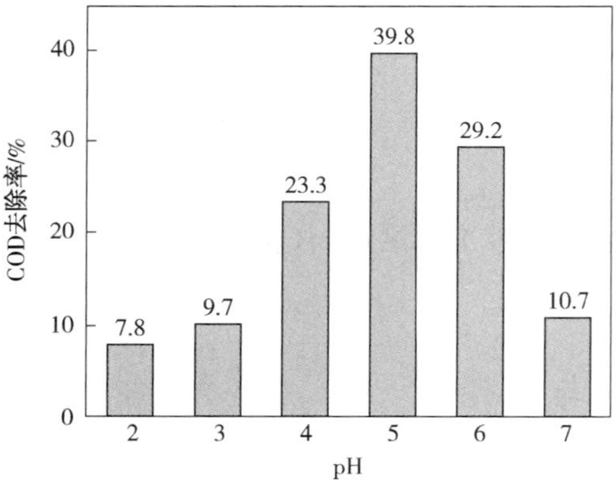

图 1 pH 值对芬顿氧化处理效果的影响

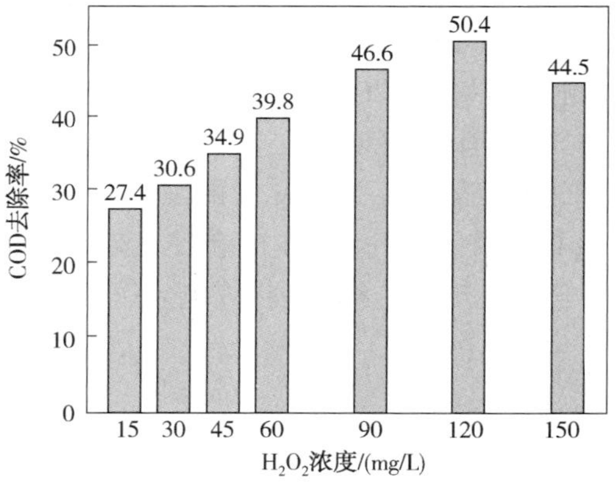

图 2 氧化剂浓度对芬顿氧化处理效果的影响

当 H_2O_2 浓度过高时，过量 H_2O_2 会与生成的·OH 发生副反应(如反应式 1 和 2 所示)，消耗·OH[10]；也有可能因·OH 浓度过高而引发自由基湮灭效应[11](如反应式 3 所示)，使部分·OH 未参与有机物氧化反应。H_2O_2 浓度过高也会加速 Fe^{2+} 向 Fe^{3+} 的转化(如反应式 4 所示)，破坏 Fe^{2+}/Fe^{3+} 循环，并与 Fe^{3+} 发生副反应(如反应式 5 所示)，生成氧化能力较弱的中间产物[12]，使得 COD 去除效果降低。此外，过量 H_2O_2 分解产生的 OH^- 也会导致体系 pH 值升高[13]，使得体系 pH 值>5，COD 去除率降低。

$$H_2O_2 + \cdot OH \longrightarrow HO_2 \cdot + H_2O \quad (1)$$

$$HO_2 \cdot + \cdot OH \longrightarrow H_2O + O_2 \quad (2)$$

$$\cdot OH + \cdot OH \longrightarrow H_2O_2 \quad (3)$$

$$Fe^{2+} + H_2O_2 \longrightarrow Fe^{3+} + \cdot OH + OH^- \quad (4)$$

$$Fe^{3+} + H_2O_2 \longrightarrow Fe^{2+} + HO_2 \cdot + H^+ \quad (5)$$

3.4 氧化剂和催化剂中 Fe^{2+}的比例对处理效果的影响

进一步在 pH 值为 5，H_2O_2 浓度为 120mg/L，反应时间为 1h 的条件下，探究了氧化剂和催化剂中 Fe^{2+}的摩尔比对处理效果的影响，发现 COD 去除效率与 $n(H_2O_2)/n(Fe^{2+})$的关系和其与 H_2O_2 浓度的关系类似(如图 3 所示)，同样随 H_2O_2 摩尔比的升高处理效果先增强后降低，其原因也与提升 H_2O_2 浓度导致 COD 去除效果变化的原因相同。实验结果表明氧化剂与催化剂中 Fe^{2+}组分的最佳摩尔比为 1∶1.5，在此条件下 COD 去除率可达 53.5%。

3.5 反应时间对处理效果的影响

确定好 pH 值、氧化剂和催化剂比例、氧化剂浓度的最佳条件之后，对反应时间的探究也极为重要，关系到实际应用中的运行时间和成本。在 pH 值为 5，H_2O_2 浓度为 120mg/L，催化剂中 Fe^{2+}组分浓度为 197mg/L 的条件下，测试了不同反应时间下的 COD 降解率。如图 4 所示，发现随反应时间的延长，COD 去除率增加，当反应时间延长至 1h 以上，COD 的去除率不再增加甚至略微降低。这是由于反应 1h 时氧化剂几乎被耗尽，随着反应时间的延长，中间产物不断积累，尤其是会贡献 COD 的小分子羧酸有可能进一步产生[14]，使得表观 COD 去除率下降。

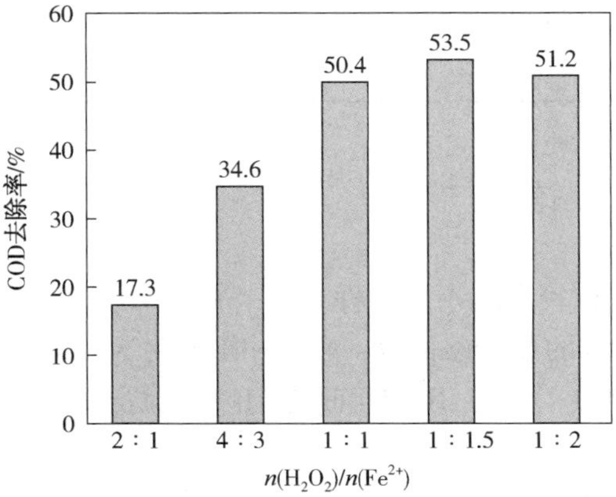

图 3 氧化剂和催化剂中 Fe^{2+} 比例对芬顿氧化处理效果的影响

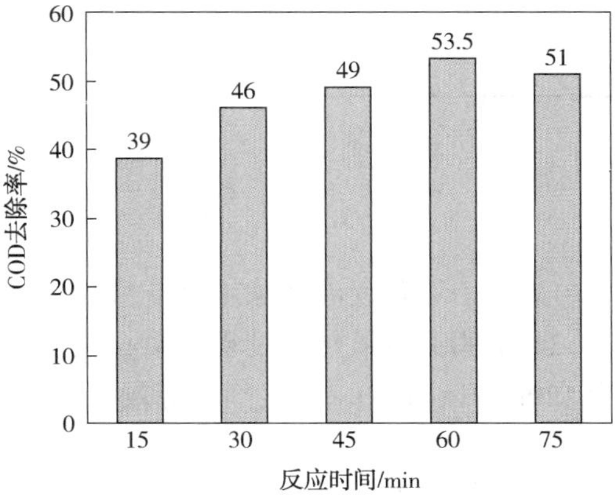

图 4 反应时间对芬顿氧化处理效果的影响

3.6 投加方式对处理效果的影响

在芬顿氧化工艺中，单次投加氧化剂与催化剂时，过量的氧化剂可能与 · OH 发生自猝灭反应，使得部分氧化剂被无效消耗。采用分批次投加氧化剂与催化剂的方式，可避免 H_2O_2 局部浓度过高，从而维持自由基生成的链式反应持续进行；催化剂的分批次投加也有可能提高 Fe^{2+}/Fe^{3+}的循环效率，还可降低 Fe^{3+}的瞬时浓度，减少铁泥的生成[15]。总的来说，有望通过调整芬顿氧化过程的氧化剂与催化剂的投加方式，动态调控自由基生成与反应物浓度，突破传统单次投加模式的效率瓶颈。

在 pH 值为 5，$n(H_2O_2)/n(Fe^{2+})=1.5$，H_2O_2 总投加量为 120mg/L 的条件下，进行了不同投加方式的处理测试，测试结果如表 2 所示。与常规认知有所不同，采用其他各种投加方式如分阶段投加、梯度投加与多级投加方式对该反渗透浓水的处理效果并无显著提升，一次性投加方式的处理效果反而最佳。这说明采用芬顿氧化法处理该反渗透浓水时，有抑制后续反应的中间产物生成，而采用一次性投加的方式，可快速产生高浓度·OH，使中间产物快速降解，从而减少二次抑制的风险，处理效果最佳。

表 2　pH 值对芬顿氧化处理效果的影响

投加方式	具体投加过程	COD 去除率/%
一次性投加	一次加入催化剂（Fe^{2+}浓度为 197mg/L）和 H_2O_2（120mg/L），反应 1h	53.5
分阶段投加	先加入催化剂（Fe^{2+}浓度为 197mg/L），再分 2 次加入 H_2O_2，使 H_2O_2 总浓度达 120mg/L，间隔时间为 20min，总共反应 1h	39
	先加入催化剂（Fe^{2+}浓度为 197mg/L），再分 3 次加入 H_2O_2，使 H_2O_2 总浓度达 120mg/L，间隔时间为 20min，总共反应 1h	43
梯度投加	催化剂和 H_2O_2 同时分 2 次投加，使 Fe^{2+} 和 H_2O_2 总浓度分别达 197mg/L 和 120mg/L	50
	催化剂和 H_2O_2 同时分 3 次投加，使 Fe^{2+} 和 H_2O_2 总浓度分别达 197mg/L 和 120mg/L	49
多级投加	先加入一次药剂（H_2O_2 浓度为 30mg/L，等效 Fe^{2+}浓度为 49mg/L），反应 15min 后，过滤取澄清滤液再加入相同量的药剂反应 15min，按相同方法共加入 4 次	第 1 次：25.8 第 2 次：32.6 第 3 次：37.8 第 4 次：35.1

4　结　　论

（1）燕山石化反渗透浓水具有盐含量高、COD 较高的水质特性。

（2）采用芬顿氧化法处理燕山石化反渗透浓水的最佳条件为：初始 pH 值为 5，H_2O_2 浓度为 120mg/L，H_2O_2/催化剂中等效 Fe^{2+}摩尔比为 1∶1.5，反应时间为 1h，投加方式为单次投加。

（3）采用芬顿氧化技术处理反渗透浓水可以有效去除废水的 COD，反渗透浓水的 COD 能够降低 50%以上，使处理后的废水 COD 小于 60mg/L，满足达标排放的水质要求。

参　考　文　献

[1] 吴月，孙宇维，王崇，等．曝气及外加 H_2O_2 强化电芬顿法处理石化反渗透浓水[J]．化工进展，2017，36(9)：3523-3530.

[2] 张晓娟，刘发强，王树勖．Fenton 试剂处理污水回用装置反渗透单元浓水的研究[J]．广东化工，2011，38(4)：156-157.

[3] 沈晓强，盛梅，卓亚昆，等．Fenton 试剂氧化与生化耦合技术处理反渗透浓缩水[J]．工业水处理，2017，37(3)：74-77.

[4] 王靖宇，李书震，魏学勇，等．高级氧化工艺处理煤化工反渗透浓水的研究[J]．应用化工，2020，49

(2): 368-371.

[5] 谢柏明，韦彦斐，陶杰，等. Fenton 法处理造纸废水反渗透浓水的研究[J]. 中国造纸，2012，31(2): 31-34.

[6] 李萍，陈丽芳，张野，等. 高级氧化法处理电厂综合废水反渗透浓水工艺研究[J]. 应用化工，2022，51(1): 119-123.

[7] 张群英，黄红军，王盼，等. 芬顿-活性炭处理钾长石反浮选废水的研究[J]. 矿山工程，2020，8(2): 156-163.

[8] 郭莹，陈鸿汉，张焕祯，等. 基于 Box-Behnken 响应曲面法优化 Fenton 预处理高浓度染料中间体生产废水[J]. 环境科学研究，2017，30(5): 775.

[9] 齐全友，郝雨峰，罗纯仁，等. 芬顿氧化与电催化氧化处理煤化工废水的对比研究[J]. 煤炭加工与综合利用，2021(12): 63-68.

[10] 张未军，齐崴，苏荣欣，等. 电芬顿-臭氧一体化工艺处理船舶生活污水[J]. 化学工业与工程，2017，34(2): 6.

[11] 程沧沧，肖忠海，胡德文，等. UV/TiO_2—Fenton 试剂系统处理制药废水的研究[J]. 环境科学研究，2001，14(2): 3.

[12] San Sebastián Martínez N, Fíguls Fernández J, Font Segura X, Sánchez Ferrer A. Pre-oxidation of an extremely polluted industrial wastewater by the Fenton's reagent[J]. J Hazard Mater. 2003 Aug 1; 101(3): 315-22.

[13] 马翠，刘亚琦，张寒旭，等. 锆柱撑膨润土负载纳米 Fe_3O_4 多相类芬顿处理老龄垃圾渗滤液[J]. 华侨大学学报(自然科学版)，2018，39(6): 844-850.

[14] 郭怡璇，刘明友，李劲松. 臭氧及 Fenton 氧化法处理制浆废水的对比研究[J]. 中国造纸，2022，41(2): 58-63.

[15] 朱明新，苑斯文，刘家扬，等. 非均相臭氧催化氧化技术处理有机废水研究进展[J]. 化学试剂，2024，46(3): 1-7.

光催化流化床技术在污水处理中的研究进展

韩永辉

（中石化炼化工程集团股份有限公司洛阳技术研发中心，洛阳 471003）

【摘要】 文章阐述了光催化反应机理和流化床反应器的特性，分析了光催化流化床技术在催化剂研发、反应器设计优化和工艺耦合等方面的研究进展，并针对该技术面临的挑战提出了展望和思考，以期为光催化流化床技术的工业化应用提供支持。

【关键词】 光催化　流化床　反应器　传质

光催化氧化作为一种新兴的高级氧化技术，自20世纪70年代问世以来，受到了广泛的关注。该技术利用光催化剂吸收光能，产生具有强氧化性的电子-空穴对，这些活性物种能够将水中的有机污染物氧化分解，具有反应条件温和、氧化能力强、无二次污染等优点[1]。然而，在传统的光催化体系中，光催化剂通常以悬浮态或固定态存在，存在着光催化剂易团聚、传质效率低、光利用率有限等问题，限制了其大规模应用[2]。

光催化流化床技术通过流化介质的作用，使光催化剂在反应体系中处于流化状态，实现了催化剂与污染物的充分接触，提高了传质效率和光利用率，从而显著增强了光催化反应的效果[3,4]。本文从光催化流化床的技术原理、反应影响因素和技术优化等方面，对光催化流化床技术的发展现状进行总结和梳理，并对其在实际应用中面临的挑战及未来发展方向进行分析和展望。

1　光催化流化床技术原理

1.1　光催化反应机理

光催化反应的核心是半导体催化剂在光照下的电子跃迁和氧化还原过程。半导体催化剂通常具有独特的能带结构，包括充满电子的价带（VB）和空的导带（CB），两者之间存在一定的能量间隙，即禁带宽度（E_g）。当催化剂受到能量大于或等于其禁带宽度的光子照射时，价带中的电子会吸收光子能量，被激发跃迁到导带，从而在价带中留下带正电荷的空穴（h^+），形成光生电子-空穴对（e^--h^+）[5]。在光催化降解有机物的过程中，光生电子具有较强的还原性，能够将吸附在催化剂表面的氧气分子还原为 $\cdot O_2^-$，而光生空穴则具有强氧化性，可将催化剂表面吸附的水分子或氢氧根离子氧化为 $\cdot OH$。$\cdot O_2^-$ 和 $\cdot OH$ 自由基具有极高的氧化活性，能够与污水中的有机物发生一系列复杂的化学反应，将其逐步分解为二氧化碳和水[6]。

1.2　光催化流化床反应器原理

目前，按催化剂在反应器中的处置方式，光催化反应器可分为悬浆式、固定式及流化床三种类型。在各种类型的光催化反应装置中，由于有气动传输的引入，流化床光催化反应器易实现较大的液体循环流量，因此较为适用于工业化放大。在流化床反应器中，光催化剂颗粒在流化介质的作用下处于悬浮流动状态。这种流化状态使得催化剂颗粒能够与污水中的污染物充分接触，极大地增大了催化剂与污染物之间的接触面积[7]。与传统的固定床反应器相比，流化床中催化剂的有效比表面积得到充分利用，污染物分子能够更快速地扩散到催化剂表面，参与光催化反应，从而显著提高了传质效率。研究证明，在多种类型反应器中，流化床反应器具有更优的反应效率。尤宏等[8]建立了一种三相内循环流化床光催化反应器，并探究了其内部光辐射规律，结果表明反应器的光辐射能受催化剂颗粒浓度影响，曝气量对光强分布影响不大，在 10~12g/L 的最佳催化剂浓度下，三相内循环流化床对罗丹明 B 的催化降解效率明显高于传统的悬浆式反应床。陈平[9]利用溶胶-凝胶法合成了负载型 RE/Ti/Si 催化剂，并研究其在光照条件下对含酚废水的处理效能，结果表明三相流化床反应器对酚类化合物表现出良好的降解效果，在光照时间为 180min，催化剂用量为 7g/L，通气量为 40mL/min 的条件下，酚类化合物的降解率可达到 98%以上。研究同时表明，流化床反应器实现了光、催化剂和溶液的有效接触，相比于固定床处理能力提高了 35.4%[10]。吉栋梁等[11]设计出一种以内循环三相流化床为主体，外挂光催化反应装置而构成新型光催化流化床，并研究了反应器的关键结构设计，结果表明，导流筒高度为 0.9~1.0m，其与反应器的直径比为 0.8 时，反应器水力学性能最佳。另外，由于流化床中催化剂颗粒处于流化状态，当污水水质出现污染物浓度突然升高或降低等波动时，流化态的催化剂与污水能够迅速混合均匀，减少了局部水质变化对反应的不利影响，从而能够缓解水质波动对处理效果的影响，使整个反应体系具有一定的缓冲能力。

1.3 影响因素

光催化流化床反应器的反应效率主要受光照强度、催化剂以及溶液 pH 等因素影响。在一定范围内，光照强度的增加可以提供更多的光子能量，从而激发产生更多的电子-空穴对，提高光催化反应速率。然而，当光照强度超过一定值后，由于光催化剂表面的活性位点有限，过多的光子无法被有效利用，反应速率可能不再随光照强度的增加而显著提高，甚至会引起反应体系温度升高使催化剂团聚，还可能会因为催化剂的光腐蚀等原因导致反应效率下降。

催化剂的类型对光催化反应也起着决定性作用。不同的催化剂具有不同的禁带宽度、晶体结构和表面性质，这些因素会影响光生电子-空穴对的产生、分离和迁移效率，进而影响光催化活性[12]。例如，TiO_2 的锐钛矿型晶体结构具有较高的光催化活性，这是因为它具有较大的比表面积和更多的晶格缺陷，有利于电子-空穴对的分离和对污染物的吸附[13]；铋基材料由于具有更窄的禁带宽度和多种晶体结构，能够在可见光下表现出良好的光催化性能；而碳基光催化材料虽然具有独特的平面结构及适中的禁带宽度，但由于吸光系数低，电子与空穴结合速度快，导致光催化活性较低[14]。

溶液的 pH 值主要通过改变催化剂表面的电荷性质和污染物的存在形态影响催化剂与污染物之间的相互作用。催化剂表面电荷的存在会对带电污染物产生吸附或排斥作用，表面电荷性质与零电荷点有关，当溶液 pH 值大于催化剂的零电荷点时，催化剂表面通常带负电荷，反之则为正电荷。同时，当 pH 为碱性条件时，溶液中较多的氢氧根离子可能会促进羟基自由基的生成，增强光催化氧化能力。此外，污水的水质通常较为复杂，水中的其他离子

（如氯离子、硫酸根离子等）也可能通过与催化剂表面的活性位点或自由基产生竞争吸附，对光催化反应起到抑制作用[15]。有研究表明，在多种阴离子中，氯离子对光催化反应的抑制作用最为明显，氯离子会和污染物对光催化过程中产生的羟基自由基产生竞争反应，从而显著降低反应效率[16]。因此，在处理高盐废水时，需要着重考虑水质对光催化效能的影响。

2 光催化流化床技术优化

2.1 催化材料优化

半导体材料是光催化反应的核心，光催化反应的激发光波长与其能带结构有关，半导体材料的带隙和电荷重组率决定了光催化反应的效率和活性。在催化材料的发展过程中，TiO_2 由于具有良好的化学稳定性、无毒，且在紫外光照射下反应活性高，是应用最为广泛的光催化材料[17,18]。为了进一步提升 TiO_2 的光催化活性，研究人员广泛采用元素掺杂的方法对其进行改性[19]。例如，在 TiO_2 中引入氮原子，氮原子的 2p 轨道与 TiO_2 的价带相互作用，使得 TiO_2 的带隙变窄，从而扩展了光催化剂对光的吸收范围，使其能够吸收可见光[20]。还有学者将贵金属与 TiO_2 掺杂，采用溶胶-凝胶和蒸发诱导自组装方法制备了 Ag-TiO_2 催化剂，掺杂在 TiO_2 表面的 Ag 能够捕获光生电子或空穴，促进光催化过程中的电子-空穴分离，强化了可见光驱动的光催化效能[21]。除了传统金属氧化物半导体，石墨相氮化碳材料（g-C_3N_4）由于其优异的光电特性近些年来引起研究者的关注[22]。罗杰等[23]采用超声低温煅烧制备了 g-C_3N_4/$CoFe_2O_4$复合纳米光催化材料，掺杂的 $CoFe_2O_4$不仅进一步增强了 g-C_3N_4对光的吸收强度，所具有的磁性还可在外部磁场的作用下对催化剂进行有效分离回收。另外，由于光催化过程发生在催化剂表面，因此催化剂对于污染物的吸附性能同样会影响催化反应的进行。有研究表明，催化剂对于污染物的吸附性能越强，光催化降解污染物的效果越好[24]。据此，Jiang 等[25]设计了一种有序介孔 TiO_2，实验表明这种介孔纳米 TiO_2 因其较大的比表面积和有序的多孔结构，能够通过增加表面反应位点和污染物吸附量来提高光子利用率和光催化效率。因此，在进行催化材料设计和制备时，材料本身的吸附性能也是需要重点关注的参数。

值得注意的是，在光催化流化床体系中，不仅需要考虑催化剂的光催化活性，催化剂在反应器中的流化状态对于反应过程也会有较大影响。传统的 TiO_2 催化剂颗粒由于粒间力较大，在流化过程中容易发生团聚，张丽等[26]采用粗孔硅胶、活性炭颗粒、石英砂及陶瓷球作为载体制备了四种负载型 TiO_2 催化剂，这种催化剂具有良好的流化性能，有效提升了对甲苯的降解率。还有研究者开发了 TiO_2 纳米球/石墨烯基水凝胶光催化材料，该材料密度接近于水，因此在反应器中的流化效果极好，并且由于具有优越的机械性能，流化过程中与反应器的碰撞磨损较小，从而保证了流化床的降解稳定性[27]。总的来看，开发具有高催化活性的负载型催化剂并保证其在反应器中的良好流化状态，是进一步提高光催化流化床反应效率的关键。

2.2 反应器设计优化

光催化反应过程受到多种因素的影响，设计能够充分发挥光催化剂催化活性的反应器是其中一个关键因素。与传统反应器不同，光催化反应器的设计除了考虑传统的反应器所涉及的如热量传递和物料混合、反应物和催化剂的接触、流动方式、反应动力学等问题外，还要考虑光源配置、反应器中的光强分布及光利用率。徐晓凡等[28]对三相内循环流化床光催化反应器中的光源位置及数量进行了优化改造，将光源由反应器轴心改到导流筒筒壁，并且将单光源变为多光源，套管内的紫外光源分放在小直径套管里沿导流筒筒壁均匀摆放。改进后的反应器不仅结构更为简单，而且相同功率下的多光源比单光源发挥出更佳的光量子效能，采用该光催化流化床反应器处理印染废水时，脱色率接近100%，总有机碳去除率达到87%。赵梓名等[29]为了提高光利用效率，在流化床反应器内设置了清理导流筒内外筒壁的清洗装置，采用驱动元件驱动清洗装置沿导流筒内外层往复滑动，去除导流筒上存留的污垢，确保光反应器双侧外壁清洁，从而有效保障了反应器的光透过率。刘雪梅[30]利用永磁铁以及外加光源构建了一种新型固-液磁稳流化床光催化反应器，通过磁场改变反应器的流化状态，强化光催化氧化反应和吸附过程的光照和传质。当前，随着传感器技术和人工智能的发展，光催化流化床反应器的智能控制引起越来越多的研究人员关注。通过在反应器中安装智能传感器实时监测污水的水质参数，根据水质参数的变化结合预设的程序和算法，可以动态调节光源、曝气强度和催化剂投加量[31]。这种智能控制方式能够使反应器始终处于最佳运行状态，提高了光催化流化床的运行稳定性同时降低能耗，有望为其规模化应用提供技术支持。

2.3 工艺耦合

2.3.1 光催化流化床耦合生物降解技术

随着水中各种新兴污染物的不断增加，通过将光催化技术与其他工艺进行耦合来弥补传统废水处理方法的缺陷，已成为当前研究的热点之一。将光催化与生物处理耦合衍生的光催化循环流化床生物膜反应器(PCBBR)是一种新型废水处理方法，流化床内的多孔载体可以从溶液中吸附难生物降解的污染物，并增强其向光催化剂表面的传质，在光催化剂表面会产生各种活性氧物种，从而促进污染物的光催化降解，而光催化产生的产物会转移到载体内部，并在生物膜内进行生物降解，最终进一步完全矿化为CO_2和水[32,33]。这种新型耦合工艺不仅能够有效去除难降解有机污染物，还能提高矿化效率并降低运行成本。Marsolek等[34]用大孔纤维素作为载体，采用TiO_2作为光催化剂，构建了PCBBR去除废水中的三氯苯酚，实验表明光催化氧化反应能够快速去除三氯苯酚，去除率接近100%，而载体内部的生物膜则有助于去除废水中的COD，此实验首次验证了该技术的可行性。为了进一步强化传质，Zhang等[35]选用具有三维大孔网络结构的聚氨酯泡沫作为载体，设计了具有高热稳定性的有序介孔SiO_2-TiO_2复合光催化材料，并将其涂覆在大孔聚氨酯泡沫上作为层状介孔生物膜载体，发现在正常曝气强度下，聚氨酯泡沫在反应器中更易于流化，反应器在运行3h后可完全降解100mg/L的苯酚。罗力莎等[36]采用PCBBR处理抗生素废水中的环丙沙星，通过溶胶-凝胶法制备Ag-TiO_2光催化剂并将其负载于聚氨酯海绵上，发现载体在反应器内的循环流化极大限度地提高了对环丙沙星的降解效果，动力学分析表明其降解速率要远高于单独的光催化氧化。此外，还有研究者针对光源进行了优化，Zhou等[37]比较了可见光和紫外光诱导的光催化与生物处理耦合技术对废水中苯酚的降解效果，发现以可见光作为光源时，苯酚的去除效率达到99.8%，比紫外光源实验组高出32.6%。因此，为了进一步提高PCBBR系统中的光催化反应效率，需要开发对更广泛光谱有响应的新型光催化材料，结合操作参数的优化，确保在更广泛的应用场景中实现稳定的光催化运行。

2.3.2 光催化流化床耦合芬顿技术

将光催化与芬顿反应相结合应用于流化床反应器中可以有效提升对难降解有机物的反应效率，在废水处理领域具有良好的应用前景[38,39]。在芬顿技术中，通过引入光照，能够加速 Fe^{3+} 向 Fe^{2+} 的转化，实现铁离子的高效循环利用，并且紫外光和 Fe^{2+} 对 H_2O_2 的催化分解存在协同效应，进一步提高了反应速率。而 Fe^{3+} 在流化床反应器中会以铁氧化物的形式存留在载体表面，结晶的铁氧化物主要由 FeOOH 和 γ-FeOOH 组成，可以在减少铁泥的同时强化催化 H_2O_2 氧化有机物[40]。Hsueh 等[41]以氧化铝和硫酸亚铁的混合水溶液为原料，采用浸渍法制备了 Fe(Ⅱ)/γ-Al_2O_3粉末，并在流化床中用于降解酞菁染料，结果表明紫外辐照和非均相 Fenton 体系相结合能够显著提升脱色率，在催化剂用量为 60g/L 时脱色率可达 95%以上。Zhang 等[42]采用浸渍法将铁和铜负载到载体上，在三相流化床光反应器中处理焦化废水，发现无须调整 pH 值，在中性条件下，使用 14.68mmol/L 的 H_2O_2 和 1.0g/L 的催化剂，在 2h 内可去除约 65%的 COD。Wei 等[43]使用 Ce-Fe/Al_2O_3作为非均相光-Fenton 催化剂，在流化床反应器中处理酵母废水，表明紫外光照能够促进催化剂中的 Fe(Ⅲ)向 Fe(Ⅱ)转化，促进了 Fe(Ⅱ)和 Fe(Ⅲ)的循环，在最佳条件下，总有机碳去除率可达 96.89%。

3 总结与展望

光催化流化床技术融合了光催化氧化降解有机物与流化床反应器高效传质的优势，在污废水处理中对各类污染物均有良好去除效果，并且反应器操作灵活、易于连续化运行，展现出广阔的应用前景。但目前该技术在迈向大规模工程化应用的进程中，仍面临着一系列关键挑战。如光源利用效率低、催化剂失活与回收难以及工程化适配性差等问题，制约了光催化流化床技术的广泛应用。未来，对该技术的研究可聚焦以下几方面。

（1）光源开发：开发 LED 等能耗低、寿命长、发光效率高的新型光源，优化光源的波长和发光强度使其与光催化剂的吸收光谱相匹配，提高光能的利用效率。

（2）催化材料创新：进一步拓展光催化剂对光谱的利用范围，并采用载体负载的方法对催化剂进行固定化，如开发能够响应可见光的负载型催化材料，强化光生载流子的分离效率的同时提高催化剂的可回收性，为光催化技术的大规模应用提供更有力的支持。

（3）反应器放大设计：结合流体力学模拟等手段，优化反应器放大后局部流速不均匀、返混等问题，工程化应用中还需要考虑反应器的耐腐蚀性、结构强度、密封性、透光性等因素，以确保反应器能够在恶劣的污水环境中稳定运行。

参 考 文 献

[1] 蔡俊成，蔡长君. 光催化技术在污水处理中的应用及未来方向[J]. 山东化工，2025，54131-134.

[2] 任凯，陈泽堂，刘金辉. 几种新型光催化水质净化反应器的探讨[J]. 环境科学导刊，2007(05)：60-62+77.

[3] 杨少斌，张建博. 三相流化床光催化氧化活性红紫 X-2R 的研究[J]. 化学工程师，2008，40-42.

[4] 谢悦，梁德乐，朱凯鹏，等. 吸附-光催化流化床降解污染物的研究进展[J]. 科技资讯，2021，191-4.

[5] Konstantinou I K，Albanis T A. TiO_2-assisted photocatalytic degradation of azo dyes in aqueous solution：ki-

netic and mechanistic investigations: A review[J]. Applied Catalysis B: Environmental, 2004, 49(1): 1-14.

[6] 王芳，刘世豪，朱丽娟. 新型半导体光催化材料降解水体有机污染物的研究进展[J]. 河南科学，2025，43119-128.

[7] 崔熠婧，孙伟宸，沈超群，等. 光催化反应器的研究进展[J]. 现代化工，2024，4430-35+41.

[8] 尤宏，罗薇楠，姚杰，等. 三相内循环流化床光催化反应器及其光辐射传递规律[J]. 环境科学，2005，112-116.

[9] 陈平. RE/Ti/Si三相流化床光催化降解水中有机物研究[J]. 哈尔滨商业大学学报(自然科学版)，2004(05)：576-579.

[10] 陈平，聂芊，张亚丽. 光催化氧化流化床参数的研究[J]. 工业用水与废水，2004，38-42.

[11] 吉栋梁，祝建中，陈龙. 新型光催化生物流化床开发及性能评估[J]. 黑龙江科技信息，2017(15)：82-84.

[12] Kallawar G, Thakare N, Bonde S, et al. Exploring sonochemical synthesis for photocatalyst nanocomposites in water and wastewater treatment: An in-depth review[J]. Journal of Cleaner Production, 2024, 485: 144279.

[13] Yeoh JZ, Pung SY, Vadivelu V M, et al. Recent advances in the development of effective TiO_2-based photocatalysts immobilized on floating substrates: A mini review[J]. Environmental Nanotechnology, Monitoring & Management, 2024, 22: 101021.

[14] Taghilou S, Nakhjirgan P, Esrafili A, et al. Performance, progress, and mechanism of g-C_3N_4-based photocatalysts in the degradation of pesticides: A systematic review[J]. Chemosphere, 2024, 368: 143667.

[15] Puma G L, Yue P L. A laminar falling film slurry photocatalytic reactor. Part Ⅱ—experimental validation of the model[J]. Chemical Engineering Science, 1998, 53(16): 3007-3021.

[16] TomašićV, JovićF, Gomzi Z. Photocatalytic oxidation of toluene in the gas phase: Modelling an annular photocatalytic reactor[J]. Catalysis Today, 2008, 137(2): 350-356.

[17] 林欣欣，张鹏. 污水先进氧化处理过程中光催化剂的研究进展[J]. 环境科学与管理，2025，50(02)：78-83.

[18] Fujishima A, Zhang X, Tryk D A. TiO_2 photocatalysis and related surface phenomena[J]. Surface Science Reports, 2008, 63(12): 515-582.

[19] Li X, Liu P, Mao Y, et al. Preparation of homogeneous nitrogen-doped mesoporous TiO_2 spheres with enhanced visible-light photocatalysis[J]. Applied Catalysis B: Environmental, 2015, 164: 352-359.

[20] Yoshida T, Niimi S, Yamamoto M, et al. Effective nitrogen doping into TiO_2(N-TiO_2) for visible light response photocatalysis[J]. Journal of Colloid and Interface Science, 2015, 447: 278-281.

[21] Xiong H, Zou D, Zhou D, et al. Enhancing degradation and mineralization of tetracycline using intimately coupled photocatalysis and biodegradation(ICPB)[J]. Chemical Engineering Journal, 2017, 316: 7-14.

[22] Liu W, Wang W, Xu J, et al. Photocatalytic elimination of environmental pollutants by immobilized g-C_3N_4-based materials[J]. Surfaces and Interfaces, 2025, 58: 105846.

[23] 罗杰，常薇，张立，等. 磁性g-C_3N_4/$CoFe_2O_4$光催化剂的制备及其性能研究[J]. 化学工业与工程，2023，401-7.

[24] El Messaoudi N, Ciğeroğlu Z, Şenol Z M, et al. A comparative review of the adsorption and photocatalytic degradation of tetracycline in aquatic environment by g-C_3N_4-based materials[J]. Journal of Water Process Engineering, 2023, 55: 104150.

[25] Jiang Z, Kong L, Alenazey F S, et al. Enhanced visible-light-driven photocatalytic activity of mesoporous TiO_2-xN_x derived from the ethylenediamine-based complex[J]. Nanoscale, 2013, 5(12): 5396-5402.

［26］张丽，张小平. 气-固流化床中 TiO_2 光催化剂的载体选择与催化动力学研究［J］. 东莞理工学院学报，2012，19(03)：77-82.

［27］Fang Z，Hu Y，Cheng J，et al. Continuous removal of trace bisphenol A from water by high efficacy TiO_2 nanotube pillared graphene-based macrostructures in a photocatalytically fluidized bed［J］. Chemical Engineering Journal，2019，372：581-589.

［28］徐晓凡，杨学稳，刘金彪，等. 三相内循环流化床式光催化反应器降解酸性红 A［J］. 工业水处理，2014，3433-36.

［29］赵梓名，何庆生，范景福，等. 一种光催化流化床反应器：CN115340144B［P］. 2024-08-09.

［30］刘雪梅. γ-Fe_2O_3基复合材料光催化氧化—吸附耦合除砷和磁稳流化床光催化反应器的设计［D］. 四川大学，2021.

［31］殷逢俊，徐泽宇，刘鸿. 基于机理模型与数据模型融合的污水处理智能控制系统构建思路［J］. 环境工程，2022，40138-144.

［32］Yu M，Wang J，Tang L，et al. Intimate coupling of photocatalysis and biodegradation for wastewater treatment：Mechanisms，recent advances and environmental applications［J］. Water Research，2020，175：115673.

［33］Zhang H，Lu Y，Li Y，et al. Propelling the practical application of the intimate coupling of photocatalysis and biodegradation system：System amelioration，environmental influences and analytical strategies［J］. Chemosphere，2022，287：132196.

［34］Marsolek M D，Kirisits M J，Rittmann B E. Biodegradation of 2，4，5-trichlorophenol by aerobic microbial communities：biorecalcitrance，inhibition，and adaptation［J］. Biodegradation，2007，18(3)：351-358.

［35］Zhang L，Xing Z，Zhang H，et al. High thermostable ordered mesoporous SiO_2-TiO_2 coated circulating-bed biofilm reactor for unpredictable photocatalytic and biocatalytic performance［J］. Applied Catalysis B：Environmental，2016，180：521-529.

［36］罗力莎，陈宇溪，孙守晋，等. 光催化与生物法直接耦合处理环丙沙星废水研究［J］. 现代经济信息，2018，362.

［37］Zhou D，Xu Z，Dong S，et al. Intimate Coupling of Photocatalysis and Biodegradation for Degrading Phenol Using Different Light Types：Visible Light vs UV Light［J］. Environmental Science & Technology，2015，49(13)：7776-7783.

［38］Clemente E，Domingues E，Quinta-Ferreira R M，et al. Solar photo-Fenton and persulphate-based processes for landfill leachate treatment：A critical review［J］. Science of the Total Environment，2024，912：169471.

［39］Wang Z，You J，Li J，et al. Review on cobalt ferrite as photo-Fenton catalysts for degradation of organic wastewater［J］. Catalysis Science & Technology，2023，13(2)：274-296.

［40］郭威. 光催化协同 Fenton 技术有效降解水中有机污染物的应用研究进展［J］. 山西化工，2024，4442-44.

［41］Hsueh C L，Huang Y H，Wang C C，et al. Photooxidation of azo dye Reactive Black 5 using a novel supported iron oxide：heterogeneous and homogeneous approach［J］. Water Science and Technology，2006，53(6)：195-201.

［42］Zhang R，You H，Wu D. Advanced treatment of coking wastewater by heterogeneous photo-Fenton technology with Cu/Fe oxide catalysts［J］. Desalination and Water Treatment，2016，57(26)：12010-12018.

［43］Wei CH，Zhang YP，Wu CF，et al. Decoloration and mineralization of yeast wastewater by using Ce-Fe/Al_2O_3 as heterogeneous photo-Fenton catalyst［J］. Journal of Central South University of Technology，2006，13(5)：481-485.

致密砂岩气藏压裂返排液重复利用技术

姜新鸽　祁生金　岑友良　王瑞阳　方彦明　王锐霞

（中国石化华北油气分公司石油工程技术研究院，郑州 450006）

【摘要】 针对大规模开发压裂用水需求量大的问题，本文在保障压裂施工效果良好的前提下，以最大限度地利用压裂返排液为目标，对J井区致密气压裂返排液重复利用技术进行了研究。通过致密砂岩气藏压裂返排液的水质特征分析、回用水质技术要求研究、低伤害耐盐稠化剂优选及压裂施工关键参数优化等，确定了致密砂岩气藏返排液回用配制耐盐乳液关键技术指标为矿化度≤3×10^4mg/L，钙镁离子含量≤3×10^3mg/L，优选出抗盐性能良好且储层伤害低的耐盐乳液稠化剂，确定了返排液配液施工排量为$12m^3$/min，前置液比例为48%，经过现场试验，返排液利用率33.4%，整体施工曲线压力平稳，压后最高日产气10.8万m^3，改造效果达到同区高产井水平。

【关键词】 致密砂岩　压裂返排液　重复利用　耐盐压裂液　工艺参数

某气田上古生界石盒子组储层为致密气储层，变黏乳液压裂液大规模体积压裂技术已被证实在J井区具有良好的适应性。据统计，随着J井区致密砂岩开发力度的加大，相比2020年，2024年压裂水平井井数增加3.5倍，压裂用水量增加5.7倍，返排液与排采水量增加1.5倍。近年来，返排液与排采水经过处理后再次用于配制压裂液已成为行业内缓解用水、处理水压力的重要手段[1~3]，且抗超高盐（矿化度大于20×10^4mg/L）的超高矿化度压裂液体系也已在现场得到成功应用[4]。

但返排液的矿化度越高，配制压裂液可能存在破胶困难[5]、压裂液性能不稳定影响施工安全等问题，此外，Liu等[6]提出返排液中含有大量阳离子，通过中和储层表面负电性，改变岩石润湿性，使其亲水性变弱，减弱了水岩作用和储层保水性，水分子与甲烷竞争吸附减弱，甲烷解吸困难，导致产液增加，产气减少，相比用清水作为压裂液用水的井，采用返排液的井在生产一年后，天然气产量降低20%，返排液量多18%。本文结合J井区实际情况，研究致密砂岩气藏压裂返排液重复利用技术。

1　致密砂岩气藏返排液水质特征

为全面了解现场配液水的水质情况，以现场压裂返排液与排采水为研究对象，收集调研了2019~2023年J井区240井次的水样分析，水质主要成分分析数据见表1。

表1　J井区压裂返排液组成性质分析

项目	pH值	水质类型	矿化度/（mg/L）	化学需氧量/（mg/L）	悬浮物/（mg/L）	含油量/（mg/L）	Cl^-/（mg/L）
指标	5.3~8	氯化钙	11320~94000	20~15000	0~400	0~50	6487~60000

续表

项目	Br^-/(mg/L)	F^-/(mg/L)	$Ca^{2+}+Mg^{2+}$/(mg/L)	$SO_4{}^{2-}$/(mg/L)	Li^+/(mg/L)	K^+/(mg/L)	Na^+/(mg/L)
指标	0~1697	0~183	928~26628	0~1200	0~201	13~1200	800~9500

注：本表数据以J井区不同井、不同时间段返排液成分分析结果取最小和最大值作为范围。

从表1数据可以看出，返排液与排采水矿化度最高达9.4×10⁴mg/L，钙镁离子总和最高达26628mg/L，高COD、高悬浮物、高矿化度和高钙镁离子是压裂返排液处理的重点和难点，也是影响压裂返排液重复配液性能的主要因素。

2 返排液回用水质指标研究

综合考虑现场返排液的最大化利用、压裂施工效果良好等因素，结合J井区工程地质上对液体性能的要求，重点分析总矿化度介于3×10^4~5×10^4mg/L，钙镁离子介于3×10^3~5×10^3mg/L范围的返排液对聚合物类压裂液体系回用性能的影响。

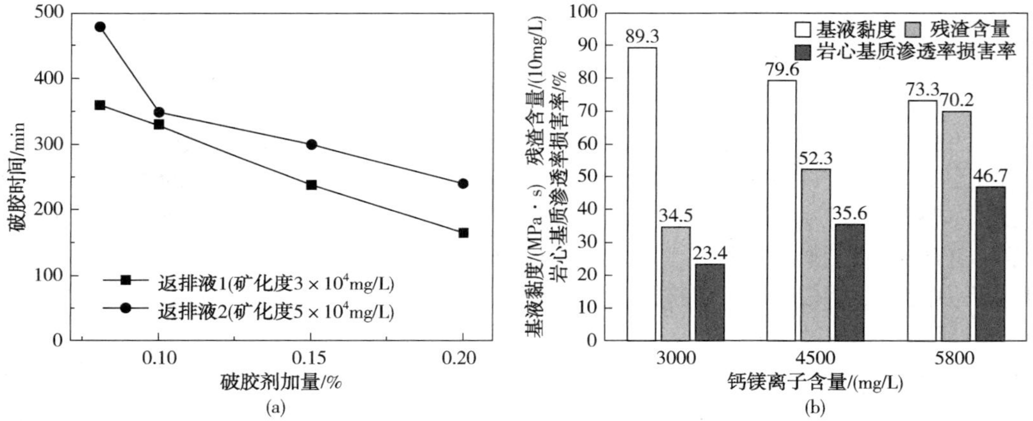

图1 不同矿化度、不同钙镁离子含量对耐盐压裂液性能影响关系

经过实验发现，在一定范围内，矿化度主要影响耐盐压裂液的破胶性能，如图1(a)所示，当返排液钙镁离子含量为3×10^3mg/L时，在相同的破胶剂加量下，相比3×10^4mg/L矿化度，5×10^4mg/L矿化度返排液破胶时间延长6%~45%，说明返排液矿化度越高，破胶所需时间越长，越难破胶。而钙镁离子对耐盐压裂液的表观黏度、残渣含量、伤害率等均有较大影响，如图1(b)所示，在相同的矿化度条件下(3×10^4mg/L)，钙镁离子含量越高，压裂液基液黏度越低，破胶液残渣含量越高，伤害率也越大。因此，综合考虑压裂返排液对储层造成的伤害及对压裂液性能的影响，并经过广泛调研，研究制定了致密砂岩返排液配液用水指标，见表2。

表2 致密砂岩返排液回用推荐技术指标

项目	pH值	钙镁离子/(mg/L)	固体悬浮物/(mg/L)	总矿化度/(mg/L)	结垢趋势	配伍性(与其他水源、添加剂)
指标	6~9	<3000	≤50	<30000	无	无絮凝、无沉淀

3 耐盐乳液稠化剂优选

耐盐乳液稠化剂是高矿化度地层水、压裂返排液重复利用提高采收率的关键材料[7]，目前常用的稠化剂合成方法主要有悬浮乳液共聚法、反相乳液共聚法2种，本次研究收集了5种不同稠化剂样品，分别从宏观、微观2个层面对其类型、分子量、固含量、抗盐性、伤害性等关键指标进行分析，全面评估稠化剂的性能，以期选择性能优良的稠化剂。

耐盐稠化剂的固含量按照GB/T 17514—2017《水处理剂 阴离子和非离子型聚丙烯酰胺》标准要求测定；分子量测定采用凝胶色谱(GPC)法，设置流速为0.00~10mL/min，柱温为25~60℃。

取J井区J-1井压返液(矿化度82498mg/L，钙镁离子19706mg/L)，将其与蒸馏水按照36∶64比例混合，加入11g/L碳酸钠，检测水样矿化度31253mg/L，钙镁离子含量3315mg/L，分别配制1.3%耐盐乳液，测试5个耐盐乳液压裂液体系的表观黏度、增黏速率、岩心基质渗透率伤害率，实验步骤参考SY/T 5107—2016《水基压裂液性能评价方法》、SY/T 7627—2021《水基压裂液技术要求》。

表3 耐盐乳液稠化剂综合性能

序号	类型	固含量/%	黏均分子量/10^6	多分散性指数	表观黏度/(mPa·s)	增黏速率/%	岩心基质渗透率损害率/%
A	悬浮乳液	47.16	345.6997	1.48	49.5	94.74	24.66
B	悬浮乳液	50.40	324.5835	1.68	43.5	95.12	27.27
C	悬浮乳液	43.79	358.8408	1.38	28.5	91.30	28.00
D	反相乳液	36.39	474.0577	1.14	25.5	100	30.11
E	悬浮乳液	45.75	188.3975	3.42	19.5	99	20.55

通过表3实验结果可以得出：D反相乳液的有效固含量最低；E样品的黏均分子量最小且多分散性指数最高，分子量分布较宽；受固含量、分子量及多分散性指数综合影响，A、B、C、D、E等5个样品表观黏度呈明显的下降趋势，分析是因为A样品固含量与分子量均相对较高，B样品固含量最高，但分子量较低，C样品分子量较高，但固含量较低，D样品固含量最低，E样品分子量小且分布较宽；5个样品的增黏速率均在90%以上，且反相乳液D增黏速率最高，这是因为反相乳液配制过程中，会先形成油包水结构，后通过转相剂转为水包油结构，因此相比悬浮乳液，有增黏速率快的优点；5个样品的岩心基质渗透率损害率与聚合物黏均分子量整体成正相关关系，见图2，即聚合物的黏均分子量越大，岩心伤害越大。

综合考虑性能指标，C、D、E样品的表观黏度指标低，且A相比B，在增黏速率指标差异性不大的情况下，仍具有表观黏度高且伤害率低的优点，因此优选A作为耐盐乳液压裂液的稠化剂。进一步地，检测A稠化剂压裂液在110℃、170s^{-1}下连续剪切120min后，剩余黏度为42mPa·s，在90℃、0.1%APS加量条件下，破胶时间170min，破胶液黏度3.9mPa·s，压裂液的耐温耐剪切、破胶等性能均满足现场施工需求。

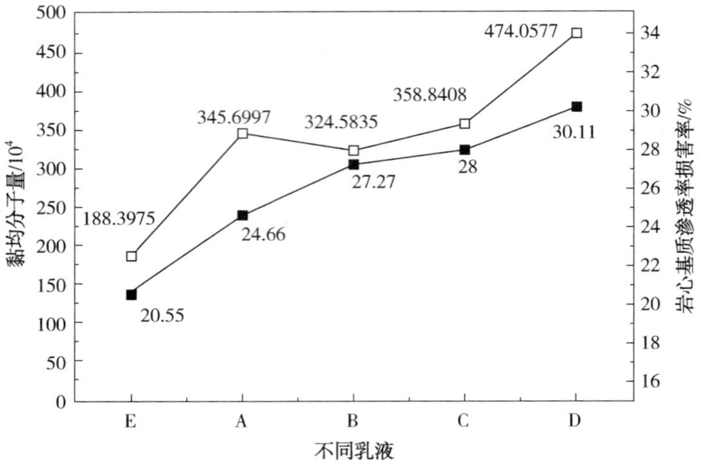

图 2　耐盐乳液稠化剂岩心基质渗透率损害率与黏均分子量作用关系

4　压裂施工参数优化

现场选取 J-2 井，该井目的层位盒 1-2 层，采用“多簇密切割压裂+全高黏造缝携砂+返排液分段式重复利用”的施工方案，因返排液重复配制压裂液受水质影响性能跟清水配液有所差异，现场施工中为了有效保证返排液配制耐盐乳液的施工效果，防止在高砂比携砂液阶段返排液与清水切换过程中出现流程漏点，提出了前置液阶段全程使用返排液配制自交联耐盐乳液体系，携砂液阶段全部采用清水配制常规一体化乳液体系的思路。此外，因液体造缝效率、携砂能力相对有所降低，为达到与清水配液相当的改造效果，重点对返排液配液的施工排量、前置液量等进行了针对性优化。

4.1　返排液配液施工排量

相比清水配液，返排液配液性能会有所降低，引起改造体积损失。需提高排量有效提升缝内净压力，增加裂缝宽度，同时提高支撑剂的运移速度和距离，弥补压裂液滤失，使裂缝扩展范围更大。

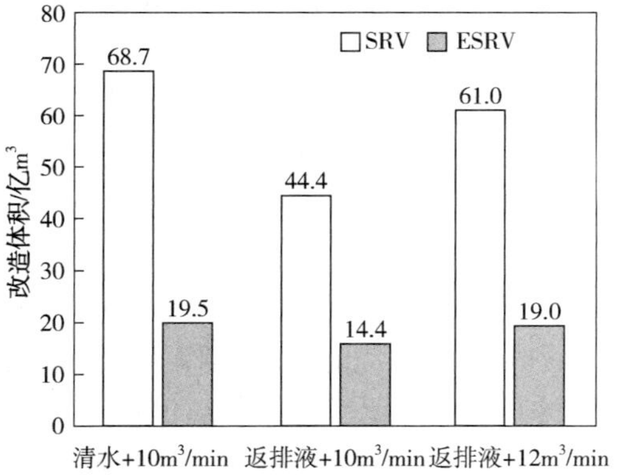

图 3　不同配液模式及排量下改造体积

J 井区致密砂岩清水配液施工排量一般在 8~10m³/min。如图 3 所示，从有效改造体积角度出发，模拟 10m³/min 排量、清水配液压裂液黏度为 60mPa·s 下，SRV(改造体积)可达 68.7 亿 m³，ESRV(有效改造体积)可达 19.5 亿 m³。在返排液配液时，压裂液黏度为 30mPa·s，10m³/min 排量下，SRV 和 ESRV 分别为原改造体积的 64.6%、73.8%；返排液配液相同液体性能下，提高排量至 12m³/min，SRV 和 ESRV 分别为原改造体积的 88.8%、97.4%，基本达到清水改造效果。因此优化返排液配液施工排量为 $12m^3/min$。

4.2　前置液比例

前置液比例在压裂过程中对压开地层，造出理想裂缝长度起着至关重要的作用，而前置液比例与液体造缝效率有如下关系：

$$b \approx \frac{1-a}{1+a} \times 100\% \tag{1}$$

式中　b——前置液比例,%；

　　　a——液体造缝效率,%。

液体造缝效率主要受液体造壁性、储层滤失系数等影响，可通过小型压裂测试获得，如图 4 所示，耐盐压裂液造缝效率约 35%，根据式(1)计算耐盐压裂液施工前置液比例为 48%。

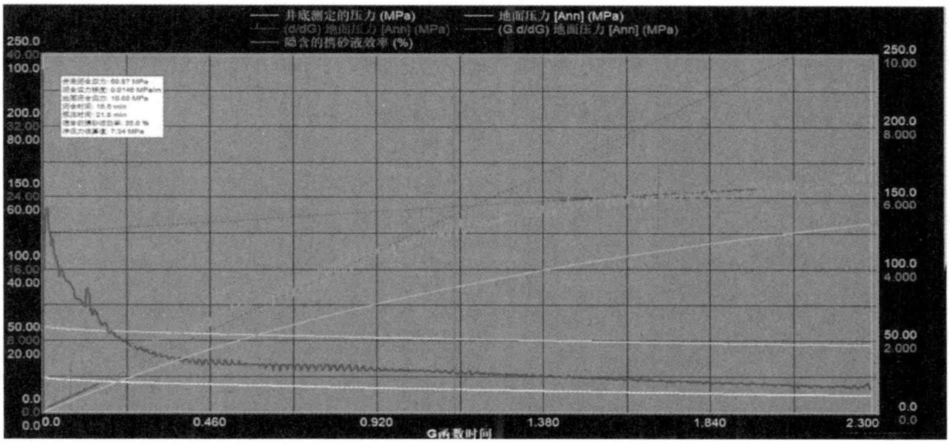

图 4　J-2 井返排液配液小型压裂液测试图

5　现场应用

J-2 井重复利用的返排液直接从附近放喷井拉运，按照致密砂岩返排液处理后推荐技术指标要求(表 2)，采用压裂液返排液回收再利用移动式污水处理撬装装置，在现场边处理边使用，通过絮凝+固液分离工艺，去除影响程度高的二价离子及悬浮物杂质，出水直接排出重复利用，污泥进入压滤处理。测得送井返排液矿化度 40000～72000mg/L，钙镁离子 3000～25000mg/L，pH 值 6～8，经现场处理后水样矿化度 10000～29800mg/L，钙镁离子 1600～3200mg/L，pH 值 6～8，耐盐乳液压裂液配方为 1.3%～1.4%自交联耐盐乳液+0.03%～0.05%过硫酸铵，每段压裂施工前检测压裂液表观黏度 51～61mPa·s，在 106.9℃(地层温度)、$170s^{-1}$下连续剪切 120min 剩余黏度 37～50mPa·s，压裂液性能良好。

J-2 井设计可溶桥塞分段压裂工艺分压 12 段，现场施工排量 10.2～12.5m^3/min，前置液比例 48%，施工压力 54～70MPa，整体施工曲线压力平稳(典型曲线见图 5 左)，该井总入井液量 8944m^3，其中利用返排液 2988m^3，占比 33.4%。试气阶段稳定油压 2.6MPa，套压 9.0MPa，日产气 5.7 万 m^3，最高日产气 10.8 万 m^3(见图 5 右)，生产 293 天累产气 0.16 亿 m^3，改造效果达到同区高产井水平，对后续大规模返排液重复配液、水资源循环利用以及绿色低碳开发具有重要实践意义。

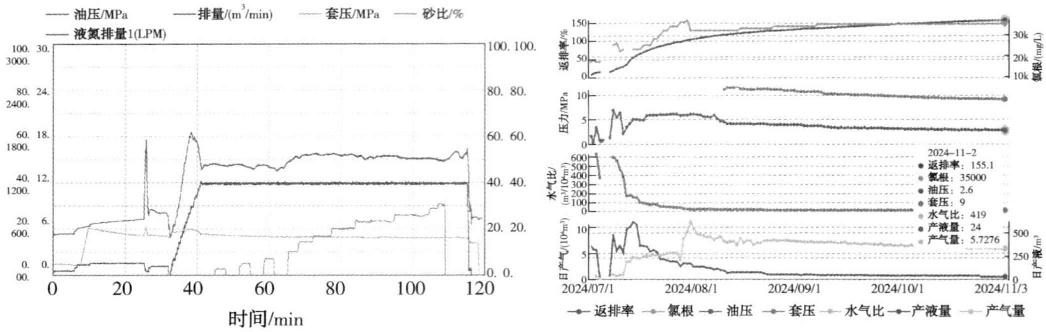

图5　J-2井第三段压裂施工曲线(左图)、试气曲线(右图)

6　结　　论

（1）确定了致密砂岩气藏返排液回用配制耐盐乳液关键技术指标为矿化度≤3×10^4mg/L，钙镁离子含量≤3×10^3mg/L，通过宏观、微观两个层面优选出抗盐性能良好储层伤害低的耐盐乳液稠化剂，并优化返排液配液施工排量为12m^3/min，前置液比例为48%。

（2）根据回用指标确定、优选耐盐乳液稠化剂、优化压裂参数形成了致密砂岩“耐盐前置+清水加砂”返排液分段式重复利用技术，通过现场试验，返排液利用率33.4%，整体施工曲线压力平稳，压后最高日产气10.8万m^3，该压裂模式的施工质量达到清水配液水平，施工产量达到同区高产井水平，具备良好的应用前景。

参　考　文　献

[1] 张瀚，李小江，朱卫平，等．深层煤层气返排液用无固相一体化悬浮液的研究[J]．钻井液与完井液，2024，41(6)：800-805.

[2] 郭建春，任山，唐朝钧，等．一体化变黏抗盐降阻剂的研制及应用[J]．石油与天然气化工，2022，51(05)：80-86.

[3] 罗磊，王渊，屈刚，等．一体化多功能抗盐稠化剂的研制与应用[J]．钻井液与完井液，2022，39(03)：383-389.

[4] 郑苗，蒲迪，董景锋，等．准饱和盐水基免配缔合交联压裂液的研究及应用[J]．油田化学，2024，41(01)：26-32.

[5] 刘源，王丽伟，庹维志，等．氯化钙加重聚合物压裂液破胶技术研究[J]．非常规油气，2021，8(03)：105-110.

[6] LIU D，LI J，ZOU C N，et al. Recycling flowback water for hydraulic fracturing in Sichuan Basin，China：Implications for gas production，water footprint，and water quality of regenerated flowback water[J]. Fuel，2020，272：117621.

[7] 王金冉，张百川，陈宇祺，等．耐盐聚丙烯酰胺共聚物稠化剂研究进展(Ⅰ)[J]．精细石油化工，2024，41(2)：63-68.

TVR式结晶系统处理高碱度煤化工浓盐水的应用实践

高 凌 隋兴彬 风 行 刘凤洋

（中天合创能源有限责任公司，鄂尔多斯 017000）

【摘要】 某煤化工企业采用TVR式结晶系统处理高碱度煤化工浓盐水，探究了TVR技术的节能效果以及影响结晶系统长周期运行的因素。理论计算得出，TVR技术在结晶器运行情况良好时可节省生蒸汽约59%。换热器中垢样的X射线荧光分析结果显示，一效换热器和二效换热器垢样的主要成分分别为碳酸钠-硫酸钠复盐和氟化钠，垢体的形成与换热器材质密切相关。进一步研究发现，运行工况改变后，高碱度浓盐水使得换热器中 CO_2 不凝气持续累积，是导致换热器性能快速下降的关键因素。通过在TVR后加放空阀，有计划释放一效换热器中累积的 CO_2 不凝气，可使其性能提升30%左右，大幅降低了结晶器洗效置换频率，有效提高了结晶系统周期运行时长。

【关键词】 高碱度浓盐水 TVR 结垢 不凝气

我国煤化工企业多位于北方，尤其是鄂尔多斯、榆林、宁夏宁东地区，是中国现代化煤化工发展能源金三角。这些地方多数水资源贫瘠，因此多数煤化工企业采用“零排放”技术来面对日益增加的环保压力。目前零排放项目多采用“预处理+双膜法+二次浓缩+蒸发结晶”[1]工艺对工业废水进行处理，其中“蒸发结晶”段作为此工艺流程中末端环节，换热器的换热效果直接影响“蒸发结晶”段的处理负荷，进而倒逼影响整个“零排放”工艺的处理负荷；而且“蒸发结晶”段作为整个“零排放”工艺中最耗能环节，降低中低压蒸汽的消耗已然成为整个行业需要共同思考的问题。

目前煤化工结晶系统降低中低压蒸汽消耗的方法主要集中在对二次蒸汽的利用上。常规双效蒸发工艺中，大部分二次蒸汽温位较低而无法得到充分的利用，因此如何充分利用这部分低温位的二次蒸汽及如何优化蒸发工艺是“蒸发结晶”段节能的关键。提高二次蒸汽的压力和温度常用两种方法，一种是热力蒸汽再压缩（Thermal Vapour Recompression，简称TVR）技术[2,3]；另一种则是蒸汽机械再压缩（Mechanical Vapor Recompression，简称MVR）技术[4,5]。TVR与MVR热泵技术均是用于低温位蒸汽提质的有效节能手段。目前行业内MVR技术应用较广，相应研究也较多，但对TVR在结晶系统中的应用情况鲜有研究。本文以某煤化工企业浓盐水为研究对象，结晶系统采用TVR式二次蒸汽再利用技术，通过现场数据采集与小试实验，重点讨论在高碱度煤化工浓盐水进水情况下影响换热器换热性能的因素，以及TVR技术在实际工程应用中的效果和存在问题。

1 TVR 技术工作原理

常规双效蒸发工艺中，由于二效蒸发换热蒸汽需求量小于一效二次蒸汽产生量，一效二次蒸汽多余量如不加以利用，会形成浪费。或通过较低温度的一效二次蒸汽对进料进行预热，由于温升不大，同样会导致双效蒸发系统的总能耗维持高位。TVR 热泵技术是提高二效二次蒸汽温位的一种有效手段[6]，原理是高压蒸汽在进入文丘里喷射器后，高流速作用下会使文丘里喷射器内部形成负压，将一效二次蒸汽吸入并与之混合，经过热力压缩升温得到温位较高的混合蒸汽。将喷射器引射后的混合蒸汽预热进料以提高进料的预热温度，或直接用于一效换热器加热，都可以减少蒸发系统的蒸汽用量，从而达到节能的目的。

2 工艺流程与 TVR 节能效果计算

2.1 工艺流程

反渗透浓盐水通过进料泵进入蒸发结晶系统一效循环管，再经过一效换热器升温及一效蒸发室蒸发浓缩后，浓缩液进入二效循环管。一效蒸发室产生的二次蒸汽一部分进入二效换热器与物料换热，另一部分回到前端，通过文丘里喷射器，与生蒸汽耦合利用。一效浓缩液在二效循环系统中通过同样的蒸发流程再次浓缩，待二效循环液 TDS 达到标准后，通过二效盐浆泵送至离心脱水机出盐，工艺流程见图 1。

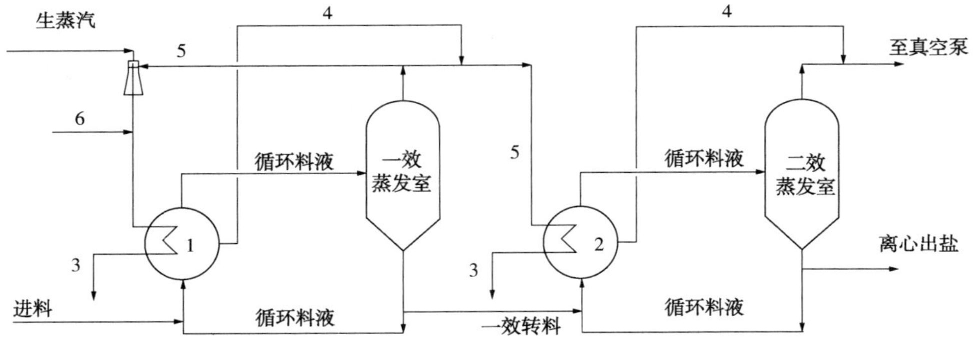

图 1 TVR 式结晶系统工艺流程示意图

1—一效换热器；2—二效换热器；3—冷凝液；4—不凝气；

5—一效二次蒸汽；6—减温减压水

2.2 进水水质

蒸发结晶系统总进水为超高压反渗透浓水或事故池浓盐水，不同进水水质对蒸发结晶系统整体运行工况的影响程度不同。其中事故池浓盐水为蒸发结晶系统母液长时间沉积反应后形成，具有高碱度、高 COD、高 TDS 特征。整体设计处理负荷在 20m^3/h 左右。运行期间总进水水质见表 1。

表 1　蒸发结晶系统进水水质

序号	项　目	超高压浓水	事故池浓水
1	pH	7. 4	8. 7
2	TDS/(mg/L)	122889	256085
3	总碱度/(mmol/L)	83	394
4	COD_{Cr}/(mg/L)	406	5054
5	总硬度/(mg/L)	31	103
6	二氧化硅/(mg/L)	97	191

2.3　盐水平衡及换热能力计算

冷凝水产量是换热情况的一个直接反映，是衡量结晶系统运行情况的重要指标。因结晶系统已运行 5 年有余，加上进水水质与设计出入较大，部分性能与设计出入较大，需根据现场实际进出水数据重新核算水盐平衡，以及根据冷凝水产量重新核算换热器换热效果。

以结晶器初投开始产盐时数据为准。为方便计算，TDS 以 10000mg/L 为数量级取整。进水温度 30℃，进水 TDS 为 120000mg/L，一效循环液 TDS 为 350000mg/L，一效循环液温度 90℃。进水流量为 $20m^3/h$。可求得一效蒸发室蒸发量：

$$W = F\rho\left(1-\frac{w_1}{w_2}\right)$$
$$= 20\times1.1\times\left(1-\frac{120000}{350000}\right)$$
$$= 14.46(mg/L)$$

式中　W——水的蒸发量，kg/h；

F——进料流量，m^3/h；

ρ——料液密度，kg/m^3；

w_1，w_2——进料料液和一效循环液 TDS，mg/L。

因结晶系统初投，换热损失假设为零。蒸汽的相变焓随压力或温度变化不大，进料料液的比热容为：

$$c_0 = 1\times0.12+4.18\times(1-0.12)$$
$$= 3.80kJ/(kg\cdot℃)$$

加热蒸汽的消耗量：

$$D = \frac{Fc_0\Delta T+Wr_1+Q_L}{r}$$
$$= \frac{22\times3.80\times60+14.46\times2260+0}{2180}$$
$$= 17.29(kg/h)$$

式中　D——加热蒸汽消耗量，kg/h；

r，r_1——加热蒸汽和二次蒸汽的相变焓，kJ/kg；

c_0——进料料液比热容，kJ/(kg·℃)；

Q_L——蒸发器的热损失，kW。

即一效换热器产生凝液量为17.29kg/h，单位蒸汽消耗量：

$$\frac{D}{W}=\frac{17.29}{14.46}=1.196\approx 1.2$$

即蒸发1kg水约需要1.2kg的加热蒸汽。

对于二效蒸发室，因循环液温度在60℃左右，而一效去二效的转料温度在90℃左右。在转料温度高于二效蒸发室沸点情况下，D/W 小于1，取设计值为0.87；取二效二次蒸汽凝液现场流量计显示均值5.0m^3/h，也即5.0kg/h(冷凝液的密度为1kg/m^3)，则可得二效换热器加热蒸汽所需量为4.35kg/h。

一效、二效换热器换热后冷凝液总量，根据现场实际流量计显示均值为21.43kg/h，可求得一效换热器冷凝液量为17.08kg/h，也即一效换热器加热蒸汽消耗量，与前面计算值 $D=17.29$kg/h 保持一致。

一效蒸发室产生蒸汽14.46kg/h，其中4.35kg/h用于二效换热器加热，则有10.11kg/h回到前面TVR喷射器。再结合TVR喷射器后减温减压水流量为1m^3/h，则可求得一效换热器所需的生蒸汽用量：

$$D_0=17.08-10.11-1=5.97(\text{kg/h})$$

生蒸汽消耗占比：$\eta=\frac{5.97}{17.08}\times 100\%=34.95\%$

通过以上数据核算可以看出，当结晶器运行情况良好时，进一效换热器蒸汽中一效蒸发室二次蒸汽占比约59%，生蒸汽占比约35%，节能效果明显。但随着运行时间的增长，冷凝液产量下降明显，处理负荷也同步下降，最恶劣时仅一周时间处理负荷就从20m^3/h下降至10m^3/h，严重制约装置生产能力。

3 影响换热器换热性能的可能因素

为解决蒸发结晶系统处理量持续低迷情况，2022年10月11日，技术人员组织对一效、二效换热器内盐垢进行彻底高压机械清洗。10月12日，结晶器重新投用，总凝液量在20~21m^3/h，效果良好。然而到10月14日，短短两天后，总凝液量迅速降到10m^3/h左右。11月9日，技术人员再次组织对一效、二效换热器内盐垢的高压清洗，对清洗出的一效、二效盐垢进行小试实验和全元素分析，并对此次高压清洗后结晶系统的运行工况进行实时跟踪分析，以探究影响结晶系统处理能力的根本原因。

3.1 换热器管束内垢体对换热效果的影响

根据前后工艺流程的关联性，前端反渗透系统的主要污染物为二氧化硅垢体和碳酸盐垢体，故结晶系统的垢样主要考虑这两种物质，对垢样做全元素分析以进行确认。

3.1.1 碳酸盐结垢对换热性能的影响

将一效、二效换热器管束内垢样作表观对比，如图2所示。可以看出，一效管束内垢样整体性良好，二效管束内垢样有明显的分层现象，且最外层有光滑釉质般的光泽。

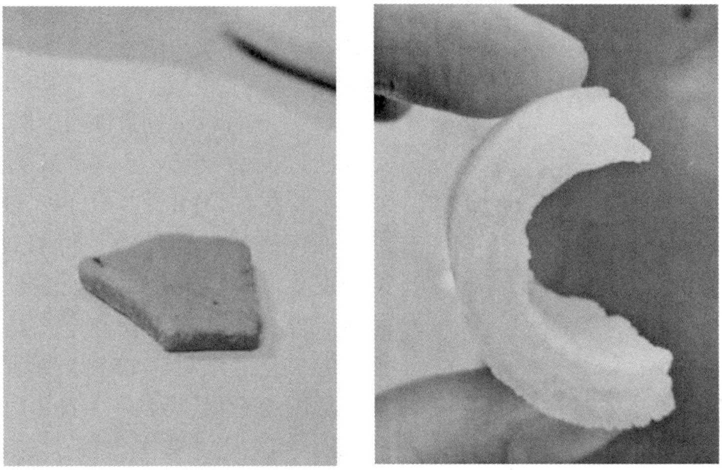

图 2　一效(左)、二效(右)换热器管束垢样外观比对

对一效、二效管束内垢样做沸水溶解实验，其中所取清水体积远大于 100℃下盐块溶解所需清水体积。一效管束内盐块在 40min 内基本全部溶解，只剩下少量颗粒物。二效管束内盐块约有 23.1%成分溶解，且盐块最外层光滑釉质消失。

将一效、二效管束内垢样置于盐酸溶液中浸泡。一效管束内垢样与盐酸剧烈反应，产生大量气泡，反应完毕后只剩少量颗粒物。二效管束内垢样基本不与盐酸反应，如图 3、图 4 所示。

图 3　一效换热器管束内垢样与盐酸反应现象

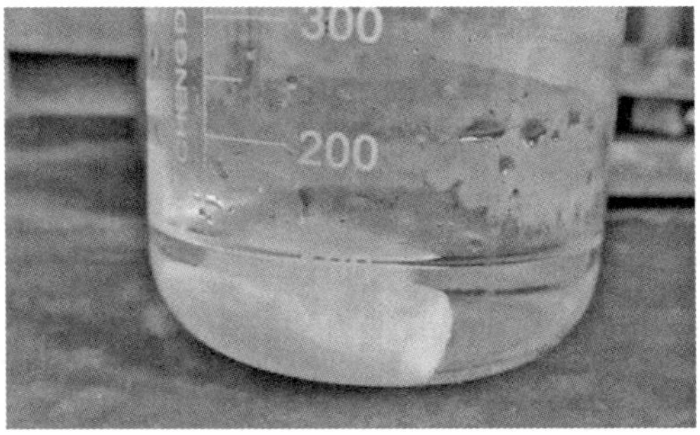

图 4　二效换热器管束内垢样与盐酸反应现象

通过以上定性实验，加上结晶器进水的高碱度水质特性，可以初步判断一效换热器管室内垢样主要为碳酸盐结垢，而二效换热器管室内垢样主要为其他组分结垢，需进一步分析。

3.1.2　二氧化硅结垢对换热性能的影响

将一效、效换热器管束内盐块置于氢氧化钠溶液中，均无明显反应。前面一效换热器管束内盐垢用沸水溶解和盐酸浸泡后均剩下少量颗粒物。对一效换热器管束内盐垢中二氧化硅含量进行定量分析。

取一效换热器管束内盐块总质量 18.361g，将盐块在煮沸状态下充分溶解，之后将 pH 值调至 12，将不溶性二氧化硅溶解。定容至 500mL，用 GB/T 12149—2017 分光光度法测定其中的二氧化硅含量。测定二氧化硅浓度为 40mg/L，则盐块中含二氧化硅质量 20mg，可求得盐块中二氧化硅质量分数为：

$$\frac{0.02}{18.361}\times 100\% = 0.11\%$$

说明一效管束内垢样二氧化硅结垢所占比例甚微。

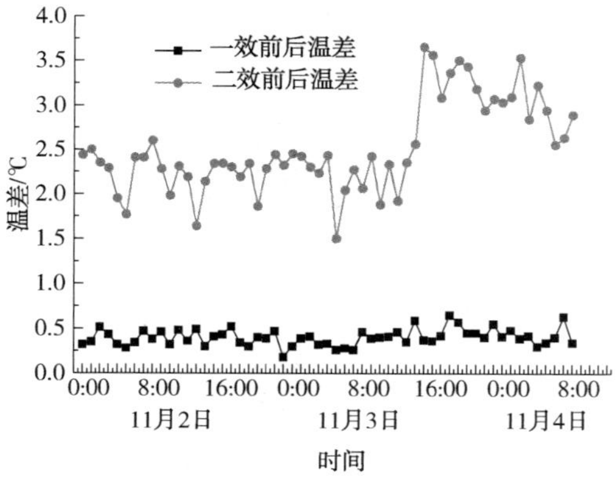

图 5 11 月 3 日投加片碱前后一效、二效换热器温差对比

11 月 3 日，此时距离 10 月 11 日换热器高压清洗已过去 20 余天，结晶系统处理负荷已降至 9.5m^3/h 左右。11 月 3 日 14：00 左右，在一效、二效循环液中投加片碱，将双效循环液 pH 值均控制在 12.1～12.2。通过观察投加片碱前后换热器前后温差的变化，来确定换热器管束内垢样是否为二氧化硅结垢，如图 5 所示。

从图 5 看出，11 月 3 日 14：00 投加片碱后，一效换热器温差基本没变，二效换热器温差由 2.22℃涨至 3.31℃，说明将 pH 值调至强碱性后，二效换热器的换热性能明显提高。分析原因有两种可能：一是不凝气减少所致。当双效循环液 pH 值均增至 12 时，碱度基本以 CO_3^{2-} 形式存在，CO_2 逸出大大减少；影响一效、二效换热器换热能力的主要是一效蒸发室产生的不凝气，如果不凝气减少，一效、二效换热器换热能力应该同步提升，换热器前后温差应该同步上涨，因此非不凝气影响所致。二是硅垢被去除所致。实验已经证明一效换热器管束内二氧化硅含量甚微，故将循环液 pH 值均增至 12 时，温差基本不变。二效换热器内垢样内可能含有部分硅垢，故将循环液 pH 值均增至 12 时，硅垢溶解，温差上升。具体成分需要进行全元素分析。

3.1.3 换热器垢样的全元素分析

为更加精准确定一效、二效换热器管束内垢样的组成成分及其含量，用 X 射线荧光光谱法对垢样作全元素分析。前面已经确定一效换热器管束中结垢成分主要是碳酸盐垢体，全元素分析主要针对其他可能污染物，如氟、硅及金属盐等，尤其是二效换热器内垢样，全元素分析结果见表 2。

表 2 一效、二效换热器管束内垢样成分及比例

序号	项 目	一效垢样	二效垢样
1	F/%	1.16	36.43
2	Na_2O/%	47.64	53.87
3	MgO/%	0.07	0.07
4	Al_2O_3/%	0.007	0.04
5	SiO_2/%	0.33	6.05
6	P_2O_5/%	0.03	0.49
7	SO_3/%	49.58	1.80

续表

序号	项　目	一效垢样	二效垢样
8	Cl/%	0.95	0.37
9	K_2O/%	0.05	0.21
10	CaO/%	0.16	0.62
11	Fe_2O_3/%	0.006	0.01
12	SrO/%	0.006	0.03

可以看出，一效换热器管束内除了碳酸盐垢，还有硫酸钠垢；二效换热器管束内主要是氟化钠垢，加以少量的硅垢。

当结晶器中同时含有高浓度硫酸钠和碳酸钠时，就可能形成碳酸钠-硫酸钠复盐(Na_2CO_3+Na_2SO_4)晶体[7]。结晶系统正常运行时，一效循环液中硫酸根浓度在45g/L左右，总碱度在60g/L左右(以$CaCO_3$计)。这样，碳酸根和硫酸根的质量比约为0.8，Na_2CO_3+Na_2SO_4复盐的浓度在120g/L左右，就会形成碳酸钠矾($2Na_2SO_4 \cdot Na_2CO_3$)晶体析出[7]。

二效换热器管束内主要结垢成分是氟化钠，这与一开始根据前端污染成分所设想的主要污染物不同。推断有以下原因：①水质发生较大变化。事故池浓水是结晶器母液进一步厌氧浓缩所得，具有高COD、高碱度、成分复杂特性，为典型的易结垢液体。根据行业设计规范，对于易结垢液体，换热器管程的设计流速需大于1m/s，而一效换热器管程中液体流速为0.74m/s，二效换热器管程中液体流速为0.73m/s，低流速会导致管壁易结垢。②一效、二效换热器材质不同，导致结垢成分不同。一效、二效换热器的基础材质均为钛材，钛和氧具有高度亲和性，其表面会自动生成一层以TiO_2为主要成分的起保护作用的氧化膜，这层氧化膜的存在可以阻隔外界环境对钛的侵蚀行为，避免腐蚀的发生，是确保钛高耐蚀性的关键因素[8,9]。但是一效换热器的材质是TA10，为钛钼镍合金；二效换热的材质是TA2，为纯钛。TA10具有更优良的抗腐蚀性能。研究表明，一些活性离子，如卤素阴离子，能够局部攻击钛表面破坏氧化层引发点蚀，尤其是氟离子，它会与钛上的钝化膜发生反应，形成可溶的氟化钛化合物，造成膜的溶解以及钛的暴露[10]。当氟离子浓度在9.5~38mg/L时，就开始对钛材形成腐蚀。而结晶系统的氟离子浓度在700~1000mg/L之间，具备对钛材腐蚀的条件。再者温度和pH对钛材的被点蚀影响也很显著。樊春升[11]等研究表明，在pH值为3.5~9.0区间内，当料液温度大于70℃时，氯离子或氟离子开始可能对TA2形成点蚀，在更高温度的高浓盐水介质中，用TA10更加合适，因为TA10到204℃才开始出现局部腐蚀。本结晶系统运行情况不佳时，二效料液温度时常大于70℃，同样具备TA2被点蚀的条件。

氟化钠的溶解度很低，且随温度的变化很小。100℃氟化钠的溶解度为5g/100g。加之循环液的pH值在8~10之间，弱碱性条件下低ZeTa电位更有利于晶种发生团聚及长大[12]。因此氟离子在二效换热器TA2表面形成点蚀坑位后，会不断有氟化钠晶体在其之上成长结晶，最终形成坚硬的氟化钠垢体。

3.2 不同进水水质对换热性能的影响

结晶系统进水分为两股：超高压浓盐水和事故池浓盐水，具体水质数据见表1，二者在COD、碱度、TDS等方面差异明显。

2022 年 12 月 9 日，结晶系统经过大流量置换后初投，进水为超高压浓盐水。12 月 12 日凌晨，进水切换为事故池浓水，对切换水质前后的总凝液量、一效换热器压力以及一效、二效换热器温差作图，见图 6、图 7。

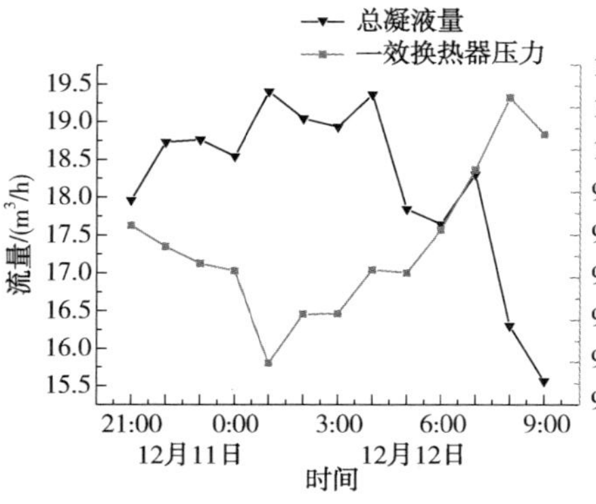

图 6 12 月 12 日切换水质前后一效换热器压力和总凝液量变化趋势

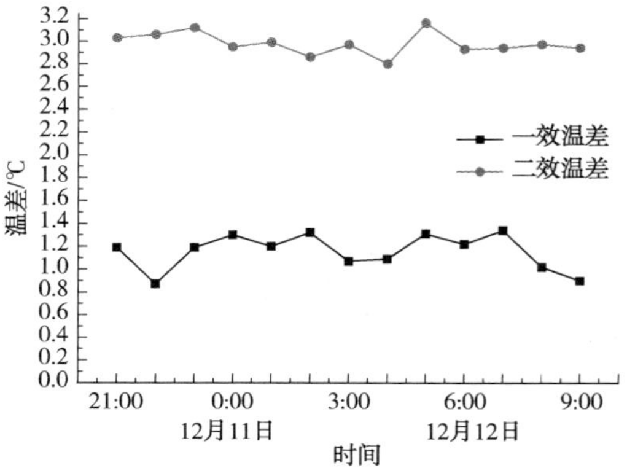

图 7 12 月 12 日切换水质前后一效、二效换热器温差对比

2022 年 12 月 17 日 15：00~16：00，结晶系统进水从超高压浓盐水切换为事故池浓盐水。20：00 进水又切回超高压浓盐水。对切换水质前后的总凝液量、一效换热器压力以及一效、二效换热器温差作图，见图 8、图 9。

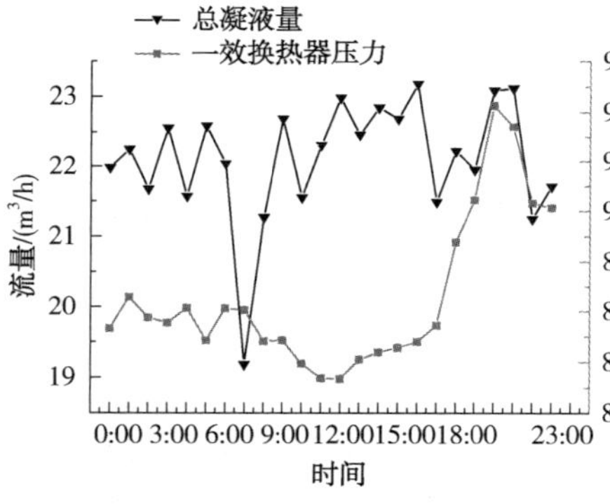

图 8 12 月 17 日切换水质前后一效换热器压力和总凝液量变化趋势

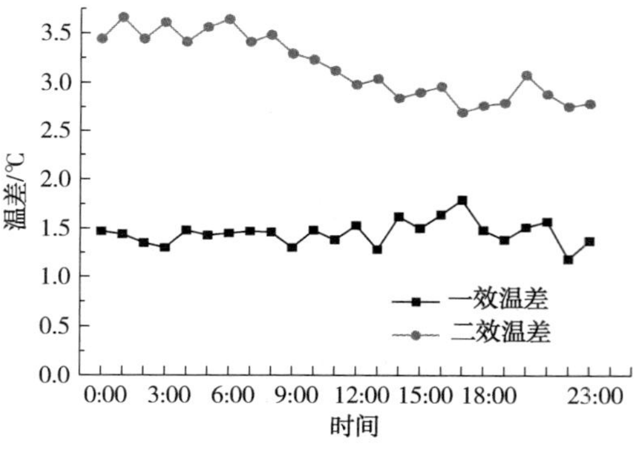

图 9 12 月 17 日切换水质前后一效、二效换热器温差对比

从图 6~图 9 可看出，当两次切换水质时，一效、二效换热器温差均略有下降。12 月 12 日切换水质时，总凝液量下降明显，而 12 月 17 日变化不明显，这可能与 12 月 17 日及时切回水质有关。其中变化最明显的是一效换热器压力，当切换为事故池水质时，一效换热器压力上涨幅度在 7~8kPa。进一效换热器的蒸汽保持恒定流量，这种切换水质后短时间内压力的剧烈波动最大可能就是不凝气的影响。而且在长周期的运行观察中，每次切换为事故池浓水时，总凝液量就会迅速降低，即换热器换热性能变差，进而影响总处理量。事故池浓水的高碱度特性进入结晶器后完全满足在短时间内产生大量不凝气的条件。在 2.2 中分析过超高压浓水的平均 pH 值为 7.4，事故池浓水的平均 pH 值为 8.7，当事故池浓水进入结晶器后，

混合液的 pH 值会慢慢由 7.4 向 8.7 变化，根据碳酸-碳酸氢根平衡图（见图 10），在这个 pH 区间内，碳酸和碳酸氢根共存，且加热条件更有利于碳酸的分解，便会产生大量 CO_2 不凝气。

另外，事故池的高 COD 特性在长期厌氧条件下也可能会生成部分有机酸。事故池高 TDS 浓盐水对微生物的毒害作用主要是通过升高的环境渗透压而破坏微生物的细胞膜和菌体内的酶，从而破坏微生物的生理活动[13]。但微生物具有可驯化、变异快的特点，长期高盐分高 COD 环境下，会有部分产酸菌逐步被驯化，且盐浓度升高对与水解和酸生成有关的厌氧微生物影响较小，由于产甲烷菌比产酸菌对环境更加敏感，高盐有机废水厌氧消化体系中会出现酸的累积[14]。国外有文献研究表明在 40g/L 的 NaCl 浓度下厌氧体系中仍出现了酸的积累[15]。

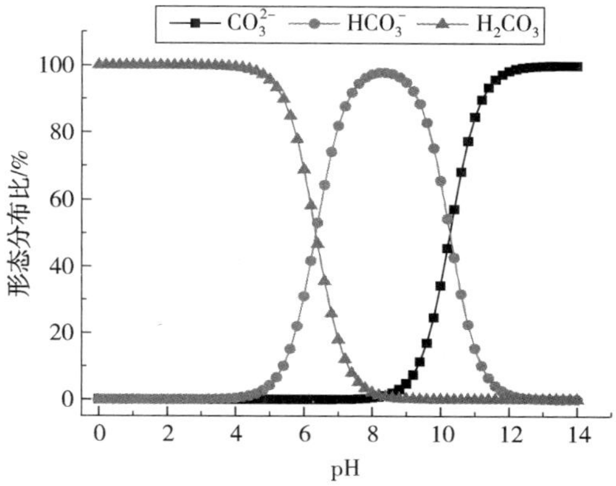

图 10　碳酸-碳酸氢根在不同 pH 下的平衡分布图

所以事故池浓水进入结晶系统后，有机酸和无机酸均会在合适的 pH 条件下生成 CO_2 不凝气。当水蒸气中含有 1%（质量分数）不凝气时，冷凝传热系数将降低 60%[16]，且不凝气对换热器性能的影响往往快速而直接。

3.3　不凝气对换热器换热性能的影响探究

3.3.1　生蒸汽量骤降对换热器性能参数的影响

2022 年 11 月 18 日凌晨，二效蒸发室液位计故障。检修液位计前为避免触发联锁从而影响整个结晶系统停运，于凌晨 2：00～3：00 手动停止进料、停蒸汽、停循环泵。于 4：30～5：00 之间再按照正常开车流程再开起来。当结晶系统再次正常运转后，总凝液量较停之前有了大幅提升，换热器温差、一效换热器压力也有不同程度变化，如图 11、图 12 所示。

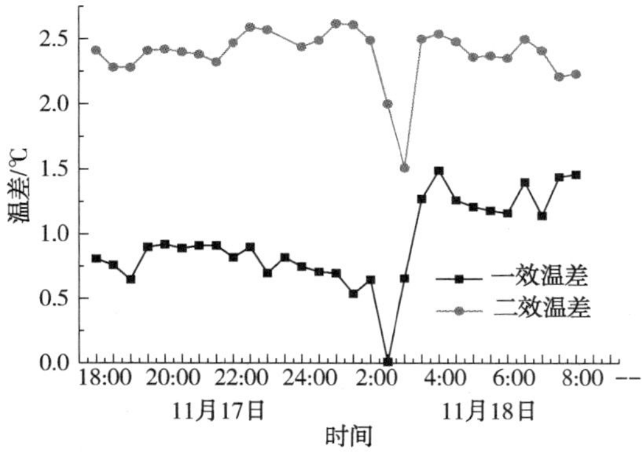

图 11　11 月 18 日调整蒸汽前后一效、二效换热器温差对比

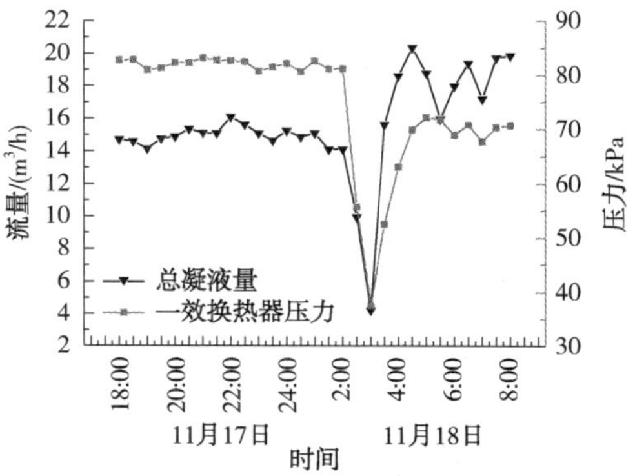

图 12　11 月 18 日调整蒸汽前后总凝液量及一效换热器压力变化趋势

从图 11、图 12 可知，11 月 18 日凌晨的生蒸汽调整前后，总凝液量由 14.90m^3/h 涨至 18.35m^3/h，上涨 3.45m^3/h；一效换热器压力由调整之前的 81.97kPa 降至 70.30kPa，下降

11.67kPa；一效换热器温差由0.78℃涨至1.30℃，上涨0.52℃，二效换热器温差由2.45℃变为2.40℃，基本保持不变。

3.3.2 不凝气堆积影响换热器性能的分析探讨

本次生蒸汽被动调整，一效换热器压力及一效换热器温差的大幅波动，说明一效换热器内有大量不凝气堆积。因为垢体的去除需要采取溶解、物理机械清除和化学清洗等方法，均需要大流量循环和0.5~2d不等的时间，只有不凝气的堆积及释放才会在如此短的时间内对换热器换热性能造成剧烈波动，且一效蒸发室的二次蒸汽通过TVR喷射器源源不断补充进入一效换热器壳程，具备CO_2不凝气堆积的条件。二次生蒸汽调整前后，二效换热器温差变化不大，说明二效的不凝气在平时释放充分。故想要优化结晶系统整体换热性能，对一效换热器中堆积的不凝气进行有计划释放是关键所在。

4 对换热器换热性能下降可能采取的措施

通过前面分析，换热器内不凝气堆积和换热器管束内结垢均会影响换热器性能，但影响程度不同。不凝气会在短时间内迅速影响换热性能，影响更为直接，而结垢需要多次运行周期后才会体现得更加明显。针对以上情况，可采取以下几种方法提高换热器性能：

(1) 低浓度盐水或清水置换。此法主要针对一效换热器管束内碳酸盐和硫酸盐垢体。结晶系统初投后前几个运行周期内处理量下降时此法比较适用，但随着一效换热器内不凝气堆积或换热器管束被垢盐堵死情况增多，置换效果迅速减弱。

(2) 化学酸洗或碱洗。酸洗主要针对一效换热器管束内碳酸盐垢体，碱洗主要针对二效换热器中硅垢。因二效换热器管束内硅垢含量成分依旧较低，故现场生产实际仍然以化学酸洗为主。同样，后期随着一效换热器内不凝气堆积或换热器管束被垢盐堵死情况增多，化学清洗后换热器性能提升也不再明显。

(3) 高压机械除垢。高压机械除垢是针对换热器内垢体最彻底的清理方式，包括可以将二效换热器内的酸碱均不溶的氟化钠垢体一并清理。但是此法耗时耗力，现场作业风险高，且会极大地影响装置整体处理负荷，是退而求其次最后使用的方法。

(4) 对一效换热器中不凝气进行有计划释放。总凝液量中，一效换热器冷凝液量在总凝液量占很大比例，结晶系统运行良好时可占总凝液量的80%左右，且不凝气主要堆积在一效换热器内，故对一效换热器内不凝气有计划释放可快速提升结晶系统整体处理能力。但是如果是通过频繁的启停结晶系统来达到释放一效换热器内不凝气的目的，长期操作会对设备形成不可逆损坏，实际操作中并不可行。通过在TVR喷射器后增加放空阀外排大气，从而在不凝气堆积到影响换热器性能时有计划开阀释放(放空阀加装位置如图13所示)，达到提升一效换热器性能的目的。

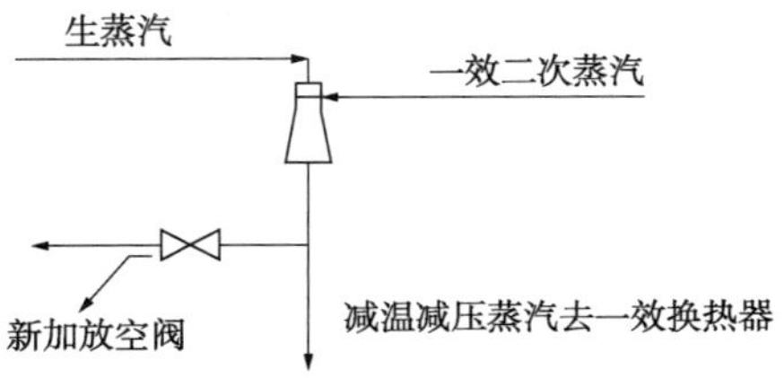

图13 TVR喷射器后加放空阀的位置示意图

11月28日中午12：00左右，将TVR后阀门打开50%，总凝液量、换热器温差、一效换热器压力的变化趋势如图14、图15所示。

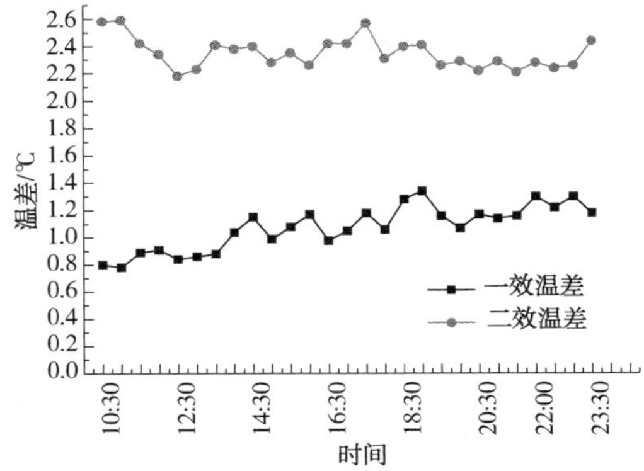

图 14　11 月 28 日 TVR 后阀门打开前后一效、二效换热器温差对比

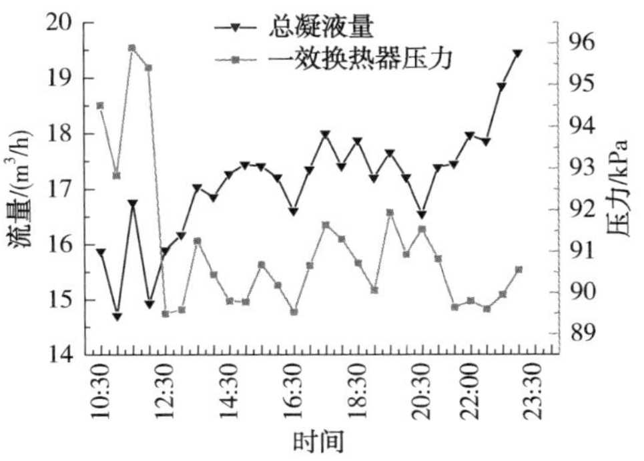

图 15　11 月 28 日 TVR 后阀门打开前后一效换热器压力及总凝液量变化趋势

可以看出，11 月 28 日中午将 TVR 后面放空打开至一半后，总凝液量由 15.57m^3/h 涨至 17.30m^3/h，上涨 1.73m^3/h；一效换热器压力由调整之前的 95.41kPa 降至 89.49kPa，下降 5.92kPa；一效换热器温差由 0.84℃涨至 1.11℃，涨幅 32%，二效换热器温差 2.48℃降为 2.32℃，降幅 6.5%，仍然是一效换热器温差的变化幅度更为明显。

在换热器换热性能下降时适时打开 TVR 放空，换热器换热性能能够得以有较大提升，装置的处理能力相应提升。且在后续生产实践中的连续成功应用证明了此法行之有效。这也进一步说明当运行物料发生改变时，配套设备及运行参数必须及时调整。结晶系统在设计之初，进水 pH 值在 10~11 之间，在这个 pH 区间内不会有 CO_2 不凝气产生。随着运行工况的改变加之来水的高碱度特质，前端反渗透系统为防止碳酸盐结垢，逐步降低运行 pH 值，尤其是超高压反渗透系统投运后，要求进水 pH 值在 7.2 左右，导致结晶系统进水 pH 值逐渐降低，开始有 CO_2 不凝气产生并累积，TVR 式结晶系统的弱点就逐渐显现出来。

5　结　　论

(1) 通过在结晶系统运行良好时对现场实际数据做采集计算分析，TVR 技术可节省生蒸汽约 60%。

(2) 针对换热器换热性能下降迅速，对换热器管束内结垢成分做实验研究及 X 荧光法全元素分析，发现一效换热器和二效换热器垢样的主要成分为碳酸钠-硫酸钠复盐和氟化钠，且垢体的形成与换热器钛材不同有关。

(3) 通过对结晶器进水水质切换及生蒸汽骤降事件前后数据的研究，再结合进水水质与设计初已有极大出入，发现因高碱度进水而在一效换热器内形成的 CO_2 不凝气堆积是导致换热器性能迅速下降的重要因素。

(4) 通过在 TVR 后增加放空阀来有计划释放一效换热器中 CO_2 不凝气，可有效提高结晶系统周期运行时长。但在 TVR 后对蒸汽放空，会形成对蒸汽的浪费，失去了节能初衷。故从节能角度考虑，需在前端把脱碳预处理做优，使结晶器进水碱度达到可接受范围，但对高碱度进水脱碳又会消耗大量的酸，药剂费用会增加。所以企业在生产运行方面需综合考虑，需在药剂消耗和蒸汽损失之间做进一步成本核算，以达到最佳平衡。

参 考 文 献

[1] 高凌，刘凤洋. 高密澄清池同步除硅除硬技术及斜坡区积泥问题的研究[J]. 给水排水，2023，59(01)：72-79.

[2] Bart Van der Bruggen. Desalination by distillation in the 21st century[J]. Desalination，2004，165：1-9.

[3] 白木，周杰. 世界海水淡化产业蓬勃发展[J]. 城市与减灾，2002，4：47-47.

[4] Yuan zhou，Richard S J Tol. Implications of desalination for water resources in China —an economic perspective. Desalination[J]，2004，164：225-240.

[5] 叶耀先，顾芳，海水淡化及其产业进展，科技导报[J]，1996，9：59-61.

[6] Kouta A，Al-Sulaiman F，Atif M，et al. Entropy，exergy，and cost analyses of solar driven cogeneration systems using supercritical CO_2 Brayton cycles and MEE-TVC desalination system[J]. Energy Conversion and Management，2016，115：253-264.

[7] 马倩倩. 一种消除黑液浓缩器中碳酸钠-硫酸钠快速结垢的实用方法[J]. 造纸化学品，2016，28(增)：36-40.

[8] 杨东，郭金明. 钛合金的腐蚀机理及耐蚀钛合金的发展现状[J]. 钛工业进展，2011，28(2)：4-7.

[9] JIANG Z，DAI X，NORBY T，et al. Investigation of pitting resistance of titanium based on a modified point defect model[J]. Corrosion Science，2011，53(2)：815-821.

[10] 腾洪辉，张萌. 钛及其合金的腐蚀机理及影响因素[J]. 吉林师范大学学报(自然科学版)，2024，45(3)：1-6.

[11] 樊春升. 钛及其合金在氯化钠溶液中的腐蚀[J]. 氯碱工业，2015，51(4)：38-39.

[12] 姜科. 诱导结晶法回收和去除氟化盐工艺废水中的氟[D]. 湖南：中南大学，2014.

[13] 李娟红. 氯化钠对高浓度有机废水深度厌氧处理过程中 COD 去除率影响的研究[D]. 江苏：苏州科技学院，2009.

[14] 管秋月. 高盐有机废水厌氧产甲烷过程强化性能研究[D]. 江苏：江南大学，2023.

[15] Sarkar O，Katari J K，Chatterjee S，et al. Salinity induced acidogenic fermentation of food waste regulates biohydrogen production and volatile fatty acids profile[J]. Fuel，2020，276：117794.

[16] 丁忠伟，刘丽英，刘伟. 化工原理：上册[M]. 北京：高等教育出版社，2014.

污水双膜改造探讨

钱连新

（中国石化沧州炼化公司，沧州 061000）

【摘要】 通过对原有污水双膜流程的分析，对污水双膜工艺流程进行针对性改造，经过实践检验，改造达到目标，为类似装置改造提供了参考。

【关键词】 达标污水　污水双膜　超滤　改造

某炼化公司自2003年开始达标污水回用，污水处理场达标污水经过深度处理后，回用于循环水、消防水、化学水等系统作为补水，代替部分新水。回用初期，公司取新水量逐年下降，节水效果明显。但随着含油污水含盐量升高，达标污水回用带来的问题逐渐显现，包括换热器结垢、腐蚀、水线泄漏增加。综合分析，高电导率的污水已经不能直接回用，只有经过污水双膜装置除盐处理后回用，才能达到满意的回用效果。

1　排放标准及污水发生变化

2017年前，该公司回用污水水质见表1。2017年7月1日后，新国标推出，污水处理装置排水执行GB 31570—2015标准，公司对污水处理系统进行提标改造，增加了深度处理装置，提标改造后回用污水水质见表1。原来达标污水回用的模式，因排水不能满足新标准要求，公司增上含盐污水处理装置，将含盐较高的排污水经MBR等工艺处理后达标排放。

表1　提标改造前后回用污水水质

项　目	改造前回用污水水质	改造后回用污水水质
pH	7.0~9.0	7.0~9.0
COD/(mg/L)	≤100.0	≤50.0
BOD/(mg/L)	≤20.0	≤10.0
硫化物/(mg/L)	≤0.1	≤0.1
含油量/(mg/L)	≤10.0	≤1.0
氨氮/(mg/L)	≤30.0	≤5.0
悬浮物/(mg/L)	≤50.0	≤10.0
电导率/(μS/cm)	2000~2500	2500~3500

随着污水含盐量升高，回用污水不能直接回用循环水、消防水系统，只有利用污水双膜装置进行除盐才能进一步回用。由于原有双膜系统已经建成14年，设计上存在一些缺陷，且是间断运行，所以如连续稳定回用污水，需将原有污水双膜系统进行完善、改造。

2 工程改造

2.1 现状及问题分析

2.1.1 本次改造前污水双膜处理流程

达标污水进入污水原水箱，由污水泵提压经过滤器进入污水超滤装置，经超滤处理后产水进入污水产水箱，经污水供水泵送入保安过滤器，在保安过滤器入口加入膜阻垢剂，再经污水反渗透高压泵送到污水反渗透装置，污水反渗透产水进入淡水箱。改造前污水双膜处理流程：

达标污水→污水原水箱→污水泵→全自动过滤器→超滤装置→超滤产水箱→供水泵→保安过滤器→高压泵→污水反渗透→淡水箱

2.1.2 存在问题

（1）进水超标

由表 1 可以看出，改造前污水处理厂来水 COD 控制≤100mg/L，超过污水双膜进水 COD≤40mg/L 的要求。运行时经常勾兑部分新水，而且超滤膜、反渗透膜频繁清洗，不能连续运行。污水系统经过 2017 年提标改造后 COD 控制≤50mg/L，大部分时段≤40mg/L，但亦有超标现象。因此，污水双膜装置进水需增加一定预处理手段，进一步去除污染物，才能满足双膜连续运行条件。

（2）产水对后续工艺的影响

由于污水来水的不稳定性，回用污水含盐量亦经常发生变化。2021 年 6 月检修时发现汽轮机叶片有结盐现象，经调查发现，原污水双膜产水与新水反渗透产水一起进入淡水箱，经一级除盐后作为锅炉上水。当双膜产水增加，阴阳床产水钠离子、SiO_2 随之升高。说明回用污水经双膜处理后，进淡水箱，虽然经过一级脱盐处理，但双膜处理后的污水对后续工艺产水乃至锅炉发汽品质产生一定影响。停工检修前一年的炉给水水质见表 2。

表 2 污水回用后炉给水水质表

时间	Na^+/(mg/L)	SiO_2/(mg/L)	电导率/(μS/cm)
2020. 6	34	6. 1	6. 2
2020. 7	13	5. 5	7
2020. 8	45	7. 2	8. 5
2020. 9	20	8. 0	8
2020. 10	35	8. 5	8. 8
2020. 11	110	8. 1	8. 2
2020. 12	66	10. 1	8. 6
2021. 1	107	4. 7	7. 4
2021. 2	63. 5	7. 3	7
2021. 3	59	6. 2	11. 8
2021. 4	69	27. 7	8. 4
2021. 5	80	25. 7	13
2021. 6	停工检修		

2.2 改造后流程

达标污水首先进入多介质过滤器过滤降低 SDI 值后，进入污水原水箱，由污水泵提压经全自动过滤器进入污水超滤装置，经超滤处理后产水进入污水产水箱，经污水供水泵送入保安过滤器，再经污水反渗透高压泵送到污水反渗透装置，污水反渗透产水进入软水箱或新水原水箱。

本次改造主要是在全自动过滤器前增加多介质过滤器，对污水超滤装置进行改造，双膜产水增加去软化水箱、新水原水箱流程。改造后污水双膜处理流程：

达标污水→多介质过滤器→污水原水箱→污水泵→全自动过滤器→超滤装置(改造)→超滤产水箱→供水泵→保安过滤器→高压泵→污水反渗透→软水箱

└→新水原水箱

2.3 改造的主要设备

2.3.1 多介质过滤器(新增)

多介质过滤器设备为全自动运行，正常情况不需要人工操作；反洗根据压差或过滤周期(时间差)自动进行，反洗过程 2 台过滤器轮流交替运行，工作和反洗状态之间自动切换；控制柜置于现场，能够根据过滤器进水口压差或过滤周期信号自动开启反洗水泵，反洗水泵的停泵由反洗时间和过滤器产水储罐液位双重控制，即两个指标任何一个先到设定值均停反洗水泵。

(1) 型号：DJZ-3200 多介质过滤器

(2) 型式：垂直圆筒

(3) 设备直径：ϕ3200mm

(4) 设备总高度：4800mm

(5) 设备出力：100t/h

(6) 设计流速：12.5m/h

(7) 过滤前水中悬浮物：≤50mg/L

(8) 过滤后水中悬浮物：≤5mg/L

(9) 水耗损失率：≤1%

(10) 数量：2 台

增上多介质过滤器后，对上游来水悬浮物起到有效拦截作用，全自动过滤器运行周期由半个月延长到 1~2 个月，大大降低更换、清洗全自动过滤器滤芯的劳动强度和成本。

2.3.2 污水超滤装置(改造)

PVDF 中空纤维超滤膜具有高抗污染性、化学稳定性好以及良好的耐酸碱、耐有机溶剂、耐油脂、耐光老化等性能。同时，PVDF 超滤膜具有较强的耐氧化性能，经过特殊材料改性后又具有良好的亲水性。

中空超滤膜组件原为内压式，改造后改为外压式，过滤时原水从组件底部接口进入中空膜丝内腔，产水径向透过膜壁，汇集到中心管后从组件顶部的产水出口流出。膜组件可以按全量过滤方式操作，也可以按错流过滤方式操作。全量过滤时中所有原水透过膜全部转化成产水，而在错流过滤时要从上部侧接口排出浓水。过滤过程中原水里的污染物会在膜表面积累造成通量衰减，膜组件采用周期性频繁反冲洗的方式恢复通量。膜自身具备的良好机械强度化学稳定性，能够满足过滤，正、反冲洗，加药反洗和化学清洗的需求。

（1）名称：污水超滤膜
（2）数量：污水超滤组件 2 套、膜元件各 60 支
（3）单套超滤装置产水量：不低于 $75m^3/h$
（4）单套回收率：不低于 90%
（5）进水压力：不大于 0.25MPa
（6）超滤装置的进水部分指标见表 3

表 3 超滤膜进水条件

序号	项 目	指标
1	pH 值	6~9
2	COD/(mg/L)	≤50
3	水温/℃	20~40
4	水压/MPa	≤0.25
5	浊度/NTU	≤10
6	油/(mg/L)	≤2

（7）超滤处理后产水水质见表 4

表 4 产水水质表

序号	项 目	指标
1	浊度/NTU	≤1
2	SDI_{15}值	≤2

超滤改造后，控制回收率 90%以上，超滤膜运行周期延长，化学清洗由每月一次，延长到 2~3 个月。为提高污水利用率，将反洗时间从 40 分钟延长至 50 分钟，每月节水 2300 吨。

2.3.3 污水反渗透装置(更换膜元件)

反渗透装置是本系统中最主要的脱盐设备，能去除水中大部分离子，减轻后续除盐系统的脱盐负担。经过预处理的原水进入反渗透膜组，在压力作用下，大部分水分子和微量其他离子透过反渗透膜，经收集后成为产品水，通过产水管道进入后续设备；水中的大部分盐分和胶体、有机物等不能透过反渗透膜，残留在少量浓水中，由浓水管排出。

在反渗透装置停运时，用产品水自动冲洗、排挤存于反渗透膜和不锈钢管道中的高 TDS 残水，使停运的反渗透膜完全浸泡在淡水中，可以防止反渗透膜自然渗透造成的膜损伤，去污除垢，使装置和反渗透膜得到有效保养。

（1）温度：15~25℃
（2）进水量：$70m^3/h$/套
（3）产水量：$50m^3/h$/套
（4）运行压力：1.0~1.5MPa
（5）水利用率：≥60%
（6）组件清洗周期：2~4 个月/次

本次改造对污水反渗透膜进行更换，更换为抗污堵性能更好的 BW-8040-400，脱盐率 98%~99%，回收率 65%~72%，污水总体利用率得到提高，最高达到 66%，节水效果明显。

3 处理效果及经济分析

污水双膜改造完成后，经过调试，实现了连续稳定运行，由原来单套间断运行，调整为两套超滤和两套反渗透可以同时运行，使双膜装置污水处理量大幅提高。由原处理量不足 1 万 t/月，达到 6 万 t/月，产水 3 万 t/月，水质达到湿式空冷装置用水要求。本次改造前后污水双膜处理量见表 5。

表 5 污水双膜处理量

时间	污水双膜处理量/(万 m^3)	产水/(万 m^3)	备注
2020 年	5.7	2.85	
2021 年	9.2	4.6	大修年进行改造
2022 年	43.1	23.7	
2023 年	36.9	20.3	
2024 年	39.4	23.6	
2024 年 7 月	5.92	3.55	处理量较大月份

注：污水双膜处理水量根据污水水质、污水罐液位确定，主要是在污水电导率高，循环水、消防水停用时，安排双膜提高用量。

以 2024 年 7 月份为例，污水“双膜”处理水量 5.92 万 m^3，产水 3.55 万 m^3，节约新水 4.26 万 m^3。新水费用减少 40.04 万元，电费及药剂费用等增加 8.32 万元，总费用降低 31.72 万元，节水效果、经济效益显著。

4 结　论

（1）针对公司污水双膜装置原有工艺缺点，选择合适的处理工艺进行升级改造，充分利用了原有设备，节省投资。

（2）污水双膜装置改造达到预期，实现了连续稳定运行，两套超滤和两套反渗透可以同时运行，使双膜装置污水处理量大幅提高。污水双膜的投用，为公司含盐污水装置运行提供连续稳定水源。

（3）污水双膜处理水量根据污水水质、污水罐液位确定，当污水电导率高时，循环水、消防水停用，安排双膜装置提高用量，污水双膜装置起到削峰填谷的作用，每月的处理水量一般不是满负荷的最大处理量。

（4）随着技术进步，污水双膜装置仍有进一步节能降耗的空间，例如考虑提高回收率、增加三级反渗透、回收超滤反洗水等节水措施。

CHP 法制环氧丙烷装置污水处理降本的实践应用

程　泽　翟立国　李少山　杨　军

（中石化（天津）石油化工有限公司化工部，天津 300270）

【摘要】 本文介绍了 CHP 法制环氧丙烷装置各股污水特点，结合对各股污水水质分析，通过装置间流程改造、废液资源化利用等措施实现污水分类处置，在实际运行过程中形成了上下游一体化的协同优化降本处理策略，装置污水实际处理成本降低 60%以上。

【关键词】 CHP　环氧丙烷　污水

1　装置概况

1.1　工艺简介

天津石化 15 万 t/aCHPPO 装置于 2020 年 7 月 16 日开工建设，2023 年 1 月建成投产，是中国石化自有技术的首套工业化应用装置。该装置采用过氧化氢异丙苯（CHP）法制环氧丙烷工艺技术，该技术由上海石油化工研究院、中石化上海工程有限公司、中石化（天津）石油化工有限公司、中石化安全工程研究院有限公司共同合作开发，以丙烯为原料，采用过氧化氢异丙苯（CHP）为氧化剂使丙烯经环氧化生成环氧丙烷（PO）。

目前，国内环氧丙烷的主要生产技术包括氯醇法、共氧化法（PO/SM 法、PO/MTBE 法、CHP 法）和直接氧化法（HPPO 法），CHP 法作为共氧化法的改进技术，与传统共氧化法的区别在于使用异丙苯替代了乙苯，异丙苯循环使用，不产生联产品。CHPPO 工艺为新开发工艺，目前污水处理缺少相关可借鉴的案例。

1.2　污水情况

CHP 法环氧丙烷装置污水主要分三种类型：含盐污水、含油污水与含醛污水。含盐污水主要来源于系统物料的碱洗，其中碱性主要成分为氢氧化钠。含油污水主要来源于系统物料水洗、反应生成水等。含醛污水主要来源于系统脱醛注水。CHPPO 装置产生的污水特点主要有盐含量高、有机物含量高、水质波动大等。

盐含量高：含盐污水电导率>70000μS/cm，含油污水电导率>9000μS/cm。

有机物含量高、水质波动大：含油污水各股来源水 COD 0.05 万~30 万 mg/L，含盐污水 COD 4 万~6 万 mg/L（苯酚回收后，苯酚回收前最高超过 10 万 mg/L）。

恶劣的水质对下游水厂达标运行有较大影响，装置环保支出也较高。

2 污水水质分析

CHPPO 装置污水水质分析见表 1。

表 1 CHPPO 装置污水一览表

属性	收集	流量/(t/h)	pH	COD/(万 mg/L)
含盐污水	D523	2. 8	6~9	4~6
含油污水	T502	13. 6	6~9	3~6
含醛污水	D311	2. 3	3~4	10~30

污水有机物组成分析如图 1、图 2 所示。

含盐水

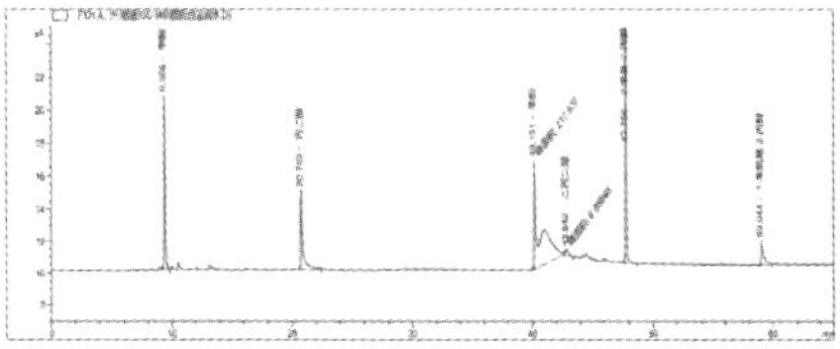

含盐水中有机物	甲醇	2-苯基-2-丙醇	丙二醇	1-苯氧基-2丙醇	苯酚	二丙二醇
含量/%	16.9	21.0	11.3	4.4	45.0	1.2

含油水

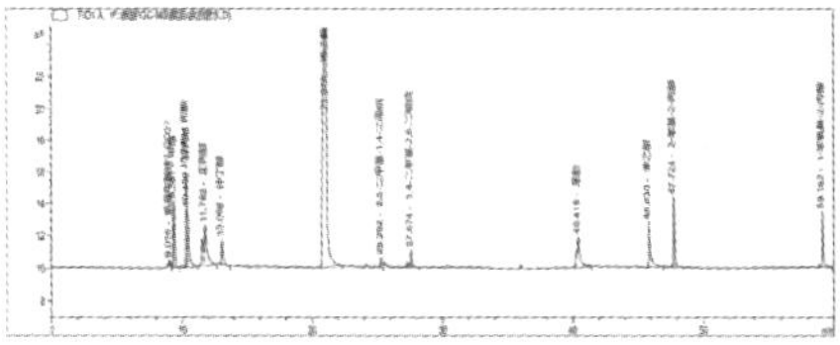

含油水中有机物	氨基甲酸铵	甲醇	正丙醇	1-苯氧基-2丙醇	苯酚	苯乙酮	异丙醇
含量/%	0.3	5.1	5.2	4.4	5.3	1.2	6.1
含油水中有机物	1,4-二甲基-2,6-二噁烷	丙酮	仲丁醇	2,5-二甲基-1,4-二噁烷	丙二醇	2-苯基-2-丙醇	
含量/%	1.7	4.7	2.0	0.6	55.9	4.6	

图 1 CHPPO 装置含油、含盐污水水质分析

中石化（天津）石油化工有限公司

质量检验报告

样品名称：含醛废水泵P316A/B出口　　采样地点：SN-31801 含醛废水泵P316A/B出口　　采样时间：2024-11-24 07:00
样品编号：2052032　　签发日期：2024-11-24　　采样人：---
批号：---　　样品来源：环氧丙烷装置　　牌号：---
样品等级：合格

TJSH-09

检测项目	质量指标	实测结果	试验方法
组成:			Q/TJSH F03F 217-2022
异丙苯,%(质量分数)	----	0.0512	
环氧丙烷,%(质量分数)	----	0.5365	
苯乙酮,%(质量分数)	----	0.0067	
苯酚,%(质量分数)	----	0.1025	
丙酮,%(质量分数)	----	0.3546	
甲醇,%(质量分数)	----	0.0497	
1,2-丙二醇,%(质量分数)	----	11.7038	
二丙二醇,%(质量分数)	----	0.7951	
乙醛,%(质量分数)	----	0.1961	
丙醛,%(质量分数)	----	0.2637	
审核员：陈长柏	盖章		

图 2 CHPPO 装置含醛污水水质分析

由表 1、图 1 与图 2 中数据可知，含盐污水中有机物主要为苯酚，因此苯酚去除的效率决定外排含盐污水的 COD。含油污水、含醛污水中主要有机物均为丙二醇，丙二醇来源于

环氧丙烷水解。

3 污水优化处理措施及效果

3.1 含盐污水

含盐污水中存在高浓度(1%~3%)的氢氧化钠，需要使用硫酸中和，污水中有机物主要为苯酚，装置上原设计有苯酚回收流程，可通过降低污水 pH 值，将污水中酚盐转换成苯酚，实现油水分层脱酚，但实际运行中 COD 较高，无法达到稳定达标控制。实践中提高苯酚脱除效果是含盐污水降本的重点。

(1) 注入富乙苯液，提高苯酚萃取效果

富乙苯液为 CHPPO 装置自产废液，其主要组成为异丙苯、乙苯，产生量约 0.3t/h。富乙苯设计流程直送装置焚烧炉焚烧。经实验验证富乙苯具有萃取污水中苯酚能力，通过流程改造，将富乙苯液注入含盐污水中，可实现装置废液资源化利用，提高苯酚萃取效果，见图 3。

图 3 富乙苯液萃取含盐水中苯酚(15min)

(2) 稳定污水 pH 值控制，提高污水脱酚效果

一是通过流程改造将一次注酸改为二次注酸，实现注酸量的精细化控制；二是提高装置自控水平，保证污水 pH 值控制稳定。控制注酸后含盐污水 pH 值在 3~4 区间(图 4)，最大限度实现酚盐向苯酚的转变，提高污水脱酚效果。

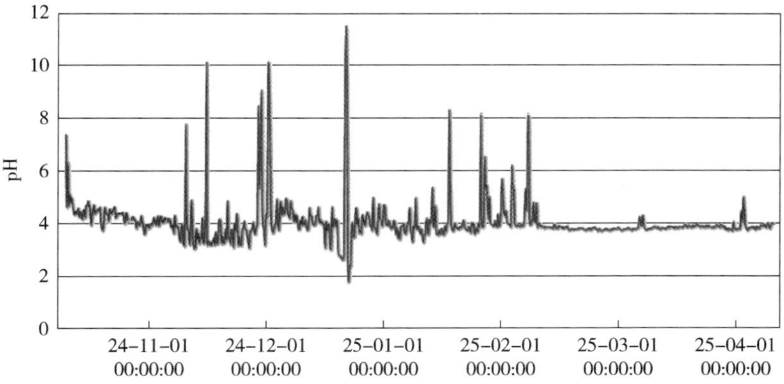

图 4 注酸后污水 pH 值控制趋势

（3）含盐污水送至炼油装置

将含盐污水送至炼油装置与原油混合，进一步萃取脱除有机物后送下游水厂含盐污水处理设施处理，降低污水 COD。

3.2 含醛污水

含醛污水主要来源于各精馏塔注水，用于脱除系统副反应产生的甲醛，含醛污水甲醛含量约 1%，且 COD 高。因醛类物质具有较强的毒性与生物抑制性，直送下游水处理装置会杀死微生物，冲击生化处理床，破坏生物处理系统。

考虑系统注水脱醛水质相对稳定且不含金属离子、无硫化物。因此通过装置流程改造，将含醛污水直送炼油装置回收，既解决了装置污水处置难题，又降低了炼油装置化学水使用量。

3.3 含油污水

（1）加氢反应水切入含醛污水处理

装置加氢反应水 COD 高、同样不含金属离子、无硫化物、水量大，满足炼油装置所需水质要求，将这部分污水并入含醛污水系统送至炼油装置资源化利用，降低污水处理成本。

（2）中间产品水洗水切入焚烧炉焚烧

中间产品水洗水约 0.3t/h，COD 约 20 万～30 万 mg/L，经化验分析盐含量较低（300～400mg/L）（图 5），具备切入焚烧炉条件。通过装置改造，将该股污水切入焚烧炉处置，降低装置 COD 处理成本。

中石化（天津）石油化工有限公司

质量检验报告

样品名称：污水总分析　　采样地点：[illegible]水洗水相出口　　采样时间：2024-12-23 14:49

样品编号：2074233　　签发日期：2024-12-23　　采样人：---

批号：---　　样品来源：环氧丙烷装置　　牌号：---

样品等级：合格

TJSH-09

检测项目	质量指标	实测结果	试验方法
COD(Cr),mg/L	----	266880	HJ/T 399-2007
pH值	----	7.0	HJ 1147-2020
石油类,mg/L	----	537	HJ 637-2018
全盐量,mg/L	----	311.00	HJ/T 51-1999
审核员：水务-王丽	盖章		

图 5　中间产品水洗水水质分析

3.4 CHPPO 污水优化处理效果

3.4.1 含盐污水

含盐污水产生量维持 2～3t/h 不变，污水 COD 由约 5 万 mg/L 降至约 2 万 mg/L，降幅约 60%。含盐污水 COD 与产生量变化趋势见图 6。

3.4.2 含醛污水

含醛污水接收加氢反应水后，污水产生量增加约 6.2t/h，满负荷下装置含醛污水外送量约 8.5t/h，送炼油装置无处理成本。含醛污水产生量变化趋势见图 7。

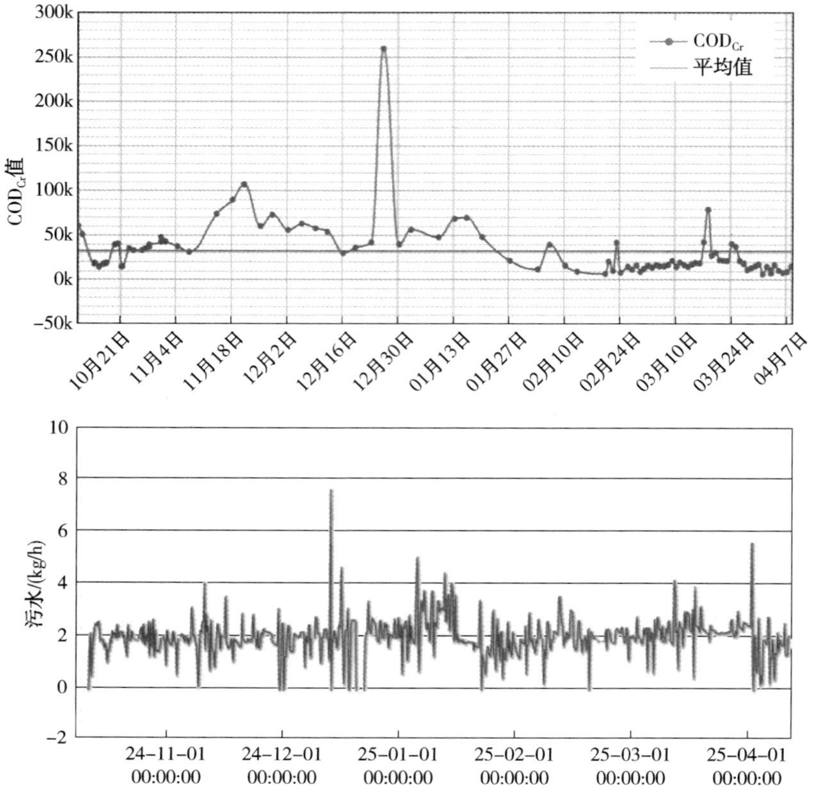

图 6　含盐污水 COD 与产生量变化趋势

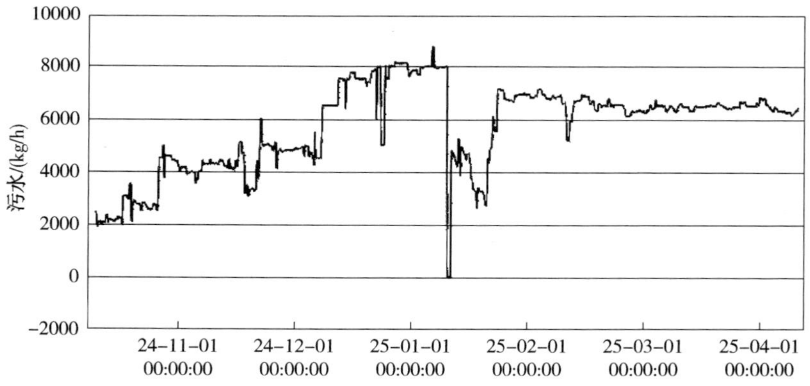

图 7　含醛污水产生量变化趋势

3.4.3　含油污水

因加氢反应水切入含醛污水，中间产品水洗水切入焚烧炉处置，含油污水产生量由 13.6t/h 降至约 7.1t/h，污水 COD 由约 5.0 万 mg/L 降至约 3.5 万 mg/L，污水处理成本降幅约 63%。含油污水 COD 与产生量变化趋势见图 8。

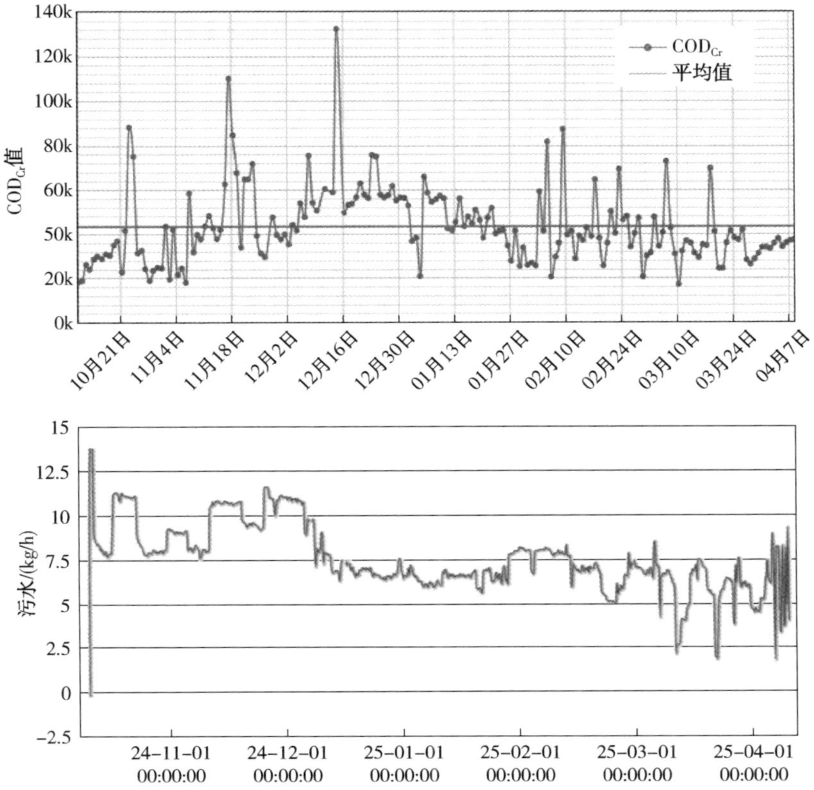

图 8　含油污水 COD 与产生量变化趋势

4 结　论

（1）含盐污水通过稳定 pH 控制、增加萃取流程、送至炼油装置与原油混合再次萃取等措施，污水外排 COD 由约 5 万 mg/L 降至约 2 万 mg/L，有效降低了下游水处理装置的处理压力。

（2）含醛污水通过直送炼油装置回收，既解决了装置污水处置难题，又降低了炼油装置化学水使用量，经过近 8 个月的稳定运行，装置各项参数运行良好，因该流程不涉及送水处理装置处置，因此无处置成本。

（3）含油污水通过对各股来水水质分析、分类处置，将加氢反应水切入含醛污水处理、将中间产品水洗水切入焚烧炉焚烧，有效降低了含油污水外送量与 COD 浓度，污水处理成本降幅约 63%。

MTO 废水无机膜净化技术工业应用研究

王富聚

（中国石化中原石油化工有限责任公司，濮阳 457000）

【摘要】 本文阐述了无机膜净化技术在中原石化 S-MTO 急冷塔外排水处理中的工程应用案例。应用结果表明，无机膜在 110～130℃、0.8～1.3MPa 工况下，对固含量≤1800mg/L 的废水处理后，净化液固含量稳定≤50mg/L，清洗周期≥30d。通过 PLC 智能控制系统实现跨膜压差动态监测与清洗，有效解决了膜污染问题。

【关键词】 无机膜　MTO 水处理　膜污染控制　工业应用　智慧水务

1　研究背景

中原石化 S-MTO 装置就工艺过程而言主要包括反应再生单元、急冷水洗单元以及烯烃分离单元等。就单元过程技术成熟度而言，反应再生单元和烯烃分离单元技术相对成熟，反应再生单元借鉴流化催化裂化反应再生工艺，烯烃分离单元采用成熟的精馏分离工艺。急冷水洗单元是反应再生单元和烯烃分离单元连接的桥梁，由于 MTO 装置急冷水洗单元没有成熟的工艺可以借鉴，目前已建成的 MTO 装置急冷水洗单元运行过程均存在一定的问题，比如，MTO 产品气夹带的少量催化剂细粉和重烃类物质，在水洗系统中冷凝、累积过程中会乳化形成油泥和乳液，使水系统中的塔盘、换热器、空冷器等设备堵塞速度加快，既影响装置长周期运行，又制约换热系统的高效运行，影响系统能效的提升。

MTO 装置急冷塔用于工艺气冷却、洗涤工艺气中的催化剂细粉和有机酸。MTO 反应系统的反应气经过三级旋风分离器分离后进入急冷水洗系统中，富含乙烯、丙烯的工艺气进入急冷塔底，自下而上与急冷塔回流水逆流接触，洗涤工艺气中携带的催化剂细粉同时降低工艺气温度。由于反应再生单元采用流态化工艺，催化剂在循环过程存在一定的磨损，受反应系统压力、汽提蒸汽量、外补蒸汽量、进料量等因素的影响，且旋风分离器分离效果有限，大部分催化剂细粉随反应气进入到急冷塔回流水中，急冷塔底的水浆除了大部分回流外，还有一部分通过流量控制阀送至水浆过滤系统，经过滤后排出装置。因外排水中固含量大，水浆过滤系统易堵塞，需要定期反冲洗，冲洗水用量大，且过滤效果有待提高。

无机膜作为第三代膜材料，其孔径分布窄（1～200nm）、耐 pH 范围宽（1～14）、机械强度高等优势，使其不仅能够高效去除废水中的悬浮物、有机物和微生物，还能在高温、高压和强酸碱等恶劣环境下保持稳定运行[1]。此外，无机膜材料的高机械强度使其具有较长的使用寿命，降低了运行成本。本文基于中原石化 MTO 项目应用案例，结合装置设计参数，系统分析无机膜（简称“Sara 无机膜”）在净化 MTO 废水技术的研发进展与实际效能。

2 技术原理与创新设计

2.1 Sara 无机膜分离机理

无机膜净化技术是基于多孔无机介质的筛分效应原理而进行的物质分离技术，采用动态“错流净化处理”方式进行净化处理(图 1)，即在压力驱动下，原料液在膜管内侧膜层表面以一定的流速高速流动，小分子物质(液体/气体)沿与之垂直方向透过微孔膜，大分子物质(或固体颗粒)被膜截留，使流体达到分离浓缩和纯化的目的。由于流体在膜管内流动状态是湍流状态，因此在膜表面拦截的浮油和固体悬浮物不会由于压力作用堵塞膜孔，而是随湍流介质由表面带走，经过循环送至循环泵入口，随浓缩液排出系统。膜净化技术工艺流程简单，截留分离浮油、固体杂质和悬浮物效果优异，净化水能达到后续工艺进料要求。结合周期性化学清洗(NaOH 与表面活性剂复配)，有效延缓污堵[2]。

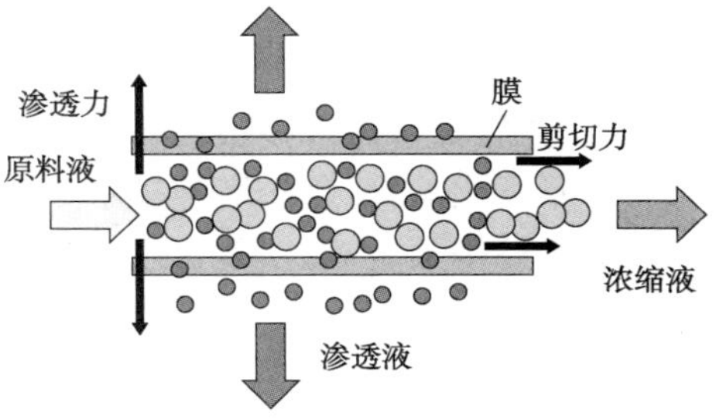

图 1 无机膜错流过滤原理示意图

2.2 技术创新与工艺优化

2.2.1 结构设计

Sara 无机膜结构由内壁到外壁分别为功能层、过渡层及支撑层，其中：功能层为膜管内壁薄薄一层，厚度一般为几十微米，决定了处理通量及过滤精度，技术所用无机膜功能层有效过滤精度为 50nm；过渡层在功能层与支撑层之间，主要起连接作用，厚度约几十微米，孔径较功能层大(几百纳米)；支撑层为无机膜的主体部分，机械强度大，对膜管整体起支撑作用，且其孔径最大(几微米)。膜管采用阶梯孔结构，过滤孔道由膜管内壁至外壁呈逐渐增大趋势，50nm 有效过滤层在膜管内壁，可以有效截留物料中杂质大颗粒物，防止其进入到渗透孔内污染膜管，同时净化液由内而外渗透过程中，由于过滤孔越来越大也不会造成过滤孔堵塞，可有效防止膜管污染(图 2)。关于膜组件的密封，通过 200 多种密封材料与 10 多种密封结构的搭配验证与配方改进设计，选用耐受高温、高压、强酸、强碱的材料，经过动环与静环密封相结合的模式，针对水相各种物料体系，开发出对应的独特密封技术[3]。

图 2 膜孔道结构图

1—功能层(微孔)；2—过渡层(中孔)；3—支撑层(大孔)

2.2.2 智能控制

整个系统采用自动控制与手动控制并存模式，自动控制主要针对净化系统，实现日常运行的自动化控制；手动控制主要针对膜污染后除盐水置换、氮气置换、蒸汽吹扫、膜再生等过程。自动控制系统采用一套独立 PLC 控制系统，PLC 机置于现场防爆电箱中，其能够完成原料进料、净化液出料、浓缩液出料 3 处气动阀门的控制，同时能够采集系统各阀位、温度、压力、流量等参数信息，PLC 机通过网络与控制室 PC 段连接。PC 端可对 PLC 机进行编程、参数设定及改动等操作，同时可进行自动控制及手动控制的切换操作，直接显示系统各监测点仪表、阀门、泵运行状态等信息，并可直接控制净化系统 3 处气动阀。PC 端与中控 DCS 系统进行网络连接，实现整体系统的自动化控制及监测。

3 工程应用与效能分析

3.1 工艺概况与运行参数

中原石化 MTO 急冷塔外排水 20t/h，无机膜净化装置于 2025 年 2 月 18 日投产运行。急冷塔塔底外排水自 MTO 装置进入膜系统，经过预处理过滤器后送至循环泵入口，与循环急冷塔塔底外排水充分混合送入无机膜过滤单元的膜组件进行过滤净化。混合后的急冷塔塔底外甩水进入无机膜组件的管程，经过无机膜的错流过滤，从壳层排出净化液进入过滤废水缓冲罐。浓缩急冷塔塔底外甩水自管程另一出口排出，其中大部分经循环线返回循环泵进料管，与原料急冷塔塔底外排水混合，小部分浓缩液进入沉降罐。MTO 废水无机膜净化装置运行参数如表 1 所示，原料性质如表 2 所示。

表 1 MTO 废水无机膜净化装置运行参数

项　目	参数	项　目	参数
急冷塔外排水流量/(t/h)	14.7	清洗再生方式	在线清洗
净化液流量/(t/h)	11.8	清洗再生温度/℃	90~100℃
系统运行温度/℃	112.3	置换氮气压力/kPa	1.0
初始运行跨膜压差/MPa	0.037	进料温度/℃	115
污染判定跨膜压差/kPa	400		

表 2 急冷塔外排水性质

项　目	参数	项　目	参数
固含量/(mg/kg)	1120	总金属/(mg/kg)	0

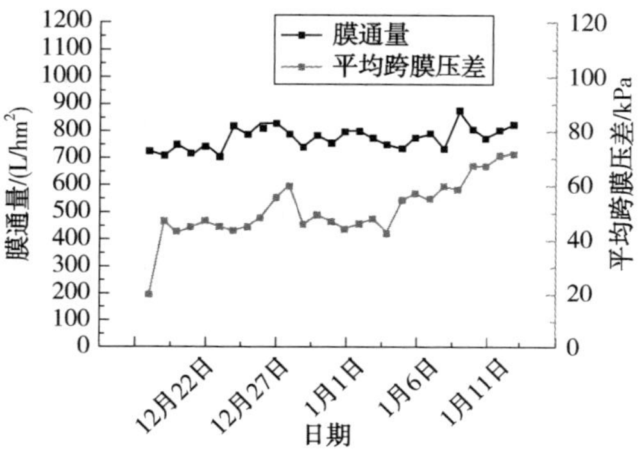

图 3 长周期侧线运行验证数据分析图

3.2 MTO 项目实验与投用

3.2.1 前期工业验证侧线实验结论

2019 年 12 月 18 日开始进行 7 通道的工业侧线实验，2020 年 1 月 13 日停止运行。由图 3 可以看出，膜通量基本稳定在 800L/hm^2 左右，浓缩比维持在 80%左右，流速 3m/s，在试验过程中，整体平均跨膜压差仅升高了 50kPa，膜组件设定的清洗条件是平均跨膜压差达到 400kPa，膜组件的清洗周期预计超过 30d。

实验过程中取样，分析滤前滤后样品中的固含量，具体检测结果见表 3。

表 3 膜净化前后样品固含量分析结果

取样日期	原液/(mg/L)	过滤液/(mg/L)	脱除率/%
2019-12-25	909	18	98.02
2019-12-27	687	38	94.47
2019-12-28	735	22	97.01
2019-12-29	790	35	95.57
2019-12-30	656	7	98.93
2020-01-01	631	46	92.71
2020-01-02	761	26	96.58
2020-01-04	870	20	97.70
2020-01-05	768	23	97.00
2020-01-06	1147	22	98.08
2020-01-07	1056	26	97.54

试验结果表明，急冷塔塔底外排水通过无机膜净化处理能够有效去除急冷塔外甩污水中油类及悬浮物颗粒，固含量脱除率达 95%以上，固含量最低可降至 7mg/L，平均可降至 25mg/L。

3.2.2 工业化应用

2025 年 2 月 18 日无机膜净化设施在中原石化 MTO 废水装置一次性引料开车成功，该装置稳定运行一周后进行取样分析，具体分析数据如表 4，固含量脱除率平均达到 97.5%，固含量小于 50mg/kg，截至 2025 年 4 月 30 日已运行近 70 天无异常，样品对比如图 4 所示。

表 4 中原乙烯 MTO 急冷塔外排水分析

取样日期	固含量/(mg/kg)		除固率/%
	原料	净化液	
2025-02-23	1620	24	98.5
2025-02-24	1233	37	96.9
2025-02-25	1049	26	97.5
2025-02-26	1074	21	98
2025-02-27	1102	32	97.1
2025-02-28	1157	29	97.5
2025-03-01	1195	25	97.9
2025-03-03	1180	72	93.9
2025-03-07	1026	18	98.2
2025-03-11	776	6	99.2
2025-03-18	882	8	99.1
2025-03-25	1135	26	97.7

图 4　中原乙烯 MTO 急冷塔外排水对比效果图
（从左到右依次为原液、净化液和浓缩液）

表 5 是改造前原有烧结金属过滤数据，与表 4 进行数据比对，处理净化效果明显。

表 5　原有烧结金属过滤效果

取样日期	固含量/（mg/kg）		除固率/%
	原料	净化液	
2024-10-20	1085	329	69.7
2024-10-21	1374	371	72.9
2024-10-22	1319	368	72.1
2024-10-23	1292	389	69.9
2024-10-24	1228	323	73.7
2024-10-25	1128	294	73.9
2024-10-26	1180	328	75.1
2024-10-27	1282	372	70.9
2024-10-28	1031	398	61.3
2024-10-29	1116	386	65.4
2024-10-30	1115	298	73.2
2024-10-31	1012	361	64.3

3.3　效能分析

原有的水浆过滤系统采用蒸汽烧结膜过滤，需定期采用蒸汽进行反冲洗，而 Sara 膜无需消耗蒸汽进行再生，年节约蒸汽约 4300 吨，吨废水处理费用由原来的 18.8 元/吨降低到目前的 6.2 元/吨，全生命周期成本降低 60%，年节约成本 188 万元。

4 结　　论

随着水资源短缺和环境要求的提高，高效污水处理技术成为研究热点。针对石化行业高盐、高温、强腐蚀性废水处理难题，无机膜技术凭借其优异的化学稳定性和耐高温特性，成为工业废水资源化的关键技术。

无机膜技术在中原石化 MTO 废水处理中展现了高效、稳定、智能化的优势，契合“双碳”目标下的绿色发展需求。中原石化 S-MTO 项目的首次成功应用为煤化工行业提供了可复制的技术范式，未来通过材料创新与数字化升级，将进一步推动石化水处理的高质量发展。

参 考 文 献

[1] 黄仲涛. 无机膜技术及其应用[M]. 北京：中国石化出版社，1998.
[2] 马敬环，项军，李娟. 无机膜错流微滤海水的污染机理[J]. 膜科学与技术，2010，30(03)：87-92.
[3] 唐全红，张富平. 一种用于净化焦化含硫污水的无机膜及其膜组件[P]. 中国：CN201820440507. 2，2018-12-07.

臭氧催化氧化技术处理抗生素类废水的研究进展

王雨涵

（山东建筑大学市政与环境工程学院，济南 250101）

【摘要】 臭氧高级氧化技术因具有强氧化性、易降解高浓度有机物质而备受行业学者关注。本文针对臭氧催化氧化机理对处理抗生素废水的机制进行研究，综述了近几年来国内外处理抗生素类废水的现状，并对其进行探讨、展望。

【关键词】 臭氧催化氧化技术　抗生素　废水处理

1　含抗生素类废水

1.1　抗生素废水的危害

抗生素是指由细菌或病毒等微生物在生命活动中产生的具有抗病原体或其他生物细胞正常生理功能的次级代谢产物，主要作为抗菌剂药物广泛应用于医疗和水产养殖中[1]。

抗生素的积累、抗生素耐药菌的增长及其相关抗生素耐药基因的富集使得抗生素耐药基因可以在污水中肆意传播[2]，并产生新的耐药基因，在不同细菌种之间交换耐药基因。这将增加抗生素耐药性，降低药物的有效性[3]。Kalghatgi 等[4]通过实验验证抗菌抗生素对小鼠治疗产生的毒副作用，小鼠表现出的血液中氧化应激标志物升高、氧化组织损伤和参与抗氧化防御机制的关键基因表达上调的现象，发现临床相关剂量的杀菌抗生素——喹诺酮类、氨基糖苷类和β-内酰胺类会导致哺乳动物细胞线粒体功能障碍和 ROS 过量产生，由此证明了抗菌抗生素会导致哺乳动物 DNA、蛋白质和磷脂层的氧化性损伤。

1.2　抗生素废水处理方法

目前，处理抗生素废水包括多种方法，有处理传统废水的物理法、生化法及常用的化学方法——高级氧化法等[5]。

其中，物理方法包括混凝法、吸附法、膜滤法等[6]。混凝法是在废水中加入聚合氯化铝(PAC)、聚合硫酸铁(PFS)以及聚丙烯酰胺(PAM)等絮凝剂[7]，使悬浮物质在废水中脱稳并聚集除去的一种技艺。吸附法是指通过在溶液中添加吸附剂使溶质与吸附剂间存在吸附作用而发生吸附作用，它的优点是操作简单且成本低，不会产生毒性物质等[8]；气浮法是在液体通入气体后，通过产生的大量气泡让废水中的有机物质溶入气泡中，通过对液体表面气泡的收集，使废水中杂质去除的一种技艺[9]；膜滤法是利用渗透膜两侧的压力差将污染物质截留在膜上，使膜具有截留污染物的特性[10]。膜滤法包括超滤、纳滤和反渗透等工艺。

生化法中的生物活性炭工艺是利用生物炭的吸附能力及活性炭表面生物膜的生物降解能力来去除有机物的一种工艺[11]。其中，生物膜由蛋白质、多糖、DNA、RNA、肽聚糖、脂质和磷脂组成。这些化合物促进了生物膜上细菌的生长和修复。通过细菌的群体感应，共同去除膜上污染的高分子有机物质。

传统的物理化学法对高浓度、难降解有机物的去除有很大局限性，需借助高效降解技术来降解高浓度、难降解有机物[12]。

高级氧化方法包括臭氧高级氧化法、电化学氧化法、Fenton 氧化法、光催化氧化法等，对难降解有机物有很大的应用。电化学氧化技术是通过电氧化技术与化学氧化技术相结合、直接氧化与间接氧化相结合的技术达到去除有机物的目的[13]；光催化氧化法具有去除率较高、操作简便的优点。João F. Gomes 等[14]探究高级氧化技术对废水中的防腐剂对羟基苯甲酸酯的降解效果：研究中使用火山岩中两种不同物质作催化剂。在使用紫外灯（UVA）照射的条件下相比于直接催化氧化，降解率发生很小的变化。一种催化剂的降解效率从 70%到 69%，另一种催化剂的降解效率从 82%到 75%，由此可见，UVA 照射不太显著，且成本很高；Fenton 氧化法是通过 Fe^{2+} 与 H_2O_2 作为催化剂和氧化剂，利用二者相互作用产生的具有高氧化能力的自由基·OH 来去除有机物[5]，具有降解速率快、操作简便的优势，但在实际中有易受 pH 影响、产生污泥、催化剂难以回收利用等缺点。

高级氧化方法中的臭氧催化氧化方法因去除有机物高效，且生成的产物绿色、无害而被广大科研工作人员探索并为之研究[15]。加之臭氧高级氧化技术具有操作便捷的特点被广泛科研工作者使用降解难去除有机物。因此，我们针对臭氧催化技术去除抗生素废水中的有机物质作重点介绍并深入研究。

2 臭氧催化氧化技术

臭氧氧化技术是将 O_2 转化成 O_3，利用 O_3的高强氧化性、直接氧化与间接氧化两种氧化形式，将高分子、难降解有机物高度降解成小分子、易降解有机物[16]。其中，臭氧催化剂的制备是臭氧催化氧化技术中核心的一步。

臭氧催化剂可分为均相臭氧氧化催化剂和非均相臭氧催化氧化催化剂。均相臭氧氧化催化剂即单相臭氧氧化催化剂，非均相臭氧氧化催化剂也就是多相臭氧氧化催化剂。因单相催化剂具有与水互溶，难分离的特质在臭氧废水处理过程，多使用多相催化剂。通常使用几种类型的非均相催化剂[17]，包括金属催化剂，非金属催化剂以及负载型催化剂。

常用金属催化剂通常为过渡金属周期中的金属，包括 MnO_2，V_2O_5，Fe_2O_3，Fe_3O_4，TiO_2，Al_2O_3，ZnO，Cr_2O_3，MoO_3，Co_3O_4，NiO，CuO，CeO_2，MgO，ZrO_2，CaO 等；非金属催化剂常见的有二氧化硅、活性炭、石墨碳、石墨烯、碳纳米管等非金属催化剂。负载型催化剂有在非金属氧化物上负载贵金属、非贵金属型纳米催化剂[18]。因其负载后提高催化剂比表面积、活性位点数量而常使用。常见的为负载过渡金属等廉价金属的负载型催化剂。MASOOD 等[19]通过制作 Fe-Zn 负载于 5A 沸石上的催化剂，去除兽药废水中酒石酸泰乐素、多西环素（强力霉素）、磷酸替米考星三种抗生素，达到了 99%的较佳去除效果。林法伟[20]

等通过使用负载型催化剂来提高臭氧氧化效率，他们在球形氧化铝载体上负载 MnO_3 基催化剂，该催化剂催化臭氧氧化目标有机污染物效率与不加催化剂相比大大提高。因此证明负载型催化剂是合适的臭氧氧化催化剂。使用臭氧催化剂可以缩短反应必要的时间，并减少相应的臭氧通量，减少氧气泄漏，保护环境。

2.1 臭氧氧化机理

臭氧与有机物之间的反应途径包括直接反应与间接反应两种。

（1）臭氧和有机物进行直接的臭氧反应，此反应速度较慢，且有选择性。

$$R_1GC=CR_2+O_3 \longrightarrow R_1GCOOH+R_2C=O$$

（2）臭氧通过产生的羟基自由基进行间接反应，羟基自由基拥有更高的氧化电极电位，是一种更强的氧化剂，与有机物反应速度快，无选择性。

$$2O_3+H_2O \longrightarrow \cdot OH+2O_2+\cdot HO_2$$

$$4\cdot OH+R_1GC=CR_2 \longrightarrow R_1R_2G+CO_2+2H_2O$$

2.2 臭氧催化氧化机理

在废水中添加催化剂可进一步提高臭氧的利用效率，通过促进羟基自由基(·OH，氧化电位 2.80eV)的生成和强化其氧化能力来增加对芳香族化合物、杂环类化合物等有机物的去除能力。该方法克服了单一臭氧氧化法中有机物去除率较低、不能完全矿化的问题。完善了受废水污染程度、pH 影响等问题[21]。

目前，认可较多的是表面络合催化氧化机理和羟基自由基氧化机理。

（1）表面络合催化氧化机理认为有机物被化学吸附在催化剂的表面，形成具有一定亲核性的表面络合物，然后臭氧或者羟基自由基与之发生氧化反应，形成的中间产物能在表面进一步被氧化，也能脱附到溶液中被进一步氧化[22]，如图 1 所示。

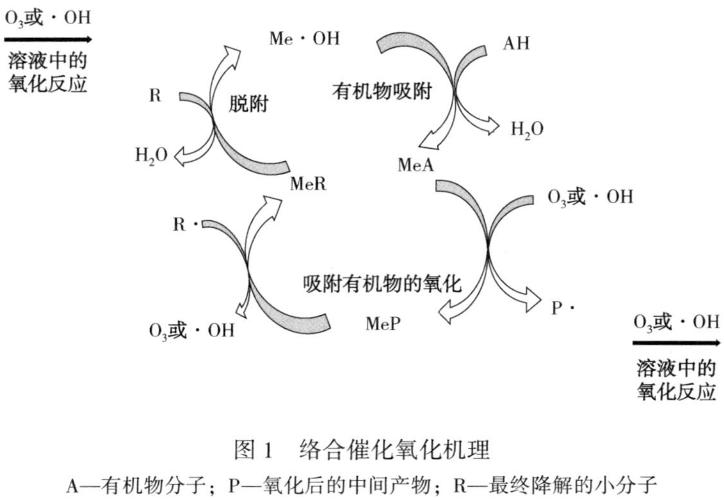

图 1 络合催化氧化机理

A—有机物分子；P—氧化后的中间产物；R—最终降解的小分子

（2）羟基自由基氧化机理认为 O_3 吸附于催化剂表面，加速产生·OH 氧化有机物。反应过程为金属性催化剂先吸附有机物，然后形成的氧化态金属氧化有机物与臭氧及催化产生的·OH 发生氧化还原反应形成无机小分子物质，达到有机物的降解[23]，如图 2 所示。

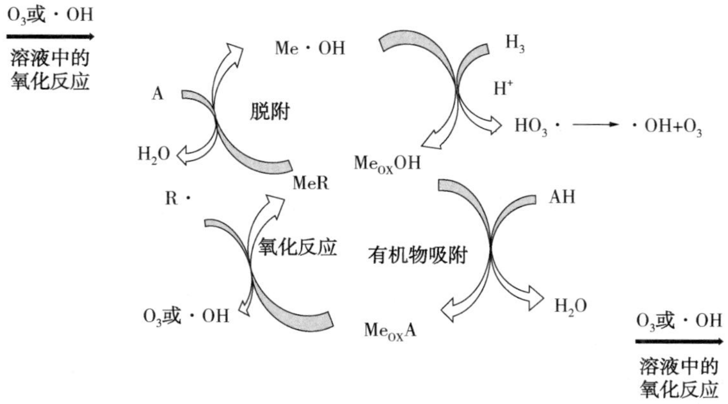

图 2 羟基自由基氧化机理

A—有机物分子；R—氧化后的产物；

Me_{ox} OH—氧化态金属催化剂；Me_{ox} A—氧化态金属有机物

3 臭氧催化氧化技术在处理抗生素类废水方面的研究进展

臭氧催化氧化抗生素有机废水主要利用催化臭氧产生的强氧化性羟基自由基·OH 和超氧自由基·O_2^- 来降解这些难降解抗生素有机物，达到高效去除抗生素的目的。具有降解度深、处理率高的优点[24]。AGUDELO 等[25]在处理美罗培南抗生素废水实验中，通过制作一批臭氧催化剂，用于美罗培南抗生素废水处理中，经实验测得含有新兴污染物(EC，β-内酰胺类抗生素美罗培南)类废水 COD 浓度降低了 90%，废水的急性毒性降低了 100%，并通过实验测得对试验的微生物无毒害。

臭氧在处理防腐剂类废水——含蓝藻毒素废水中也发挥了积极有效作用。底特律河水中由过量蓝藻产生的蓝藻毒素，对动物及人类身体产生毒害作用[21]。其中起主要作用的是肝毒素(CYN)和安纳毒素(ANA)[9]。João F. Gomes 等研究高级臭氧催化氧化技术对被广泛用作抗菌剂、防腐剂的对羟基苯甲酸酯降解处理效果。通过实验，对比催化剂、溶液物理性质两大因素对臭氧催化氧化技术降解的影响。实验探索了影响对羟基苯甲酸酯降解的催化剂的最佳粒径和催化剂投加量：通过对比两种粒径分别为 250~500μm 和<105μm 的催化剂对对羟基苯甲酸酯降解效率的影响，未证实不同粒径对污染物的催化臭氧化效率有显著差异；通过对比四种投加量分别为 0. 1g/L、0. 25g/L、0. 5g/L 和 1g/L 的催化剂浓度对对羟基苯甲酸酯去除效率的影响，得到高浓度的催化剂可以增加对羟基苯甲酸酯氧化的活性位点的数量，但并不会由于活性位点的增加导致处理效率直接增加的结果。Beltrán 等[26]在他的实验中证实了高于 3g/L 的催化剂负载量，没有观察到对实验物质-草酸去除的改善。因此不考虑催化剂负载量为变量因子；在探究溶液不同的酸碱度对降解效率的影响中通过对比不同酸碱性下对羟基苯甲酸酯降解的效率，得到在碱性较高的条件下对羟基苯甲酸酯的降解率得到改善的结果。此结果可以用碱性条件下臭氧高度分解成·OH 来解释[25]。

近年来，我国新兴污染物的种类及数量攀升。经实验验证，臭氧催化氧化技术在处理微污染物方面也有不错的成效。Oscar Rozas 等[27]通过探究臭氧(O_3)和臭氧/粉末活性炭(O_3/

PAC）对微污染物废水中的四种类型有机微污染物（OMPs）：阿特拉津（ATZ，除草剂）、卡马西平（CBZ，抗惊厥药）、双氯芬酸（DCL，抗炎药）和三氯生（TCS，抗菌药）的去除率来评判臭氧的氧化效果。研究得出了粉末活性炭（PAC）对 ATZ、CBZ、DCL 和 TCS 的去除率不同，是因为它们的分子性质不同；将 PAC 添加到通入臭氧的反应容器中时，降解上述有机物的反应时间从 60 分钟减少到 10 分钟，且在 O_3/PAC 处理过程中形成的转化中间体的毒性比在纯臭氧处理过程中生成的小。经实验探究证明[28]，与单独 O_3 相比，O_3/PAC 在减少毒性方面的显著差异是由于额外生成·OH 氧化有机物和生成的 PAC 有选择性吸附性能产生的。由此可见，吸附剂（PAC）的使用不仅能提升有机微污染物的降解速度，还能减少毒性中间体的形成与转化。具有强大的吸附性能在微污染物降解方面有较强的使用功效[29]。

臭氧催化氧化技术与其他高级氧化技术耦合能更好地处理难降解类废水。在电絮凝工艺直流电压为 10V、臭氧氧化催化技术中臭氧通量为 1.1mg/L 的条件下，兽药废水中 BOD、FTU 以及 COD 的去除率分别达到了 41%、79%以及 77%，兽药废水中另外三种抗生素的去除率分别为 55%、57%以及 100%，也达到了较好的去除效果。得到电絮凝工艺结合臭氧氧化是最佳的去除工艺。

4 结论与展望

抗生素的滥用会导致生活环境的微生物产生抗性基因，提高环境微生物耐药性。因此，废水的排放对环境造成的危害大、处理起来较麻烦。

臭氧催化氧化技术在处理难降解有机废水中有较广泛的应用，在抗生素类废水应用中有很广的应用市场。臭氧催化氧化技术又以负载型非均相催化剂为普遍性的催化剂来提高臭氧降解有机废水的催化效果。

在臭氧催化氧化技术降解抗生素类有机废水实例中，难降解有机物质的去除率都比较高，但在实际运用中仍存在一些问题：

（1）臭氧催化氧化工艺中负载型催化剂的使用导致了溶液中金属离子最终浸出现象的发生，且存在催化剂最终回收利用率较低、可重复性使用率低的问题。

（2）科研人员必须要针对不同的污染物种类开发新的催化剂，提高臭氧高级催化氧化技术对不同种类的抗生素废水的处理效果。

（3）臭氧高级催化氧化技术在实际应用方面仍存在不小的经济压力及操作挑战，需克服这些压力，在市场应用方面有新的创新与突破。

（4）新污染物治理包括抗生素及其他新兴污染物是一项漫长的挑战，臭氧高级催化氧化技术作为深度处理或者预处理工艺，可以与处理流程中的多种操作工艺相结合，形成全过程的科学治理体系，推动污水治理工艺体系更好发展。

参 考 文 献

[1] 李玥. 抗生素废水处理技术进展综述[J]. 广东化工，2023，50（15）：137-138+130.

[2] Rice E W，Wang P，Smith A L，et al. Determining hosts of antibiotic resistance genes：a review of methodological advances[J]. Environmental Science & Technology Letters，2020，7(5)：282-291.

[3] Hu Y，Li Y，He J，et al. A nanoscale "yarn ball"-like heteropoly blue catalyst for extremely efficient elimi-

nation of antibiotics and dyes[J]. Journal of environmental management, 2019, 245: 291-301.

[4] Kalghatgi S, Spina C S, Costello J C, et al. Bactericidal antibiotics induce mitochondrial dysfunction and oxidative damage in mammalian cells[J]. Science translational medicine, 2013, 5(192): 192ra85-192ra85.

[5] 袁孝康, 付绿倩, 陈华林, 等. 水产养殖中抗生素污染治理研究进展[J]. 环境监测管理与技术, 2023, 35(04): 1-6.

[6] Zhou X, Cuasquer G J P, Li Z, et al. Occurrence of typical antibiotics, representative antibiotic-resistant bacteria, and genes in fresh and stored source-separated human urine[J]. Environment International, 2021, 146: 106280.

[7] 邢子鹏. 混凝—水解/好氧 MBBR-Fenton 法处理抗生素发酵废水研究[D]. 哈尔滨工业大学, 2008.

[8] Manjunath S V, Baghel R S, Kumar M. Antagonistic and synergistic analysis of antibiotic adsorption on Prosopis juliflora activated carbon in multicomponent systems [J]. Chemical Engineering Journal, 2020, 381: 122713.

[9] 李英. 混凝气浮-生物-臭氧气浮处理抗生素生产废水[J]. 华北水利水电学院学报, 2011, 32(06): 148-150.

[10] 屈阁. 集成膜技术深度处理抗生素制药废水研究[D]. 天津大学, 2007.

[11] Guo X, Li J, Yang F, et al. Prevalence of sulfonamide and tetracycline resistance genes in drinking water treatment plants in the Yangtze River Delta, China [J]. Science of the total environment, 2014, 493: 626-631.

[12] Rodriguez-Mozaz S, Chamorro S, Marti E, et al. Occurrence of antibiotics and antibiotic resistance genes in hospital and urban wastewaters and their impact on the receiving river [J]. Water research, 2015, 69: 234-242.

[13] Rodriguez L, Gomez R, Sanchez V, et al. Chemical and plant tests toassess the viability of amendments to reduce metal availability in mine soilsand tailings[J]. Environmental Science and Pollution Research, 2016, 23(7): 6046-6054.

[14] Gomes J, Costa R, Quinta-Ferreira R M, et al. Application of ozonation for pharmaceuticals and personal care products removal from water[J]. Science of the Total Environment, 2017, 586: 265-283.

[15] 戴晓虎, 张辰, 章林伟, 等. 碳中和背景下污泥处理处置与资源化发展方向思考[J]. 给水排水, 2021, 57(03): 1-5.

[16] 曹勇. 高级氧化技术处理抗生素污染的研究现状[J]. 安徽化工, 2023, 49(03): 28-32.

[17] 马祥. 臭氧催化氧化+A/O 组合工艺处理医药中间体废水[D]. 石家庄: 河北科技大学, 2021.

[18] 林欣, 李学艳, 陈永泽. 负载型金属催化剂的制备技术及其在废水处理中的应用研究进展[J]. 合成树脂及塑料, 2023, 40(04): 57-64.

[19] MASOOD, Zafar, et al. Removal of anti-biotics from veterinary pharmaceutical wastewater using combined Electroflocculation and Fe-Zn loaded zeolite 5A based catalytic ozonation process [J]. Journal of Water Process Engineering, 2022, 49: 103039.

[20] Lin F, Wang Z, Ma Q, et al. Catalytic deep oxidation of NO by ozone over MnOx loaded spherical alumina catalyst[J]. Applied Catalysis B: Environmental, 2016, 198: 100-111.

[21] Li B, Li C, Qu R, et al. Effects of common inorganic anions on the ozonation of polychlorinated diphenyl sulfides on silica gel: Kinetics, mechanisms, and theoretical calculations [J]. Water Research, 2020, 186: 116358.

[22] Yu G, Wang Y, Cao H, et al. Reactive oxygen species and catalytic active sites in heterogeneous catalytic ozonation for water purification[J]. Environmental Science & Technology, 2020, 54(10): 5931-5946.

[23] 杨文玲, 王坦. 臭氧催化剂催化机理及其应用研究进展[J]. 应用化工, 2020, 49(11): 2936-2940.

[24] 朱健，杨尧. 金属协同臭氧催化氧化技术研究进展[J]. 山东化工，2021，50(18)：64-65.

[25] Agudelo E A，Cardona G S A. Advanced Oxidation Technology (Ozone-catalyzed by Powder Activated Carbon-Portland Cement) for the Degradation of the Meropenem Antibiotic[J]. Ozone：Science & Engineering，2021，43(1)：88-105

[26] Beltrán F J，Rivas F J，Montero-de-Espinosa R. Catalytic ozonation of oxalic acid in an aqueous TiO2 slurry reactor[J]. Applied Catalysis B：Environmental，2002，39(3)：221-2319

[27] Rozas O，Baeza C，Núñez K，et al. Organic micropollutants (OMPs) oxidation by ozone：Effect of activated carbon on toxicity abatement[J]. Science of the Total Environment，2017，590：430-439.

[28] Kasprzyk-Hordern B，Ziółek M，Nawrocki J. Catalytic ozonation and methods of enhancing molecular ozone reactions in water treatment[J]. Applied Catalysis B：Environmental，2003，46(4)：639-669.

[29] 柏仪文，秦松岩，赵立新. 粉末活性炭强化活性污泥法处理石化废水过程研究[J]. 供水技术，2023，17(05)：6-10.

次氯酸钠氧化法去除催化裂化装置烟气脱硫外排污水氨氮的研究与工业实践

张　伟　丛树辉　闻　富

（中国石油哈尔滨石化公司，哈尔滨 150000）

【摘要】 针对中国石油哈尔滨石化公司600kt/a重油催化裂化装置烟气脱硫外排污水中氨氮超标带来的污水总排不能稳定达标的风险，以及加大配水导致水耗增加等问题，经实验室研究及工业应用实践，采用投加次氯酸钠的方法，解决了稳定存储、设备腐蚀及投加量优化等问题，烟气脱硫外排污水氨氮含量均值由20mg/L（指标≤7.0mg/L）稳定控制在1.0mg/L左右。

【关键词】 催化裂化　脱硫污水　氨氮　次氯酸钠　推广应用

催化裂化装置烟气脱硫外排污水中常含有高浓度氨氮、硫化物、石油类等污染物。氨氮作为水体富营养化的主要诱因之一，不仅会导致水生生物死亡，还会增加后续污水处理系统的负荷，我国GB 31570—2015《石油炼制工业污染物排放标准》对氨氮排放限值有严格的要求（如直接排放限值为8mg/L），因此高效去除催化裂化装置外排污水中的氨氮成为环保领域的关键问题。传统生物脱氮工艺通过硝化-反硝化菌群协同作用实现氮素转化，但该系统存在抗冲击负荷能力弱的技术瓶颈，当进水水质出现剧烈波动时，活性污泥絮体结构易受破坏，导致硝化功能菌群活性抑制，造成出水氨氮浓度异常升高。次氯酸钠作为折点氯化工艺的核心药剂，通过控制Cl/N摩尔比可实现氨氮向氮气的定向转化（其氧化反应历程包含：$NH_4^+ \rightarrow NH_2Cl \rightarrow N_2\uparrow$），相较于液氯等传统氧化剂，该物质具有储运安全、副产物毒性低的显著优势[1]。

针对催化裂化装置烟气脱硫外排污水高氨氮、高盐度、成分复杂等特点，通过实验研究和工业实践，系统考察了pH值、COD、药剂投加量等关键参数对氨氮去除效果的影响，总结了次氯酸钠与污水中其他污染物之间的相互作用，为催化裂化装置烟气脱硫外排污水氨氮达标处理提供了经济、高效的技术改造方案。

1　项目背景

中国石油哈尔滨石化公司600kt/a催化裂化装置烟气脱硫排水处理系统（以下简称PTU）于2013年建成投运，工艺流程见图1。来自烟气洗涤塔的浆液进入脱硫排水处理系统，浆液首先与一定浓度的絮凝剂进行混合，然后通过固液分离工艺将废渣与污水进行分离，分离后的污水排到澄清器，澄清器溢出的清液进入氧化罐进行鼓入空气氧化、注入碱液控制pH

值，氧化处理后的含盐废水进入污水罐，经污水泵升压、砂滤罐过滤后进入外排缓存罐(简称 500m^3 罐)，并与全厂处理后污水混合排放。

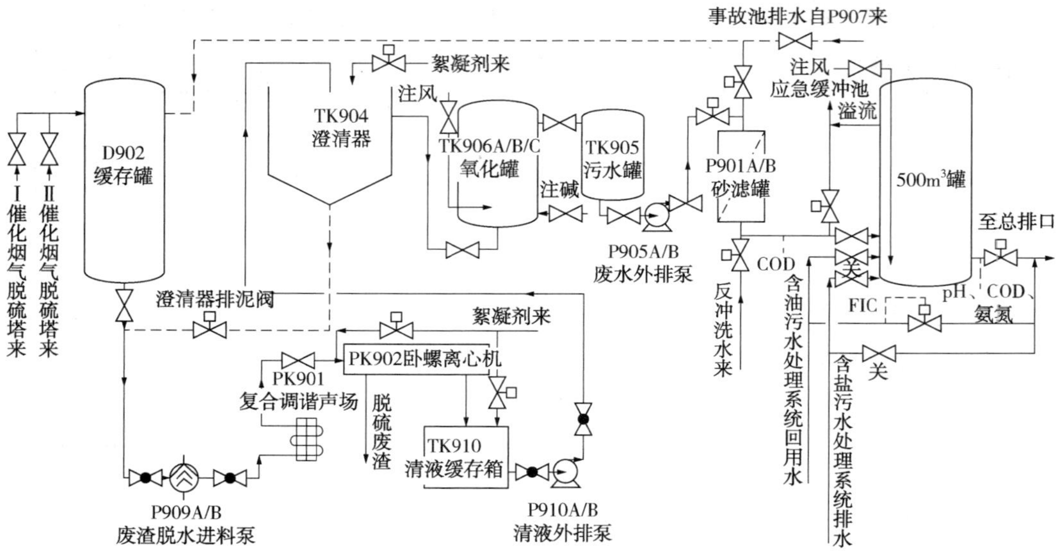

图 1 PTU 单元工艺流程图

PTU 采用的处理工艺对于外排污水 COD、pH 值控制有一定的调节手段，但对于氨氮无有效的控制措施，特别是催化裂化装置脱硫后烟气 NO_x 指标按照≤100mg/m^3 进行控制后，由于该装置没有设置脱硝模块，只能采用贫氧燃烧进行调整，导致脱硫污水氨氮含量进一步增加，均值达到 20mg/L(指标≤7.0mg/L)，且随着催化裂化装置原料氮含量的持续升高，全年氨氮排放总量达标形势严峻，同时氨氮过高无法外排的脱硫污水只能进入应急缓冲系统，不仅占用应急空间，而且因其高含盐、高硫酸根的特点，对后续处理的循环水指标控制和反渗透膜运行带来极其不利的影响。另外，高氨氮污水需公司总排兑水才能达标排放，进一步增加了新鲜水消耗。

针对催化裂化装置烟气脱硫污水氨氮超标问题，亟须采取措施加以解决。通过与研究单位进行研讨，结合企业自身特点，参照污水氨氮处理经验，确定采取投加次氯酸钠的处理办法，为此开展实验室小试和工业应用试验。

2 实验研究

2.1 实验原理

采用次氯酸钠氧化法去除水中氨氮，主要是依靠次氯酸钠溶液中的次氯酸和次氯酸根离子与氨氮发生反应，将氨氮氧化为氮气从而去除水中氨氮。经过一段时间后，除了反应作用消耗了一部分氯外，水中剩余的氯称为余氯[2]。水中余氯有化合性余氯(结合性余氯)和游离性余氯(自由性余氯)两种存在形式，化合性余氯是指氯与氨氮的化合物即氯胺，有 NH_2Cl、$NHCl_2$、NCl_3等，水中氯胺主要以 NH_2Cl 和 $NHCl_2$的形式存在，$NHCl_2$的性质比 NH_2Cl 的性质稳定，而 NCl_3在水中溶解度很低，约为 0.1g/L(20℃)，几乎不存在；游离性余氯是指在水中处于游离状态的 HClO、ClO^-、Cl_2 等，具有性质稳定、氧化能力强、反应速度快等特点。

相关反应原理可用下列反应式表示[3]：

$$NaClO+H_2O \longrightarrow HClO+NaOH \tag{1}$$

$$NH_3+HClO \longrightarrow NH_2Cl+H_2O \tag{2}$$

$$NH_2Cl+HClO \longrightarrow NHCl_2+H_2O \tag{3}$$

$$NHCl_2+H_2O \longrightarrow NOH+2H^++2Cl^- \tag{4}$$

$$NHCl_2+NOH \longrightarrow N_2\uparrow+HClO+H^++Cl^- \tag{5}$$

总反应式：

$$2NH_3+3NaClO \longrightarrow N_2\uparrow+3H_2O+3NaCl$$

通过上述反应式可知，随着次氯酸钠投加量的增加，水中余氯呈现出先升高后降低再逐渐升高的变化趋势，化合性余氯先增加后分解降低转化为氮气，而游离性余氯不断增加，水中余氯主要以游离性余氯的形式存在。

2.2 实验条件及数据

取催化裂化装置烟气脱硫污水样品，氨氮浓度为 30mg/L，控制温度在 25±1℃，pH 值为 7.0~8.0（调节至适宜范围），按照不同的次氯酸钠投加量和反应时间进行低悬浮物组（50mg/L）和高悬浮物组（100mg/L）两组实验，试验数据见表 1、表 2，图 2 至图 5。

表 1 低悬浮物次氯酸钠加注试验数据

次氯酸钠投加量/（mg/L）	反应时间/min	氨氮去除率/%	出水氨氮浓度/（mg/L）
0	30	0	30.0
10	30	45	16.5
20	30	70	9
30	30	85	4.5
40	30	92	2.4
0	60	0	30.0
10	60	55	13.5
20	60	80	6.0
30	60	90	3.0
40	60	95	1.5
0	120	0	50.0
10	120	60	12.0
20	120	85	4.5
30	120	93	2.1
40	120	98	0.6

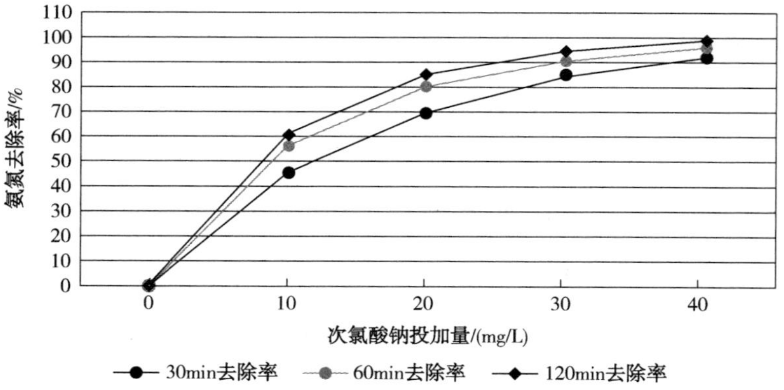

图 2 低悬浮物氨氮去除率与次氯酸钠投加量折线图

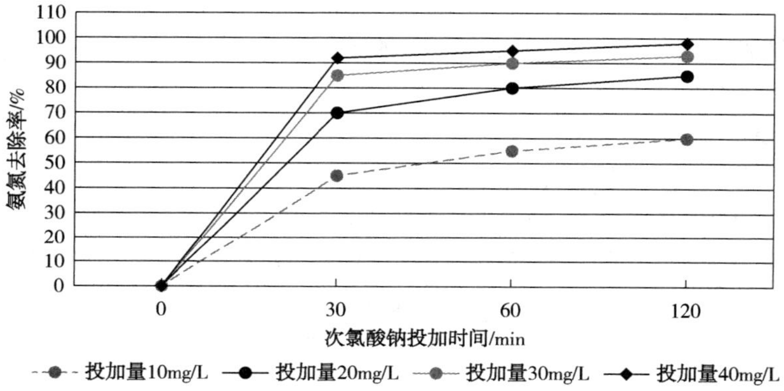

图 3 低悬浮物氨氮去除率与次氯酸钠投时间折线图

表 2 高悬浮物次氯酸钠加注试验数据表

次氯酸钠投加量/(mg/L)	反应时间/min	氨氮去除率/%	出水氨氮浓度/(mg/L)
0	30	0	30. 0
10	30	30	21. 0
20	30	50	15. 0
30	30	65	13. 5
40	30	75	7. 5
0	60	0	30. 0
10	60	40	18. 0
20	60	60	12. 0
30	60	75	7. 5
40	60	85	4. 5
0	120	0	30. 0

续表

次氯酸钠投加量/(mg/L)	反应时间/min	氨氮去除率/%	出水氨氮浓度/(mg/L)
10	120	50	15.0
20	120	70	9.0
30	120	85	4.5
40	120	90	3.0

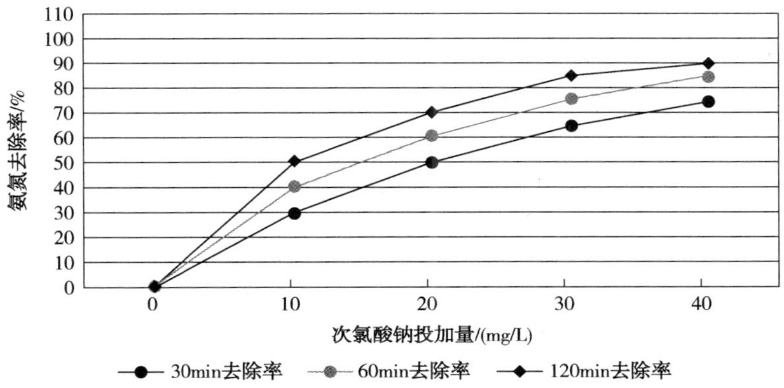

图 4　高悬浮物氨氮去除率与次氯酸钠投加量折线图

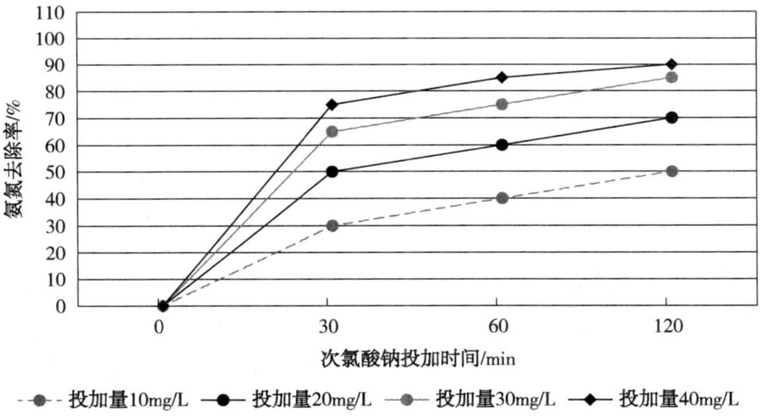

图 5　高悬浮物氨氮去除率与次氯酸钠投加时间折线图

2.3　实验小结

(1) 投加次氯酸钠对去除催化裂化装置烟气脱硫外排污水有较好的效果。

(2) 随着次氯酸钠投加量的增加，氨氮去除率显著提高。

(3) 相同投加量下，延长反应时间可提高去除率，但效果随投加量增加而减弱。

(4) 在低悬浮物条件下，次氯酸钠的氧化效果更明显，氨氮去除率更高。原因是高悬浮物条件下，次氯酸钠的氧化效果受到抑制，同时悬浮物消耗部分次氯酸钠，氨氮去除效果进一步降低。

3 工业应用

3.1 短期试验

3.1.1 加剂流程及设备

利用现场既有设备和临时设施进行工业试验。在 PTU 泵房内放置吨桶，用于次氯酸钠溶液的调配，吨桶下部出口连接至絮凝剂备泵入口管线处，絮凝剂备泵出口连接胶带至外排污水泵入口注入，流程见图 6。

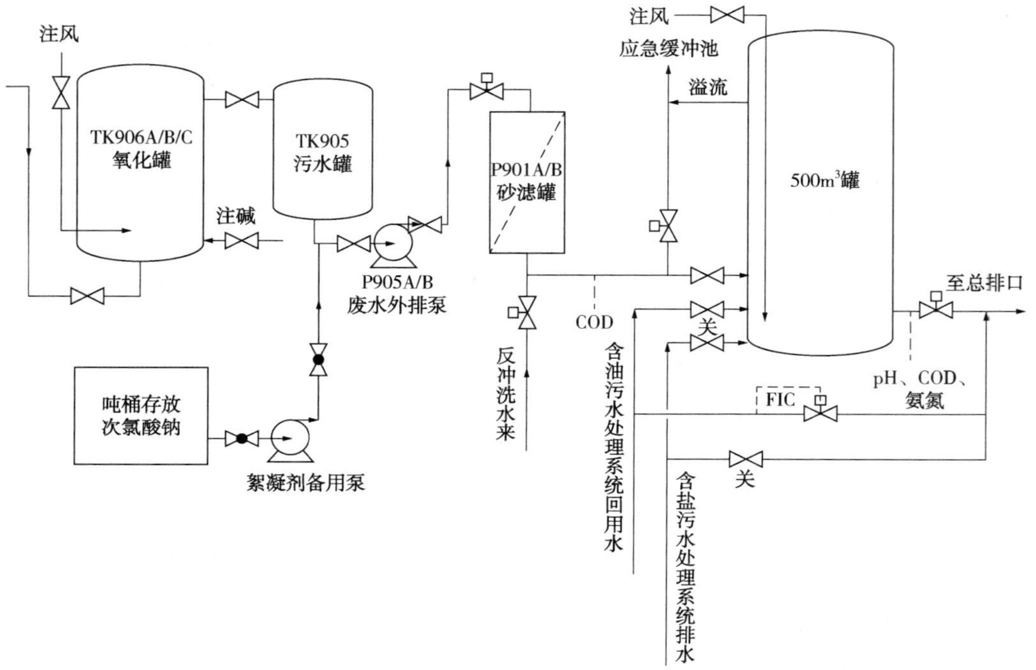

图 6 临时试验次氯酸钠加注流程图

考虑到次氯酸钠与氨氮不完全反应，氯胺等中间产物可能通过水解或还原反应重新生成氨氮的情况，在 500m^3 罐底部设置 142 个耐硫、氯、高盐腐蚀的刚玉材质微孔曝气头，应用补充氧化工艺对 PTU 单元排水进行进一步处理，同时 500m^3 罐可增加停留时长 15h 以上，确保次氯酸钠与氨氮反应完全，消除后续对总排氨氮测量的干扰影响。

3.1.2 加剂量计算

按照 2023 年 12 月份 PTU 出水氨氮平均值 20mg/L、COD 平均值 62mg/L 进行计算，次氯酸钠当量为 440mg/kg(152+288mg/kg)，按照污水量 18000kg/h，加入浓度 440mg/kg 计算，每小时需要的次氯酸钠量为 7.9kg，每天 190kg。采购已配置好的浓度 11%的次氯酸钠溶液加注至吨桶中，理论上每天需加注 1t。

3.1.3 试验效果

试验自 2024 年 1 月 16 日开始，经过 12 天的实际运行，收到明显效果。外排污水氨氮平均值从 20mg/L 降至 4.4mg/L，可以实现达标($\leqslant$7mg/L)排放，提高次氯酸钠加注量可进一步降低氨氮浓度。次氯酸钠投加过程与去除率变化情况见表 3、图 7。

表 3 二催化装置 PTU 单元次氯酸钠加注试验过程记录

加注时段	理论加注量/(L/h)	实际加注量/(L/h)	加药前氨氮/(mg/L)	加药后氨氮/(mg/L)	去除率/%	实际/理论加注比
16 日 17：00-24：00	75	40	29.9	10.6	65	53%
17 日 17：00-24：00	76	50	30.7	11.7	62	66%
18 日 00：00-18 日 8：00	75	60	30.1	4.5	85	80%
18 日 08：00-18 日 17：00	76	70	30.3	2.5	92	92%
18 日 17：00-27 日 24：00	75	80	30.2	0.6	98	107%
19 日全天	64	60	21.4	3.5	84	94%
20 日全天	71	60	27.2	10.8	60	85%
21 日全天	70	70	26.5	2.9	89	100%
22 日全天	75	80	30.2	0.6	98	107%
23 日全天	68	60	23.5	6.8	71	88%
24 日全天	80	50	32.5	15.4	53	63%
25 日全天	51	40	11.3	3.5	69	78%
26 日全天	53	60	12.4	0.6	95	113%
27 日全天	54	60	13.2	1.2	91	111%

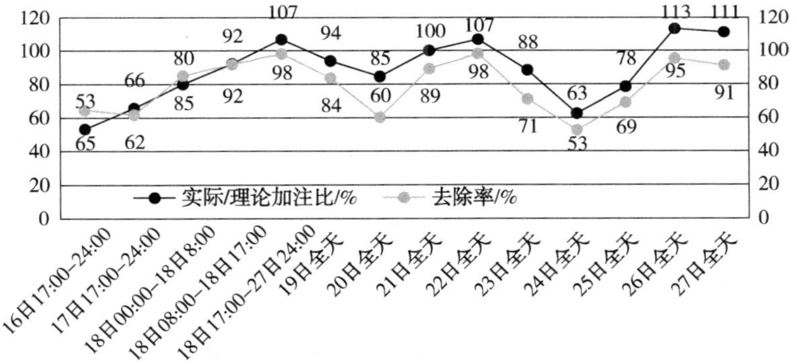

图 7 次氯酸钠投加前后对比

3.1.4 应用小结

（1）投加次氯酸钠对去除催化裂化装置烟气脱硫外排污水在实际工业应用上有较好的效果，与实验室研究效果基本一致。

（2）实际应用中投加量是理论值的 1.07 倍，去除率较高，经济性好。

3.2 工业改进

经过两周加注试验后，外排污水氨氮下降明显并稳定达标，3 月下旬开始，500m^3 罐氨氮出现了逐渐上涨情况，四月下旬均值达到 10mg/L，出现超标情况，分析原因有以下几点：

（1）催化裂化装置原料氮含量、硫含量升高，导致烟气脱硫污水氨氮和 COD 随之上升。

在常减压装置俄罗斯原油掺炼比例提高及拔出率增加的情况下，二次加工催化裂化装置原料中氮含量均值由 3916mg/kg 升高到 4412mg/kg，最大值达到 4879mg/kg，硫含量均值由 0.543%升高到 0.555%，最大值达到 0.578%，外排污水氨氮与 COD 均消耗次氯酸钠，氨氮是比 COD 更难以氧化的还原性物质，使用次氯酸钠氧化法去除氨氮过程中，需先消耗掉水中的 COD 后，氨氮才能开始反应，需增大次氯酸钠投加量加以应对。常减压拔出率与 500m³ 罐氨氮变化趋势见图 8。

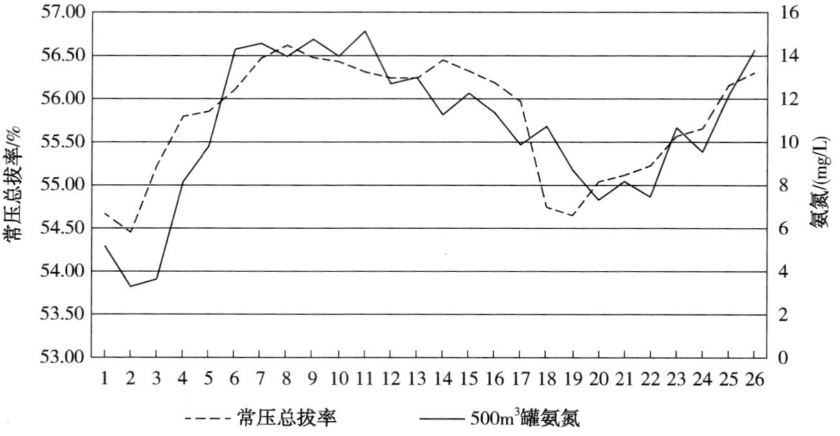

图 8　常压拔出率与 500m³ 氨氮变化趋势图

（2）次氯酸钠存放分解效能下降。次氯酸钠在阳光下或与某些金属接触时，次氯酸钠会发生分解反应，造成药剂效能降低。最初药剂有效氯为 11%，由于未避光存放，逐步分解下降至 7%左右后趋于稳定，相同加药量下，氨氮去除率下降。

（3）次氯酸钠加注设施不完善导致加注不连续。由于当时次氯酸钠加注为临时流程，采用絮凝剂备用计量泵加注，由于次氯酸钠具有酸性和强氧化性，原絮凝剂备用计量泵材质不耐腐蚀，导致机泵及管线多次出现泄漏，需停止加注进行处理，造成次氯酸钠无法连续加注。

（4）PTU 外排污水中 COD 升高，均值由 70mg/L 增加至 80mg/L；悬浮物不稳定，均值由 60mg/L 增加至 120mg/L，均增加了药剂的消耗，降低了氨氮的去除率。

针对上述问题，采取措施如下：

（1）稳定催化裂化装置原料性质。针对提高俄罗斯原油掺炼比例和提高总拔出率的生产运行调整，小幅多次平稳提升，并提前通告，便于及时应对。

（2）根据氨氮变化情况及时调整加剂量。改善条件避光存储，精确计算、精准控制，既能保证氨氮的去除率，又不会造成余氯的增加，降低腐蚀风险。

（3）快速推进加注设施正式化。参照临时加注流程，正式委托设计并快速推进实施，充分考虑腐蚀情况，采用 PVC 材质罐体、机泵和管道，保证设备设施适应完好，确保药剂连续加注。改造后加注流程见图 9。

（4）优化 PTU 单元操作，降低外排污水 COD 及悬浮物。一是增加注风。通过在污水罐内增加一路注风，强化 COD 氧化效果。二是变更流程。将砂滤罐反冲洗水（悬浮物高）由进入污水缓存罐改为直接进入污水系统，减少对 PTU 系统的扰动冲击，有利于 COD 的氧化。

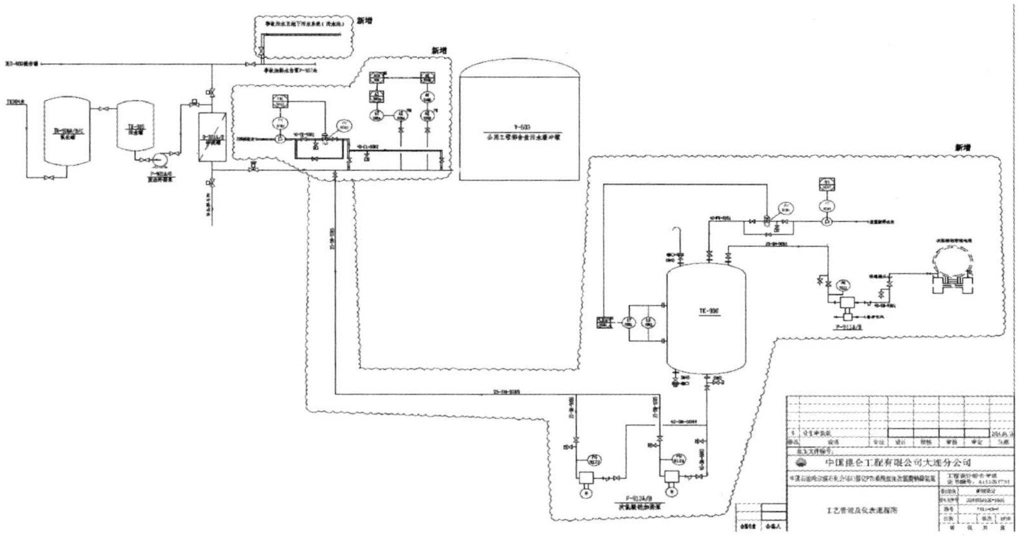

图 9　次氯酸钠加药流程图

三是砂滤提效。将砂滤罐更换滤砂的频次由每年一次变为半年一次，保证砂滤效果。通过上述措施，外排污水中悬浮物降低至 60mg/L，COD 降低至 30mg/L。

实施上述调整改进措施后，加注次氯酸钠去除氨氮效果更加明显，氨氮不仅可稳定控制在 1mg/L 左右(如图 10 所示)，而且次氯酸钠的消耗量降低了 50%。

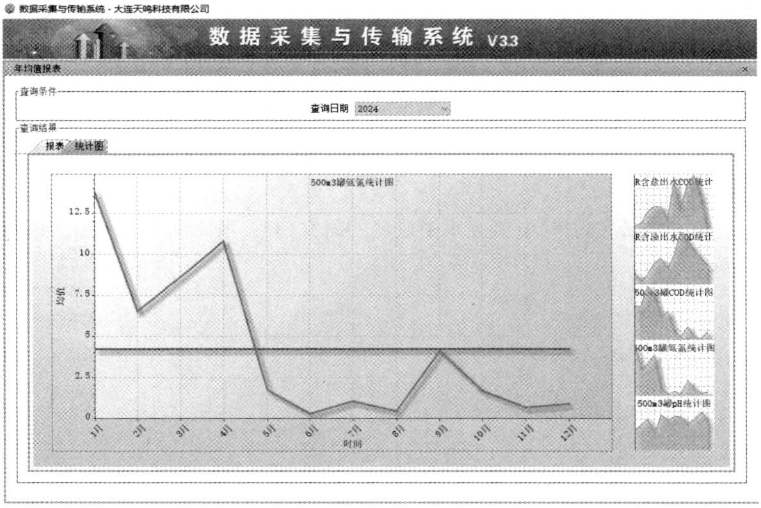

图 10　2024 年全年氨氮变化趋势图

4　效益分析及展望

4.1　经济效益

投加次氯酸钠去除催化裂化装置脱硫污水氨氮项目实施后，由于氨氮大幅度降低，为提高污水回用量创造了条件。与项目实施前相比，回用水配总排每月减少 35000m^3，即循环水场减少了 35000m^3 的新鲜水用量，测算全年节约外购水费 80 万元以上。

4.2 社会效益

投加次氯酸钠去除催化裂化装置脱硫污水氨氮项目实施后，保证了全厂污水总排稳定达标，与项目实施前相比，氨氮减排总量达 1.31t/a，取得了一定的社会效益。

4.3 推广价值

投加次氯酸钠去除催化裂化装置脱硫污水氨氮的方法，具备实施流程简单、运行稳定可靠等特点，有较好的推广价值。

5 结 论

（1）投加次氯酸钠去除催化裂化装置烟气脱硫外排污水氨氮方法，操作简单，调整灵活，解决了无脱硝系统带来氨氮高的问题，同时也有效降低了外排污水 COD 指标，实现了稳定达标、总量减排。

（2）由于投加次氯酸钠去除催化裂化装置烟气脱硫外排污水氨氮的良好效果，减少了污水总排兑水量，降低了新鲜水消耗，收到了一定的经济效益。

（3）通过针对性设备材质选择，精准调控加注量，有效降低了次氯酸钠带来的设备腐蚀问题，系统运行良好，保证了长周期安全稳定运行。

（4）通过对 PTU 单元进行优化调整，有效降低了次氯酸钠的加注量，实现了环保达标与成本投入的优化结合。

参 考 文 献

[1] 李婵君. 折点加氯法处理深度处理低氨氮废水[J]. 广东化工，2013，40(20)：43-44.

[2] 丁鑫，高克昌，郝二国，等. 超重力强化折点氯化法处理低浓度氨氮废水[J]. 化工进展，2021，40(7)：4083-4090.

[3] 曹联，陈雷，朱佳. 次氯酸钠去除电镀废水中氨氮的研究[J]. 当代化工，2020，49(4)：506-513.

催化烟气脱硫脱硝装置废水氨氮超标原因分析及调整措施

王　辉

（中国石化青岛石油化工有限责任公司，青岛 266043）

【摘要】 某炼油企业催化裂化装置再生过程中含氮化合物的分解导致催化烟气携带过量 NH_3，其进入脱硫废水系统后引发氨氮超标。通过调整再生器烧焦比例、降低回炼油量、匹配脱硝助剂与 CO 助燃剂加注量等措施优化装置操作，将催化烟气 NO_x 含量控制在 100～130mg/m^3 范围内，实现了废水氨氮含量由 719.57mg/L 降至 25.83mg/L，稳定满足排放标准。

【关键词】 催化烟气　脱硫脱硝　废水氨氮　调整措施

某炼油企业催化烟气脱硫脱硝装置（以下简称脱硫脱硝装置）是催化裂化装置再生高温烟气（以下简称催化烟气）的净化装置，执行山东省 DB 37/2376—2019《区域性大气污染物综合排放标准》“重点控制区”的排放浓度限值，其中净化烟气 SO_2 排放浓度限值为≤50mg/m^3，NO_x 排放浓度限值为≤100mg/m^3，颗粒物排放浓度限值为≤10mg/m^3。脱硫脱硝装置自开工运行以来，净化烟气各项排放污染物含量均满足国家标准，但废水氨氮指标不稳定，时常出现超标情况，本文对废水氨氮含量超标原因进行分析并提出调整措施。

1　工艺原理

1.1　脱硫脱硝装置

脱硫脱硝装置是 140 万 t/年催化裂化装置的烟气净化装置，采用了中石化宁波工程有限公司双循环湍冲文丘里工艺技术，主要包括余热锅炉单元、脱硝单元、除尘脱硫单元、脱硫废水处理单元等。工艺流程示意图见图 1。

催化烟气在余热锅炉燃烧后进入脱硝单元。脱硝单元采用选择性催化还原法（SCR）脱硝技术，喷入液氨（以下简称喷氨）作为还原剂，在催化剂的作用下与烟气中的 NO_x 反应生成无害的氮气和水，从而去除烟气中的 NO_x。脱除 NO_x 的烟气从除尘激冷塔的上部进入除尘脱硫单元，烟气向下进入湍冲段，烟气被急冷浆液急剧降温至饱和状态，然后穿过逆喷浆液，烟气中大部分的 SO_2、粉尘颗粒物和其他酸性气体被吸收掉。降温后的烟气从综合塔中下部进入并在塔内上升，经消泡器段二段洗涤掉更细微的粉尘颗粒物和烟气中含有的 SO_3，继续上行经除沫器和静电除雾器，吸附脱除烟气中的细微颗粒和水滴，最后净化后的合格烟气经综合塔顶部烟囱排出。

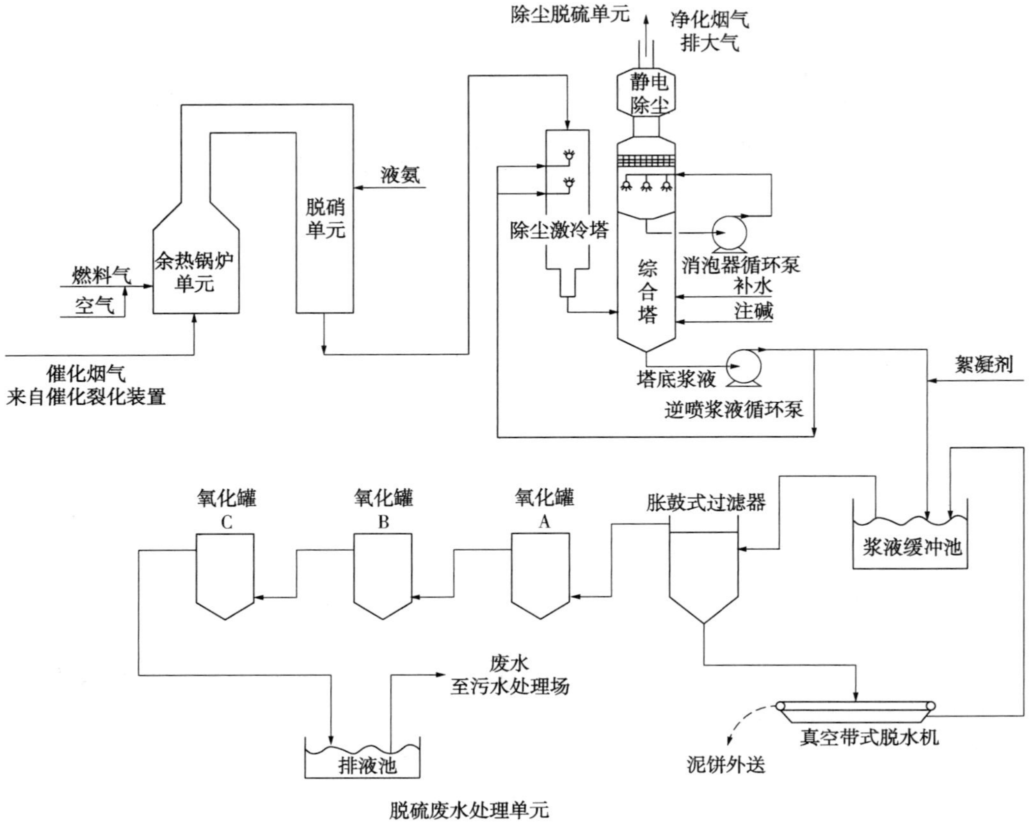

图 1 脱硫脱硝装置流程示意图

除尘脱硫单元使用碱液作为脱硫剂，同时补充水，在除尘激冷塔和综合塔循环来脱除烟气当中的 SO_2 和粉尘，并与之形成浆液。为保证塔内浆液的悬浮物、盐和氯离子浓度，防止在塔内富集，需要抽出一部分废水送入脱硫废水处理系统。由除尘脱硫单元送出的脱硫废水，经固液分离、渣浆浓缩和脱水过滤后，固体杂质被浓缩成含固量约 20%的泥饼外送厂外处理，滤液经氧化降低 COD 后外排至污水处理场。

1.2 催化裂化装置反应再生系统

催化烟气来自催化裂化装置的催化剂再生过程。催化裂化装置采用了增产丙烯、多产异构化烷烃的清洁汽油生产技术(简称 MIP-CGP 技术)。反应再生系统流程见图 2。催化裂化装置的原料先经过升压和换热升温后，再通过原料油进料喷嘴进入提升管反应器的下部，与经过预提升段整理成活塞流状态的高温再生催化剂相遇，并发生接触反应，生产高浓度的丙烯以及富含烯烃、具有高辛烷值的汽油。在沉降器，反应产物与待生催化剂(积有焦炭的催化剂)分离，其中待生催化剂经汽提吸附的油气后进入再生器，利用通入空气燃烧的方式烧去催化剂上的积炭，恢复催化剂活性。

再生器采用重叠式两段逆流再生，第一再生器为贫氧环境，不完全再生，焦炭部分燃烧产生 CO(约占催化剂烧焦负荷 70%)；第二再生器为富氧环境，完全再生，焦炭完全燃烧产生 CO_2(约占催化剂烧焦负荷 30%)。

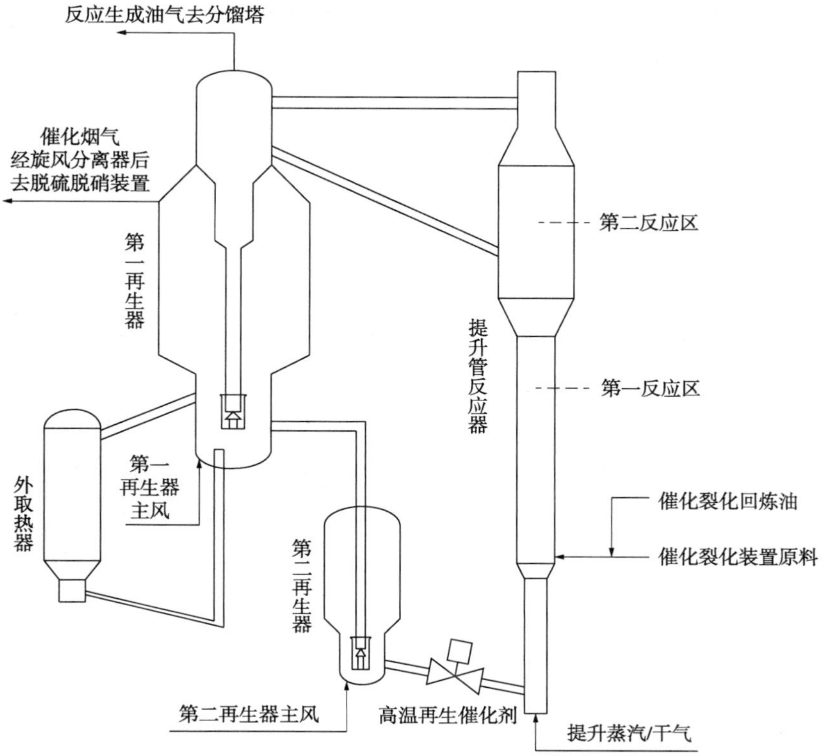

图 2 催化裂化装置反应再生系统流程示意图

2 废水氨氮超标情况

脱硫脱硝装置废水氨氮含量间断性出现超标情况，一定程度地影响了下游污水处理场的运行，严重时甚至造成冲击。表 1 列出了废水在 2024 年 1 月 3 日至 10 日出现氨氮超标期间的相关排放数据。

表 1 脱硫脱硝装置排放数据

项目		实际平均值	控制指标
催化烟气	SO_2/(mg/m^3)	462.03	—
	NO_x/(mg/m^3)	43.37	≤200
	粉尘/(mg/m^3)	169.74	—
净化烟气	SO_2/(mg/m^3)	3.61	≤50
	NO_x/(mg/m^3)	1.86	≤100
	粉尘/(mg/m^3)	0.93	≤10

续表

项　目		实际平均值	控制指标
废水	悬浮物/(mg/L)	26.33	—
	pH 值	8.00	—
	全盐量/(mg/L)	16653.33	—
	氨氮/(mg/L)	719.57	≤400
	COD_{Cr}/(mg/L)	252.80	≤500

从表 1 中可以看出，在催化烟气 NO_x 含量并不高的情况下，净化烟气 NO_x 含量远低于控制指标，但同时废水氨氮含量超控制指标，达到 719.57mg/L。

同时，通过观察废水氨氮在超标时段及其前后时段(此时段未喷氨)的含量变化与催化烟气 NO_x 含量变化趋势(见图 3)，可见两者呈明显的负相关：当催化烟气 NO_x 含量较高时，废水氨氮含量较低；当催化烟气 NO_x 含量较低时，废水氨氮含量较高。

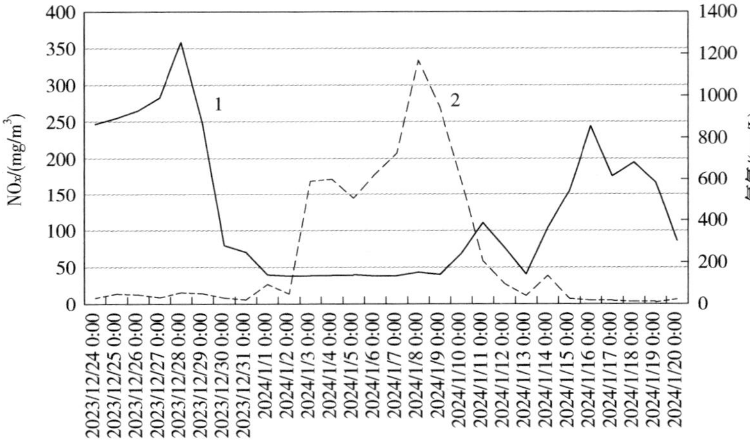

图 3　废水氨氮含量与催化烟气 NO_x 含量对比

1—催化烟气 NO_x 含量；2—废水氨氮含量

3　废水氨氮超标原因分析

3.1　废水氨氮来源

脱硫脱硝装置各项进料包括催化烟气、燃料气、空气、液氨、新鲜水(补水)、碱液、絮凝剂。

3.1.1　液氨

脱硝单元需要喷氨将烟气中的 NO_x 转化成氮气。如果喷氨过多，未反应的氨气将逃逸到除尘脱硫单元，最终进入到废水中，从而造成氨氮超标。但是由于在废水氨氮超标时段及其前后时段，净化烟气 NO_x 均较低(见图 4)，为减少系统压力降增大风险，装置已停止喷氨操作，因此杜绝了因喷氨过多造成氨气逃逸进入废水的可能性。

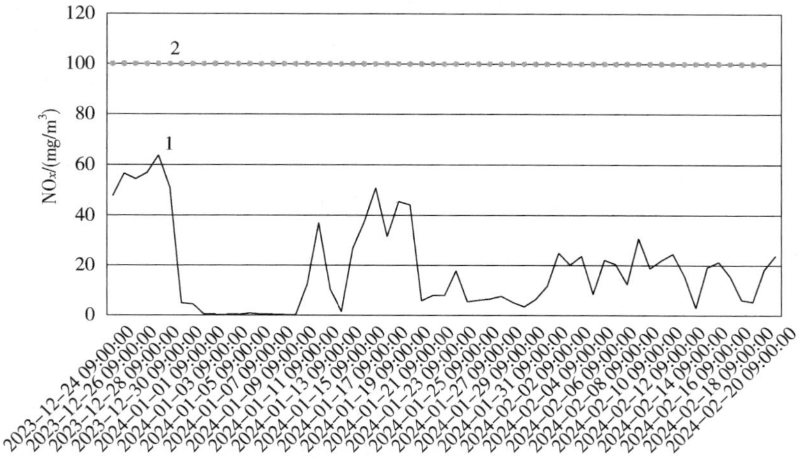

图 4　净化烟气 NO_x 在废水氨氮在超标时段及其前后时段的排放情况

1—净化烟气 NO_x 含量；2—NO_x 控制上限

3.1.2　燃料气、空气

余热锅炉使用炼厂干气作为燃料气，空气作为助燃剂。燃料气组成数据见表 2，氮气平均体积含量为 14.62%，无其他含氮或含氨组分。空气中的氮气体积含量约为 78.06%。氮气能在高温下氧化，生成的 NO_x 被称为热力型 NO_x。热力型 NO_x 的生成量和燃烧温度有很大的关系。随着反应温度的升高，其反应速率按指数规律增加。当反应温度<1300℃时，NO_x 的生成量不大；当反应温度>1300℃时，反应温度每增加 100℃，NO_x 反应速率增加 6～7 倍[1]。由于余热锅炉配备的两台燃烧器均采用了低 NO_x 燃烧技术，分两次供风使主燃区域处于还原性气氛，降低燃料气的燃烧温度、速度，从而抑制氮气分子高温高压下分解为单个氮原子后与氧原子结合形成 NO_x，并还原部分已生成的 NO_x，实现低 NO_x 燃烧[2]，因此燃料气或空气当中的氮气在余热锅炉燃烧过程几乎未发生任何化学反应，最终仍将以氮气形式排入大气。

表 2　燃料气组成

组分	体积含量/%	组分	体积含量/%	组分	体积含量/%
氢气	25.40	丙烯	0	异戊烷	0.08
氮气	14.62	异丁烷	0.14	正戊烷	0.01
甲烷	30.96	正丁烷	0.14	戊烯	0
乙烷	10.28	正丁烯+异丁烯	0.03	一氧化碳	0.83
乙烯	6.87	反丁烯	0.01	二氧化碳	0.54
丙烷	10.09	顺丁烯	0.01	硫化氢/(mg/m^3)	0

3.1.3　新鲜水、碱液、絮凝剂

新鲜水、碱液、絮凝剂的注入位置均在除尘脱硫单元，在此单元不会有氮气或 NO_x 发生还原反应生成 NH_3。因此，如果废水的氨氮来自新鲜水、碱液或絮凝剂，那么表明这三种物料本身含有氨氮。

新鲜水来自市政饮用水管网，根据GB 5749—2022《生活饮用水卫生标准》，生活饮用水中的氨氮含量不得超过0.5mg/L，表明新鲜水中氨氮含量为极微量，与废水氨氮含量相比，可忽略不计。碱液来自外购，采用电解法生产工艺。根据GB/T 209—2018《工业用氢氧化钠》，电解法生产的液碱产品(如氢氧化钠溶液)，常规质量控制指标不包括氨氮含量，说明碱液应当不含氨氮成分，或者也仅为可忽略不计的极微量。絮凝剂为通用名称，其本质是聚氯化铝，来自外购。根据GB/T 22627—2022《水处理剂　聚氯化铝》，氨氮含量质量分数不得超过0.05%，表明絮凝剂中氨氮含量为极微量，与废水氨氮含量相比，可忽略不计。从以上可知，新鲜水、碱液、絮凝剂均不是废水氨氮的来源。

3.1.4　催化烟气

在排除掉液氨、燃料气、空气、新鲜水、碱液、絮凝剂后，造成废水氨氮超标的唯一可能只剩下催化烟气。根据表1，催化烟气当中NO_x为43.37mg/m^3，而净化烟气NO_x仅为1.86mg/m^3，表明催化烟气中的绝大部分NO_x在脱硝单元已被NH_3还原成氮气。由于在此期间装置已停止喷氨操作，无任何外来的NH_3，这也进一步表明催化烟气当中含有相当量的NH_3组分，足够脱硝单元NO_x还原使用。

由于催化烟气的日常分析只包括SO_2、NO_x、粉尘、CO、CO_2、O_2等组分，不包括NH_3组分。为明确其中NH_3含量，根据NH_3平衡来推算催化烟气NH_3含量。由于NH_3只在脱硝单元参加NO_x的还原反应，除此之外不会发生其他反应，因此NH_3平衡公式为：催化烟气NH_3量=参与脱硝反应的NH_3量+脱硫废水氨氮量。

催化烟气NO_x和净化烟气NO_x均以NO计算。在脱硝单元，催化烟气NO与NH_3主要发生化学反应为：$4NO+4NH_3+O_2 \longrightarrow 4N_2+6H_2O$[3]，据此可推算参与脱硝反应的$NH_3$量即为催化烟气当中NO量与净化烟气NO量之差。以上公式涉及的各项物料流量见表3，废水密度以水的密度计算。

表3　烟气、废水流量

物　料	流量	物　料	流量
催化烟气/(m^3/h)	119193	废水/(t/h)	9.02
净化烟气/(m^3/h)	131594		

参与脱硝反应的NH_3量为：

$$
\begin{aligned}
\text{参与脱硝反应的}NH_3\text{量} &= \text{催化烟气 NO 量}-\text{净化烟气 NO 量}\\
&= [(119193\times43.37)-(131594\times1.86)]\times10^{-6}\\
&\approx 4.92(\text{kg/h})
\end{aligned}
$$

催化烟气NH_3量为：

$$
\begin{aligned}
\text{催化烟气}NH_3\text{量} &= \text{参与脱硝反应的}NH_3\text{量}+\text{脱硫废水氨氮量}\\
&= 4.92+(9.02\times719.57)\times10^{-3}\\
&\approx 11.41(\text{kg/h})
\end{aligned}
$$

催化烟气当中NH_3含量为：

$$
\text{催化烟气}NH_3\text{含量}=\frac{\text{催化烟气}NH_3\text{量}}{\text{催化烟气流量}}=\frac{11.41}{119193}\times10^6\approx 95.73(\text{mg/m}^3)
$$

根据以上计算，推算出催化烟气当中的 NH_3 含量约为 95.73mg/m^3，明显高于催化烟气的 NO_x 含量。这些 NH_3 除了在脱硝单元与 NO_x 发生反应外，过剩部分最终进入废水成为氨氮。

3.2 催化烟气 NH_3 产生原因

3.2.1 催化裂化反应再生系统含氮化合物的反应机理

催化裂化装置的原料在进入提升管反应器后发生多种化学反应，原料中的含氮化合物，特别是吡啶、喹啉等碱性氮化物会吸附在催化剂表面的酸性活性中心，与焦炭共同形成复杂化合物，使催化剂中毒并失活[4]。失活后的催化剂进入再生器进行烧焦再生。烧焦再生过程中，附着在焦炭中的含氮化合物先高温分解反应生成 HCN 和 NH_3 等挥发性中间产物，这类中间产物进一步与 O_2 反应生成 NO_x，同时因还原物质 CO、焦炭的存在，部分 NO_x 可与之反应生成 N_2，烧焦过程中含氮化合物反应机理可归纳为如下反应式[5]：

$$\text{焦炭 N 化物} \longrightarrow HCN+2NH_3$$

$$HCN+O_2 \longrightarrow NO+H_2O+CO_2$$

$$NH_3+O_2 \longrightarrow NO+H_2O$$

$$2NO+O_2 \longrightarrow 2NO_2$$

$$2NO+2CO \longrightarrow N_2+2CO_2$$

$$C+2NO \longrightarrow N_2+CO_2$$

3.2.2 催化烟气 NH_3 来源分析

根据催化裂化反应-再生系统含氮化合物反应机理，再生器中的 NO_x 主要是在第二再生器的富氧环境下生成。在第一再生器的贫氧环境下，第二再生器出来烟气携带的 NO_x 与第一再生器中具有还原性的焦炭、CO、NH_3、HCN 等物质发生反应生成 N_2。然而对于处于贫氧环境的第一再生器来说，附着待生催化剂上的含氮化合物高温分解出 HCN 和 NH_3，如果再生风量进一步不足的话，会有部分 NH_3 无法被氧化，从而随着烟气进入到下游的脱硫脱硝装置。

3.3 催化烟气 NH_3 的危害

催化烟气含有过多的 NH_3，除了会进到废水造成氨氮超标，从而对下游的污水处理场造成冲击外，还会造成系统压力降增大。

脱硝单元使用的脱硝催化剂含有 V_2O_5，能将催化烟气中的 SO_2 转化为 SO_3。催化烟气的 NH_3 或采用喷氨操作时进入的 NH_3，除了作为还原剂与 NO_x 反应生成无害的氮气和水，还能与 SO_3 反应生成硫酸铵[$(NH_4)_2SO_4$]和硫酸氢氨(NH_4HSO_4)[6]。其中硫酸氢铵是黏性和腐蚀性的物质，可黏附烟气中的飞灰附着于省煤器管束，导致省煤器阻力增加和余热锅炉压力升高。

4 调整措施及效果

4.1 调整措施

根据催化烟气 NH_3 产生机理，关键是要控稳催化烟气当中 NO_x 含量，既不能过高，防止脱硝单元负荷过高造成净化烟气 NO_x 超标；也不能过低，避免催化烟气 NH_3 量过多造成废水氨氮超标。因此在工艺管理上，在原先仅控制催化烟气 NO_x 上限（≤200mg/m^3）的基础上，进一步规定了控制下限，要求不低于 100mg/m^3，同时还设置了 100～130mg/m^3 的最优控制范围。按照新的控制要求，催化裂化装置在之前操作基础上增加了以下操作调整手段：

（1）调整再生器烧焦比例，将第二再生器主风量适当向第一再生器转移，提高第一再生器烧焦比例，降低其贫氧环境，增强再生器内 C、CO 的燃烧反应，降低还原性物质含量，有利于适当提高烟气 NO_x 含量。

（2）通过降低回炼油量，提高预提升干气等方法，降低生焦量来降低再生器内还原性物质浓度，弱化烟气中的 NO_x 还原生成 N_2 反应。

（3）合理匹配脱硝助剂和 CO 助燃剂的加注，通过停止加注或减量加注脱硝助剂，适当提高 CO 助燃剂的加注量，降低再生器内 CO 含量，弱化 NO_x 还原反应。

4.2 调整后的效果

采取相应的操作调整后，催化烟气 NO_x 控制和废水氨氮控制均较为稳定（见图 5）。其中，催化烟气 NO_x 平均值为 120.45mg/m^3，波动范围绝大多数都在 100～200mg/m^3 之内，而且基本上也能满足 100～130mg/m^3 的最优控制范围。废水氨氮平均值为 25.83mg/L，最高值为 61.87mg/L，未出现超过排放控制指标的情况。与调整之前相比，氨氮含量大幅下降。

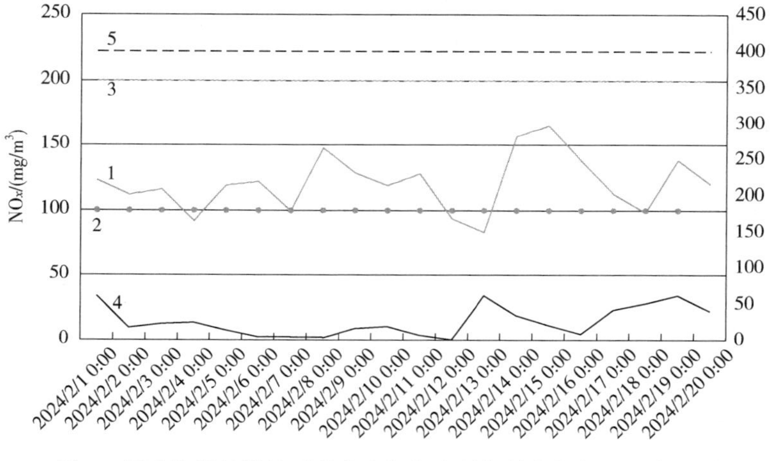

图 5 经采取调整措施后的废水氨氮含量与催化烟气 NO_x 含量对比

1—催化烟气 NO_x 含量，mg/m^3；2—催化烟气 NO_x 含量控制下限，mg/m^3；3—催化烟气 NO_x 含量控制上限，mg/m^3；4—废水氨氮含量，mg/L；5—废水氨氮含量控制上限，mg/L

5 结 论

（1）废水氨氮超标的主要原因为催化裂化装置再生过程中，贫氧环境下含氮化合物分解生成的 NH_3 随烟气进入脱硫单元，在脱硝单元与 NO_x 反应后，过剩的 NH_3 进入废水。催化烟气的 NH_3 主要是在第一再生器的贫氧环境产生的。

（2）通过物料平衡计算，催化烟气中 NH_3 含量可高达 95.73mg/m^3，远超脱硝反应需求。

（3）通过调整优化催化裂化装置再生器操作，包括提高第一再生器主风量、降低回炼油量及调整助剂加注比例，将催化烟气 NO_x 控制在合理范围（100~130mg/m^3），减少 NH_3 生成并抑制其向废水转移。

（4）实施相关调整优化后，废水氨氮含量显著降低至25.83mg/L以下，且净化烟气 NO_x 稳定达标。

参考文献

[1] 刘义中. 加热炉燃烧器在线低氮改造[J]. 石油化工设备技术，2022，43(6)：10-12+31+4.

[2] 张姗姗. 工艺加热炉和CO锅炉烟气脱硝技术改进[J]. 炼油技术与工程，2025，55(4)：51-54.

[3] 孙博文，陈银平，张顺平. 催化裂化装置SCR脱硝技术应用问题及处理措施[J]. 石油化工应用，2020，39(7)：105-107+116.

[4] 宋亦伟，赵勇，徐猛，等. FCC再生烟气氮氧化物产生原因与控制措施[J]. 辽宁化工，2024，53(2)：326-328.

[5] 高海山. FCC烟气SCR脱硝装置运行问题分析及解决方案[J]. 石油化工腐蚀与防护，2021，38(4)：39-41.

[6] 余璐，高勇强，范玉龙，等. 催化裂化装置选择性催化还原脱硝技术应用中的问题及解决方案[J]. 石油炼制与化工，2022，53(11)：117-122.

多能量场耦合催化氧化技术在油气田压裂废水中的应用

钱　威[1]　郭吉星[2]　张东生[2]　胥执胜[1]　牟　敏[1]

（1. 四川中地天成智电环保科技有限公司，成都 610213；
2. 胜利石油管理局有限公司供水分公司，东营 257097）

【摘要】 油气田开采过程中产生的压裂废水，由于其成分复杂、高 COD、高盐度以及可生化性差等特性，采用常规的生化处理方法，根本无法有效解决降解 COD 的问题，高级氧化处理成为解决该问题的主要技术手段。目前在各油气田企业较为普遍采用的高级氧化技术手段有臭氧催化、芬顿等，但存在处理效果不稳定、二次污染等缺点，针对以上难点，我们采用磁场、电场等多能量场耦合高级催化氧化技术，通过磁场耦合改变催化剂金属离子的自旋态以及增加 d 轨道外层孤对电子，降低催化氧化反应的能量势垒和增加催化反应电子数，提高催化氧化的效率，降低催化氧化的能耗和运行费用，对油气田压裂废水有较好的处理效果，试验结果表明该技术与同类催化技术相比，能耗降低 25%以上。

【关键词】 多能量场耦合　能量势垒　催化氧化

1　前　　言

油田压裂液处理是油气田开发过程中面临的重要环境和工程问题，其处理难点主要体现在以下几个方面：

（1）成分复杂

压裂液在作业过程中添加了多种化学添加剂，导致其化学性质复杂，具有高黏度、高 COD 和高矿化度等特点，处理难度大。

（2）污染物含量高

压裂返排液中含有大量的悬浮物、油类、重金属、硫化物等污染物，这些污染物浓度高且难以去除。

（3）水质和水量波动大

压裂返排液的排放具有间歇性和不稳定性，其水质和水量会因压裂作业的条件、地层特性等因素而大幅波动。

（4）处理工艺

目前，由于压裂液的组分复杂情况以及场地限制和技术等原因，常用的主要以物理和化学处理相结合的处理工艺，如加药混凝、气浮、膜法和高级氧化等组合技术，见表 1。

表 1 部分压裂液处理厂家及处理工艺

	压裂液处理工艺			
厂家名称	君集环境科技股份	湖北国朗技术装备	陕西云汉天河装备	中石油西南油气田
处理工艺	气浮+催化氧化+软化沉淀+超滤+树脂软化+电渗析+蒸发结晶	气浮+过滤	预处理+氧化破胶+精细过滤	气浮+絮凝+双碱法除硬+臭氧催化+纳滤+反渗透+MVR
处理标准	未知	A2 回注	A2 回注或配液用水	地方排放标准
实施案例	长宁页岩气田	大庆油田	大庆页岩油区块及延长油田宜川区块	蜀南气矿荣县天然气净化厂

由于压裂液处理难度高，以及现场的场地限制等，结合目前工艺处理效果不稳定、国家环保标准的提高等因素，高级氧化技术（AOP）是目前公认的比较合适处理该类废水去除COD的核心技术之一，多能量场耦合催化氧化系统 MEFOETS®是四川中地天成智电环保科技有限公司拥有自有知识产权的高级氧化技术装备，采用磁场、电场等多能量场耦合高级催化氧化技术，通过磁场耦合改变催化剂金属离子的自旋态以及增加 d 轨道外层孤对电子，降低催化氧化反应的能量势垒和增加催化反应电子数[1,4]，提高催化氧化的效率，降低催化氧化的能耗和运行费用，目前已应用于高难降解废水的多个领域。

2 多能量场耦合催化氧化技术原理

多能量场耦合催化氧化技术（MEFOETS®）主要基于量子理论，在外加电场、磁场和超声波等多能量场作用下，通过耦合高频磁场，对多金属掺杂的催化介质金属离子 d 轨道外层电子自旋状态的诱导改变，有效降低污染物外层电子的活化能量势垒和氧化过电位，及增加外层孤对电子[1,2,5]，增强催化中间产物的吸附和电子转移[2~6]，提高催化氧化的反应速度和催化效率，对废水中的污染物进行分解、降解，达到高效处理有机污染物降低 COD 和降低运行能耗及运行费用的目的。

多能量场耦合催化氧化技术（MEFOETS®）主要分为能量场耦合技术和修饰催化材料技术两个方面。

2.1 多能量场耦合技术原理

2.1.1 外加磁场降低外层电子跃迁能量势垒

（1）自旋-轨道耦合与外磁场的相互作用

自旋-轨道耦合是原子内部电子能级分裂的重要因素之一。外磁场可以通过与自旋-轨道耦合的相互作用，改变电子的能级结构。在某些情况下，这种相互作用可能会使某些跃迁路径的能量势垒降低。

旋磁比(γ)是描述粒子(如电子)的磁矩与其角动量之间关系的物理量。对于电子，旋磁比定义为电子磁矩(μ)与角动量(L)的比值，即：

$$\gamma=\mu/L$$

在量子力学中，电子的旋磁比通常使用朗德因子(g)来表示，其关系为：

$$\gamma = g\gamma_0$$

其中，γ_0是自由电子的旋磁比，其值为$\gamma_0 = \frac{e}{2\pi e}$，$e$是电子电荷，$\pi e$是电子质量。

旋磁比是粒子的固有属性，主要由粒子的电荷、质量和量子态决定。对于电子，其自由态的旋磁比是一个常数，不会因外加磁场而改变。

虽然旋磁比本身是一个常数，但在实际的物理系统中，电子的朗德因子可能会受到外部环境的影响。在原子中，电子的自旋和轨道角动量之间的相互作用会导致朗德因子偏离自由电子的值($g=2$)。外加磁场可能会进一步改变这种耦合，从而影响朗德因子。

外加磁场本身不会直接改变电子的旋磁比，但可以通过影响电子的量子态、自旋–轨道耦合等场效应，间接改变朗德因子。这种变化会通过实验中的磁共振现象体现出来。因此，外加磁场对旋磁比的影响主要体现在对朗德因子的微调上。

(2) 磁场诱导的跃迁

磁场诱导的跃迁是指在外磁场的作用下，原本被禁阻的跃迁路径变得允许[1,2,5]。这种现象在一些实验中已被观察到，例如催化剂金属离子Co^{2+}的d轨道外层电子在外加磁场下自旋状态由低自旋状态转变为高自旋状态，从而降低跃迁的能量势垒，Co^{2+}离子d轨道外层孤对电子数$3d^74s^o$由未磁场施加下的低自旋态$t_{2g}3$对成对电子对和一个e_g孤对电子，转变为磁场作用下高自旋状态下的t_{2g}的2对成对电子和1个孤对电子，以及e_g轨道的2个自旋方向一致的孤对电子，共3个孤对电子[1]，见图1。在磁场作用下，外层孤对电子数由1个变化为3个，将大大增加催化反应的电子转移速率，提高催化反应效率。

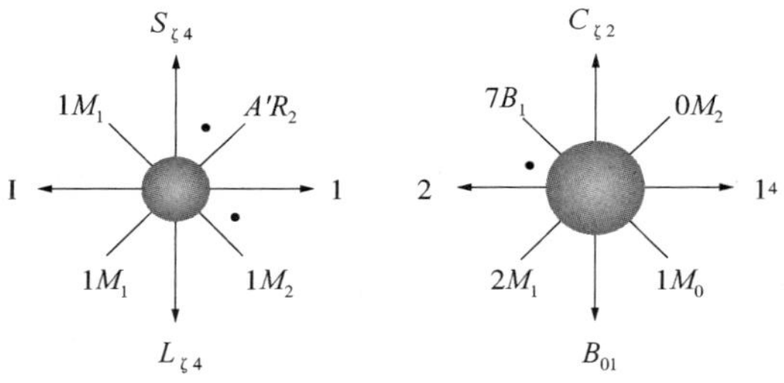

图1　磁场影响下的Co催化剂外层电子变化

(3) 外磁场对电子云分布的影响

外磁场可以改变电子云的分布，使电子云产生坍缩，降低了电子云的密度，从而会使能量势垒降低[5,6]，见图2。

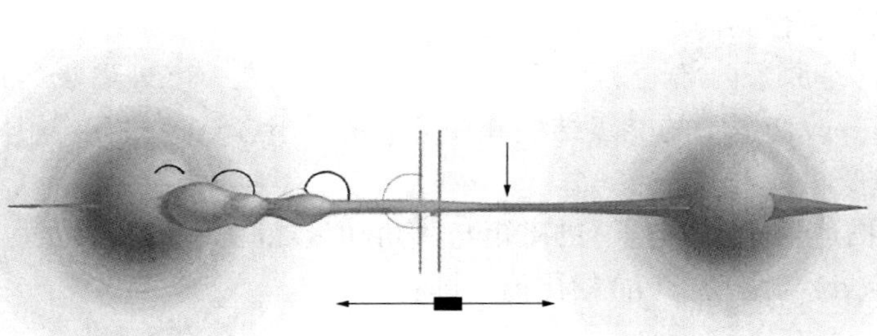

图2　磁场作用下对电子云的坍缩影响

2.1.2 射频脉冲磁场对外层电子跃迁概率的致增效应

（1）稳定磁场的定义

稳定磁场(Static Magnetic Field)是指一个恒定的、不随时间变化的外部磁场。在 NMR 和 MRI 中，稳定磁场通常用于使原子核的磁矩对齐，从而实现共振条件。

（2）脉冲频率的定义

脉冲频率(Pulse Frequency)是指射频脉冲的频率，它需要与原子核的拉莫尔频率(Larmor Frequency)匹配，以实现共振激发。拉莫尔频率由稳定磁场的强度和原子核的旋磁比决定：

$$f=\frac{\gamma .\ B_0}{2\pi}$$

式中 f——拉莫尔频率；

γ——原子核的旋磁比；

B_0——稳定磁场的强度。

（3）射频脉冲的外层电子跃迁概率致增性

射频脉冲频率与外层电子跃迁的关系可以通过量子力学中的能级跃迁理论来解释。当射频脉冲的频率与原子或分子的能级跃迁频率匹配时，电子可以在不同能级之间发生跃迁。为了实现有效的跃迁，射频脉冲的频率必须与目标跃迁的共振频率匹配。

2.2 催化材料技术

通过界面修饰，对多种元素进行掺杂，使催化性能大幅提升，增加对反应中间体的吸附，有效减少析氧副反应的发生，也可大大提高催化介质的使用寿命[7]。

（1）通过碳纳米管以及多金属掺杂，提高载流子通道，提高单位面积电流密度以及加速电子转移，以达到降低能耗和增加反应速度

（2）增大比表面面积，通过增加表面氧化点位，提高催化反应速度。

（3）通过掺杂元素的空穴形成电子转移的有效活化，其更具有选择性，副产物更少。

2.3 外加磁场对催化氧化的影响

外加磁场对自由基反应的影响主要体现在以下几个方面：

（1）改变自由基的运动轨迹和碰撞概率

自由基通常具有未成对电子，因此带有磁矩。外加磁场可以通过洛伦兹力和梯度磁场力影响自由基的运动轨迹，从而改变自由基之间的碰撞概率。

（2）影响自由基的电子自旋态

磁场可以通过 Zeeman 效应影响自由基的电子自旋态，这种变化会影响自由基的反应活性和寿命，进而影响反应速率和产物分布。

（3）提高自由基生成速率

外加磁场可以显著提高自由基(如羟基自由基)的生成速率。例如，有资料显示，外加磁场可以使光催化反应中羟基自由基的生成速率提高 11.7%，这表明磁场可以通过影响光催化剂的能级结构和自由基物种的电子自旋状态，促进自由基的生成[4]。

（4）抑制自由基复合

磁场可以通过延长自由基的寿命，减少自由基的复合，从而提高反应效率。例如，在光催化降解有机污染物的过程中，外加磁场通过影响自由基的自旋态，减少了自由基的复合，

提高了催化效率[4,7]。

3 多能量场耦合催化氧化技术 MEFOETS®油气田废水试验

根据油气田废水的实际情况，我们采用 MEFOETS®技术，对多个场景的油气田废水和压裂液进行了多次的现场试验和测试。

3.1 某油田压裂返排液试验

试验条件：

试验装备：四川中地天成智电环保公司小试装置

DSA 极板类型：多金属掺杂 PbO_2 催化电极

阴极极板类型：石墨电极

试验参数：5A/50kHz

占空比：25%

磁感应强度：250mT

极间电压：12V

如表 2 所示，小试原水 COD 浓度分别为 7070mg/L 和 6120mg/L，经小试装置 4h 催化氧化反应后，COD 浓度分别降解到 275mg/L 和 418mg/L，由于此废水氯离子含量较高，稀释倍数可能影响 COD 测试数据，但是降解曲线基本一致。

表 2 压裂液 COD 催化氧化数据 mg/L

催化时间/h	试验 Test 1	试验 Test 2
原水	7070	6120
1	1303	1673
2	1075	992
3	622	789
4	275	418

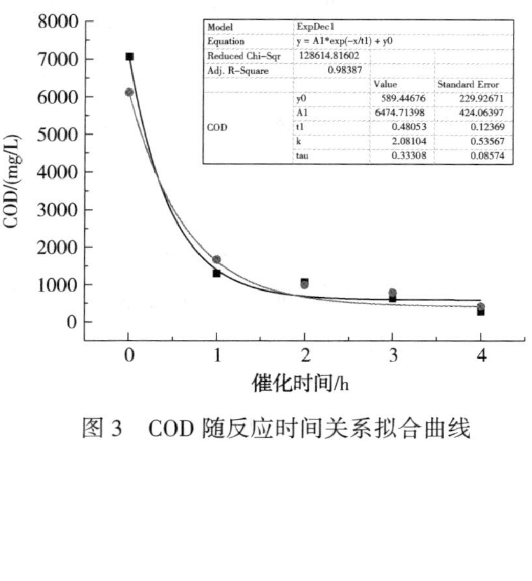

图 3 COD 随反应时间关系拟合曲线

处理数据经拟合后，$R^2=0.9839$，说明模型预测值和实际数据差异较小，两次试验的降解曲线较为一致，见图 3。

如表 3 所示，通过小试数据可以看到，随着催化的反应，停留时间越长，反应能耗也越呈正比例增加。从 COD 下降数据可以看到，反应初期下降幅度较大，随着反应停留时间增加，COD 下降则较为缓慢，主要是催化氧化系统产生的氧化物种先对小分子污染物质进行氧化分解，随着小分子污染物质的减少进行大分子氧化分解，生成小分子物质，COD 的数值会呈现下降缓慢的现象，符合催化氧化的普遍规律。

表 3 催化氧化反应对应能耗数据

停留时间/h	吨水折算净能耗/(kW/t 水)	停留时间/h	处理当量能耗/(kWh/kgCOD)
1	44	1	7.63
2	88	2	14.68
3	132	3	20.47
4	176	4	25.9

高级氧化的催化氧化顺序与机制，受有机物结构、自由基类型、反应条件以及自由基浓度等影响，具体的催化氧化途径较为复杂，自由基氧化有机物的常见顺序一般遵循的规律，自由基先攻击有机物分子中活性较高的点位和易断裂化学键的分子，进行拔氢、加成和电子转移等方式氧化有机物，如卤代烃中的卤素元素，形成脱卤反应，对烷烃和烯烃中的C—H键和双键上的 π 键，自由基氧化的最终目标是将有机物矿化，最终产物是水、二氧化碳和无机盐。

通过对多个场景的试验数据，在催化氧化反应中，由于氧化物种以及电子转移先对体系内的活化能较低的物质进行催化氧化，可以看到催化氧化的初始阶段，其 COD 数据下降的幅度较大，是自由基对废水中的小分子、短链分子进行氧化分解，随着催化氧化反应的进行，自由基对大分子物质进行破环断链，形成小分子物质，再对小分子物质进行矿化反应，其下降曲线呈现较为平缓，这与催化氧化的反应机理较为一致。

进行旋转蒸发结晶试验可以明显看到，经 MEFOETS 小试装置反应后的废水样出盐呈黄色，无结焦现象；而未经 MEFOETS 处理的废水呈黑色，结焦严重，见图 4。

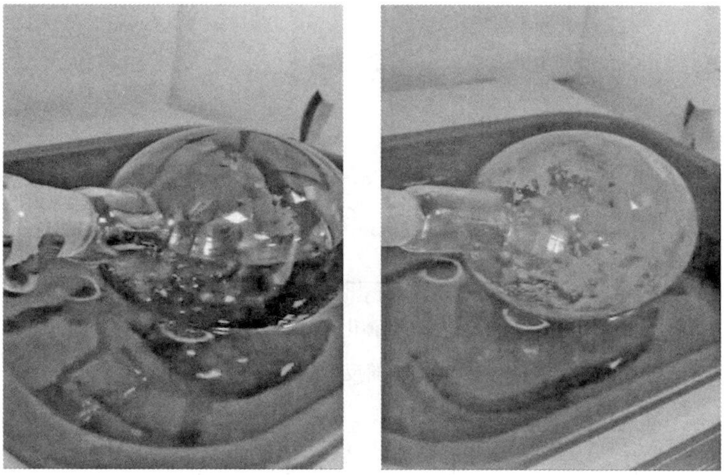

图 4 旋转蒸发结晶试验(左为未催化氧化处理，右为经催化氧化处理)

3.2 某气田水处理试验

试验条件：

试验装备：四川中地天成智电环保公司小试装置

DSA 极板类型：多金属掺杂 PbO_2 催化电极

阴极极板类型：石墨电极

试验参数：5A/50kHz/

占空比：25%

磁感应强度：250mT

极间电压：15V

废水 COD 分别从原水的 3045mg/L 经催化氧化 2.5h 下降到 219mg/L，与原水 COD 浓度 3125mg/L 催化氧化 1.5h 后下降到 1436mg/L；氨氮分别从原水的 163.05mg/L 和 154.35mg/L，经催化氧化后分别下降到 3.06mg/L 和 1.68mg/L；硫化物经催化氧化 0.5h 后全部下降至低于检测限，说明硫化物全部被氧化为硫酸盐，见表 4。

表 4　压裂液催化氧化水质指标数据　　mg/L

催化时间/h	试验 Test 1			试验 Test 2		
	COD	氨氮	硫化物	COD	氨氮	硫化物
原水	3045	163.05	149.11	3125	154.35	107.20
0.5	2778	0.18	NA	2539	0.42	NA
1.0	2247	2.28		2100	1.53	
1.5	1622	3.06		1436	1.68	
2.5	219				1.68	

由于该气田废水短链的有机物含量较高，因而在比较短的反应时间内即达到较好的 COD 去除效果，两次试验的 COD 去除曲线平行性较好，见图 5。

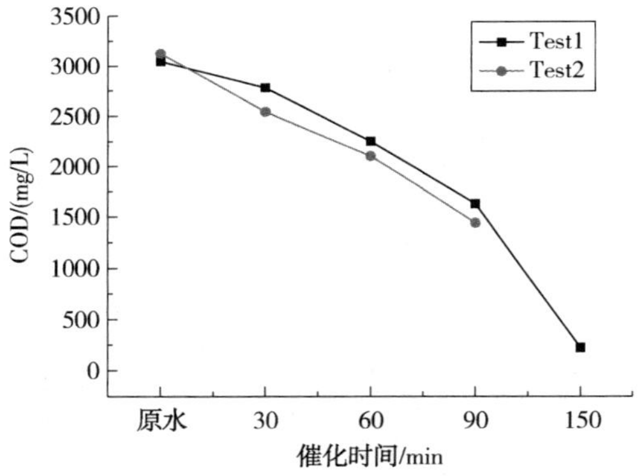

图 5　COD 随反应时间关系

4　效益分析

多能量场耦合环境处理系统根据多个场景的实验和应用，得到处理能耗数据在 15~20kWh/kgCOD（见表 5），折合运行费用为 12~16 元/kgCOD，低于见诸报道的同类型装备的（20~30kWh/kgCOD）国际和国内水平，降低能耗 25%以上，亦低于氧化每单位 COD 的理论能耗值 17.9kWh/kgCOD。

表 5 电催化氧化每吨水能耗一览表

厂 家	国外厂家		国内厂家		
	EP-凯森	Xogen Technologies	武汉威蒙环保	山东锐海环境	中海油天津化工院
属 地	俄罗斯	加拿大	中国	中国	中国
废水性质	工业废水	工业废水	园区污水	工业废水	油田废水
项 目	徐州工业园区/福建三明焦化	未知	未知	延长石油	大榭石化
进水 COD/(mg/L)	80~100	未知	97	130	170
出水 COD/(mg/L)	<30mg/L	未知	40	52	47
能耗/(kWh/kgCOD)	50	28~45	26	未知	未知

按日处理浓液量 100t，废水浓度 COD 为 5000mg/L 计，MEFOETS® 系统可节约能耗 2500kWh/d，每年累计可节约电耗 900000kWh，节约运行费用 72 万元以上。

随着国家环保政策的不断提标，目前油气田压裂液和浓液的处理问题越来越制约各油气田企业的生产发展，MEFOETS®系统可以为各企业解决“卡脖子”问题，系统可以将压裂液、膜浓缩浓液以及蒸发母液等作为处理达标排放的有效手段，为油气田企业的正常生产提供技术保障。

参 考 文 献

[1] Chen JB, Ying J, Tian Y, et al. Electrocatalysis under Magnetic Fields[J]. Advanced Functional Materials, 2024.

[2] Vensaus Priscila, Liang Yunchang, Ansermet Jean-Philippe, et al. Enhancement of electrocatalysis through magnetic field effects on mass transport[J]. nature communications, 2024

[3] Wu Liyun, Wu Qilong, Han Yun, et al. Constructing Asymmetric Defects Pairs in Electrocatalysis for Efficient Glycerol Oxidation[J]. Journal of the American Chemical Society, 2025.

[4] 张雯，王绪绪，林华香，等．磁场对光催化反应羟基自由基生成速率的影响[J]．化学学报，2005，18：65-68.

[5] Peng Chengxiao, Fan Wenjuan. 通过调整电子自旋态和外部磁场来提高光催化活性[J]. Journal of Materials Science & Technology, 2022.

[6] 刘宣文．外加磁场协助析氧反应的最新进展[J]. Chem Cat Chem, 2024.

[7] 王凯熙，宋波．磁场对催化剂结构和性能的影响[J]. Angewandte Chemie International Edition, 2024.

高含盐系统产水总磷高的原因分析及措施

何　斌

（中科（广东）炼化有限公司，湛江 524074）

【摘要】 针对某企业高含盐系统砂滤池产水总磷（TP）出现的异常情况，经过排查原水有机磷占比高，高密澄清池去除效果不佳，经反渗透膜浓缩后有机磷浓度更高，磷在生化系统内富集，出现进出水倒挂现象，导致高含盐系统总磷去除率急剧降低。通过提升石灰投加量，降低高密澄清池出水总磷；增加生化系统曝气量和排泥量，避免磷在系统内富集；同时提高臭氧氧化强度，降低污水总磷的有机磷浓度，采用低磷铝盐除磷，恢复了整个系统正常运行。

【关键词】 总磷　有机磷　石灰投加　臭氧氧化　低磷铝盐

1　前　　言

氮磷是导致自然水体富营养化的“祸根”，其结果是严重破坏了水体的生态环境及水质，造成水产养殖业等巨大损失。水体的富营养化一旦发生，往往需要很长时间才能恢复到水体的正常状态[1]。因此排水中氨氮及总磷指标要求越来越严格，某企业内部控制总磷排放限值为小于0.5mg/L，来确保稳定达标。2024年6月以来，高含盐污水系统砂滤池产水总磷（TP）在线分析仪表出现多次超过0.4mg/L的高报警，且在此期间出现了6次超过0.5mg/L的异常情况，只能将砂滤池产水返回污水储罐重新调节处理，异常情况见表1。

表1　总磷（TP）在线数据异常统计表

时　间	11月5日 8：00	11月14日 0：00	11月14日 13：00	11月15日 6：00	11月15日 22：00	11月16日 14：00
总磷/（mg/L）	0.51	0.51	0.52	0.6	0.61	0.52

2　总磷高的原因分析

2.1　原水总磷的影响

2.1.1　高含盐系统原水总磷情况

高含盐污水系统目前主要原水包括：电脱盐污水、反渗透膜浓水、废碱预处理出水、催化烟气脱硫废水等，并通过气浮、A/O生化、臭氧氧化、曝气生物滤池、反硝化生物滤池、高密沉淀池、砂滤池等工艺处理后形成合格产水。各路原水流量及总磷数据见表2。

表 2　高含盐系统原水的总磷及流量统计表

月　份	10 月			11 月			流量/(m^3/h)
原水名称	平均值/(mg/L)	最大值/(mg/L)	最小值/(mg/L)	平均值/(mg/L)	最大值/(mg/L)	最小值/(mg/L)	
反渗透膜浓水	2.81	4.1	1.39	2.05	3.36	1.04	100~120
废碱预处理出水	2.42	2.85	1.7	1.89	2.28	1.05	115~135(含反渗透膜浓水)
电脱盐污水	—	—	—	0.45	1.94	0.13	70~80
烟气脱硫废水	—	—	—	0.36	0.78	0.1	35~40

由表 2 可知，反渗透膜浓水和废碱预处理出水的总磷含量较高，废碱预处理出水和反渗透膜浓水总水量约 135m^3/h，占高浓度污水系统总处理量的 53%左右。其中废碱预处理采用了反渗透膜浓水作稀释水，高含盐污水总磷主要由反渗透膜浓水带入。

2.1.2　反渗透膜浓水总磷高分析

生产废水再生利用处理设施由高密澄清池+V 型滤池+超滤膜+反渗透膜工艺组成。将循环水场排污水进行除硬除磷、过滤降浊后由反渗透膜适度脱盐处理，产水送循环水场做补充水，浓缩高盐水与脱硫废碱液混合预处理后送至高含盐污水系统处理达标排放。循环排污水中硬度和有机磷含量较高，需要通过高密澄清池降低水中总硬和总磷，利于反渗透膜的正常运行。向水中投加石灰，先形成碳酸钙沉淀，过量的钙离子与磷酸盐反应生成羟基磷酸钙沉淀，此外形成的絮凝体对磷也有吸附去除作用，pH 值越高，羟基磷酸钙溶解度急剧下降，磷的去除率越高[2]，而且石灰在碱性条件下，能与弱酸的有机磷反应而去除。

如表 3 所示，从 1 至 10 月份(4、5 月大修停运)来看，高密澄清池进水总磷平均值差异不大，8 月份最高 1.43mg/L，10 月份最低 0.973mg/L。高密澄清池产水的总磷反而变化很大，1~3 月份的总磷平均值小于 0.10mg/L，平均去除率达 92.79%；6~10 月的总磷平均值 0.358mg/L，平均去除率 69.04%，下降明显。高密澄清池产水经过反渗透膜脱盐处理后，浓水浓缩约 8 倍，按 1~3 月总磷平均值为 0.1mg/L 计算，浓水的总磷约 0.8mg/L，按 6~10 月总磷平均值为 0.358mg/L 计算，浓水的总磷约 2.86mg/L，上升明显，而且水中总磷成分基本为有机磷。

表 3　高密澄清池总磷去除率统计表

月　份	1 月	2 月	3 月	6 月	7 月	8 月	9 月	10 月
澄清池进水/(mg/L)	1.17	1.2	1.21	1.27	1.03	1.43	1.18	0.973
澄清池产水/(mg/L)	0.08	0.08	0.098	0.397	0.406	0.368	0.301	0.32
去除率/%	93.16	93.3	91.9	68.74	60.58	74.27	74.49	67.1

高密澄清池产水总磷从小于 0.1mg/L 上升至 0.358mg/L，总磷去除效果明显降低，分析原因：一是 6 月份以来循环水场更换的新药剂配方中有机磷比例增大；二是在高密澄清池进出水总磷去除效果明显下降时，未及时对石灰投加量进行调整。

2.2　生化处理的影响

高含盐污水生化处理系统采用传统 AO 生物处理工艺，分为混合池+缺氧 A 池+好氧

MBBR 池+活性污泥好氧 O 池+二沉池，主要对高含盐污水进行降碳脱氮处理，辅以吸磷释磷。污水中的氮、磷，只能通过活性污泥微生物的摄取，去除微生物细胞由于生命活动的需求而吸收的数量，磷的去除率很低，为 5%~20%[1]。所有污水生物除磷工艺流程中都包含厌氧操作段和好氧操作段，完成有机磷→无机磷→含磷污泥的转化，使剩余污泥的含磷量达到 3%~7%。由于进入剩余污泥的总磷量增大，处理出水的磷浓度就会明显降低[2]。

如表 4 所示，正常生化处理过程中进水总磷应高于出水，但在 11 月 17 日之后，出现生化池出水总磷高于进水的倒挂现象。生化池内的总磷分布也异常，高于进水，本系统 AO 生化池以脱氮为主，进水 COD 较低，为满足氨氮的硝化降解，排泥量很少，整个系统处于过低负荷运行状态，污泥微生物呈现老化、解絮，死亡的微生物在系统内循环，导致聚磷菌也出现细胞自溶，将吸收的磷"吐"出来，使磷在生化池内逐步富集而浓度升高。10 月中旬开始减少了生化池的曝气量后，前端的 MBBR 也逐步成了缺氧区，使生化池的好氧区间减少，厌缺氧区间增大，聚磷菌在好氧阶段对磷吸收降解转化不完全，回流至厌缺氧区又大量释放到水里，降低了除磷效果，导致生化池内总磷含量异常升高，最高达到 3.5mg/L，最终生化池出水总磷出现倒挂现象，见表 5。

表 4 高含盐污水生化处理系统进出水总磷统计表

月 份	6 月	7 月	8 月	9 月	10 月	11 月 1~16 日	11 月 17~24 日		
生化池进水/(mg/L)	1.45	1.4	2.1	1.65	1.44	1.07	0.69	0.93	0.6
二沉池出水/(mg/L)	1.06	1.13	2.0	1.24	1.24	0.78	1.02	1.32	0.68

表 5 高含盐污水生化池内总磷统计表

采样点	高含盐生化池 A 总磷/(mg/L)			高含盐生化池 B 总磷/(mg/L)		
采样时间	A 池	MBBR 池	O 池	A 池	MBBR 池	O 池
11 月 21 日	2.02	2.3	1.65	1.87	2.1	1.82
11 月 22 日	1.92	2	1.58	1.62	1.74	1.48
11 月 23 日	1.03	3.5	1.07	1.38	3.2	0.99
平均值/(mg/L)	1.53	2.28	1.32	1.44	2.05	1.29

2.3 高密度沉淀池除磷的影响

2.3.1 铝盐除磷效果分析

生物除磷通常效果一般，往往需要在深度处理时采用化学除磷来保持出水总磷稳定达标。化学沉淀法除磷是将可溶性铝(铁、钙)盐投加到污水中与磷酸(氢)根离子反应生成溶解度很小的磷酸铝(铁、钙)沉淀物，从而使废水中溶解性的磷得以较彻底地去除，静置澄清水一般能达到小于 0.1mg/L 的水平[2]。高含盐污水处理系统主要在高密沉淀池投加聚合氯化铝(PAC)和聚丙烯酰胺(PAM)进行絮凝反应除磷，最终使砂滤池产水总磷小于 0.4mg/L。

如表 6 所示，1~3 月总磷去除效果良好，但 6 月份开始，总磷去除率明显降低，至 11 月份只有 33.7%，出水总磷已有 6 次超过 0.5mg/L 的异常情况。

表 6 高密度沉淀池总磷去除率统计表

月 份	1月	2月	3月	6月	7月	8月	9月	10月	11月1~16日
高密池进水/(mg/L)	0.6	0.63	0.82	1.06	1.14	1.12	0.87	1.04	0.92
高密池出水/(mg/L)	0.11	0.12	0.12	0.45	0.37	0.446	0.37	0.46	0.61
去除率/%	81.67	80.95	85.37	57.55	67.54	60.18	57.47	55.7	33.7

11月19日至22日对高密沉淀池进出水总磷、有机磷采样分析，数据见表7。

表 7 高浓度沉淀池总磷、有机磷统计表

采样点		11月19日	11月20日	11月21日	11月22日	平均值
高密沉淀池进水/(mg/L)	总磷	3.72	3.07	3.58	3.26	3.41
	有机磷	3.2	2.27	3.09	2.14	2.68
高密沉淀池出水/(mg/L)	总磷	3.32	3.03	2.78	2.88	3
	有机磷	3.14	2.37	2.68	2.19	2.6
去除率/%	总磷	15.6	1.3	22.35	11.66	12.73
	有机磷	1.9	-10	13.27	-5	0.17

如表7所示，11月19日、21日的出水有机磷低于进水，而20日、22日的出水有机磷略高于进水。高密沉淀池进水有机磷占比78.6%，出水有机磷占比86.7%。表明水中的无机磷已基本去除，但是有机磷占比过高，铝盐除磷效率也大幅下降。

2.3.2 药剂含磷量的影响

对高含盐污水系统使用的药剂进行含磷分析，发现聚合氯化铝(PAC)原液中总磷含量偏高，见表8，经分析，为厂家降低成本使用的原材料纯度低，含杂质多，磷含量也高。在除磷絮凝反应过程中会有抑制作用，同时絮凝效果不好时，会随水流至下一单元，使水中磷含量增大。经协商，要求供货商从11月28日起提供低磷配方(小于300mg/L)的聚合氯化铝(PAC)。

表 8 高含盐污水系统 PAC 的总磷分析表

月 份	11月18日	11月21日	11月25日	11月28日	11月28日后
PAC/(mg/L)	1510	1410	2090	345	192

3 总磷高的解决措施

3.1 提高高密澄清池除磷效果

通过协商，技术商将循环水场的药剂配方减少有机磷成分，适当增加分散剂，从源头上使原水有机磷比例有所减少。11月10日开始逐步提高再生高密澄清池石灰投加量，由原来50mg/L提高到200mg/L，将石灰投加量提升后，除磷效果由0.358mg/L逐步下降至0.26mg/L、0.16mg/L左右，进而使反渗透膜浓缩水总磷也从2.86mg/L降至1.28mg/L左右，从源头上有效降低进入高含盐污水系统的磷含量，见表9。

表 9 高密澄清池进出水总磷统计表

采样时间	11 月 11 日~20 日			11 月 21 日~12 月 20 日		
名 称	平均值/(mg/L)	最大值/(mg/L)	最小值/(mg/L)	平均值/(mg/L)	最大值/(mg/L)	最小值/(mg/L)
高密澄清池进水	0.88	1.25	0.35	1.01	1.27	0.89
高密澄清池出水	0.26	0.44	0.1	0.16	0.23	0.12
去除率/%	70.45	—	—	84.15	—	—

3.2 调整生化处理系统除磷效果

11 月 21 日~23 日的平均值最高数据显示，生化池内总磷约是进水的 3.3 倍。23 日晚上增加一台生化曝气风机，将供风量由 6900Nm^3/h 提至 11000Nm^3/h，对生化池提高供氧量。增加供氧量后，并加强排泥，持续对生化池进行采样监测，如表 10 所示，生化池内的总磷含量有明显下降。

表 10 高浓度生化池内总磷统计表

采样点	高浓度生化池 A 总磷/(mg/L)			高浓度生化池 B 总磷/(mg/L)		
采样时间	A 池	MBBR 池	O 池	A 池	MBBR 池	O 池
11 月 27 日	1.24	0.86	0.88	0.74	0.82	1.21
11 月 28 日	1.39	0.56	0.71	1.37	0.70	0.68
11 月 29 日	0.92	0.85	0.80	0.94	0.68	0.75

3.3 增强臭氧氧化强度，提升有机磷转化率

高级氧化技术可以将污水中有机磷部分氧化为无机磷，通过增加臭氧发生器运行台数，由 1 台增加至 3 台，将运行功率设置为 130kW，氧气流量为 130m^3/h，将臭氧浓度提至 140mg/L 左右。

由表 11 可知，通过增加臭氧氧化强度，臭氧氧化池进出水总磷下降较小，但是有机磷转化率基本在 50%以上，为后续高密度沉淀池铝盐除磷创造便利条件。高密沉淀池在有机磷比例较大时，总磷下降幅度很小，对有机磷基本没有去除能力，当有机磷比例降低后，总磷的去除率也逐步上升。同时将铝盐(PAC)配方的总磷控制小于 300mg/L，减少药剂高含磷对絮凝反应除磷的抑制性。从 12 月 3 日至 20 日，出水总磷也稳定控制在 0.3mg/L 以下，确保了产水总磷达标。

表 11 臭氧氧化池及高密沉淀池进出水总磷有机磷统计表

采样点		11 月 29 日	11 月 30 日	12 月 1 日	12 月 2 日	12 月 3 日	12 月 4 日~20 日
二沉池池出水(臭氧氧化进水)/(mg/L)	总磷	0.8	0.96	0.95	0.96	0.82	1.08
	有机磷	0.38	0.71	0.5	0.62	0.48	—
臭氧氧化池出水(高密沉淀池进水)/(mg/L)	总磷	0.72	0.78	0.63	0.83	0.76	—
	有机磷	0.19	0.34	0.23	0.26	0.22	—

续表

采样点		11 月 29 日	11 月 30 日	12 月 1 日	12 月 2 日	12 月 3 日	12 月 4 日～20 日
臭氧氧化去除率/%	总磷	10	18.8	33.68	13.5	7.31	—
	有机磷	50	52.1	54	58	54.2	—
高密沉淀池出水/(mg/L)	总磷	0.4	0.33	0.3	0.31	0.22	0.194
	有机磷	0.3	0.29	0.23	0.27	0.19	—
铝盐除磷去除率/%	总磷	44.4	57.7	52.4	62.65	71.1	82.04
	有机磷	-57.89	14.7	0	-3	13.63	—

4 结　论

针对高含盐污水系统砂滤池产水总磷(TP)出现的异常情况，经排查及采取下面有针对性的措施：

(1) 高密澄清池石灰投加量从 50mg/L 提高至 200mg/L，出水总磷从 0.358mg/L 降至 0.16mg/L，从源头上降低总磷含量。

(2) 提高 AO 生物处理系统曝气风量和排泥量，避免磷在生化系统内循环富集。

(3) 提高臭氧氧化强度将有机磷转化为无机形式，有机磷转化率基本在 50%以上。

(4) 选用总磷含量小于 300mg/L 的铝盐(PAC)作为除磷剂。

通过以上措施，从 12 月 3 日至 20 日，出水总磷也稳定控制在 0.3mg/L 以下，确保了产水总磷达标，高含盐污水处理系统也恢复了正常生产。

参 考 文 献

[1] 张自杰. 排水工程：下册[M]. 5 版. 北京：中国建筑工业出版社，2015.
[2] 杨春来，罗胜联. 废水处理原理[M]. 长沙：湖南大学出版社，2012.

基于 fluent 仿真模型软件对反渗透入口流量调节的工艺优化

吴非凡

（中国石化河南炼化公司水务部，洛阳 471000）

【摘要】 针对反渗透设备投用过程中，预处理来水量的急剧升高会对反渗透膜产生冲击破坏的问题，开展了工艺改进前现场运行试验与数据收集，根据试验得到改进前的仿真条件并验证仿真的可行性；工艺改进后先进行仿真得到现场实际运行的工况参数，根据仿真参数进行现场运行试验。结果表明，优化后的反渗透投用工艺将高压泵改为变频泵、弃用蝶阀，调节反渗透入口流量的方式改为变频泵与手动调节阀相配合，改进后调节反渗透入口流量曲线呈线性，增长幅度为 1.8m^3/h/Hz，此调节方式更加平稳。

【关键词】 反渗透　仿真分析　手动调节阀　蝶阀

1 前　　言

中国石化河南炼化公司制备除盐水的生产工艺为：地下新鲜水经机械过滤器对水中大颗粒的杂质进行拦截处理后，达到反渗透进水指标，经过反渗透对水进行脱盐处理，随后进入除碳器除碳，经一级混合离子交换器除盐，再进入二级混合离子交换器深度除盐，产品水达到二级除盐水标准，除盐水制备具体工艺流程如图 1 所示。反渗透膜是超纯水设备的核心元件，如果膜元件发生破坏，将直接影响出水水质[1]，反渗透膜破坏的主要原因有以下几个方面：①预处理不彻底，没有完全去除大分子物质，进入反渗透膜，导致膜划伤[2]；②长期停运备用不通水湿润，过滤杂质在反渗透膜上固化，重新使用反渗透时，反渗透膜污堵，导致膜两侧压差过大，膜元件发生变形破坏[3]；③阻垢剂添加量不足或者未添加，长时间会导致污垢沉积在膜表面导致膜损坏[4]；④工艺缺陷设备选型不当，现场工艺及设备不符合反渗透投运的要求，导致反渗透运行指标未在正常运行标准范围内[5]。本文主要围绕工艺缺陷设备选型不当，在反渗透设备投用过程中，预处理来水量的急剧升高，高压泵及蝶阀对水流控制不平稳导致对反渗透膜产生冲击破坏展开讨论。

改进前现场调节反渗透入口流量的方式为高压泵、手动调节阀及电动慢开蝶阀三者的配合来调节反渗透入口流量，蝶阀对反渗透入口流量的调节曲线呈快开特性，对流量调节的均匀性不够，且长期运行过程中会出现蝶阀阀前背压过大无法自启动，导致蝶阀及配套管线破坏。对改进前工艺存在的蝶阀流量特性进行流体仿真分析，仿真分析结果与现场运行蜈阀流量特性基本一致，为优化反渗透设备投用工艺提供仿真分析手段。优化后的反渗透投用工艺将高压泵改为变频泵、弃用蝶阀，调节反渗透入口流量的方式为变频泵与手动调节阀的配合来调节反渗透入口流量，通过流体仿真分析得到变频泵的相关性能参数及手动调节阀的开度，改进后调节反渗透入口流量曲线呈线性，增长幅度为 1.8m³/h/Hz，此调节方式更加平稳。在反渗透运行过程中，每列反渗透运行效果不同，需要调整反渗透进水量及回收率，仅需在中控室对泵的频率进行微调就可以实现各列反渗透回收率及流量的分配，自动化程度更高，可以预知流量与频率之间的关系，操作人员能够更好地控制流量。

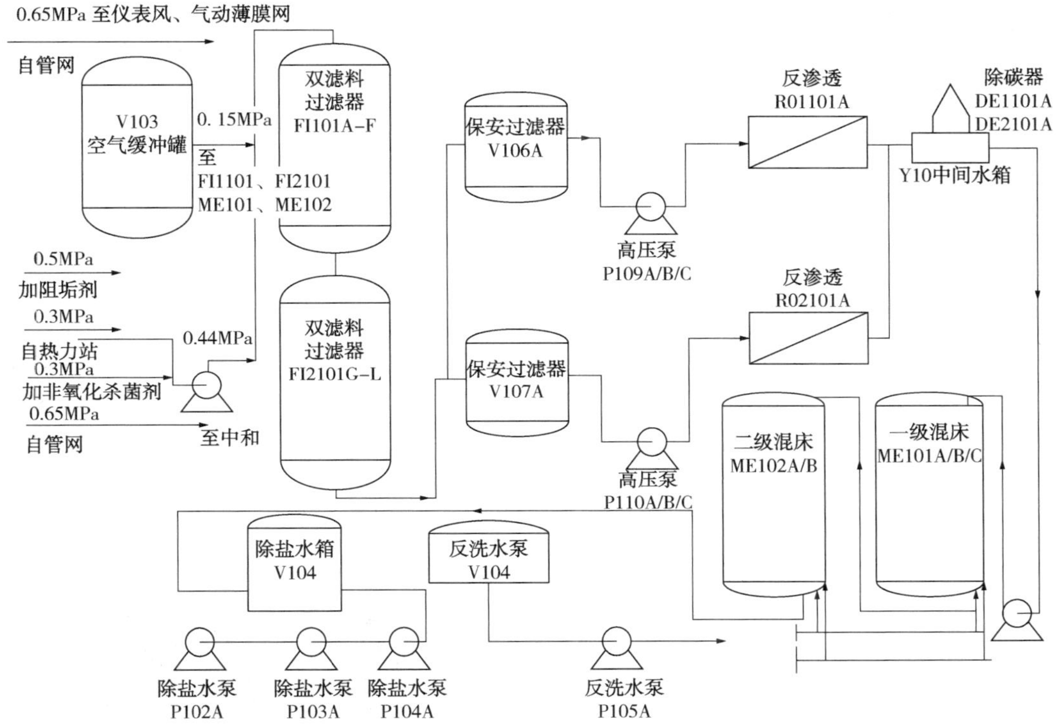

图 1　制备除盐水生产工艺

2　改进前反渗透投用入口流量调节

2.1　改进前反渗透投用流量调节现场实验

改进前调节反渗透入口流量的方式为高压泵、手动调节阀及电动慢开蝶阀三者的配合来调节反渗透入口流量，将手动调节阀调整到高压泵开启后反渗透入口达到额定流量 125m³/h 的位置，打开电动蝶阀后开启冲洗水泵进行低压冲洗，冲洗完成后关闭冲洗水泵及电动蝶阀，开启高压泵，观察蝶阀前端压力到 0.7MPa 时，开启电动蝶阀直至全开，开启持续时长为 8s，达到反渗透入口所需流量，图 2 为反渗透入口流量调节

图 2　改进前调节反渗透入口流量现场装置

现场装置。

2.2 改进前反渗透投用流量调节仿真

改进前调节方式主要依赖于蝶阀的匀速缓慢开启来起到反渗透入口端流量的缓慢增加，减少对反渗透膜的冲击，现场实际按照蝶阀前端压力达到 0.7MPa 时，开启电动蝶阀，开启过程持续时间为 8s，因此，改进前反渗透入口流量调节方式的仿真对象为电动蝶阀。

2.2.1 电动蝶阀三维模型建立

蝶阀的公称通径为 80mm，管道长度 300mm，采用电机控制阀芯的启闭，阀芯全关时与管道的装配间隙为 1mm，利用 Solidworks 三维建模软件建立电动蝶阀的三维模型如图 3 所示。

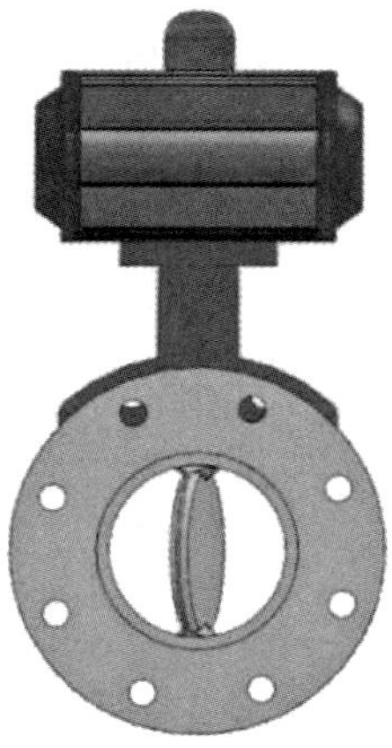

图 3 电动蝶阀三维模型

2.2.2 电动蝶阀流体域提取及网格划分

将电动蝶阀三维模型导入 space claim 模型前处理中，提取出流体域三维模型，将三维求解问题简化为二维问题进行处理。提取出三维流体域的中间面，填充内部阀芯厚度和直径对应其宽度和长度的空白矩形面，处理后的实心矩形作为二维重叠动网格的 component-zone 部分，矩形长度(流道长度)为 300mm，宽度(流道直径)为 80mm；建立矩形平面，其内部是以阀芯厚度 10mm 和阀芯直径 78mm 为宽度和长度的空白矩形面，流体域模型如图 4 所示。将处理好的二维流体域模型进行网格划分，网格整体采用规则的四边形，对于重叠的网格部分以及边界进行网格加密，流体域网格模型如图 5 所示。

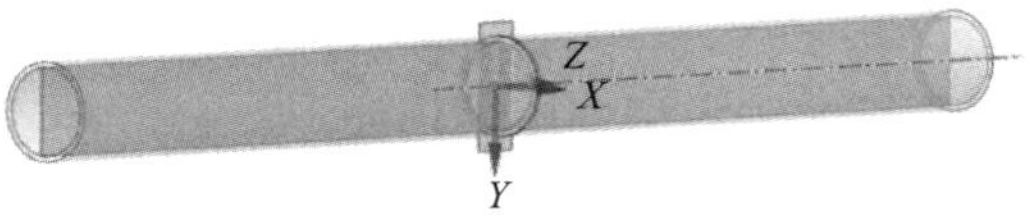

图 4 流体域处理模型

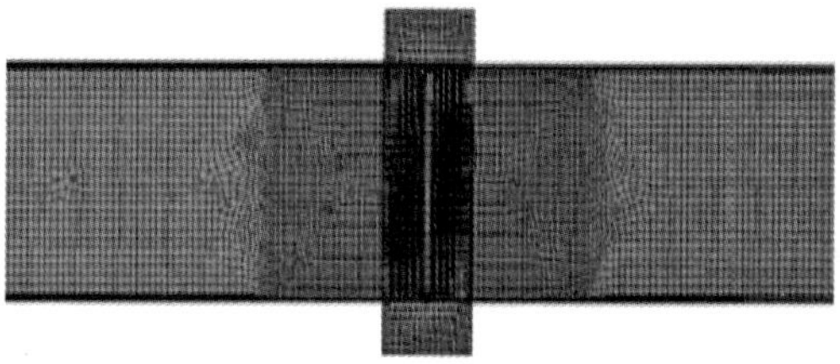

图 5 流体域网格模型

2.2.3 2D 重叠动网格数值模拟计算

求解器选择 2D 双精度求解器，将计算网格模型导入计算软件 Fluent 中，检查计算模型的网格情况，确定没有负体积网格存在，保证计算精度。流动状态为瞬态，选择基于压力、瞬态的求解方程，根据雷诺数可以判断属于湍流状态，选取标准 K-S 模型。选取理想状态下的水作为蝶阀中的流通介质，设置进、出口边界条件为压力入口与压力出口。压力入口为 0.7MPa、压力出口为 0MPa，其余壁面均为光滑无滑移，用 Visual Studio 编辑控制阀芯匀速运动的程序，设定转速为 0.1963rad/s，阀芯运动 8s 后停止运动，程序如图 6 所示。每间隔 1s 记录一次出口流量并保存一次速度云图，图 7～图 14 为不同阀芯开启时间下的速度云图。

```
#include "udf.h"

DEFINE_CG_MOTION(rotasi, dt, cg_vel, cg_omega, time, dtime)
{
        cg_vel [0] = 0.0;
        cg_vel [1] = 0.0;
        cg_vel [2] = 0.0;

        cg_omega [0] = 0.0;
        cg_omega [1] = 0.0;

        if (time > 8.0)
                cg_omega[2] = 0;
        else
                cg_omega[2] = 0.196;
```

图 6 阀芯运动程序

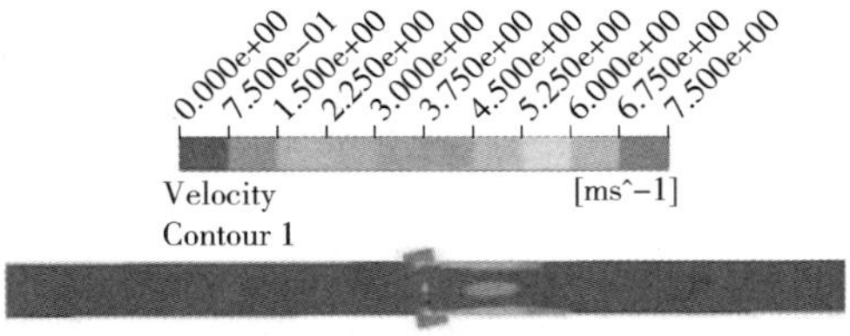

图 7　阀芯运动 1s 的速度云图

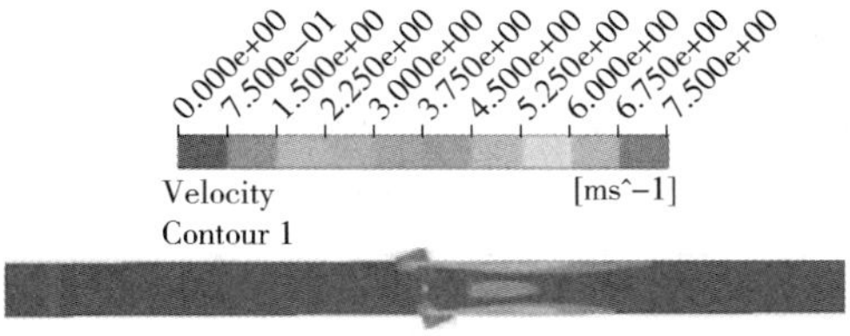

图 8　阀芯运动 2s 的速度云图

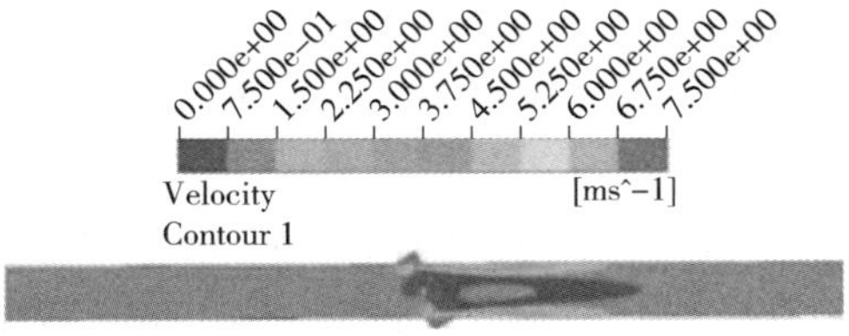

图 9　阀芯运动 3s 的速度云图

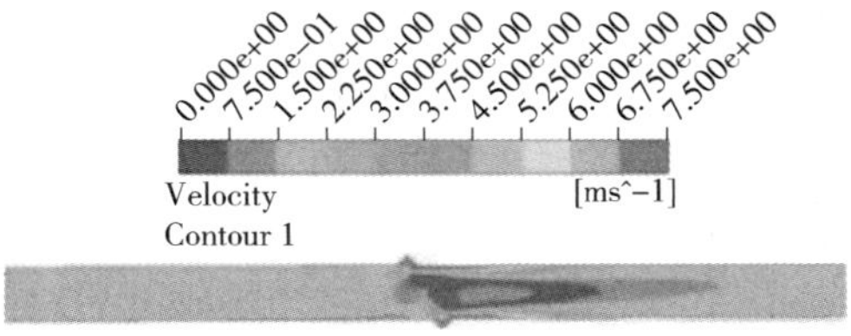

图 10　阀芯运动 4s 的速度云图

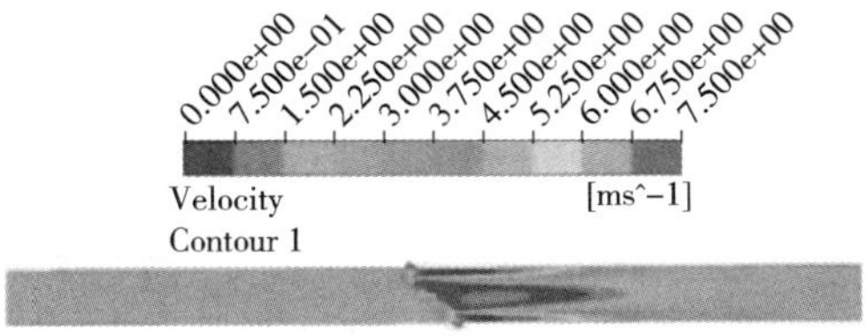

图 11　阀芯运动 5s 的速度云图

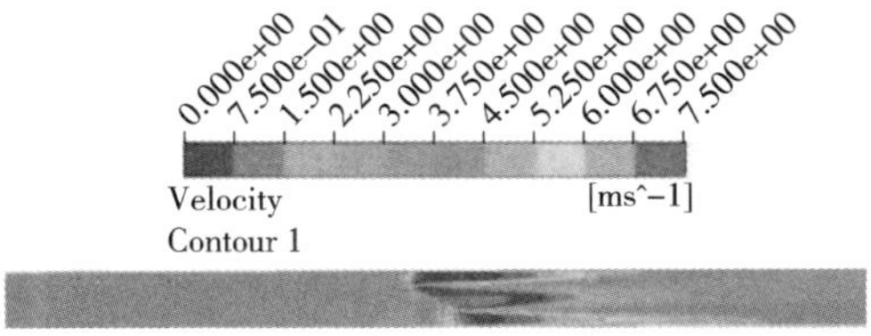

图 12　阀芯运动 6s 的速度云图

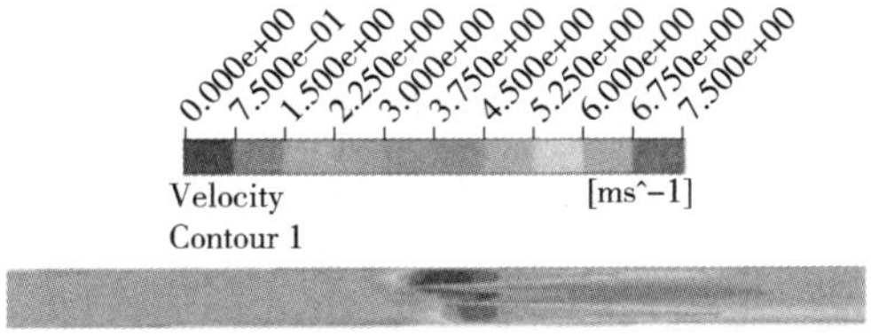

图 13　阀芯运动 7s 的速度云图

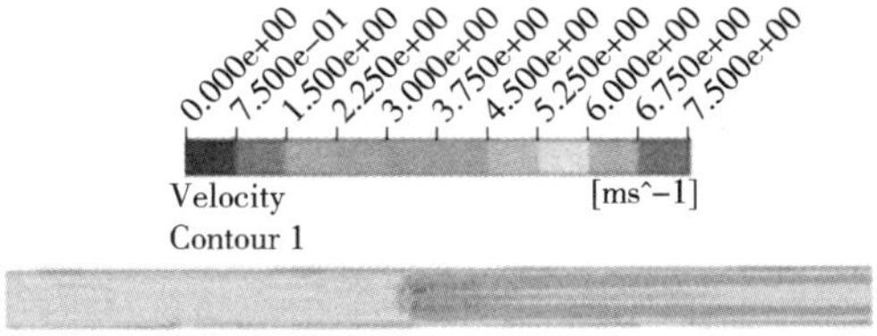

图 14　阀芯运动 8s 的速度云图

图 7～图 14 显示水流整体速度情况，经过阀板的后面形成了涡流，由于 0～2s 阀芯开度较小，压差较大，所以涡流现象比较严重，但是此时的涡流速度较低。阀芯开启在 2～7s 过程中，阀后存在较大的面积水流速度基本为零，但相比较 0～2s 时已经有一部分区域速度有所增大，阀板后的漩涡有所变化，正后方有一个更集中的涡流区；阀板上端靠近管壁的间隙处出现了小范围的高速流状态，而阀板后面还有局部区域基本处于无流通情况，主要存在靠近管道出口处的一侧；在阀后也出现了涡流现象，相比 0～2s 时涡流位置有所改变，速度有所增加；速度云图显示了在通过蝶阀后，已形成了速度相比之前较高的涡流区域，在蝶板的上下两端开口处出现了两个较为高速的射流区域，射流速度由于压力突变速度较高，更多的

流量沿着管壁移动，而不是流动到蝶阀后面的强涡流区。阀芯开启在 2~7s 过程中，可以看出红色高速区域已经基本消失，高速射流在蝶板下端开口处也已经消失，阀后的速度相对之前更为平稳，涡流现象也开始渐渐消失，显示了一个很大程度上畅通无阻的流动和少量的漩涡，涡流区很快消散，水流由高速流控制。

2.3 实验及仿真结果分析

由图 15 可以得出，两条曲线呈现快开型，ro 入口流量随着蝶阀的开启时间增长幅度越快。通过计算机模拟仿真的方式得到的数据与试验结果存在差异较小，主要原因是计算机仿真中的阀门模型与实际生产的阀门模型有一定的差异，例如实际生产的阀门存在加工误差，建模仿真中的模型由于模型的简化过程存在着误差等[6]；模拟边界条件比较理想化，实际测量过程中会受到现场条件的限制，会出现一定的误差，此误差满足生产要求，基本符合生产中出现的流量调节规律，可以用于改进现场生产。

由图 16 可以得出，当蝶阀的开启时间在 0~3s 过程中，流量变化率的上升幅度较平缓，流量变化率在 3~8m^3/h/Hz；当蝶阀开启时间在 3~7s 过程中，流量变化率增加的幅度较大，流量变化率在 8~32m^3/h/Hz；当蝶阀开启时间在 8~9s 过程中，流量变化率曲线上升幅度有所减缓，流量变化率在 32~35m^3/h/Hz。

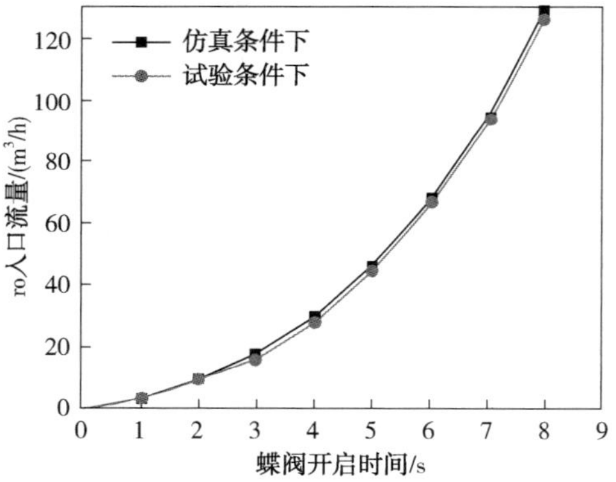

图 15 蝶阀开启时间与 ro 入口流量关系

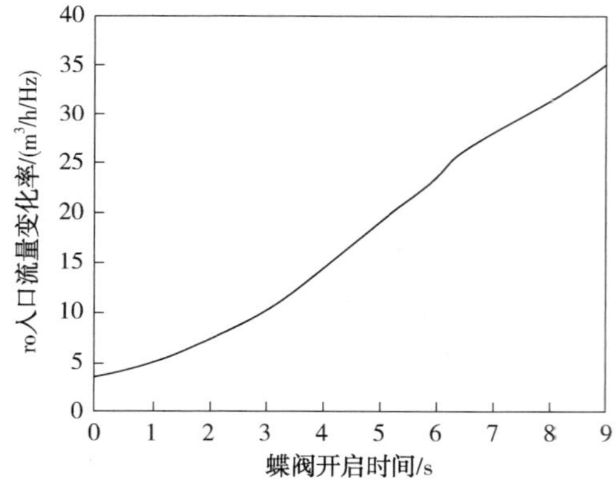

图 16 蝶阀开启时间与 ro 入口流量变化率关系

3 改进后反渗透投用入口流量控制

3.1 改进后反渗透投用流量调节仿真

根据改进前试验与仿真得出蝶阀全部开启时，手动调节阀开启三分之一行程可以满足反渗透额定负荷，改进后调节方式设计为手动调节阀固定到阀芯开启三分之一行程；根据有利旧变频泵的性能参数，频率调节精度设计 1.25Hz 为最小频率变动值，改进后反渗透入口流量调节方式的仿真对象为手动调节阀变频泵的频率匀速提高达到反渗透入口流量，减少对反渗透膜的冲击。

3.1.1 手动调节阀三维模型建立

调节阀的公称通径为 80mm，管道长度 300mm，采用手动控制阀门的调节，阀芯全关与管道的装配间隙为 1mm，利用 Solidworks 三维建模软件建立电动蝶阀的三维模型如图 17 所示。

3.1.2 手动调节阀流体域提取及网格划分

将手动调节阀三维模型导入 Design modeler 模型前处理中，利用填充功能提取出阀芯开启行程三分之一时的流体域三维模型如图 18 所示。将处理好的三维流体域模型进行网格划分，网格整体采用不规则的四面体结构，并对局部区域进行网格加密，保证计算精度，流体域网格模型如图 19 所示。

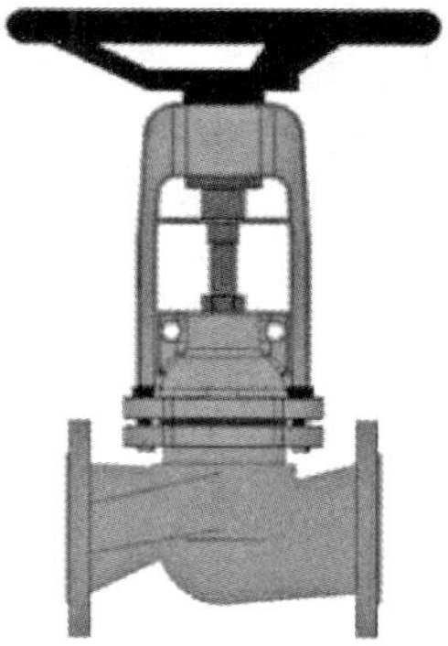

图 17 手动调节阀三维模型

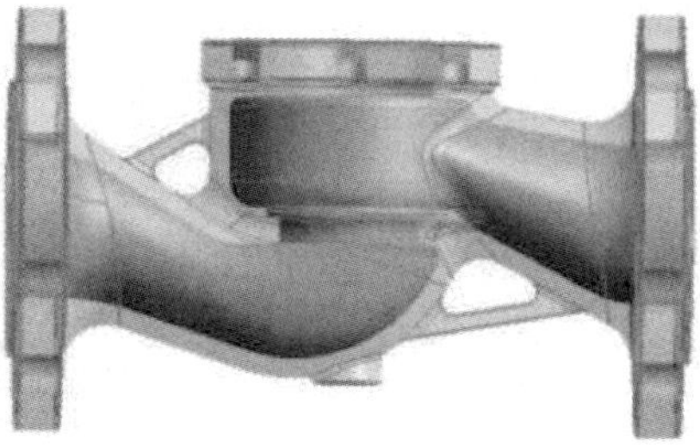

图 18 流体域处理模型

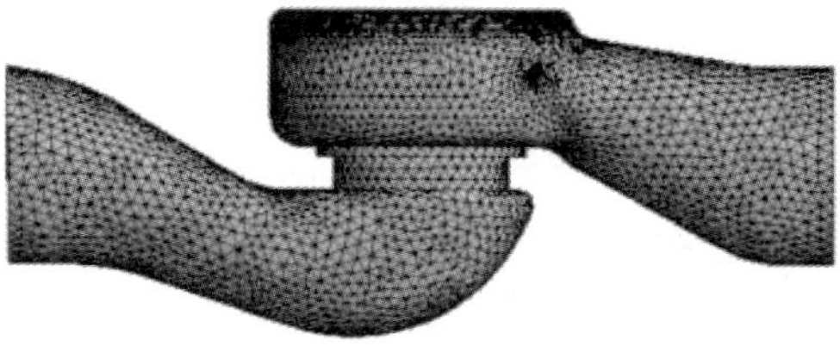

图 19 流体域网格模型

3.1.3 数值模拟计算

求解器选择 3D 双精度求解器，将计算网格模型导入计算软件 Fluent 中，检查计算模型的网格情况，确定没有负体积网格存在，保证计算可以进行。流动状态为瞬态，选择基于压力、瞬态的求解方程，根据雷诺数可以判断属于湍流状态，选取标准 K-S 模型，选取理想状态下的水作为调节阀中的流通介质。满足反渗透进水流量范围 $125m^3/h$、压力范围 1～1.5MPa 要求，分别设置频率的 10%、20%、30%、40%、50%、60%、70%、80%速度入口初始条件分别为 0.75m/s、1.49m/s、2.24m/s、2.98m/s、3.73m/s、4.48m/s、5.22m/s、5.97m/s，压力出口初始条件为 0MPa，其余壁面均为光滑无滑移，图 20～图 27 为不同频率下调节阀开启三分之一的速度云图。

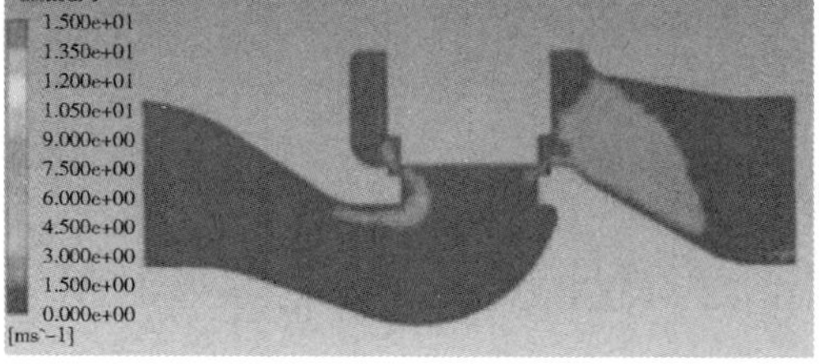

图 20 频率 10%反渗透入口流量速度云图

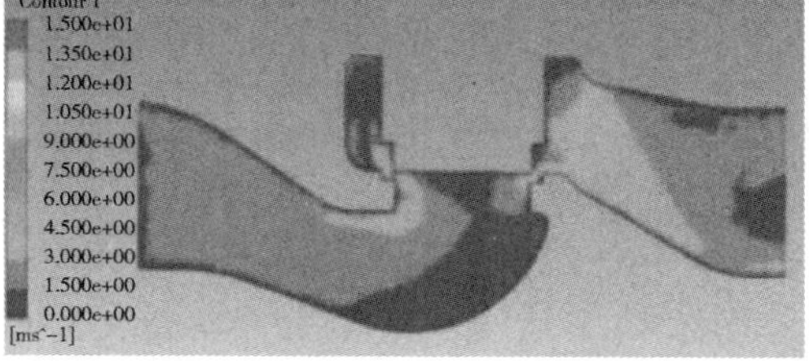

图 21 频率 20%反渗透入口流量速度云图

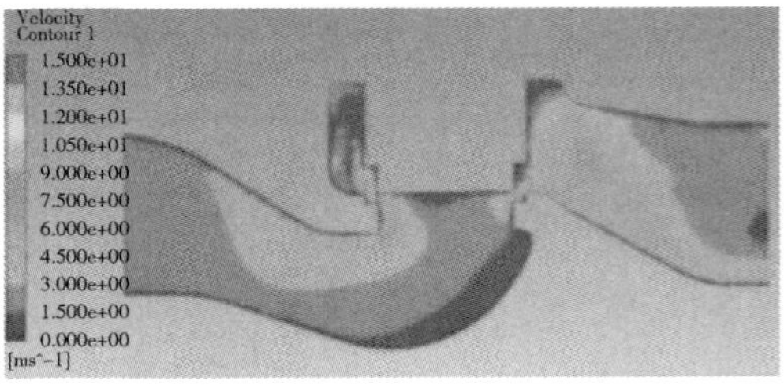

图 22　频率 30%反渗透入口流量速度云图

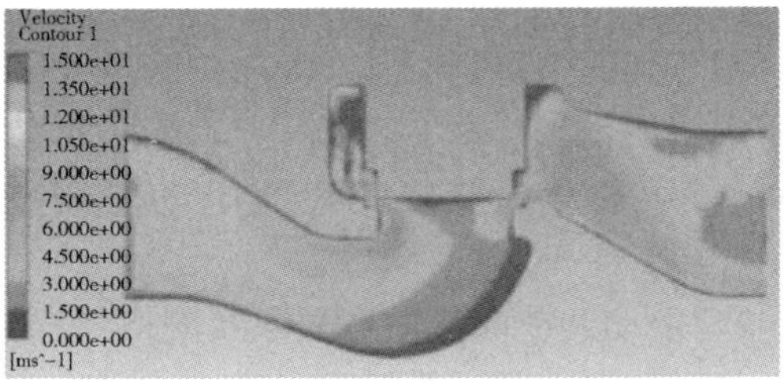

图 23　频率 40%反渗透入口流量速度云图

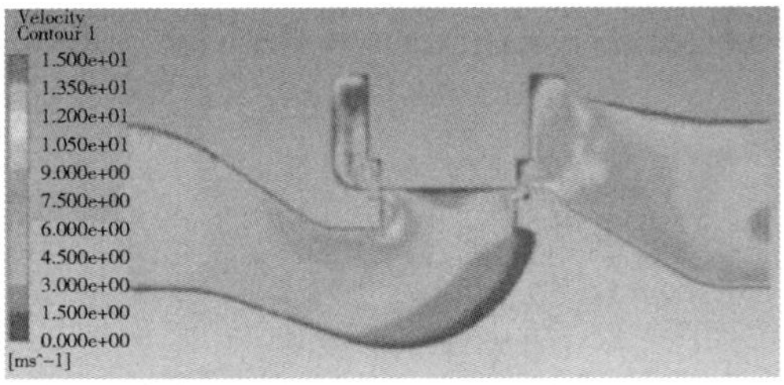

图 24　频率 50%反渗透入口流量速度云图

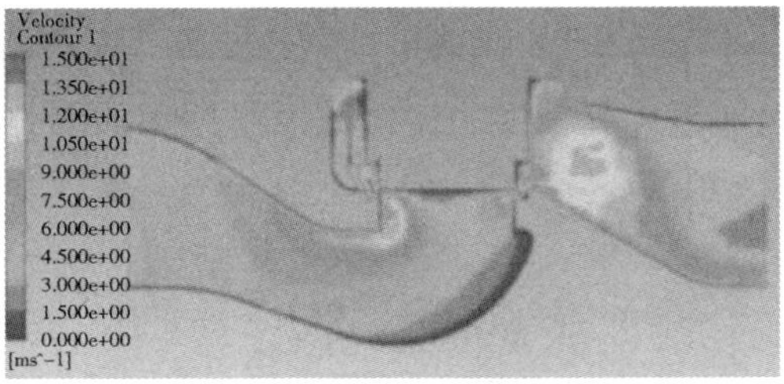

图 25　频率 60%反渗透入口流量速度云图

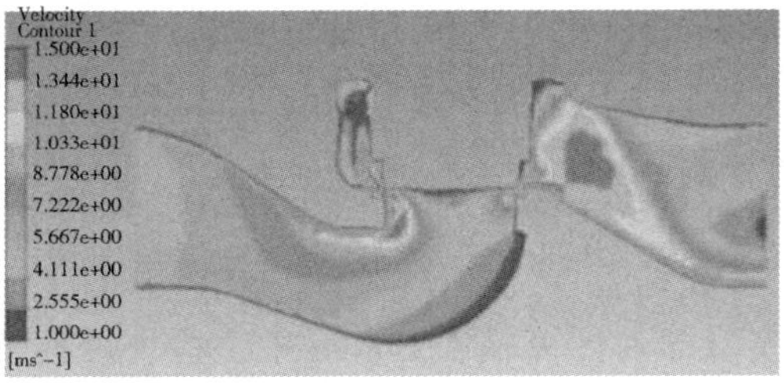

图 26　频率 70%反渗透入口流量速度云图

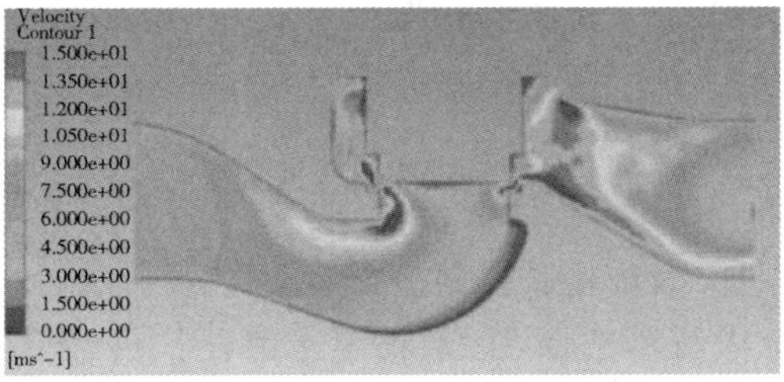

图 27　频率 80%反渗透入口流量速度云图

图 20~图 27 是调节阀随着变频泵频率升高流场仿真计算结果的速度云图。当变频泵频率由 10%增大至 80%，调节阀入口端流体流动平稳，在节流口处流速骤增，在阀芯周边与节流口相交处流体流速达到最大值，在节流口进、出口处高流速区域面积随着频率的升高而增大，且节流口出口处此现象最为明显。由于过流通道在阀芯与过流导向套配合处体积突然缩小，引起流体速度在该处骤增且在远离入口端处速度最大[7]。流体通过过流导向套时流道面积突然变化，流体对过流导向套的冲击加大，这也是产生冲击和湍流的主要原因[8]。流道入口处的底部以及入口端上阀体腔内有一部分流体区域流速为 0，且此区域面积随着频率的升高逐渐减小[7]。

3.2　改进后反渗透投用流量调节现场实验

改进后调节反渗透入口流量的方式为变频泵与手动调节阀的配合来调节反渗透入口流量，将手动调节阀开启到三分之一处，变频泵频率达到额定的 80%时反渗透入口达到额定流量 125m^3/h 的位置，开启冲洗水泵进行低压冲洗，冲洗完成后将变频泵的频率由 10%升到 80%，变频泵的性能参数如表 1 所示，变频泵电机性能参数如表 2 所示，此时反渗透入口流量达到所需流量，图 28 为改进后反渗透设备投用流量调节现场实验。

表 1 改进后变频机泵性能参数

设备重量/kg	扬程/m	流量/(m^3/h)	轴功率/kW	转速/(r/min)	介质	厂家
2500	150	135	132	2950	水	大连第二耐酸泵厂

表 2 改进后变频电机性能参数

类别描述	机型 YE3-315M-2 WF1	功率/kW	主要技术参数 A	制造厂
变频	2500	132	234	南阳防爆集团有限公司

图 28 改进后反渗透设备投用流量调节现场实验

3.3 仿真及实验结果分析

由图 29 可以看出，反渗透入口流量随变压泵频率升高呈线性递增，不同频率条件下的反渗透入口流量仿真曲线与试验曲线近似重合。由图 30 可以看出，随着变频泵频率的升高，反渗透入口流量变化率基本保持 1.8m^3/h/Hz，说明利用变频泵控制反渗透入口流量更加稳定，流量线性递增。

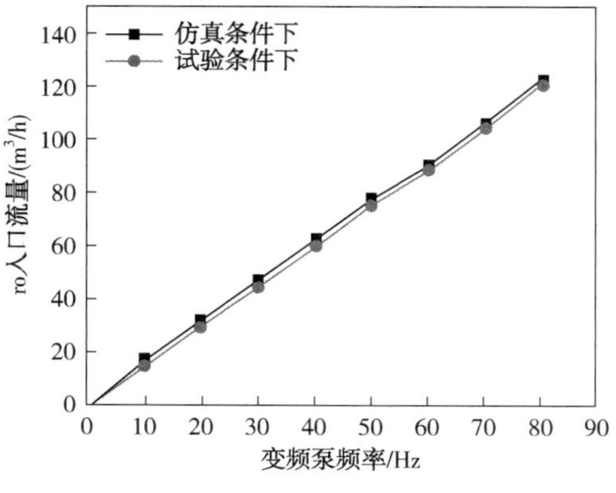

图 29 变频泵频率与反渗透入口流量关系

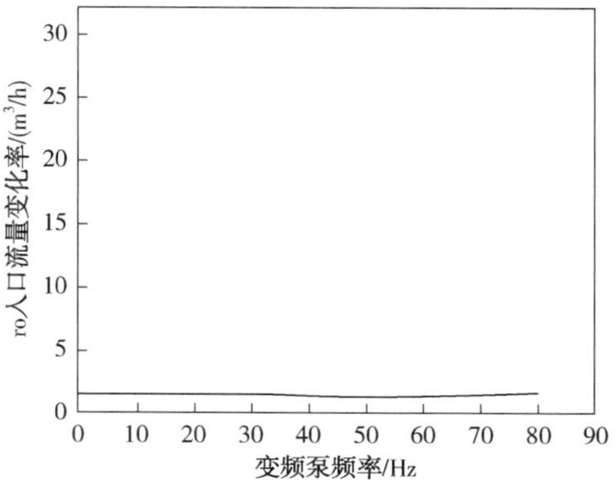

图 30 变频泵频率与反渗透入口流量变化率关系

4 结 论

(1) 改进前调节反渗透入口流量的方式高压泵、手动调节阀及电动慢开蝶阀三者的配合来调节反渗透入口流量曲线呈现快开型。反渗透入口流量随着蝶阀的开启时间增长幅度越快。蝶阀开启初期0~3s，流量变化缓慢；蝶阀开启中期3~7s流量变化率增长幅度越来越大；蝶阀开启后期7~8s，流量变化率增长趋势有所减缓。

（2）改进后调节反渗透入口流量的方式采用变频泵与手动调节阀相配合，流量特性曲线呈线性，反渗透入口流量随变频泵频率的升高而升高，增长幅度为1.8m^3/h/Hz，此调节方式更加平稳。

（3）两种调节反渗透入口流量的方式通过仿真计算出的结果与现场试验结果基本一致，说明仿真的方法可以对不同流量下阀门调节起到指导作用，为水处理设备反渗透工艺流程的阀门及变频泵选取提供依据。

参 考 文 献

[1] 栗鸿强，管云恺，周锋. 海水淡化发展与趋势研究[J]. 水处理技术，2023(12).
[2] 宋达，宋瀚文，张辉. 我国海水淡化浓海水综合利用技术产业潜力分析[J]. 水处理技术，2023(12).
[3] 师茹，杨晖，郑颖，等. 基于冷冻过程的脱盐研究进展[J]. 水处理技术，2023(12).
[4] 仲惟雷，罗勇，刘枫. 反渗透技术在菲律宾ILIJAN电厂水处理系统中的应用[J]. 工业水处，2010(10).
[5] 赵鑫，田小康，杨广瑞. 反渗透系统高有机复合污染诊断、处理及防治[J]. 清洗世界，2011(08).
[6] 毕志文，王志明. 瓦斯阻爆蝶阀流量系数仿真研究[J]. 煤矿机械，2020(03).
[7] 付海龙，荆冠鹏，贾光政，等. 石油模拟井流量调节阀流量特性与参数优化[J]. 化工机械，2021(04).
[8] 杨文军，庞建超，康鑫. 基于缸盖等效构件模型的热-机疲劳寿命预测与优化设计方法[J]. 中国机械工程，2023(24).

碱渣处理工艺方案探究

郝玉翠

（中石化（天津）石油化工有限公司，天津 300270）

【摘要】 随着炼油化工企业油品升级油品提升，碱渣污染物质进一步增加，处理难度进一步提升，依靠稀释生化法很难实现高负荷处理，因此增加能大大减少碱渣产生的预处理工艺是目前高效处理碱渣的重要途径。本文介绍了几种预处理碱渣技术，对这些工艺方案进行探究，通过比对认为湿式氧化法技术相对成熟作为传统方法可以使用，生物强化法需要协同做到配套含硫废气处理设施，对于利用液化气深度脱硫醇技术，实现脱硫醇尾气、碱渣近零排放技术值得进一步关注，MABR去除碱渣技术暂时无工业化应用经验。

【关键词】 碱渣　预处理　脱硫醇

炼油、化工企业在生产过程中为了设备的防腐或改善产品质量，通常在油品精制等过程中辅以碱洗的方法脱除硫分，此工艺会产生废碱液。这类碱性液体，带有恶臭气味、呈深褐色，被业内称之为“碱渣”。其特点是高碱性，含有硫化钠、硫醇、硫醚、硫酚、酚、环烷酸和油类等多种有毒有害化学物质。一般炼油碱渣硫化物浓度 8g/L，挥发酚质量浓度 1g/L，COD20g/L，pH 值 12 以上。

与炼油厂整体污水产生量相比，碱渣产生量并不大，一般占炼油污水总量的比例不到 1%，但其 COD、硫化物和酚类等污染物的排放量占炼油厂总污染物排放量的 30%～50%，成为炼油厂的主要污染源。如将其排放会严重污染环境，危害接触人员的生命安全，具有很高的危害性。

除炼油碱渣外，乙烯碱渣主要由乙烯裂解气碱洗装置利用新鲜碱液洗除裂解气中的酸性气（主要是 H_2S、CO_2）过程产生，COD 5000～90000mg/L，硫化物 3000～60000mg/L，污染物浓度相对较低，但排放量比炼油碱渣大。[1]

1　碱渣处理工艺

碱渣处理项目中用得最多的方法主要还是氧化法和生物处理方法。其中氧化法主要是国外的高温高压湿式氧化技术和国内的缓和湿式氧化+SBR，生化法主要是酸化中和+生物强化技术。我厂碱渣排放情况见表 1。

表 1　碱渣排放种类及数量

碱渣名称	储存量/t	排放频次与产生量	年合计量/t
1#脱硫碱渣	160	1 次/周，30t 次	1200
1#气分碱渣	40	1 次/2 月，20～25t 次	150

续表

碱渣名称	储存量/t	排放频次与产生量	年合计量/t
2#气分碱渣	350	1次/周，25t/次	1200
乙烯碱渣	60	1次/3天，30~40t/次	5100

我厂目前采用的是利用特效菌种的生物强化技术，采用针对性的耐盐、耐毒性的高效微生物菌，以高于传统活性污泥法10倍的容积负荷，进行生化处理。在运行过程中，高效生物反应器需要投加专用营养液，保证生物菌种的高效性，需要通过加硫酸调整pH、投加消泡剂控制反应器起泡。在油品升级前和未接纳烯烃碱渣时，采用生物法的高含盐处理装置在2016~2018年运行正常，其间碱渣品质见表2。高含盐装置最高处理量可达0.8t/h(设计0.9214t/h)，出水水质均达到设计指标，COD、硫化物、挥发酚的去除率可达90%以上。具体数据经过6倍稀释后，进水COD平均3419mg/L，出水COD平均361mg/L；进水硫化物平均849mg/L，出水硫化物平均含量0.64mg/L；经过6倍稀释后，挥发酚出口基本为0。[2]

表2 油品升级前和未接收烯烃碱渣时碱渣品质

碱渣名称	COD/(mg/L)	硫化物/(mg/L)	氨氮/(mg/L)	pH	油/(mg/L)	TDS/(g/L)
设计指标	≤40000	≤10000	≤600	≥13	≤400	≤160
1#脱硫碱渣	25000	7015	82	13.23	159	144

2019年开始1#脱硫碱渣和乙烯碱渣硫化物开始增长，尤其油品升级后，碱渣中硫醇、酚、硫醚等硫化物升高明显，甚至几十倍增长，见表3。

表3 碱渣经过油品升级后品质

碱渣名称	COD/(mg/L)	硫化物/(mg/L)	氨氮/(mg/L)	pH	油/(mg/L)	TDS/(g/L)
设计指标	≤40000	≤10000	≤600	≥13	≤400	≤160
2#气分碱渣	10万~20万	2万~5万	300	≥13		200
1#脱硫碱渣	6万~10万	2万	50	≥13	150	250
乙烯碱渣	2万~6万	2万~4万	15~60	≥13	200~300	80~100

2019年6月开始催化燃烧装置运行时出口烟筒处出现大量白雾，无明显异味。经过分析认为其为处理碱渣的高含盐生化装置，在硫酸酸化和生物处理过程中产生恶臭物质，2019年废气检测见表4。表中数据说明，尾气中硫化氢浓度很高，增上的碱洗装置只能去除硫化氢，对于有机硫无法去除。

表4 碱渣处理后废气成分

总硫名称	硫化物硫浓度/(mg/m³)		归类	备注
	进入生物脱臭装置	高含盐生化池废气		
羰基硫	2.8	34.6	无机硫	
硫化氢	188.0	2350.0	无机硫	臭蛋味
甲硫醇	159.0	1987.5	有机硫	烂洋葱味

续表

总硫名称	硫化物硫浓度/(mg/m³)		归类	备注
	进入生物脱臭装置	高含盐生化池废气		
甲硫醚	0.07	0.9	有机硫	
丙硫醇	0.07	0.9	有机硫	估计实为异丙硫醇
二甲二硫	73.3	916.5	有机硫	蒜臭味
甲乙二硫	1.1	16.8	有机硫	
二硫醚	2.5	31.3	有机硫	估计实为二乙二硫
总量	426.8	5338.5		

2019年检测时高含盐生化池废气与其他生化池废气全部进入生物脱臭，高含盐装置无专业采集口，因此检测进入生物脱臭废气量，按比例进行折算高含盐装置废气。推算高含盐生化池废气正常工况下总硫浓度为1087mg/m³，最大工况下总硫浓度为5335mg/m³。2020年6月批复增上碱洗装置于2021年6月15日开车。然而有机硫含量仍很高，碱洗装置无法吸附造成后续处理废气的催化燃烧装置长期在异常工况运行，均化剂、脱硫剂频繁失效，排放废气经常出现白色酸雾。

总之，酸化中和+生物强化处理碱渣废水技术虽然运行简单，成本低，但生化强化法生化装置产生的硫化氢、有机硫气体必须得到有效治理，降低碱渣生化处理产生的含硫废气对后续废气催化燃烧系统的冲击，需要持续开展新型碱渣处理工艺探究。此外，酸化中和过程中会带入大量硫酸盐，造成管线、二沉池出水堰堵塞结垢，且易受碱渣浓度波动冲击。

2 开展碱渣源头治理

鉴于乙烯碱渣硫化物长期高于10000mg/L和2#气分碱渣高COD(20万~30万mg/L)，生化法处理该浓度碱渣困难，系统抗冲击能力弱，挖潜能力有限，深入思考采用源头减量化措施。

2.1 液化气脱硫醇碱渣尾气近零排放技术

传统碱液氧化工艺存在脱硫深度不够、碱剂氧化副产物二硫化物分离困难，引起碱液更换频繁；碱渣大量排放造成污水处理场处理超负荷，污水处理场总排水质较差等问题，严重影响企业污水处理场出水回用。

液化气脱硫醇碱渣尾气零排放技术核心是采用高性能的脱硫醇溶剂代替普通的抽提碱液，大幅提高了溶剂的纳污能力、抽提及再生性能，可有效提高溶剂的利用率，从而降低溶剂消耗及碱渣的产生，再结合脱硫醇溶剂在线复活的措施，可实现脱硫醇碱渣的零排放。

具体方法包括：①采用水洗+预碱洗两级液化气预处理，彻底脱除脱硫醇进料液化气中的硫化氢、胺液、二氧化碳等杂质，降低后续抽提过程碱耗；②氧化再生采用固定床催化剂，减少液化气脱硫醇过程中副反应，降低脱后液化气总硫量；③采用专用脱硫醇溶剂替代传统NaOH抽提剂，提高脱硫醇能力，减少盐析效应。基于专用脱硫醇溶剂的特性，通过在线净化可将溶剂积累的无机盐和有机胺脱除并恢复碱度；④采用尾气循环和补充氧气替代大量空气参与碱液氧化再生反应，无惰性气体累积，实现无脱硫醇尾气外排；⑤设置氧浓度、烃浓度在线分析仪，严格监控氧化再生系统的氧、烃含量，保证系统安全性，实现脱硫醇尾气、碱渣近零减排。此技术已在湖南石化应用，工艺流程图如图 1 所示。

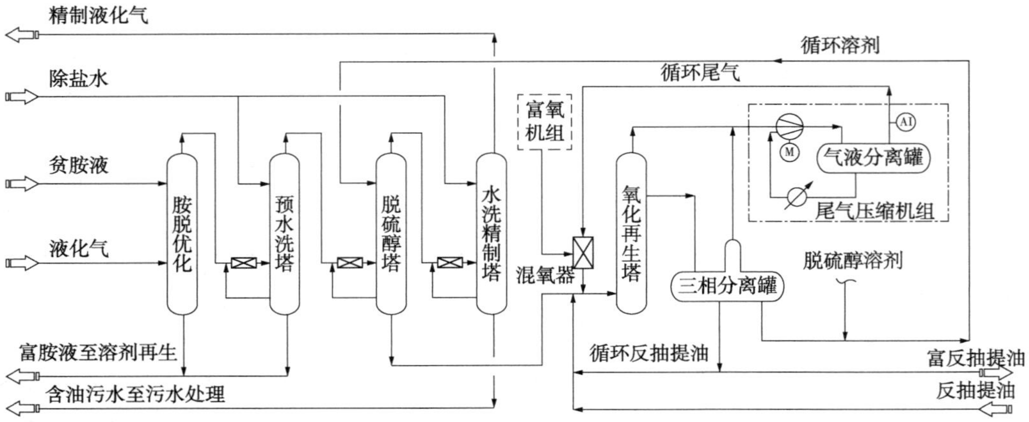

注：(1)液化气脱硫塔实施河北精致“胺脱优化技术”，脱后硫化氢含量控制≤5mg/m^3。
(2)富氧机组、混氧器及尾气压缩机组由技术供应商橇装供货。

图 1 液化气深度脱硫醇工艺流程

液化气深度脱硫醇效果达到预期效果，脱硫醇前总硫为 290～340mg/m^3，脱硫醇后总硫为 11～31mg/m^3，同时基本实现碱渣和尾气零排放。在湖南石化项目配套投资约 2396 万元(其中设备购置费 1187 万元)。由于运行时间有限，对于碱液在线再生、脱硫醇溶剂失活情况、再生效果以及长周期需要继续考察。

2.2 装置进行减排措施

综合评估全厂加碱工艺，开发碱渣回用技术，尽最大可能减少碱渣的产生，例如 FCC 汽油等混合碱渣作为电脱盐油碱洗用碱；将 FCC 柴油碱渣回注电脱盐装置出口代替原油注碱等。

3 开展碱渣处理工艺方案探究

3.1 电解氧化法

西门子电极氧化法预除硫 ZEO 工艺：用于处理 COD 负荷比 WAO 系统负荷相对小些的难处理污水，也适用于去除硫化物。本工艺采用坚固的掺硼金刚石(BDD)作为电极，利用电能从水中生成氧化剂(·OH 羟基自由基)，将水中有机组分及无机组分有效氧化。但羟基自由基对污染物氧化的优先级有所不同，根据反应活化能而定，碱渣中污染物比较复杂且未知的情况下，很难保证羟基自由基的应用效率，故电极氧化法预除硫只适宜处理小乙烯高硫碱渣；不适宜处理 2$^{\#}$气分高 COD 碱渣。高 COD 氧化需要更多的电能，存在运行成本高上涨的问题，也需要增加反应器数量，从而增加了投资成本。

3.2 化学沉淀法

本设计采用两级化学沉淀处理的方式对碱渣废水进行除硫预处理。先将 pH 值较高的碱渣对其进行调节 pH 值至 9，以满足后续一级反应条件；一级反应单元投加的硫离子沉淀剂与硫离子反应生成沉淀物，沉淀物通过沉淀池实现固液分离，此过程将去除废水中大部分的硫离子；二级反应单元通过投加氧化剂形成类芬顿系统，结合后端的沉淀池实现硫离子的进一步去除，最终实现满足设计的出水指标要求。设计水量为15m³/d，进水硫离子含量定为20000mg/L，出水硫离子浓度为5000mg/L，吨水运行成本140.23元，产生干污泥量1.875t/d(含水率20%)。化学沉淀法去除硫化物的效果虽然有一定效果，但加入大量化学药剂产生无法处理废渣，造成二次污染。[3]

3.3 湿式氧化法(WAO/CWAO)

在高温高压条件下(260℃，8.6MPa)对碱渣进行深度氧化处理，碱将硫化物、硫氢化物氧化为硫酸盐，将硫醇氧化成磺酸盐，酚类及环烷酸被氧化成二氧化碳和低分子量的羧基酸一系列化学反应，酚类和环烷烃以及硫化物的氧化导致COD显著降低，同时在反应过程中高分子有机物分解为低分子酸类有机物，提高废水的可生化降解性能。实验表明，碱渣在反应温度200~260℃，停留时间60~150min条件下，S^{2-}去除率可达100%。[4]

此法解决了原酸化处理方法产生的污染环境的有毒有害恶臭气体的问题，双脱碱渣有机物脱除率达到65%以上，硫化物脱除率达到99.9%。[5]

目前湿式氧化法有两个发展方向。一是作为生物氧化法的预处理技术，二是添加高效催化剂的催化湿式氧化法。催化湿式氧化技术(CWAO)是利用外加高活性的催化剂来提高空气氧化法的效率、降低反应温度和反应压力的技术。在催化剂条件下，水中有机物在反应过程中被改变了反应历程，降低了所需反应活化能、极大地减少反应时间，从而缩短工艺流程、降低设备投资成本和运行成本。同传统的WAO工艺相比，CWAO工艺具有更低能耗和更高转化效率的优点。催化湿式氧化是当前石油石化行业较为重视的技术。在这方面日本和欧美一些国家研究得较多，技术处于国际领先水平。[6]

湿式氧化法与常规方法相比，具有适用范围广，处理效率高，极少有二次污染，氧化速率快等特点。虽然高温高压湿式氧化法正在迅速成为处理炼油化工业废碱液的首选技术，但该方法对设备材料的要求较高，需要耐高温、高压，并耐腐蚀，因此一次性投资较高，国内厂商对高温高压湿式氧化工艺技术尚无工业化业绩，使用高压WAO系统只有西门子工艺。

3.4 低温低压催化氧化碱渣预脱硫(HWAO)

在脱硫反应器碱渣进料管线上按碱渣进料量3‰的比例投加脱硫剂，鼓入压缩空气，在温度为60~75℃，压力为0.5~0.7MPa的条件下，在脱硫反应器中进行催化氧化脱硫处理，发生脱硫反应。

$$S^{2-}+A(\text{脱硫剂})\longrightarrow AS(\text{反应中间体})$$

$$AS(\text{反应中间体})+O_2\longrightarrow SO_4^{2-}$$

废碱液脱硫处理的反应时间在160h左右，将引起产生硫化氢的硫化钠转化为硫酸盐，其过程产生的脱硫废气需要进行焚烧处理，剩余脱硫后碱渣可以进入污水处理装置进行生化处理[7]。该技术已在武汉石化、天津石化应用。

传统低温低压缓和湿式氧化在没有催化剂的情况下氧化条件缓和，对酚和COD的去除率低10%~20%，并将部分酚氧化成醌，难降解的醌给污水处理场带来极大的压力。其工艺中间产物硫代硫酸盐比例很高，难降解，易结晶，经常堵塞洗涤塔出口，造成淹塔喷塔现象，同时回流量断流造成洗涤塔顶部超温。[8]

3.5 膜曝气生物膜反应器技术(MABR)

膜曝气生物膜反应器(MABR)是一种融合了气体分离膜技术和生物膜水处理技术的新型污水处理技术。微生物膜附着生长在透氧的中空纤维膜表面，污水在中空纤维膜周围流动时，水体中的污染物在浓差驱动和微生物吸附等作用下进入生物膜内，经过生物膜作用实现对水体的净化。

MABR 系统运行过程中，氧气透过膜壁直接被生物膜利用，不必经过液相边界层，大大减小了氧气的传质阻力，提高供氧速度和氧气利用率。因此只需很少的气量，避免大量曝气使生化池内硫化氢、有机硫等有害气体吹脱出。

该方案进行了相关实验室探究和现场中试。中试工艺 B 试验将进水 pH 值控制在 8.5~9.5 之间，在最优工艺参数条件下连续运行，COD 从 12000~14000mg/L(原水稀释后浓度)降至 640mg/L 以下，去除率较原工艺提高 20%以上；低分子有机化合物总挥发量比原工艺降低 50%以上，验证了 MABR 技术治理碱渣废水的可行性。

针对不同碱渣情况和配套废气处理设施，综合考虑运行及投资费用选择不同的碱渣处理技术，几种碱渣处理工艺技术指标对比见表 5。

表 5　碱渣处理工艺技术指标对比

指　标	高温高压湿氧化(西门子)	催化湿式氧化(CWAO)	低温低压缓和湿式氧化	生物强化	MABR
装置规模	1.9	1.0	2	1	中试
氧化反应温度/℃	260	270	60~75	35~40	35~40
反应压力/MPa	8.4~8.8	9.0	0.6~0.7	常压	常压
产水硫化物/(mg/L)	未检出	<2	<2	<5	未检测
COD 去除率/%	75~80	95	40~60	有稀释水	有稀释水
运行 pH 值	8.5~10	12~13	12~13	6~9	6~9
适用性	高浓度高硫	高浓度高硫	高浓度高硫	低浓度	低浓度
投资/万元	5600	—	800	2400	中试
运行费用/(元/m^3)	214	—	150	280	—

4　结　　论

(1) 通过以上方案的对比，氧化法中催化湿式氧化处理技术应用最为广泛，湿式氧化法技术相对成熟，适合高浓度有机物、高硫碱渣处理，但投资高，运行难度相对大。

(2) 生物法中生物强化技术最广泛，[9]该技术处理低硫、低浓度碱渣最为适宜，运行成本低，但处理高浓度、高硫碱渣产生含有 TS 废气对废气处理装置运行和职工健康危害较大。

(3) 液化气脱硫醇技术-碱渣近零排放技术可以从源头大大减少碱渣的产生，值得进一步关注和推广。

(4) 低温低压催化氧化碱渣预脱硫后，后续连接生化装置处理，方法可行，但同时也需脱硫废气焚烧处理。

（5）可以采用多级组合技术对碱渣废水进行综合治理，如：低温低压催化氧化脱硫技术+生化处理，用低温低压催化氧化预处理去除硫化物后再进行生化处理，同时结合源头减量化治理。采用生化法时，需要配套能够应对 TS 的废气处理设施，例如高效吸收塔[10]。MABR 处理碱渣技术是新的研究领域，需要进一步工业验证。

参考文献

[1] 邓德刚，李瑞宾，秦丽姣，等. 碱渣废水处理工艺概述与选择优化[J]. 石油石化绿色低碳，2017，2(3).

[2] 王国栋，唐国建. 高效生物处理技术在碱渣废水处理技术中的应用[J]. 石油化工安全环保技术，2017，33(3).

[3] 李刘柱，黄太彪，李本高，等. 炼油碱渣废水中硫化物去除技术的研究进展[J]. 化工环保，2016，36(2).

[4] 丁秋炜，王素芳，李志元，等. 炼油厂含硫碱渣废水的处理技术研究[R]. 2016 年中国水处理技术研讨会及第 36 届年会论文集.

[5] 林敏亮. 碱渣高压湿式氧化(WAO)出水在污水场的综合利用[J]. 石油化工环境保护，2006，29(1).

[6] 马志研. 石化碱渣废水处理技术进展[J]. 辽宁化工，2016，45(5).

[7] 王桂英. 谈催化氧化脱硫技术在处理乙烯碱渣中的应用[J]. 石油化工安全环保技术，2024，40(2).

[8] 朱羽中. 高压湿式空气氧化处理炼化碱渣废水的应用[J]. 给水排水，2022，增刊(48).

[9] 杨海燕，朱万学，巴爱叶. 石油化工企业碱渣废水治理技术探析[J]. 全面腐蚀控制，2017(12).

[10] 唐国建. 碱渣含硫恶臭废气处理技术[J]. 石油化工安全环保技术，2016(4).

炼化企业检修高浓度污水处理案例分析

肖　君　陈春欣

（中国石油大连石化公司，大连 116000）

【摘要】 分析了炼化企业检修高浓度污水对污水场运行的不同影响，并提出对策。

【关键词】 硫化物　苯系物　表面活性剂

1　前　　言

按企业生产计划，自2024年3月26日开始催化、蒸馏、气分、汽油醚化等装置陆续停工检修，停工污水及清洗钝化水等高浓度污水进入污水场，污水场入水COD由停检前700mg/L不断上升，虽加强污水排放管控措施，但仍存在部分生产装置如一联合(三提升)、一蒸馏、三联合提升及自流下水、三油品等有严重超标(指标COD≤1000mg/L，氨氮≤70mg/L，硫化物≤50mg/L)排放的情况，且次数较为频繁，污水场屡遭冲击。3月26日至4月24日期间每天都有超标的高浓度污水进入污水场，但通过对污水场进行调整运行等多种手段保证了出水水质合格达标，停检期间出水平均COD24.5mg/L、氨氮0.87mg/L，外排水达到辽宁省DB 21/1627—2008《污水综合排放标准》与GB 31570—2015《石油炼制工业污染物排放标准》的排放指标要求。

2　高浓度污水对污水场运行影响

2.1　COD、硫化物超标影响

3月26日在线氨氮数据为1.9mg/L，与正常处理工况相比有所上升，经过质检中心检测化验样品，测得污水场二期A系列出水氨氮0.409mg/L，二期B系列出水氨氮0.585mg/L，一期出水氨氮4.93mg/L，A系列气浮单元入水氨氮17.9mg/L，B系列气浮单元入水氨氮23.5mg/L。同时对上游停工装置污水排放情况进行了排查，发现自流下水COD为12400mg/L，硫化物为115mg/L，见表1。溯源发现酮苯装置排放废水中携带溶剂，致使来水COD整体偏高，存在影响生化系统硝化反应的风险，导致氨氮去除率下降，出水氨氮上升。并且废水中硫化物浓度115mg/L(指标≤50mg/L)，而多种含硫化合物如二硫化碳(CS_2)、硫脲、烯丙基硫脲和烯丙基硫醚等会抑制硝化作用，且不同化学结构的含S化合物对硝化作用的抑制机理也有所不同，主要分为两种形式：①含有—S—结构的硫醚类化合物对NH_3氧化产生竞争性抑制[1]，同时氧化生成的亚砜也有毒害作用[2]；②含C═S结构的硫脲类化合物通过与Cu的螯合作用破坏NH_3的催化氧化[3]。而炼化企业产生的污水在正常情况下极少含有 C ═S 结构的硫脲类化合物，所以硫化物通常以第一种形式对硝化反应产生抑制，从而影响生化处理效果。

表 1 超标污水与正常工况(25 日)污水水质对比

日期	一期出水/(mg/L)	二期 A 系列出水/(mg/L)	二期 B 系列出水/(mg/L)	自流下水 COD/(mg/L)	自流下水硫化物/(mg/L)
3 月 25 日(正常工况)	0.225	0.190	0.176	852	20.6
3 月 26 日(超标工况)	4.93	0.409	0.585	12400	115

2.2 COD、苯系物超标影响

4 月 8 日、9 日，三提升来水加样 COD 分析结果分别为 4610mg/L、5060mg/L，生化系统入水 COD 由 809mg/L 上涨至 1350mg/L，出水 COD 由 20mg/L 上涨至 35mg/L，化验三提升表面污油发现芳烃含量为 60.4%(见表 2)。由于入水水质下降，但生化系统溶解氧无明显变化，且溶解氧参数较高，说明含有大分子的有机物进入生化系统，且可生化性较差，无法彻底去除，同时苯系物可导致生化系统中毒，造成去除率下降。

表 2 三提升表面污油化验结果

分析项目	实测结果	测试方法
密度(20℃)/(kg/m^3)	816.1	SH/T 0604
硫含量/%	0.0535	GB/T 17040
氯含量/(mg/kg)	55.58	QJ/DSH 6027
芳烃体积分数/%	60.4	GB/T 11132
烯烃体积分数/%	2.8	GB/T 11132
饱和烯烃体积分数/%	36.8	GB/T 11132
荧光指示剂批号	3000000884	GB/T 11132

2.3 表面活性剂超标影响

4 月 18 日前三油品 13W 储罐已向污水场切水 5215t，18 日—22 日开始改为 24h 不间断每日切水，每日切水量 2400~2600t，切水水质 COD 为 2000~3500mg/L，氨氮<40mg/L，硫化物<10mg/L，水质满足污水场低负荷运行要求，但水中含有大量表面活性剂导致污水场各单元存在大量泡沫(图 1 所示)，造成排放口出水携带泡沫。受泡沫包裹影响，活性污泥接触不到溶解氧，造成溶解氧异常升高，生化池出现污泥自氧化现象，活性污泥内部分解造成污泥絮体密度变小，大量死泥漂浮在生化池表面，导致生化系统处理效果不好，COD 去除率下降(图 2 所示)。

3 高浓度污水处理对策

3.1 根据生产装置停工网络调整流程

根据以往停检经验，装置停检排污异常主要存在于两个时间段，即停工时生产工艺调整导致排污水质异常以及管线设备清洗钝化污水水质异常。因此停检期间污水场密切关注上游装置停工信息，对可能存在异常排污的装置来水加大检查力度。

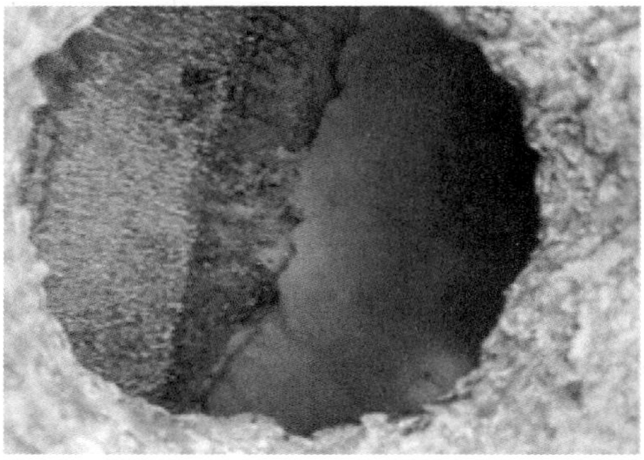

(a)气浮池

(b)生化池

(c)三级澄清池

(d)出水口

图 1　表面活性剂超标影响

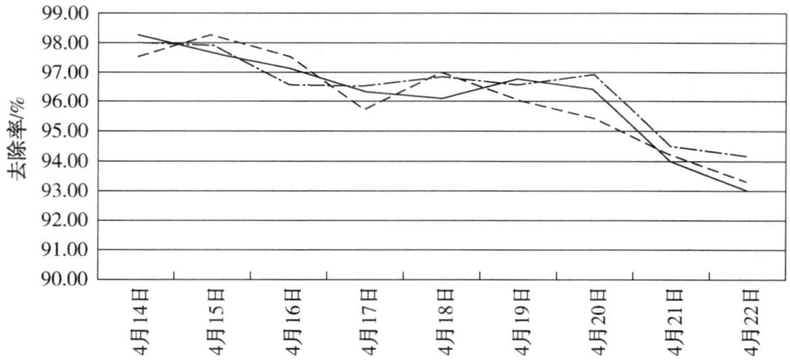

图 2　COD 去除率对比

3.2　高浓度污水转存和勾兑处理

为做好高浓度污水应急储存和处理工作，根据污水场停检期间运行方案，将上游装置停检产生的高浓度污水收至事故水储存空间，并向储运罐区转存。而后根据污水场入水水质勾兑处理高浓度污水，尽量保持生化系统入水水质负荷稳定，确保出水达标排放。

停检期间入水和出水水质情况如图 3、图 4 所示。从图 3 中可以看出，停工初期入水水质相对稳定，4 月 7 日开始入水 COD 大幅上涨，峰值 COD4920mg/L，其主要原因是三提升排水带油。而根据图 4 可以看出，含油污水对生化系统的处理效果产生了抑制作用，导致出水氨氮出现升高且大幅波动。4 月 10 日开始勾兑停检期间转存至储运罐区的高浓度污水及化学清洗水，由于其中含有的大分子有机物难以全部分解，造成出水 COD 出现升高。4 月 18 日开始全部勾兑化学清洗水，入水中表面活性剂含量增多，导致入水氨氮大幅上涨，峰值氨氮 146mg/L，由于表面活性剂会使水中泡沫增多，致使生化系统活性污泥接触不到溶解氧，造成 COD 去除率下降，出水 COD 略有上升。但从出水变化趋势可以看出，转存至储运罐区的高浓度污水经勾兑处理后，出水水质虽偶有波动，但 COD 最大值 43mg/L，氨氮最大值 3.43mg/L，全部达标排放。

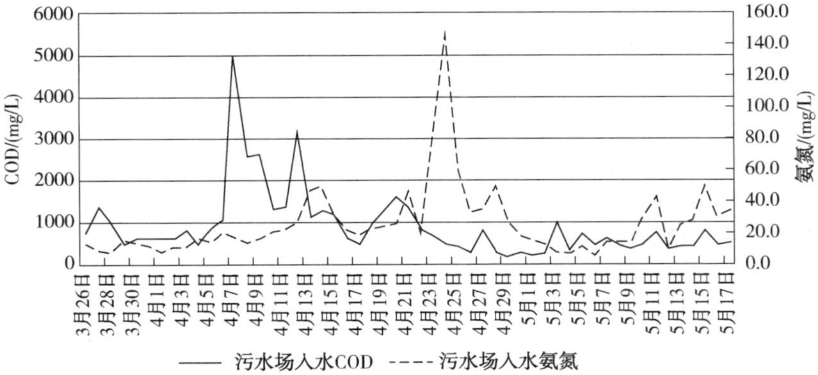

图 3 污水场入水水质变化趋势

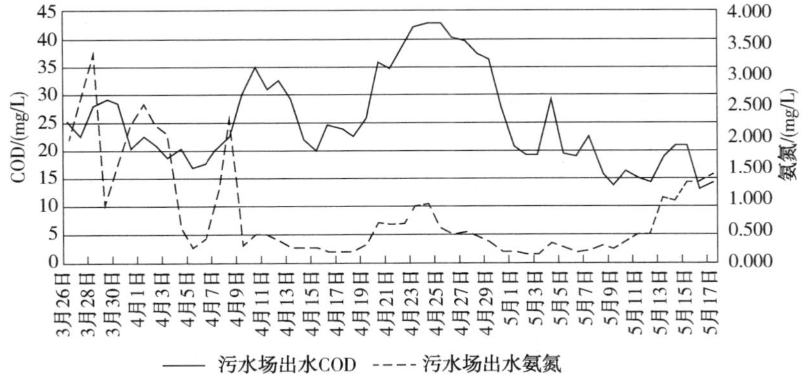

图 4 污水场出水水质变化趋势

3.3 根据水质调整污水处理量

污水场处理量于 4 月 10 日、20 日进行两次较大幅度的调整(见图 5)，主要为应对上游装置排放高浓度污水中含有大分子有机物以及大量表面活性剂的情况，防止因处理负荷过高冲击污水场。自 4 月 30 日开始生化系统逐步恢复，开始逐渐提高入水负荷。

3.4 高浓度污水内部循环

本次停检期间污水场入水水质较以往更为恶劣，各装置排污均有超标情况，部分装置污水严重超标，因此不可避免地出现经预处理后的高浓度污水进入二期气浮时负荷大幅度升高的现象。为解决上述问题，污水场对处理流程进行了调整，通过关小污水场二期进水阀门(10%左右开度)，保持全部污水经一二期预处理串联运行，并将预处理后的污水循环排放至一期原水，再次进入预处理系统，使高浓度污水在预处理单元内部循环，最大限度保持一期预处理满负荷运行，提高污染物去除率。通过调整流程，快速恢复生化单元入水水质。

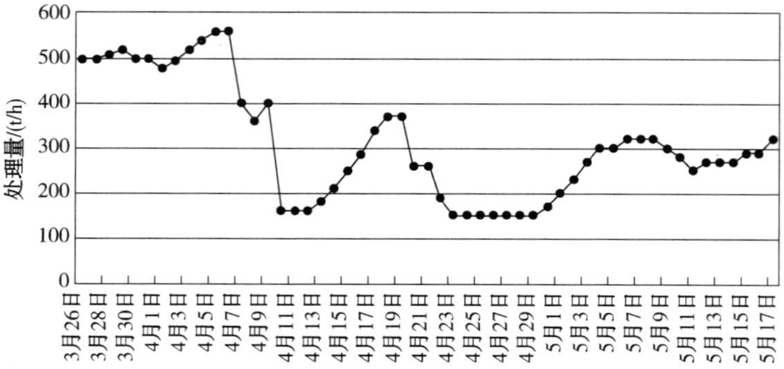

图 5　污水场停检期间处理量变化趋势

3.5　动态跟踪水变化，优化工艺调负荷

在整个停检期间污水场对污水处理全流程的运行进行了密切关注，并根据入水水质和出水水质及时进行工艺调整，主要包括：

（1）密切关注生化单元溶解氧变化，及时调整生化系统鼓风机运行频率及台数。

（2）随着入水污染物浓度、入水量的波动，及时调整二期气浮、三级澄清的溶气效果，保证污染物的去除效率。

（3）由于入水水质负荷大幅度上升，污水场提前与药剂厂家协调，针对停检高浓度污水进行烧杯试验，根据试验结果，调整混凝剂、絮凝剂加注量。

（4）入水氨氮较平时上升 8～10 倍，为保证生化系统氨氮去除率，调整生化系统碳酸钠、磷营养盐的投加方案，保持生化系统碱度，促进微生物增殖。

（5）为应对停检高浓度污水，污水场提前减少剩余污泥排放，并适当提升生化入水负荷，以提高生化系统污泥浓度及抗冲击能力。

（6）通过镜检实时关注生化系统菌群增殖情况，及时调整入水总有机负荷。

4　结　　语

在本次停工检修中，污水场通过科学制定运行方案、实施精细化管理、动态优化工艺参数并强化设备运维，为污水处理能力提供了坚实保障。同时，储运车间与质量环保监测中心的协同配合发挥了关键作用：前者协调转存空间，突破高浓度污水储存难题；后者及时提供精准化验数据，为工艺调整与药剂投加提供决策依据。多部门的高效联动与紧密协作，形成了强大的工作合力，最终实现停检期间全部高浓度污水达标排放。

参 考 文 献

［1］MCCARTY GW. Modes of action of nitrification inhibitors［J］. Biol Fertil Soils，1999，29：1-9.

［2］HAUCK R D. Nitrification inhibitors［J］. Organic Chemicals in the Soil Environment，1971，2：653-666.

［3］HYMAN M R，KIM C Y，ARP D J. Inhibition of ammonia monooxygenase in Nitrosomonas europaea［J］. J Bacteriol，1990，172：4775-4782.

硫自养反硝化脱氮技术的应用

刘雨萌

（中国石化集团南京化学工业有限公司，南京 210048）

【摘要】 2020 年江苏省发布了 DB 32/939—2020《化学工业水污染物排放标准》，标准提高了总氮排放要求（总氮≤15mg/L）。中国石化集团南京化学工业有限公司（以下简称南化公司）为进一步去除总氮，使出水总氮达到江苏省地标要求，于 2022 年新增硫自养反硝化脱氮系统。在装置运行过程中不断优化工艺操作，提高系统运行效率。

【关键词】 硫自养　自养反硝化　废水脱氮　工艺运行

硫自养反硝化技术的研究最早源于 20 世纪的 70 年代，国内外近 20 年来有关自养反硝化的研究表明，自养反硝化技术具有以下四大优点：①以还原态硫化合物、Fe^{2+}、H^2 等无机物作为电子供体，不产生残余有机物；②无须外加有机碳源，运行成本有效降低；③自养型细菌生长周期长，污泥产量低；④反硝化过程中不排放 CO_2，绿色低碳。

目前，硫自养反硝化技术在市政污水、工业废水、餐厨废水、垃圾渗滤液、农村污水等多领域开展广泛研究，在去除污水中总氮上效果显著。小试规模的研究上，高航[1]基于协同硫自养反硝化处理工业酸洗电镀废水研究表明，通过控制水力停留时间，能有效地提高电镀废水 NO_3^--N 去除率，基于协同硫自养反硝化反应与基于硫自养反硝化反应的 NO_3^--N 去除率分别为 97%、93%。班亚飞[2]构建硫自养反硝化滤池小试装置研究对某污水处理厂尾水脱氮效果，发现在 30℃稳定运行条件下，对 NO_3^--N 去除率接近 100%，对 TN 去除率达到 95%以上。此外，部分研究通过中试试验进一步有效探索出了自养反硝化滤池在处理煤化工、苯化工废水领域的基本工况参数及运行方法。江优优等[3]研究硫自养反硝化脱氮滤池处理某企业焦化废水，发现亚硝氮质量浓度可降至 0.7mg/L，累积去除率可达 98.5%，总氮质量浓度可低至 6.3mg/L，平均去除率为 56.4%。程彬彬等[4]采用硫自养反硝化生物滤池工艺处理某石化企业含 NO_3^--N 混合废水，中试试验期间 TN 和 NO_3^--N 平均去除率分别可达 95.2%和 96.5%，工程应用试验期间 TN 去除率平均 95.5%，脱氮效果显著。

本文通过建立工程应用规模的硫自养反硝化滤池处理含硝氮废水，研究了工艺启动过程中的调试策略及优化操作，最终实现出水硝氮稳定在 15mg/L 以下。

1　硫自养反硝化

1.1　基本原理

自养反硝化指自养反硝化菌（某些化能自养型微生物）利用无机碳（CO_2、HCO_3^-、CO_3^{2-}）作为碳源，主要以无机物（S、S^{2-}、H_2、$S_2O_3^{2-}$、Fe、Fe^{2+}、NH_4^+等）作为硝酸盐氮还原的电子供体完成微生物新陈代谢，将硝酸盐氮污染水中的 NO_3^--N 还原为 N_2 释放到大气中，最终实现总氮去除[5]的过程。

（1）以硫单质作为电子供体

$$55S_0+50NO_3^-+38H_2O+20CO_2+4NH_4^+\longrightarrow 25N_2+55SO_4^{2-}+4C_5H_7O_2N+64H^+$$

单质硫价格便宜，脱氮效果较好，成为目前选择较广泛的电子供体[6]。但在其反应过程中会造成堵塞，影响电子供体之间的传质，降低出水的 pH 值，生成副产物硫酸盐。同时 SO_4^{2-} 在厌氧环境下会被进一步还原为 H_2S，造成水体间接污染。

单质硫和硫铁矿自养反硝化技术选用的电子（S_0、FeS_2）供体属于难溶性无机硫，水溶性差且比表面积小，不易被微生物附着，反硝化速率较传统异养反硝化速率相比偏低。

（2）以 S^{2-} 作为电子供体

$$S^{2-}+1.6NO_3^-+1.6H^+\longrightarrow SO_4^{2-}+0.8N_2+0.8H_2O$$

硫化物具有明显的臭味和腐蚀性，通常以硫化氢（H_2S）或离子形式（HS^-、S^{2-}）存在于水中。与单质硫自养反硝化不同，硫化物作为电子供体会产生一定碱度，有利于水中的酸碱平衡，且极大程度减少了 SO_4^{2-} 的生成。但是，硫化物反硝化技术运行条件要求较高，易受初始 S/N、温度、pH 值等因素的影响。

（3）以硫代硫酸根作为电子供体

$$S_2O_3^{2-}+1.24NO_3^-+0.11H_2O+0.45HCO_3^-+0.09NH_4^+\longrightarrow 2SO_4^{2-}+0.62N_2+0.09C_5H_7O_2H+0.4H^+$$

硫代硫酸盐（$S_2O_3^{2-}$）相较于硫单质和硫化物，易溶于水且无毒无害，被广泛应用于C/N低的污水处理，具备极高的反应速率和耐受性，受 pH 值和温度等因素的影响较小。但相比于其他无机硫化合物会产生更多的 SO_4^{2-}，因此不适宜大规模应用。

1.2 反应机制

硫自养反硝化主要是靠以硫氧化菌为主导的生物代谢作用实现脱氮，在这一过程中还原态硫和硝酸盐之间进行转化，以还原态硫作为电子供体，汲取能量的同时产生电子，这些电子再将硝态氮还原为氮气。其过程可归纳为硫的氧化及硝酸盐的还原。

（1）硫的氧化：该过程主要涉及硫单质、硫化物等还原态硫，通过硫氧化酶将还原态硫转化为硫酸盐或高价态硫，同时产生电子。这些电子随后被用于将硝酸盐还原为氮气，实现脱氮。

（2）硝酸盐还原：该过程开始于还原态硫氧化产生的电子，这些电子被用于将硝酸盐还原。硝酸盐依次被还原为亚硝酸盐、一氧化氮，最终转化为氮气并释放到环境中。

因此，硫自养反硝化滤池运行的关键在于还原态硫的供给和硫氧化细菌与反硝化细菌的协同作用。

1.3 影响因素

（1）硫氮比（S/N）

硫自养反硝化与传统的异养反硝化脱氮路径相近，初始的进水还原态硫和硝酸盐的摩尔比（简称 S/N）对反应起着重要作用。S/N 过低易导致反应不完全，S/N 过高不仅会增加成本，还造成硝酸盐异化还原成铵。张文文[7]研究以硫化物为基底的硫自养反硝化同步脱氮除硫工艺性能的影响因素，结果表明 S/N 比为 1∶1、硫化物浓度为 500mg/L 时，硫化物、硝酸盐的去除效果最好，硫单质产率最高。Wang 等[8]研究脱硫反硝化工艺的可行性及关键因素，通过间歇试验最终确定了最佳 S/N 为 5∶3。

（2）温度

温度对细菌的生长和反硝化的速率有明显的影响。绝大多数的硫自养菌是嗜中温菌，最佳适宜反硝化温度范围和最佳适宜生长温度分别是 25~30℃和 30~35℃[9]。车轩等[10]研究表明，当温度从 10℃升到 30℃时，脱氮硫杆菌的生长速率逐渐增大；若温度继续升高，菌株生长速率反而开始减慢。

(3) pH 值

硫自养反硝化反应多为产酸反应，反应过程中 pH 值变化较大，但微生物的适宜 pH 值区间较小，因此 pH 值的变化会对系统的脱氮效率产生较大的影响。车轩等[10]研究发现脱氮硫杆菌生长的最适宜 pH 值为 6.8~7.0。Liu 等[11]研究发现在 pH 值小于 6.7 时，系统的反硝化速率会快速下降。因此，硫自养反硝化的最适宜 pH 值约为 7.0。

2 硫自养反硝化脱氮工艺

2.1 废水情况

硫自养反硝化脱氮工艺的进水主要为南化公司综合污水装置的含硝氮废水。污水装置主要有两股废水总氮较高，一股废水为生化出水，即煤化工、苯化工废水经两级 AO 系统处理后出水，进水总氮约 250mg/L(其中氨氮约 200mg/L)，出水执行 GB 31571—2015《石油化学工业污染物排放标准》，出水总氮要求不高于 40mg/L；另一股为硝基氯苯废水经芬顿氧化工艺处理后出水，废水中总氮较高且波动大(总氮波动范围 300~2000mg/L)。

2.2 工艺流程

如图 1 所示，硝基氯苯废水经现有强氧化装置处理后，通过泵送至硝氮废水收集池，与生化尾水或循环水排污水混合，保证水中盐分和硝态氮维持在适宜自养反硝化菌生长的状态。再通过泵送至自养反硝化脱氮滤池配水井，进入反硝化滤池。滤池内装有自养反硝化填料，滤料提供电子供体和碱度。附着生长在滤料表面上的自养反硝化细菌将硝态氮转换成 N_2，完成脱氮反应。废水中总氮降至 15mg/L 以下后进入清水池，再通过泵送至监控池，监测合格后排放。

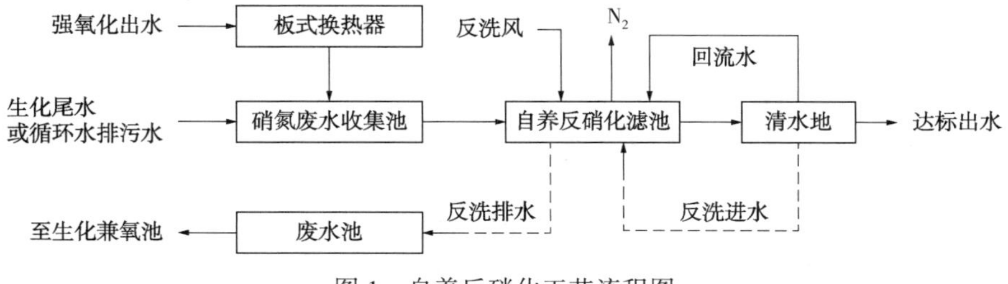

图 1 自养反硝化工艺流程图

3 运行过程中发现的问题及解决措施

3.1 硫化氢

在装置调试和运行期间，系统会产生硫化氢气体。

硫化氢产生的原因是自养反硝化系统中含有脱氮硫杆菌及硫酸盐还原菌两大类细菌。两者之间存在共存、竞争关系，自养反硝化菌在底物浓度充足(即硝态氮充足)时占竞争优势，能有效抑制硫酸盐还原菌的还原作用；而当底物浓度不足或活性下降时，硫酸盐还原菌会占竞争优势，还原硫酸根产生硫化氢。为有效解决现场硫化氢异味，对减氮滤池采取加盖措施。并在后续的系统运行中加强进水总氮控制，保证底物浓度充足，自养反硝化菌发挥优势，抑制硫酸盐还原菌的还原作用；调整强氧化出水 pH 值，控制在 8~8.5 减少硫酸根进入减氮系统的量。在上述改进措施下，减氮装置现场硫化氢异味得到明显改善。

3.2 系统出水发白

当硫自养反硝化系统进水总氮波动较大，进水硝氮由高浓度突然降到低浓度时，水质出现发白情况。具体表现为进水水质正常，滤池面出水略微发白，清水池发白较明显；滤池出水渠、清水池及后面管道、池壁会附有白色物质。经过分析，白色物质固体成分主要为蛋白质。此外，对白色固体物质进行分子生物学分析，微生物高通量检测为其中含有弯曲杆菌和变形杆菌、兼性厌氧菌。

根据原有设施对工艺流程进行优化改进，在中间水池 1 和中间水池 2 之间增加一根连接管线，将硫自养反硝化系统出水通过管线引入混凝池，通过调节 PAC 和 PAM 投加量优化混凝沉淀效果。利用终沉池污泥处理设备处理沉淀后发白污泥，有效解决了减氮出水发白的问题，保证出水水质达标。

综合排口原工艺流程见图 2，优化后工艺流程见图 3。

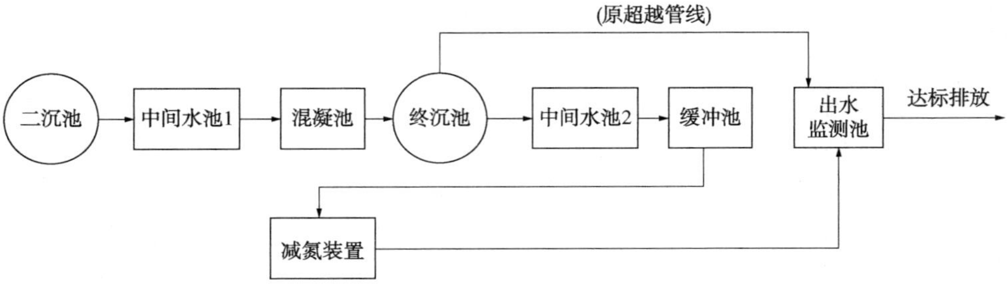

图 2 综合排口原工艺流程

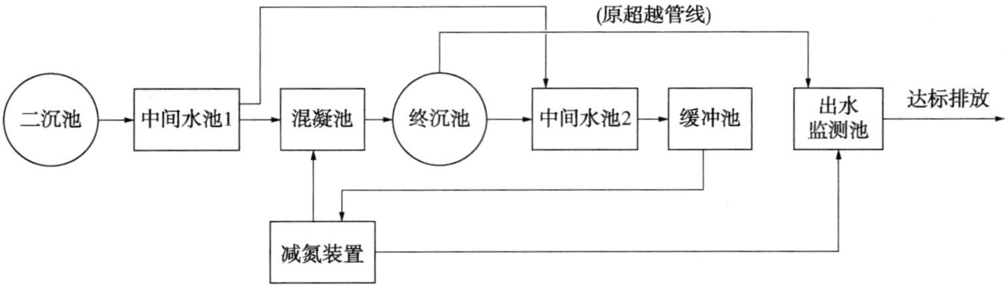

图 3 优化后工艺流程

4 结 论

硫自养反硝化脱氮技术作为电子供体的还原态的硫化物廉价易得，具有运行成本低、污泥产量少、无须外加有机碳源等优点[12]，作为一种新型生物脱氮处理工艺显示出独特的优势[13]。同时也存在一些局限性，如受水质冲击影响大，产生硫化氢等，在实际工业运用中需严格控制其运行条件，不断优化工艺运行参数，提高系统处理能力。

参 考 文 献

[1] 高航. 基于协同硫自养反硝化的工业酸洗电镀废水处理技术[J]. 中国资源综合利用, 2025, 43(03): 266-270.

[2] 班亚飞. 污水处理厂尾水自养反硝化深度脱氮工艺研究[D]. 郑州大学, 2020.

[3] 江优优, 涂辉, 王婷, 等. 硫自养反硝化脱氮滤池在处理焦化废水中的应用[J/OL]. 环境工程学报, 1-12[2025-05-03]. http: //kns. cnki. net/kcms/detail/11. 5591. x. 20250429. 1124. 015. html.

[4] 程彬彬, 陈春茂, 王庆宏, 等. 硫自养反硝化生物滤池工艺处理石化废水[J]. 化工环保, 2025, 45(01): 154-160.

[5] Bai Y, Wang S, Zhussupbekova A S, et al. High-rate iron sulfide and sulfur-coupled autotrophic denitrification system: Nutrients removal performance and microbial characterization[J]. Water Research, 2023, 231.

[6] 丁玉琴, 孙立柱, 沈永. 硫自养反硝化技术研究进展与展望[J]. 广东化工, 2024, 51(10): 123-125.

[7] 张文文. 硫自养反硝化同步脱氮除硫工艺性能的影响因素研究[C]//中国建筑学会建筑给水排水研究分会. 中国建筑学会建筑给水排水研究分会第三届第二次全体会员大会暨学术交流会论文集. 中建八局第二建设有限公司设计研究院; 2018: 1055-1060. DOI: 10. 26914/c. cnkihy. 2018. 027549.

[8] WangA, Du D, Ren N. An Innovative Process of Sim-ultaneous Desulfurization and Denitrification by ThiobacillusDenitrifican[J]. Journal of Environmental Science and Health, 2005, 40(10): 1939-1950.

[9] 周小翔, 律泽. 硫自养反硝化的研究进展[J]. 辽宁化工, 2022, 51(07): 1013-1015. DOI: 10. 14029/j. cnki. issn1004-0935. 2022. 07. 034.

[10] 车轩, 罗国芝, 谭洪新, 等. 脱氮硫杆菌的分离鉴定和反硝化特性研究[J]. 环境科学, 2008, 29(10): 2931-2937.

[11] LiuLH, Koenig A. Use of limestone for pH control in autotrophic denitrification: batch experiments[J]. Process Bio-chemistry, 2002, 37: 885-893.

[12] 高舒嘉, 邵军荣, 成宇, 等. 污水硫自养反硝化技术研究进展[J]. 土木与环境工程学报(中英文), 2024, 46(02): 227-235.

[13] 曾思雨, 韦纯忠, 王长兵, 等. 硫自养反硝化滤池滤料的研究进展[J]. 水处理技术, 2024(9): 1-6.

面向地方排放标准的页岩气采出水脱盐工艺研究与中试

潘俊鸥[1]　李　雄[1]　包　凯[1]　胡万金[2]
韩　旭[2]　谢　妍[2]　丁阿强[2]　卢培利[2]

（1. 中石化重庆页岩气有限公司，重庆 408499；2. 重庆大学环境与生态学院，重庆 400045）

【摘要】 本研究针对重庆市新实施的DB50/1806—2025《页岩气开采水污染物排放标准》，系统评估了南川区某处理站工艺效能，并进行了脱盐工艺的中试研究。结果表明，现有工艺对有机物和氨氮去除效果良好，但无除盐工艺，出水TDS和Cl^-超标10倍以上。研究发现高硬度是制约反渗透脱盐的主要因素，通过优化确定化学除硬技术碳酸钠投加量2000mg/L、pH值11的最佳条件，可使总硬度降至100～120mg/L。构建的化学除硬－反渗透中试系统脱盐效果显著，TDS和Cl^-平均出水浓度分别为530mg/L和257mg/L，完全达到新排放标准的要求。

【关键词】 页岩气　采出水　脱盐　除硬　提标改造

0 引　言

根据我国《“十四五”规划纲要》目标，2025年全国页岩气产量预计将达到400亿～450亿m^3[1]。页岩气开采过程需消耗大量水资源，其中15%～80%的用水会以采出水形式返回地表[2~4]。此类废水成分复杂，处理难度大，主要表现为高盐度（总溶解性固体TDS为1×10^4～3.45×10^5mg/L）、高悬浮物含量（TSS为300～9000mg/L）、高有机负荷（总有机碳TOC为13～67000mg/L）以及含天然放射性物质等特征，若未经有效处理直接排放，将对生态环境和人体健康构成严重威胁[5~7]。

在2024年之前，我国没有针对页岩气采出水的排放标准，主要执行GB 8978—1996《污水综合排放标准》，控制的指标主要为COD和悬浮固体（SS）等常规指标。重庆市DB50/1806—2025《页岩气开采水污染物排放标准》于2025年3月24日发布，新标准中对采出水外排提出了更高的要求，不仅新增了氯离子、TDS、钡离子和毒性等指标，同时也对COD、氨氮等常规指标要求进行了提高。然而，现行的采出水外排处理工艺大部分未设置相应的脱盐设施，部分设置脱盐工艺的现场运行效果也并不良好。

工业废水脱盐手段主要分成膜法和热法两大类。膜法脱盐是利用半透膜的选择透过性，在压力差、浓度差或电位差等推动力的作用下，将盐分和其他杂质截留在膜的一侧，从而实现水与盐分的分离。常见的膜法脱盐技术包括反渗透（RO）、纳滤（NF）、电渗析（ED）和膜蒸馏（MD）等，一般适用于TDS含量小于40000mg/L的高盐废水。热法脱盐是通过加热使水蒸发，然后将蒸汽冷凝成淡水，从而实现水与盐分的分离[8,9]。常见的热法脱盐技术包括多效蒸发(MED)、多级闪蒸(MSF)和机械蒸汽再压缩(MVR)等，一般适用于 TDS 含量大于 40000mg/L 的高盐废水。页岩气采出水的处理难点不仅在于其高盐高硬复杂有机物的水质特性，更在于实际生产过程中水质的剧烈波动。同一区块不同井位的采出水水质差异明显，即便是同一口井在不同返排阶段，TDS、硬度、有机物等关键指标的变化幅度也可达数倍之多。这种波动性使得反渗透、机械蒸汽再压缩等脱盐技术，在实际应用中均面临运行参数难以稳定的困境。

本研究以重庆市南川区某页岩气采出水处理站为试验场地，先考察现有工艺与重庆市《页岩气开采水污染物排放标准》的差距，进一步识别影响后续反渗透脱盐的主要水质限制因子，并在实验室进行除硬技术开发，最后于现场进行中试试验研究。本研究的成果拟为采出水提质达标提供技术支撑。

1 材料与方法

1.1 样品采集

本研究对采出水处理工艺各单元出水进行了系统采样。采样时，使用洁净的聚乙烯采样瓶，在采样前用待测水样润洗三次后采集。所有样品采集完成后立即密封，低温保存，并尽快运送至实验室进行分析。

1.2 采出水处理现场工艺

试验现场选自重庆市南川区某页岩气采出水处理站，其现有的工艺为调节池+混凝沉淀+厌氧段+缺氧段+好氧段+膜生物反应器(MBR)。采出水经预处理后首先进入调节池进行水质均衡，随后流入混凝沉淀单元。通过投加适宜的混凝剂和絮凝剂，有效实现悬浮物和胶体物质的去除。沉淀出水继而进入多级生物处理系统，依次经过厌氧、缺氧和好氧处理单元，形成完整的生物脱氮除碳体系。最终处理出水进入 MBR 系统，利用微滤膜的截留作用实现高效的固液分离，不仅显著提升出水水质，同时保障了系统的生物量浓度。南川区某页岩气采出水处理站现行工艺见图 1。

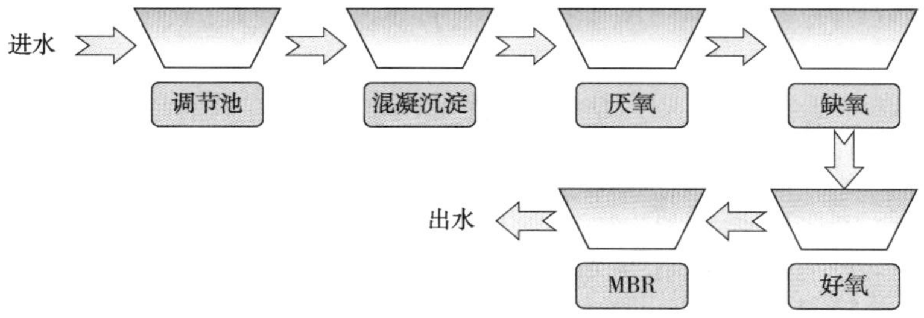

图 1 南川区某页岩气采出水处理站现行工艺

1.3 化学除硬实验步骤

本研究考察化学沉淀法对 MBR 出水中钙镁离子及硬度的去除效果。将 150mL 的 MBR 出水加入 250mL 烧杯中，置于恒温(25±1℃)条件下反应。碳酸钠投加实验中，分别加入 0、1、1.5、2、2.5g/L 的分析纯碳酸钠，先以 200r/min 快速搅拌 2min 使药剂充分混合，再以

50r/min 慢速搅拌 15min，最后静置 30min。pH 值影响实验则使用 1mol/L 氢氧化钠溶液将体系 pH 值调节至 7、10、11 三个梯度，保持相同搅拌条件，反应完成后静置 30min，取上清液经 0.45μm 滤膜过滤后测定钙、镁离子浓度及总硬度。

1.4 中试工艺路线

基于现场 MBR 出水水质特性，本研究设计并搭建了化学除硬+反渗透脱盐中试处理系统。中试装置主要由化学沉淀单元和反渗透单元组成，其中化学沉淀单元通过添加碳酸钠和氢氧化钠去除水中的钙、镁等结垢性离子；反渗透系统采用串联式双膜设计，提升脱盐效率，其中反渗透浓水进入 MVR 蒸发，最终确保出水水质达到排放标准。具体工艺路线如图 2所示。

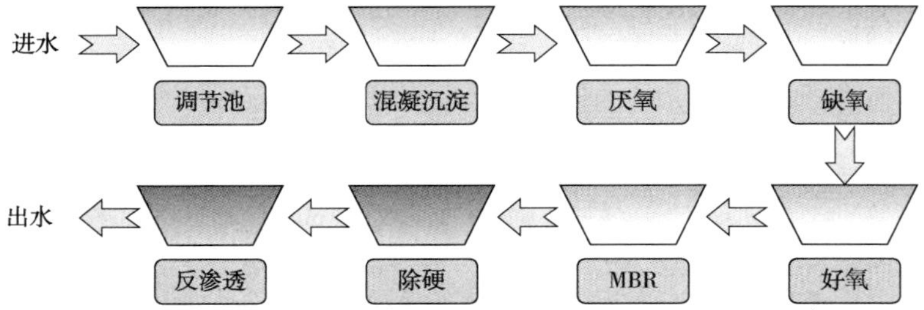

图 2　中试运行工艺

1.5 分析方法

水样中总有机碳(TOC)含量采用日本岛津公司 TOC-LCPH 型总有机碳分析仪(配备 SSM-5000AH 固体进样模块)测定，分析前将页岩气采出水经 0.22μm 滤膜过滤去除悬浮物，并用超纯水稀释至适宜浓度后转移至专用样品瓶，采用非吹扫有机碳(NPOC)法进行测定。氯离子浓度使用美国赛默飞世尔公司 ICS6000 型离子色谱仪分析，样品经 0.22μm 滤膜过滤并稀释，以 4.5mM Na_2CO_3 和 0.8mM $NaHCO_3$ 混合溶液作为淋洗液(流速 1.0mL/min，进样量 5mL)，通过峰面积比对计算样品浓度。金属离子含量采用美国珀金埃尔默公司 NexION 1000 型电感耦合等离子体质谱仪(ICP-MS)测定，样品经 0.22μm 滤膜过滤后，用 5%优级纯硝酸稀释至检测范围内，使用混合标准溶液进行定量分析。其他 COD、氨氮、磷酸盐等常规性指标参照《中华人民共和国国家环境保护标准》进行测定。

2　结果与讨论

2.1 采出水处理站达标差距分析

本研究系统考察了页岩气采出水处理工艺各单元对污染物的去除效果及其出水水质达标情况。水质分析结果表明，原水中氯离子浓度达到 13556.33mg/L，其浓度区间为 13146~13856mg/L，95%置信区间为 13286.63~13826.03mg/L；总溶解固体为 22600mg/L，浓度区间为 21500~24000mg/L，95%置信区间为 21571.77~23628.23mg/L；氨氮浓度为 31.46mg/L，浓度区间为 7.5~56.3mg/L，95%置信区间为 13.35~49.58mg/L；化学需氧量为 243mg/L，浓度区间为 199.04~270.57mg/L，95%置信区间为 216.13~270.27mg/L；总有机碳为 90.73mg/L，浓度区间为 44.33~124.5mg/L，95%置信区间为 60.81~

120.66mg/L，呈现出典型的高盐高有机物特征。经过混凝沉淀、气浮、缺氧、好氧和MBR等工艺单元处理后，出水化学需氧量降至14.3mg/L，总有机碳降至6.13mg/L，氨氮浓度显著降低至0.148mg/L，去除效率达到99.5%。在整套处理单元中缺氧池、好氧池和MBR对氨氮的去除贡献最大，而混凝沉淀及气浮池对氨氮去除效果较差；此外，混凝沉淀、气浮池、缺氧和好氧池均对TOC具有一定去除效果，但在MBR阶段存在部分回升情况；值得注意的是，硝氮初始浓度较低，但在后续MBR以及缺氧池阶段存在浓度升高情况，故整个流程对硝氮去除效果较差(图3)。总体而言，经过页岩气采出水处理站处理后，常规COD、氨氮等指标能达到《页岩气开采水污染物排放标准》的要求，表明现行工艺对有机污染物和氨氮有良好去除效果。

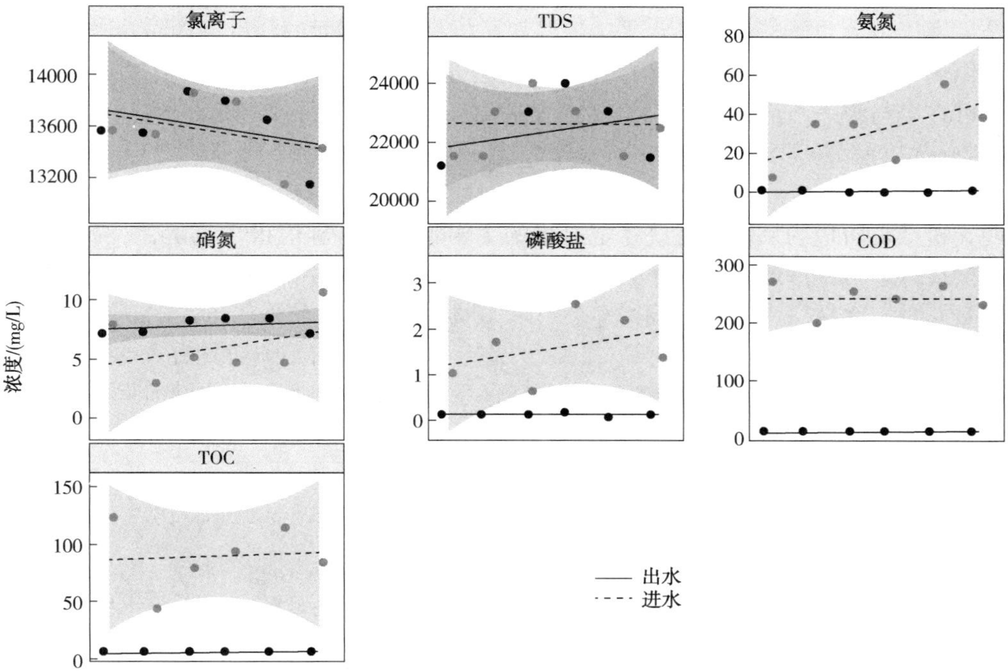

图3　某页岩气采出水处理站进出水水质特征

此外，本研究重点考察了处理工艺对高盐特征污染物的去除效果。结果表明，经处理后出水TDS浓度为22383mg/L，氯离子浓度为13593mg/L，与进水浓度基本持平，表明现有工艺无去除水中TDS效果，与《页岩气开采水污染物排放标准》相比，出水TDS超标10倍，氯离子超标13倍，这直接导致处理出水无法满足排放要求。

2.2　采出水中结垢离子对反渗透膜的危害

除了氯离子之外，页岩气采出水中还含有丰富的各种金属离子，具体浓度见表1。钙镁等离子是采出水中的主要特征离子，也是废水硬度的主要来源。采出水进水中钙离子浓度为560mg/L，因现有处理流程中没有除硬工艺，故进水钙离子(游离态)浓度为560mg/L；镁离子进水浓度为35.44mg/L，其出水浓度为39.4mg/L；钡离子进水浓度为52.57mg/L，出水浓度为69.8mg/L；锶离子进水浓度为97.6mg/L，其出水浓度几乎无变化(92.4mg/L)。

表 1 某页岩气采出水处理站进出水离子浓度

指标	进水浓度/(mg/L)	出水浓度/(mg/L)	指标	进水浓度/(mg/L)	出水浓度/(mg/L)
Ca^{2+}	560	352	SO_4^{2-}	40.6	20.3
Mg^{2+}	35.44	39.4	HCO_3^-	596	155
Ba^{2+}	52.57	69.8	总硬度	1650	1100
Sr^{2+}	97.6	92.4			

一般而言，制约反渗透系统正常运行的是高浓度无机离子和硬度组分。在本研究所选取的采出水处理站出水中，钙镁离子浓度高达 352mg/L、39.4mg/L，总硬度达 1100mg/L，远超反渗透膜元件制造商推荐的进水要求（通常总硬度<200mg/L）。同时，水中 Sr^{2+}、Ba^{2+} 等二价金属离子浓度也维持在较高水平，这些离子极易与膜表面的活性基团结合，导致不可逆的无机结垢。页岩气采出水中的多价金属离子会通过两种途径加剧膜污染。一方面，Ca^{2+}、Mg^{2+} 等可直接与膜表面的羧基形成配位键，导致膜通量衰减；另一方面，这些离子能与溶解性有机物（如腐殖酸）形成金属-有机复合物，在膜表面形成致密污染层[10,11]。本研究中虽然 MBR 出水 TOC 已降至 6.13mg/L，有机物污染风险相对较低，但总硬度仍然超标 7 倍以上，这说明无机结垢将成为反渗透系统稳定运行的主要威胁。特别值得注意的是，高浓度 Cl^- 和 TDS 不仅直接影响反渗透脱盐效率，还会通过渗透压效应显著增加系统能耗。当 TDS 超过 20000mg/L 时，常规反渗透膜的截留率会下降 10%～15%，且需采用更高的工作压力，这将大幅提高运行成本并缩短膜使用寿命。因此，在反渗透处理前必须建立有效的除硬工艺，以控制 Ca^{2+}、Mg^{2+} 等结垢性离子的浓度，这是确保系统长期稳定运行的关键前提。

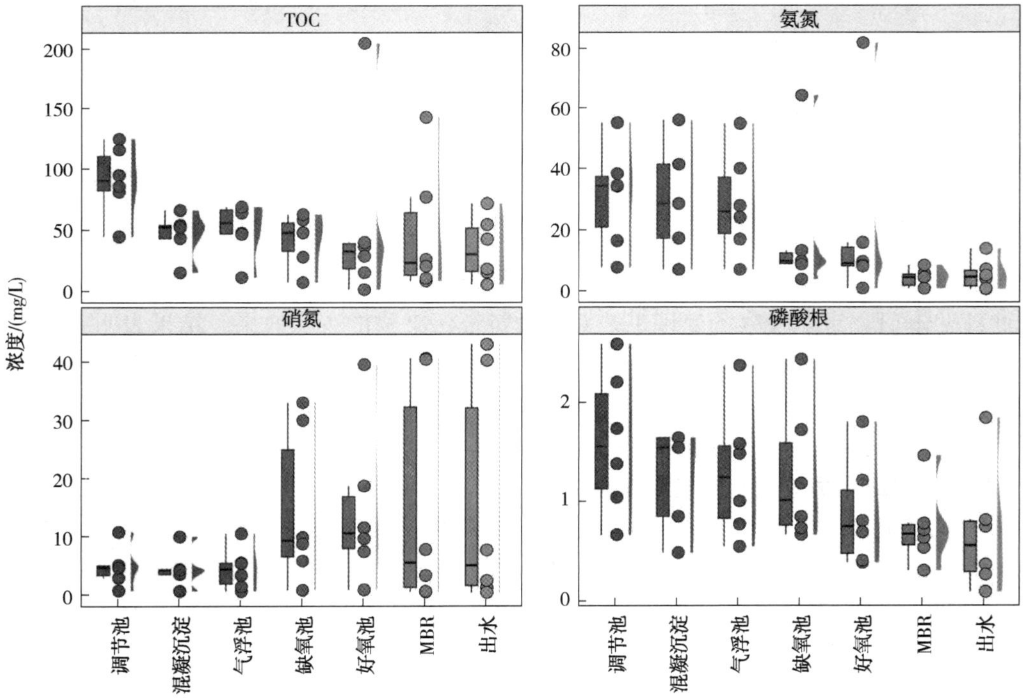

图 4 各工艺段水质特征

2.3 采出水化学除硬研究

由于现行工艺出水中钙镁离子与硬度的极高浓度，使其会对后续反渗透工艺产生不利的影响，因此开展了采出水化学除硬工艺优化实验，重点考察了碳酸钠投加量和 pH 值对钙镁离子和硬度的去除效果。

研究结果表明，碳酸钠投加量对钙离子去除效果具有显著影响。当投加量从 0mg/L 增至 2000mg/L 时，钙离子浓度由 230mg/L 显著降至 40mg/L，总硬度由 1450mg/L 降至 250mg/L，达到反渗透膜进水要求标准。继续增加投加量至 2500mg/L 时，钙离子、镁离子和硬度的去除率仅提升 8%，0%，3%，但药剂成本增加 25%，从技术经济性角度考虑确定 2000mg/L 为最佳投加量。pH 值对钙镁离子及硬度的研究表明，当 pH 值为 7 时钙镁离子及硬度的去除效果较差。当 pH 值升至 10 时，钙镁离子由 40mg/L 和 78mg/L 降至 30mg/L 和 42mg/L。当 pH 值进一步提高至 11 时，钙镁离子及硬度可降至 10mg/L、18mg/L，总硬度降至 100mg/L。虽然提高 pH 值可能进一步提升硬度的去除率，但考虑到实际运行中碱耗成本和剩余污泥的处理成本，最终确定 pH 值 11 为最佳控制参数。

通过系统优化实验，采用碳酸钠投加量 2000mg/L 配合 pH 值 11 的条件，可使出水总硬度稳定维持在 100~120mg/L 范围内，有效控制后续反渗透系统的结垢风险，见图 5。

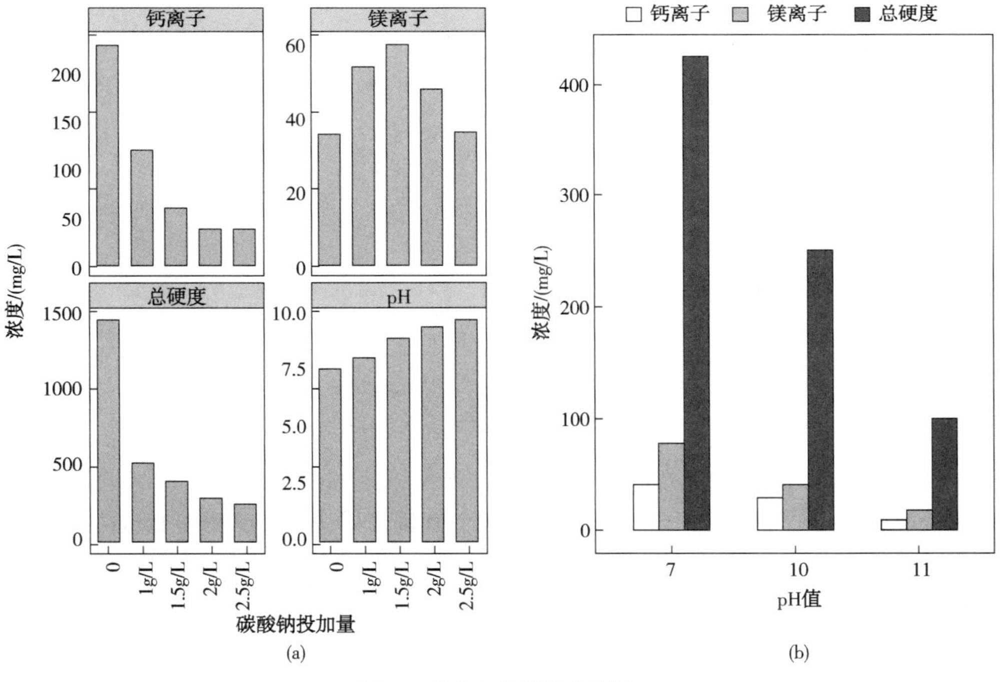

图 5 采出水化学除硬研究

2.4 除硬-反渗透中试运行情况

本研究最后在采出水处理站现场搭建了除硬-反渗透中试装置，考察其对现行工艺出水的脱盐效果及其稳定性能，结果如图 6 所示。

集成化学除硬与反渗透的中试工艺对采出水污染物具有显著的去除效果。在脱盐性能方面，系统进水 TDS 浓度为 22800~29000mg/L，平均浓度为 25600mg/L，95%置信区间为 24586.3~26613.7mg/L，经两级反渗透处理后降至 103~1450mg/L，平均浓度为 530.83mg/L，

95%置信区间为 190. 5～871. 17mg/L，平均去除率达到 99%。氯离子的变化趋势与 TDS 类似，进水中氯离子浓度为 14565. 52～18144. 37mg/L，平均浓度为 16168. 81mg/L，95%置信区间为 15503. 91～16833. 72mg/L，经两级反渗透处理后降至 49. 9～702. 9mg/L，平均浓度为 257. 26mg/L，95%置信区间为 93. 92～420. 59mg/L，平均去除率达到 99%。与《页岩气水污染物排放标准》(TDS≤2000mg/L，Cl^-≤1000mg/L)相比，出水盐度指标完全满足排放要求。

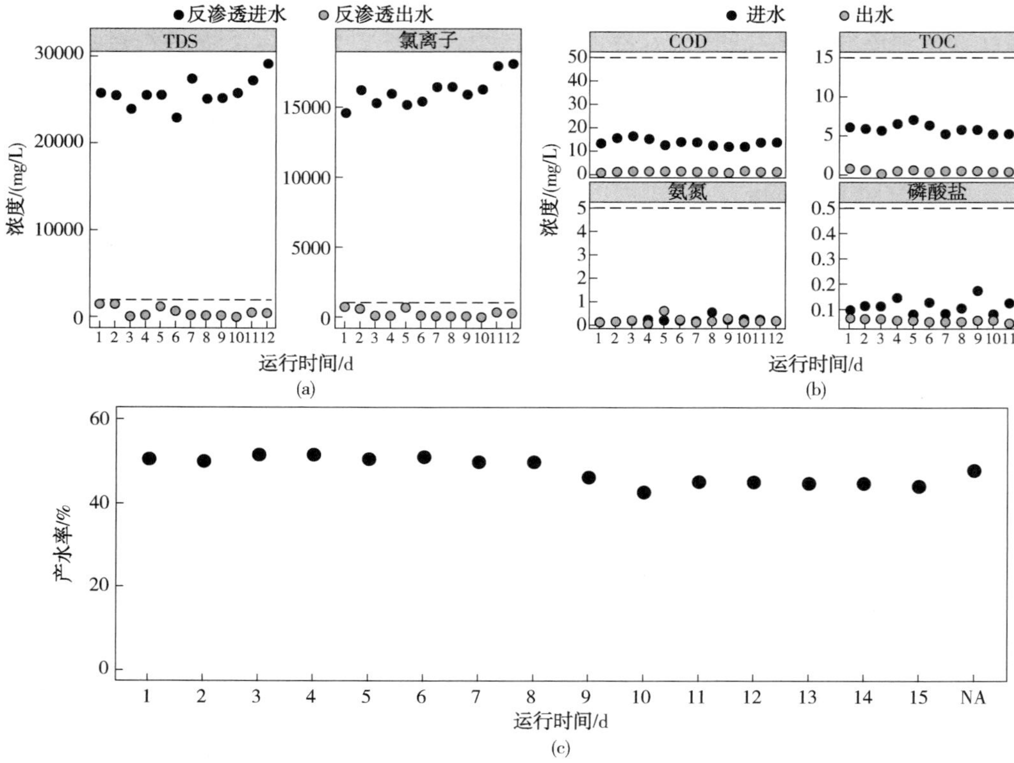

图 6 现行工艺出水的脱盐效果

(a)反渗透进出水 TDS 和 Cl^-；(b)反渗透进出水其余指标；(c)工艺优化前后产水率

除了盐度指标，中试系统对常规污染物也表现出稳定的处理性能。系统进水 COD 浓度为 11. 8～15. 8mg/L，平均浓度为 13. 32mg/L，95%置信区间为 12. 49～14. 15mg/L，经两级反渗透处理后降至 0. 22～0. 93mg/L，平均浓度为 0. 64mg/L，95%置信区间为 0. 51～0. 78mg/L，平均去除率达到 99%。此外，系统进水 TOC 浓度为 5. 07～6. 79mg/L，平均浓度为 5. 72mg/L，95%置信区间为 5. 36～6. 08mg/L，经两级反渗透处理后降至 0. 09～0. 66mg/L，平均浓度为 0. 33mg/L，95%置信区间为 0. 24～0. 43mg/L，平均去除率达到 94%。由于前处理对氨氮以及磷酸盐处理效果较好，故后续反渗透对其去除效果变化不大。

系统运行稳定性分析表明，在优化工艺参数条件下，产水率可稳定维持在 42%～51%，平均产水率为 47%。稳定的产水率直接反映了膜污染得到了有效控制。在为期半个月的连续运行过程中，未观察到明显的产水率下降趋势，这表明前端化学除硬工艺成功控制了进水中的硬度，显著降低了反渗透膜的结垢风险。特别是对 Ca^{2+}、Mg^{2+} 等结垢性离子的有效去除，避免了无机污染导致的膜通量衰减，为系统长期稳定运行奠定了基础。50%左右的产水率水平也基本符合反渗透系统的工程运行要求。这一回收率设定既保证了系统的产水效率，又避免了因过高回收率导致的浓差极化加剧问题，可为后续规模化应用提供可靠的设计依据。

然而，本研究构建的化学除硬-反渗透脱盐中试系统虽然展现出良好的脱盐效果和运行稳定性，但在实际运行中发现反冲洗频率较高等问题，这在一定程度上增加了运行能耗和维护成本。后续研究可重点围绕反渗透膜运行参数优化展开，通过调整操作压力、冲洗频率、回收率等关键参数，在保证出水水质的前提下，进一步提高系统产水率，并降低运行成本，为工程化应用提供更经济高效的技术方案。

3 结　　论

本研究以重庆市南川区某页岩气采出水处理站为试验场地，考察现有工艺与《页岩气开采水污染物排放标准》的差距，进一步识别影响后续反渗透脱盐的主要水质限制因子，并在实验室进行除硬技术开发，最后于现场进行中试试验研究，所得到的结论如下：

（1）现有处理工艺对常规污染物 COD、氨氮等去除效果良好，可满足《页岩气水污染物排放标准》要求。然而，该工艺对 TDS 和氯离子的去除效果极为有限，分别超标 10 倍和 13 倍，是提标改造面临的主要问题。

（2）采出水中钙镁钡锶浓度含量较高，总硬度可达 1650mg/L，对后续反渗透脱盐工艺有着严重威胁。通过优化化学除硬工艺参数，在碳酸钠投加量 2000mg/L 和 pH 值 11 为最佳条件下，可将总硬度降至 100~120mg/L，有效解决了反渗透膜结垢风险问题。

（3）现场搭建的化学除硬-反渗透中试系统表现出卓越的脱盐性能，TDS 和氯离子平均去除率均能达到 99%，出水平均浓度稳定在 530mg/L 和 257mg/L，可满足《页岩气水污染物排放标准》要求。

（4）中试系统运行效果良好，在连续运行期间产水率稳定维持在 47%左右，膜通量衰减率低于 5%/周。这一运行性能证实了化学除硬预处理的有效性，为后续工程化应用提供了可靠的技术参数。

（5）尽管系统运行效果良好，但仍存在反冲洗频率较高等问题。后续研究可进一步优化反渗透运行参数，在提升产水率的同时降低运行成本，为工程应用提供更经济高效的技术方案。

参 考 文 献

[1] 龙胜祥，卢婷，李倩文，等．论中国页岩气“十四五”发展思路与目标[J]．天然气工业，2021，41(10)：1-10.

[2] 桂玉茹，贾婉玲，曾勇．川南页岩气区块生命周期用水核算[J]．油气田环境保护，2020，30(2)：6-10，15，60.

[3] WANG J，LIU M，BENTLEY Y，et al. Water use for shale gas extraction in the sichuan basin，china[J/OL]. Journal of Environmental Management，2018，226：13-21. DOI：10.1016/j.jenvman.2018.08.031.

[4] RAHM D. Regulating hydraulic fracturing in shale gas plays：the case of texas[J/OL]. Energy Policy，2011，39(5)：2974-2981. DOI：10.1016/j.enpol.2011.03.009.

[5] ZHANG H，XIONG Z，JI F，et al. Pretreatment of shale gas drilling flowback fluid(SGDF) by the microscale

Fe0/persulfate/O_3 process (mFe0/PS/O_3) [J/OL] . Chemosphere, 2017, 176: 192 - 201. DOI: 10. 1016/j. chemosphere. 2017. 02. 122.

[6] VENGOSH A, JACKSON R B, WARNER N, et al. A critical review of the risks to water resources from unconventional shale gas development and hydraulic fracturing in the United States[J/OL]. Environmental Science & Technology, 2014, 48(15): 8334-8348. DOI: 10. 1021/es405118y.

[7] PARKER K M, ZENG T, HARKNESS J, et al. Enhanced formation of disinfection byproducts in shale gas wastewater-impacted drinking water supplies[J/OL]. Environmental Science & Technology, 2014, 48(19): 11161-11169. DOI: 10. 1021/es5028184.

[8] SHAFFER D L, ARIAS CHAVEZ L H, BEN-SASSON M, et al. Desalination and reuse of high-salinity shale gas produced water: drivers, technologies, and future directions [J/OL] . Environmental Science & Technology, 2013, 47(17): 9569-9583. DOI: 10. 1021/es401966e.

[9] TANG P, LIU B, ZHANG Y, et al. Sustainable reuse of shale gas wastewater by pre-ozonation with ultrafiltration-reverse osmosis[J/OL]. Chemical Engineering Journal, 2020, 392: 123743. DOI: 10. 1016/j. cej. 2019. 123743.

[10] ZHAO Y, SONG L, ONG S L. Fouling of RO membranes by effluent organic matter(EfOM): relating major components of EfOM to their characteristic fouling behaviors[J/OL]. Journal of Membrane Science, 2010, 349(1): 75-82. DOI: 10. 1016/j. memsci. 2009. 11. 024.

[11] ZHANG X, HUANG J, CHENG X, et al. Mitigation of reverse osmosis membrane fouling by electrochemical-microfiltration - activated carbon pretreatment [J/OL] . Journal of Membrane Science, 2022, 656: 120615. DOI: 10. 1016/j. memsci. 2022. 120615.

某高含硫净化厂污水生化处理的现状与优化研究

吴志亮

（中石化广元天然气净化有限公司，广元 628415）

【摘要】 为解决含硫净化厂污水处理场 SBR 池污泥活性沉降性能差和出水 COD 不能稳定达标的问题，从单元运行模式出发进行改进，通过调整 SBR 池曝气时间和排泥量、提高排泥频率、优化营养剂添加量、增加碳源比例，有效提高了 SBR 池污泥活性。镜检结果表明，显著改善了污泥生物菌落。

【关键词】 SBR 工艺　污泥活性　生物处理　工艺调整

在我国目前的城市污水处理厂中，有 80%以上的都是采用活性污泥法，不到 20%采用稳定塘法、土地处理法及一级处理等。随着对水资源质量要求的提高，污水处理厂不断开发许多改进型的工艺技术，如 A/O 法、氧化沟法、SBR 法等[1]。

SBR 是序批式活性污泥法的简称，是一种按间歇曝气方式来运行的活性污泥污水处理技术。与传统污水处理工艺不同，SBR 技术采用时间分割的操作方式替代空间分割的操作方式，非稳态生化反应替代稳态生化反应，静置理想沉淀替代传统的动态沉淀[2]。它的主要特征是在运行上的有序和间歇操作，SBR 技术的核心是 SBR 反应池，该池集均化、初沉、生物降解、二沉淀等功能于一池，无须污泥回流系统[3,4]。

某高含硫净化厂的三座 500m^3SBR 池采用序批式活性污泥法生化工艺，其内分别设置 2 台曝气机，操作程序是在一个反应器内依次完成进水、生化反应（曝气）、泥水沉淀分离、排放上清液（排水）和闲置 5 个基本过程，典型的运行模式见图 1。目前，从整体上看三座 SBR 池 COD 去除率不高，在进水有机物浓度较低的情况下，经 SBR 工艺处理后的出水仍有 COD 指标不合格的批次存在[5,6]。

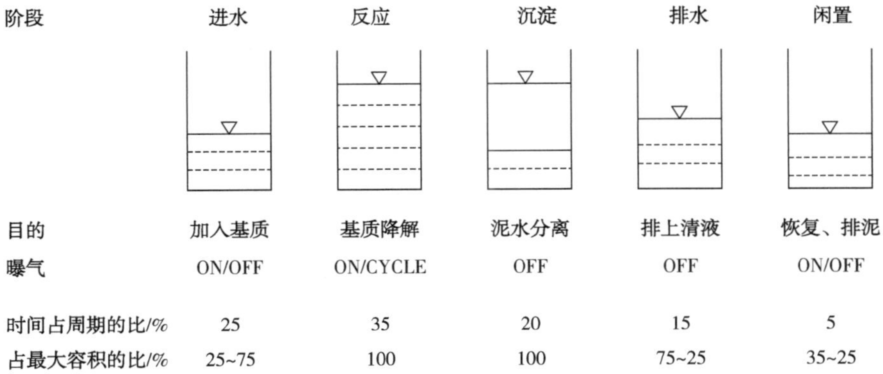

图 1　典型 SBR 反应器运行模式

1　厂内SBR池生化处理现状及存在问题

目前三座SBR池活性污泥的状况均较差，表现为污泥沉降比过高、污泥浓度偏高、絮体结构松散，深层原因主要为污泥膨胀和污泥老化问题严重[7]。

1.1　污泥沉降比

1~4月三座SBR池污泥沉降比变化趋势见图2。其中A、C池的沉降比一直维持在非常高的水平上，平均95%左右；B池沉降性能略好但不稳定，沉降比较低时能达到30%~40%，属正常运行水平，但3月开始沉降性能再次恶化，维持在80%~90%。

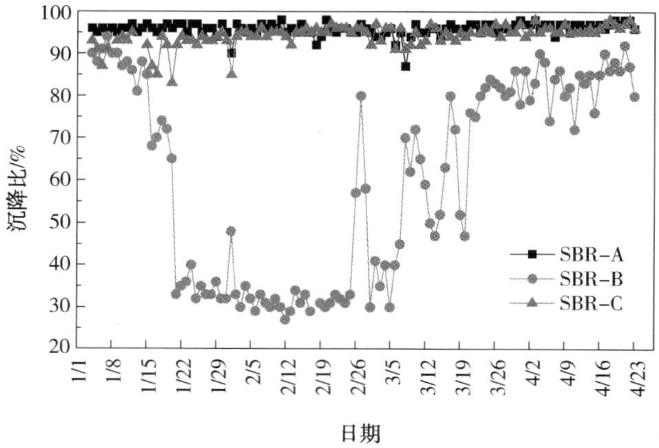

图2　SBR-A/B/C污泥沉降比变化趋势

1.2　污泥浓度

前期污泥浓度(MLSS)测定一直使用Partech Solitechw 2型便携式测定仪进行监测，由于该测定仪校准存在问题，测定结果偏差极大。今年以来的MLSS监测值严重偏低，导致技术人员对污泥状态的判定存在偏差，实际污泥浓度远高于监测结果。因此，现使用传统方法在化验室对MLSS进行测量，其测定结果相对较为准确。表1为两种检测方式测定结果的对比。

表1　MLSS便携式测定仪与化验室测定结果对比

批次	5.11批次/(mg/L)			5.12第一批次/(mg/L)			5.12第二批次/(mg/L)		
	A池	B池	C池	A池	B池	C池	A池	B池	C池
便携式测定仪结果	2345	1135	1935	2098	1121	2010	2333	1137	1981
化验室测定结果	4702	2012	3694	3262	2966	4250	4228	2948	4380

1.3　污泥镜检

使用显微镜对污泥微观结构进行镜检，部分检测结果见图3、图4。由图可知，三座生物池中的活性污泥结构较为松散，胶团生物结构相对较少，整体呈现典型的污泥老龄化形态。同时，在A、B、C三座SBR池中，均观察到丝状菌的存在。其中A池最为严重，大量丝状菌生长繁殖，引起污泥膨胀，从而导致池内污泥沉降比过高；B池内丝状菌数量相对较少，可能与其较低的生物量有关；C池相较A池丝状菌数量略少，与沉降性能表现一致。

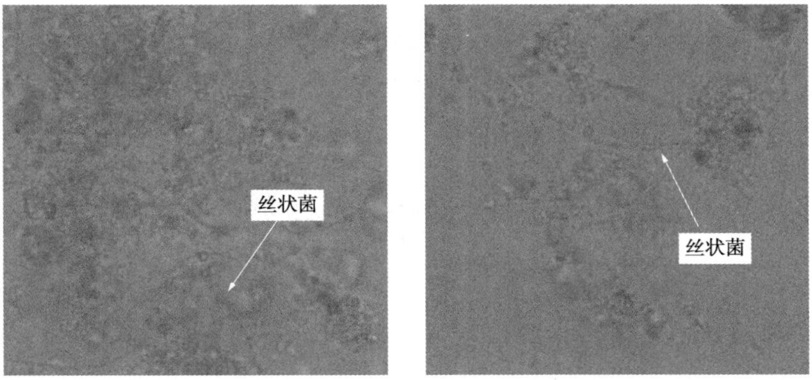

(a) (b)

图 3 SBR-A 池污泥镜检图

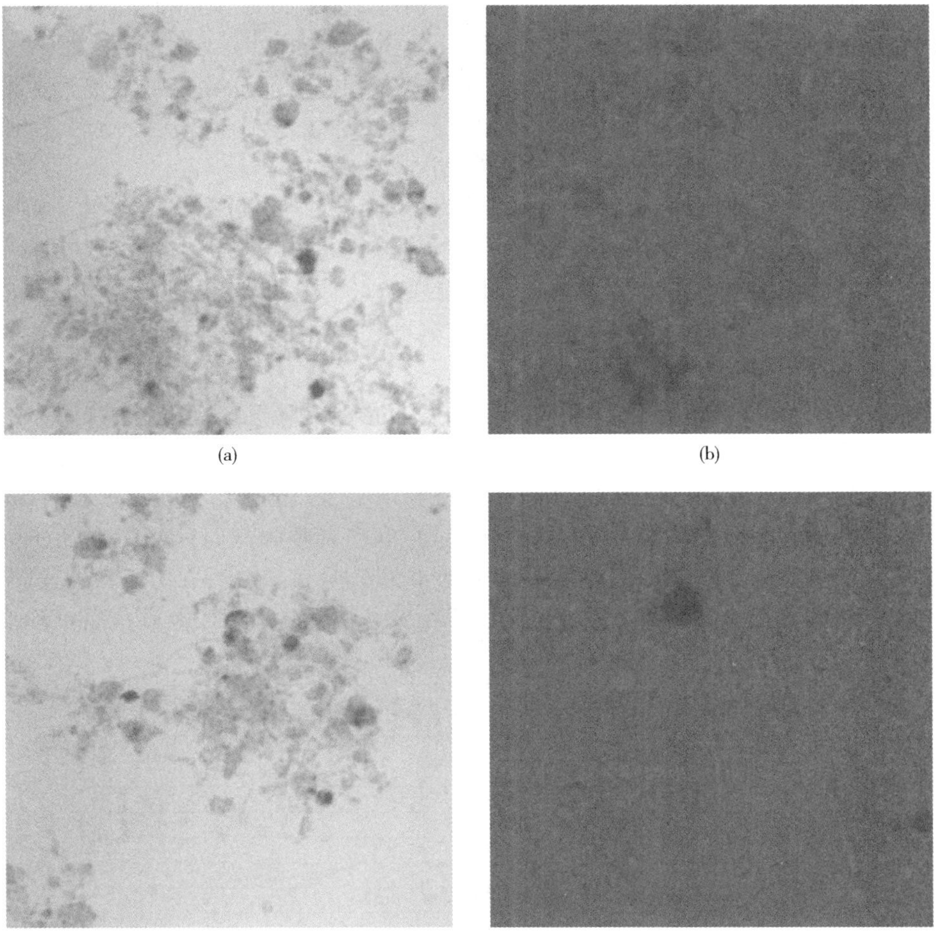

(a) (b)

(c) (d)

图 4 SBR-B/C 池污泥镜检图

a—SBR-B 10 倍镜检；b—SBR-B 40 倍镜检；c—SBR-C 10 倍镜检；d—SBR-C 40 倍镜检

同时，通过显微镜对三座 SBR 池中的原生生物进行观察，结果如下：

SBR-A：豆型虫、鞭毛虫；SBR-B：盾纤虫、轮虫；SBR-C：轮虫、豆型虫。

其中豆型虫、轮虫数量较多且活跃，豆型虫是活性污泥处于恶劣状况的指示微生物，而长期曝气过量污泥老化出现的大量轮虫一般预示着污泥膨胀[8]。

2 SBR 池污泥活性优化实验探究

SBR 反应池单池为 10m×10m×6m，有效水深 4.5m，现运行模式为每天 2 批次间歇式运行，单批次运行时长为 11.5h，其中进水 3h，搅拌、曝气 7h，静置 2h，滗水 0.5h。采用非限制曝气方式，即在进水时开始同步搅拌、曝气，反应阶段溶解氧控制在 2～4mg/L，静置后期排泥，排泥频次为 15d/次、5cm/次。目前，实际处理量为 $850m^3/d$。

根据现状分析结果可以得出，目前影响三座 SBR 池污泥活性最主要的问题为污泥膨胀与污泥老化。以 SBR 池运行模式为基础，针对影响污泥活性的原因进行了具体的实验优化。

2.1 SBR 池曝气模式优化调整

对于 SBR 池系统而言，高活性污泥浓度对溶解氧的需求明显高于低活性污泥浓度对溶解氧的需求，而目前厂内 SBR 池处理负荷和污泥活性都较低，在低活性污泥浓度情况下，需注意不要过度曝气，以免出现溶解氧过高的情况。

目前污水处理场 SBR 池的溶解氧控制指标为 2～4mg/L，通过在线溶解氧分析仪进行监控。SBR 池的曝气时间为 5h，在曝气过程中，当溶解氧超过 4mg/L 时停曝气机，当溶解氧降到 2mg/L 以下时重启曝气机，直至曝气时间结束。每个周期 A、B 池的曝气机总的运行时长为 2～2.5h。过长的曝气时间会引起 SBR 池含氧量过高，引起好氧菌过量繁殖，导致污泥老化、膨胀[9]。

为了验证结论，技术人员在 3 月 22 日～4 月 1 日修改了曝气方式，调整了曝气方式为限制曝气，即在进水时只搅拌、不曝气，进水结束后开始曝气。同时将曝气阶段所有 SBR 池溶解氧由原来的 2～4mg/L 控制到 1～3mg/L，将 SBR 池的总曝气时间从原来的 5h 调整为 3.5h，实际曝气机运行时长从 2～2.5h 降到 1.7～1.8h。调整曝气时间后三个池子的污泥沉降比数值变化趋势如图 5 所示，调整前后的对比如图 6 所示。SBR-A/B/C 池经过调整曝气方式后，B/C 池沉降比下降明显，A 池沉降比不稳定，波动较大。C 池调整后沉降比维持在 40%～60%，表明污泥膨胀情况有所改善。

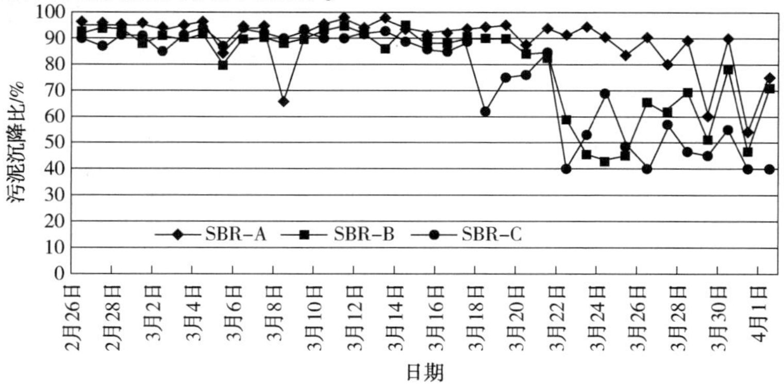

图 5 污泥沉降比变化趋势

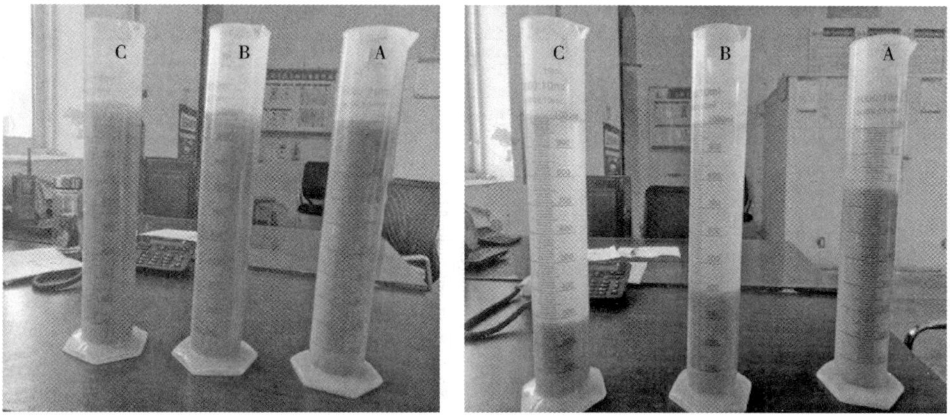

图 6　调整前后污泥沉降比对比

2.2　排泥频次优化调整

SBR 池通过定期排泥可以将吸收有含磷物质的聚磷菌排出起到除磷的作用，同时定期排泥也可将污泥中老化的污泥排出，控制 SBR 池中的污泥龄。目前 SBR 池的排泥频次为 15d/次、5cm/次。为验证 SBR 池目前排泥的频次和每次排泥量是否合理，可以通过计算 SBR 池剩余污泥产量和污泥龄，与现场实际排泥量、污泥龄相比较，并结合镜检照片两方面进行验证，剩余污泥的产量计算见式(1)。

$$\Delta X=\frac{KQ_{d}SS_{0}}{1000} \tag{1}$$

式中　ΔX——SBR 池 1d 的剩余污泥产量，kg/d；

K——污泥固体的产率，高负荷运行时取 1.0，低负荷运行时取 0.75；

Q_d——SBR 池最高日流量，m^3/d；

SS_0——反应池进水 SS 浓度，取 100，mg/L。

根据目前污水处理场日处理污水 1000~1050m^3，每日两个批次，单个 SBR 池日处理污水 330~350m^3，则可计算出单个 SBR 池日剩余污泥产量为 26.25kg/d，污水处理场年产污泥 28.7t，2022 年污水处理场产污泥 31.1t(80%含水率)，实际干污泥量仅为 6.2t，表明总体排泥量少。池内污泥老龄化严重，导致池内污泥浓度偏低。统计 2 月 27 日~3 月 19 日的污泥浓度如图 7 所示，由图可以看出 SBR-A 池污泥浓度范围基本在 3000mg/L 以上，SBR-B、C 池污泥浓度范围基本在 2500mg/L 左右，存在污泥浓度偏高的问题，加剧了丝状菌膨胀。为此，技术人员于 4 月 16 日~5 月 8 日调整了排泥频次，由原来的 15d/次提高到 1 周/次，排泥量由原来的 5cm/次提高到 10cm/次。调整后污泥浓度变化、污泥沉降比如图 8 所示。

由图 8 可以看出，调整后各个 SBR 池污泥浓度均有所下降，其中 A 池调整后污泥浓度大部分时间维持在 2000~2500mg/L，B，C 池维持在 1500mg/L 左右。污泥沉降比方面，A 池波动较大，B，C 池污泥沉降比均有所下降，B 池沉降比基本维持在 30%~60%，C 池沉降比在 15%~30%，处于一个比较合适的沉降比状态。

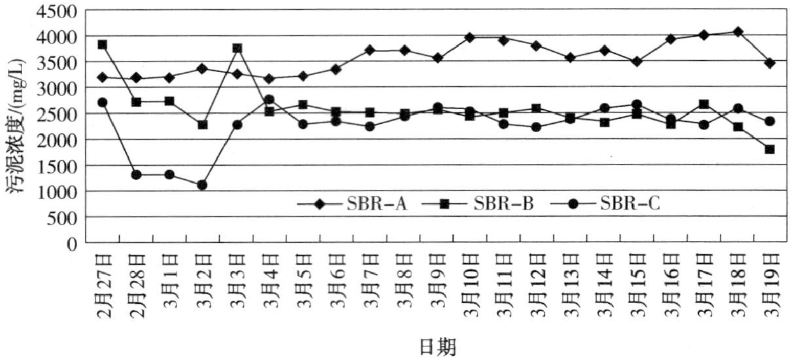

图 7　污泥浓度趋势图

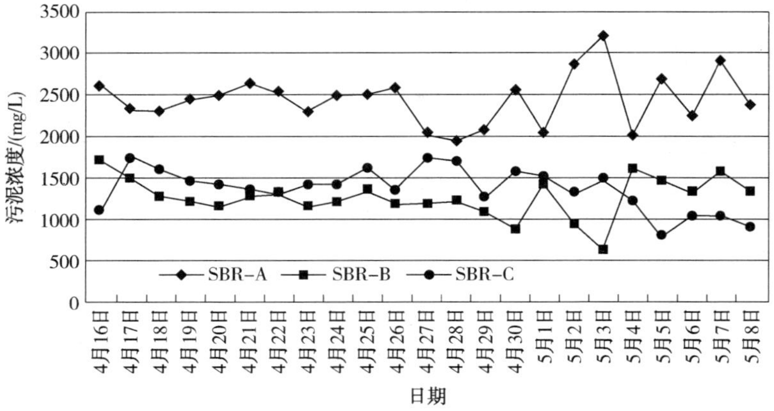

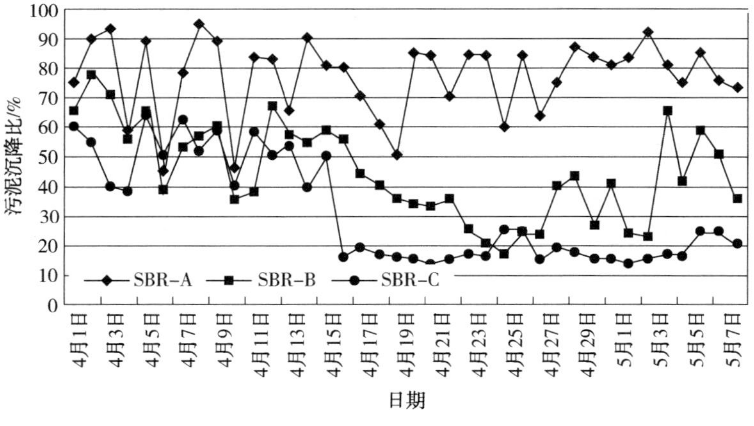

图 8　调整排泥频率后污泥浓度及污泥沉降比变化趋势

2.3　SBR 池营养剂优化调整

不同 SBR 工艺中营养物的添加量也有区别，活性污泥法 CNP 比一般为 100 : 5 : 1，必要时根据来水水质进行微调。污水处理场选择的营养剂为白糖、面粉作为 C 的添加剂，尿素作为 N 的添加剂，磷酸二氢钠作为磷的添加剂。通过理论计算，污水处理场单个 SBR 池的碳源每批次添加量在 8kg 左右[10]。

针对 SBR 池碳源投加量不足问题，于 2023 年 9 月针对性调整了碳源的添加量，由原来的平均每批次5kg调整为8~10kg，调整加药后污泥沉降比、污泥浓度变化如图9所示。调整后A、B、C池污泥沉降比基本维持在30%~60%，比较符合厂内SBR池的运行工艺指标。由于加药量增加，三座SBR池污泥浓度略有上升，B，C池基本维持在1500~2500mg/L，表明适当增加碳源会加速细菌繁殖，有助于改善污泥活性。

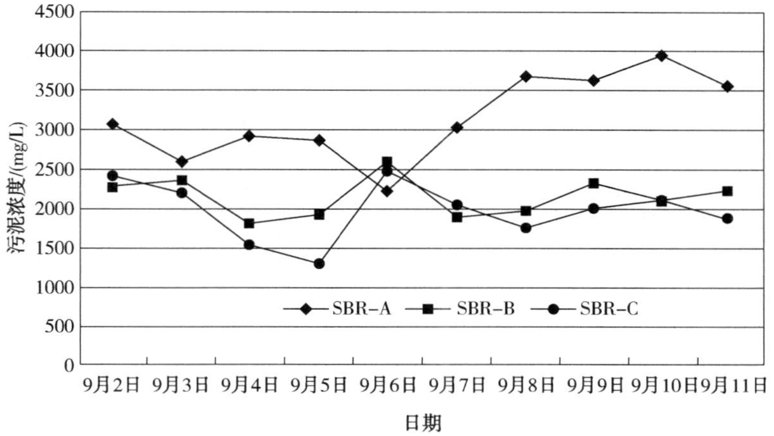

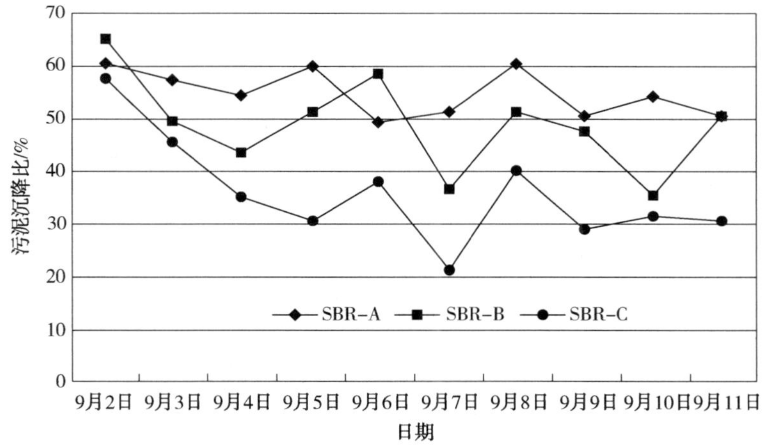

图9 调整加药量后污泥浓度、污泥沉降比变化

2.4 SBR池调整后污泥镜检

为了进一步验证优化SBR池曝气模式、排泥频次和营养剂后对污泥活性的整体改善效果，对三座SBR池调整后的污泥进行了镜检，镜检图片如图10所示。

采取优化措施后，污泥活性整体得到了改善，活性污泥的污泥絮粒大、边缘清晰、结构紧密，呈封闭状，具有良好的吸附和沉降性能。絮粒以菌胶团细菌为骨架，穿插生长一些丝状菌，但丝状菌数量远少于菌胶团细菌；未见游离细菌、微型动物以固着类纤毛虫为主，如钟虫；还可见到楯纤虫在絮粒上爬动，偶尔还可看到少量的游泳型纤毛虫等，轮虫生长活跃。这是运行正常的污水处理设施的活性污泥生物相，表明污泥沉降及凝聚性能较好，能很快地进行泥水分离，同时活性污泥中盾纤虫、钟虫的数量呈增长趋势，活性污泥菌落结构显著改善。

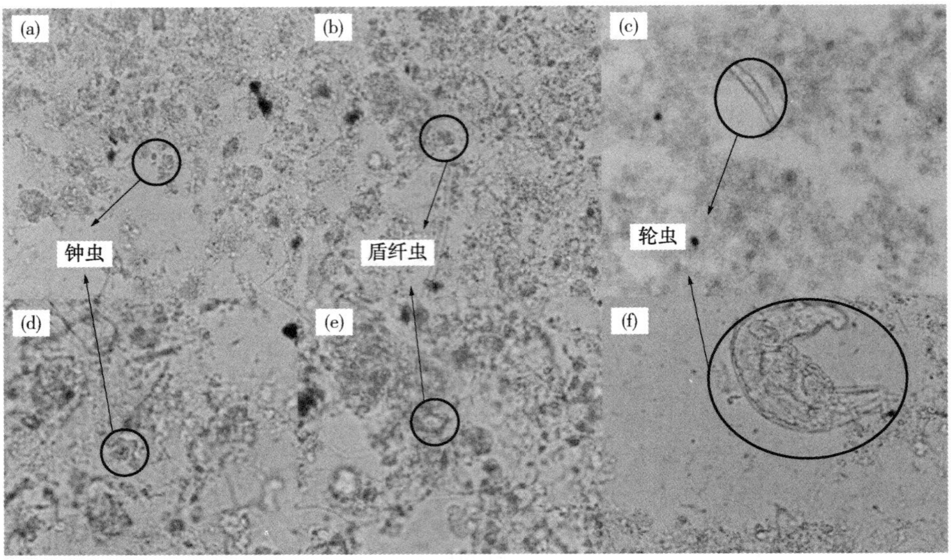

图 10　SBR 池镜检数据

a，b，c—A，B，C 池镜检数据 10 倍镜检；d，e，f—A，B，C 池 40 倍镜检数据

3　结　　论

某高含硫净化厂对国内外现有的污水处理技术进行调研，结合现场实际情况，从单元运行模式出发进行改进，通过调整 SBR 池曝气时间和排泥量、提高排泥频率、优化营养剂添加量、增加碳源比例，有效提高了 SBR 池污泥活性。

调整曝气时间：将曝气阶段 SBR 池溶解氧由原来的 2～4mg/L 控制到 1～3mg/L，实际曝气机运行时长从 2～2.5h 降到 1.7～1.8h，调整后各池污泥沉降比均有所下降，污泥膨胀情况有所改善。调整了排泥频次：由原来的 15d/次提高到 1 周/次，排泥量由原来的 5cm/次提高到 10cm/次，调整后各个 SBR 池污泥浓度均有所下降，B，C 池调整后污泥浓度基本在 1500～2500mg/L，B 池沉降比基本维持在 30%～60%，C 池沉降比在 15%～30%，处于一个比较合适的沉降比状态。调整了碳源投加量：由原来的平均每批次 5kg 调整为 8～10kg，通过加强碳源的补给量后，A、B、C 池沉降比基本维持在 30%～60%。由于加药量增加，三座 SBR 池污泥浓度略有上升，B，C 池基本维持在 1500～2500mg/L，表明适当增加碳源有助于改善污泥活性。

镜检结果显示，活性污泥的污泥絮粒大、边缘清晰、结构紧密，呈封闭状，具有良好的吸附和沉降性能；轮虫生长活跃，同时活性污泥中盾纤虫，钟虫的数量呈增长趋势，表明污泥菌落结构显著改善。本次研究不仅改善了 SBR 池污泥活性，提高了水处理能力，也为同行业类似问题提供了借鉴。

参　考　文　献

[1] 刘运红，孙鹏，林蔓．污水处理厂 SBR 池提标改造工艺设计[J]．中国给水排水，2008，24(20)：31-34.

[2] Knoop S, Kunst S. Influence of temperature and sludge loading on activated sludge settling especially on microthrix parvicella. Water Science & Technology 1998, 37(4-5): 27-35.
[3] 张景丽，李武．用溶解氧控制 SBR 池反应时间的研究[J]. 工业安全与环保，2003，29(7)：24-25.
[4] 陈炜，李航天．SBR 池生化污泥的综合利用研究[J]. 氮肥与合成气，2023，51(4)：12-14.
[5] Palm J C, Jenkins D, Parker D S. Relationship between organic loading, dissolved oxygen concentration and sludge settle ability in the completely mixed activated sludge process. Journal WPCF, 1980, 52: 2484-2506.
[6] Seurggs. Evaluation of filamentous microorganism growth factors in an industrial Wastewater activated sludge system[J]. Water Science & Technology, 1997, 37(4-5): 263-270.
[7] 千福珍．污泥膨胀问题与序列间歇式活性污泥法[J]. 中国环境科学，1995，15(2)：131-134.
[8] 徐亚同，谢冰．活性污泥的培养、驯化和生物膜挂膜[J]. 上海化工，2007，32(1)：33-35.
[9] 包家强，王华．SBR 工艺运行中活性污泥沉降性下降的原因分析及对策[J]. 中小企业管理与科技，2008(34)，224-224.
[10] 李健，陈双星，石风林，等．SBR 工艺启动特点及活性污泥培养驯化[J]. 给水排水，2001，27(5)：30-32.

某炼化项目污水处理系统建设运行模式分析

朱宇硕

（中国石油大连石化公司动力二车间，大连 116031）

【摘要】 某石化公司拟在石化产业园区新建1000万t/a化工型炼油、120万t/a乙烯及其下游装置，并配套建设公用工程系统和辅助设施。本文对项目情况、技术路线进行介绍，根据计划的建设模式进行对比分析，同时提出建议。

【关键词】 石化含油含盐污水　AO生化　污泥浓度　运行能耗　污染物去除率

随着我国工业的发展，工业废水的排放量日益增加，工业废水的排放对流域环境及居民健康可造成严重影响，其中炼化行业废水的排放对生态环境的危害更大[1,2]。炼化废水组成复杂[3]，COD含量高，烃类及其衍生物等难降解物质多，处理和回用难度大。

某石化公司现有炼油生产装置38套，化工生产装置2套，年原油一次加工能力2050万t。拟在石化园区建设120万t/a乙烯及下游配套装置，生产高端聚烯烃产品等化工原料，实现由燃料型向化工新材料和高端化学品领域转型发展，提高对产品的市场适应能力，降低生产成本，实现企业效益最大化。而且毗邻项目厂址西侧仍有后续发展空间，能够推动企业做强、做优、做大，建成世界一流炼化一体化企业。

污水系统作为石化企业必备的配套辅助设施，对其工艺路线、建设运行模式进行分析探讨。通过污水处理系统建设运行模式分析出合理的污水运行模式可以在满足处理要求的前提下，平衡建设投资及运行成本。通过对比不同处理工艺的能耗、药剂使用量、设备维护成本等，选择最经济有效的处理方式。比如在选择污水回用工艺时，对比自建和依托园区处理的成本差异，确定最优方案，从而实现企业经济效益最大化。

1　项目基本情况

本设计将以清洁生产为原则，通过选用先进的生产工艺，降低能耗，采用实用、先进的环保处理技术等途径，确保项目建成后所有污染物达标排放，将项目对环境的影响减至最小。

本项目按清污分流原则设置排水系统，对各装置各单元的污水进行分类处理，凡达不到污水处理场控制指标的污水，根据水质情况经过装置内预处理或集中预处理，达到控制指标后排至污水处理场统一处理。

污水处理场分为含油污水系列、含盐污水系列、循环污水处理系列。各系列处理规模分别为：

（1）含油污水系列650m^3/h。

（2）含盐污水系列 1050m^3/h，其中丙烯腈、ABS、己二腈、尼龙 66 的污水预处理规模 350m^3/h。

（3）循环污水处理系列 1100m^3/h。

2 拟定项目技术路线

含油污水通常选择隔油-浮选-生化的主工艺流程，为满足排放要求，企业会增加反硝化滤池、高级氧化、高效沉淀池等深度处理单元，实现出水 COD_{Cr}、总氮、总磷达标排放。低含盐污水全部回用，部分有控盐要求的地区，还会增加超滤+反渗透除盐工艺，甚至采用高效反渗透、正渗透膜、机械压缩蒸发、多效蒸发等污水近零排放技术[1,2]。

项目技术路线处理流程见图 1、图 2，该项目拟定技术路线为：

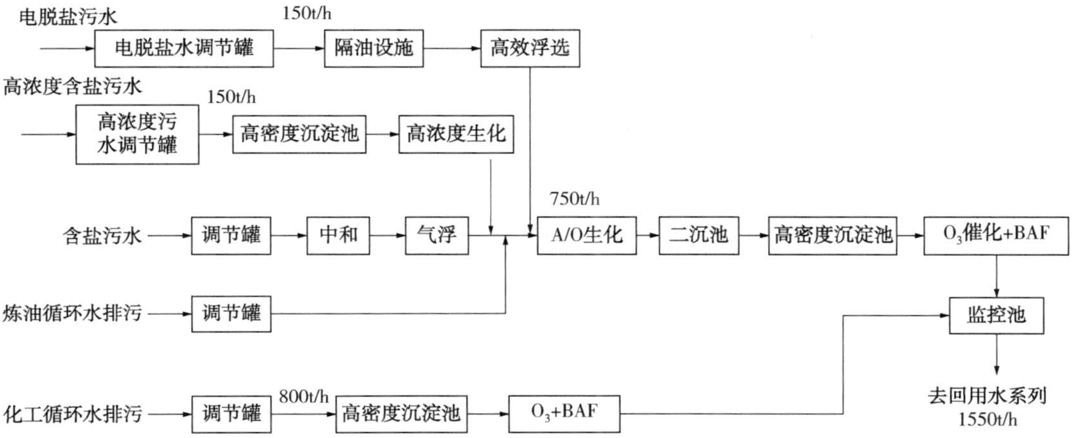

图 1 污水处理原则流程图

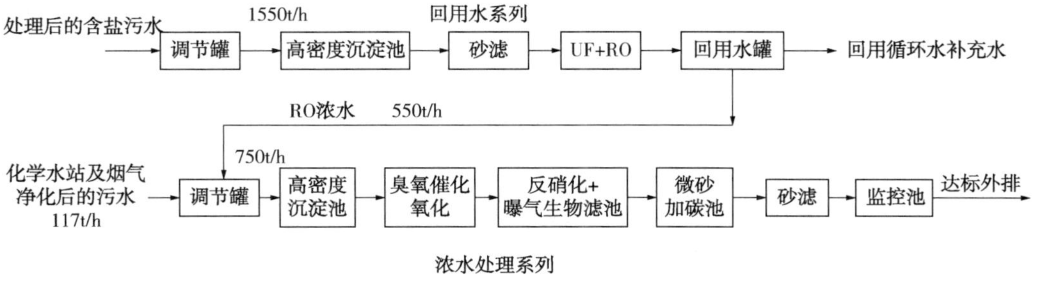

图 2 污水回用及浓水处理原则流程图

含油污水系列：来自常压蒸馏、轻烃回收、煤油加氢、渣油加氢、催化裂化、酸性水汽提、裂解汽油芳烃抽提、MTBE、硫黄回收、溶剂再生等炼油装置排出的含油污水，以及罐区、污染雨水、生活污水等进入污水处理场含油系列进行处理。污水经调节罐→油水分离→一浮→二浮→A/O 生化→二沉→高密池→臭氧氧化+曝气生物滤池 BA→微砂+碳后回用。出水水质满足 SH 3173—2013《石油化工污水再生利用设计规范》，回用到循环水场作为循环水场的补充水。

含盐污水系列：来自常减压蒸馏装置的电脱盐罐排水，来自重油制氢的气化废水、乙烯裂解、EO/EG、ABS、丙烯腈、聚丙烯等化工装置的污水，来自碱渣湿式氧化 WAO 的污水，以及炼油循环水场排污等污水进入含盐污水系列进行处理。其中丙烯腈装置、ABS 装置污水中含有难降解的有机污染物及含有较高的氨氮需要进行预处理去除大部分污染物后，才能进入污水处理场进行处理。重油制氢的气化废水在装置内除硬、乙烯废碱经 WAO 处理后方能排入污水处理场。

污水经调节罐→油水分离→一浮→二浮→A/O 生化→二沉→高密池→臭氧氧化+曝气生物滤池 BA→微砂+碳后送西中岛工业园区的污水处理场。污水排放达到 GB 31571—2015《石油化学工业污染物排放标准》和辽宁省地方 DB21/1627—2008《污水综合排放标准》的排放标准。

循环污水处理系列：主要处理来自化工循环水场的排污水等，污水经过调节→微砂+碳→臭氧氧化+BAF→过滤后送西中岛工业园区的污水处理场。污水排放达到 GB 31571—2015《石油化学工业污染物排放标准》和辽宁省地方 DB21/1627—2008《污水综合排放标准》的排放标准。

化学水站排水、重油催化裂解烟气净化产生的含盐污水、硫黄回收烟气净化产生的达标的生产废水，直接排入污水处理场的外排监控池，监控后送入园区污水处理场。

设置污泥干化单元，油泥浮渣处理后含水率 85%，活性污泥处理后含水率 30%～35%，化学污泥处理后含水率 75%～80%。污水处理场预处理区产生的废气经收集后送污水场焚烧炉设施；生化废气收集后进入生物脱臭废气处理装置，废气经处理达标后经排气筒排入大气。本项目还设置活性炭吸附单元作为保安措施。

3 拟定项目建设模式

3.1 基本情况

园区的污水处理均由第三方水务公司建设和运行管理，该公司由石化工业园区（园区）和第三方合资成立。

3.2 管理模式

企业工业和生活污水统一由北部公用工程能源中心污水处理厂集中处理并排放。污水收集管线为地上铺设，视企业的具体水质情况采用“一企一管”或“多企一管”的方式。

关于设计进水水质：园区要求上游企业方根据排水性质分别执行 GB 31570—2015《石油炼制工业污染物排放标准》，对应 1000 万 t 炼油；GB 31571—2015《石油化学工业污染物排放标准》，对应 150 万 t 乙烯，对于大石化预可研中污水排放指标符合园区污水接管标准。其中第一类污染物需满足达标排放标准；第二类污染物中有部分指标为协商标准（如 COD 等），协商标准应满足园区污水厂进水水质要求。

园区污水处理厂处理后的污水达到《城镇污水处理厂污染物排放标准》中一级 A 标准，再生水达到《炼油化工企业污水回用管理导则》中初级再生水用于循环补充水的水质标准。

目前预可研方案为厂内污水处理达到排放标准，回用水处理及浓水处置由园区负责。

预估第三方水务公司将上述 2150m^3/h 污水处理至回用水质后送项目回用，处理费用 12.85 元/t，回用率≥60%。浓水由园区处理达标后排放，无额外费用。

4 污水回用系统建设模式分析及建议

4.1 背景

目前设计化工污水及循环水场排污处理达标后，送园区污水场进行回用处理。该部分工艺流程较为简单，常用核心工艺为RO反渗透膜进行回用处理，回用率一般为60%~75%。园区保证回用率≮60%属于最低标准，同类装置运行效果较好，回用率一般为70%~75%。

4.2 分析

下面对污水回用及浓水处理全部自建，或污水回用工艺处理装置考虑自建，RO浓水送园区处理达标后排放进行对比分析，见表1、表2、表3。

表1 污水回用处理价格对比

序号	名称	来源	正常用量/(t/h)	厂内价格/(元/t)	园区价格/(元/t)
1	污水回用	化工污水循环水排污	1050+1100	运行费用4~5元 (不含人工、折旧、维修费)	12.85

表2 污水回用处理单价分解

序号	项目	单价	用量	年费用/万元	备注
1	用电成本	0.5元/kWh	回用水：2370kWh	1038	
			浓水：2580kWh	1130	
2	换膜成本	滤芯4500元/根	60根/0.5年	54	
		超滤膜21000元/根	620根/5年	260	
		反渗透膜4800元/根	2100根/3年	336	
3	药剂成本	回用水：0.5元/t	2150t/h	942	
		浓水：8元/t	860t/h	6027	
4	维修费	—	—	500	
5	制造成本	—	—	2000	按照20年折旧
6	人力成本	20万/人	10人	200	
	合计	—	—	12487	估算

表3 污水回用装置自建与依托方案比较

对比项目	自建方案	依托方案
投资成本	4亿元	0
运行成本	2亿元，运行成本低	2.42亿元，运行成本高
优点	(1)污水处理自行调控，不影响装置生产运行； (2)停检等原水水质异常，增加费用较少； (3)运行成本稳定，不受他人控制； (4)员工有装置运行操作管理经验； (5)污水回用率高	污水排放由园区负责，环保风险小

续表

对比项目	自建方案	依托方案
缺点	(1)浓水处理由公司负责，环保风险大； (2)若国家排污标准提高需同步进行改造	(1)上游排污异常时，园区根据水质额外收取费用； (2)存在园区暂停接收污水影响装置生产风险； (3)存在日后提高污水处理费用风险； (4)污水回用率仅承诺≮60%

投资成本：根据生产用水需求，炼化一体化项目需要自建一套2150t/h天的污水回用装置，投资成本约为4亿元。

运行成本：污水回用装置的运行成本主要包括电费、换膜费用、药剂费用、折旧、人力和维修费。参照行业同类装置运行成本理论测算污水回用装置年运行成本约1.25亿元。

依托成本：依托园区时，污水回用由园区处理，正常处理量为2150t/h，价格为12.85元/t，年依托费用为2.42亿元。

综上所述，建议污水回用装置自建。

5　其他问题及建议

5.1　循环水补水缺口

根据目前方案，项目循环水补水需求理论值3420t/h，含油污水回用650t/h，园区污水回用2150×0.6=1290t/h，合计1940t/h，存在较大缺口。需尽量提高污水回用量及回用率，或与园区讨论中水采购事宜。

5.2　排放标准提标

GB 31570—2015《石油炼制工业污染物排放标准》2024年曾进行修改。GB 14554—1993《恶臭污染物排放标准》已经开始修订。涉及相关废水、废气处理要求请设计方予以关注，建议新建装置需满足相应要求。比如：①有机废气排气筒中非甲烷总烃初始排放速率≥3kg/h的，相应的处理装置处理效率不应低于80%；②排放臭气浓度≤1000等。

5.3　污泥处理系统

目前设计清净废水高密池、浓水软化澄清池等产生的化学污泥经浓缩、离心脱水后含水率75%~80%，日产量约22t/d，年产量8030t。

根据运行经验，高密池化学污泥可以与生化污泥等混合处置，即处置后含水率降低至35%左右。该部分固废年产量理论上可由8030t降至3700t，每年节约费用1000万元。

建议化学污泥可以与生化污泥等混合，进行干化处置，相关处理装置规模需重新考虑。

5.4　污水外排

目前设计含油污水回用、化工及循环污水送园区。若流程不畅、异常工况、园区异常等情况影响排污流程，则可能影响全厂生产平稳。

因目前设计各污水场处置后，均达到国标排放标准，因此建议设置污水紧急排放流程，特殊工况下处理达标污水直接排海。

5.5　雨水回用

目前雨水系统收集后进入雨水监控池，若达标则外排，污染则送事故水池。

雨水水质普遍较好，问题是树叶等杂物较多。建议雨水监控池设置格栅等去除杂物处理设施后，增加回流至含油污水处理系统流程，提高回用水量。含油污水处理能力建议考虑一定余量。

参 考 文 献

[1] 程云章，翟祥华，葛红花，等．阻垢剂的阻垢机理及性能评定[J]．华东电力，2003(7)：14-18.
[2] 董社英，钮丽，黄廷林．电导法与静态阻垢法测定阻垢剂阻垢性能的比较研究[J]．广东化工，2009，36(10)：9-13.
[3] 张曙光，雷武，陈卓，等．极限碳酸盐硬度法评定阻垢剂的阻垢性能[J]．工业水处理．2004. 24(4)：27-29.

浅析污水场离心脱水机运行调整

邓　超

（中国石油大连石化公司动力二车间，大连 116031）

【摘要】 本文介绍污水处理场离心脱水机中出现的不出泥或出泥量低的情况，根据实际情况采取调整措施，脱水机能恢复正常出泥状态，达到良好的泥水分离效果，降低脱水污泥固废产生量。

【关键词】 离心脱水　堰板　含水率

大连石化公司污水处理场离心脱水机在运行当中出现不出泥、出泥量低、出泥带水不成块等情况。通过现场观察、实验、调整电机转向、堰板高度等措施，解决了以上问题。

1　污水处理场污泥处理情况

1.1　污水处理场概况

污水二期是中国石油大连石化公司2000万t原油加工扩容改造的“三同时”配套项目，采用美国地球公司的工艺包，设计为A(含盐)、B(非含盐)两个污水处理系列，处理能力各为500t/h，2008年8月投用。

1.2　污泥的来源

污水场正常生产运行过程中，连续产生一定数量的固废，统称“三泥”，需要进行集中和分类处理。“三泥”包括除油池产生的底渣、气浮池产生的浮渣、生化池产生的剩余活性污泥。

原泥来源、性质、产生量及去向见表1。

表1　原泥来源

名　称	来　源	物料性质	产生量	去　向
污水一期原泥	DCI 除油池底渣	无机固体颗粒占80% 有机油性黏泥占20%	$50m^3/d$	DCI 泥渣池
	DAF 池浮渣	有机浮渣	$20m^3/d$	一期污泥储存池
	高密池沉泥	有机淤泥	$30m^3/d$	
污水二期原泥	API 除油池底渣	无机固体颗粒占80% 有机油性黏泥占20%	$50m^3/d$	DCI 泥渣池
	一级 DAF 池浮渣	有机浮渣	$100m^3/d$	二期污泥储存池
	三级澄清 DAF 池浮渣	有机浮渣	$15m^3/d$	
	A/O 池剩余污泥	有机活性生物污泥	$400m^3/d$	

最终产物(泥饼)产生量及性质见表2。

表2 污泥产生量

名称	来源	物料性质	产生量	去向
污水一期脱水后泥饼	一期脱水机	有机生物污泥	$5m^3/d$	外委处理
污水二期脱水后泥饼	二期脱水机	有机生物污泥	$10m^3/d$	

① 以上数据均随着离心机运行状态发生变化而变化，只代表某一时间段。

② 目前污水一期；污水二期A、B两个系列连续运行。

③ 一期污泥脱水机处理能力为$10m^3/h$；二期污泥脱水机处理能力为$20m^3/h$。

1.3 污泥的处理过程

二期预处理DAF浮渣(A、B系列)、三级澄清浮渣(A、B系列)由池内链条式刮板连续刮除进入撇渣井，由提升泵按撇渣井液位开关控制自动启动，提升至二期污泥储存池，提升量分别为$20m^3/d$和$5m^3/d$。

二期A/O池(A、B系列)剩余活性污泥(含水率99.5%)间断提升进入二期污泥储存池。

二期污泥储存池内的混合有机污泥含水率96%~98%，由P6201A/B泵提升进入二期离心脱水机，脱水减量产生泥饼，泥饼含水率降到70%~75%，日常产量为$15m^3/d$。污泥脱水流程见图1。

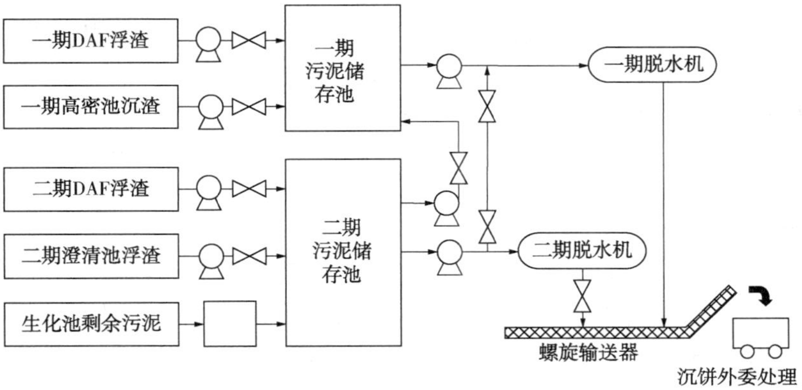

图1 污泥脱水流程简图

2 离心脱水机的原理

污水中的悬浮物借助离心设备的高速旋转，在离心力作用下与水分离的过程叫离心分离。由于在离心力场中悬浮物所受的离心力远大于它所受的重力，所以能获得很好的分离效果，远超过重力沉降法。含固体悬浮物的污水在离心设备中快速旋转运动时，质量大的固体颗粒由于受到离心力作用而被抛到外圈，与壁面碰撞而沉降，达到与污水分离的目的。

离心机工作时，回转体——转鼓和螺旋的高速旋转使其内的固液混合物随之高速旋转形成液环并产生较高的离心力，通过比较高的离心力的作用加速固液的沉降分离，其中密度较大的固体颗粒沉降在液环的外圈，即沿转鼓的内壁形成泥环，通过螺旋与转鼓的差速由刮泥螺旋将泥推出回转体，液体环通过堰池口溢流出回转体之外，见图2。

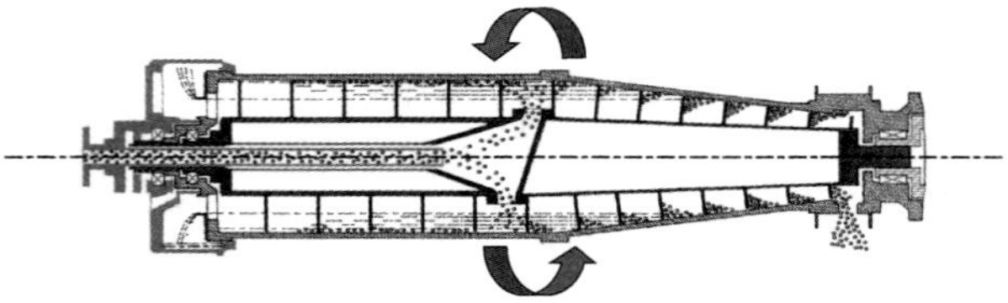

图 2 离心机工作原理图

3 实际运行中出现的问题及处理方法

3.1 出泥口出现堵泥故障

现象：2024 年 6 月 14 日，操作员巡检到污泥脱水装置，发现脱水后的干泥在出泥口堆积。当达到一定高度时，出泥口被完全封死，造成干泥在脱水机内部随转鼓继续运动。当内部达到一定容积后，干泥会从轴密封处挤出。

影响：干泥从密封处挤出会造成轴承漏油，动平衡被破坏造成脱水机损坏。

处理方法：

(1) 紧固离心机下方两个转鼓固定螺栓以便于反转小电机。

(2) 在小电机变频器上修改小电机转向参数，由正转改为反转。

(3) 按绿色菱形键以启动电机，离心机出泥口应该下泥，该过程也可以放点水冲入机器。

(4) 松开转鼓紧定螺栓以手动方式运转一下机器。

结果：通过调整后，脱水机出泥恢复正常，污泥干度适中，能通过螺旋输送器排入外运槽车中，现场恢复正常。

3.2 出泥带水或出泥稀

现象：2024 年 10 月 12 日，操作员巡检发现脱水后的污泥较稀(采样分析后当时污泥含水率为 87%，月平均污泥含水率为 60%~70%)，螺旋输送器送出的泥含水率高，水与泥在输送器旋转带动下又重新混合。由于泥料稀，在斜式输送器处无法随螺旋杆上升，堆积在接口处造成污泥外溢。

影响：如调节不及时，会造成螺旋输送器堵塞损伤设备；还会造成下水堵塞，污泥外溢。

处理方法：

(1) 降低污泥原料泵流量，同时提高加药泵流量。

(2) 降低稀释水流量，提高污泥加药制备系统的加药浓度。

(3) 及时疏通螺旋输送器排水导淋，防止后出的干泥与水在输送器内再次混合。

结果：通过调整后，脱水机出泥恢复正常。采样分析后污泥含水率为 62%，污泥能通过螺旋输送器排入外运槽车中，现场恢复正常。

3.3 不出泥只出水

现象：2025 年 3 月 14 日操作员巡检发现脱水机出泥口无干泥掉出，会喷出泥水混合物，且压力大。

影响：螺旋输送器全部是水，排水导淋流出不及时，会把螺旋输送器上盖顶开。造成下水不畅，水淹泵房。

处理方法：

（1）停机后，打开离心脱水机堰板上盖，把 4 个固定转桶的螺丝向圆心外侧调整，切记 4 个螺丝调整后要在同一圆周上。

（2）停机后，让污泥池沉降 3h 以上，让泥水在池中完成初步分离。

（3）停机后，待所有转动设备停运后，再次启动脱水系统。

结果：通过调整后，脱水机出泥恢复正常。污泥能通过螺旋输送器排入外运槽车中，现场恢复正常。

4 结　　语

污泥脱水系统自运行以来，操作人员在处理各种突发情况时，总结了一些很有价值并行之有效的方法。事实证明，在离心脱水机出现异常情况时，只要仔细观察、认真判断、处理及时，完全可以使离心脱水机达到最佳的运行效果。

世界一流污水处理厂：从战略部署到西中岛项目污水场建设发展方向研究

朱宇硕

（中国石油大连石化公司，大连 116000）

【摘要】 本文围绕世界一流污水处理厂展开，以习近平总书记提出的建设世界一流企业的要求为指导，结合中国石油炼化企业污水厂的情况进行分析。从世界一流污水处理厂的核心特征入手，包括产品卓越、创新领先、治理现代、品牌卓著，针对西中岛项目配套污水处理系统提出发展方向建议，包括科学绿色发展、传统工艺技术升级、智能化转型、科学运营管理、强化社会责任等内容。

【关键词】 世界一流污水处理厂　核心特征　发展方向　炼化企业污水厂

习近平总书记在党的二十大报告中提出，“完善中国特色现代企业制度，弘扬企业家精神，加快建设世界一流企业”。这是以习近平同志为核心的党中央基于新时代新征程党的使命任务作出的重大战略部署，为广大企业指明了勇毅前行的方向和目标。世界一流企业是一个动态性、复合性兼具的概念。习近平总书记在中央全面深化改革委员会第二十四次会议上强调，“加快建设一批产品卓越、品牌卓著、创新领先、治理现代的世界一流企业，在全面建设社会主义现代化国家、实现第二个百年奋斗目标进程中实现更大发展、发挥更大作用”。因此产品卓越作为首要条件、创新领先作为核心条件、治理现代作为基础条件、品牌卓著作为高阶条件共同构成世界一流企业“四位一体”的具象化表征。

中国石油锚定“建设基业长青的世界一流综合性国际能源公司”愿景目标，作为集团公司的一部分，集团公司中炼化企业污水厂也需是世界一流的污水处理厂。

1　世界一流污水处理厂的核心特征

世界一流的污水处理厂应该是什么样的，目前还没有统一的标准，所谓的一流是在全球范围内比较而呈现出来的，即世界一流企业的概念界定应当明确地域范围为全球范围。针对这一主题，我们可以进行一场头脑风暴，从而探讨炼化一体化项目配套污水处理系统的未来发展方向。

根据“产品卓越、品牌卓著、创新领先、治理现代”四个世界一流企业核心方面进行探讨分析，以下是结合西中岛项目对世界一流污水处理厂的一些想法和分析。

1.1　产品卓越

随着炼油化工的不断发展和原油成分日趋复杂，炼厂生产不可避免地会产生大量成分复杂且难以自然降解的炼化污水对生态环境造成威胁。

污水处理厂的根本职责是将减少污水排放对环境的影响，污水最终的去处分为三个方向，一是处置达标后直接排放至周边环境中；二是再生处理工业回用、市政杂用、生态回用等方式资源利用；三是蒸发至大气中实现净零排放。另外污水厂废气处理、固废处理还需配套考虑。

(1) 排放水质指标

国际上污水处理行业中，排放指标最严格的是中国，一般情况下污水排放指标主要包括COD、BOD、氨氮、总磷、悬浮物等关键指标。具体情况见表1。

表1 国际污水排放指标 mg/L

指标	目前执行	国标	美国	欧盟	日本	德国
COD	50	60	—	125	120	75
BOD_5	10	20	30	25	120	15
总氮	15	—	—	15	60	13
氨氮	8(5)	15	—	—	—	10
TSS	20	20	30	35	150	—
总磷	0.5	0.5	—	2	8	1
pH	6~9	6~9	6~9	—	5~9	—

由表1可见，中国国标在国际上相对指标最为严格，而石化行业行标、辽宁省地标也严格于国标。不同的是国际上对污染物去除效率以及污染物排放总量一般有所限制，如美国要求30dBOD最大去除率不低于85%，欧盟要求去除率70%~90%，表内日本排放浓度允许值为日平均值，小时均值更高。而我国国标、行标、地标一般只要求小时均值，标准更为严格，但是对去除率一般没有要求，因此存在稀释排放的可能。目前项目对COD、氨氮排放总量有要求，折算后要严格于排放指标。

(2) 中水资源利用

炼化行业上一般利用中水回用技术将达到外排标准的工业污水进行再处理，一般会加上软化器、RO、EDI/混床等设备使其达到软化水、纯化水、超纯水水平，可以进行工业循环再利用，达到节约资本，保护环境的目的。

中国石油炼化企业中水一般处理补充至循环水补水、除盐水、消防水等，非含盐污水生化处置后可回用至循环水补水，含盐污水脱盐深度处理后可回用至循环水补水或除盐水，深度处理工艺中基本使用RO、混床工艺。因此会产生RO浓水需处理后达标排放，即仍产生部分外排污水，主要原因是废水中的盐无法彻底提取处置。回用水主要指标见表2。

表2 回用水主要指标 mg/L

回用水指标	循环水补水	杂用(绿化)
BOD_5	5	5
浊度	10	10
嗅	—	无不快感
氨氮	5	15
溶解性总固体	800	1000
铁	0.3	0
Cl	250	350

目前我公司引春柳河污水处置后中水用于循环水补水以及消防补水，循环水 2023 年补水量 473 万 t，其中中水 157 万 t，缺口约 300 万 t。西中岛项目预可研中循环水补水需求量 4000~5000t/h，其中含油污水处置后补水 650t/h，含盐污水处置后补水 1000t/h，即仍有 3000t/h 左右工业水补水需求。

（3）近零排放

目前我国水环境污染和水资源短缺问题日益严峻，工业废水处理问题也日益凸显。随着国家污水排放标准的日趋严格，各地对工业园区的废水排放也逐渐开始限额限量。《工业废水循环利用实施方案》(2021 年)提出到 2025 年，我国工业用水回用率提升至 94%左右，并大力发展废水零排放及资源化等关键核心技术，形成废水工业废水高效循环利用的新格局。

零排放核心工艺为膜浓缩和浓水蒸发结晶的组合工艺，工艺普遍存在投资大、能耗高的缺点。中石油系统内据了解建设运行的零排放项目仅为塔里木乙烯，污水处理 200t/h，蒸发结晶后产盐 100t 以上，盐类型为混盐，运行成本 70~80 元/t。

目前国家污水排放标准中暂时没有对盐分标准规定限值，主要针对某单一盐的指标有：氟化物、磷酸盐、硫化物、氰化物等。地标中针对内陆淡水区域排放一般有氯离子或盐含量要求，因此从目前实行的国标、地标上来说，西中岛项目污水排放没有必须实现近零排放的压力，且其产品(盐)能否实现资源化尚未可知，若按危险废物处理将增加额外成本。

（4）废气处理

随着世界各国对 VOC 污染的日益重视和环保法规不断严格 VOC 的排放标准，VOC 治理技术亦在逐渐改进和完善。有机废气处理难度大的主要原因是其种类繁多，来源广泛，而且一次性投资和操作费用高，基本上无回收利用价值。石化行业在生产经营过程中会排出相应的挥发性有机气体，而生产装置所排放的污水中同样含有大量挥发性有机化合物，在污水输送、处置过程中溢散至环境中。

针对污水系统 VOC 排放，我国 GB 31570《石油炼制工业污染物排放标准》，与国外标准相比还有差距。例如美国《炼油厂污水系统 VOC 排放标准》要求封闭式燃烧设备使排入气体的 VOCs 排放量减少 95%或更高，或在最低温度 816℃下达到停留时间至少 0.75s；蒸汽回收系统应使排入气体的 VOCs 排放回收率达 95%或更高。我国 GB 31570 要求 VOCs 排放浓度不大于 120mg/m^3。一般情况下污水场进口废气 NMHC 浓度约为 500~1500mg/m^3，该工况下美国标准严于我国国标。在管控污染物种类上，德国《空气质量控制技术指南》(TALuft，2002)，将气态有机污染物(Ⅰ类 176 种，Ⅱ类 10 种)、致癌物(20 种)划分为几个类别，分别规定了各级排放限值，有机污染物按毒性大小划分为两级，排放限值分别为 20mg/m^3 和 100mg/m^3；致癌物按致癌性划分为三级，排放限值分别为 0.05mg/m^3、0.5mg/m^3 和 1mg/m^3。而我国目前 VOCs 排放标准中涵盖的污染物项目较少，在保护人体健康、改善环境空气质量方面，可考虑将更多毒性较大的污染物纳入控制指标体系，以缩小与国际上在管控污染物全面性上的差距。

（5）固废处理

目前我国的“三泥”处理处置仍处于初级阶段，与发达国家高效先进的污泥处理处置方式、技术相比还具有较大的差距。在我国目前大多数企业仅关注污水的处理效果，对于污水的副产物——污泥对环境以及人们健康所带来的影响并没有足够重视，从而也导致了缺少相关先进技术的开发与应用，同时缺乏资金投入进行污泥处理设备设施的研发与应用。

污水系统的“三泥”代表为含油泥渣、气浮浮渣、生化污泥，其中前两者中主要为无机物、有机物，生化污泥中主要为微生物。我国常用的污泥处理技术主要包括深度脱水、干化焚烧、好氧发酵、厌氧消化等。

对于“三泥”的处置主要取决于固废性质的定性，是否属于危险废物，若含有特定污染物，属于《国家危险废物名录》则属于危废，其他属于一般固废。对于不同废物的处置按照国家标准执行，区别在于如何减少固废产量。因此固废处理的标准评价一般关注固废的含水率、回收利用价值、处置运行费用、脱水水质等方面，并无统一标准要求。

1.2 创新领先

全球气候变化与环境污染给人类带来了前所未有的挑战，而“双碳”目标等新政策为污水处理领域赋能，是引领科技创新的重要抓手。目前污水处理领域一般从构建“降碳-减污-健康-智慧”协同的新体系着手，并注重与以材料基因组学、合成生物学及人工智能等为代表的新技术的融合，从而在高水平科技创新引领高质量水环境保护和产业健康发展、共同迈向零污染地球中贡献力量。根据污水处理系统主要从以下几个方面分析石化行业科技创新型污水处理厂特征，本文主要介绍科技创新方面，对具体技术不做赘述。

1.2.1 污水处理工艺技术

污水处理整体工艺流程一般分为废水收集、预处理、生化处理、深度处理及回用。

（1）废水收集

污水处理过程中，需要根据水质、来源等方面采用截污分流技术，增强对污染物质的分流作用，保障污水处理的前提条件。为了实现截污分流处理，需要做好排污管道的修建工作，从源头处对污水进行分流，将生活用水、工厂用水进行分离，便于采用针对性的处理措施。

（2）污水预处理

石化行业污水预处理除针对某类特殊生产工艺含有特定污染物如氰、腈、苯、重金属、有毒有机物等，一般预处理工艺主要包括格栅、除油、除悬浮物三部分。

石化行业污水处理过程中，尤其是炼油装置、储运系统排污含有大量悬浮油、乳化油。石油类物质若去除效率不高，将导致后续处理单元设备堵塞、处理效果下降、生化系统遭受冲击等影响。

行业内一般预处理单元隔油池后接混凝絮凝及溶气气浮单元，其目的是破除污水乳化状态，去除乳化油及悬浮物杂质。目前行业内也有采用膜、过滤等物理化学方法进行废水预处理，该部分技术在中石油系统内应用较少。建议通过技术比选研究新型工艺技术。

（3）污水生化处理

微生物氧化技术能够降低对水体的污染，主要分为好氧、厌氧 2 种类型的微生物，在好氧微生物的作用下，能够对 N 源、P 源和 S 源等污染物质进行吸收，提高对污染物质的沉降作用。

微生物处理技术的科技创新点之一在于需要注重生物修复技术的应用，结合生物修复手段，对污染源进行治理。采用生物修复技术时，需要对微生物进行培养，培养适合污染治理的生物，确保微生物能够适应污水环境，使其能够正常进行繁殖。生物修复技术需要注重对微生物的筛选，对微生物的净水效果进行检测，使其具有良好的污染物降解作用。

1.2.2 废气综合治理

大部分污水中含有挥发性有机气体内部伴有刺激性气味和恶臭，这些气体一旦散发到空气中，不但会降低空气质量，还会危及人体健康，破坏臭氧层。污水处理场内部挥发性有机气体治理包括废气收集系统、废气处理系统两个主要部分。

目前行业普遍采用的废气密闭方式主要有玻璃钢/PVC等材质盖板、反吊膜、其他材质密闭罩等，科技创新点主要在于设备材质耐腐蚀性、密封设备与接口密封性、观察口采样口密封形式、集气系统管径设计及密闭罩内负压控制等方面。

废气VOC处理根据原理不同主要包括热处理、生化处理、吸收/吸附/冷凝/膜分离、氧化处理等方式。废气处理的难点在于进口气相污染物浓度不稳定、气相中同时存在氧气和有机物安全运行风险高、高低浓度分质处理、集气气量不均匀等问题。

1.2.3 固废处理技术

含油泥渣的处置方向包括油相提取回收利用，剩余泥渣与其他固废进行减量处置，降低含水率至70%、50%、30%、10%四个阶段。一般普通离心脱水可将含水率降至70%，压滤、叠螺等机械化学脱水可降低含水率至50%，热处理蒸发可将含水率降至30%，污泥焚烧可将含水率降至10%。不同工艺基本原理基本相同，主要科技创新点在于含水率达标的前提下投资及运行能耗、长周期运行等方面。

1.2.4 碳中和整体结合

污水处理过程碳排放分直接碳排放与间接碳排放。污水处理直接碳排放降碳应从源头减碳、过程控碳、末端固碳三方面考虑：可从污水管网改造修复、污水处理工艺优化、高能耗设备更替、智慧化管理等方面实施源头减碳，从污水和污泥处理中的热能及有机质利用、再生水循环利用等方面替代部分供热、供电过程碳排放，从生态缓冲带、湿地等水生态系统方面增强末端固碳能力。而间接碳排放包括：电耗(化石燃料)碳排放，即污水、污泥处理全过程涉及能耗，以及药耗碳排放(指污水处理所用碳源、除磷药剂等在生产与运输过程中形成的碳排放)。众多研究对污水处理厂减碳工艺选择、节能降耗等进行了概括描述[1,2]，但未对低碳运行的方法策略开展详细介绍。这里结合近年来污水场碳中和路径从以下方面考虑：

(1) 利用太阳能及风能等可再生能源

利用风能、太阳能等可再生能源发电也可提高污水处理厂的能源自给率，因一般污水处理厂海拔较低，所以难以实现风力发电。对于具有较大占地面积的污水处理厂可利用太阳能发电以提高能源自给率。

(2) 低碳工艺的研发与应用

目前，单一的污水有机污染物去除处理已无法适应现代化发展要求，大多数采用传统活性污泥工艺的污水处理厂均以“达标排放”向“能源和资源回收”技术转变，短程硝化反硝化、厌氧氨氧化、短程反硝化耦合厌氧氨氧化、反硝化除磷等具有巨大低碳运行潜力的可持续处理工艺，已成为日益盛行的污水处理工艺。可持续脱氮技术基于低能源和碳源处理的短程硝化/反硝化、厌氧氨氧化技术是未来具有较高应用推广价值的可持续脱氮代表性技术。传统脱氮途径($NH_4^+ \rightarrow NO_2 \rightarrow NO_3 \rightarrow N_2$)不仅曝气能耗高，剩余污泥量大，运行过程中还会释放大量的NO_2、CO_2等温室气体。如果控制硝化作用在生成NO_2^-的阶段，之后开始反硝化，其耗氧量和耗碳量分别可降低约25%和40%。

(3) 回收利用污水中余温热能

污水中亦蕴藏着巨大的余温热能，约为污水中化学能的4倍。目前国内已建成多个污水源热泵系统并投入使用，污水源热泵充分利用了污水四季温度变化小、流量稳定等特点，对低位热能进行回收，其贮存的大量热能被公认为是可开发的清洁能源。污水源热泵技术的合理应用能够有效回收与利用污水中蕴藏的巨大热能，实现碳中和运行的比例可达到487.63%，将污水处理厂由传统的高耗能单位变为供能单位。

1.3 治理现代

国际上，污水处理模式已由传统达标处理、直接排放，转向全面发展智能化、资源化污水处理厂。目前部分污水处理厂已实现自动化控制，但仍存在仪表故障率高、准确率低的问题，且自动化控制手段较为粗放，各厂运营管理人员的技术水平不一，因此对加药设备、水泵、鼓风机的操作难以实现精细化管控。

人力成本也是影响水处理厂综合成本的关键因素之一，传统的石化污水处理厂工艺流程复杂，包括了预处理、生化处理及深度处理几个阶段，这对现场操作及运维人员的要求极高。实际上，水厂作为辅助装置，普遍存在人员老化、操作能力低下等现象。如何提高生产效率、降低人力成本是水厂一直面临的问题，而通过智能化管控能提高运行效率，进而实现无人值守，可有效降低成本。

石化污水处理厂具有规模大、水质杂、流程长、有毒有害气体浓度高的特点，在运营管理中存在较高的安全隐患，尤其在隔油池、缺氧池以及油泥、浮渣、剩余活性污泥处理过程中易产生挥发性有机物（VOCs）、硫化氢（H_2S）、苯等有毒气体，当通风不畅、气体浓度高时易造成作业人员中毒，甚至死亡。此外，厂区还存在火灾、溺亡、设备事故等安全风险。

因此，在满足污水稳定达标排放和高效回用前提下，世界一流的污水处理厂必然需要通过信息化技术手段来降低石化污水处理厂的运行能耗、人力成本，提高管理效率，构建一个安全高效、绿色智能水厂。

对于世界一流的污水厂，其是否实现了治理现代化主要评判内容包括是否实现了全过程的智能化、自动化管理，提高了运营效率和稳定性。评估污水处理厂的运行成本和经济效益，包括初建投资、日常运营维护费用、能源消耗等经济指标的综合评估。评估污水处理厂的管理体系是否科学、规范，运营效率是否高效，包括设备维护、操作人员技能和应急响应能力等方面。

1.4 品牌卓著

炼化企业污水处理系统作为衡量企业社会责任履行情况、评估其对环境影响程度以及塑造公众形象的关键要素，其品牌卓著体现在多个维度。从对周边环境的影响来看，噪声控制是重要一环。世界一流的污水处理厂会选用低噪声设备，并采取隔音、减震等措施，确保厂界噪声符合甚至优于相关标准，避免对周边居民的日常生活造成干扰。在气味管理方面，采用先进的废气收集和处理技术，对污水在处理过程中产生的各类异味气体进行高效处理，不仅降低刺激性气味的排放，还能有效减少挥发性有机化合物（VOCs）等污染物对空气质量的影响，保障周边居民的健康。

生态恢复也是衡量污水处理厂品牌的重要标准。一流的污水处理厂会在厂区及周边区域积极开展生态修复工作，例如通过种植本地适宜的植物，构建多样化的生态群落，为野生动植物提供栖息地，促进生物多样性的恢复和发展。同时，合理规划厂区的景观布局，将污水处理设施与周边自然环境相融合，打造绿色、和谐的生态景观。

此外，世界一流的污水厂会持续做好长周期稳定运行工作。通过优化污水处理工艺，提高处理效率，降低能源消耗和药剂使用量，减少运营成本。运用先进的设备管理系统，实现设备的智能化运维，提高设备的使用寿命和可靠性，降低设备维修和更换成本。建立完善的设备维护体系和应急预案，定期对设备进行检测、保养和更新，确保设备在长期运行过程中的稳定性和可靠性。加强对污水处理过程的实时监测和数据分析，及时发现并解决潜在的问题，保障污水处理厂的持续稳定运行，为周边环境和企业生产提供可靠的保障。

在公众宣传方面，除了社区开放日活动外，还会利用多种渠道进行宣传。通过社交媒体、官方网站、公益广告等方式，向更广泛的公众传播污水处理的重要性、技术进展以及企业在环保方面的努力和成果，提升企业的社会知名度和美誉度，树立良好的品牌形象，增强公众对企业的信任和认可。

2 西中岛项目配套污水处理系统的发展方向建议

2.1 科学绿色发展

将绿色发展环保理念贯穿于污水处理系统的整个生命周期。在选址、设计、施工、运营等各个环节中，充分考虑对环境的影响，并采取相应措施降低负面影响。

由于生产需要，污水处理厂需长期稳定运行，避免故障和停机，甚至没有全流程停检周期。一流的污水处理厂应该具备可靠的设备和控制系统，以及完善的维护和管理体系。

(1) 排放指标

污水处理：污水处理厂的主要功能是去除污水中的污染物，因此出水水质是一个关键指标。但是并非一味提高排放标准，结合辽宁地标及石油行标，建议执行目前污水排放标准即可，其中 COD、氨氮等主要污染物以目前的工艺处理技术可以适当降低指标。但是目前没有进行零排放处置的需求。

废气处理：废气处理指标中高浓度段除执行现行标准要求外，建议关注 GB 14554 标准更新进度及其相应指标调整情况。

其余还需关注装置设备运行噪声、装置界区大气环境等指标。

另外，针对特殊化工装置特殊排污需深度接入，对接界面要求以满足污水处理系统要求。

(2) 源头节水减排

企业生产装置废水循环利用，通过优化酸性水系统、循环水系统、蒸汽凝结水系统、热媒水系统等实现串联用水、分质用水、一水多用和梯级利用，减少污水排放。

(3) 提升污水收集效能

实施雨污分流，雨水回收利用。污水分质处理，以便优化污水处理工艺流程。设置异常污水缓冲罐，避免污水处理系统遭受冲击，同时缓冲上游水质水量波动造成的影响。

(4) 结合可再生能源应用

利用污水处理厂构筑物面积相对较大的优势，研究“光伏+”模式，积极布局智能微电网、新型储能设施，扩大可再生能源消纳规模。

2.2 传统工艺技术升级

项目涉及污水处理系统应考察先进的污水处理技术和工艺，能够提高处理效果、降低能耗、减少剩余污泥量等。例如，膜生物反应器、高级氧化技术、膜分离技术等积极引进和研发新技术，提高污水处理系统的处理效率和环保性。

项目涉及工艺技术考察，建议从以下几个方面进行：

（1）节能降碳技术优先

选用高效节能的电机、风机、水泵、照明器具等通用产品设备，建设智慧水务管理系统，研究污水源热泵等节能技术。

（2）调研低碳处理工艺技术

科学开展污水管网清淤管护，减少甲烷排放。加强高效废水处理、脱氮、除磷等低碳技术应用，减少脱氮过程氧化亚氮逸散。可采用短程硝化反硝化、厌氧氨氧化、短程反硝化耦合厌氧氨氧化、反硝化除磷等低碳工艺实现氮磷的去除

（3）优化再生水利用技术

统筹推进再生水回用，调研回用率更高的回用水处理技术，研究引入周边市政污水作为循环水补水，以减少工业水使用量。

（4）能源资源回收利用技术

调研污泥减量处理工艺技术，含油污泥选取合适的三相分离技术，产品污油满足回炼要求。各类污泥含水率考虑降至60%以下以减少固废排放量。积极采用资源化利用等替代处理方案，推动生化污泥资源化利用。调研利用园区垃圾焚烧厂、火力发电厂、水泥窑等设施处理能力协同焚烧处置污泥。

（5）优化废气密闭收集及处理技术

高浓度废气建议采用热处理工艺技术路线以确保废气达标排放，调研工艺路线应着重考虑装置稳定运行以及特殊工况应对处置情况，适当提高高浓度废气处理装置设计规模以应对不同工况以及利于废气收集系统运行。低浓度废气考虑多种技术路线结合模式，确保废气长周期稳定达标，避免涉嫌稀释排放。

2.3 智能化转型

炼化企业智能污水处理厂的建设主要应具备管理智慧化、运行自动化、数据信息化等基本特征。石化智能污水处理厂建议结合石化污水特点，综合运用视频识别、大数据、人工智能、物联网和云计算等先进技术构建智能化运营平台，并通过运营该平台对污水处理流程进行精细化管控，实现水质达标、回用，安全生产，高效节能，绿色低碳管理目标的现代化污水处理厂。

除了通用的智慧炼厂功能，如生产监控系统将运行数据进行实时展示形成趋势曲线，同时对异常数据进行报警。通过视频监控系统，管理人员可实时查看关键生产单元现场状况，结合视频监控下达工艺操作指令，实现设备的远程控制，形成闭环管理；对生产数据自动生成报表，生成电子化的交接班日志，实现生产监管的数字化转型以外，结合污水处理装置特点，智能化污水厂应用主要有以下特点：

（1）管理智能化

管理智能化是指采用大数据分析、模型搭建等技术手段，通过运营管理平台提供科学的决策分析，持续对污水厂自动加药、生化调整、剩余活性污泥排放与控制、废气治理、污水回用及“三泥”处理与干化控制、机泵运行和风险防控等方面提出优化建议，实现运行水厂管理智能化。

具体包括：

① 融合生产运营、设备管理、报表分析、巡检操作等主要业务，实现了人员与环境、设备、工艺、管理的交互，并通过与神经网络、污泥模型等技术的融合，为水厂生产运行、预测预警、自动加药、优化调度提供决策依据。

② 运用智能软件构建污泥产生与处置平衡、炭投加与炭泥再生平衡，通过建立生物相镜检图谱实时跟踪微生物种类变化与污泥沉降比等的关系等，由此初步建立运行数据中心，形成了污水处理厂的基础数据库，为水厂掌握水质波动趋势、优化调整方案、智能诊断提供数据支撑。

③ 智能决策系统通过大数据分析和模型算法为管理人员提供工艺模拟数据，以便及时调整工艺参数，持续优化药剂投加量；利用模型算法根据历史数据对水厂除油效率、运行电耗等进行智能化分析，为管理人员的决策分析提供科学指导，实现污水处理由结果导向转变为事前优化、过程控制。

（2）运行自动化

运行自动化是指充分利用远传高清视频，配置 COD、pH、氨氮、水中油、DO、ORP、MLSS 等水质在线检测仪和计量仪表，通过分散控制系统（DCS）实现石化污水处理厂内主要设备（鼓风机、泵、调节阀）及废气、废渣处理设施运行的远程或就地自动控制，实现加药自动配制与投加、机组泵站无人值守，对水厂在线仪表、控制仪表和计量仪表实行分级管理，仪表完好率达到 99%以上。

包括以下方面：

① 主要处理单元出水水质的实时监控、在线分析。针对实时变化的来水，通过神经网络算法及时地作出反馈调整，进一步优化进水水质与加药比例。

② 在封闭的构筑物和废气排放集中区域设置气体监测仪，实现 H_2S 和有毒气体在线监测与报警同步上传云端，与操作人员巡检仪、管理人员手机联通，确保安全生产。

③ 在现场关键部位设置远程高清视频，对来水水质、明沟水质及危废暂存库进行远程监控。

④ 通过数据采集与监视控制系统进行鼓风机、泵、废气及废渣处理设施等设备运行工况与数据的采集，实现了生产运行过程的控制。

（3）数据信息化

数据信息化是指通过建设污水处理厂生产运营管理信息系统，集成 DCS、实验室信息管理系统（LIMS）、水厂生产过程执行系统（MES）等相关数据，建立水质信息、生产运行、设备状态和环境安全监控等关键指标的数据库，并应用于污水处理厂的运维管理。

采集数据包括生产、设备、管理及文档数据等，根据业务、功能对数据进行分类整合，以此建立污水厂的大数据中心。通过大数据分析趋势变化，出现异常波动提前预警，每台设备单独总结运行规律配合生产运行调整。

2.4 科学运营管理

拥有专业的运营团队和科学的管理体系，能够确保污水处理厂的高效运行，同时具备良好的应急响应能力。结合西中岛项目人员配置情况，建议考虑第三方运维模式管理运行。需调研行业内各运维企业管理现状及运行管理效果，具体采用模式可分为：

（1）整体大包

污水处理系统全部由第三方运维，即管理人员、操作人员、设备维修等均由第三方负责。甲方除考核装置运行效果即污染物排放指标完成情况以外，还需考核运行成本、装置管理、制度执行等方面。即甲方作为上级部门，对装置进行整体监管，执行层全部由第三方负责。

（2）双方共管

第三方负责污水处理系统部分操作及运行管理责任，双方配置管理人员及操作人员，管理以甲方为主，操作以乙方为主。

（3）劳务承包

管理人员由甲方全部负责，操作人员班长、内操由甲方负责，外操配置第三方劳务人员，执行班长或外操命令进行操作，操作由班组负责监督执行。

上述第三方运维方式在中石油系统内均有实施，需调研优缺点及运行效果。

2.5 强化社会责任

积极履行社会责任，与周边社区保持良好的沟通和合作，提高公众对污水处理的认知和接受度。

总的来说，世界一流污水处理厂的评判是一个综合的过程，需要考虑多个因素的平衡和协同。不同地区和国家可能会根据自身的需求和情况制定相应的标准和评价体系。

参考文献

[1] 杨淦翔，万莉，王航，等．污水处理厂能耗分析及节能降耗的措施与应用[J]．资源节约与环保，2021(10)：12-14.

[2] 陈娟娟，李伟斌，黄鸥，等．基于降本增效目标的污水处理厂低碳运行调控策略[J]．工业水处理，2024，44(8)：53-60.

天然气净化废水化学除磷复配药剂比选试验研究

黄茂林

（中石化广元天然气净化有限公司，广元 628017）

【摘要】 为解决传统除磷装置对高含磷废水的TP去除效果不佳的问题，在对国内外现有的含磷废水的处理技术进行调研的基础上，结合现场装置实际情况，选择化学沉淀法作为研究方向，通过选择水处理中应用较为广泛的三类共6种铝盐、铁盐、钙盐混凝沉淀药剂复配进行实验室性能测试及现场应用研究，综合考虑总磷去除效果、经济性及污泥产量等方面，最终得到聚合氯化铝+氢氧化钙+聚丙烯酰胺的复配组合。该复配药剂可有效解决除磷装置反渗透浓水除磷效果不佳的问题，出水稳定在0.4mg/L以下，满足城市污水处理厂磷酸盐一级排放标准。

【关键词】 高含磷废水　复合除磷药剂　化学沉淀法　应用研究

随着社会经济的发展，城市规模的扩大和工农业生产的增长，含磷洗涤剂和农药化肥的大量使用使水体中的磷盐日益增加。虽然氮磷同为水体生物的重要营养物质，但是水体中的氮浓度较低时，水体中的蓝藻、绿藻可通过固氮作用来补充氮浓度不足，而且藻类等水生生物对磷更加敏感，可见磷是水体富营养化最主要的控制因素[1,2]。伴随着水资源供需矛盾日趋激化的现状，如何对污废水处理后回用成了目前迫切需要解决的环境问题，而我国现有的城市污水处理厂主要是针对碳源污染物的去除，而对磷的去除率很低。有效降低排放废水中的磷含量已成为防治水体富营养化的重要途径之一。我国GB 8978—1996《污水综合排放标准》规定，城市污水处理厂磷酸盐一级排放标准为0.5mg/L[3]。

1　除磷技术研究现状

含磷废水的处理技术主要包括生物处理法、物理处理法和化学沉淀法。生物除磷仅适合于进水TP浓度不高、进水水量稳定的污水条件下应用，对于高含磷废水而言，生物处理法无法达到TP含量小于0.5mg/L的排放标准。物理处理法由于吸附剂的吸附容量较小，且置换后的废水处理成本、吸附剂再生成本较为高昂，使用受限。化学沉淀法是利用化学药剂（含钙、镁、铝、铁等金属盐）与废水中的磷酸盐发生反应，生成不溶于水的化合物，再通过沉淀分离达到废水除磷的目的。该方法是应用最早也是目前居于主导地位的废水除磷方法。化学沉淀法包括铝盐除磷、氢氧化钙除磷、铁盐除磷、聚合氯化铝和聚丙烯酰胺（简称PAM）的复配除磷技术。与其他方法相比，该方法具有操作弹性大、除磷效率高、操作简单等特点[4~10]，各种化学药剂除磷效果见表1。

表 1　化学药剂除磷效果

化学沉淀法	铝盐除磷	效果良好，但由于铝离子的毒性，铝盐处理废水后得到的磷酸铝沉淀物仅可作为工业原料加以应用
	钙法除磷	最佳除磷效果的 pH 值要求为 10~11.5 以上，废水除磷中得到的磷酸钙可以作为肥料加以回收利用
	铁盐除磷	经常使用三价铁盐。二价铁盐 $FeSO_4$ 虽价格较低，但 pH 值在 7.5~8.5 的碱性条件下不易生成沉淀，应用受限
	聚铝与 PAM 的复配	复配使用对水力条件要求较高，搅拌要均匀，速度要慢。去除率可以达到 86%

相比于其他方法，化学沉淀法除磷效率较好，一般可达 75%~85%，且稳定可靠，出水指标可达标，同时污泥在处理和处置过程中一般不会重新释放磷而造成二次污染，在现场试验和应用过程中，基本无需对现场装置和工艺流程做出变更。虽然化学除磷的主要问题是药剂费用较高，但目前使用的除磷药剂种类较多，可以针对高含磷废水水质特征，对目前已知的除磷药剂进行性能试验和复配组合，在除磷效果和药剂成本之间进行综合选择，兼顾效果和成本，具有一定的创新性和降本空间[11,12]。

2　试验方法

本项目的研究思路是先进行试验室的药剂试验，后面根据试验现象和结果进行反应机理的探讨，最后进行工程实践的应用研究。

2.1　试验水样

本项目的试验水样取自某天然气净化厂除磷装置反渗透后的浓水，浓水的水质分析数据见表 2。

表 2　高含磷废水水质参数

除磷装置	浊度/NTU	电导率/(μS/cm)	正磷(以 P 计)/(mg/L)	TP(以 P 计)/(mg/L)
A 套反渗透浓水	5.32	194.3	13.14	16.15
B 套反渗透浓水	9.03	156.6	9.38	9.60

2.2　试验药剂

本项目选择氯化铝、硫酸铝、聚合氯化铝、硫酸亚铁、氯化钙、氧化钙 8 种药剂，选用药剂的具体情况见表 3。

表 3　试验药剂

药品名称	化学试剂级别	主成分含量	分子式	厂家
氢氧化钙	分析纯	≥95%	主要成分 $Ca(OH)_2$	成都科隆化学品有限公司
氯化钙	分析纯	≥96%	$CaCl_2$	成都科隆化学品有限公司
六水合氯化铝	分析纯	≥97%	$AlCl_3 \cdot 6H_2O$	成都科隆化学品有限公司
聚合氯化铝	工业品级	25%	$[Al_2(OH)_nCl_{6-n}]_m$	成都科隆化学品有限公司

续表

药品名称	化学试剂级别	主成分含量	分子式	厂家
十八水硫酸铝	分析纯	≥99%	$Al_2(SO_4)_3 \cdot 18H_2O$	成都科隆化学品有限公司
七水合硫酸亚铁	分析纯	≥99%	$FeSO_4 \cdot 7H_2O$	成都科隆化学品有限公司

2.3 试验方法

烧杯试验的目的主要是确定混凝剂除磷效果的最佳条件以及混凝复配的最佳组合，结合具体试验条件，选择从投加量、pH 值、沉淀时间等方面做条件试验，同时增设投加 PAM 的对照组。

2.3.1 除磷药剂性能研究

（1）投加量影响试验：取 1000mL 的反渗透装置里的浓水置于 1L 烧杯内，按照浓水磷酸根与药剂摩尔比例，选择不同投加比例进行试验，人工搅拌 5min，沉淀 30min 后，取上清液化验 TP 和出水 pH 值。同时增加投加 PAM 的对照组，试验分析投加 PAM 对 TP 去除的影响。

（2）pH 影响试验：选择符合 TP 去除效果满足国家一级排放标准（<0.5mg/L）的药剂，在其最佳投加比例条件下，试验不同 pH 值对其混凝效果的影响。取 1000mL 的反渗透装置浓水置于 1L 烧杯内，以氢氧化钠和盐酸调节初始溶液不同的 pH 值，按照 5、6、7、8、9、10、11 调整 pH 值，人工搅拌 5min，沉淀 30min，取上清液化验 TP。

（3）沉淀时间影响试验：选择符合 TP 排放标准的药剂，在其最佳投加比例及最佳 pH 值条件下，试验沉淀时间对其混凝效果的影响。取 1000mL 反渗透装置浓水置于 1L 烧杯内，人工搅拌 5min，分别沉淀 10min、20min、30min、40min、50min、60min，取上清液化验 TP。

2.3.2 除磷药剂复配研究

根据单药剂试验，对筛选出的药剂进行两两复配试验，以除磷效率高且经济性好为选择原则，药剂组合确定后，以单药剂中金属离子摩尔量占比 20%、40%、60%、80%为试验组合，取 1000mL 反渗透装置浓水置于 1L 烧杯中，复配药剂总投加量固定一个值（该值在以上试验完成后根据试验结果定），人工搅拌 1min，分别沉淀 5min、10min、20min、30min（沉淀时间可以根据各药剂的实际情况进行选取），取上清液化验 TP 测定上清液 TP，比较不同复配组合的优劣，筛选经济、高效的复配组合。

2.3.3 现场试验研究

根据试验结果，对某天然气净化厂除磷装置进行现场试验，除磷装置工艺流程如图 1 所示，设计处理排污水 25t/h，A 套反渗透处理量 10t/h，B 套反渗透处理量 15t/h。其中 A 套浓水处理量 2t/h，B 套浓水处理量 3t/h。

3 试验结果与讨论

3.1 药剂投加比例试验

试验研究了浓水在投加六种不同药剂和 PAM 后的 TP 含量（表 4），其中投加比例为处理浓水中磷酸根与投加药剂中金属离子的摩尔比，通过表 4 可以看出，铝盐混凝剂除磷效果最好，钙盐次之。铁盐因颜色干扰，部分较大比例投加量的水样 TP 无法使用现有化验方式（分光光度法）测量。

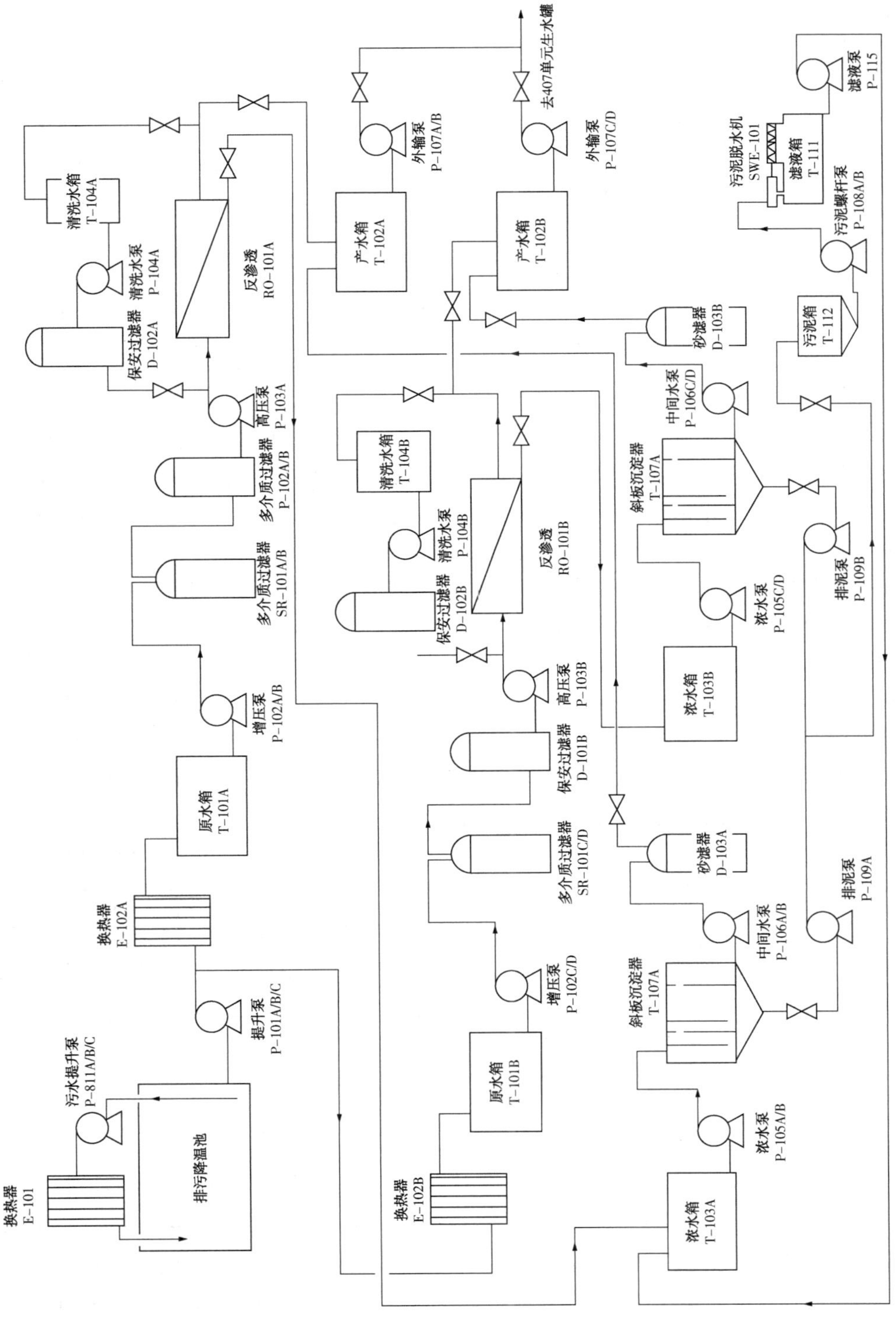

图1 除磷装置工艺流程图

表 4 浓水在投加六种不同药剂和 PAM 后的 TP 含量 mg/L

投加比例	六水合氯化铝		硫酸铝		聚合氯化铝		硫酸亚铁		氯化钙		氢氧化钙	
	不加 PAM	加 PAM	不加 PAM	加 PAM	不加 PAM	加 PAM	不加 PAM	加 PAM	不加 PAM	加 PAM	不加 PAM	加 PAM
1∶1	7.1	5.4	8.3	7.7	9.54	3.74	14.2	8.1	10.5	8.4	4.6	2.6
1∶2	3.4	1.7	5.1	4.7	2	0.68	11	6.3	8.7	5.3	3.4	1.4
1∶3	2.2	1.2	4	3.2	0.82	0.76	9.5	5.3	6.3	3.4	1.9	0.8
1∶4	1.8	0.8	2.5	1.8	0.43	0.31	8.6	5.2	4.3	2.3	1.5	1.1
1∶5	1.6	0.6	1.5	0.7	0.38	0.18	7.2	4.7	3.7	2.1	0.9	0.5
1∶6	1.3	0.5	1.1	0.9	0.36	0.12	5.5	5.1	5.4	2.5	0.5	0.4
1∶7	0.9	0.41	0.9	1.2	0.31	0.01	5.2	6.3	8.3	3	0.5	0.3

注：比例为处理浓水中磷酸根与投加药剂中金属离子的摩尔比。

随着各类药剂投加比例增加，基本呈现对 TP 去除效果提升的态势，其中，氯化铝、硫酸铝、聚合氯化铝、氢氧化钙除磷效果较好，满足或接近国家一级排放标准(<0.5mg/L)，其中聚合氯化铝与氢氧化钙在未投加 PAM 的情况下，TP 值已达标，TP 去除率在 94%以上；

投加 PAM，对绝大多数药剂有显著效果，其中，氯化铝、硫酸铝、聚合氯化铝以及氢氧化钙在投加 PAM 后，TP 值均达标，TP 去除率分别提升至 97%、95%、99%、96%。

3.2 不同 pH 值条件下的药剂投加试验

pH 值影响试验选取在投加量试验中表现较好的氯化铝(六水合氯化铝)、硫酸铝(十八水)、聚合氯化铝及氢氧化钙 4 种药剂，在考虑经济性的基础上，每种药剂按照两种最佳投加比例进行试验，pH 值范围为 5~11，试验结果如表 5，投加药剂后，搅拌 5min。因投加 PAM 后效果较好，因此试验设计加入 2‰的 PAM 0.5mL，搅拌 5min，沉淀 30min。

表 5 浓水在不同 pH 值环境下经药剂处理后的 TP 含量 mg/L

药剂	投加比例	pH 值						
		5	6	7	8	9	10	11
六水合氯化铝	1∶6	0.52	0.52	0.45	0.28	0.2	0.24	0.57
	1∶7	0.41	0.4	0.44	0.21	0.2	0.31	0.47
硫酸铝	1∶5	0.68	0.66	0.54	0.39	0.43	0.51	1.5
	1∶6	0.64	0.63	0.5	0.36	0.39	0.49	1.35
聚合氯化铝	1∶4	0.64	0.62	0.57	0.52	0.31	0.34	0.42
	1∶5	0.49	0.28	0.34	0.36	0.18	0.23	0.37
氢氧化钙	1∶6	8.54	3.74	1.72	0.92	0.66	0.49	0.37
	1∶7	8.49	3.67	1.63	0.91	0.63	0.45	0.29

四种药剂除磷效果受 pH 值影响较为明显，在合适 pH 值范围内，TP 去除效果均有所提升，其中硫酸铝在投加量试验中，TP 值未达到排放标准，但当 pH 值控制在 8~9 时，能将 TP 值降至 0.4mg/L 以下。

铝盐混凝剂存在一个最佳区间，氯化铝(六水合氯化铝)、硫酸铝(十八水)、聚合氯化铝最佳 pH 值分别为 9、8、9，这是因为在中性或偏碱性的情况下，铝盐水解所形成的络合态高聚物，对水体中的磷拥有强大的吸附和卷扫作用，除磷效果较好。若继续升高 pH 值，由于水中含有较多 OH^- 会导致氢氧化铝沉淀增多，从而造成对磷的吸附性能逐渐减弱，最终影响混凝剂的除磷效果。

钙盐混凝剂的混凝效果随着 pH 值的增加而提高，当 pH>10 时，TP 排放可达标。其原因可能是，在该 pH 值下磷酸根离子多以 HPO_4^{2-} 存在，Ca^{2+} 与 HPO_4^{2-} 容易形成非晶体的磷酸钙沉淀，所产生的磷酸钙可进一步转变成稳定的羟基磷酸钙沉淀，因此磷的去除效率较高。

3.3 不同沉淀时间下的药剂投加试验

试验选取在投加量试验中表现较好的氯化铝(六水合氯化铝)、硫酸铝(十八水)、聚合氯化铝及氢氧化钙 4 种药剂，在最佳投加比与最佳 pH 值条件下，试验沉淀时间对每种药剂 TP 去除效果的影响。试验选取原水水样磷酸根含量 44.65mg/L(TP14.9mg/L)，试验结果见表 6。

表 6 浓水在不同沉淀时间条件下经过药剂处理后的 TP 含量 mg/L

药剂名称	投加比例	pH	沉淀时间/min						
			2	5	10	15	20	25	30
六水合氯化铝	1 : 7	9	2.4	0.25	0.24	0.24	0.24	0.24	0.25
硫酸铝	1 : 5	8	3.7	0.35	0.34	0.35	0.34	0.34	0.35
聚合氯化铝	1 : 5	9	1.9	0.21	0.19	0.19	0.2	0.18	0.2
氢氧化钙	1 : 7	11	3.4	1.4	0.6	0.33	0.33	0.34	0.33

从表 6 可以看出，铝盐混凝时间基本上在 5min 之内都能完成，后续延长沉淀时间，对 TP 去除效果没有显著变化，但钙盐混凝时间基本在 10min 以上，15min 之后，继续延长沉淀时间对 TP 去除效果没有显著改变。

3.4 单药剂试验小结

(1) 投加量影响试验中，各类药剂基本呈现随着投加比例增加，TP 去除效果提升的态势，其中铝盐除磷效果最好，钙盐次之，铁盐因颜色干扰，无法测量；不加 PAM 条件下，氯化铝、硫酸铝、聚合氯化铝、硫酸亚铁、氯化钙以及氢氧化钙的最佳投加比例分别为 1 : 7、1 : 7、1 : 7、1 : 7、1 : 5、1 : 6。

(2) 投加 PAM 对绝大多数药剂有显著效果，其中，氯化铝、硫酸铝、聚合氯化铝以及氢氧化钙在投加 PAM 后，TP 去除率分别提升至 97%、95%、99%、96%。

(3) pH 影响试验中，铝盐受 pH 干扰存在一个最佳值，氯化铝、硫酸铝、聚合氯化铝最佳 pH 值分别为 9、8、9；钙盐混凝效果随着 pH 值的增加而提高，当 pH≥10 后，氢氧化钙混凝效果最好。

(4) 沉淀时间影响试验中，铝盐混凝沉淀时间在 5min 左右即可完成，钙盐混凝沉淀时间需 10min 以上。

3.5 除磷药剂复配试验研究

复配试验药剂选取投加量表现较好的氯化铝(六水)、硫酸铝(十八水)、聚合氯化铝及氢氧化钙 4 种药剂；从减少污泥产量方面考虑，选取铝盐+钙盐复配的方式进行试验，复配比例为不同药剂金属离子的摩尔比，通过氢氧化钙自身碱性进行 pH 值调节，并投加 PAM

混凝剂进行试验。试验结果如表7所示，六水合氯化铝比例在70%～80%、pH值在8～9之间除磷效果较好，随着氢氧化钙量的增加，除磷效果降低，直到氢氧化钙的量>60%后除磷效果有所提高，但TP仍不合格，六水氯化铝70%以上效果较好。十八水硫酸铝与氢氧化钙在4∶1时除磷效果最佳量，十八水硫酸铝与氢氧化钙比例小于3∶2时上清液TP去除率已不达标，十八水硫酸铝70%以上效果较好，硫酸铝与聚合氯化铝复配后药剂总用量减少，含泥量减少，但除磷效果略微降低，可现场进行试验确定其可行性。聚合氯化铝与氢氧化钙在4∶1时除磷效果最佳，随着聚合氯化铝量的减少，氢氧化钙量的增加，聚合氯化铝与氢氧化钙减少到3∶2时，上清液TP已不达标。通过药剂复配减少了药剂的消耗，同时提高了上清液pH值，有利于混凝沉降试验进行，聚合氯化铝与氢氧化钙的复配试验可转至现场进行。

表7　浓水经复配除磷药剂处理后的TP含量　　mg/L

复配药剂	复配比例						
	4∶1	7∶3	3∶2	5∶5	2∶3	3∶7	1∶4
六水合氯化铝∶氢氧化钙	0.47	0.52	0.56	0.69	0.65	0.57	0.52
	8.5	8.7	9.1	9.4	9.7	10	10.3
硫酸铝∶氢氧化钙	0.45	0.47	0.54	0.64	0.66	0.62	0.53
	8.1	8.7	9.1	9.6	10	10.4	10.7
聚合氯化铝∶氢氧化钙	0.19	0.17	0.16	0.21	0.46	0.51	0.55
	7.9	9.6	9.7	10.2	10.8	11	11.2

注：复配比例为不同药剂金属离子的摩尔比。

3.6　配药剂试验小结

（1）药剂复配试验与单药剂试验相比，减少了药剂的投加量，减少了泥量的产生。

（2）聚合氯化铝与氢氧化钙的复配效果最好，聚合氯化铝与氢氧化钙比例大于1∶1清液TP均合格。考虑到氢氧化钙投加量越多，现场配比浓度越高，越容易引起管道堵塞，现场试验聚合氯化铝与氢氧化钙以4∶1最少的氢氧化钙投加量进行试验。

（3）十八水硫酸铝与氢氧化钙复配，硫酸铝在70%以上，除磷效果满足要求，但指标接近控制上限，现场试验仍以十八水硫酸铝与氢氧化钙以4∶1最少的氢氧化钙投加量进行试验。

（4）六水合氯化铝与氢氧化钙复配效果较差，且工业上六水合氯化铝与聚合氯化铝除磷机理基本一致，现场没必要再进行六水合氯化铝试验。

3.7　除磷现场试验

根据前面的试验结果，结合浓水处理装置实际情况，氯化铝和聚合氯化铝属同种物质，在实际工业生产中，没有工业用95%的氯化铝（六水合氯化铝），只有纯度最高的30%聚合氯化铝，因此在实际现场应用时，氯化铝就不再重复进行试验，只选择聚合氯化铝进行试验。

关于现场配比选择4∶1的比例进行试验的原因是该比例已经满足除磷的要求，考虑到后期现场实际运行时，从成本经济和实际运行情况的角度出发，选择4∶1的药剂比例是相对经济和工艺运行可控的试验组合。

两种药剂分别选定聚合氯化铝+氢氧化钙、硫酸铝（十八水）+氢氧化钙，絮凝剂均投加PAM进行现场试验。

3.8 现场试验结果

（1）硫酸铝+氢氧化钙+PAM试验

运行参数：

① 反渗透浓水TP12.76mg/L，硫酸铝与氢氧化钙按金属离子摩尔比例4∶1进行配置药液，pH监控。

② 硫酸铝加药量：按$2m^3/h$流量，需要加入1.89kg硫酸铝，计量泵开度100%。

③ 氢氧化钙加药量：按$2m^3/h$流量，需要加入0.073kg氢氧化钙，计量泵开度50%。

④ PAM加药量：按$2m^3/h$流量，需要加入4L质量分数1‰的PAM，2台计量泵开度100%。

现场进行试验时，硫酸铝投加后矾花虽多（图2），但pH值很低，不利于矾花进一步混凝，除磷效果并不明显，上清液TP指标较高，见表8。

(a)搅拌区域矾花照片　　(b)烧杯取样沉淀照片

图2　搅拌区域矾花照片与烧杯取样沉淀照片

表8　浓水加入（硫酸铝+氢氧化钙+PAM）复配药剂后的TP含量和pH值

试验结果	TP/（mg/L）	pH	试验结果	TP/（mg/L）	pH
1	0.79	6.54	2	0.81	6.43

（2）聚合氯化铝+氢氧化钙+PAM试验

运行参数：

① 反渗透浓水TP实际分析结果为8.14mg/L，聚合氯化铝与氢氧化钙按金属离子摩尔比例4∶1进行配置，pH监控。

② 聚合氯化铝加药量：按$2m^3/h$流量计，需要加入0.7kg聚合氯化铝，计量泵开度70%。

③ 氢氧化钙加药量：按$2m^3/h$流量计，需要加入0.1kg氢氧化钙，计量泵开度100%。

④ PAM加药量：按$2m^3/h$流量计，需要加入4L质量分数1‰的PAM，计量泵2台，开

度 100%。

现场进行试验时，聚合氯化铝投加后矾花成型明显(图 3)，pH 未呈酸性，有利于矾花进一步混凝，上清液 TP 去除效果明显，达到了除磷效果，见表 9。

(a)搅拌区域矾花照片

(b)烧杯取样沉淀照片

图 3 搅拌区域矾花照片与烧杯取样沉淀照片

表 9 浓水加入(聚合氯化铝+氢氧化钙+PAM)复配药剂后的 TP 含量和 pH 值

试验结果	TP/(mg/L)	pH	试验结果	TP/(mg/L)	pH
1	0.36	7.08	2	0.31	7.15

3.9 现场试验小结

(1) 硫酸铝+氢氧化钙+PAM 加药组合在现场实际应用中效果不好，未达到 TP<0.5mg/L 的处理要求，原因是来自硫酸铝水解后造成 pH 值降低，不利于矾花进一步混凝，使除磷效果不明显，且采用硫酸铝混凝剂时，因其投加量最大，产泥量相应最大，后续运行成本增加。

(2) 聚合氯化铝+氢氧化钙+PAM 加药组合在现场实际应用中能使上清液达到 TP<0.5mg/L的处理要求，pH 未呈酸性，上清液 TP 去除效果明显，现场试验数据基本能稳定在 TP<0.4mg/L。

通过现场应用试验，找到了适合除磷装置浓水除磷的最佳药剂组合：聚合氯化铝+氢氧化钙+PAM，上清液 TP 去除效果明显，现场试验数据基本能稳定在 TP<0.4mg/L，满足排放要求。

4 结　论

(1) 通过单因素影响试验，发现 8 种混凝药剂中铝盐除磷效果最好，钙盐次之，铁盐存在因颜色干扰而无法采用分光光度法准确测量的情况。在投加量试验中，投加 PAM 对绝大多有显著效果，其中表现最优异的为氯化铝、硫酸铝、聚合氯化铝与氢氧化钙，其最佳投加比例分别为 1∶7、1∶7、1∶7、1∶6；pH 影响试验中，铝盐存在最佳值(8~9)，钙盐在 pH

≥10 时混凝效果最好；沉淀时间影响试验中，铝盐混凝沉淀时间在 5min 左右即可完成，钙盐混凝沉淀时间需 10min 以上。

（2）通过铝盐+钙盐的复配试验，发现较单独使用铝盐，一方面产泥量与药剂投加量减少；另一方面可以避免使用氢氧化钠(危化品)调节 pH 值。其中 PAC+氢氧化钙复配组合表现优异，PAC 投加量在 40%~80%的范围(5 组实验组)均能达到 TP<0.5mg/L 的要求；硫酸铝+氢氧化钙复配组合表现次之，硫酸铝投加量仅在 70%~80%的范围内(2 组实验组)达到要求。

（3）通过现场应用试验，找到了适合除磷装置浓水除磷的最佳药剂组合：PAC+氢氧化钙+PAM，上清液 TP 基本能稳定 0.4mg/L 以下，满足排放要求。

参 考 文 献

[1] 江嘉荔．川南部分河流总磷污染现状分析及防治措施[J]．四川水利，2001，22(3)：35-37.

[2] 司友斌，王慎强，陈怀满．农田氮、磷的流失与水体富营养化[J]．土壤，2000，32(4)：188-193.

[3] 和树庄，陈吕军．关于《污水综合排放标准 GB 8978—1996》执行中的问题探讨[J]．环境保护，2000(1)：7-8.

[4] Deng R S, Zhang X Y, Wang T, et al. Technical and Economic Evaluation of Oxidation Ditch Process[J]. China Water & Wastewater, 2007, 23(16): 42-45.

[5] Zhang L. Study of phosphorus removal by crystallization on porous ceramisite[J]. Journal of Southeast University, 2003, 33(5): 664-667.

[6] He Qiang, Zhang Tingting, Chai Hongxiang, et al. Pretreatment of hypersaline mustard wastewater with integrated bioreactor[J]. Journal of Central South University, 2012(6): 1673-1678.

[7] 杨春娣，彭奕轩，吕昕玥，等．基于 GPS-X 模拟的污水厂提标方案可行性研究[J]．经济技术协作信息，2022(9)：138-140.

[8] 陈华．化学沉淀法除磷和生物法除磷的比较[J]．上海环境科学．1997，16(6)：33-35.

[9] Clark T, Stephenson T, Pearce P A. Phosphorus removal by chemical precipitation in a biological aerated filter[J]. Wat Res, 1997, 31(10): 2557-2563.

[10] 王弘宇，杨开，贾文辉，等．废水生物除磷技术及其研究进展[J]．环境技术，2002，20(3)：39-43.

[11] 李淼舟．双极膜电渗析法在典型化工废水处理中的运用[J]．科学与财富，2015，7(22)：398-399.

[12] 王龙辉．生活污水除磷药剂复配及其除磷性能研究[D]．绵阳师范学院，2016.

污水场停检期间水质特点分析与应对措施建议

张佳欣　崔增蛟　于玺颖　肖　君

（中国石油大连石化公司动力二车间，大连 116031）

【摘要】 本文阐述了污水场停检期间各阶段的水质特点，探讨了针对不同水质冲击时所采取的典型做法及经验总结。通过对停检前水质预评估、停检过程中不同阶段如退水阶段、检修阶段、复产初期的水质变化进行剖析，总结出有效的管控思路，旨在为污水场的稳定运行以及应对停检等特殊情况提供理论支持和实践指导，提升污水处理效率和水质达标率。

【关键词】 炼油企业　停检　污水处理　水质调控

炼油企业在生产过程中会产生大量污水，其成分复杂，污染物浓度高。在装置停工检修期间，污水的产生情况更为复杂，处理难度增大。若处理不当，不仅会对环境造成严重污染，还可能影响企业的正常生产与经济效益。因此，深入研究炼油企业停检期间污水处理技术与管理策略具有重要的现实意义[1]。

1　停检前水质预评估

1.1　常规水质指标监测

在停检前，对污水场进水的常规水质指标如化学需氧量（COD）、生化需氧量（BOD）、氨氮（NH_3-N）、总磷（TP）等进行加密监测。通过长期监测数据的分析，了解水质的日常波动范围和变化趋势。在污水场停检前一个月内，每天对进水水质进行监测，发现 COD 浓度在 200~500mg/L 之间波动，氨氮浓度在 20~50mg/L 之间波动。

1.2　水质冲击风险预判

结合污水场服务区域内工业企业的生产情况，预判可能出现的水质冲击。在停产前可能会进行设备清洗，排出高浓度有机废水，其 COD 浓度可能瞬间飙升至数千 mg/L。通过与装置沟通，了解其生产计划和废水排放情况，对可能的水质冲击进行风险分级，提前制定应对预案。

2　停检期间各阶段水质特点

2.1　退水阶段水质特点

在污水场停检开始的退水阶段，污水管网中的污水会继续流入污水场。此时水质特点表现为：

（1）水质不均：由于管网中不同时段、不同来源的污水混合，COD、BOD 等指标波动极大。某时段可能混入大量生活污水，BOD/COD 比值相对较高，可生化性较好；而另一时段可能混入工业废水，COD 浓度高且成分复杂，可生化性差。

（2）有毒有害物质浓度变化：一些工业废水中含有的重金属、氰化物等有毒有害物质浓度可能出现异常波动。

2.2 检修阶段水质特点

检修阶段污水场进水量大幅减少甚至停止进水，但场内仍有部分剩余污水。此时水质特点为：

（1）微生物活性下降：由于缺乏新鲜污水的补充，微生物的营养源减少，活性逐渐降低。通过显微镜观察发现，活性污泥中的微生物数量减少，形态变得不规则，丝状菌大量繁殖。

（2）水质恶化：剩余污水中的有机物在微生物代谢减缓的情况下，分解不充分，导致 COD、氨氮等指标逐渐升高，同时产生异味，水质发黑发臭。

2.3 复产初期水质特点

复产初期，污水场重新开始进水，水质特点如下：

（1）水质冲击大：大量新鲜污水突然涌入，且可能含有在停检期间企业累积的高浓度废水，导致 COD、BOD 等指标瞬间升高。

（2）微生物适应期长：经过检修阶段微生物活性降低，复产初期微生物需要一定时间适应新的水质和水量。在此期间，处理效果不稳定，出水水质难以达标。

3 检修期间污水场运行情况

某炼油企业正常运行时，污水中的有机污染物主要来自生产过程中的废水，其成分相对稳定，浓度一般处于一定范围内，悬浮态和胶体态污染物能够得到有效去除，浓度相对较低，污水的清澈度较好，水质相对稳定，各类污染物之间的相互作用处于平衡状态，体系的稳定性较好，不易发生水质突变等情况。悬浮态和胶体态污染物能够得到有效去除，浓度相对较低，污水的清澈度较好。

此炼油企业检修期间于 2024 年 3 月 26 日各装置开始停工，至 5 月 17 日装置进入开工程序，下面对在此期间内污水场运行情况进行说明。

3.1 入水水量

由图 1 可见，4 月 10 日来水量低于 400t/h，检修前期 3 月 26 日至 4 月 9 日期间为上游装置停工排水阶段，在此期间污水场平均入水量每日约 14800t，即 616t/h。4 月 10 日开始停工期间转存至储运罐区的高浓度污水回转至污水场处理。整个停检期污水场平均入水量每日约 6672t，即 278t/h。

3.2 污水场处理量

由图 2 可见，污水场处理量 4 月 10 日和 20 日污水场进行两次较大的处理量调整，主要应对上游装置排放高浓度污水，防止冲击污水场。4 月 10 日污水场处理量大幅降低，降至 3840t/d，主要是由于含有大分子 COD 进入污水场，生化系统无法去除，且溶解氧指标较高，出水 COD 快速上涨。4 月 23 日至 29 日持续低负荷，日均 3720t，主要原因是大量表面活性剂导致污水场各单元存在大量泡沫，排放口出水携带泡沫。生化系统活性污泥受泡沫包裹影响，接触不到溶解氧，造成溶解氧升高，COD 去除率下降。自 4 月 30 日开始生化系统逐步恢复，提高入水负荷。截至 5 月 17 日合计处理污水 39.61 万 t，平均每日处理量约 7474t。

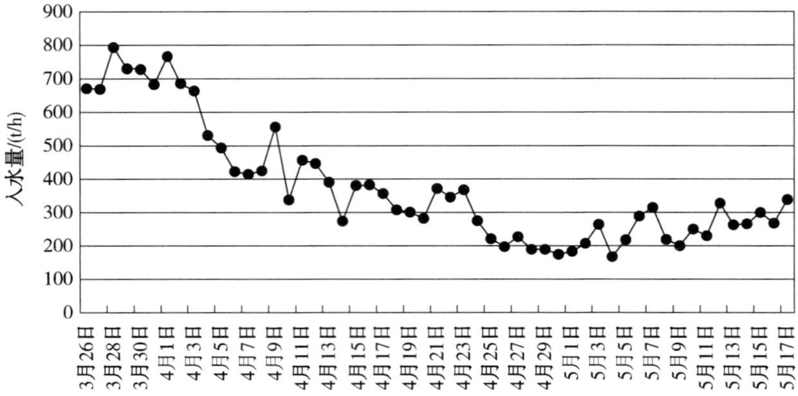

图 1　污水场停检期间入水量

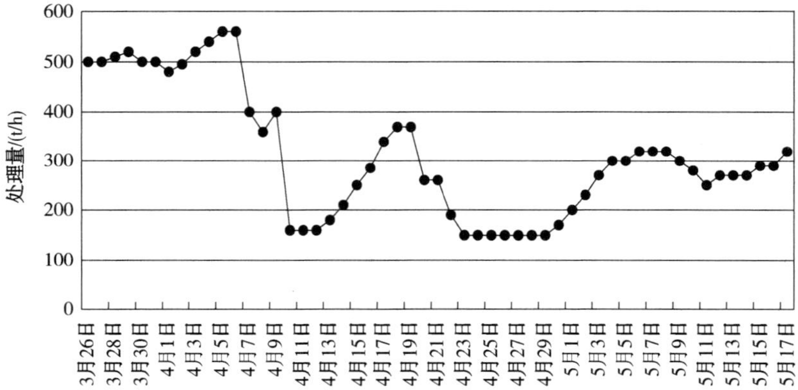

图 2　污水场停检期间处理量

3.3　入水水质

根据污水场停检期间运行方案，上游装置停工期间高浓度污水进入事故水储存空间，根据污水场入水水质勾兑处理高浓度污水，尽量保持生化系统入水水质负荷稳定。停检期间入水水质情况如图 3、图 4 所示。

由图 3、图 4 可知，停工初期入水 COD 较高，4 月份初入水水质相对稳定，4 月 7 日开始入水 COD 大幅上涨，峰值 COD 为 4920mg/L，主要由于三提升排水带油，污水场及时发现，转入应急储存空间勾兑处理。4 月 10 日开始勾兑停工期间转存至储运罐区的高浓度污水及化学清洗水，4 月 18 日全部勾兑化学清洗水导致入水氨氮大幅上涨，峰值氨氮 146mg/L。5 月初恢复勾兑停工污水水质相对稳定。

3.4　出水水质

停检期间污水场通过对上游装置排污监控，及时将高浓度污水转存等多项手段，控制生化系统入水水质负荷相对平稳，污水场出水均达标排放。具体情况如图 5、图 6 所示。

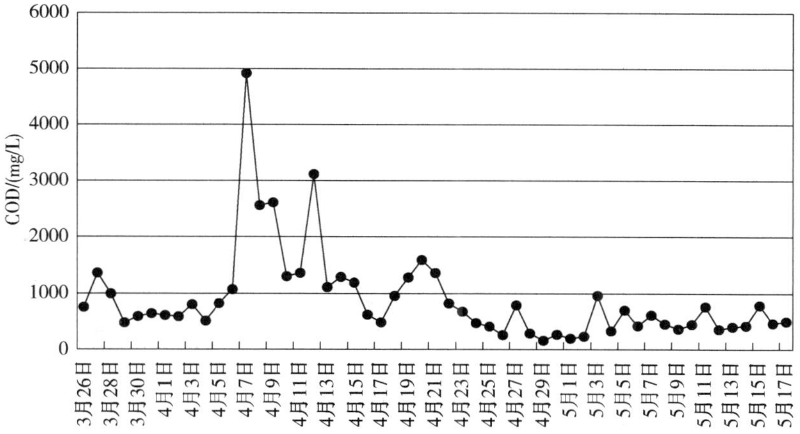

图 3　污水场入水 COD 趋势

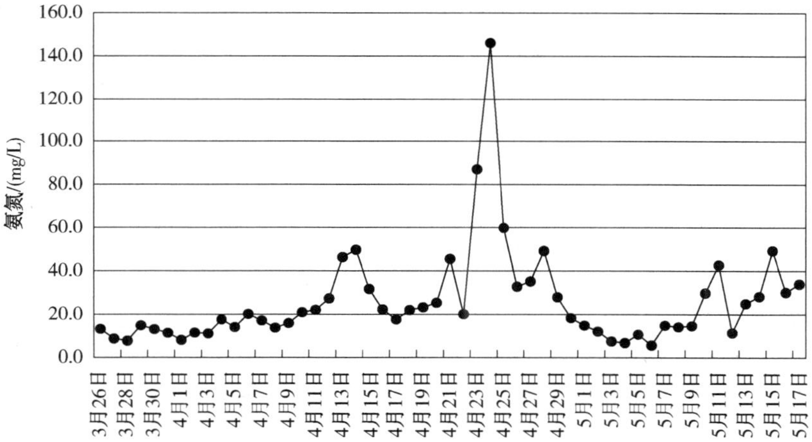

图 4　污水场入水氨氮趋势

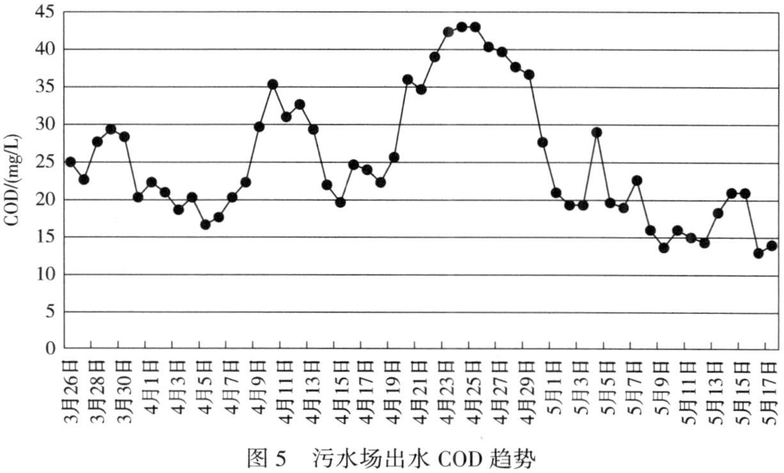

图 5　污水场出水 COD 趋势

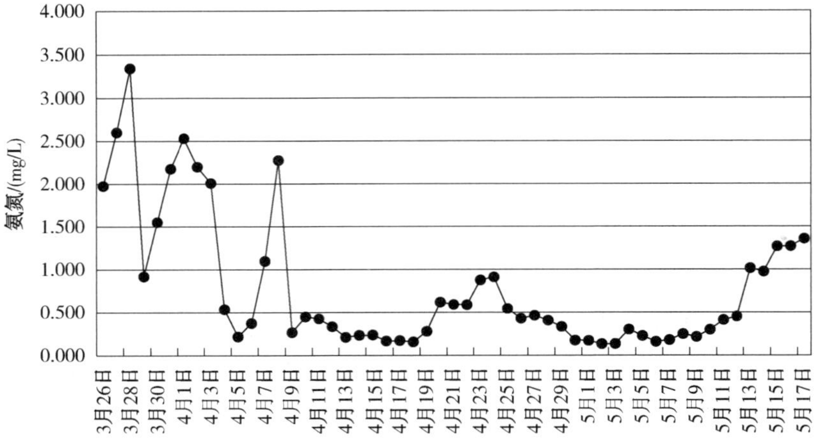

图 6　污水场出水氨氮趋势

由图 5、图 6 可知，停检期间初期因入水硫化物升高影响导致硝化反应受抑制，出水氨氮升高，4 月 9 日后硫化物浓度下降，硝化反应恢复正常，出水氨氮下降。4 月 9 日至 13 日由于入水含有大分子 COD 生化系统无法去除，出水 COD 上升；4 月 20 日至 29 日由于表面活性剂影响生化系统活性污泥接触不到溶解氧，造成 COD 去除率下降。停检期间出水 COD 最大值 43mg/L，氨氮最大值 3.43mg/L，全部达标排放。

4　针对不同水质冲击的典型做法

4.1　退水阶段应对措施

（1）加强水质监测：增加监测频次，对重点污染物指标进行实时监测，如每小时监测 1 次 COD、氨氮等。同时，利用在线监测设备和实验室分析相结合的方式，确保数据的准确性。

（2）调节水质：通过投加酸碱调节剂，调节污水的 pH 值至适宜范围，一般控制在 6~9 之间。对于可生化性差的污水，投加营养剂，如磷源、氮源等，提高污水的可生化性。例如，当污水中 BOD/COD 比值低于 0.3 时，适量投加磷酸二氢钾和尿素。

（3）优化工艺运行：调整曝气系统，根据水质变化实时调节曝气量。对于水质波动大的污水，采用间歇曝气方式，避免过度曝气或曝气不足。同时，适当提高污泥回流比，增强活性污泥对水质冲击的缓冲能力。

4.2　检修阶段应对措施

（1）维持微生物活性：定期向剩余污水中投加营养剂，如葡萄糖、蛋白胨等，维持微生物的基本生存需求。同时，采用微曝气方式，保持水中一定的溶解氧含量，防止微生物厌氧死亡。

（2）清理和维护设备：利用检修期间，对污水处理设备进行全面清理和维护，如对曝气头进行清洗，防止堵塞；对污泥泵进行检修，确保其正常运行。这有助于复产初期设备的稳定运行，提高处理效率。

4.3　复产初期应对措施

（1）逐步恢复进水：采用渐进式进水方式，先以低流量进水，使微生物逐步适应新的水质和水量。例如，第一天进水流量控制在正常流量的30%，第二天增加至50%，第三天恢复至正常流量。

（2）强化污泥培养：投加高效微生物菌剂，加快活性污泥的恢复和增长。同时，对活性污泥进行镜检，观察微生物的生长状态，根据情况调整工艺参数。如发现丝状菌大量繁殖，适当降低曝气量，控制溶解氧在2~4mg/L之间。

5 经验总结

（1）提前规划与沟通的重要性

在停检前，与污水场服务区域内的企业进行充分沟通，了解其生产计划和废水排放情况，提前制定应对预案。通过提前规划，可以有效降低水质冲击的风险，确保停检期间污水场的稳定运行。

（2）水质监测与数据分析的关键作用

加强水质监测，不仅要关注常规指标，还要对有毒有害物质进行监测。通过对监测数据的实时分析，及时发现水质变化趋势，为采取相应的管控措施提供依据。同时，建立水质数据库，对历史数据进行分析总结，为今后的停检和日常运行提供参考。

（3）工艺调整的灵活性

在停检期间，面对不同阶段的水质变化，工艺调整的灵活性至关重要。根据水质特点，及时调整曝气、加药、回流比等工艺参数，确保污水处理效果。同时，要不断总结经验，优化工艺调整方案，提高应对水质冲击的能力。

6 结　　论

污水场停检期间水质变化复杂，面临多种水质冲击。通过对停检前水质预评估、停检期间各阶段水质特点的深入分析，采取有效的管控措施，如加强水质监测、调节水质、优化工艺运行、维持微生物活性、逐步恢复进水等，可以有效应对水质冲击，保障污水场在停检期间及复产初期的稳定运行。同时，提前规划与沟通、水质监测与数据分析以及工艺调整的灵活性是应对停检期间水质问题的关键经验。为实践节能减排理念、保证国内环保要求，废水处理达标排放已成了炼油企业重要的环保节能事项[2]。未来，应进一步加强对污水场停检期间水质变化规律的研究，不断完善管控策略，提高污水处理的整体水平。

参 考 文 献

[1] 张鸿，党延斋，邓皓，等．石油化工企业污水处理与回用[M]．石油工业出版社，2013.

[2] 吴勇，周胜．炼油厂废水的处理及研究现状[J]．化学工程与装备，2024(01)：216-218+221.

乙酸钠投加对生化系统的影响

陈春欣　肖　君

（中国石油大连石化公司，大连 116000）

【摘要】 在对各种碳源进行比选后，选择向生化池中投加乙酸钠来实现对碳源的补充。通过对碳源投加前后生化池进出水 COD、总氮和氨氮的变化情况进行比对，发现生化池中微生物对额外补充的碳源能够有效分解，并未出现因碳源含量增加造成出水 COD 上涨的趋势，并且在进水 COD 存在波动的情况下出水 COD 基本稳定在一定范围。同样地，在对碳源进行补充后，生化池对于总氮和氨氮的去除效果也略有增加，且进水水质出现波动时对生化池的处理效果影响不大。表明在生化系统低负荷运行情况下，适当补充碳源能够提高生化系统的处理效果和抗冲击性能。

【关键词】 A/O 生化池　乙酸钠　COD　氨氮

1　前　　言

在对炼化企业的生产污水进行处理的过程中，生物处理是非常重要的一环，其通过微生物代谢的作用，实现对污水中有机物污染物的降解以及氮、磷等污染物的去除，同时还能帮助水中不可沉降的悬浮物和胶体物质凝聚成较大的颗粒，便于后续的沉淀和分离。生化系统的除氮能力主要依靠硝化细菌和反硝化细菌来维持，硝化细菌可以将氨氮转化为亚硝酸盐氮和硝酸盐氮，反硝化细菌可以将硝酸盐氮转化为氮气，从而实现脱氮，而硝化细菌和反硝化细菌的增殖则需要 C、N、P 等营养元素的支撑，一旦营养缺失硝化细菌就无法在生化系统中增殖，从而影响整个生化系统的污水处理效果。因此，在污水场的实际运行过程中，要做到对生化池营养物质的投加进行合理的把控，从而提高污水处理的效果，实现污水处理系统的稳定运行。

2　碳源对生化系统的重要作用

2.1　生化系统运行原理

污水场采用改进后的活性污泥法工艺：A/O 工艺。A/O 工艺有两种，一种是用于除磷的厌氧-好氧工艺，一种是用于脱氮的缺氧-好氧工艺，两种工艺均有涉及。[1]

2.1.1　厌氧-好氧工艺

污水经预处理后进入生物反应池，通过氧化，生物单元合成，长链有机成分转换为 CO_2、N_2 及 H_2O，从而去除 BOD、COD、总凯氏氮和悬浮固体。该过程通过细菌繁殖来实现，这些细菌在降解有机污染物的同时会产生剩余污泥，需要定期除去剩余污泥来保持细菌数量与流入的废水中的营养物质相平衡。

好氧池内发生的硝化作用总反应式表示如下：

$$NH_4^+ + 2O_2 \longrightarrow NO_3^- + 2H^+ + H_2O \quad (1)$$

厌氧池内发生反硝化作用总反应式表示如下：

$$NO_3^- + \frac{5}{6}CH_3OH \longrightarrow \frac{1}{2}N_2 + \frac{5}{6}CO_2 + \frac{7}{6}H_2O + OH^- \quad (2)$$

污水中有机物可以通过下面的反应式来去除：

$$COHNS_{(Organicmatter)} + O_2 + Nutrients \longrightarrow CO_2 + NH_3 + C_5H_7NO_{2(NewCells)} + Other\ Products \quad (3)$$

2.1.2　缺氧-好氧工艺

经过预处理的污水流入生化池的缺氧区，与回流污泥及回流的混合液混合，污泥中已经同化的高效微生物在吸附水中的污染物后通过反硝化反应将污水中的硝酸盐以氮气的形式去除，从而限制出水中硝酸盐的含量。[2]随后在好氧区利用氧气进行好氧生物降解，将污染物转化为水和二氧化碳，同时产生新的微生物，以达到水质净化的目的。硝化后的混合液经脱气区去除附着在活性污泥上的气泡后进入二沉池。经过沉淀后，部分硝酸盐随回流污泥回到缺氧区进行反硝化，如果硝酸盐去除率要求较高，硝化后的混合液也可直接从曝气区出口回流至缺氧区入口[3]。在此过程中：

好氧硝化总反应式如下：

$$NH_4^+ + 2O_2 \longrightarrow NO_3^- + 2H^+ + H_2O \quad (4)$$

缺氧反硝化总反应式如下：

$$5CH_3COO^- + 8NO_3^- \longrightarrow H_2O + 10CO_2 + 4N_2 + 13OH^- \quad (5)$$

2.2　补充碳源的目的

微生物在代谢过程中需要碳源来合成细胞物质，当污水中的碳源不足时，微生物的生长和繁殖会受到限制，影响生化系统的处理能力。微生物脱氮除磷过程同样需要碳源，反硝化细菌在进行反硝化作用时，需要利用碳源作为电子供体，将硝酸盐氮还原为氮气。在生物除磷过程中，聚磷菌在厌氧条件下释磷需要消耗碳源，在好氧条件下过量吸磷也与碳源的供应有关。合适的碳源投加有助于聚磷菌的生长和代谢，提高除磷效果。

在正常工况下，污水处理过程中所需的碳源通常由水中携带的有机污染物提供。而近期由于上游来水量减少，污水处理量低，碳源含量不稳定，且冬季气温较低，微生物活性也相对较弱，污水处理难度升高，不利于污水处理的进行。在这种情况下，就需要对碳元素进行额外的补充，提高微生物数量，提升氨氮去除速率，避免产生因低温引起微生物活性降低造成氨氮去除效率低的问题。

2.3　碳源投加过程

2.3.1　碳源的选择

在污水处理中，常用的碳源主要有甲醇、乙酸、乙酸钠、糖类、生物质碳源等。理论上，各类碳源都能实现对生化系统碳源的补充，但在实际应用过程中，要考虑多个因素，如碳源投加的成本、碳源产泥率、污水场运行的稳定性等。对各种常用的碳源进行对比，结果见表1。

表 1 碳源的比较

碳　源	优　　点	缺　　点
甲　醇	运行费用低和污泥产量小	易燃，有毒，碳源补充量小
乙　酸	易被微生物降解	挥发性高，市场价格变化大，代谢后产生氢离子影响 pH 值
乙酸钠	易被微生物降解，反硝化响应时间快，无毒	产泥率相对偏高
葡萄糖	脱氮效果较好	大分子化合物易引起细菌大量繁殖，造成污泥膨胀，投加精准性差，成本高
生物质碳源	容易被微生物利用	稳定性不好，不易于控制

甲醇和乙酸对运输、储存和使用的安全要求极高，葡萄糖和生物质碳源的成本较高，且稳定性不佳，而乙酸钠从成本、安全性、反应速度各方面而言，具有明显的优势，可用作污水场的外加碳源。

2.3.2 碳源投加位置

一期生化池(缺氧-好氧工艺)投加点位于污泥循环池，通过污泥回流泵将乙酸钠连同回流污泥输送至生化池缺氧区。二期生化池(厌氧-好氧工艺)投加点位于生化池厌氧区，碳源可以为微生物提供充足的营养，促进其生长，便于污泥中已同化的高效微生物利用氧进行好氧生物降解，从而将污染物转化为水、二氧化碳，产生新的微生物。

2.3.3 碳源投加量

具体投加量按公式进行调整：

20%乙酸钠溶液投加量(kg/h)=[入水硝态氮(mg/L)-出水硝态氮(mg/L)]×处理量(m^3/h)/1000×5×1.1/20%

3 碳源投加效果分析

因为硝化菌的繁殖周期在 5~15d，所以取投加碳源前后一段时间内生化池入水和出水的 COD 以及氨氮的数值进行比较，并对结果进行分析。

(1) 生化池入水取样点：原水经预处理单元处理后，经由二期气浮出水进入生化池，二期 A 系列气浮出水进入二期 A 系列生化池，二期 B 系列气浮出水进入二期 B 系列生化池，二期 A/B 两系列气浮部分出水混合后进入一期生化池。这二期 A/B 两系列气浮出水处即为生化池入水监测点位。

(2) 生化池出水取样点：经一二期生化池处理后的污水分别经由二沉池、高密池和三级澄清池进一步去除悬浮物后进行排放，而后续处理过程对 COD 和氨氮数值影响不大，所以选取高密池和三级澄清池出水处作为出水数值监测点位。

3.1 碳源投加前后进出水 COD 变化情况

由图 1 可以看出，碳源投加前后，在一二期生化池入水 COD 存在波动的情况下，出水 COD 的值基本稳定在 12~18mg/L，没有明显升高趋势。投加碳源后二期出水 COD 随入水 COD 的变化与投加前相一致，说碳源全部被吸收分解。同样，根据一期出水 COD 的变化趋势可以发现，相比于投加碳源之前，投加碳源后出水 COD 受入水 COD 波动的影响较小并出现下降的趋势，说明碳源被有效利用，额外增加碳源已被微生物全部降解，转化为水、二氧化碳，并产生新的微生物。

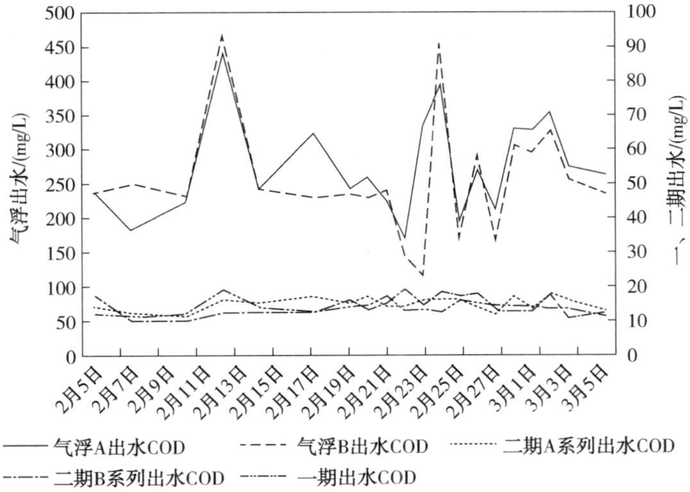

图 1 碳源投加前后进出水 COD 变化趋势

3.2 碳源投加前后进出水总氮去除情况

由表 2 数据可以看出，投加碳源后总氮去除率有明显上升趋势，说明适量补充碳源可以提高生化系统的脱氮效果。然而，总氮在水体中的存在形式包括无机氮和有机氮两种形式，生化系统主要是对无机氮中氨氮和硝态氮的去除，其中，氨氮含量对生化系统的影响相对较大，波动较大时易导致微生物遭受冲击，并且，废水排放管控中对氨氮的控制指标要求较为严苛。因此，为探究碳源的投加对生化系统抗氨氮冲击性能以及对废水中氨氮去除效果的影响，进一步对投加碳源前后氨氮的变化情况进行了研究。

表 2 碳源投加前后进出水总氮去除情况

日期	入水总氮/(mg/L)	出水总氮/(mg/L)			总氮去除率/%		
		一期	二期 A	二期 B	一期	二期 A	二期 B
2 月 6 日	14.6	11.7	5.78	8.72	19.86	60.41	40.27
2 月 13 日	10.9	8.4	4.32	7.43	22.94	60.37	31.83
2 月 20 日	11.5	5.46	4.38	5.82	52.52	61.91	49.39
2 月 27 日	18.2	10.4	5.84	8.82	42.86	67.91	51.54
3 月 6 日	16.8	5.93	6.23	6.01	64.70	62.92	64.23

3.3 碳源投加前后进出水氨氮变化情况

由图 2 可以看出，前期入水氨氮出现波动时，出水氨氮去除效果随入水的变化而小幅变化，说明在碳源投加前生化池的抗冲击能力一般，在入水氨氮遭遇变化后微生物对氨氮的去除效果受到直接影响。投加碳源 5d 后，二期 A/B 系列出水氨氮存在降低情况，且中途进水氨氮出现波动时出水氨氮数值基本稳定，说明二期生化池的氨氮去除效果得到改善且抗冲击性能良好。然而一期生化池在投加碳源后，在进水氨氮偏高时出水氨氮数值反而降低，结合图 1 中一期生化池 COD 变化趋势来看，可能是由于投加碳源后，在进水氨氮低时，经硝化反应产生的硝酸盐减少，回流至缺氧区参与反硝化的硝酸盐电子受体减少，使得反硝化过程对有机物的消耗量减少，过剩的有机物进入好氧池中，在好氧池内异养菌优先利用氧气进行有机物的分解，从而挤压了自养菌的生存空间，抑制了自养菌的活性，使得氨氮的去除率降低；而当进水氨氮上升时，参与硝化反应的氨氮增加，回流液中硝酸盐的含量也随之增加，反硝化对于碳源的消耗量增大，进入好氧区的有机物含量降低，异养细菌消耗氧气量减少，自养细菌占据优势，氨氮去除效果提升。为避免这种现象，可根据进水氨氮情况对碳源投加量进行调整，或根据碳源投加量对氮源同步进行补充，抑或适当提高生化系统的溶解氧含量，确保硝化反应顺利进行。

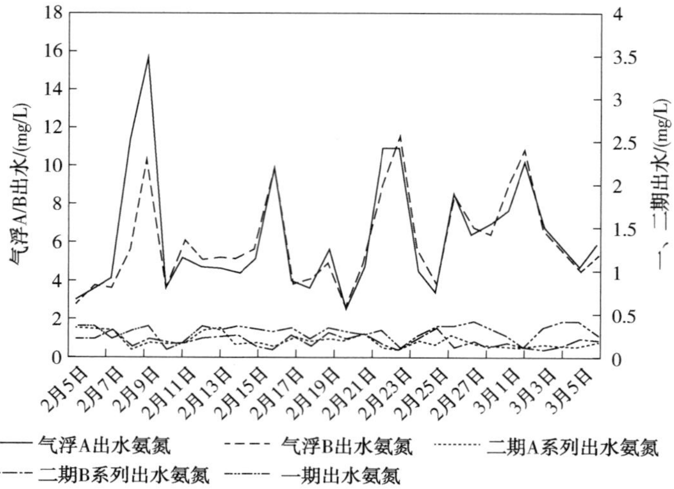

图 2　碳源投加前后进出水氨氮变化趋势

4 结　　语

在低温天气或入水负荷较低时，生化系统微生物量偏低，可根据进水水质和出水情况对生化系统适量补充碳源，以确保微生物的数量和活性维持在一定的水平。同时在上游装置检修前期面临处理高浓度污水时，生化系统可逐步提高碳源补充量，驯化微生物适应处理高负荷污水能力，从而提高生化系统的抗冲击性，防止水质出现大幅度变化导致生化池遭受冲击，造成出水水质不达标。

参 考 文 献

[1] 孟刚．城市污水处理工艺方案分析及其选择优化模型应用研究[D]．天津大学，2008.

[2] 苏伊士水务工程有限责任公司，恒力石化(大连)炼化有限公司．将乙烯废碱液与脱硫废水混合的高污废水综合处理工艺：CN201811038777.1[P]，2018-12-18.

[3] 盘锦北方沥青股份有限公司．一种沥青生产废水处理工艺：CN201810056096.1[P]．2021-04-09.

游离氨对污水处理生化系统硝化反应的影响

韩玉杰

（中国石化长城能源化工（宁夏）有限公司，银川 750411）

【摘要】 本文通过分析游离氨的产生及存在形式，探讨其对硝化反应性能、硝化效率、污泥沉降性、微生物群落结构的影响，针对某公司污水处理装置出水氨氮超标的实际案例，分析了游离氨对硝化反应的抑制机制，通过调整 pH、控制水温、投加高效菌种等应对措施，恢复了硝化反应的正常运行。

【关键词】 污水处理　生化系统　硝化作用　游离氨

1　引　　言

污水处理技术体系中硝化反应作为氨氮去除的核心环节，其作用机制备受关注。硝化细菌通过将氨氮逐级氧化为亚硝酸盐和硝酸盐完成脱氮过程，该生物转化过程受多种环境因子调控，其中游离氨的浓度效应尤为显著。游离氨作为污水体系固有组分，其浓度由污水来源、水质参数及处理工艺等变量共同决定。游离氨在污水中天然存在，其浓度受到污水来源、水质条件以及前期处理工艺等多种因素的综合影响。研究游离氨对污水处理硝化反应的影响，对于优化污水处理工艺、提高硝化效率、保障污水处理系统的稳定运行具有重要意义。本文结合实际案例，探讨游离氨对污水处理硝化反应的影响因素，旨在为相关领域的研究与实践提供参考。

2　游离氨的产生及存在形式

2.1　游离氨的产生

游离氨（NH_3）作为蛋白质代谢的核心毒性产物，主要通过氨基酸分解代谢、肠道微生物作用及肾脏代谢三条核心途径生成。氨基酸脱氨反应是内源性氨的主要来源，其中 75%以上的游离氨产生于组织细胞的联合脱氨作用：氨基酸通过转氨酶将 α-氨基转移至 α-酮戊二酸形成谷氨酸，再由谷氨酸脱氢酶（GDH）催化氧化脱氨，释放游离氨并生成 α-酮戊二酸。在污水处理体系中，蛋白质、氨基酸等含氮有机物与微生物代谢作用下发生降解转化。蛋白质经水解反应生成多肽与氨基酸，继而氨基酸通过脱氨基过程释放氨氮，氨氮于水体中存在形态包括部分游离氨。以生活污水及工业废水为例，食品加工、制药等行业排放废水中富含蛋白质类物质，其分解过程伴随可观游离氨生成。

2.2　存在形式

氨氮（NH_3—N）以游离氨（NH_3）或铵盐（NH_4^+）形式存在于水中，其化学平衡受 pH 值及温度双重因素调控。依据化学平衡理论，pH 值对游离氨影响显著：pH 值升高促使平衡右移，游离氨占比增加；pH 值降低则致使铵离子比例上升。温度变化亦改变游离氨化学平衡，升温推动平衡右移，提升游离氨含量[1]。25℃条件下，水体 pH 值为 7 时，游离氨占总氨氮（NH_3^-N，NH_3 与 NH_4^+总和）比例约为 1%；当 pH 值升至 9 时，该比例可增至约 10%。

3 游离氨对硝化反应的性能影响

在污水处理硝化过程中，适宜浓度的游离氨作为硝化细菌代谢底物，支撑硝化反应稳定进行。游离氨浓度偏离适宜范围时，对硝化反应产生双向影响：高浓度游离氨抑制硝化细菌活性与生长，降低硝化效率，削弱系统脱氮能力；低浓度游离氨无法满足硝化细菌代谢需求，致使硝化作用不完全。此外，游离氨浓度波动改变硝化细菌种群结构，破坏菌群间协同关系，干扰硝化反应平衡。

3.1 对硝化效率的影响

游离氨（NH_3）浓度对硝化效率的调控呈现显著的剂量效应特征，其作用机制涉及酶活性抑制、电子传递干扰及微生物群落重构等多重层面。在亚硝化阶段（氨氧化为亚硝酸盐），亚硝酸菌（AOB）对游离氨的敏感性高于硝酸菌（NOB），当游离氨浓度超过阈值（通常为 10~150mg/L，因菌种和 pH 而异）时，其脂溶性分子可穿透细胞膜，与细胞色素 c 氧化酶结合，阻断氨单加氧酶（AMO）的活性位点，直接抑制 NH_3 向 NO_2^-的转化效率；同时，高浓度游离氨（>100mg/L）会破坏跨膜质子梯度，干扰 ATP 合成，导致能量代谢受阻。反之，游离氨浓度低于 0.1~1mg/L 时，AOB 因底物不足而活性受限，造成亚硝化速率下降，进而导致硝化反应链式中断。pH 通过调控 NH_3/NH_4^+动态平衡间接影响毒性，碱性条件下（pH>8）游离氨占比升高，即使总氨氮浓度不变，其实际抑制效应也会显著增强[2]。长期暴露于游离氨抑制环境的硝化系统可能出现菌群结构劣化（如 Nitrosomonas 优势种被耐受型菌株替代），并伴随亚硝酸盐积累（NO_2^-/NO_3^-比值异常升高），最终引发脱氮效能衰减。以污水处理厂实际运行为例，进水氨氮浓度骤增导致游离氨超标时，硝化效率可由 90%以上降至 50%以下，显著恶化出水水质。

3.2 对污泥沉降性能的影响

游离氨浓度对硝化系统污泥沉降性能的影响呈现典型的剂量-效应关系，其作用机制涉及微生物细胞结构损伤、胞外聚合物（EPS）组分改变及丝状菌异常增殖等多重维度。当游离氨浓度超过 15mg/L 时，其脂溶性分子可穿透硝化菌细胞膜，破坏跨膜电位并引发酶蛋白变性，导致微生物分泌的 EPS 中蛋白质/多糖比值显著降低（由正常工况的 2.5~3.0 降至 1.2~1.5），削弱了污泥絮体的结构稳定性和桥接作用。研究数据显示，游离氨浓度超过 15mg/L 时，污泥沉降比（SV）提升 20%~30%，污泥体积指数（SVI）同步升高，引发污泥膨胀现象，加剧污水处理工艺运行难度与成本投入[3]。另外，温度与 pH 的协同作用会放大游离氨的负面效应，例如在 35℃、pH8.5 条件下，总氨氮中游离氨占比达 12%，其实际抑制作用相当于常温中性条件下的 3 倍，此时即使总氨氮浓度未超标，仍可能引发严重沉降障碍，多因素耦合的污泥沉降性能恶化往往具有滞后性，需通过在线监测 SVI、镜检丝状菌丰度等预警指标实现早期干预。

3.3 对微生物群落结构的影响

游离氨浓度波动显著影响硝化反应微生物群落结构。在适宜浓度范围内，氨氧化细菌与亚硝酸盐氧化细菌协同生长，维持群落结构稳定。偏离该浓度区间时，不同微生物受到差异化选择压力，致使群落组成改变[4]。高浓度游离氨抑制对其敏感的硝化细菌类群，促使耐受性强的菌种成为优势种群。此类群落结构变化直接作用于硝化反应性能与稳定性。基于分子生物学技术的研究显示，游离氨浓度改变可引发硝化细菌群落优势菌种更迭，进而影响硝化反应功能实现[5]。

4 某公司污水处理装置主生化系统出水氨氮超标案例分析

4.1 装置工艺流程

该公司的污水处理装置设计处理能力为30000m^3/d，分主生化A、B、C、D列，出水执行GB 8978—1996达标后送回用水设备进行双膜处理，并作为循环水补水利用。其中，主生化系统包括缺氧池、CBR1池（载体生物流化床）、兼氧池、好氧池、二沉池、污泥池及提升泵房。通过A/O工艺（厌氧/好氧）使有机污染物降解并具有一定的脱氮功能，实现污水无害化处理，工艺流程见图1。

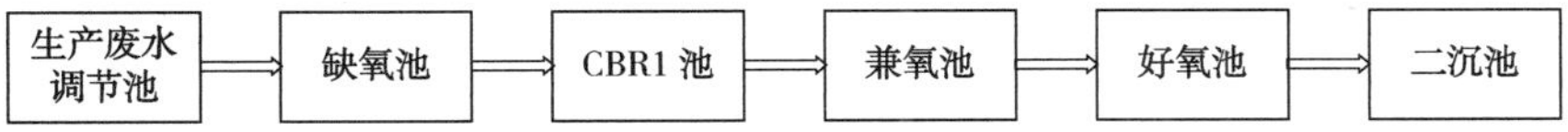

图1 污水处理装置工艺流程图

4.2 异常情况

某日经化验分析，二沉池出水氨氮由1.4mg/L上升至9.4mg/L，对主生化B、C、D列出水氨氮分析分别为0.49mg/L、0.71mg/L、47mg/L，判断主生化D列受冲击，开始对主生化D列停止进水闷曝，次日主生化D列氨氮下降至19mg/L，后续两日二沉池氨氮控制在指标范围内。第五日二沉池氨氮由7.9mg/L突然骤升至85mg/L，出水氨氮出现了大幅上涨，随即对主生化B、C、D列取样分析，氨氮分别为101mg/L、103mg/L、33mg/L，二沉池出水情况见图2。

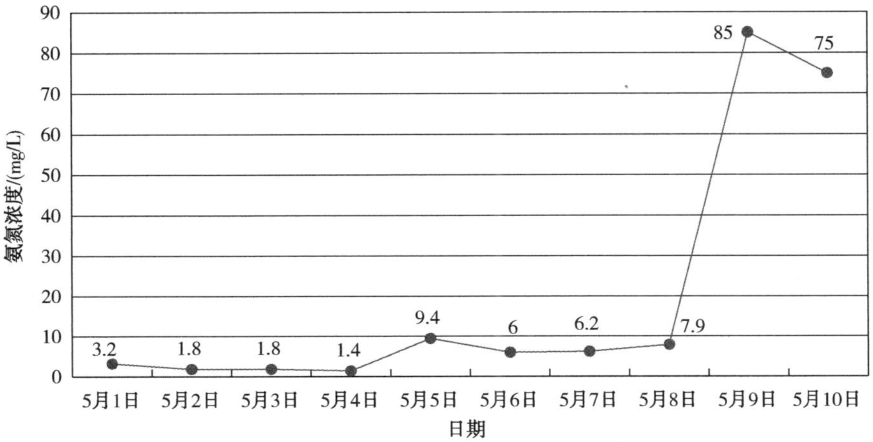

图2 2024年5月二沉池出水氨氮趋势图

面对生化系统氨氮处理效率异常，工艺人员实施多维度调控策略。通过降低生化池进水负荷、提升曝气量、采用间断闷曝工艺，并利用清净下水稀释进水以降低污染物浓度。此外，停止主生化B、C、D列进水，强化系统曝气；依据生产废水调节池水质分析结果，向生化池精准投加葡萄糖与磷酸氢二钠，优化C：N：P营养配比；同时，向B列补充新鲜污泥与高效菌种，对C列进行排水置换，清除潜在抑制性物质。

经上述措施实施，主生化出水氨氮浓度仍维持在100mg/L，未达预期处理效果。针对该现象，开展来水水质数据比对，发现生化系统进出水碱度无显著变化。结合硝化反应条件排查，初步判定系统受游离氨抑制。通过搭建小试装置验证，在25~30℃水温条件下投加高效菌种，曝气过程中监测到pH上升趋势，采用盐酸将pH回调至8.0以下，氨氮浓度出现下降，硝化反应逐步建立。同步分析好氧池运行参数(pH值8.5、水温36℃、氨氮140mg/L)，依据游离氨抑制阈值(亚硝酸盐菌10mg/L、硝酸盐菌0.1mg/L)，确认当前工况存在游离氨抑制现象(表1)。基于试验结论，对生化系统实施pH调控、水温控制及高效菌种投加等优化措施，促使硝化反应恢复，保障系统稳定运行[6]。

表1 氨氮溶液中游离氨 %

温度/℃	pH6	pH6.5	pH7	pH7.5	pH8	pH8.5	pH9	pH9.5	pH10
5	0.013	0.04	0.12	0.39	1.2	3.8	11	28	56
10	0.019	0.059	0.19	0.59	1.8	5.6	16	37	65
15	0.027	0.087	0.27	0.86	2.7	8	21	46	73
20	0.04	0.13	1.4	1.2	3.8	11	28	56	80
25	0.057	0.18	1.57	1.8	5.4	15	36	64	85
30	0.08	0.25	2.8	2.5	7.5	20	45	72	89

4.3 异常情况分析

4.3.1 装置来水水质分析

上游装置排水主要为PVA、甲醇、BDO装置正常生产时排放污水、地面冲洗污水、设备渗漏时排水。其中BDO装置废水主要来自BDO和PTMEG装置区产生的废水，排水COD值高达上万，可生化性较差，甲醇装置排放废水主要为甲醇灰水，其中甲醇灰水无机盐含量高低受原料煤煤质影响，且该废水氨氮含量较高，来水温度较高，超过生化处理进水指标，PVA装置废水处理难点主要为COD高、pH较高且波动频繁。

4.3.2 原因分析

主生化系统进水水质异常致使二沉池出水氨氮超标，核心因素在于产生的游离氨对硝化反应形成抑制。经过分析主要为以下三个方面的原因：

第一，生化系统中的硝化菌对pH值变化极为敏感，其所能承受的pH波动范围在6.5~8.5之间，PVA装置异常排水导致调节池pH在4.8~9.3之间大幅波动，见图3。当pH值在8.0及以上时，氨氮会转化为游离氨[7]，pH值达8.5以上时游离氨转化率可达20%，一旦游离氨浓度超过10mg/L，就会对氨氧化菌产生抑制作用，达到15mg/L时，硝化反应则完全被抑制。

第二，甲醇灰水氨氮最高916mg/L，平均808mg/L，为甲醇灰水设计排放指标的2倍。受高氨氮灰水影响，生产废水调节池氨氮浓度不断上升[8]。期间，氨氮最高升至219.5mg/L，平均 208mg/L，长时间超过工艺控制指标(≤150mg/L)，见图 4。

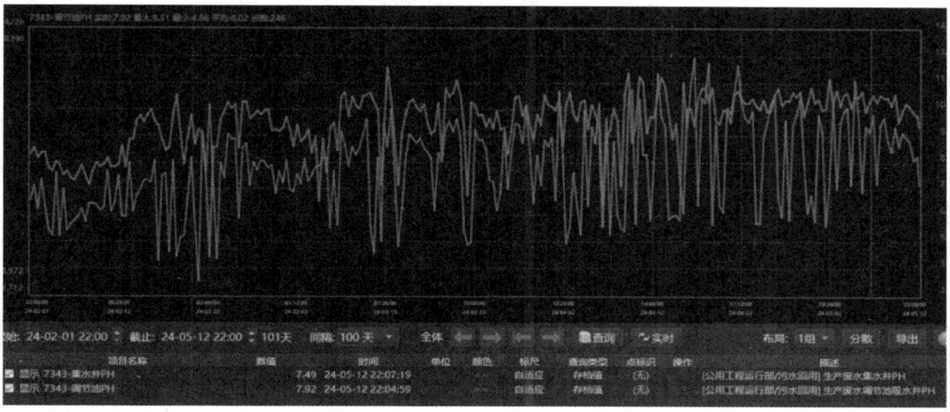

图 3　生产废水来水 pH 趋势图

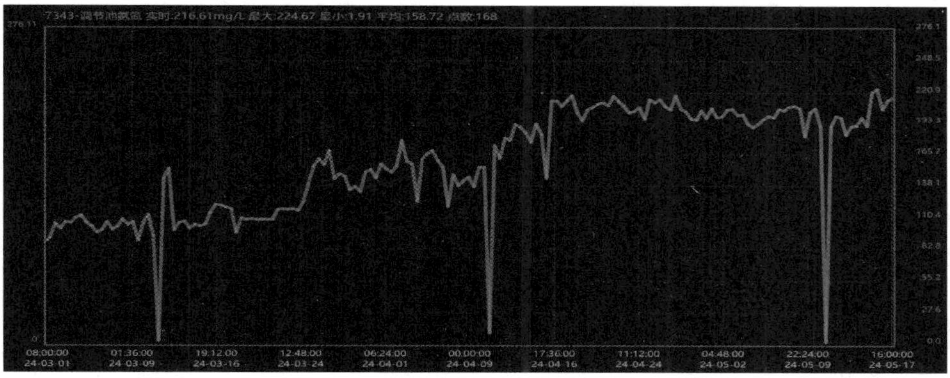

图 4　综合废水 NH_3-N 趋势图

第三，受甲醇灰水影响，主生化池温度持续升高(见图 5)。甲醇灰水来水水温约 60℃，主生化处理水量中甲醇灰水占比约 20%。长期水温较高，且夏季高温天气，导致生化系统水温在 38℃以上，污泥活性会出现下降，硝化反应难以进行。

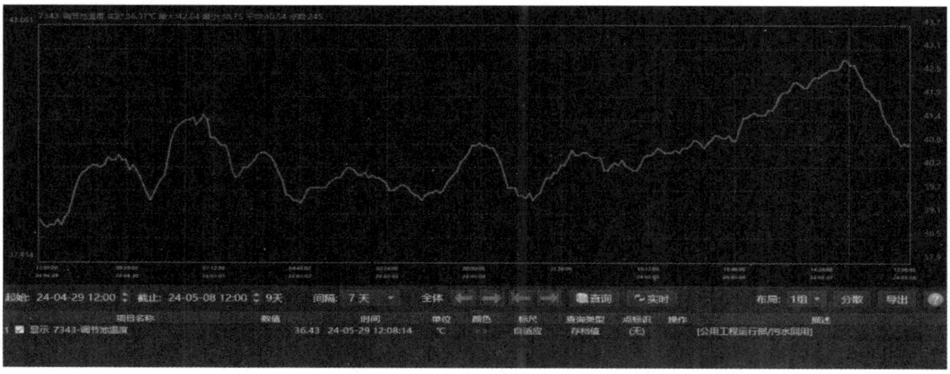

图 5　生产废水调节池温度趋势图

5 实际应用中的对策

5.1 辨别游离氨是否对生化系统造成影响

游离氨浓度是判别其对生化系统影响程度的核心指标。研究表明，当游离氨浓度超过20mg/L时，亚硝化细菌的活性受到显著抑制，导致氨氮向亚硝酸盐的转化过程受阻。在实际污水处理系统中，出水氨氮浓度与碱度同步上升，且好氧段出现明显氨气气味，可作为硝化反应速率下降的典型特征。结合游离氨浓度检测数据超出正常范围的情况，可判定系统受到游离氨抑制。硝化细菌代谢产物的检测结果进一步验证该判断，亚硝酸盐和硝酸盐生成量的减少直接反映硝化过程受阻程度。

5.2 应急处置措施

5.2.1 控制进水氨氮浓度

降低进水氨氮浓度是减轻游离氨抑制效应的有效途径。采用物理化学预处理方法，如沉淀或吸附工艺，可去除部分进水氨氮[9]。高氨氮废水与低氨氮废水的合理调配，能够实现进水氨氮浓度的稀释控制。工业废水处理实践中，化学沉淀法通过形成磷酸铵镁沉淀去除氨氮，显著降低后续生化系统的游离氨负荷。

5.2.2 调整工艺参数

pH值的精确调控直接影响游离氨的存在形态，将硝化系统pH值维持在7~8区间，既能控制游离氨比例，又可保障硝化细菌的最佳活性。温度调节需兼顾硝化细菌活性与游离氨平衡浓度，20~30℃的运行温度范围既有利于硝化细菌代谢，又能维持适宜的游离氨水平[10]。季节性温度变化需采取相应措施，冬季通过加热或保温维持系统温度，夏季实施降温避免高温对微生物活性的不利影响。

5.2.3 生物强化措施

投加高效硝化菌种可提升系统对游离氨的耐受能力。筛选具有高游离氨耐受性的硝化细菌菌株，通过生物强化技术提高系统的硝化效率[11]。污泥置换与更新能够改善微生物群落结构，恢复受抑制的硝化功能。营养盐的精准投加确保微生物生长的最佳C：N：P比例，为硝化细菌创造有利的生长环境。

6 结　　论

（1）游离氨浓度的变化对硝化效率、污泥沉降性能和微生物群落结构具有显著影响。高浓度游离氨会抑制硝化细菌的活性，导致硝化效率降低，污泥沉降性能变差，微生物群落结构发生改变。

（2）在实际污水处理过程中，通过控制进水氨氮浓度、调整pH值和水温、投加高效菌种等措施，可以有效缓解游离氨对硝化反应的不利影响，恢复系统的正常运行。

（3）合理控制游离氨浓度是保障污水处理生化系统稳定运行的关键。

参 考 文 献

[1] 谢伟梅，谢键羽. 废水中氨氮测定结果异常现象的分析[J]. 生态环境与保护，2021，3(11)：116-117.

[2] 袁延磊，周松伟，汪晓军．基于游离氨抑制的中浓度模拟氨氮废水亚硝化研究[J]．当代化工研究，2023(18)：74-76.

[3] 王佩超，胡嘉荧，应杰，等．两级缺氧/好氧工艺处理电镀废水[J]．电镀与涂饰，2017，036(007)：377-381.

[4] 姜婷婷，王光杰，杨浩，等．游离氨对活性污泥系统中硝化性能和硝化群落结构的影响[J]．土木与环境工程学报(中英文)，2021，43(1)：10.

[5] 郭新宇，孙广垠，孙观来，等．污泥厌氧消化在游离氨调控下强化磷与有机物释放的作用效果[J]．环境工程学报，2024，18(2)：569-577.

[6] 王大龙，黄强中．提高污水汽提装置净化水氨氮合格率探讨[J]．中文科技期刊数据库(全文版)工程技术，2021(3)：1.

[7] 李躬行．污水处理装置排放超标控制措施研究[J]．煤化工，2024，52(5)：141-145.

[8] 傅金祥，张延平，李森，等．改性沸石氨氮吸附剂的制备及其在生活污水处理中的应用[J]．硅酸盐通报，2021.

[9] 邓思奎．城镇污水处理厂总氮超标逻辑分析方法及应用见解[J]．中国科技期刊数据库工业 A，2022(2)：4.

[10] 贺江华，陈钧润，曾伟通，等．基于氨氮改善和中水回用的污水处理系统改造[J]．设备管理与维修，2023(13)：190-192.

[11] 何启德．提高污水处理系统氨氮降解能力的总结[J]．中氮肥，2021(5)：73-77.

元坝气田采出水短流程资源化回用工艺研究

杨关键　万侯安　蒋佳成

（中国石化西南油气分公司采气二厂，阆中 673400）

【摘要】 针对元坝气田采出水的性质和目前气田水处理工艺存在的问题，通过水质分析、各工艺段对比选择及现场中试试验，开发了“均质+澄清+电解氧化+双膜+生化处理”的短流程回用工艺。现场运行情况表明，元坝气田采出水经短流程回用工艺处理后，水中 COD_{Cr}、氨氮、Cl^-、电导率的去除率超过93%，出水各项水质指标均达到循环冷却水系统补水要求；吨水运行费用降低37%，吨水药剂费用降低36%，污泥处置费用降低65%，有效减少地表淡水取水量，实现了气田水的资源化回用。

【关键词】 气田采出水　资源化　电解氧化　DTRO　反渗透　MBR 生化　工程应用

川渝地区是我国天然气的重要产区，以元坝气田为代表的高含硫气田是当前我国“川气东送”的主力气田，对于我国能源结构调整，实现能源清洁化具有重大的意义。随着元坝气田投运时间的增加，采出水逐渐成为气田生产的主要矛盾之一，水处理能力制约气田后期生产，因此采出水的合理处置对促进气田稳产增产具有十分重要的意义。当前，我国气田采出水主要处置方式为资源化回用、回注和外排[1]。元坝气田区域已建回注井回注能力差，地层储容量小，同时回注水存在泄漏风险，传统的地下回注一定程度受到制约[2]；同时元坝气田处于长江上游生态保护区和嘉陵江集中饮用水源保护区，生态敏感，地方生态环境部门对气田采出水外排环评的审批持更谨慎的态度。因此，将气田采出水作为净化厂循环冷却水资源化利用，不仅可解决大量气田采出水的去向问题，还能够有效降低净化厂新鲜水的取水量，对于生态环境保护和气田节能降耗、低碳发展有重要意义。

针对高含硫气田采出水资源化回用，西南地区陆续建成了元坝气田采出水资源化处理站[3]、普光深度水处理站[4]等资源化站，均实现了高含硫气田采出水的资源化回用。但以上工艺均存在着处理工艺环节多、内循环水量大、吨水处理成本高的问题。另外，元坝气田采出水硫化物含量高、杂质及悬浮物成分复杂[5]，采出水经脱硫预处理后，仍具有高 COD 值、高氨氮含量、高矿化度等特性[6]。另外根据元坝气田未来开发预测情况，脱硫后气田采出水处理能力无法满足开发要求。因此，针对目前元坝气田采出水现状，研发一套处理高效、成本低廉的短流程采出水资源化回用工艺，既是破除瓶颈的应有之举，也是事关发展的长远之策，对于气田生态环境保护及可持续发展具有重大意义。

本研究针对脱硫后气田采出水开展了深度处理研究，研发了“均质+澄清+电解氧化+双膜+生化处理”的处理工艺，并结合工程应用对短流程工艺展开分析，处理的气田水出水指标满足《炼化企业节水减排考核指标与回用水质控制指标》（Q/SH 0104—2007）中关于循环冷却水系统补水水质要求，对国内外非常规气田采出水资源化处理提供了思路。

1 前期研究

1.1 原水有机组分分析

为分析气田水中有机物种类及其组分，对元坝气田脱硫后气田采出水混合水样进行气相色谱-质谱联用(GC-MS)检测，以确定有机物的种类。水样中有机物分析各个峰的出峰时间见图1所示。通过GC-MS联机自动检索进行色谱峰的定性分析，从而确定采出水中的有机物组分的种类、分子式及分子结构见图2。对水样总离子流图总图色谱峰进行GC-MS联机自动检索分析，元坝气田采出水中有机物色谱峰大多出现在5~16min，此时间段出现的色谱峰为采出水中存在的主要有机物色谱峰，其余色谱峰基本为色谱层析柱残留物质，均为硅氧化物。

根据GC-MS联机自动检索结果分析，元坝气田长兴组采出水中主要有机物为环己酮、对苯醌、Sulfonium，(*p*-hydroxypHenyl) dimethyl-，chloride (8CI)、苯胺、双季戊四醇、*N*,*N*-Dimethyl 2-pyrrolidinecarboxamide、萘，主要成分见表1。因此，元坝气田采出水中COD主要组分是芳香族化合物和胺类物质，可生化性差。

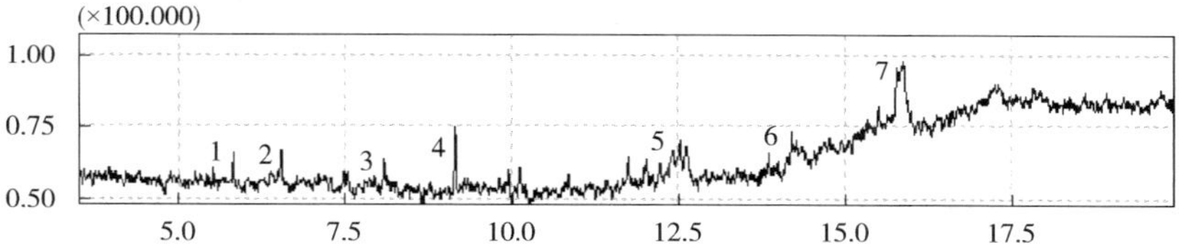

图1 元坝气田采出水的GC-MS总离子流图

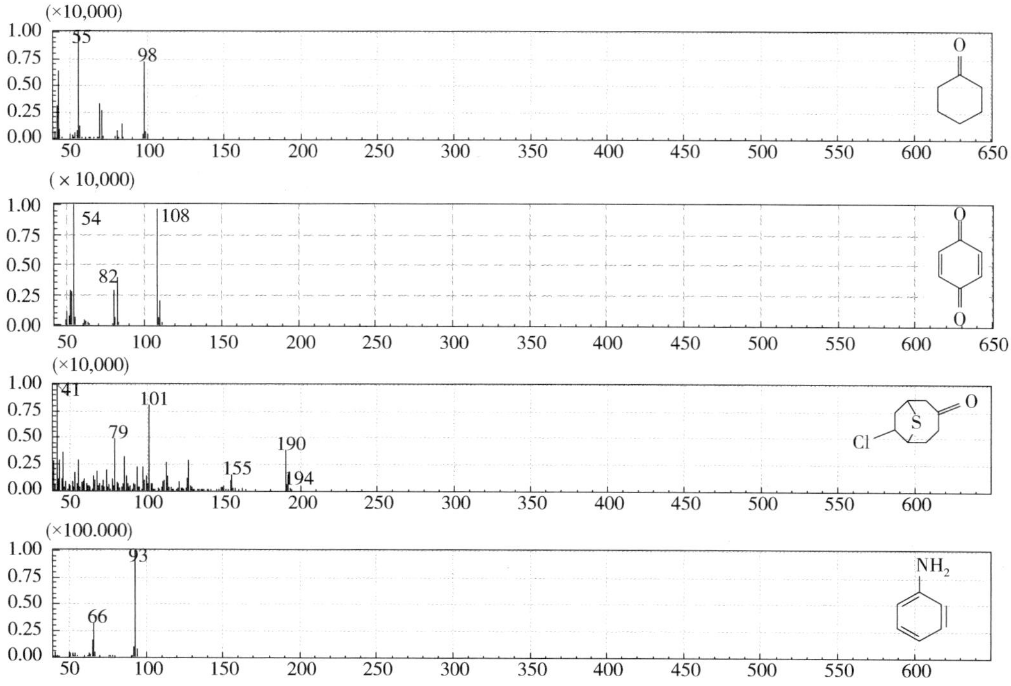

图2 元坝气田采出水中有机物组分

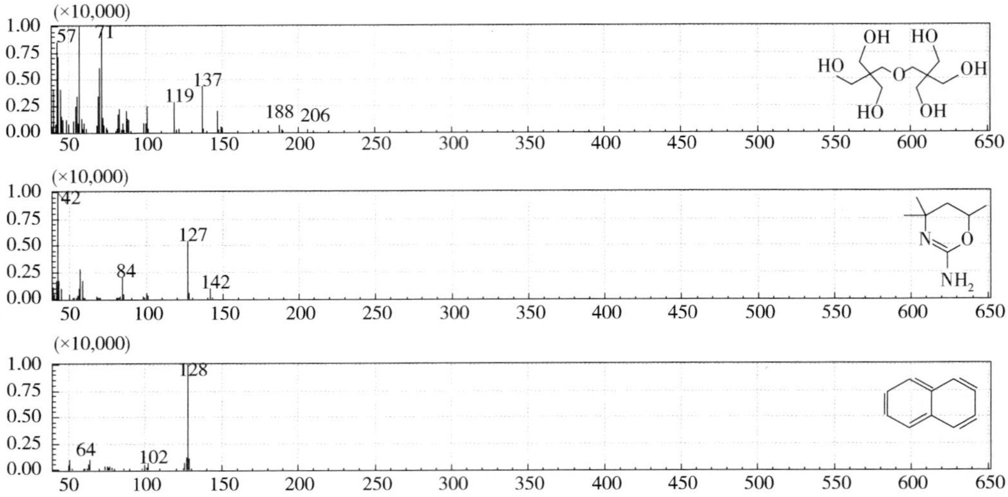

图 2　元坝气田采出水中有机物组分(续)

表 1　元坝气田采出水主要有机物组分

序号	名称	分子式	相对分子量	出峰时间/min	分子结构
1	环己酮	$C_6H_{10}O$	98	5.75	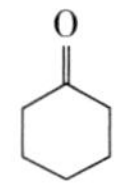
2	对苯醌	$C_6H_4O_2$	108	6.6	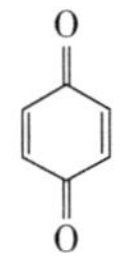
3	Sulfonium, (*p*-hydroxypHenyl) dimethyl-, chloride(8CI)	$C_8H_{11}ClOS$	190	8.1	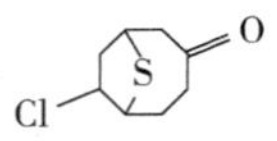
4	苯胺	C_6H_7N	93	9.3	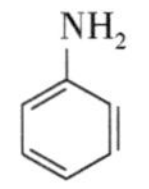
5	双季戊四醇	$C_{10}H_{22}O_7$	254	12.5	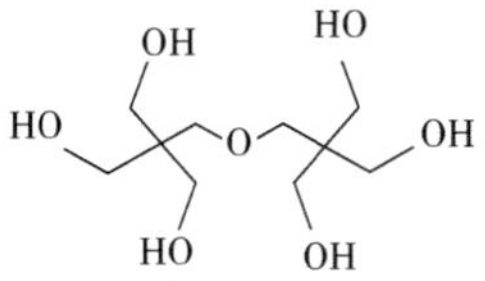
6	*N*,*N*-Dimethyl 2-pyrrolidinecarboxamide	$C_7H_{14}ON_2$	142	14.25	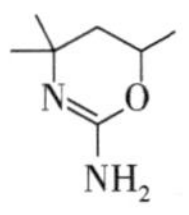
7	萘	$C_{10}H_8$	128	15.8	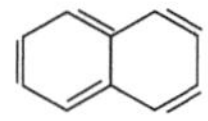

元坝气田脱硫后气田采出水水质见表2，可见，采出水中硬度、含盐量、COD、氨氮等指标均处高水平区间，因此针对各超标物质进行去除工艺对比研究。

表2 脱硫后气田采出水水质

序号	项目	浓度	序号	项目	浓度
1	COD_{Cr}/(mg/L)	1574.34	8	$\rho(Ca^{2+})$/(mg/L)	529.29
2	氨氮/(mg/L)	88.4	9	$\rho(Mg^{2+})$/(mg/L)	178.60
3	悬浮物/(mg/L)	64	10	$\rho(Sr^{2+})$/(mg/L)	512.75
4	pH值	6.0	11	$\rho(Cl^{-})$/(mg/L)	20283.43
5	浊度/NTU	7.95	12	$\rho(SO_4{}^{2-})$/(mg/L)	688.29
6	总硬度/(mg/L)	2805.9	13	$\rho(HCO_3{}^{-})$/(mg/L)	460
7	电导率/(μS/cm)	63.22	14	溶解性总固体/(g/L)	31.61

1.2 除硬、除悬浮物工艺研究

除硬软化工艺不仅是资源化回用水质的需要，同时后续脱盐工艺也对进水硬度有较严格的要求，以防止脱盐工艺结垢。除硬方法通常包括加碱沉淀法、离子交换法和膜分离法[7]。加碱沉淀法是根据溶度积原理，按照一定的量向污水中投加碱性物质，使之与污水中的钙、镁离子反应并生成难溶性盐沉淀，从而使污水中的钙、镁离子得以去除。常用的碱性物质包括：石灰、氢氧化钠、石灰—碳酸钠、氢氧化钠—碳酸钠等。由于投加石灰会产生大量污泥，且过量的石灰反而会增加水中的钙含量，投加氢氧化钠又存在运行成本较高等问题[8]，因此，综合考虑工程上实现的可行性及投资和运行成本等因素，采用氢氧化钠-碳酸钠沉淀法去除污水中钙镁。

污水本身含有一定量的悬浮物，经过脱硫处理和上述加碱沉淀除硬工艺处理后，水中的悬浮物含量仍然较高。污水中悬浮固体物的去除方法主要有混凝沉淀法、过滤法等。混凝沉淀法可以与化学除硬工艺集成，从而缩短工艺流程。常用的混凝沉淀剂包括聚合氯化铝(PAC)、聚丙烯酰胺(PAM)、硫酸铝等。

1.3 氨氮去除工艺研究

污水中氨氮的去除方法包括电解氧化法、折点氯化法、生物氧化法、吸附法、蒸发法、膜法等[9]，通过对氨氮脱除工艺的对比(表3)，为减少药剂投加，降低能耗以及消除氨氮脱除副产物的产生，本次针对氨氮的去除采用电解氧化脱氨氮的工艺。

表3 污水中氨氮去除方法及其主要特点

序号	处理方法	主要优点	主要缺点
1	电解氧化法	无需投加药剂，属于环境友好型工艺	反应过程中会有氯气生成，需要设置尾气收集装置
2	折点氯化法	氨氮去除率较高	反应时间较长，处理设施较大，需投加化学药剂
3	生物氧化法	处理流程较短，运行成本较低	占地面积大，高盐污水可生化性差，不推荐使用
4	吸附法	氨氮去除率高，流程简单，能耗较低	预处理要求严格，吸附剂再生，产生再生废液需处理

续表

序号	处理方法	主要优点	主要缺点
5	蒸发法	氨氮去除率较高，可与后续脱盐工艺集成设计	需加碱调 pH 值，加药量大，氨氮富集于一次蒸发后冷凝水中，需深度处理
6	脱气膜法	氨氮去除率较高，可与后续脱盐工艺集成设计	预处理要求严格，膜产生的浓水含高氨氮，需要专门进行处理

电解氧化法去除水中的氨氮主要有两种途径：①直接氧化法，即氨氮可以直接在阳极被氧化成氮气和水；②间接氧化法，水中氯离子在阳极上被氧化为游离氯，游离氯溶于水形成次氯酸，次氯酸与氨氮反应生成氮气。由于元坝气田采出水氯离子含量高，属于高氯水，因此氨氮的去除是间接氧化法起主要作用[10]。目前，电解氧化法已在元坝气田开展了中试试验，采出水软化后，在电流 1200A 的情况下反应 30min，氨氮含量可以由 92.28mg/L 去除至≤3mg/L[11]。

1.4 COD 去除工艺研究

目前废水中的有机物去除方法主要有生化法和物化法两种，而元坝气田采出水矿化度高，COD 整体可生化性差。物化法中，常用的主要是芬顿氧化、电解氧化、臭氧(催化)氧化、活性炭吸附、蒸发等[12,13]。

前期利用电解氧化工艺在元坝气田回注 1 井开展了处理量为 $1m^3/h$ 的中试试验。试验电解氧化工艺采用了两级电解氧化，一级电解氧化去除氨氮，二级电解氧化去除 COD。其中一级电解控制进水 pH 为 5~6，二级电解控制反应 pH 为 6~8。中试试验二级电流强度为 5500A，电压为 4V，通过电解工艺对 COD 的去除率达到 60%~75%，但其去除效果不稳定，出水水质波动较大。此外，后端膜法工艺具备一定的除 COD 能力，经过膜法脱盐后的产水矿化度降低，COD 水平处于低浓度区间，工艺末端可设置生化处理单元，对采出水中的 COD 进一步深度处理。

因此，从降低处理费用、减少药剂投加量以及整体工艺可靠性等几个方面综合考虑，短流程工艺中 COD 的去除工艺采用以后置 MBR 工艺为主的分步去除法。

1.5 脱盐工艺研究

气田采出水中含有大量盐分，经过深度脱盐处理后，才可以实现达标回用。目前的高盐污水脱盐方法主要是基于膜法的深度脱盐处理和基于化工过程的蒸发处理[14,15]。综合考虑燃气、用电、占地等因素，本工艺考虑采用膜法脱盐。

膜法深度脱盐技术的优势在于，设备占地面积小，投资低，系统产水水质好，能回收产品水，并且膜设备采用塑料管路，减少结垢，无腐蚀问题。但是膜污染问题是膜法脱盐技术处理污水工业化应用的瓶颈。从反渗透法处理污水现场试验分析，尽管反渗透可以得到矿化度非常低的清水，但要求严格的膜前预处理。进入膜前的污水先要对水中的 COD 进行去除，一般低压反渗透进水 COD 要求小于 200mg/L。而常用于垃圾渗滤液处理的 DTRO(碟管式反渗透)，采用特殊的力学设计，使处理液在压力作用下流经滤膜表面遇凸点碰撞时形成湍流，增加透过速率和自清洗功能，即使在高浊度、高盐分、高 COD 的情况下，也能经济有效稳定运行，但其化学清洗周期较短，一般 5~7 天就需要进行化学清洗[16]。为实现 DTRO 长时间运行，减少化学清洗频率，按照 3 个月左右的化学清洗周期，一般要求进水 COD 小于 500mg/L，进水应尽量避免含有过多 PAM，同时对水中的硬度进行去除，保证进水硬度小于 1000mg/L(以碳酸钙计)。

2 现场工艺应用

元坝气田采出水短流程资源化处理现场工艺流程如图 3。

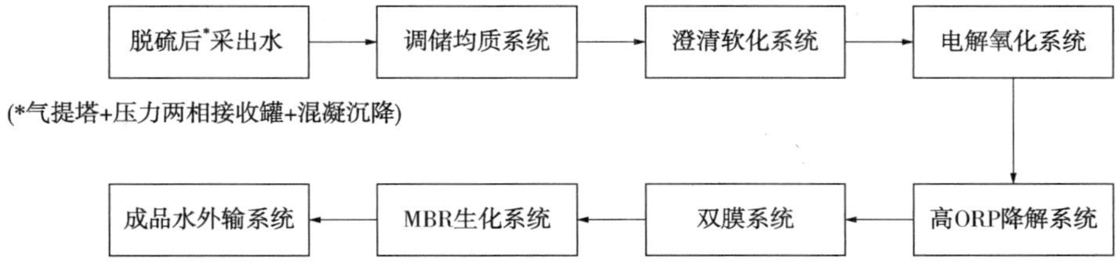

图 3 元坝气田采出水短流程资源化回用工艺流程

2.1 调储均质系统

元坝气田采出水水质波动较大，脱硫后气田采出水先进入调储均质系统，在此进行水质均质，实现进入后端处理系统的水质平稳，调储均质系统出水水质情况见表 4，可见进水水质中 COD、氨氮、悬浮物、钙镁离子、氯离子等指标均远超标准。

表 4 调储均质系统出水水质情况

序号	项目	出水	序号	项目	出水
1	pH 值	7.20~9.77	6	$\rho(Mg^{2+})$/(mg/L)	14.71~171.63
2	COD_{Cr}/(mg/L)	406.37~1972.59	7	$\rho(Cl^{-})$/(mg/L)	11060.40~31816.38
3	氨氮/(mg/L)	56.64~286.20	8	电导率/(μS/cm)	28700~92600
4	悬浮物/(mg/L)	24~49	9	ρ(硫化物)/(mg/L)	未检出
5	$\rho(Ca^{2+})$/(mg/L)	137.44~889.34			

2.2 澄清软化系统

采出水经调储均质系统出水后，进入澄清软化系统，主要包括机械搅拌澄清罐、缓冲罐。在机械搅拌澄清罐内投加 Na_2CO_3，NaOH 以及 PAC、PAM，去除水中的 Ca^{2+}、Mg^{2+} 和 Sr^{2+} 及悬浮物。机械搅拌澄清装置进水控制 $\rho(Ca^{2+}) \leq 1000$mg/L，$\rho(Mg^{2+}) \leq 150$mg/L，$\rho(Sr^{2+}) \leq 50$mg/L；出水控制 $\rho(Ca^{2+}) \leq 15$mg/L，$\rho(Mg^{2+}) \leq 15$mg/L，$\rho(Sr^{2+}) \leq 15$mg/L，SS ≤ 30mg/L。出水后在缓冲罐后投加盐酸，调节 pH 值至 5~6。经澄清软化系统处理后水质情况见表 5，可见澄清软化系统对采出水中钙镁离子有较好的去除效果，对钙离子、镁离子的去除率分别可达 98%和 85%。

表 5 澄清软化系统出水水质情况

序号	项目	进水	出水
1	pH 值	7.98	11.45
2	$\rho(Ca^{2+})$/mg/L	571.71	8.76
3	$\rho(Mg^{2+})$/mg/L	62.87	8.90
4	悬浮物/mg/L	27.00	24.75

2.3 电解氧化系统

电解氧化系统为气田采出水“短流程”资源化回用工艺的核心部分，此阶段能够在不加药、不加泥的前提下协同去除氨氮和部分 COD。电解氧化装置分为两级，一级电流 2000A，二级电流 5500A。电解氧化装置设置尾气收集装置，吸收电解反应过程中产生的氯气等。经电解氧化系统处理后水质情况见图 4，采出水经过两级电解氧化系统，氨氮的去除率可达 98%以上，系统稳定运行时，出水氨氮含量可稳定在 5.0mg/L 以内。同时，本系统能去除部分 COD，出水 COD 波动趋势与进水 COD 波动趋势相同，去除率为 30%左右，出水 COD 达到进膜水质要求。由于二级电解在阴极发生析氢反应，而溶液中反应没有额外的 H^+产生，出水 pH 略有升高，在 6.5~8.0 之间，这有利于羟基自由基的产生。此外，在监测周期内，系统出水余氯含量较高，在 71.67~276.67mg/L 之间，可见在电解氧化过程中，产生了大量余氯，表明采出水中氯离子对污染物的降解起着至关重要的作用：在一级电解过程中，氯离子在阳极电解产生 HClO，HClO 以氧化氨氮和长链饱和烃为主；在二级电解过程中，HClO 氧化饱和烃使其开环、断链，进而由羟基自由基继续氧化短链及芳烃类有机物。

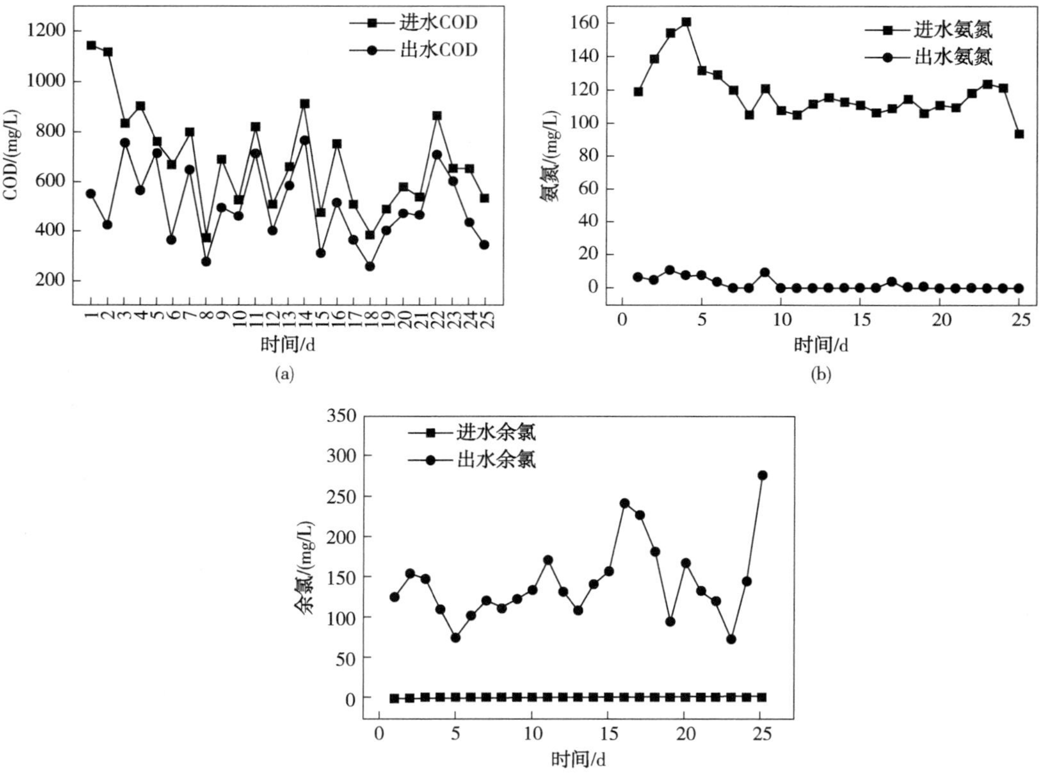

图 4　电解氧化系统对水中 COD、氨氮的去除效果及对余氯的影响

2.4 高 ORP 降解系统

高 ORP 降解系统包括 ORP 消解罐及锰砂过滤器，目的是快速去除水中的氧化性物质，把 ORP(氧化还原电位)指标迅速降低至 200mV 以下。ORP 消解罐的作用是向罐内加入微过量过氧化氢，消耗电解后采出水中的余氯，从而降低水中 ORP。锰砂过滤器的作用是去除

前一阶段添加的过量过氧化氢，通过利用锰砂的催化作用，将废水中的过氧化氢等氧化性物质还原，此系统能够有效去除废水中氧化性物质，避免后续废水回用处理时材料被氧化的问题，减少了对反渗透膜的破坏作用。经高 ORP 降解系统处理后水质情况见图 5，可以看出，采出水经高 ORP 降解系统处理后，余氯由 71.67~276.67mg/L，降低至出水达到了进入后续双膜系统的水质条件。

2.5 双膜系统

双膜系统采用 DTRO(碟管式反渗透)+RO(卷式反渗透)的组合方式。DTRO 主要作用是脱盐和去除部分 COD。DTRO 设计产水 TDS≤700mg/L，COD≤150mg/L。DTRO 回收率控制在 50%~60%，产生的浓水进入已建元坝低温蒸馏站低温多效蒸发系统进行蒸发处理。DTRO 产水进入 RO，进一步去除水中电导率，实现出水 TDS≤30mg/L，出水 COD≤100mg/L。整个系统 RO 产生的浓水则回到 DTRO 前端，可进一步降低 DTRO 进水 TDS，增加产水率。经双膜系统处理后采出水 COD、电导率情况见图 6。另外，DTRO 出水氯离子含量在 673.55~1044.10mg/L 之间，RO 出水氯离子含量在 19.50~51.40mg/L，DTRO 出水 pH 值为 6.21~7.82，RO 出水 pH 值为 6.15~8.11。可见，由 DTRO 和 RO 组成的双膜系统对氯离子、电导率、TDS 具有较好的去除效果，同时 DTRO 可拦截部分大分子有机物，拦截效果受前端进水 COD 组分而波动。若小分子 COD 居多，则拦截效率下降；若大分子居多，则拦截效率上升，而 RO 对 COD 的拦截效果较差。

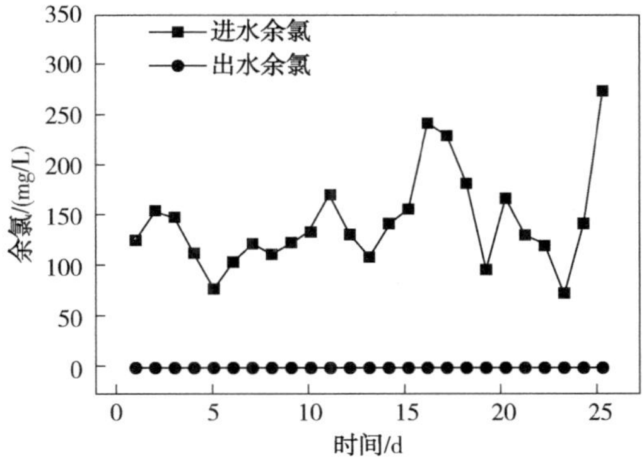

图 5 高 ORP 降解系统对水中余氯的去除效果

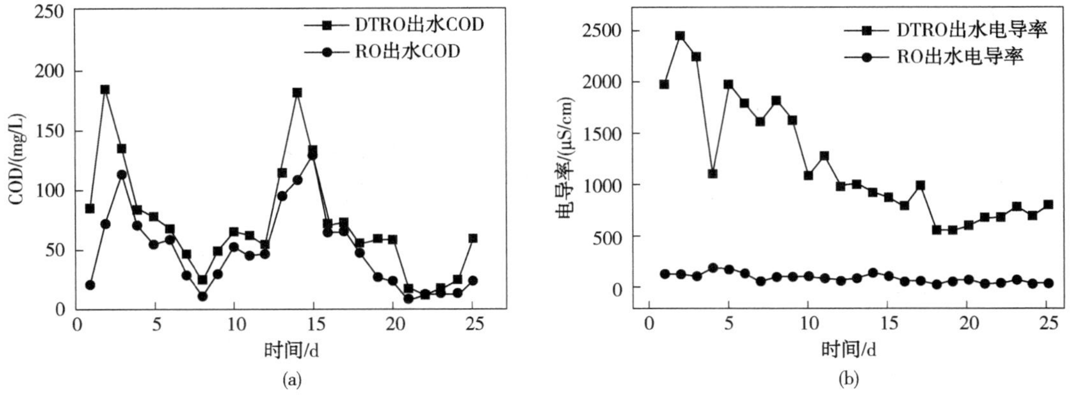

图 6 双膜系统对水中 COD、电导率的处理效果

2.6 MBR 生化系统

本工艺为后置式 MBR 生化系统。生化处理采用外置式 MBR 反应器，MBR 膜采用管式超滤膜。RO 产水及已建低温蒸馏站的蒸发系统产水一同进入生化系统对 COD 进行去除。根据元坝低温蒸馏站长期运行数据，一般蒸发产水的 COD_{Cr}≤250mg/L。以上两股水基本按照

1∶1混合后进入生化系统，生化系统混合后进水 COD_{Cr}≤200mg/L。生化系统设置单独的尾气处理装置。由表6现场工艺运行数据可见，采出水经后置式MBR生化系统处理后，出水水质指标均达到《炼化企业节水减排考核指标与回用水质控制指标》(Q/SH 0104—2007)中关于循环冷却水系统补水水质要求。

表6 MBR生化系统出水水质

序号	项　目	出水水质	回用水质控制指标(Q/SH 0104—2007)
1	pH值	7.33~8.36	6.5~9.0
2	COD_{Cr}/(mg/L)	1.19~47.41	≤60.0
3	氨氮/(mg/L)	0.01~7.80	≤10.0
4	悬浮物/(mg/L)	1.0~5.0	≤30.0
5	浊度/NTU	0.05~9.02	≤10.0
6	硫化物/(mg/L)	0.01~0.08	≤0.1
7	油含量/(mg/L)	0.01~1.30	≤2.0
8	总碱(以 $CaCO_3$ 计)/(mg/L)	45.44~139.80	50.0~300.0
9	氯离子/(mg/L)	15.95~183.99	≤200.0
10	硫酸根离子/(mg/L)	1.94~199.46	≤300.0
11	总铁/(mg/L)	0.01~0.10	≤0.5
12	电导率/(μS/cm)	61.4~1175.0	≤1200.0

2.7 短流程工艺对比分析

2.7.1 投资运行经济性分析

表7为短流程资源化回用工艺与西南地区元坝、普光等已建气田水资源化工艺吨水运行费用对比。可以看出，相对于传统长流程工艺，短流程可降低吨水运行费用37%，降低吨水药剂费用36%，降低污泥处置费用65%。

表7 短流程工艺与传统工艺吨水运行费用对比

项　目	传统工艺	短流程工艺	差值(传统工艺-短流程工艺)
全流程吨水运行成本/(元/m^3)	262.50	164.62	97.88
药剂费用/(元/m^3)	127.01	80.64	46.37
污泥处置费用/(元/m^3)	57.42	20.02	37.48
吨水电费/(元/m^3)	22.49	31.28	-8.79

2.7.2 工艺流程优化分析

元坝气田短流程资源化回用工艺在充分借鉴和吸取已建资源化工艺的基础上，有效避免了已建站场存在的问题，同时缩短了工艺流程，工艺优化部分如下：

(1) 设置接收均质罐(均质时间为2天)，有效应对元坝气田采出水水质波动对整体工艺平稳运行的影响，避免了因水质变化影响后段工艺的平稳运行。

（2）前端采用了二级电解工艺，实现了氨氮和 COD 的协同去除。电解氧化工艺出水氨氮≤5mg/L，无氨氮冷凝液等副产物产生，减少后段 COD 母液的产生。本工艺 COD 母液产量为 $28m^3/d$。

（3）取消了芬顿高级氧化工艺，采用电解氧化工艺，消除了芬顿药剂投加，且无芬顿铁泥产生。

（4）在电解氧化装置后端设置了 ORP 消解工艺，保证电解氧化装置出水 ORP 控制在≤150mV。

（5）生化工艺设置在双膜之后，生化工艺进水矿化度≤200mg/L，COD≤250mg/L，从而保证了生化系统生物活性，降低了生化系统 COD 负荷。由于进水水质有保证，生化工艺水力停留时间较普光生化工艺的 35h 缩短至 12h（18m×10m），减少了生化工艺占地面积。

（6）短流程工艺采取的工艺较传统长流程工艺节省了臭氧高级氧化工艺、BAF 曝气滤池工艺、高效过滤工艺、芬顿高级氧化工艺、超滤工艺等。

（7）优化后的短流程资源化回用工艺整体适应能力强，抗来水冲击负荷高，能有效处理气田水中污染物且出水稳定，有效实现了气田水的资源化回用。

3 结　论

（1）两级电解氧化工艺可协同去除氨氮和 COD，对氨氮的去除率达 97%以上，对 COD 的去除率约为 25%。

（2）整套工艺对气田水 COD_{Cr}、氨氮、Cl^-、电导率的去除率超过 93%，MBR 生化系统出水水质各项指标均达到《炼化企业节水减排考核指标与回用水质控制指标》（Q/SH 0104—2007）中关于循环冷却水系统补水要求，处理后的气田采出水将作为元坝净化厂循环冷却水补充用水。

（3）相对于传统长流程工艺，元坝气田短流程资源化回用工艺可降低投资 30%，减少占地面积 20%，缩短建设周期 15%，在工程运行成本上，相较于西南地区元坝、普光等已建气田水资源化工艺，吨水药剂费用降低 36%，污泥处置费用降低 65%。

参 考 文 献

［1］胡志强，刘昌升，李向伟，等．我国非常规气田采出水处置方式及处理工艺现状［J］．化工环保，2024，44（1）：11-20.

［2］杨术刚，王庆吉，张坤峰，等．我国气田采出水处置面临的关键挑战与对策建议［J］．工业水处理：1-16.

［3］张磊，王伟，黄文升．元坝气田采出水资源化回用工艺研究［J］．石油石化节能，2020，10（05）：12-15+7.

［4］王丙贤．气田产出水深度处理与资源化回用工艺研究［D］．山东建筑大学，2022.

［5］任世林，张翠兰，蓝辉，等．元坝气田高含硫污水处理及回注方案优选［J］．重庆科技学院学报（自然科学版），2016，18（3）：40-42.

［6］何海．高含硫气田水低温多效蒸发处理技术研究［C］．2018 中国环境科学学会科学技术年会，2018：5.

［7］刘维锐．高效结晶除硬技术处理高盐废水的研究［D］．内蒙古大学，2015.

［8］吴亚帆，张渝，陈龙．垃圾渗滤液膜浓缩液软化除硬优化的研究［J］．绿色科技，2023，25（14）：112-

115+147.

[9] 杨仁俊，张伟，赫瑞元，等．氨氮废水处理技术综述[J]. 浙江化工，2020，51(09)：42-45.

[10] Ding J，Zhao Q-L，Jiang J-Q，et al. Electrochemical disinfection and removal of ammonia nitrogen for the reclamation of wastewater treatment plant effluent[J]. Environmental Science and Pollution Research，2017，24(6)：5152-5158.

[11] 朱国，孙天礼，青鹏，等．元坝气田采出水电化学氧化法除氨氮工艺研究[J]. 石油与天然气化工，2021，50(4)：130-134.

[12] 王宇峰，俞言文，杨尚源，等．铁碳微电解耦合芬顿高级氧化技术对高盐废水COD去除性能的影响研究[J]. 水处理技术，2017，43(06)：65-67.

[13] 梁硕，贠丹丹，王艳芝，等．诸城银河污水厂深度处理改造及工艺调试[J]. 中国给水排水，2024，40(10)：101-106.

[14] 齐兆涛，黄文升．DTRO和STRO两种反渗透膜在气田采出水深度处理中的性能对比[J]. 工业用水与废水，2021，52(5)：47-50+72.

[15] 赵桂龙，陈艳萍．MVC工艺在高盐稠油采出水资源化工程中的研究及应用[J]. 油气田地面工程，2021，40(2)：38-46.

[16] 龙滔．DTRO处理垃圾渗滤液工程应用关键技术的研究[D]. 昆明理工大学，2020.

锅炉炉水二氧化硅指标放宽对水质的影响及减排效益分析

王钦钦

（中国石化扬子石化公司热电厂，南京 211500）

【摘要】 针对热电厂锅炉因排污量大导致的汽水损失率高问题，通过热化学试验将炉水二氧化硅控制指标由≤450μg/L 放宽至≤1200μg/L，以降低连续排污量。通过对比执行新指标前、后一年的锅炉给水及炉水水质数据，分析指标合格率变化，并量化降低排污率产生的经济效益。结果表明：执行新指标后，2024 年较 2023 年，炉水二氧化硅合格率从 96.3%提升至 100%，炉水氯离子和电导率合格率变化不大；排污率降低 0.58%，年减排高品质炉水 45727t，实现直接经济效益约 298.6 万元/年。证实了在保证蒸汽品质的基础上，放宽炉水二氧化硅指标可有效减少排污损失。但需同步优化连排动态调节，并强化给水预处理，以平衡经济性与水质安全。

【关键词】 二氧化硅指标　工艺运行措施　连排减少量　水质合格率　经济效益

1 设备概况

热电厂 3×540t/h 锅炉是哈尔滨锅炉厂有限责任公司自主开发研制的 HG-540/13.4-YM20 型超高压、无中间再热、π 型布置的自然循环汽包炉。额定蒸发量 540t/h，过热器出口蒸汽压力 13.4MPa，过热蒸汽温度 545℃。

汽包采用单段蒸发设计，内部布置 72 个 ϕ315mm 带导流板的旋风分离器作为一次分离元件，汽水混合物经分组连通箱进入旋风筒后，通过离心力分离：水分经导向叶片导入水室，蒸汽上升至顶帽（梯形波形板分离器）进一步均匀流速并脱除湿分，左/右旋分离器交错排列以抵消旋转排水扰动。分离后的蒸汽在经重力自然沉降后进入平孔板清洗装置，利用 50%给水清洗去除盐分，随后再经二次自然分离及顶部多孔板、均汽装置二次分离细小水滴后引入过热器。剩余给水通过注水管导入下降管，汽包内设连续排污装置和磷酸盐加药管，以维持炉水品质。

2 炉水二氧化硅指标调整背景介绍

按照 GB/T 12145—2016《火力发电机组及蒸汽动力设备水汽质量》规范要求，锅炉汽包压力 10.1~12.6MPa 时，炉水二氧化硅≤2000μg/L；汽包压力 12.7~15.6MPa 时，炉水二氧化硅≤450μg/L。锅炉汽包设计压力 14.9MPa，2023 年 12 月之前执行设计压力下的炉水控制指标，实际运行中，为满足炉水二氧化硅≤450μg/L，需开大锅炉排污量，排污率高达 2.75%~2.90%，汽水损失率较高。

汽包内有清洗装置时，其控制标准可适当放宽，炉水二氧化硅浓度指标应保证蒸汽二氧化硅浓度符合标准[1]。考虑到实际锅炉运行汽包压力 12.0~12.6MPa，开展热化学试验，试验结果表明保证蒸汽二氧化硅含量满足 GB/T 12145—2016 要求≤10μg/kg，炉水最大允许的二氧化硅含量为 1235μg/L。最终将炉水二氧化硅指标由≤450μg/L 调整为≤1200μg/L。

3 工艺运行措施

3.1 加强源头水质管控

热电厂化学制水系统的水源有四路，包括水厂低硅水、水厂污水回用装置的双膜净化水、厂内辅机冷却水回水以及化工回收水，四路来水混合后经“阳床+阴床+混床”二级除盐处理制备除盐水。厂内辅机冷却水回水包括汽机辅机冷却水回水、除灰冷却水回水和锅炉排污水，化工回收水包括 PTA、聚乙烯、聚丙烯、乙二醇四套装置的冷凝液和锅炉排污水。

优先使用电导率低、水质指标好的双膜水作为阳离子交换器进水水源，其次使用化工回收水，尽量降低低硅水和辅机回收水的使用量，提高离子交换性能和脱盐水水质。

3.2 关注烯烃厂来除盐水水质

烯烃厂来除盐水作为锅炉另一路重要补水水源，严格监视来水硅指标，发现异常及时调整，同步推进烯烃厂来水增加在线表计，新增 pH 表、电导表、硅表，通过取样管路改造与数据远传信号接入化学水处理 DCS 控制站，操作人员可随时查看水质指标变化趋势，增加烯烃厂来除盐水 pH 指标 DCS 报警。

3.3 调整磷酸盐投加量

锅炉炉水采用磷酸盐处理，选用磷酸三钠或磷酸氢二钠作为炉水调节剂。将炉水 pH 值严格控制在 9.0~9.7 范围内，维持炉水中磷酸根浓度为 0~3mg/L。根据锅炉炉水水质分析结果动态调整磷酸盐配比及投加量。同时避免过量投加，当炉水中的磷酸根过多，容易在高压及以上锅炉中发生磷酸盐隐藏现象，导致水冷壁管发生酸性磷酸盐腐蚀[2]。

3.4 加强表计维护管理

定期开展在线化学仪表校验，落实人工分析与在线数据比对工作，发现表计异常及时督促整改，保证水汽指标数据准确。定期召开仪表对接会，督促电仪做好在线表计药剂的申报、储备、使用工作，保证在线表计药剂质量、数量满足运行使用要求，保证仪器运行稳定。

3.5 动态调节连排流量

装置实施负荷响应式控制策略，加强连续排污操作的执行监督。锅炉负荷升高时，适当增加连排流量，防止蒸汽携带杂质；负荷降低时，减少连排流量，减少热量浪费。运行过程中根据锅炉水电导率或二氧化硅浓度在线监测与分析数据的变化趋势调整锅炉连续排污量。

4 执行新指标后锅炉炉水、蒸汽的水质分析

自2024年起，装置按照锅炉炉水二氧化硅指标由≤450μg/L调整为≤1200μg/L执行（见表1）。本文选取了给水二氧化硅、炉水氯离子、炉水电导率、炉水二氧化硅、蒸汽二氧化硅五个关键指标，整理2023年、2024年月度人工分析数据平均值及各指标的合格率情况，根据变化趋势分析执行新指标后一年内对锅炉炉水、蒸汽的水质影响，见图1至图5。

表1 锅炉炉水、蒸汽关键指标、控制范围及分析频次

控制项目	控制范围	分析频次	控制项目	控制范围	分析频次
给水二氧化硅/（μg/L）	≤20	2/D	炉水二氧化硅/（μg/L）	≤1200	2/D
炉水氯离子/（mg/L）	≤1.5	2/D	蒸汽二氧化硅/（μg/kg）	≤15	1/D
炉水电导率/（μS/cm）	≤20	1/D			

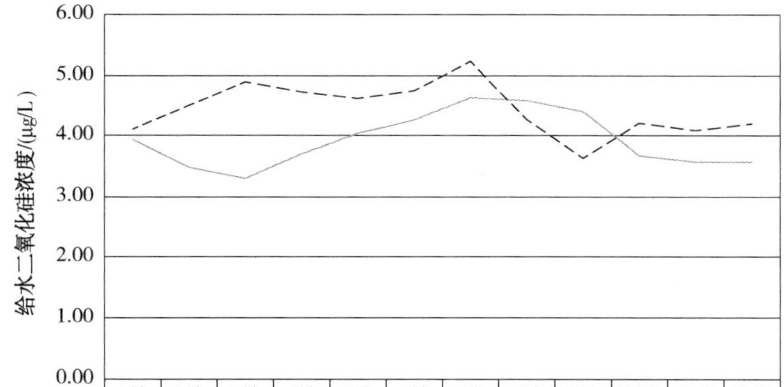

	1月	2月	3月	4月	5月	6月	7月	8月	9月	10月	11月	12月
—— 2024年	3.93	3.48	3.30	3.70	4.03	4.25	4.63	4.58	4.39	3.67	3.57	3.58
---- 2023年	4.10	4.50	4.90	4.73	4.62	4.75	5.24	4.26	3.63	4.20	4.08	4.19

图1 给水二氧化硅2024年与2023年分析数据平均值变化

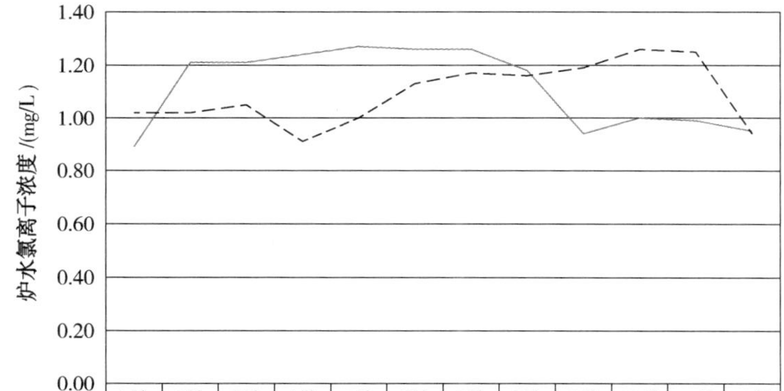

	1月	2月	3月	4月	5月	6月	7月	8月	9月	10月	11月	12月
—— 2024年	0.89	1.21	1.21	1.24	1.27	1.26	1.26	1.18	0.94	1.00	0.99	0.95
---- 2023年	1.02	1.02	1.05	0.91	1.00	1.13	1.17	1.16	1.19	1.26	1.25	0.94

图2 炉水氯离子2024年与2023年分析数据平均值变化

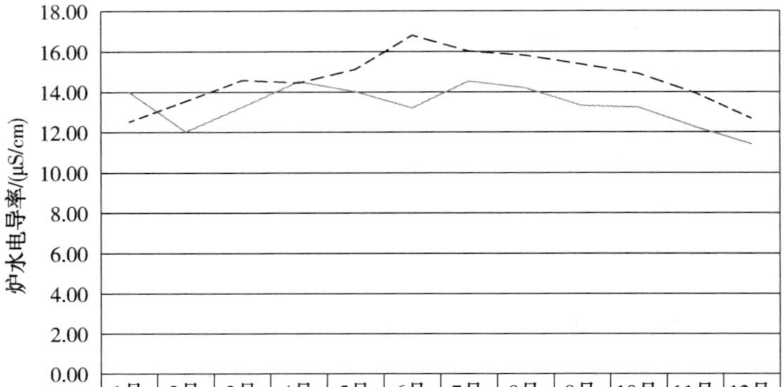

	1月	2月	3月	4月	5月	6月	7月	8月	9月	10月	11月	12月
—— 2024年	14.00	12.02	13.25	14.51	14.01	13.20	14.53	14.19	13.31	13.23	12.25	11.40
---- 2023年	12.51	13.54	14.58	14.45	15.12	16.80	16.02	15.80	15.36	14.90	13.94	12.67

图 3 炉水电导率 2024 年与 2023 年分析数据平均值变化

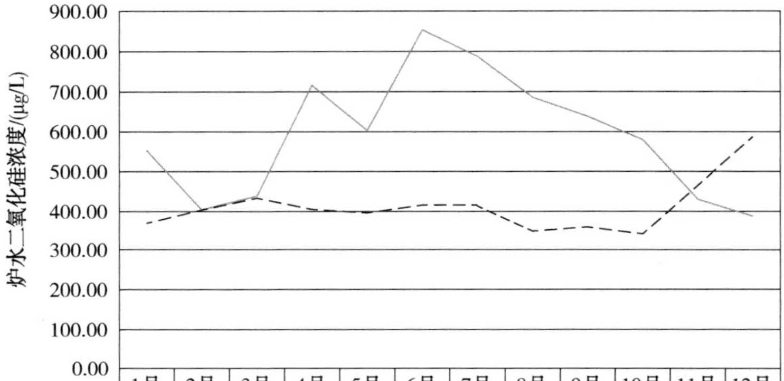

	1月	2月	3月	4月	5月	6月	7月	8月	9月	10月	11月	12月
—— 2024年	553.0	403.9	439.1	715.7	603.4	853.5	787.7	685.7	639.0	580.0	430.0	387.7
---- 2023年	369.6	403.7	433.3	405.0	396.2	415.6	413.3	349.4	360.2	342.2	464.9	587.3

图 4 炉水二氧化硅 2024 年与 2023 年分析数据平均值变化

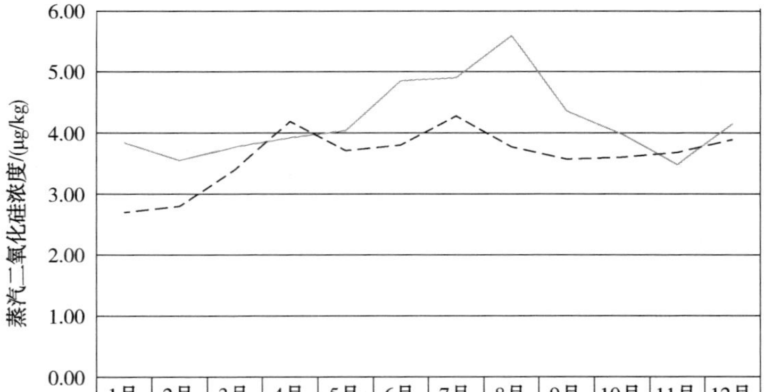

	1月	2月	3月	4月	5月	6月	7月	8月	9月	10月	11月	12月
—— 2024年	3.84	3.55	3.77	3.92	4.04	4.85	4.90	5.59	4.36	3.98	3.48	4.15
---- 2023年	2.70	2.80	3.40	4.19	3.71	3.80	4.28	3.77	3.57	3.60	3.68	3.89

图 5 蒸汽二氧化硅 2024 年与 2023 年分析数据平均值变化

如图 1 至图 5 所示，2024 年的给水二氧化硅浓度整体略低于 2023 年，尤其是 2 月至 4 月。2024 年的炉水氯离子浓度整体略高于 2023 年，尤其是 5 月至 8 月。2024 年的炉水电导率整体低于 2023 年，尤其是 6 月和 7 月。2024 年的炉水二氧化硅含量整体高于 2023 年，尤其是 6 月和 7 月。2024 年的蒸汽二氧化硅含量整体高于 2023 年，尤其是 8 月。

如图 6、图 7 所示，蒸汽二氧化硅在线分析数据趋势稳定控制在 6μg/kg 以下，满足 GB/T 12145—2016 规定的期望值要求（≤10μg/kg）。

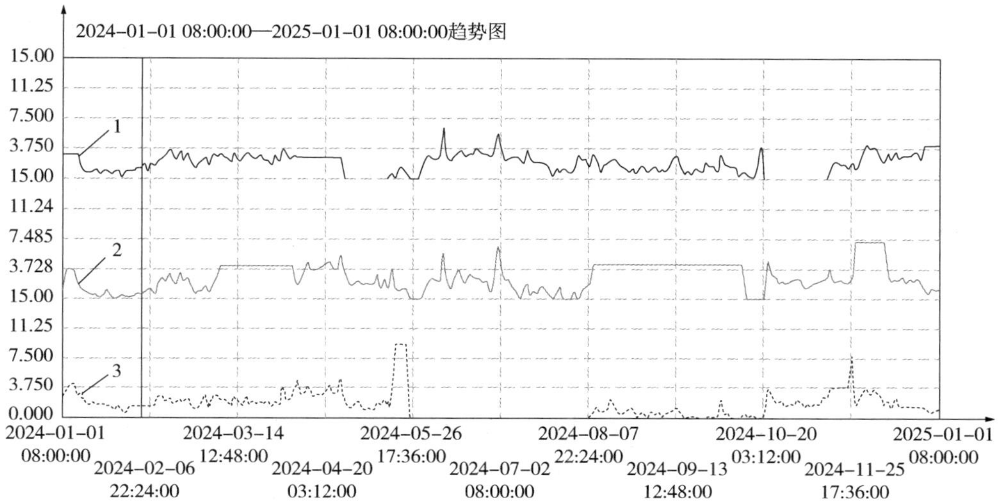

图 6 01#～03#炉蒸汽二氧化硅 2024 年在线分析数据变化

1—01#炉；2—02#炉；3—03#炉

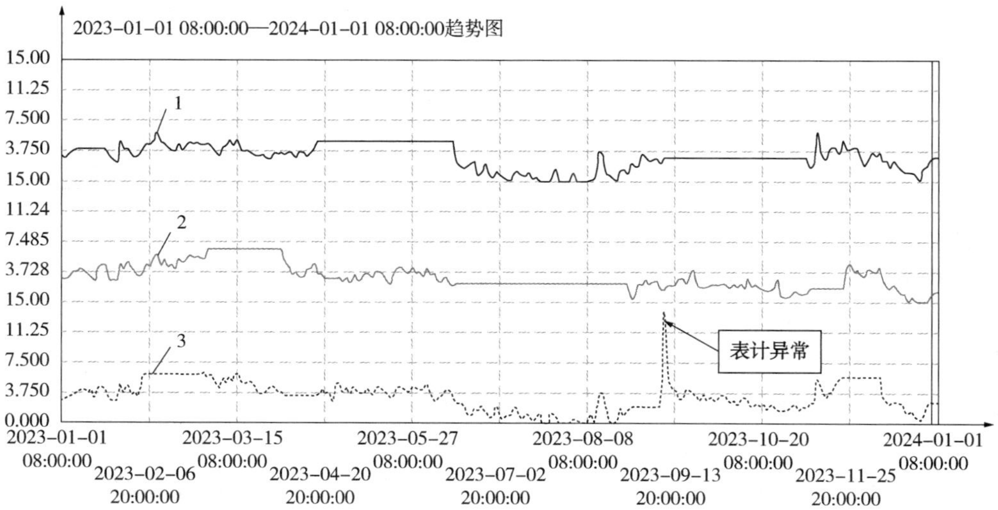

图 7 01#～03#炉蒸汽二氧化硅 2023 年在线分析数据变化

1—01#炉；2—02#炉；3—03#炉

如表 2 所示，2024 年水质合格率整体呈现稳中有升的态势，关键指标均达到或超过 99.8%，其中炉水二氧化硅和炉水氯离子实现 100%合格率。

表 2　锅炉给水、炉水、蒸汽品质合格率变化

指　标	2023 年合格率	2024 年合格率	变化趋势	关键结论
给水二氧化硅	99.4%	99.8%	↑0.4%	补给水处理稳定性增强
炉水二氧化硅	96.3%	100%	↑3.7%	炉水二氧化硅合格率明显提高
炉水电导率	99.9%	99.9%	持平	执行新指标对炉水电导率影响不大
炉水氯离子	99.8%	100%	↑0.2%	药剂控制或设备维护效果控制良好
蒸汽二氧化硅	100%	100%	持平	执行新指标对蒸汽携带影响不大

炉水二氧化硅合格率因标准放宽而提升，从 96.3%提升至 100%（↑3.7%），增幅最大。炉水氯离子合格率小幅提升，反映药剂控制或设备维护效果良好。给水二氧化硅合格率小幅提升，给水处理稳定性增强。炉水电导率、蒸汽二氧化硅均保持 99.9%以上的合格率，水汽品质管控成熟稳定。

5　减排效益分析

5.1　排污率降低计算

如表 3 所示，01#～03#锅炉排污率均下降，根据实际数据计算：2023 年平均排污率＝(2.75%+2.72%+2.90%)/3≈2.79%，2024 年平均排污率＝(2.34%+2.13%+2.16%)/3≈2.21%，下降 0.58 个百分点。其中 01#炉排污率下降 0.41 个百分点，02#炉排污率下降 0.59 个百分点，03#炉排污率下降 0.74 个百分点。

表 3　锅炉排污情况

年度	蒸发量/t			连排量/t			排污率		
	01#炉	02#炉	03#炉	01#炉	02#炉	03#炉	01#炉	02#炉	03#炉
2023	2193064	2436984	2768962	60389	66396	80430	2.75%	2.72%	2.90%
2024	2516456	2296352	2232994	58929	48957	48306	2.34%	2.13%	2.16%

5.2　关键参数

锅炉各额定出力 540t/h，根据实际运行工况两用一备，两台锅炉蒸发量按 900t/h 计算，每小时减排 5.22t，年减排量 45727t。

锅炉热交换效率为 93%。

按汽包压力 11.5MPa，查表得，减排水焓值约 1471kJ/kg。热力系统补充水除氧水按常温考虑：压力 0.2MPa、温度为 25℃，焓值为 105kJ/kg。

燃煤热值 5000 大卡(20930kJ/kg)。燃煤价格约为 800 元/t。除盐水价格为 6.5 元/t。

(注：煤炭及除盐水价格随市场波动)

5.3　分步计算过程

(1) 计算每吨减排水量的热量

$$每吨减排水量的热量=减排水焓值-补充水焓值$$

$$1471-105=1366\text{kJ/kg}$$

（2）计算小时减排水热量

小时减排水热量=小时减排水量×每吨减排水量的热量

5.22t/h×1000kg/t×1366kJ/kg=7130520kJ/h

（3）换算为标准煤当量

煤炭节约热量=小时减排水热量÷(燃煤热值×锅炉效率)

7130520kJ/h÷(20930kJ/kg×0.93)=366.33kg/h≈0.366t/h

（4）计算年节约煤炭成本

每小时节约：0.366t/h×800 元/t=292.8 元/h

年节约：292.8 元/h×24h×365 天≈256.49 万元/a

（5）计算年节约除盐水成本

每小时节约：5.22t/h×6.5 元/t=33.93 元/h

年节约：33.93 元/h×24h×365 天≈42.11 万元/a

（6）计算年节约成本总和

年节约成本总和：256.49+42.11≈298.6 万元/a

6 结论与建议

6.1 结论

炉水二氧化硅指标放宽至 1200μg/kg 后，连排量减少 0.58%，年减排 45727t，直接经济效益达 298.6 万元/a；水质整体可控，2024 年较 2023 年，炉水二氧化硅合格率因标准放宽而大幅提升，炉水氯离子合格率小幅提升，炉水电导率、蒸汽二氧化硅合格率持平，但需评估对汽轮机结垢的长期影响。

6.2 建议

6.2.1 优化给水处理工艺

（1）加强原水预处理，如增加活性炭过滤或反渗透装置，减少给水中胶体硅和可溶性硅的含量。

（2）严格执行离子交换再生操作，确保除盐水二氧化硅≤20μg/L，从源头降低炉水硅负荷。

6.2.2 动态调整排污策略

（1）连排降低的调整应建立在锅炉蒸汽合格的基础上，根据炉水硅浓度分段控制连排：当炉水二氧化硅≤800μg/L 时，调小连排开度，控制排污率≤1%；炉水二氧化硅浓度接近 1000μg/L 时再逐步提升排污量。

（2）增加定期排污频次，优先排出下联箱积聚的高硅沉积物，减少连排依赖。

6.2.3 建立多参数联动监控机制

（1）实时跟踪蒸汽硅、炉水硅、给水硅三者关联性，当炉水二氧化硅浓度接近 1000μg/L 或蒸汽二氧化硅接近 10μg/kg 时，及时增加排污，排查劣化水源。

（2）长期监测，每年检查汽轮机叶片结垢情况，评估蒸汽二氧化硅升高的长期影响。

参考文献

[1] 火力发电机组及蒸汽动力设备水汽质量：GB/T 12145—2016[S]. 北京：中国标准出版社，2016.

[2] 周柏青，陈志和. 热力发电厂水处理：下册[M]. 5 版. 北京：中国电力出版社，2019：767.

SS118 杀生剂与不同混凝剂配合使用的对比研究

邓传真

（上海高桥石油化工有限公司，上海 200137）

【摘要】 通过考察 SS118 杀生剂与聚合氯化铝和聚合硫酸铁两种混凝剂在江水净化系统配合使用期间的各项处理效果数据，对于以黄浦江水为原水的江水净化系统，SS118 杀生剂与聚合氯化铝配合使用的水质处理效果，在主要水质指标、杀生剂单耗以及现场效果等方面，均优于与聚合硫酸铁配合使用效果。

【关键词】 江水净化　水质　杀生　混凝

1 前　　言

江水净化系统是石化企业水处理的重要组成部分，处于石化生产所需的整个水处理链条的最前端，担负着为化学水系统提供生产原水和为生产装置提供工艺用水及冷却水的任务。混凝和杀生是净化江水水质处理过程中的两个主要环节，其中混凝剂的作用是使水中的胶体失去稳定性和失稳胶体互相集聚后沉淀从而降低水的浊度。杀生剂的作用是控制水中微生物，防止黏泥滋生，对于降低系统管线和设备的腐蚀，提高换热效率，对后续用水单元安全稳定使用净化江水具有重要意义。

某石化企业的水处理联合装置江水净化单元长期使用 SS118 杀生剂对黄浦江原水进行杀生处理，采用聚合氯化铝和聚合硫酸铁作为江水净化处理的混凝剂，为了比较 SS118 杀生剂与两种混凝剂配合使用的处理效果，本文考察了 SS118 与不同种类混凝剂配合使用净化同期江水后主要水质指标和技术经济指标，并对其进行对比分析，为江水净化系统的药剂筛选提供数据支撑。

2 江水净化处理系统

2.1 工艺流程

某石化企业水处理联合装置江水净化单元采用脉冲澄清池进行黄浦江原水的混凝沉淀处理，实际处理能力为 500~600m^3/h，原水浊度为 50~70NTU，净化江水出水浊度指标≤12NTU。生产流程为由一级泵站（四水源）提升黄浦江原水送到配水井，由配水井自流入脉冲澄清池，投加混凝剂和 SS118 杀生剂进行混凝沉淀和杀生处理，净化江水由集水总渠汇流入集水井后进入清水池，由二级泵站抽吸清水池内净化江水输送到各用水装置。主要处理流程如图 1 所示。

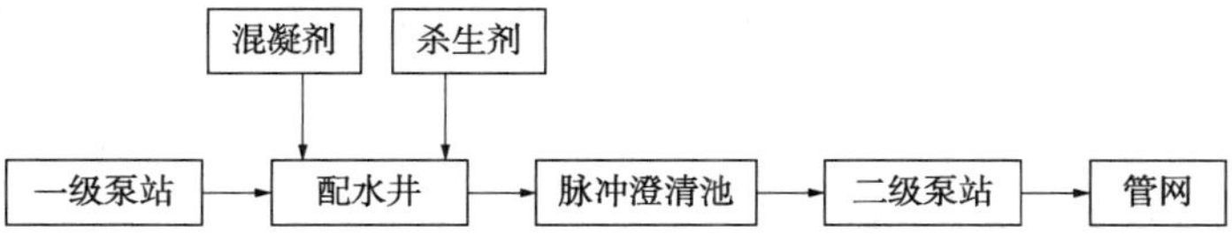

图 1　净化江水处理简易流程图

2.2　江水净化系统絮凝沉淀处理

原水中的泥沙、尘土、腐殖质以及菌藻等微生物能够与水形成具有沉降稳定性和聚合稳定性的溶胶状态的胶体微粒。通过投加混凝剂，将胶体微粒凝聚成较大颗粒后利用重力进行沉降。混凝是水中胶体颗粒脱稳过程和脱稳后相互聚集过程的总称，包含有“凝聚”和“絮凝”两个过程。

某石化企业 2# 水处理联合装置江水净化单元长期使用聚合硫酸铁作为混凝剂，对黄浦江原水进行混凝处理，处理效果达到设计要求。但是残留在水体中的总铁浓度长期处于较高水平，总铁含量高会促进铁细菌繁衍，加快系统微生物的沉积和腐蚀，对后续循环水系统的安全运行带来不利的影响。

2023 年 1 月起连续使用聚合氯化铝来替代聚合硫酸铁作为混凝剂使用后，经过同期比较，2022 年使用聚铁作为混凝剂时净化江水的总铁平均在 0.56mg/L，2023 年使用聚铝作为混凝剂后，同期总铁均值为 0.19mg/L，平均降幅达到 66%。同期 2# 循环水总铁平均降低为 21%，3# 循环水平均降幅为 47%，4# 循环水平均降幅为 26%，取得了显著的降低总铁的效果。

2.3　江水净化系统杀生处理

原水中天然存在藻类、细菌和真菌等微生物，在具备水温光照和营养物质等外界条件的江水净化系统内适宜生长繁殖，会对系统产生各种危害。在江水净化处理过程中，通过投加化学药剂来抑制原水中微生物的繁殖或杀死微生物称为江水净化系统的杀生处理。

净化江水中微生物的危害主要体现在以下相互关联的三个方面。首先是微生物菌体及其黏结在一起的多糖类、蛋白质等黏性物质会形成微生物黏泥，这些黏泥会使水中悬浮物粘连后产生沉降，在金属管壁等处附着后生长和繁殖，产生生物膜，形成不断增厚的黏泥层。其次，被微生物产生的污泥沉积层覆盖的金属表面与外界隔绝，在这个贫氧区小环境内形成氧的浓差极化电池而使金属被局部腐蚀。最后，不断增长的微生物黏泥会堵塞管道，阻碍净化江水在管线中的流通，直至影响输送水量和传热效率，对生产流程和设备设施带来损害。

水处理杀生剂按照杀生机理分为氧化型杀生剂和非氧化型杀生剂两大类。其中氧化型杀生剂大多为卤素类强氧化剂，通过氧化微生物体内的酶而杀死微生物。非氧化型杀生剂则因品类众多，杀生机理也各不相同，总体来说，有破坏微生物细胞膜，破坏微生物代谢过程以及破坏生物细胞酶等几种类型。

某石化企业的水处理联合装置江水净化单元使用 SS118 杀生剂进行黄浦江原水的杀生处理。SS118 杀生剂是一种复合氧化型杀生剂，主要成分是≥25%的溴代氨基磺酸盐，主要由溴氯化合物、磺酸类与稳定剂组成。

3 SS118杀生剂与不同种类絮凝剂配合江水净化处理效果研究

某石化企业为了解决净化江水出水以及通过用水流程传导至循环水系统的水质中总铁含量高，设备管线易腐蚀等问题，采用聚合氯化铝替代聚合硫酸铁进行江水净化混凝处理，仍使用SS118杀生剂配合两种混凝剂在江水净化系统进行杀生处理。为保证样数据规模的代表性，降低原水水质、气温条件等外部因素对处理效果的干扰至最小限度，选取2023年7月至12月以聚合氯化铝作为混凝剂的各项水质数据和能耗数据与2022年同期以聚合硫酸铁作为混凝剂的数据进行对比分析，研究SS118杀菌剂与两种絮凝剂配合使用净化江水的效果，对比试验中药剂的理化指标见表1。下面就各试验结果进行讨论。

表1 SS118杀生剂处理效果对比试验总体情况表

项　　目	SS118杀生剂	
外观	无色透明液体	
活性物含量(以溴计)/%	≥15.0	
密度/(g/cm^3)	≥1.10	
pH(1%水溶液)	≥11.5	
氯含量/%	≤1.0	
混凝剂	聚合硫酸铁	聚合氯化铝
外观	红棕色液体	浅黄色液体
含量/%	11	11
pH(1%水溶液)	2~3	3.5~5
试验时间	2022年7月~2022年12月	2023年7月~2023年12月

3.1 江水净化后浊度的变化

浊度是净化江水(新鲜水)系统为数不多的水质控制指标之一，是用水的某种光学性质来表示水中悬浮物和胶体等粗分散颗粒对水体透明度的影响程度。江水净化水质处理的主要指标是降低水的浊度。图2为SS118杀生剂配合两种混凝剂使用期间江水净化后浊度的变化情况。

由图2可见，与SS118杀生剂配合使用的混凝剂聚合氯化铝(简称聚铝)较之聚合硫酸铁(简称聚铁)对净化江水浊度的处理效果为好。2022年下半年使用聚铁平均浊度为5.64NTU，2023年同期使用聚铝以后的平均浊度为3.32NTU，降幅为41.07%，均处于浊度指标合格范围。虽然投加混凝剂是降低黄浦江原水浊度的主要因素，从图2亦可看出SS118杀生剂与聚合氯化铝在江水净化减低浊度处理上配合使用效果更为良好。

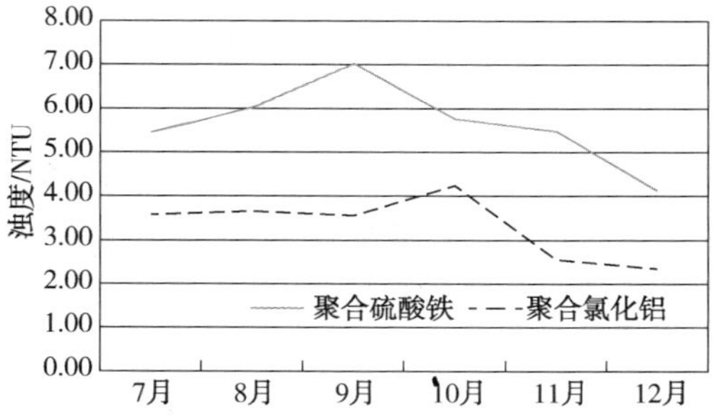

图2 SS118杀生剂配合两种混凝剂使用对净化江水浊度的处理效果

3.2 江水净化后pH的变化

pH是水溶液中氢离子浓度的常用对数的

负值，用以衡量水的酸碱性比值。此项水质指标能够直观反映出水的腐蚀或结垢倾向。图 3 是 SS118 杀生剂配合使用两种混凝剂对净化江水 pH 指标影响的对比情况。

由图 3 可见，与 SS118 杀生剂配合使用的混凝剂聚合氯化铝较之聚合硫酸铁对净化江水 pH 的影响更为稳定。2022 年下半年配合聚铁使用平均 pH 为 6.69，2023 年同期配合聚铝使用后平均 pH 为 7.07，均处于水质指标控制范围内，且更趋于中性，对于使用净化江水的设备管线以及后端处理单元的腐蚀防控更为有利。

3.3 对净化江水细菌总数的处理效果

水中的细菌一般认为是由天然水中存在的普通细菌、土壤细菌和肠道细菌等组成，所谓细菌总数是指用一定的实验方法培养后形成细菌菌落的总数，是表征净化江水微生物数量以及由此形成的微生物黏泥和腐蚀趋势的重要水质指标。图 4 是 SS118 杀生剂配合使用两种混凝剂对净化江水细菌总数处理效果的对比情况。

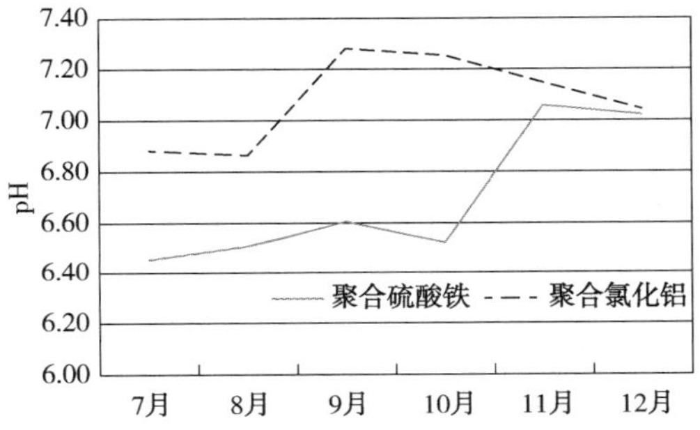

图 3 SS118 杀生剂配合两种混凝剂使用对净化江水 pH 的影响

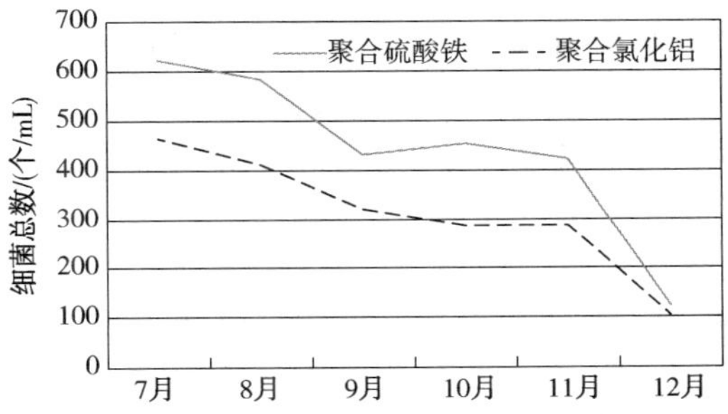

图 4 SS118 杀生剂配合两种混凝剂使用的杀生处理效果

由图 4 可见，与 SS118 杀生剂配合使用的混凝剂聚合氯化铝较之聚合硫酸铁对净化江水细菌总数显著降低。2022 年下半年配合聚铁使用期间平均细菌总数为 439 个/mL，2023 年同期配合聚铝使用后平均细菌总数为 312 个/mL，降幅为 28.92%，充分体现出 SS118 杀生剂在与聚合氯化铝配合使用时良好的杀生效果。

3.4 SS118 杀生剂用量及单耗

杀生剂用量是指在某一时段内为达到水质杀生效果而投加的药剂总量，杀生剂单耗是指在此时段内为达到水质杀生效果在单位水量中投加的药剂量。这两项指标可以反映出江水净化系统用于杀生处理的药剂成本情况，是新鲜水处理过程中重要的技术经济指标。图 5 是 SS118 杀生剂配合使用两种混凝剂的用量对比情况，图 6 是 SS118 杀生剂配合使用两种混凝剂的单耗对比情况。

由图 5、图 6 可见，在与混凝剂聚合氯化铝配合使用期间较之与聚合硫酸铁配合使用期间，SS118 杀生剂的用量和单耗均显著降低。

2022 年下半年配合聚铁使用期间 SS118 杀生剂的用量为 154.49t，2023 年同期配合聚铝使用期间用量为 112.56t，降幅为 27.14%。

2022 年下半年配合聚铁使用期间 SS118 杀生剂的单耗为 61.92mg/L，2023 年同期配合聚铝使用期间单耗为 48.85mg/L，降幅为 21.10%。

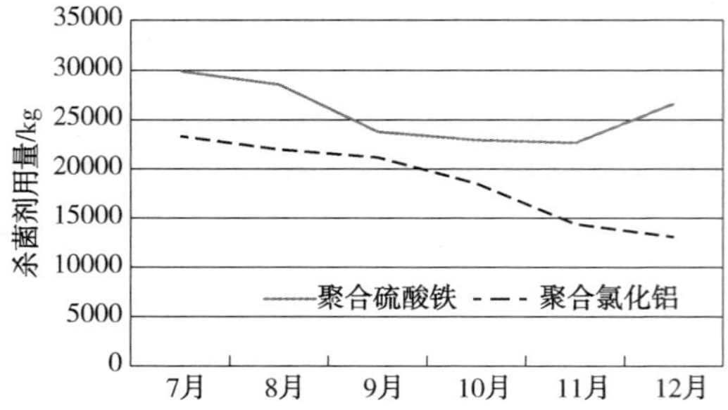

图 5　SS118 杀生剂配合两种混凝剂使用的用量

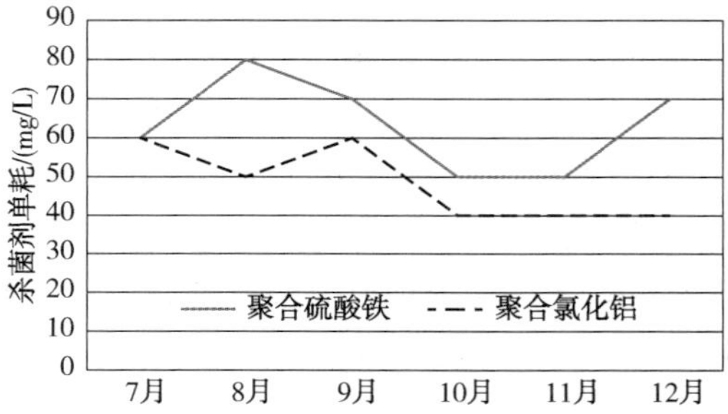

图 6　SS118 杀生剂配合两种混凝剂使用的单耗

与聚铝配合使用期间，SS118 杀生剂的用量和单耗相较于与聚铁配合使用期间的用量与单耗均出现了 20%以上的降幅。结合图 4 表示的 SS118 杀生剂配合两种混凝剂使用的杀生处理效果综合比较，充分说明 SS118 杀生剂在与聚合氯化铝配合使用时，能够做到在提升杀生效果的前提下降低药剂单耗指标。

3.5　江水净化系统脉冲池水面现场情况

图 7、图 8 是不同时间江水净化系统 3[#]脉冲池水面的现场照片。由图 7 可见，2022 年 7 月 SS118 杀生剂与聚铁配合使用时夏季脉冲池水面菌藻团块滋生，在脉冲池排水孔下出水堰内壁水面以下有挂壁带状藻类漂浮，需要人工定期清理。此类现象，在图 8 反映出的 2023 年 7 月 SS118 杀生剂与聚铝配合使用时已不可见，且净化江水水面颜色由浅灰黄透明转变为蓝绿色透明，目测净化江水色度明显下降。

图 7　2022 年 7 月脉冲池现场情况

图 8　2023 年 7 月脉冲池现场情况

4　结　　论

（1）SS118 杀生剂与聚合氯化铝和聚合硫酸铁配合使用进行江水净化处理时，在原水水质水量、气温条件以及投加浓度等使用条件基本相同的情况下，以浊度作为指标的净化江水的混凝效果均合格，与聚铝配合使用时平均浊度更低，净化江水的 pH 更加趋近于中性。目测使用聚铝混凝后的水中色度明显降低。

（2）SS118 杀生剂在与聚铝作为混凝剂配合使用时，较之聚铁在江水净化系统的杀生效果更为显著，体现在净化江水的细菌总数平均降幅在25%以上，夏季脉冲池水面菌藻附着及生长速度明显降低。限于实验条件，本文中细菌总数数据采用纸片法测得，未能采取更为精确的平板计数法进行细菌菌落数量统计。

（3）在净化江水各项水质指标合格的前提下，本次对比实验中SS118杀生剂的用量及单耗等技术经济指标，与聚铝配合使用期间较之与聚铁均有20%以上的降幅，处理成本优势明显。结合SS118杀生剂配合两种混凝剂使用的杀生处理效果的综合比较，体现出SS118杀生剂与聚合氯化铝配合使用时，在提升杀生效果的前提下同时降低了药剂单耗。

参 考 文 献

[1] 丁恒如．工业用水处理工程[M].2版．北京：清华大学出版社，2014.
[2] 周本省．工业水处理技术[M].2版．北京：化学工业出版社，2002.

锅炉给水指标超限原因及应对措施

贾 彪

（中石化（天津）石油化工有限公司热电部，天津 300270）

【摘要】 结合热电部一电站和二电站锅炉给水工艺流程，对给水 pH 值、溶解氧、SiO_2 超标原因进行了总结分析，并提出了相应的解决措施，在给水品质不良时能够快速查明原因，控制给水品质达标，保证锅炉安稳运行。

【关键词】 锅炉给水 蒸汽 pH 值 溶解氧 SiO_2

工业锅炉是一种重要的热能动力设备，其运行效率和运行稳定性直接关系到企业生产效益和安全。给水品质作为影响锅炉运行的关键因素之一，对锅炉给水品质进行有效控制可以保证蒸汽品质良好，不发生汽水共腾，避免因汽水质量问题而造成锅炉停运，能够最大限度防止和减缓金属管道腐蚀、结垢，保持受热面清洁，提高热交换效率，延长锅炉的使用时间[1]，所以必须保证锅炉给水品质符合国家标准和行业标准。

1 热电部锅炉给水系统工艺简介

热电部一电站和二电站锅炉给水系统工艺流程见图 1 和图 2。其中一电站锅炉为过热蒸汽压力 9.8MPa 的汽包锅炉，给水系统使用了铜管件。一电站锅炉给水加氨在进入热电部之前的除盐水管道上，水务部管控调整 pH 值。锅炉的各路疏水及机组的部分疏水汇入疏水箱，由疏水泵送入低压除氧器，机组的另一部分疏水进入低位水箱，通过低位水泵进入低压除氧器，这些疏水在低压除氧器汇合之后通过中继水泵送入换热器入口前的除盐水管道。由换热器初步加热之后进入高压除氧器。疏水箱中的疏水也可通过炉疏水母管直接进入高压除氧器。进入高压除氧器的水源还有机组凝结水、高压加热器疏水。这些补给水在高压除氧器进行脱氧之后，利用给水泵提供动力经过高压加热器再次加热送入锅炉。锅炉给水取样测点位于高压加热器之后各个锅炉的给水母管上。二电站锅炉为过热蒸汽压力 12.5MPa 的汽包锅炉，给水系统无铜管件使用。二电站疏水箱的疏水来自机组、锅炉各路疏水，来源较杂。中压疏水先进入中压疏水扩容器，之后与低压疏水、无压疏水在低压疏水扩容器汇合，一起进入疏水箱。7#机本体配备独立的疏水扩容器，其汇集的疏水先进入低位水箱，然后通过低位水泵送入疏水箱。进入除氧器的给水主要有五个来源，分别为中沙除盐水、水务五车间除盐水、疏水箱汇集的疏水、高压加热器疏水、8#汽轮机凝结水，五路水源相互独立。给水在除氧器中脱氧后，经氨水调节 pH 值至规定范围，然后利用给水泵提供动力经过高压加热器送入锅炉。锅炉给水取样测点位于高压加热器之后的二电站锅炉总给水母管上。二电站锅炉给水 pH 值由锅炉车间加氨调整，所用氨水为 25%浓氨水，并且要求不含有其他杂质。先将浓氨水在氨罐中用除盐水稀释至 8%左右，然后利用氨泵将稀释后的氨水溶液送入除氧器下降管，与脱氧后的除盐水混合，通过氨泵变频器转速控制加氨量调整锅炉给水 pH 值。

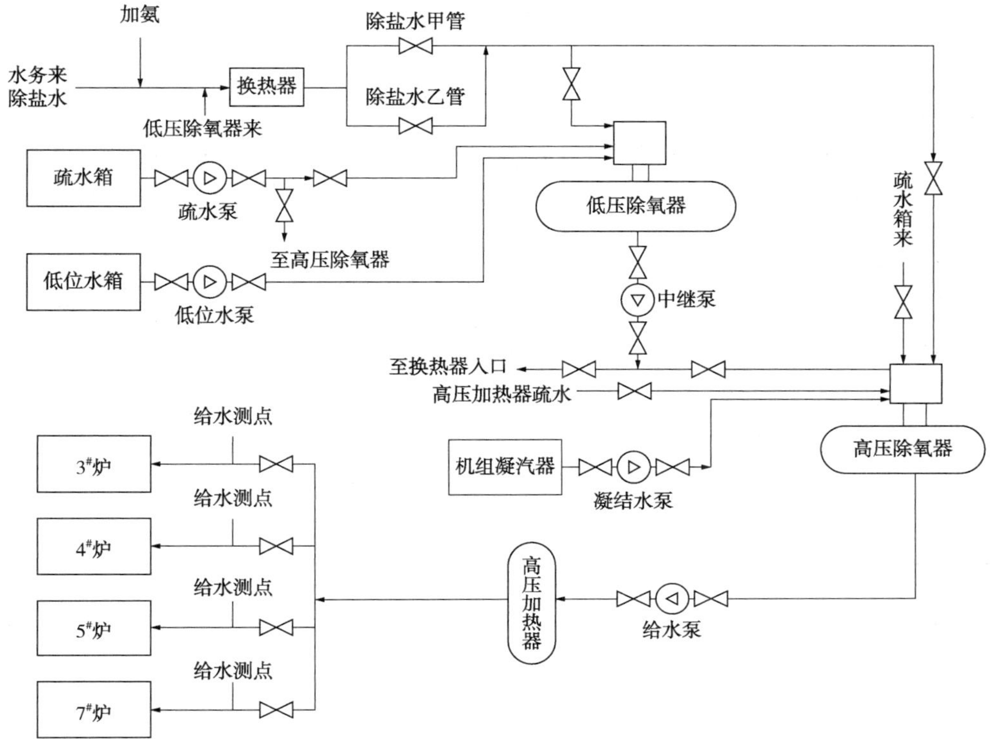

图 1　一电站锅炉给水系统工艺流程图

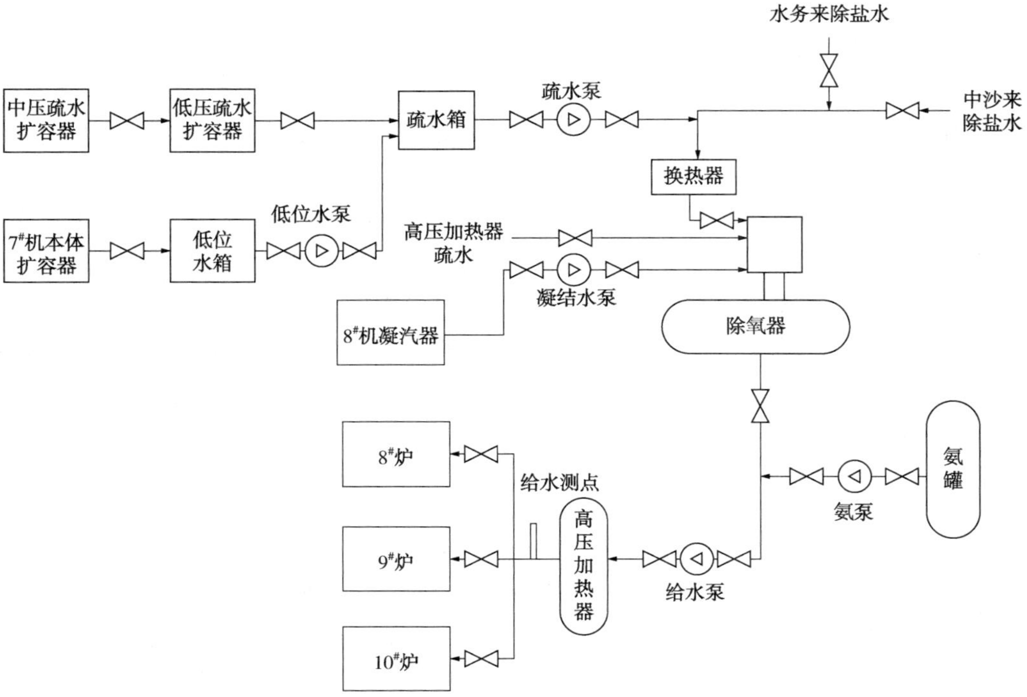

图 2　二电站锅炉给水系统工艺流程图

2 锅炉给水指标及参数控制范围

锅炉给水 pH 值、溶解氧、SiO_2 是影响锅炉给水品质的三个重要参数。给水 pH 值过高时会破坏金属表面保护膜，引起管道碱性腐蚀、苛性脆化，而且会使炉水产生大量泡沫发生汽水共腾；给水 pH 值过低会造成管道内部酸腐蚀，引起管壁减薄甚至穿孔[2]。给水溶解氧过高会对给水系统及部件生产氧腐蚀，其腐蚀产物进入锅炉内部，附着或沉积在管道内壁和受热面上形成难溶的铁垢，影响传热效果，并且会使管道内壁出现点状凹坑[3]。给水 SiO_2 过高会在锅炉炉水管道内部高温、碱性环境中与钙镁等离子形成硅酸盐沉积物，附着于水管道降低传热效率，减缓水的流动，甚至造成水管道局部堵塞，此外还会使饱和蒸汽、过热蒸汽 SiO_2 含量不合格，对过热器和汽轮机造成不利影响[4]。

参照 GB/T 12145—2016《火力发电机组及蒸汽动力设备水汽质量》，表 1 中列出了一电站、二电站锅炉给水 pH 值、溶解氧、SiO_2 的工艺参数范围。

表 1 锅炉给水指标工艺参数

锅炉给水指标	一电站	二电站	锅炉给水指标	一电站	二电站
pH 值	8.8~9.3	9.2~9.6	SiO_2/(μg/L)	≤20	≤20
溶解氧/(μg/L)	≤10	≤10			

3 锅炉给水指标超限原因分析及应对措施

3.1 锅炉给水 pH 值超限原因分析及应对措施

3.1.1 锅炉给水 pH 值高原因分析

（1）CO_2 的影响：CO_2 在水中溶解度随水温变化的曲线如图 3 所示，CO_2 在水中的溶解度随温度的升高逐渐降低。

（2）氧化铁的影响：停用后疏水管道中的残留水分在空气作用下会与铁发生电化学反应生成氧化铁。刚投入疏水时，管道内的许多小颗粒的氧化铁在现有条件下无法被过滤，随着疏水回收至疏水箱。氧化铁高温下与水接触时，水分子中的氢原子与氧化铁表面的氧原子形成氢键，产生 OH^-，并且氧化铁表面带有正电荷，在氧化铁表面形成氢氧化铁，氢氧化铁在水中进一步水解使水的 pH 值升高[5]。疏水泵间歇性启动，水质波动较大，二电站疏水泵启停和加氨调整分属汽机、锅炉两个车间管理，内外操作人员缺少沟通，人工调整存在滞后性，导致 pH 值超限。

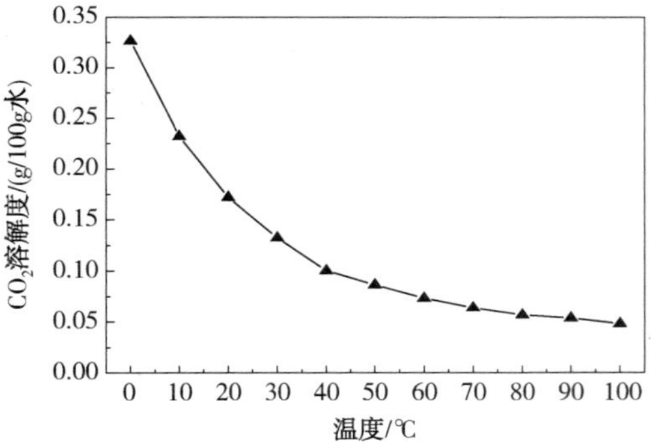

图 3 CO_2 溶解度随水温变化曲线

（3）日常操作的影响：一电站来自水务五车间的除盐水由于处理工艺、加氨不合理等因素导致给水 pH 值高。二电站氨泵变频器有框量，给水 pH 值波动时加氨量不好调控；内操人员监盘不力，未能及时调整加氨量造成给水 pH 值升高。

3.1.2 锅炉给水 pH 值低原因分析

（1）杂质的影响：除盐水处理过程中携带离子交换树脂碎末及微生物、疏水箱不严、凝结器泄漏等原因会造成有机物混入锅炉给水。水中的有机物在高温下能够分解为甲酸、乙酸等有机酸，研究表明[6]在 150~300℃区间内，随着温度的升高水中有机物的分解程度呈上升趋势，在除氧器中脱氧的给水经过高压加热器后可达到 220℃，导致给水 pH 值降低。

（2）水的电离过程影响：水的电离是吸热过程，随着温度升高电离平衡向右侧移动，水中氢离子浓度增加，水的 pH 值降低。正常情况下给水样品温度不超过 40℃，当给水取样冷却器故障导致冷却水中断，给水样品温度达到 45℃联锁值时给水取样进口电磁阀未关闭，造成给水样品温度持续升高，使 pH 值降低。

（3）处理工艺等影响：一电站的除盐水由于处理工艺、加药不合理等因素导致给水 pH 值低。二电站浓氨水不纯，按常规比例配制稀氨水浓度过低；氨泵故障未及时发现，氨液无法进入给水系统；内操人员监盘不力，未及时调整加氨量也是造成给水 pH 值偏低的原因。

3.1.3 给水 pH 值超限应对措施

（1）疏水泵启停前，车间之间、内外操之间做好沟通，二电站氨泵加药量可设置自动，改善人为控制的滞后性。疏水泵启动后，尤其是疏水箱长时间未使用或者有新的疏水源进入，锅炉内操人员加强对水质的监测，若给水 pH 值波动较大，不好控制，立即停止疏水泵。若给水 pH 值高，检测疏水 pH 值及铁元素含量；若给水 pH 值低，检测疏水 pH 值及 TOC 含量，加强疏水箱底部排污，待疏水水质合格后重新启动疏水泵。

（2）若给水取样装置故障或给水 pH 表计故障，立即进行维护检修，增加给水 pH 值人工取样化验频次。

（3）若水务五车间、中沙来的除盐水 pH 值超限，立即联系上游调控好除盐水 pH 值，加强炉水指标监控及加药调整，最大限度保证炉水、蒸汽品质合格。

3.2 锅炉给水溶解氧超限原因分析及应对措施

3.2.1 锅炉给水溶解氧超限原因分析

（1）除氧器除氧效果不佳：除氧器元件损坏、填料变形等缺陷导致水和蒸汽在除氧器内分布不均，流动受阻，汽水接触面及接触时间减少；除氧头排气门开度不足，氧气不能及时排出；除氧器内温度、压力未达到工艺参数规定要求；运行人员调整不及时、操作不当；外界负荷突增，除氧器补水率过大等原因造成除氧器除氧效果不佳。

（2）凝结水溶解氧超限：作为锅炉给水的一部分，若凝结水溶解氧含量不合格也会导致给水溶解氧含量过高。凝汽器真空系统漏气，凝结水泵轴封处不严，凝汽器本体至凝结水泵入口阀门、法兰、管道焊口不严密等，极易使空气进入凝结水系统，导致凝结水溶解氧含量超标。

（3）水泵问题：未经脱氧的除盐水作为轴封冷却水随给水泵进入锅炉给水系统，导致给水溶解氧含量高，给水泵机械密封不严，泵体腐蚀形成沙眼，空气进入也会使给水溶解氧含量升高。

（4）给水取样管腐蚀：给水取样管堵塞，在清理堵塞的过程中空气进入取样管道导致在线仪表、智能仪溶解氧含量升高。人工取样检测时，未按要求取样或检测不规范导致给水样品检测出的溶解氧超标。

3.2.2 锅炉给水溶解氧超限应对措施

（1）若除氧器出现元件损坏、填料变形等缺陷，立即启动备用除氧器；若除氧头排气门开度不足，适当开大排气门；运行人员加强对除氧器的监控调整，保证除氧器内温度、压力、液位达到工艺参数规定要求。

（2）凝结水溶解氧含量不合格，立即切除凝结水，对凝结器本体及管道进行全面检查。若凝汽器真空严密性不合格，凝汽器过冷度大，凝汽器本体至凝结水泵入口负压区域的阀门、法兰、管道焊口不严密，立即进行维护检修；若运行凝结水泵轴封处不严，立即切换备用凝结水泵。

（3）若作为给水泵轴封冷却水的除盐水阀门有开度导致除盐水窜入，立即将该阀门关严。若运行给水泵机械密封不严，泵体腐蚀形成沙眼，立即启动备用给水泵。

（4）若给水取样管腐蚀损坏，立即更换取样管，在取样管更换或清堵之后，待水流控制500~700mL/min，并稳定15分钟以上方可投入在线仪表及智能仪。人工取样检测时，严格按规范要求执行。

3.3 锅炉给水 SiO_2 超限原因分析及应对措施

3.3.1 锅炉给水 SiO_2 超限原因分析

（1）工艺及设备问题：除盐水处理过程中过滤、反渗透、软化等工艺出现缺陷，SiO_2 处理率降低。凝结器泄漏，冷却水带入 SiO_2，疏水箱不严进入粉尘造成给水 SiO_2 含量升高。

（2）给水处理问题：SiO_2 在水中的溶解度随pH值降低而下降，若给水加药处理不当导致给水pH值偏低，SiO_2 溶解性差，导致含量升高。

3.3.2 锅炉给水 SiO_2 超限应对措施

（1）加强对除盐水、凝结水、疏水中的 SiO_2 检测：根据水中 SiO_2 检测结果，若除盐水 SiO_2 含量高，立即联系上游调控好除盐水 SiO_2 含量，适当加大炉水磷酸三钠的投入量，加大炉水排污量，确保炉水、蒸汽品质合格；若凝结水 SiO_2 含量高，立即切除凝结水，对凝结器本体及附属管道进行检查，消除缺陷；若疏水 SiO_2 含量高，立即停止疏水泵，加强疏水箱底部排污。

（2）加强锅炉给水pH值的调控：运行人员加强锅炉给水pH值的监测调控，保证给水pH值在标准范围内。

4 结 论

锅炉给水品质不良会对锅炉造成严重不利影响，要高度警觉与重视。热电部一电站与二电站锅炉给水系统的工艺流程、管件材质有所不同，使得给水指标参数及超标原因也有所差异。日常工作中必须提高水质管理水平，做好锅炉给水水质监控，针对出现的问题及时分析处理，防止锅炉产生腐蚀穿孔、结垢堵塞、汽水共腾等现象。

参 考 文 献

[1] 彭佩岚，王毓．浅谈工业锅炉水质不合格的风险及防范措施[J]：锅炉制造，2017(3)：63-64.

[2] 庞梅俊．影响锅炉炉水 pH 值的因素及对锅炉的危害[J]：内蒙古科技与经济，2008，9(163)：65-66.

[3] 郭慎行，尤永平，张伟，等．高压锅炉给水溶解氧超标原因分析及对策[J]：大氮肥，2013，36(4)：246-248.

[4] 何北奇．炼油厂 IGCC 装置锅炉给水 SiO_2 控制难点分析及对策[J]：炼油技术与工程，2020，50(12)：55-58.

[5] 杨荣和．工业锅炉水处理教程[M]：北京：气象出版社，2015.

[6] 钟杰，曹顺安．发电机组水汽系统有机物热分解规律研究[J]：热力发电，2019，48(4)：55-59.

海水管网漏损原因分析

赵雪扬　时子强

（中国石油大连石化公司，大连 116000）

【摘要】 海水供水系统是炼厂生产用水的重要组成部分，对海水管网基础设施和管网的维护和管理水平的高低，直接影响炼厂的经济效益。采取有效措施减少和避免海水管网漏损，是炼化企业需要解决的一个永恒课题。

【关键词】 海水　管网　漏损

海水供水系统是炼厂生产用水的重要组成部分。海水管道泄漏不仅会造成水资源的严重浪费，给企业造成巨大的经济损失，还会导致水质污染，甚至影响周边的道路、建筑，造成地面塌陷等次生灾害，是影响企业安全生产的重要因素。

1　海水管网渗漏事件

1.1　腐蚀导致的泄漏

2014 年 5 月 16 日，三催化区域地面涌出大量海水，经查海水东一线在三催化区域的三通处出现腐蚀泄漏。

图 1　泄漏处海水涌出地面

1.2　牺牲阳极设计不合理导致管线腐蚀壁厚减薄的泄漏

海水东一线和东二线均于 1996 年建成投用，主线管径为 DN1400mm×14mm，材质为 Q235B。管线采用阳极电化学保护，2017 年停检期间将管线断开后，发现管线内部牺牲阳极已完全消耗，管线内壁锈蚀严重，氧化层大量脱落。

在对海水东一线和东二线去 60 万 t/a 重整区域管线支线（DN800）检查中发现，该管线管壁厚度减薄严重（5~8mm），管线壁厚最薄弱点仅为 5mm。

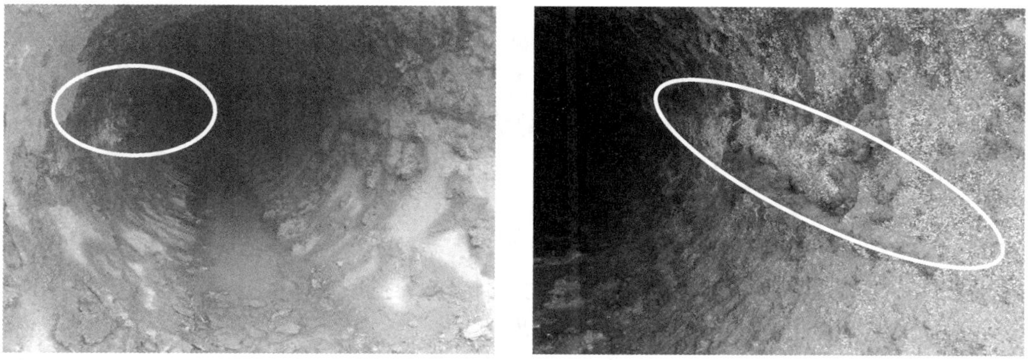

图 2　东一、二线拆除后管内情况，牺牲阳极已完全消耗

图 3　DN1400 管线壁厚为 10~12mm

图 4　DN800 管线壁厚为 5~8mm

1.3　法兰因腐蚀、管线不均匀沉降导致的泄漏

2017 年 12 月 27 日，海水南二线区域的地面涌出大量海水，挖掘后查出，管线排水阀的法兰因腐蚀、管线不均匀沉降导致海水泄漏。

图 5　排水阀法兰泄漏

2 海水管网渗漏的原因

造成海水管网漏损的原因很多，引起渗漏的原因也较为复杂。就炼化企业而言，渗漏的主要原因有以下几个方面。

2.1 材质性能有缺陷

2000年以前安装的供水管道基本上是铸铁管、水泥管和镀锌管。近年来，新型管道材料层出不穷，并陆续得到了应用。但限于供水的特殊性，海水管网的更新改造只能分期分批推进，不可能一步到位，因而其中老旧管道仍占相当大的比例。此前应用的管材自身都存在一定的性能缺陷，即使未超过使用寿命，安装不当也会带来跑、冒、滴、漏等诸多问题。

（1）铸铁管线接口存在应力缺陷：铸铁管管径通常应用于DN100~600mm之间，管线之间为刚性接口，使用一定年限后，受气候、水质和地形变化而发生变形或破损，此类接口有热脆性，受拉力应力影响，一旦外力作用不均匀，就可能导致环向断裂，造成漏水。

（2）阀门密封圈老化：因锈蚀、磨损而关不紧。闸阀的主要问题是密封性能差，蝶阀的主要问题是转动机构可靠性差，密封圈老化导致关闭不严，易拦截脏物、承阻大，易被脏物卡住而关闭不严。

2.2 腐蚀因素

海水是较强的腐蚀性电解质溶液，具有较高的含盐量和较强的导电性、生物活性，钢铁本身就是合金，在海水中使用更容易在局部形成诸多腐蚀原电池，从而形成强烈的电化学腐蚀。

海水管线出现内、外腐蚀都易导致穿孔泄漏，在某些特定情况下两者还存在协同加速作用。管线内腐蚀风险主要有CO_2、H_2S、垢下、细菌、冲刷腐蚀等。管线外腐蚀风险主要有保温层破损后的海水腐蚀、悬跨后管道力学与腐蚀交互、管道和海缆的杂散电流等。

海水管道采用阴极保护-牺牲阳极铝块加防腐涂料（防腐厚度500μm）进行防腐，外壁采用两油三布。管道内外壁得到了较为有效的保护，但除了海水正常腐蚀原因外，还存在以下因素易造成管线的腐蚀泄漏。

（1）阴极保护-牺牲阳极铝块的设计不合理导致的保护力度不够。在牺牲阳极安装过程中，异种钢焊缝离开牺牲阳极位置大概有9m左右，未能很好地起到阴极保护的作用。

（2）防腐层未能有效覆盖或厚度不够形成的海水腐蚀。由于管道安装和防腐作业不是同一单位，而业主、监理没有有效进行现场施工协调，导致管道部分组合焊口、弯头内壁没有进行防腐处理或防腐层厚度不足。由于部分管道内壁直接裸露、或经过短期冲刷后裸露在海水中，部分管道内壁产生海水腐蚀，部分区域由于海水中空气的存在已经出现穴蚀又称空泡腐蚀或气蚀。

2.3 施工安装质量不高

海水管网是地下隐蔽设施，主要管线深埋于地下，如果施工安装时没有严格按规范操作，即使出现了质量问题，短期内也不容易暴露。

（1）管线施工选址不当。主要表现在部分支管线施工时，为降低作业难度因陋就简，将管道沿路边沟敷设，这样一方面管内壁受管道内电化学腐蚀会逐渐变薄，管外壁受地面积水和地下污水的侵蚀，易形成大面积的锈蚀层，导致管道抗压能力降低，极易出现漏损；另一方面管线一旦发生渗漏将直接进入沟渠，难以及时发现。

(2) 施工前对管材质检不重视。无论何种管材，在进入施工场地前经过多次搬运和装卸，很容易受损，如出现裂缝、防腐层不完整等。在实际施工安装过程中，施工人员很少对管线进行探伤筛选，使新铺设或改建的管线存在漏损隐患。

(3) 施工时规范操作不到位。管道施工时未能严格按规范操作，主要表现在安装前未检查接口，未进行必要的打磨和清洗；基础加固处理不到位，回填层未夯实，管道弯头、三通、变径、堵板等部位未采用砼加固等。

2.4 回填区基础沉降严重

炼厂扩建区域大多是填海区，回填区的基础不均匀容易导致局部沉降，导致管道断裂或接口漏水。

很多技改技措项目实施时需要开挖路面，造成该区域土层不均匀，或导致地面出现不同程度的下沉，因此该区域易产生管道断裂和爆管。

3 减少海水管网漏损措施

3.1 严把管道施工质量

(1) 做好管道根底处理工作。管道根底一定要平整，管道周围不得有硬块或尖状物，遇软地基时要回填砂石分层夯实；支墩的后背必须紧靠原状土，假设有空隙要用一样材料填实；车行道必须回填杂砂石，回填时不能从一边侧边冲压道道。

(2) 管沟基础处理严格按管道安装规范要求，保证沟槽基础平整，对软基回填土，应分层夯实，夯实度达到95%以上。

(3) 管沟回填工作禁止使用机械野蛮回填，应按规范要求，沟槽从管底基础部位到管顶以上0.7m范围内，必须用人工回填；管顶0.7m以上部位，可用机械从管道轴线两侧同时回填夯实，每层回填高度不大于0.2m，管顶以上0.4m范围内不得用夯实机夯实。

(4) 严格材料的验收、检查制度，管道在搬运、存放时要按要求执行，钢管及钢制件按标准严格进行防腐。

(5) 严格按照施工图及施工标准安装，不可随意变更设计。

(6) 做好管道试水试压工作，严格按验收规程进行，认真做好管道施工竣工图绘制，及时归档备案，方便管网维修、管理。

3.2 开展预知维修管理

对陈旧老化的供水区域开展预知维修、改造更新。要根据管网的使用寿命有预案地进行管网改造，不能总处于抢修补漏的被动局面，做好预知维修，使管网处于良好运行状态。

3.3 加强管网巡检工作

加强管网巡检工作，把管网分区域落实到人，定时巡检、维护。发现漏水问题及时汇报、处理，做到早发现、早处理，有效降低管网漏损率。

3.4 提高检漏技术水平

炼厂路面硬化率高，一般渗漏不会冒出地面，靠巡检发现漏点、漏情，管网漏损控制工作被动、落后。因此在完善日常巡检维护和发动全体员工报漏等被动检漏方式的同时，采用听漏棒等技术手段主动检漏，或外聘专业检漏公司开展区域性检测，主动、快速查找供水管网暗漏，减少暗漏损失，暗漏是管网漏损最主要形式，管网暗漏得到控制了，整个管网漏源也就得到控制了，从而节约能源、提高效益。

4 建 议

海水管网漏损的控制是一个系统工程，也是供水的一个永恒课题。因此，必须提高企业对海水管网漏损控制重要性的认识，合理规划和科学管理，逐步应用新型材料，加大对超期“服役”管网的更新改造力度，广泛采用高科技检漏手段，不断提高供水管网管理的科学技术含量，并提升供水管网管理的整体综合水平，逐步形成严格而完整的漏损控制程序，以实现对管网漏损的有效控制。

参 考 文 献

[1] 金熙等. 工业水技术问答及常用数据[M]. 北京：化学工业出版社，1997.
[2] 周本省. 工业水处理技术[M]. 北京：化学工业出版社，1997.
[3] 李本高等. 工业水处理技术：第五册[M]. 北京：中国石化出版社，2002.

两种循环冷却水处理技术在不同浓缩倍数下的性能试验与研究

赵　燕　梁宗忠

（中国石油兰州石化公司，兰州 730060）

【摘要】 通过无磷+锌盐和羧酸有机膦+锌盐两种水处理技术在不同浓缩倍数循环冷却水中的性能评价和现场应用效果对比，研究了各自的性能特点，分析了各自的水处理优势，为高碱高硬循环水处理药剂配方的选择提供了技术支持。

【关键词】 循环水　无磷　有机膦　缓蚀　阻垢　试验研究

选择适宜的循环冷却水处理技术对节水、节能降耗、保证化工企业生产装置安全稳定运行、解决全球水资源枯竭问题发挥着十分重要的作用[1]。针对黄河流域及西北地区高硬高碱循环冷却水运行现状，我们开展了有机膦+锌盐（以下简称有机膦）和无磷+锌盐（以下简称无磷）两种水处理技术的性能试验评价和现场应用效果研究，以期达到最好的水处理效果。

1　概　　况

1.1　水质腐蚀结垢倾向

黄河水经絮凝沉降过滤后做补充水，水质满足行业指标要求，见表 1。

表 1　循环水补充水水质

项目	pH	电导/（μS/cm）	浊度/NTU	总硬度/（mg/L）	钙硬度/（mg/L）	总碱度/（mg/L）
结果	7.8	532	2.1	220	155	167

水质结垢和腐蚀倾向判断依据：

饱和指数 L. S. I = $pH-pH_S$，大于 0 结垢，小于 0 腐蚀，等于 0 不腐蚀不结垢。

稳定指数 R. S. I = $2pH_S-pH$，大于 6 腐蚀，小于 6 结垢，等于 6 不腐蚀不结垢。

结垢指数 P. S. I = $2pH_S-pH_{eq}$，大于 6 腐蚀，小于 6 结垢，等于 6 稳定。[2]

经计算，补充水 L. S. I 为 0.7，R. S. I 为 6.26，P. S. I 为 6.13，为微偏腐蚀型水质。当循环水浓缩倍数达 2.0 时，l. S. I 为 2.93，R. S. I 为 4.26，P. S. I 为 3.61，循环水水质转结垢状态。

1.2　循环水处理技术的药剂特性

有机膦水处理技术的配方主要组成为膦羧酸（PBTC）、有机膦（HEDP）、丙烯酸磺酸盐共聚物（AA/AMPS）、锌盐等，PBTC-Zn 形成双阴极型缓蚀剂，HEDP 与 PBTC 双组分阻垢剂复合，提高了配方的阻垢性。

无磷+锌盐水处理技术的配方主要组成为聚环氧琥珀酸（PESA）、聚马来酸酐（HPMA）、丙烯酸磺酸盐类共聚物（AA/AMPS）、锌盐。聚合物与锌盐协同发挥缓蚀效应，PESA 协同

HPMA 有很高的钙容忍度，对碳酸钙垢、硫酸钙和锌垢有良好的阻垢分散性能[3]。

2 缓蚀阻垢性能试验对比

2.1 静态阻垢性能试验

根据现场水处理方案，分别进行药剂量为 50mg/L 和 60mg/L 的阻碳酸钙垢、稳锌试验，结果如表 2 和表 3 所示。试验数据表明：浓缩倍数分别为 2.0、3.0、4.0 时，阻碳酸盐垢率均大于 85%，稳锌率大于 80%，满足行业标准要求。

表 2 阻垢试验试验结果

配 方	剂量/(mg/L)	阻垢率/%		
		$K=2.0$	$K=3.0$	$K=4.0$
有机膦	50	92.9	87.6	86.2
	60	94.7	88.3	87.1
无 磷	50	95.6	90.7	89.0
	60	96.9	92.1	89.4

表 3 稳锌试验结果

配 方	剂量/(mg/L)	试后 Zn^{2+}/(mg/L)	阻锌垢率/%	pH
有机膦	50	4.27	80.0	9.01
	60	4.60	86.5	9.03
无 磷	50	4.45	83.5	9.02
	60	4.71	88.7	9.10

从阻垢率趋势来看，无磷水处理技术阻垢率和稳锌率略高有机膦水处理技术，说明无磷水处理技术有更优的阻垢分散性能。

2.2 旋转挂片缓蚀性能试验

两种技术分别进行药剂量为 50 和 60mg/L 的旋转挂片腐蚀试验，结果如表 4 所示。试验数据表明：浓缩倍数分别为 2.0、3.0、4.0 时，三种材质的腐蚀速率分别很好地控制在指标 0.075mm/a 和 0.005mm/a 之内。碳钢腐蚀率 0.0132~0.0323mm/a，黄铜腐蚀率 0.0014~0.0021mm/a，不锈钢腐蚀率 0.0008mm/a 以下；从腐蚀速率趋势来看，有机膦方案缓蚀性能相比无磷方案略胜一筹，说明有机膦配方在缓蚀方面有更优的控制能力。

表 4 旋转挂片缓蚀评定结果

试验水质	投加量/(mg/L)	材质	腐蚀速率/(mm/a)	
			有机膦	无磷
$K=2.0$ 倍 Ca^{2+}(以 $CaCO_3$ 计)：253.1mg/L HCO_3(以 $CaCO_3$ 计)：336.9mg/L Cl^-：80.1mg/L pH：8.6	50	碳钢	0.0281	0.0323
		黄铜	0.0021	0.0029
		不锈钢	0.0000	0.0000
	60	碳钢	0.0225	0.0261
		黄铜	0.0013	0.0035
		不锈钢	0.0006	0.0008

续表

试验水质	投加量/(mg/L)	材质	腐蚀速率/(mm/a)	
			有机膦	无磷
K=3.0倍 Ca^{2+}(以$CaCO_3$计)：397.9mg/L HCO_3(以$CaCO_3$计)：512.3mg/L Cl^-：121.3mg/L pH：8.6	50	碳钢	0.0187	0.0229
		黄铜	0.0016	0.0021
		不锈钢	0.0003	0.0005
	60	碳钢	0.0190	0.0206
		黄铜	0.0014	0.0013
		不锈钢	0.0003	0.0005
K=4.0倍 Ca^{2+}(以$CaCO_3$计)：505.5mg/L HCO_3(以$CaCO_3$计)：650.1mg/L Cl^-：162.6mg/L pH：8.8	50	碳钢	0.0192	0.0205
		黄铜	0.0018	0.0021
		不锈钢	0.0003	0.0008
	60	碳钢	0.0132	0.0171
		黄铜	0.0011	0.0025
		不锈钢	0.0003	0.0007

2.3 小型动态模拟试验

采用实验室小型动态模拟装置对上回水流速、温差、换热器材质、传热过程等方面进行较充分模拟现场并适当强化，通过监测试片、试管的腐蚀、黏附速率，进一步考察水处理技术的缓蚀阻垢性能。

模拟现场运行方案，有机膦方案总磷控制4.0~6.0mg/L之间，无磷方案控制螯合物2.0~4.0mg/L，浓缩倍数控制4.0左右，间歇补药。

在上水、回水挂片架监测碳钢试片腐蚀速率，有机膦、无磷方案上水腐蚀速率分别为0.0215mm/a、0.0223mm/a，回水腐蚀速率分别为0.0246mm/a、0.0270mm/a，不锈钢、黄铜腐蚀速率控制在0.005mm/a以下，见表5。试管腐蚀速率分别为0.0217mm/a、0.0231mm/a，沉积速率分别为3.32mcm、2.84mcm，达到“很好”行业的标准，见表6。

表5 动态模拟试验试片腐蚀结果

系　统	监测位置	材质面积/cm^2	腐蚀率/(mm/a)
全有机磷	上水	碳钢	0.0215
		不锈钢	0.0009
		黄铜	0.0026
	回水	碳钢	0.0223
		不锈钢	0.0009
		黄铜	0.0020
无　磷	上水	碳钢	0.0246
		不锈钢	0.0009
		黄铜	0.0022
	回水	碳钢	0.0270
		不锈钢	0.0011
		黄铜	0.0025

表 6 动态模拟试管监测结果

名　　称	有机膦	无磷	名　　称	有机膦	无磷
腐蚀速率/(mm/a)	0.0217	0.0231	黏附速率/mcm	3.32	2.84

3 现场应用

选择黄河流域某石化公司循环量约 $8300m^3/h$ 的水场来考察实际应用效果，补充水为黄河水预处理水质，循环水温差 8~10℃。两种水处理技术能够保证关键指标合格率达 99%稳定运行，与杀菌剂兼容性好，水处理效果良好，见表 7。

表 7 水 质 情 况

项目	pH	总碱/(mg/L)	异养菌总数/(个/mL)	总铁/(mg/L)	浊度/(mg/L)	浓缩倍数	合格率/%
指标	8.0~8.5	100~350	≤100000	≤1.0	≤20	3~7	98
有机膦	8.38	220.5	5080	0.52	7.66	4.41	99.3
无磷	8.43	233.1	6966	0.54	7.3	4.08	99.7

3.1 腐蚀速率控制

如图 1 所示，有机膦水处理技术循环水年均腐蚀速率 0.0265mm/a，水中铁离子含量年均 0.52mg/L；无磷水处理技术循环水年均腐蚀速率 0.0243mm/a，水中铁离子含量年均 0.54mg/L，碳钢试片腐蚀形态为局部垢下腐蚀，大部分呈光亮本色，无菌藻腐蚀，达到行业“很好”的水平。

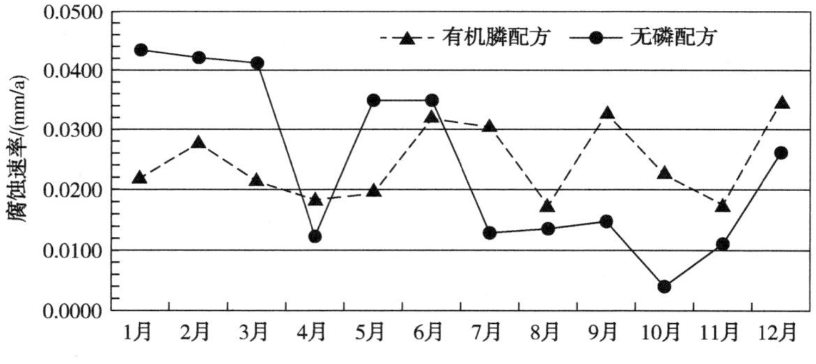

图 1 腐蚀速率走势

3.2 结垢控制

如图 2 所示，有机膦处理技术循环水年均黏附速率 2.43mcm，无磷水处理技术年均黏附速率 1.97mcm，达到行业“很好”的水平。

4 预膜效果

循环水系统在清洗后预膜目的是使清洗后活化的金属表面形成一层保护膜，降低运行过程中水对设备的腐蚀。预膜过程条件：有机膦配方控制循环水浊度小于 20NTU，总铁小于

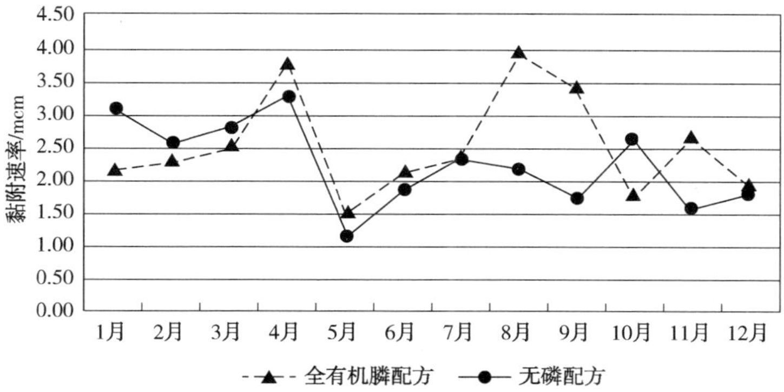

图 2　黏附速率监测走势

1.0mg/L，pH 值 6~7，投加预膜剂后控制总磷大于 15mg/L，运行时长 48~72h；无磷配方控制浊度小于 10NTU，总铁小于 0.5mg/L，增加正常缓蚀剂投加浓度至三倍左右，控制锌离子大于 10mg/L，运行 5~7d。

预膜效果对比：磷系配方成膜快、均匀，蓝色光晕效果直观，硫酸铜试液显色时间大于 20s；无磷配方成膜较慢，膜彩色光晕不太明显，显色时间在 10~20s 之间，膜不太致密、不太均匀。具体见表 8、图 3、图 4。

表 8　两种方案预膜控制指标及效果

项目	浊度/NTU	pH	总铁/(mg/L)	预膜时长	显色时间	试片外观
有机膦	≤20	6~7	≤1.0	48~72h	>20s	蓝紫色光晕，膜较均匀致密
无磷	≤10	6.5~7.5	≤0.5	5~7d	10~20s	光晕不明显，膜不太均匀，有玷污

图 3　有机膦配方预膜试片外观

图 4　无磷配方预膜试片外观

5　结　　论

黄河水预处理作为补充水，通过静态阻垢试验、旋转挂片腐蚀试验、动态模拟试验和现场应用研究，有机膦+锌盐水处理技术和无磷+锌盐水处理技术缓蚀、阻垢性能都能达行业“很好”的水平，能够控制循环水场水质关键指标合格率大于 99%稳定运行。有机膦+锌盐技术缓蚀性能相比无磷+锌盐技术略胜一筹，而无磷+锌盐水处理技术有更优的阻垢分散性能。

有机膦预膜方案膦钙、锌沉积膜比无磷预膜方案羧酸钙、锌成膜更均匀致密，硫酸铜试液显色时间长，无磷预膜方案对循环水水质要求高，选择有机膦预膜有优势。但预膜采用有机膦预膜方案，正常运行中转换为无磷预膜方案运行，运行过程补膜的兼容性还有待于进一步研究。

参 考 文 献

[1] 祁鲁梁，李永存，宋业林．工业用水节水与水处理技术术语大全[M]．北京：中国水利水电出版社，2003.
[2] 周本省．工业水处理技术[M]．北京：化学工业出版社，2002.
[3] 李道荣．水处理剂概论[M]．北京：化学工业出版社，2005.

咪唑啉化合物在金属腐蚀中的作用

韩　校

（中国船舶燃料大连有限公司，大连 116000）

【摘要】 综述了咪唑啉缓蚀剂的基本性质、缓蚀机理，以及其在油品储运方面的应用，并探讨了咪唑啉缓蚀剂的发展趋势。

【关键词】 咪唑啉　缓蚀机理　应用

金属材料在现代社会各行业中占有非常重要的地位，与此同时，金属腐蚀现象如影随形，危害十分严重。据调查，每年因金属腐蚀造成的经济损失，约占国民经济生产总值的3%~6%，这在船舶和油品储运行业造成的损失更加巨大。若采取适当的防护措施，可以挽回至少30%的损失。各类缓蚀剂的使用是一种有效的防腐蚀方法，具有工艺简单、成本低廉、实用性强等特点，可以大幅降低金属腐蚀速率，延长设备使用寿命，节约能源和材料。

常见的无机缓蚀剂有铬酸盐、亚硝酸盐、硅酸盐、钼酸盐、钨酸盐、磷酸盐、锌盐等，它们或将金属表面氧化为一层致密氧化膜（氧化膜型缓蚀剂），或在金属表面形成一层沉淀膜（沉淀膜型缓蚀剂），因而用量一般较大。并且，因环保、价格、效果等原因，这些无机缓蚀剂大都很少使用，仅有锌盐在富含溶解氧的水系统中与其他有机缓蚀剂复配使用，如与羧酸聚合物复配，可在金属表面形成沉淀膜而抑制金属腐蚀，属于沉淀膜型缓蚀剂。

有机缓蚀剂一般是含N、S、O、P等杂原子的具有表面活性的有机物，属于吸附膜型缓蚀剂，其中含杂原子的亲水基吸附在金属表面，疏水基则在金属表面排列而遮蔽金属表面，从而阻止介质中腐蚀性因子（如水、氢离子、溶解氧）向金属表面扩散和侵蚀。常见的有机缓蚀剂包括有机膦酸、有机胺、吡啶类、炔醇类、硫脲类、芳香唑类、咪唑啉类、羧酸盐、羧酸聚合物、天然高分子等。其中，吡啶类、炔醇类由于环保原因而被限制使用，有机胺、天然高分子等效果不稳定，硫脲类、芳香唑类常用作铜缓蚀剂。目前，咪唑啉类适用于酸洗液、无溶解氧或低溶解氧的腐蚀性介质中，羧酸盐和羧酸聚合物适用于富含溶解氧的水质状况中。

自1888年Hoffmann发现咪唑啉化合物后，多种咪唑啉类化合物被合成出来，并且发现了其对金属的防腐作用，开始被广泛关注。

1　咪唑啉类化合物的性质

咪唑啉类化合物是一种五元杂环化合物，基本结构见图1，可以由羧酸、腈类和羧酸酯与多胺衍生物合成出来。由于咪唑啉类化合物的分子结构独特，研究表明对碳钢、不锈钢、

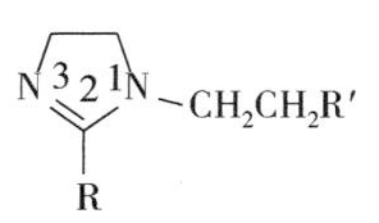

R：烷基、环烷基或芳基等
R′：氨基、羟基等
图 1 咪唑啉化合物的化学结构

铜类、铝合金等具有优良的缓蚀性能，可以在多种类的酸性环境下使用。此外，由咪唑啉调配的缓蚀剂无毒、无刺激性气味，环境友好。因而在船舶行业、水处理行业、酸性介质中的缓蚀等场景中应用广泛。

2 咪唑啉类化合物的缓蚀机理

咪唑啉类化合物对金属的缓蚀机理尚未被证明，目前普遍认为其缓蚀效果与自身化学结构和腐蚀环境等相关。

咪唑啉分子具有亲水基团和疏水基团，在亲水基团的作用下能够将分子紧密地吸附在金属表面，从而另外一侧的疏水基团垂直排列在金属表面上，形成了一层保护膜。保护膜能够有效防止腐蚀物质直接接触金属，进而起到缓蚀的作用。在高浓度情况下，咪唑啉化合物的排列也能够形成双层结构，进而起到更好的缓蚀效果。可以看出，咪唑啉分子的疏水基团起着重要作用，从目前的研究结果来看，疏水基团越大缓蚀性能越好[1]。

在实际的应用场景中，咪唑啉类化合物单独使用的效果并不理想，需要与其他缓蚀剂组分复合使用，共同增强缓蚀作用，实际应用结果发现，复合使用后的综合缓蚀效果往往优于几类缓蚀剂效果的简单加和，这体现出缓蚀剂的使用具有协同效应。同时，一些特殊的化合物分子也与咪唑啉类化合物具有协同效应，如果能够合理地复合使用，特别是在油品储运领域，能够显著降低经济成本。

3 咪唑啉缓蚀剂在油品储运方面的应用

目前我国远洋运输劣质原油的占比逐步增加，对储运设备的防腐问题提出了更高的要求，特别是油水分离罐、管道、切水阀、法兰等。有文献报道表明，环烷酸咪唑啉与表面活性剂、有机胺等复配得到的缓蚀剂可以溶解在水中，对油水分离设备的缓蚀率高达99.7%[2]。部分研究人员合成出季铵盐、酰胺、硫脲等多种类咪唑啉类缓蚀剂，考察了对原油输送环节的影响，结果表明，对钢制输油管的缓蚀率可达94%以上[3]。

随着国家碳中和战略的快速推进，CO_2 更多应用在原油开采过程中，干燥的 CO_2 对钢铁腐蚀不明显，但在潮湿环境中或溶于水后对钢铁的腐蚀性非常突出，甚至腐蚀性超过了强酸环境下，成为油品储运行业需要引起重视的一个新问题，直接关乎安全生产[4]。针对这一问题，研究人员研发出氨基咪唑啉和月桂酸咪唑啉，在饱和 CO_2 条件下，模拟含盐量3%的原油介质开展试验，证明其对碳钢有较好的缓蚀性能[5]。此外，油基羟乙基咪唑啉类缓蚀剂进一步具有耐高温高压的特性[6]。

但是，在实际应用中发现咪唑啉类缓蚀剂仍然存在问题[7]：①难以验证缓蚀剂在金属表面是否发生完整吸附，因而危害更大的局部腐蚀(如点蚀)难以预防；②缓蚀剂在介质中的浓度难以测定，将导致药剂浓度过高时产生浪费，而过低时无法起到缓蚀效果；③缓蚀作用机理并不十分明确；④在工业应用过程中，多数情况下是每日或每周期定量加药，或根据其他水质指标(如总铁、总磷等)调节加药量，或监测的金属腐蚀速率超标时加大加药量，目前还难以做到直接有效监测、灵活智慧加药，这增加了运行管理的难度，提升了人工成本。

4 咪唑啉缓蚀剂的发展趋势

准确判断咪唑啉类缓蚀剂的浓度，能够指导生产应用是提升该类缓蚀剂使用范围和深度的关键问题。传统方法主要依靠化学滴定法、分光光度法来分析药剂浓度，近年来的研究发现荧光分析法优势更加明显，具有灵敏度高、选择性强和使用简便等特点[8]，因此，在咪唑啉类分子中嵌入荧光示踪基团，以荧光分析法来检测缓蚀剂浓度，将是一种简便高效的方法和发展方向。

此外，目前多数咪唑啉缓蚀剂多以含氯化合物为原料合成，存在氯的残留问题，在使用过程中累积在管线和储罐中，对碳钢造成危害性更强的点蚀[9]。因此，开发无氯咪唑啉缓蚀剂至关重要，需要从化合物结构设计、成本、生产安全性等多方面开展研究工作。

5 结　　论

咪唑啉缓蚀剂在油品的船舶运输和码头的储运环节具有较为广泛的应用潜力，近年来的研究结果也表明其具有良好的缓蚀效果，且是一类绿色环保的缓蚀剂。虽然目前仍然有不易监测、难以自动控制加药、缓蚀机理不明确、残留氯等问题，但是随着产品的不断进步，这些问题也会有解决的方案，工业应用的前景非常广阔。

参 考 文 献

[1] 陈敏，战风涛，吕志凤，等．单环咪唑啉衍生物分子结构对其缓蚀性能的影响[J]．石油学报(石油加工)，2010，26(1)：41-45.

[2] 孙菱翎，李东胜，李晓鸥，等．水溶性咪唑啉季铵盐缓蚀剂的复配研究[J]．辽宁石油化工大学学报，2008，28(4)：16-20.

[3] 孙永涛，王少华，马增华，等．一种在多元热流体热采工艺中防止管柱腐蚀的方法：中国，CN102606111A[P].2012-07-25.

[4] 李国敏，李爱魁，郭兴蓬，等．油气田开发中的 CO_2 腐蚀及防护技术[J]．材料保护．2003，36(6)：1-5.

[5] Heydari M，Javidi M. Corrosion inhibition and adsorption behaviour of an amido-imidazoline derivative on API 5L X52steel in CO_2-saturated solution and synergistic effect of iodide ions[J]. Corrosion Science，2012，61：148-155.

[6] Okafor P C，Liu X，Zheng YG. Corrosion inhibition of mild steel by ethylamino imidazoline derivative in CO_2-saturated solution[J]. Corrosion Science，2009，51：761-768.

[7] 孙飞，傅晓萍，李本高．咪唑啉缓蚀剂的研究与应用[J]．石油炼制与化工，2014，45(6)：96-102.

[8] 刘元清，贾丽，李志远，等．油田污水中咪唑啉缓蚀剂浓度检测技术研究[J]．石油化工腐蚀与防护，2002，19(4)：57-59.

[9] 高秋英，梅平，陈武，等．咪唑啉类缓蚀剂的合成及应用研究进展[J]．化学工程师，2006，128(5)：18-23.

浅谈阴离子交换床中排装置的损坏原因及优化措施

黎　荣

(中科(广东)炼化有限公司东兴分部，湛江 524012)

【摘要】 某企业阴离子交换床运行一段时间后，在反洗和再生过程中出现了漏树脂、再生合格率下降、运行周期变短的情况，通过对交换床的拆检，判断为中排管的变形导致，经分析，确认为运行人员未按规定操作造成，并提出有效的解决方案。

【关键词】 阴离子交换床　中排装置　反洗

1　概　　述

某企业除盐水站是以某水厂出厂水为原水，生产的除盐水主要供给常减压、加氢裂化、重整、硫黄回收等装置和动力站使用，根据中压锅炉的水质标准和原水的水质，本站采用阳、阴离子交换器+混合床离子交换器的水处理工艺，本除盐水站正常生产能力为150t/h，其中阳离子交换器为顶部进水，十字支母管式布水装置，水帽式的排水装置，中排装置为母支管绕丝型结构，内部装填的为201X7强碱阴离子交换树脂，填装高度为1400mm，中排装置上部有200mm的压脂层。该装置于2019年改造为自动再生。

水处理投运时，要求阳床产水 $Na^{+}<200\mu g/L$，阴床产水 $SiO_2<100\mu g/L$、混床产水 $SiO_2<100\mu g/L$、电导率小于 $5\mu S/cm$，后向除盐水罐供水，用作锅炉补给水。

图1　损坏的中排装置的母管弯曲情况

2　阴离子交换床中排装置损坏情况

该企业阴离子交换床在再生过程中，当开始进行碱再生的步骤时，发现中排管出水中夹杂大量阴树脂，运行人员随即将情况向上汇报，随后维修人员对该设备进行内部中排装置检测，发现中排装置母管呈倒V字形弯曲，部分固定支管的方形卡扣螺栓松脱，支管绕丝拉坏，树脂从缝隙中与水一起流出，见图1。

3 离子交换床中排装置损坏原因分析

3.1 中排装置损坏原因

（1）树脂干层收缩：在离子交换器的运行过程中，可能会因为某些原因导致树脂层内部形成干层。这种干层在收缩时会在中排装置上下产生压差，如果压差过大，就可能导致中排支管发生弯曲。

（2）树脂板结：在再生过程中，如果阴离子交换器长时间运行，树脂可能出现板结现象。板结的树脂被压实且流动性较差，如果此时进行大反洗且水流量过大，树脂会骤然膨胀，产生的脱力很大，这可能会导致中排装置的损坏。

（3）操作不当：运行人员如果没有按照操作规程操作，操作不当，进而造成中排装置的弯曲变形。

（4）水锤现象：如果在阴离子交换器罐体没有排气的情况下直接启动中间水泵进水，可能会发生水锤现象。这种现象会使管道中压力急剧增大，超过正常压力的几倍甚至十几倍，这样的瞬间高压会对中排装置造成极大的冲击，可能导致其瞬间发生弯曲变形。

（5）选材原因：如中排装置设计选材不当，不能承受额定出力时产生的压差，随着时间的推移会逐渐出现弯曲的现象。

3.2 中排装置损坏原因分析

（1）该装置阴离子交换床的中排装置支管向下，母管呈倒 V 字形弯曲，所受的力应该是从下往上，根据运行情况和再生情况进行比对，当运行时水是从上部进，下部出，因此可以排除运行过程中由于产水导致中排损坏。根据对再生过程记录的检查发现，大反洗瞬间的流量过大，基本超过 100t/h，进水压力较高，同时大反洗周期为小反洗 15 次后进行一次大反洗，树脂板结的可能性增大。离子交换床无论是运行还是停运均维持有 0.2~0.4MPa 的压力，可以排除树脂干层的现象。而从 2019 年改造后，至此次出现问题，近 4 年均未出现漏树脂的情况，运行情况良好，以此判断和选材关系不大。综上可以判断为操作不当及长时间不进行大反洗导致树脂出现板结现象，从而导致中排装置损坏。

（2）该装置自从投用以来，由于自动再生的原因，大反洗的再生条件单一，仅凭小反洗次数决定，并没有根据再生效果调整小反洗的再生次数，导致长时间不进行大反洗，使树脂出现板结现象。同时由于反洗时间及流量的设定未做改变，导致后期大反洗树脂膨胀情况不理想，再生效果下降。

（3）该装置经改造后，再生过程全程阀门为自动操作，但中间水泵的控制仍为手动控制。进行大反洗操作之前会进行小反洗操作，如果操作人员在小反洗结束前将中间水泵的变频降低，在转为大反洗的时候由于高变频的作用，瞬间的流量会上升到 100t/h 以上，树脂会骤然膨胀，产生较大的托力，长期冲击。由于母管两端是固定的，受力集中在母管中部，母管由下向上弯曲，支管由于方形卡扣的固定，出现弯曲，甚至出现方形卡扣松脱的情况，支管绕丝拉坏，间隙变大，树脂从缝隙中随水一起流出。

（4）离子交换装置中排装置在出现悬空、中排装置上下出现干树脂、周围出现气泡或者反洗管道内进空气的情况下，此时如果不排气而直接启动中间水泵进水，可能会发生水锤现象，使得管道中压力急剧增大至超过正常压力的几倍甚至十几倍，瞬间作用在中排装置的力要远远超出中排装置所能承受的压差数值，而中排装置也会瞬间发生弯曲变形。根据现场中排装置弯曲情况，特别是母管中间部位连同加强筋一起发生断裂的情况可知，当时中排装置应该是受到强大的冲击力而导致损坏的。

（5）据检查，操作人员在设备投运过程中，未按照规程规定先确定中间水泵的变频为最低的状态，同时依次打开排气阀和进水气动阀，进行阴离子交换床灌满水后进行设备正常投运，而是在进水气动阀在全开位、排气门在全关位的条件下直接启动中间水泵向阴离子交换床进水，或直接切换备用床，此时在有一定压力的离子交换器中，由于中间水泵的运行、停止和突然启动使水的流速突然发生变化，从而引起压强急剧升高和降低的交替变化，进而形成水锤效应，将中排装置损坏。

4 离子交换床中排装置损坏解决措施

4.1 操作的优化

（1）在开始再生前，现场检查床内是否带压，确保床内树脂被水浸没，防止出现树脂干层、中排装置悬空、中排装置上下出现干树脂、周围出现气泡的情况。

（2）每次开始再生前内操必须检查自动再生的设定情况，根据设定情况明确是小反洗还是大反洗再生，并进行相应的再生时间、流量的设定，在开始再生后，外操保持人员在再生现场观察，对反洗的情况进行调整，适当调整反洗水量，确保树脂能得到充分膨胀。

（3）开始反洗前检查确认中间水泵的变频设定为最低才能启动中间给水泵，同时为防止中间水泵跳工频，再生前将中间给水泵的出口阀关闭，水泵启动后对反洗水管进行排气，防止水锤现象的发生，造成中排装置的损坏。

（4）每次小反洗切换至大反洗操作时，先将中间水泵变频降低，导通大反洗再停小反洗，缓慢开大中间水泵变频，流量应由小到大，逐步增加，每增加一次稳定一段时间，从视镜观察树脂膨胀情况，根据膨胀情况继续开大，待上视镜见树脂后，保持或稍微降低反洗流量，让树脂在上视镜中部稳定，待树脂充分膨胀后再进行下一步操作。

（5）在阴离子交换床投用或者切换时，必须严格按照规程规定先将中间水泵的变频调至最低后，依次打开排气阀和进水气动阀，对投用的阴离子交换床进行灌水排气，待灌满水后再进行设备的正常投运。

（6）对大反洗的反洗周期进行调整，由原来的 15 次小反洗后进行一次大反洗的要求，改为 7~9（根据再生效果的变化进行调整）次小反洗后进行一次大反洗。

（7）根据生产情况，定期对离子交换床进行内部检查，发现问题提前处理，防止问题的扩大。

4.2 设备的优化

（1）中排装置母管背部的加强筋采用一整片的，避免两段或多段焊接成型的，受力不均，起不到加强的作用，见图 2。

（2）在各分支管上再加一层过滤网，当出现支管变形时可以防止树脂大量泄漏，见图 3。

（3）固定法兰和 U 形卡扣或者方形卡扣的螺母采用双螺母固定，防止震动或者水冲击导致螺母松动，影响中排装置的稳定。

图 2　新定制的中排装置母管

图 3　施工人员对支管加装过滤网和双螺母固定

5　效　　果

阴离子交换器和混合床经过近 13 个月的运行，SiO_2 数据逐渐下降，并趋于平稳，维持在 10~30μg/L，阴床的制水量也提高了 2000t 左右，除盐效果和制水量均有提升，见图 4、图 5。

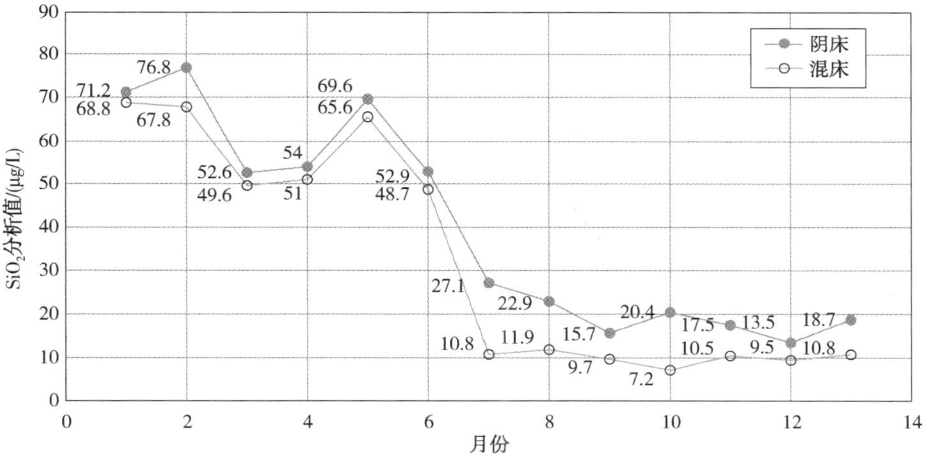

图 4　2024 年后阴离子交换床和混合床出水 SiO_2 含量趋势

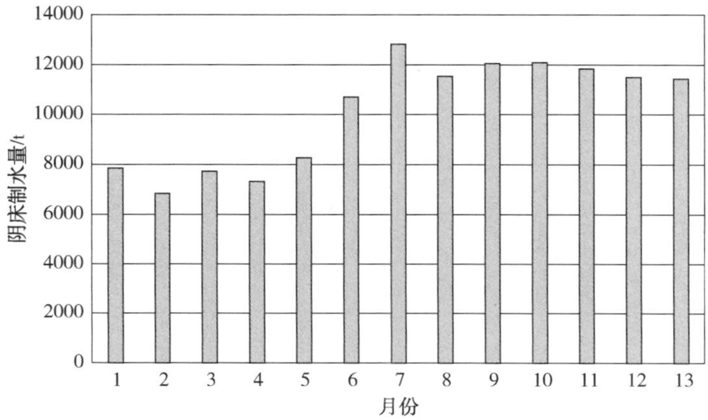

图 5　2024 年后阴离子交换器制水量

6 结　　论

通过对除盐水制水工艺中的阴床中排装置进行检查和维修，并针对存在的问题和故障原因进行分析，提出优化措施，从操作的调整到设备改造，有效提高脱盐率，降低制水比，降低离子水耗，减少维修成本，延长设备寿命，确保了制水系统阴床中排装置的安全可靠性，确保稳定运行。

参 考 文 献

[1]《火力发电职业技能培训教材》编委会编. 电厂化学设备检修[M]. 北京：中国电力出版社，2004.
[2] 钱达中. 火电厂水处理工程[M]. 北京：中国电力出版社，1998.

循环冷却水处理技术工程应用研究

田　磊

（山东科鲁尔有限公司，东营 257100）

【摘要】 为了不让工业用到的循环水结垢，需要从实际出发，采取措施提高系统对循环水的阻垢及缓蚀性能。循环水里的水垢主要是碳酸钙的沉淀物。本文着重介绍水垢和腐蚀的处理措施，让整个系统的管理更加严格，设备使用周期更长。

【关键词】 循环水　结垢　腐蚀　微生物

1　研究背景以及意义

1.1　现状

我国国民的平均水资源量比其他国家要少很多，在这种条件下，我国工业用水浪费的现象还比较常见，出现这种情况的原因是工业用水的资源利用率低。

我国用水很大一部分是工业用水，其中最主要的部分是循环冷却水。在水循环的过程中会产生很多问题，其中最主要的是结垢和腐蚀两个问题。

1.2　意义

（1）我国是水资源十分缺乏的国家，研究解决冷却水的结垢和腐蚀问题，能够提高水循环过程的利用效率，节约水资源。

（2）腐蚀和结垢会损坏水处理相关设备，增加了成本，生产效益会因此降低。解决这个问题，能够节省成本。

（3）如果设备出现了腐蚀、结垢的问题，它的安全性就会降低，操作人员的安全也会受到影响，解决这个问题就能够提高安全生产系数及实现装置的长周期运行。

2　结垢和腐蚀

循环水冷却水系统最常见的问题就是结垢和腐蚀，所以冷却水处理技术最关键的就是要解决这两个问题。

2.1　结垢现象

循环水中含有很多杂质，例如碳酸盐，硫酸盐，氯化物等。发生下述操作或条件变化的时候会产生水垢：

（1）蒸发浓缩：水分在整个循环的过程中，必然会丢失一部分水分，这个时候的盐浓度就会提高，如果超过了它的饱和浓度的，就会产生沉淀物，这就是水垢。

（2）水汽中二氧化碳的散失：

$$CaCO_3+CO_2+H_2O = Ca(HCO_3)_2 \quad (1)$$

在系统冷却的过程中，二氧化碳容易与循环水以及里面的杂质发生反应，碳酸氢钙的溶解度要远远大于碳酸钙的溶解度。

（3）水温升高。

（4）水中发生反应产生水垢。

系统内部产生水垢大部分都是碳酸盐的沉析。

2.2 腐蚀现象

（1）电化学腐蚀：造成这个因素有很多，比如溶液的浓度以及温度的分布不均等。只有当循环水直接和金属接触了，才会出现腐蚀的现象。

（2）微生物腐蚀：这主要是微生物衍生导致的结果。

① 参与了电化学腐蚀过程中的阴极去极化。

② 微生物的分泌物造成充气差电池。

③ 代谢过程中产生了酸性物质，引起腐蚀。

2.3 危害

在整个系统进行循环的过程中，设备的表面会附着很多细小的微生物类物质的，以及水里杂质发生反应得到的沉淀物或因为发生腐蚀而产生的物质，这样设备由于堆积了太多东西，没有办法很好地进行散热。系统如果出现了水垢，刚开始还不是很严重的时候，只会让相关设备在进行散热时出现阻碍；随着水垢越来越多，相关的管道会没有办法使用，系统进行水循环就会受到很大的影响，设备的效率也会大大降低，整个过程会消耗更多的能量，企业的生产负荷也会大大降低。如果设备有太多的水垢，受到腐蚀的速度也会大大加快，可能会导致设备损坏，从而可能使企业被迫停止运营。

3 结垢和腐蚀判别

要确定循环水是否结垢，需要观察水里的沉淀物有没有以固体的形态沉析出来，是否被腐蚀也是可以间接地判别出来的。如果水垢有溶解的趋势，那么水就有可能和金属直接接触，这样会导致腐蚀。

碳酸钙水垢沉析的判断：

饱和指数 I_L 可以反映在水中 $CaCO_3$ 与 $Ca(HCO_3)_2$ 存在的化学反应平衡关系。为使用方便，饱和指数 I_L 按下式计算：

$$I_L = pH_0 - pH_s$$

pH_0 是指常态下循环水的 pH 值，pH_s 是指循环水在 $CaCO_3$ 与 $Ca(HCO_3)_2$ 达到平衡状态时的 pH 值。

当饱和指数为 0 的时候，处于饱和状态，既不会产生水垢也不会腐蚀；饱和指数大于 0 的时候，处于过饱和的状态，有可能有水垢产生；饱和指数小于 0 的时候，有可能会出现腐蚀。

饱和指数可以用来判断是否有水垢产生，实际应用中还是会有不适用这种情况的现象。这种方法是有局限性的，因为饱和指数是在一个确定的数值下测出来的，而循环水各个系统的温度是不一样的，水中存在的杂质也会影响判断结果。

4 循环水垢控制

4.1 水垢控制

要想让水垢被控制，不影响设备的使用，有几种方法可以用来实现这个目的，第一是让水中没有那么多的高浓度离子；第二是让水中的一些物质的浓度维持一个相对稳定的状态，不让它们有机会发生反应；第三是破坏结构，不让它们有机会长大。水垢的主要成分是碳酸钙，所以想要解决水垢的问题，就必须从这里入手。

(1) 在循环过程中，让水里相关的离子浓度降低的方式有很多种，首先我们要观察一下整个补水过程需要用到的水的钙镁离子的含量是多少，然后还要选择一个经济的性价比较高的水来补充到循环水系统中。如果循环过程中需要更高质量的水，大多数的时候倾向采用离子交换的方法，制取离子含量较低的软水加入循环水系统中，降低循环水中的离子。

(2) 加一些防止水垢的相关试剂。如果水中盐类相关的物质结晶，并且沉淀出来，那么就会出现水垢。结晶的过程，首先会产生晶核，再形成少量微晶粒，微晶粒通过相互碰撞接触，按一定方式排列形成水垢，加入相关试剂后，这其中的某个过程就会被破坏掉。阻垢剂的类型有：①分散剂，如聚磷酸钠、磷酸酯、聚丙烯酰胺等；②螯合剂，如氧撑二乙酸盐、亚氨基二乙酸盐。

4.2 腐蚀控制

在循环水中一般采用热力除氧和投加缓蚀剂形成保护膜的方法来控制腐蚀，也有用涂料覆盖的方法来隔绝金属与水的直接接触，以达到控制腐蚀的目的。

(1) 热力除氧在循环水的给水中，通过热力除氧器来除去水中的氧，减少氧腐蚀。

(2) 投加缓蚀剂，根据缓蚀剂对电化学腐蚀的控制部位不同可分为：阳极缓蚀剂、阴极缓蚀剂和混合型缓蚀剂。

(3) 涂料及用涂料覆盖的方法使金属与循环水隔绝，对控制腐蚀有良好效果，而且涂料耐高温，几乎不影响传热效果，如环氧氨基树脂涂料。

4.3 联合控制

联合控制就是采用控制措施让水垢与腐蚀这两种现象都不存在。要做到这个，就需要加入一些有特殊功能的药剂，如复方硅酸盐被膜水处理剂，它的主要作用就是利用水和它会产生反应这个特性去除设备上的水垢，有些设备是相当干净的，只需要安装一道膜就可以了。它十分轻薄，可以防止设备产生水垢，也不会阻断设备散热。这种药剂使用十分广泛，它可以用在所有用水设备上。

对循环水质进行处理，必须要让倍数减小，在循环水处于较冷状态时，这个过程会发生很大的变化。浓度比较高的时候，由于里面有些成分会和水发生反应，这时要选择不容易和水发生反应的药剂。情况如果有变化，要及时更换药剂，整个方案的设计，要结合实际，选择更加经济、使用更加方便的设计方案。

5 总 结

（1）循环水中间有很多杂质，比如碳酸盐，硫酸盐，氯化物等，发生化学反应时会产生水垢。

（2）如果系统中有水垢出现了，刚开始的时候是不会发生腐蚀现象的，如果水垢慢慢消失了，就有可能出现腐蚀现象，我们在判断是否有水垢与腐蚀这两个现象出现时，可以计算饱和指数。饱和指数可以用来判断是否有水垢产生，实际应用中会有不适用这种情况的现象。这种方法是有局限性的，因为饱和指数是在一个确定的数值下测定出来的，而循环水各个系统的温度是不一样的，水中存在的杂质也会影响判断结果。

参 考 文 献

[1] 郑书忠．我国工业循环冷却水处理发展现状与展望[J]．水处理信息报导，2010.
[2] 周本省．工业循环冷却水中金属的腐蚀与腐蚀控制[J]．清洗世界，2005.
[3] 李建强，陆诗建．新型阻垢剂在循环冷却水中的应用[J]．陕西科技大学学报：自然科学版，2011.
[4] 赵琼．循环冷却水系统腐蚀情况分析及药剂控制方法[J]．天然气与石油，2010.
[5] 曾肇京，石海峰．中国水资源利用发展趋势合理性分析[J]．中国水情分析研究报告，2000，14.
[6] 周星星．中国工业用水效率评价及影响因素研究[D]．浙江工商大学，2015.
[7] 陈姣，魏素一．工业循环水系统设计探讨[J]．给水排水，2014.

循环冷却水系统中水回用工业应用

张海东

（中石化湖南石油化工有限公司水务运行部，岳阳 414014）

【摘要】 近些年环境保护、清洁生产的要求日益提升，节能减排、中水回用等技术的改造与应用受到青睐。通过使用针对回用中水水质特点而研发的循环水处理缓蚀阻垢药剂，可确保以使用中水作为循环水补充水时，循环水水质能够满足装置长周期运行的需要，同时显著减少新鲜水资源的消耗。

【关键词】 中水回用 低锌低磷水处理药剂配方 有机膦、腐蚀速率 黏附速率

湖南石化水务部煤化工一循于2022年6月投运中水（达标污水）回用系统，于2023年11月停运，共计运行了1年多时间。期间经历因煤化工部停车检修、一循水质效果指标超标及加酸系统故障的原因停运3个多月，针对运行中存在的问题，对低锌低磷药剂配方进行了调整，并对加酸系统进行了设备维修整改，使得一循中水（达标污水）回用系统运行平稳，一循水质日常分析指标和效果指标合格率满足生产要求。

1 基本情况

（1）循环水系统基本参数见表1。

表1 循环水系统运行参数

项 目	数量	项 目	数量
实际循环水量/（m^3/h）	14000	新水补水量/（m^3/h）	70~100
保有水量/m^3	7000	回用水补水量/（m^3/h）	0~60
供回水温差/℃	4.5		

（2）低锌低磷水处理药剂配方运行控制参数见表2。

表2 循环水水质控制指标

分析项目	控制指标	分析项目	控制指标
pH值	7.8~9.5	浓缩倍数（以K^+计）/倍	4.5~5.5
药剂带来的有机膦（以PO_4^{3-}计）/（mg/L）	0.9~1.4	钙硬度（$CaCO_3$计）/（mg/L）	300~600
ρ（余氯）/（mg/L）	0.1~0.5	总碱度（$CaCO_3$计）/（mg/L）	300~400

续表

分析项目	控制指标	分析项目	控制指标
异养菌总数/(个/mL)	$\leq 1\times10^5$	$\rho(Cl^- + SO_4^{2-})$/(mg/L)	≤2500
ρ(总铁)/(mg/L)	≤2.0	COD/(mg/L)	≤120
电导率/(μS/cm)	≤6000	浊度/NTU	≤20
$\rho(Cl^-)$/(mg/L)	≤1000	生物黏泥/(mL/m^3)	≤2.0

3 工业应用实施方法

3.1 中水回用配方与原配方的切换操作

3.1.1 系统清洗

在新旧方案切换之前，对循环水系统进行1~2次黏泥剥离工作。具体操作如下：视情况投加SS611药剂2t，运行24~48h后(具体由实际情况定)，开大排污对系统进行水置换，尽量用2d时间置换完成。黏泥剥离期间和排污置换期间，原用的缓蚀阻垢剂和杀生剂按照原方案照常投加。

3.1.2 药剂切换及补水切换

(1) 药剂切换

当循环水系统置换将循环水浊度降至10NTU以下、总铁降至0.5mg/L以下时，结束置换操作，关闭排污阀和停止原用药剂投加。分析评判循环水水质指标处于正常状态(浊度、pH、总碱、钙离子、COD等)后，在冷却塔池处一次性加入按有机磷浓度计算出的ZH619药剂量(按一循保有水量7000m^3计)。运行48h后开始排污，再经过约72h将循环水中药剂带来的有机膦(以PO_4^{3-}计，下同)降低至1.5mg/L时，进入正常运行操作。

基础处理期间的杀生剂按照正常运行要求投加。

药剂带来的有机膦质量浓度计算方法：

$$P_1 = P - N\times[Q_{新}\times P_{新}/(Q_{新}+Q_{污}) + Q_{污}\times P_{污}/(Q_{新}+Q_{污})]$$

式中 P——循环水的有机膦质量浓度，mg/L；

N——循环水的浓缩倍数；

$Q_{新}$——补充的新水量，m^3/h；

$Q_{污}$——补充的污水量，m^3/h；

$P_{新}$——新水的有机膦质量浓度，mg/L；

$P_{污}$——污水的有机膦质量浓度，mg/L；

P_1——药剂带来的有机膦质量浓度，mg/L。

(2) 补水切换

切换配方后，新配方药剂理论膦浓度达到控制范围后，将达标污水按10t/h补入一循，按此补水量运行一个月。如主要水质控制指标合格率达95%以上，监测换热器的试管腐蚀速率及黏附速率均合格则可进行下一步，否则维持此浓度继续进行工业化试验一个月。试验成功则可维持浓度运行，若连续2个月不合格，此工业应用试验终止。

第二个月将达标污水回用水量提升至 20t/h，继续按此补水量运行一个月。如主要水质控制指标合格率达 95%以上，监测换热器的试管腐蚀速率及黏附速率均合格则可进行下一步，否则维持此浓度继续进行工业化试验一个月，若连续两个月合格则进行下一步工作。若下月仍不合格，退回上一步污水回用比例，即此工业应用试验维持 10t/h 比例持续运行。

第三个月将达标污水回用水量提升至 30t/h，继续按此补水量运行一个月。如主要水质控制指标合格率达 95%以上，监测换热器的试管腐蚀速率及黏附速率均合格，即可持续稳定按此补水量持续运行下去。若不合格，则维持此浓度继续工业化试验两个月，连续两个月合格则进行下一步工作。下月仍不合格，退回上一步骤污水回用比例，即此工业应用试验维持 20t/h 比例持续运行，且运行期间密切注意关键指标的合格率。

3.2 正常运行控制

3.2.1 腐蚀与结垢控制

当系统转为正常运行时，使用加药泵将药剂抽入药剂罐内，与适量水混合均匀后，用一台自动加药泵注入吸水池。

进入正常运行操作，控制系统的浓缩倍数为 4.5~5.5。循环水为自然 pH 运行方式，控制药剂带来的有机膦质量浓度 1.8~3mg/L，初始控制总碱度不低于 120mg/L。

(1) 药剂控制

连续均匀投加复合水处理剂 ZH619，如果药剂带来的有机膦质量浓度低于 1.8mg/L，药剂补加量按下式计算：

$$X_1=(1.8-P_1)\times V\div P_2\div 1000$$

式中 X_1——ZH619 的补加量，kg；

P_1——药剂带来的有机膦质量浓度，mg/L；

V——系统保有水量，m^3；

P_2——实测 ZH619 有机膦质量分数，%。

依据有机膦分析结果，调节计量泵连续向系统补加 ZH619。

以补充水量来计算药剂消耗量：

$$药剂消耗量(g/h)=110(g/m^3)\times 补充水量(m^3/h)\div 浓缩倍数$$

(2) 总碱度控制

如果总碱度低于 120mg/L，$NaHCO_3$补加量按下式计算：

$$Y_1=(120-J_1)\times 1.68\times V\div 1000$$

式中 Y_1——$NaHCO_3$补加量，kg；

J_1——实测循环水的碱度，mg/L；

V——系统保有水量，m^3。

如果循环水 pH 值<6.5，可加入氢氧化钠迅速将 pH 值提高到 7.0，然后再依据上式补加 $NaHCO_3$。

3.2.2 微生物控制

(1) 细菌控制

日常氧化性杀生剂和非氧化性杀菌剂沿用原药剂，SS611 及有机胍。

循环水回水中的余氯按原有指标0.1~0.5mg/L进行控制，每天根据循环水回水取样分析的余氯实测值确定，控制氧化性杀生剂投加量。

当循环水浊度增大时加大旁滤水量和排污量进行控制。

(2) 黏泥控制

可采用以下两种方式进行黏泥控制(具体根据实际情况而定)。

① 高剂量投加非氧化性杀生剂进行黏泥剥离。

根据循环水系统异养菌总数和黏泥量情况确定杀生剂的投加频次。当循环水中异养菌总数和黏泥量均正常，视情况夏季每月投加2~3次非氧化性杀生剂，冬季每月投加1~2次非氧化性杀生剂，每次加入量为100~200mg/L。

投加非氧化性杀生剂如果产生大量的泡沫，需投加适量的消泡剂。杀生剂加入运行12~24h后，打开排污水阀和补充水阀，用约24h将循环水浊度降低至20NTU，其间缓蚀阻垢剂ZH619按正常运行投加和控制，同时停止投加氧化性杀生剂。

当循环水中异养菌总数连续1周超出正常范围或黏泥量超出正常范围，则增加1次非氧化性杀生剂的投加，加入量为100~200mg/L。

② 低剂量投加非氧化性杀生剂进行黏泥控制。

当循环水浊度超过25NTU时，正常投加固体氧化性杀生剂，同时往塔池冲击式投加20~30mg/L非氧化性杀生剂，不必大排大补，通过旁滤和正常排污让浊度自然下降至正常。

当循环水中异养菌总数连续1周超出正常范围或黏泥量超出正常范围，则增加1次高剂量非氧化性杀生剂的投加。

3.2.3 现场监测

参照Q/SH 0628.2—2014《水务管理技术要求　第2部分　循环水》，采用三管式试验换热器监测循环冷却水的腐蚀速率和黏附速率，试管采用ϕ19mm×2mm材质为20#优质碳钢、黄铜或不锈钢的无缝管，外壁镀铬(厚约50μm)，试管的有效长度为1177mm。三根管呈正三角形排列，管心距为31mm。进出水温差宜控制在10±1℃，流速为0.8~1.0m/s。

3.3 异常情况处理

当循环水系统出现故障时，参考表3故障排除方法解决问题，并及时通知相关人员。

表3　故障排除方法

问　题	现象或原因	排除方法
分析结果表明水质参数不在控制范围内	(1)试验结果可能不正确； (2) 采样有误； (3) 确实不在范围之内	(1)采用行动前重复试验，检查分析方法、试剂等； (2) 重新取样分析； (3) 查找原因，并处理解决
总磷太低	(1)系统可能有大排大补情况； (2) 加药泵未正常工作； (3) 加药管路开裂泄漏； (4) 加药泵比例失调	(1)检查管路及加药泵； (2)调整加药剂量或比例

续表

问 题	现象或原因	排除方法
总磷太高	(1)加药管路泄漏； (2) 加药泵比例失调； (3) 系统 pH 值过低； (4) 补充水中磷酸盐含量偏高	(1)检查管路，并及时处理； (2) 检查比例，及时调整； (3) 检查补充水质
总碱度偏低	(1)浓缩倍数低； (2) 酸性物料泄漏； (3) 污水氨氮高	(1)增加浓缩倍数； (2) 查漏堵漏； (3) 降低污水回用量； (4) 往塔池冲击式投加 $NaHCO_3$
电导率/硫酸根离子偏高	(1)浓缩倍数过高，排污不足； (2) 补充水水质波动	(1)适当增加排污； (2) 检查补充水水质，如偏高，适当降低系统浓缩倍数运行； (3) 根据情况，增加药剂质量浓度
电导率偏低	(1)冷却塔池溢流、排污过量； (2) 非正常循环水泄漏损失； (3) 旁路反冲洗水量过大； (4) 补充水水质波动	(1)检查系统排污情况； (2) 检查系统是否有泄漏或非正常用水； (3) 检查补充水水质
细菌超标	(1)杀生剂加入剂量不足； (2) 还原性介质进入系统消耗杀生剂； (3) 营养源进入； (4) 系统内有滞留区域	(1)检查加药设备，确认加药剂量； (2) 分析系统泄漏，并及时杜绝； (3) 适当增加杀生剂剂量或调整加入方式
悬浮物含量超标	(1)补充水浊度偏高； (2) 微生物生长较快； (3) 系统存在物料泄漏； (4) 旁路过滤不足	(1)检查原水处理，并提高处理效果； (2) 加强杀菌效果； (3) 分析系统泄漏，并及时杜绝； (4) 检查旁路过滤器，及时改善旁路过滤器的处理效果
其他异常	注意安全，迅速联系，双方协商	

3.4 非正常运行的水质处理

循环水排污采用连续排污方式，排污水应按水体防控要求处理：

(1) 当循环水电导率、硫酸根离子或浊度接近控制指标时采用连续排污，按浓缩倍数为5.0控制排污量。

(2) 当循环水浊度接近控制指标时，增加过滤器反洗频次。

当浊度持续升高或超标时，检查补充水浊度、细菌数量是否超标，旁滤量是否合适，是否有物料泄漏。

当出现物料泄漏现象时，应立即分析物料性质，确定漏源，将泄漏水冷器切出；同时将杀菌剂和缓蚀阻垢剂质量浓度提高，并视物料泄漏程度确定是否进行换水。

(1) 还原性物料进入循环水的处理：将三氯异氰脲酸和缓蚀阻垢剂 ZH619 的质量浓度提高到正常质量浓度的 120%~150%，并视物料泄漏程度确定是否进行换水。

(2) 浊度高的处理：加大旁滤水量，或进行排污置换，待浊度降至工艺指标值时，再进行杀菌剥离，浓度按其规定的浓度投加。

当循环水总碱度和 pH 值分别低于各自的控制下限时，应适当加入 $NaHCO_3$，使循环水碱度和 pH 值在 2h 左右恢复到正常控制范围；当循环水总碱度和 pH 值分别超过各自的控制上限时，应适当加入硫酸，使循环水碱度和 pH 值在 12h 左右恢复到正常控制范围；总碱度和 pH 值恢复到正常控制范围时，按照正常要求进行操作。

如果总碱度低于 120mg/L，$NaHCO_3$补加量按下式计算：

$$Y_1 = (120 - J_1) \times 1.68 \times V \div 1000$$

式中　Y_1——$NaHCO_3$补加量，kg；

J_1——实测循环水的碱度，mg/L；

V——系统保有水量，m^3。

当循环水生物黏泥超过控制范围时，立即查找原因，同时增加氧化性和非氧化性杀生剂用量，对循环水系统进行清洗和剥离处理，将循环水系统的生物黏泥控制在要求范围。

如果采用增加氧化性和非氧化性杀生剂用量办法仍然解决不了生物黏泥滋生问题，应采用生物黏泥剥离清洗溶解技术进行处理，即 RP-78 和 RP-78(Z)清洗溶解技术。该技术不但对生物黏泥具有优异的清洗和剥离效果，而且可将生物黏泥彻底杀死并使其溶解于循环水中，对循环水任何量的生物黏泥都具有优良的清洗溶解效果，且黏泥量越大，效果越好。

当循环水中总磷质量浓度出现异常时，立即查找原因。在原因未确定前，按照正常加药量加入 ZH619。

4　低锌低磷水处理药剂配方应用情况

4.1　药剂投加情况

2022 年 6 月—2023 年 3 月水务部煤化工一循药剂用量见表 4。

表 4　药剂投加情况

年　份	月份	ZH619/t	次氯酸钠/t	BL-800/t
2022 年	6 月	7.4	75.3	2.7
	7 月	3.3	24.6	2.1
	8 月	4.6	50.3	4
	9 月	6.8	83.9	6.38
	10 月	6.9	44.3	5.34
	11 月	7.2	51.5	5.13
	12 月	7.6	29.8	3.63

续表

年　份	月份	ZH619/t	次氯酸钠/t	BL-800/t
2023年	1月	6.8	28.9	2.74
	2月	7.3	27.5	1.71
	3月	7	28.6	2.245
合计		64.9	444.7	35.975

4.2　水务部煤化工一循低锌低磷配方循环水主要工艺指标分析

4.2.1　一循环水日常分析水质指标情况

2022年6月—2023年4月，工业试验期间的一循日常水质分析数据如表5、图1～图6所示。

表5　煤化工一循装置日常水质

分析项目	控制指标	项目数	最小值	最大值	平均值	不合格数	合格率
铁细菌数/(个/mL)	≤50	8	5	16	9.88	0	100
悬浮型黏泥量/(mL/m^3)	≤2.0	42	0.5	1.25	0.67	0	100
异养菌总数/(个/mL)	≤100000	42	100	80000	13919.05	0	100
电导率/(μS/cm)	≤6000	261	1324	5910	2754.92	0	100
钙硬度(以碳酸钙计)/(mg/L)	300～600	247	197	614	413.81	9	96.36
钙硬度+总碱度(以碳酸钙计)/(mg/L)	≤1100	60	328	1128	755.63	1	98.33
氯离子/(mg/L)	≤1000	108	132	676	362.79	0	100
氯离子+硫酸根离子/(mg/L)	≤2500	10	508.3	1044.7	775.99	0	100
平均浓缩倍数	4.0～7.5	54	4.3	40	11.13	24	55.56
锌离子/(mg/L)	0.5～3.0	268	0.5	7.5	2.1	25	90.67
游离氯/(mg/L)	0.1～0.5	263	0.1	0.84	0.18	3	98.86
浊度/NTU	≤20	263	0.4	20.7	9.77	2	99.24
总碱度(以碳酸钙计)/(mg/L)	300～400	239	131	589	368.1	93	61.09
总磷/(mg/L)	2.5～4.5	188	0.1	7.4	3.43	36	80.85
总铁/(mg/L)	≤2.0	92	0.11	1	0.44	0	100
pH值	7.80～9.50	223	7.8	9.26	8.73	0	100

4.2.2　一循环水效果指标情况

2022年6月—2023年9月，一循处理效果如表6所示。水务部煤化工一循于2022年6月投运中水回用系统，其间出现腐蚀速率、黏附速率偏高现象，为此对低锌低磷药剂配方进行了调整，之后一循水质日常分析指标和效果指标合格率满足生产要求。

4.3　回用污水量

总计回用中水(达标污水)量为23万多t。

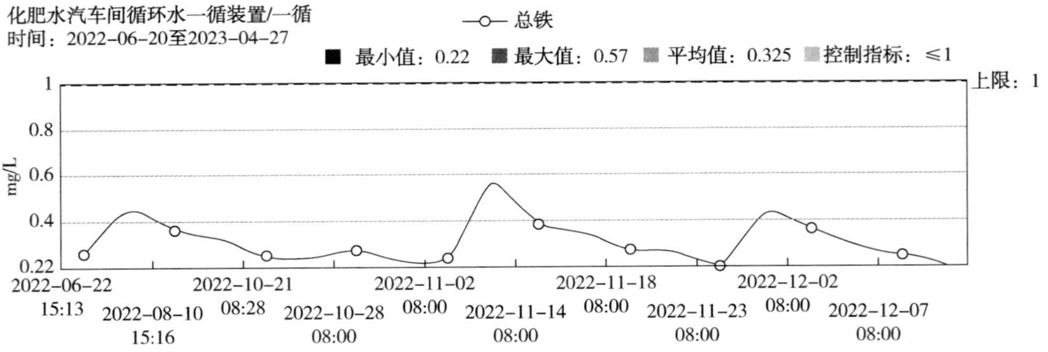

图 1　一循总铁变化

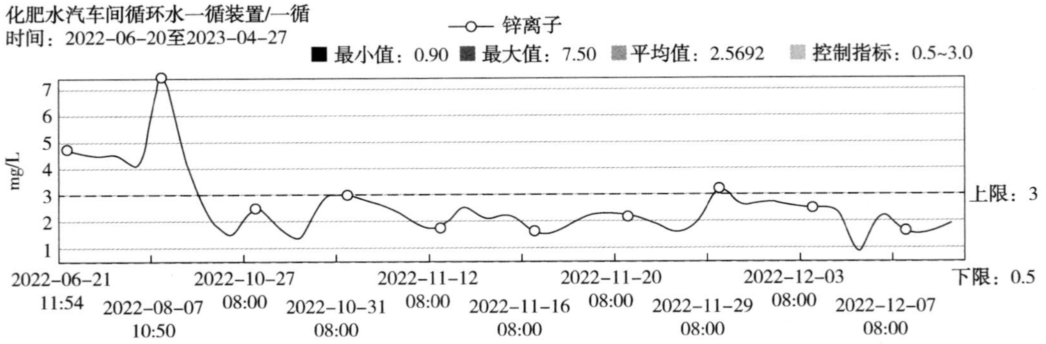

图 2　一循锌离子变化

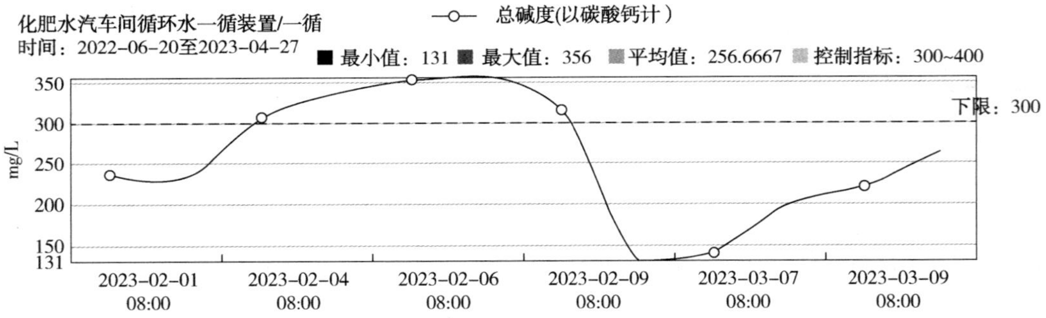

图 3　一循总碱度变化

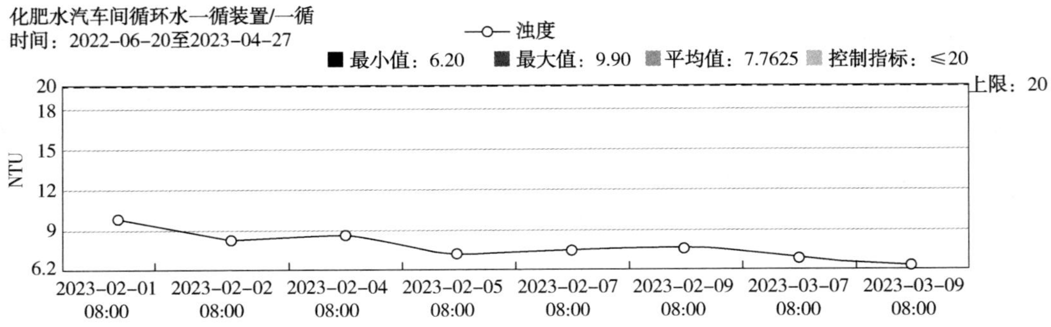

图 4　一循浊度变化

表 6　一循处理效果

序号	分析项目	分析时间										平均值	合格率
		2022. 6	2022. 7	2022. 8	2022. 9	2022. 10	2022. 11	2022. 12	2023. 1	2023. 2	2023. 3		
1	碳钢试管腐蚀速率/(mm/a)	0. 023	0. 0061	监测换热器故障	—	0. 0141	0. 0142	0. 0068	0. 0076	0. 0164	0. 0307	0. 0148	100%
2	碳钢试管黏附速率/mcm	4. 3524	12. 8305	监测换热器故障	—	10. 328	9. 8471	10. 368	13. 1058	4. 3406	7. 1932	9. 0457	100%
3	不锈钢试管腐蚀速率/(mm/a)	0. 0000	0. 0000	监测换热器故障	—	0. 0015	0. 0018	0. 0028	0. 0019	0. 0016	0. 0017	0. 0141	100%
4	不锈钢试管黏附速率/mcm	2. 7934	13. 2338	监测换热器故障	—	10. 129	11. 855	10. 442	11. 2646	4. 3919	5. 1289	8. 6548	100%
5	碳钢试片腐蚀速率/(mm/a)	0. 0101	0. 011	监测换热器故障	—	—	0. 0094	0. 0042	0. 0143	0. 0231	0. 009	0. 0115	100%
6	不锈钢试片腐蚀速率/(mm/a)	0. 0000	0. 0000	监测换热器故障	—	—	—	0. 0004	0. 0004	0. 0005	0. 0000	0. 0002	100%

续表

序号	分析项目	分析时间						平均值	合格率
		2023. 4	2023. 5	2023. 6	2023. 7	2023. 8	2023. 9		
1	碳钢试管腐蚀速率/（mm/a）	0. 0494	0. 0238	0. 0244	0. 0430	0. 0497	0. 0239	0. 0357	100%
2	碳钢试管黏附速率/mcm	6. 2543	5. 3831	2. 8464	5. 1597	8. 1138	6. 3880	5. 6908	100%
3	不锈钢试管腐蚀速率/（mm/a）	0. 0000	0. 0000	0. 0000	0. 0000	0. 0016	0. 0000	0. 00026	100%
4	不锈钢试管黏附速率/mcm	2. 5247	3. 2047	0. 4890	0. 8573	4. 0786	4. 9048	2. 6765	100%
5	碳钢试片腐蚀速率/（mm/a）	0. 0438	0. 0095	0. 0141	0. 0514	0. 1068	0. 0417	0. 0445	83. 33%
6	不锈钢试片腐蚀速率/（mm/a）	0. 0000	0. 0000	0. 0000	0. 0000	0. 0000	0. 0000	0. 0000	100%

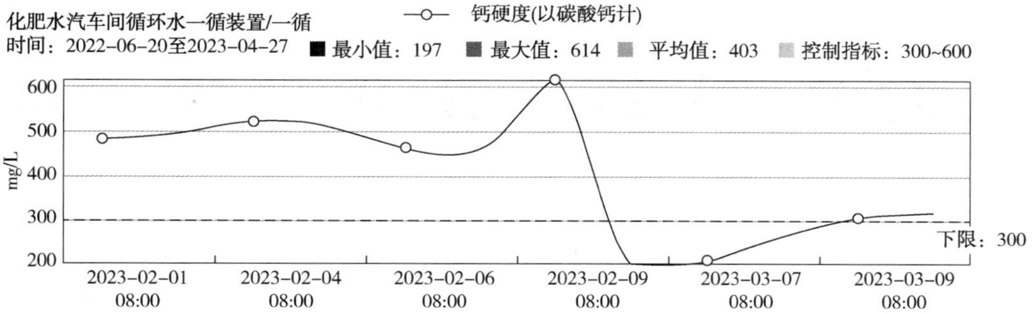

图 5　一循钙硬度变化

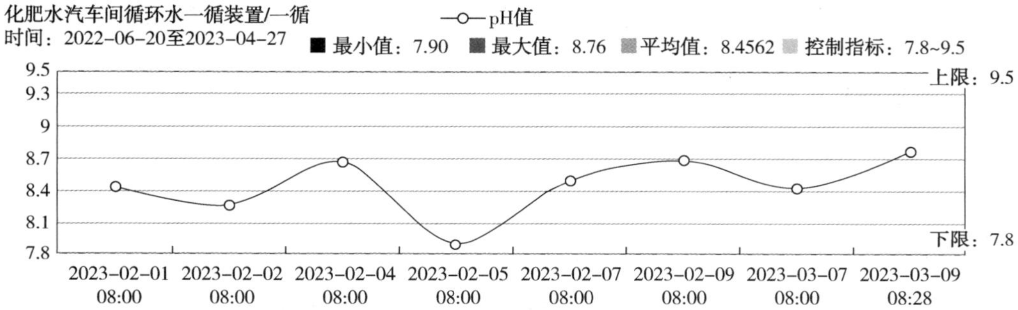

图 6　一循 pH 值变化

5　结　　论

水务部煤化工一循中水回用项目运行期间，共计回用了 23 万多 t 中水(达标污水)，节约了新鲜水补水的用量，同时一循水质日常分析指标和效果指标能够满足生产要求。并为水务部三区己内酰胺循环水中水回用工作积累了宝贵经验。

参　考　文　献

[1] 周本省. 工业水处理技术[M]. 2 版. 北京：化学工业出版社，2001.
[2] 赵曦，魏刚. 有机膦系预膜剂在碳钢表面的成膜机理[J]. 中国腐蚀与防护学报，2007，27(3).
[3] 刘俊良，王琴. 循环水处理药剂及作用机理[M]. 北京：化学工业出版社，2015.

热电循环水冷态运行问题分析与解决策略

张　龙

（中石化（天津）石油化工有限公司，天津 300270）

【摘要】 通过分析热电循环水冷态运行中的腐蚀、污垢沉积、药剂配方选择等问题，提出了控制药剂种类和用量，提高循环水流速，监测水质参数等解决方法，循环水系统在冷态运行期间的稳定性和效率得到了显著提升，循环水水质明显得到改善。

【关键词】 循环水　冷态运行　腐蚀　污垢　药剂配方　临界指数

1　系统概况

某公司热电 1#循环水装置设计能力 29190m^3/h，有 3 台逆流式双曲线自然通风冷却塔，配套建有 8 台循环水泵。系统给水温度 32℃，回水温度 42℃，为一电站 4 台凝汽式机组、空压机组、烟羽消白装置以及部分锅炉辅机提供循环冷却水。新鲜水和淡化海水混合水作为循环水补充水。考虑淡化海水超低硬度、碱度的强腐蚀特性及氯离子质量浓度较高，制约循环水运行的浓缩倍数的问题，将 V（新鲜水）：V（淡化海水）= 1：2 混合作为循环水场的补水。循环水场水处理方案为加酸控制 pH，无磷药剂配方处理。其中缓蚀阻垢剂的有效成分为锌盐，锌离子控制指标为 1～3mg/L。氧化性杀菌剂为次氯酸钠，非氧化杀菌剂采用季铵盐类杀菌剂。加酸为浓硫酸。采用药剂总包服务形式，药剂服务商提供缓蚀阻垢剂、杀菌剂，负责药剂投加、水质监控等。循环水装置负责系统补水、排污、硫酸投加、模拟监测换热器运行调整。化验部门作为第三方机构，负责水质比对监测、模拟监测换热器报告。

2022 年 1～7 月份，热电 1#循环水系统供回水温差平均值 7.51℃，系统一直运行良好，平均腐蚀速率 0.013mm/a、平均沉积速率 3.26mcm。2023 年 2 月 16 日开始，一电站凝汽器负荷降低，循环水供回水温差降至 0.5～3℃，系统补充水仍为 V（新鲜水）：V（海淡水）= 1：2 的混合水。2023 年 1～7 月份，系统平均供回水温差 2.97℃，最低值 0.5℃，系统供回水温差数据同比下降了 60.4%，下降最大值 93.3%。2023 年 4 月份开始，系统沉积速率逐步上升。2023 年 1～7 月份平均腐蚀速率 0.040mm/a，平均沉积速率 4.66mcm，较前一年同期有所升高。

2　主要问题分析

热电 1#循环水冷态运行阶段腐蚀速率和黏附速率出现升高现象可能与循环水冷态运行中腐蚀倾向增强、污垢沉积形成、药剂配方选择不当、加药管理不到位等有关，导致设备腐蚀、换热效率降低等后果。

2.1 循环水腐蚀性增强

一般情况下，冷却水系统经过预膜阶段、冷态运行阶段，进入正常运行阶段。在循环水冷态运行时，一方面，冷却水温度较低，溶解氧浓度增加，导致腐蚀性倾向增加，难以形成保护膜；另一方面，系统浓缩倍数较低，钙离子、碱度较正常运行阶段低，自然 pH 较低，腐蚀性较强。根据系统水质数据计算碳酸钙临界指数如表 1，判断在 2023 年 3 月至 7 月间循环水均为腐蚀性水质。

表 1 冷运期间循环水碳酸钙临界指数

月份	pH 值	总碱度/(mg/L)	电导率/(μS/cm)	钙硬度/(mg/L)	临界指数
3 月	8.48	217	3002	400	-0.72(18℃)
4 月	8.42	192	2163	253	-1.05(20℃)
5 月	8.435	485	2598	277	-0.59(23℃)
6~7 月	8.7	230	3191	312	-0.48(25℃)

2.2 污垢沉积导致垢下腐蚀问题

循环水水质、微生物繁殖和环境污染情况、换热器的工艺条件、结构和材质情况、水的温度、水的流动情况等均对结垢有不同程度的影响。主要原因有以下几种：

（1）水温低：在低温环境下，生物体的代谢速率降低，但仍具有生长和繁殖的能力，因此微生物容易在换热器表面形成生物膜。

（2）流速低：循环水系统冷态运行时，水流速度通常较低，这为微生物提供了附着和生长的条件。低流速会导致水流滞留，为微生物提供更多的接触时间。

（3）pH 值低：在冷态运行条件下，循环水的 pH 值可能会降低，这有助于某些微生物的生长，从而促进生物膜的形成。

（4）生物膜的生长：一旦循环水中形成了生物膜，这些生物膜会进一步为微生物提供生长环境，形成一个封闭的生态系统，从而加速生物膜的生长。

2.3 药剂组分未根据工况条件进行调整

循环水冷态运行时，水质和工况条件较热态运行时发生了显著变化，如溶解氧浓度增加、pH 值、钙硬和碱度降低等，需要调整药剂配方，以适应冷态运行条件。但实际上，未能根据水质特性和运行工况调整药剂的种类和用量，导致药剂效果不佳[3]。

2.4 加药管理不到位

热电 1#系统内循环水混合不充分，存在药剂混合不均匀的情况以及药剂停留时间过长问题。一、二电站循环水给水管线相连，二电站通过阀门调整向一电站串水，通过一、二电站循环水的溢流堰保证液位平衡。由于一电站基本不存在热负荷，蒸发量几乎没有，所以补充水很少，导致药剂投加量大幅度下降，药剂在系统内停留时间过长，缓蚀阻垢效果下降；由于持续减少加药量，同时伴随着一电站新加药剂随着回水直接溢流到二电站塔池，使得一电站老药剂在系统内停留时间进一步延长，使得药剂的缓蚀阻垢效果也进一步下降。

3 解决策略

3.1 控制药剂种类、用量

根据冷态运行特点，选择适宜的缓蚀剂、分散剂，并适当调整药剂用量。可以增加缓蚀剂的用量来保护金属表面，防止腐蚀；适当减少分散剂的用量，因为其效果会在低温环境下降低；调整 pH 值，以促进保护膜的形成；钙硬度或总碱度低于 50mg/L，补加氯化钙或碳酸氢钠。需要优化药剂种类，根据水质和运行条件，选择更适合的药剂种类，以提高药剂的性能。

3.2 调整药剂投加方式和排污方式

把加药点由塔池(吸水池)改到回水管线上，保证药剂充分混合。热电 1#循系统适当提高排污频次和排污水量间断主动排污，增加水质控制指标如氯离子、钙硬度等，避免循环水药剂在系统停留时间过长被降解，进而导致缓蚀性能下降。

3.3 调整系统生物黏泥剥离次数

降低系统剥离频次，由原来一月一次剥离改为一季度剥离一次。通过剥离操作一方面可以清理系统内的悬浮物，一方面可以把系统内的老药剂进行置换，使药剂保持较好的缓蚀阻垢效果。剥离频次太高容易造成水冷器表面膜脱落，不利于腐蚀控制。

杀菌剂投加方式调整，避免监测换热器出水余氯高对挂片造成的冲击。严格控制余氯值出现过山车式的波动，较好的余氯值可以有效地杀灭细菌，避免因细菌引起的微生物腐蚀。1 号塔和 2 号塔近期因次氯酸钠罐的更换导致余氯偏低，塔池内柱脚出现大量青苔。通过对塔池内投加强氯精进行强效杀菌，提高余氯快速杀灭细菌，日常控制余氯值要稳定在 0.2~0.4mg/L 之间。

3.4 提高循环水流速

通过调整阀门开度或者调整供水压力提高循环水流速，确保水冷器管程循环水流速不低于 0.9m/s，以减少生物膜的形成。

4 注意事项

在调整药剂配方时，需要注意以下几个关键点，以确保循环水系统在冷态运行时的稳定性和效果。

(1) 水质分析：在调整药剂配方前，应对循环水系统的水质进行详细分析，包括溶解氧、pH 值、硬度、碱度、电导率、微生物种类和数量等参数，以确定水质状况和腐蚀趋势。

(2) 药剂性能：根据水质分析结果，选择适合冷态运行条件的药剂。例如，缓蚀剂的选择应考虑其在低温环境下的稳定性和缓蚀性能，杀菌剂应具有针对特定微生物的有效性。

(3) 药剂种类和用量：根据水质分析结果和药剂性能，确定药剂的种类和用量。这可能需要通过实验和现场测试来确定最佳配比。

在调整药剂配方时，针对低温条件需要特别考虑以下几个方面：

(1) 药剂稳定性：低温条件下，药剂的分解速率可能降低，但长期低温运行仍可能导致药剂分解或失活。因此，需要选择在低温下具有良好稳定性的药剂，并考虑增加药剂的浓度以补偿可能的分解。

（2）缓蚀剂的选择：由于低温下溶解氧的增加可能导致腐蚀，因此需要选择能够有效抑制电化学腐蚀的缓蚀剂，并适当增加其浓度。

（3）杀菌剂的选择：低温条件下，微生物的生长速度可能减慢，但某些微生物仍然可能繁殖。因此，需要选择在低温下具有良好杀菌效果的杀菌剂并考虑增加其投加频率。

5 结　　论

（1）冷态运行期间，由于溶解氧浓度的增加和水温的降低，循环水系统的腐蚀性和污垢沉积问题显著增加，设备稳定性降低，换热效率下降。

（2）在冷态运行期间，通过增加缓蚀剂的用量，减少分散剂用量，并适当提高 pH 值，可以有效控制腐蚀和生物膜的形成。这一策略的实施显著降低了腐蚀速率，有效改善了水质状况。

（3）通过调整药剂配方、优化加药管理、提高水流速度和加强水质监测，热电 1#循环水系统在冷态运行期间的稳定性和效率得到了显著提升，循环水水质明显得到改善，2023年 8 月份腐蚀速率降为 0.031mm/a，现场冷却塔塔池悬挂的挂片两周后仍维持表面光滑、无腐蚀迹象的状态。

参 考 文 献

[1] 周本省．工业水处理技术[M].2 版．北京：化学工业出版社，2003：46.
[2] 杨烨，杨远，黄仲伟，等．LNG 工厂停产状态下循环水系统冷态运行的研究[M]. 公用工程．2017，35(3).
[3] 靳文礼，刘菊梅，齐永红．循环冷却水从冷态到热态水处理技术的研究应用[M]. 大氮肥，1998，21(1).

严查细判　提高循环水浓缩倍数

赵雪扬

（中国石油大连石化公司，大连 116000）

【摘要】 对循环水浓缩倍数低的原因进行分析，采取一系列有效排查方式，消除漏点，提高循环水场浓缩倍数，不但确保了生产装置长周期安全平稳运行，而且节约了大量工业水。

【关键词】 浓缩倍数　排污量　水质

1　现　　状

某石化企业第一循环水场二套为三气分、二催化、MTBE、汽油加氢 4 套装置供应循环水，设计供水能力 2000m^3/h，共有 2 台供水泵，1 台凉水塔。2017 年 6 月之前，一循二套浓缩倍数在 4.5 左右；随后补水量由原 350m^3/h，增加至 870m^3/h 左右，浓缩倍数降至 1.6 左右。

2　原因分析

2.1　初期排查

问题出现后，车间组织对地下管网全面查漏。2017 年 6 月 30 查出二催化循环水回水线有一疑似漏点，因在装置区内，与二催化设备员联系，7 月 18 日进行挖掘查漏，随后在挖掘处没有发现漏点，怀疑漏点在挖掘处附近，但由于在装置区内，联系北京地勘院协助查漏，确定漏点后，再进行挖掘。

2017 年 8 月 7 日北京地勘院确定了疑似漏点的位置。10 月 18 日二催化在疑似漏点处没有挖出漏点，由于该段管线为铸铁管，使用年限较长，如果挖掘过程中产生新漏点，直接影响装置正常运行，所以查漏工作暂停，待装置停检时再进行挖掘查漏。

2.2　停工期间排查

2020 年 5 月随着生产装置的陆续停工，车间利用此契机对地下水线进行彻底排查。

2.2.1　二催化地下水线状况

停检期间二催化对部分地下水线进行更换，发现旧管线腐蚀严重，循环水线局部减薄，有的地方只有 1.5~3mm；部分旧管外壁有一指厚的管层脱落；循环水与废弃线连接阀有漏点，见图 1、图 2。

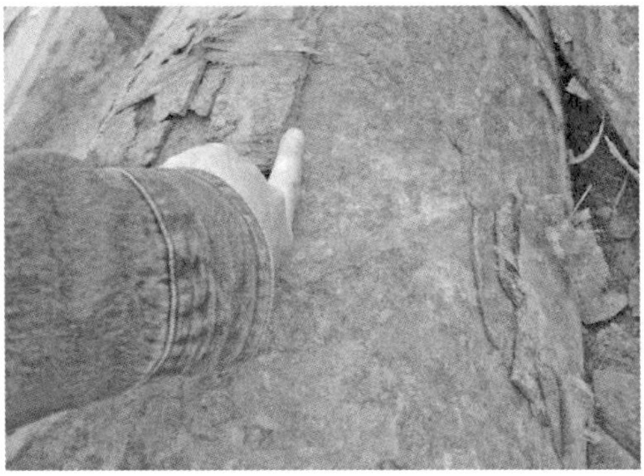

图 1　旧管外壁有一指厚的管层脱落

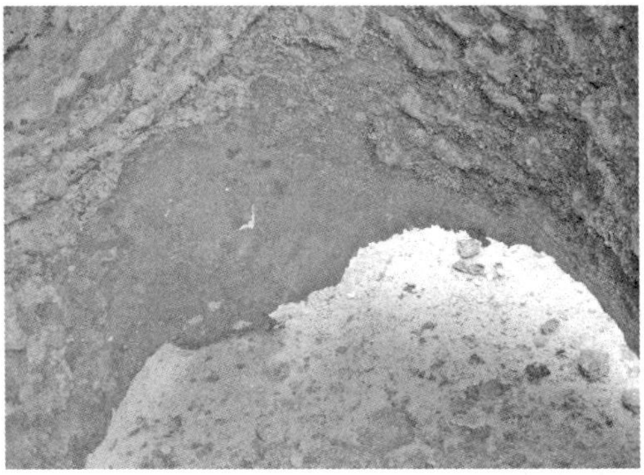

图 2　循环水与废弃线连接阀有漏点

2.2.2　其他地下水线排查

为排查其他地下循环水线是否有漏点，4 月 22 日北京地勘院进厂协助排查二催化以外的地下循环水线。

将一循去回水管线分 6 段逐段排查(XL2-1 阀至 XL2-4 阀、XL2-14 阀至三气分换热器入口、三气分换热器出口至 XR2-6 阀、XR2-6 阀至 XR2-1 阀、XL2-8 阀至 XL2-10 阀、XL2-6 阀至 XL2-7 阀)，并对 MTBE 和汽油升级的外管网循环水线进行测漏。关闭原去污水场的循环水线去回水阀。没有查出漏点。

2.3　开工期间排查

用水装置逐个排查：

6 月 17 日一循二套开工用水，车间与生产装置沟通，逐个装置供水，分别排查各用水单位水量。

6 月 18 日一循二套相继向三气分和 MTBE 供水，水场补水 $15m^3/h$，说明系统有漏点。

检查过程中 MTBE 供水线界区阀门没有关闭，现场直排水，立即进行关阀，水场补水量减少至 $6.6m^3/h$。

随后发现三气分消防井内有水，采样结果为氯离子 90mg/L，电导率 547μS/cm，分析是循环水。联系北京地勘院查漏确认，从仪器分析一循加药线附近有疑似漏点，挖掘后没有查出漏点。

6 月 20 日发现汽油升级供水循环水线有漏点(图 3)，当时水场补水量是 $8m^3/h$，停水后，水场每小时补水为 0，说明漏损量为 $8m^3/h$。

处理上述问题后，在各用水装置正常用水但还没有开工，系统没有热负荷的情况下，6 月 20 日测水场补水量为零，说明系统没有漏损。

图 3　汽油升级地下循环水线漏点

2.4　开工后排查

6 月 23 日 16：30 二催化烟机用循环水直排，水场补水量由 $537m^3/d$ 增至 $870m^3/d$ 左右，浓缩倍数平均 1.5。

2.4.1 二催化大机回水线

7月16日二催化烟道密封水停用循环水后，水场补水量减少 $100m^3/d$ 左右，但仍高于理论补水量 $200m^3/d$ 左右。车间对用水装置用水点及地下水线进行排查。

停检期间二催化更换大部分地下循环水线，但大机回水地下循环水线没有更换，为防止这部分水线有漏点，7月28日与二催化联系，将二催化大机回水改为压力回水，但是水场补水量没有变化。为防止这部分地下水线泄漏，阀门关不严，造成循环水泄漏。7月30日将大机去回水封堵盲板，补水量减少 $30m^3/d$ 左右。

2.4.2 二催化地下水井

7月27日发现二催化一下水井有大量水流出，于7月27日、28日、30日、31日分别对该水进行采样分析，结果见表1。

表1 下水井水样分析

项 目	7月27日	7月28日	7月30日	7月31日
氯离子/(mg/L)	24	16	30	10
电导率/(μS/cm)	276	235	323	107
总磷/(mg/L)	—	—	1.81	0.69

从27日数据结果分析，下水井内的水为循环水。为确保化验无误，车间于28日对同一水井内的水再次采样，发现分析数据与27日不同，从氯离子看，接近于工业水，但电导率却高于工业水。30日车间对该水样继续分析，这次增加了总磷，分析结果显示为循环水。31日继续分析，结果水质再次变化，从水样分析结果怀疑该水混有冷凝水。

2.4.3 用水装置内部调整

8月2日18：30开始一循二套补水量开始下降，原43min补水一次，变成80min补水一次，从8月2日23时至8月3日14时，平均补水量由原 $35m^3/h$ 降至 $20m^3/h$，补水量减少，确认是用水装置内部调整，见图4。

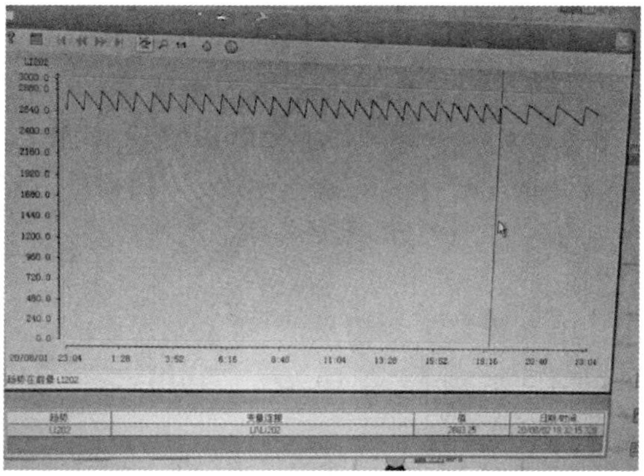

图4 一循二套补水量变化曲线

2.4.4 用水装置私自直排循环水

8月13日查出是二催化炉水采样器导淋开，循环水直排，处理后，一循二补水量比前期少 $50m^3/d$。

3　结论及建议

经过连续严查细判，水场补水量由原 870m^3/h 降至 400m^3/h，减少水量损失 470m^3/h，浓缩倍数由 1.6 升至 2.4。目前水场补水量仍高于理论补水量，浓缩倍数虽有提高，但仍然没有达标，查漏工作继续进行。

影响循环冷却水浓缩倍数的因素很多，涉及设计、设备、药剂、操作、管理等许多方面，仅靠循环水系统单方面的努力不可能提高浓缩倍数，是一个需要有关各方共同努力的系统工程。只有各方面的水平都提高了，才能真正提高浓缩倍数的整体水平。

参 考 文 献

[1] 周本省. 工业水处理技术[M]. 北京：化学工业出版社，1997.
[2] 郑能靖. 石油化工冷却水处理技术[M]. 北京：化学工业出版社，1989.
[3] 李本高. 工业水处理技术(第五册)[M]. 北京：中国石化出版社，2002.

油田产出水 pH 调节剂自动投控系统设计及运行

栗春容[1] 张三辉[1] 蒙玉平[2] 李国宏[1]

（1. 中原石油勘探局有限公司水务分公司，濮阳 457001；2. 中原油田分公司信息化管理中心）

【摘要】 某油田污水站，新设计的 pH 调节剂自动投控系统，基于云边端协同控制模式，数据自动采集仪表与 PLC 控制系统相配合，采用前馈+反馈 PID 逻辑运算，实现工艺运行参数实时自动检测、加药量实时自动精准调控、智能云平台远程监控管理，提高了水质达标率，降低了污水处理成本。

【关键词】 油田 污水处理 自动检测 自动加药 PLC 云平台

某油田污水站处理的污水为含二氧化碳驱区块的采出水，pH 值在 4~5 之间，腐蚀性较强。处理后的水全部用于水驱开发，《油田开发注水水质指标》要求处理后污水 pH 值应保持在 6.5~7.5。pH 值过低将大幅缩短注水管线及注水设备的使用寿命，过高将带来污水处理残渣增加、结垢加剧等问题，因此 pH 调节剂的精准投加至关重要。

1 pH 调节剂投加工艺现状

（1）pH 调节剂配药

将石灰卸入石灰浓浆池，通过搅拌机充分搅拌混匀，再开启提升泵，将搅拌后的石灰乳泵入 pH 调节剂罐；打开清水闸阀加注清水至合适液位，完成 pH 调节剂配药工作。卸料、启停泵、开关闸阀均为人工操作。

（2）pH 值检测

对污水处理站的来水（一次提升泵出口）、中间水（混合器出口）、滤后水（过滤罐出口）三个位置进行人工取样，利用 pH 试纸人工检测。正常时每天三次，各节点水质波动时加密检测。

（3）pH 调节剂投加

若中间水、滤后水的 pH 值不达标，人工调节加药泵的排量，再检测水质、调节加药量。重复检测水质、调节加药量，直到滤后水 pH 值达到 6.5~7.5。

（4）工艺巡检

污水站值班人员每两个小时对现场设备、工艺进行巡检，并填写相关报表。

2 存在问题

（1）人工配药，pH 调节剂浓度不稳定，浓度低造成滤后水 pH 值低于标准值，浓度高造成浪费。

（2）pH 试纸检测法依靠肉眼识别颜色来判断 pH 值，受主观因素影响，精准度不足。

（3）检测 pH 值、调节 pH 调节剂投加量，需要反复操作，人工执行存在不及时、不精准的问题。

（4）现场巡检点多且频次高，人工巡检劳动强度大。

3　污水处理药剂投控系统关键技术

新设计的产出水 pH 调节剂自动投控系统基于工业物联网，实现“感知-分析-决策-执行-优化”的全流程闭环控制。包括多维水质感知网络、自适应加药控制算法、云端协同决策平台三大模块，实现水质 pH 值实时检测、药剂自动配制及精准调节、智慧平台管理[1]。

（1）传感器实时检测技术

通过增加现场在线 pH 检测仪，对来水、中间点和滤后水进行各点 pH 值的实时采集，实现 pH 值在线实时检测、分析。

（2）PLC 边端控制技术

增加 PLC 控制器来控制现场传感器、执行机构，根据 pH 计采集的数据，编写程序进行逻辑运算，控制执行机构的启、停和加药泵的频率调节，实现药剂自动配制和自动调节。

（3）上位机监控技术

通过上位机人机界面，实现对现场工况过程的实时监控和管理，可在上位机展示设备运行状态和参数变化情况，并可进行远程控制和参数调整，达到远程监管目标。

4　自控系统的设计与实现

4.1　系统架构

4.1.1　总体架构

总体架构采用云边端结构，现场端安装 pH 值采集仪表和执行设备，用于现场数据的采集和对设备的操作；中控室安装 PLC 控制箱，控制箱上配置触摸屏一块，作为现场人机交互界面。PLC 采用多参数、智能化的控制策略进行控制程序的编写，系统架构见图 1。

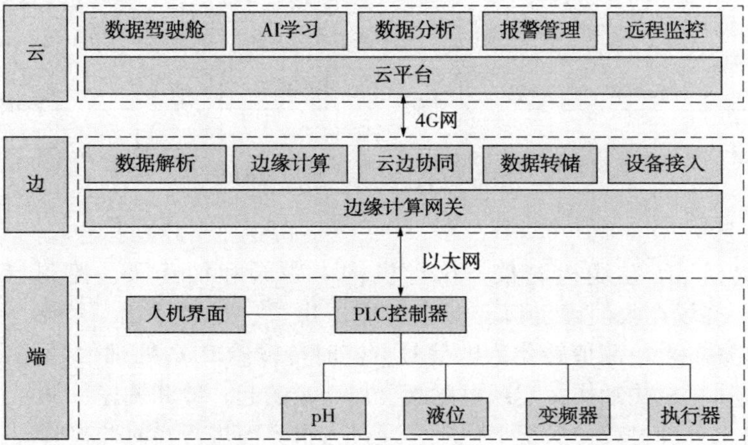

图 1　系统架构图

PLC 箱内设置边缘计算网关一台，向下通过以太网与 PLC 相连，向上通过 4G 网络连接至云服务器，网关提供数据解析、数据转储、边缘计算、云边协同等应用，可使用计算机高级语言进行编程，执行 AI 算法的具体运算。

PLC 采集的大量数据通过边缘计算网关传送至云平台，在云端进行大数据分析和 AI 深度学习，将学习后获得的最佳算法模型传送回边缘计算网关，边缘计算网关根据 PLC 采集的实时数据采用 AI 算法模型进行计算，并将计算结果交由 PLC 控制调节和输出。

数据上传至分公司，由分公司云平台数据驾驶舱进行数据展示和远程监控，同时实现数据穿透查询、智能分析[2~5]。

自动配药的控制逻辑模拟人工操作流程由 PLC 程序自动执行。

4.1.2 工作原理

终点采点的 pH 计检测值与 pH 设定值进行比较，结果反馈给 PLC，来水采点与中间采点的 pH 计检测值与终点采点 pH 值进行比较，结果同样传输给 PLC，经过 PID 运算，控制变频器做出相应输出反应，当来水水量发生变化时，由来水流量计检测出当前进水量的大小，并输出一个 4~20mA 的标准信号送到药剂计量泵冲程自动调节器(药剂变频调节器)，调节器根据进水量的大小将计量泵的冲程自动调节到合适的位置，进而控制石灰乳加药泵行程，向水中投加相应量的石灰乳，达到控制调节 pH 的作用[6]。使用 STEP 7-MicroWIN SMART 编程软件编写 PLC 程序，对云平台与现场数据通过 MODBUS TCP/IP 传输协议，使用 4G-DTU 网络传输，对人机界面-触摸屏，使用力控软件进行组态[7]。具体逻辑控制流程如图 2 所示。

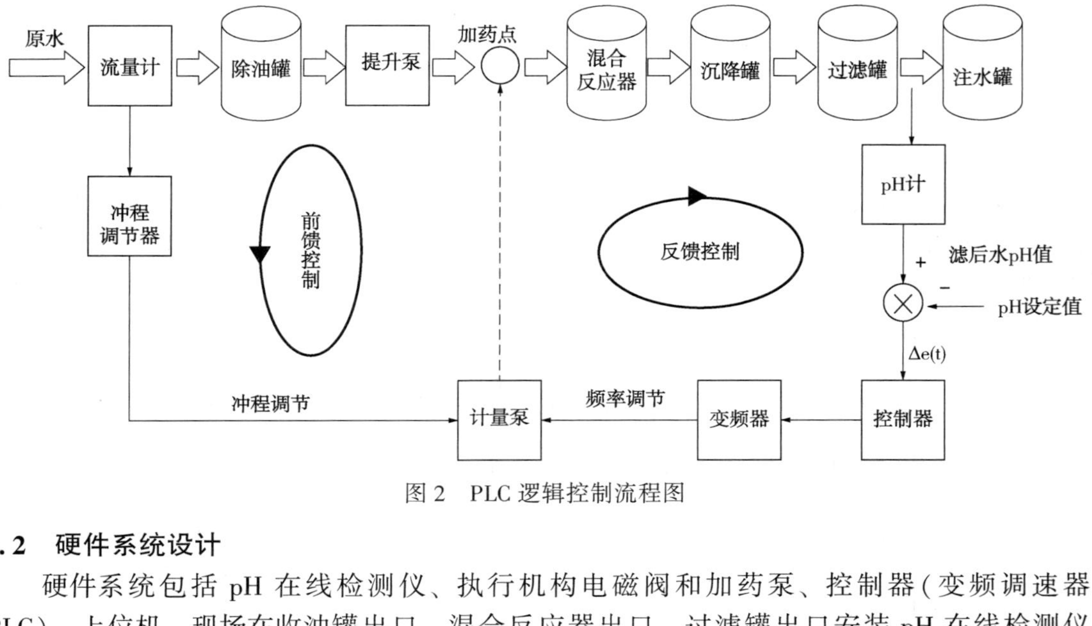

图 2 PLC 逻辑控制流程图

4.2 硬件系统设计

硬件系统包括 pH 在线检测仪、执行机构电磁阀和加药泵、控制器(变频调速器、PLC)、上位机。现场在收油罐出口、混合反应器出口、过滤罐出口安装 pH 在线检测仪，通过信号线将现场各个检测值转化为电信号，实时传输给 PLC 处理信号并生成指令，指导变频器、电磁阀执行机构动作，实现电磁阀、加药泵的起、停和调速，从而达到加药量的准确自动调节。将水处理过程传送至上位机，通过人机界面进行实时监控管理，实现上位机直观展示设备运行状态、参数变化等，并进行远程控制和参数调整，见图 3、图 4。

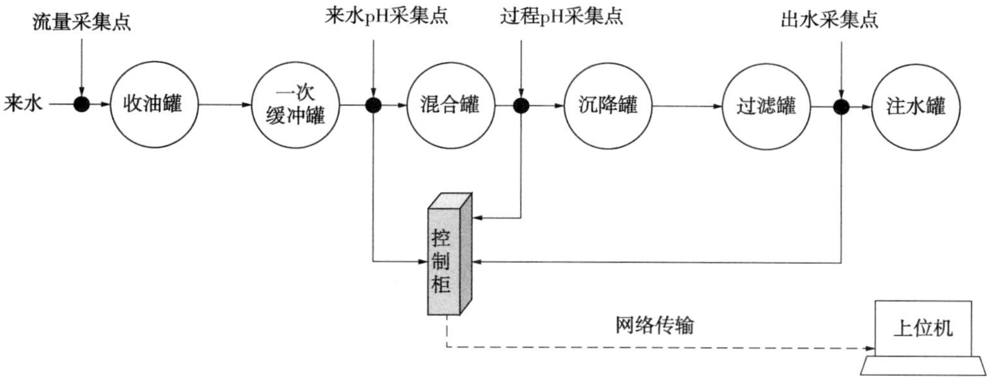

图 3　硬件布局示意图

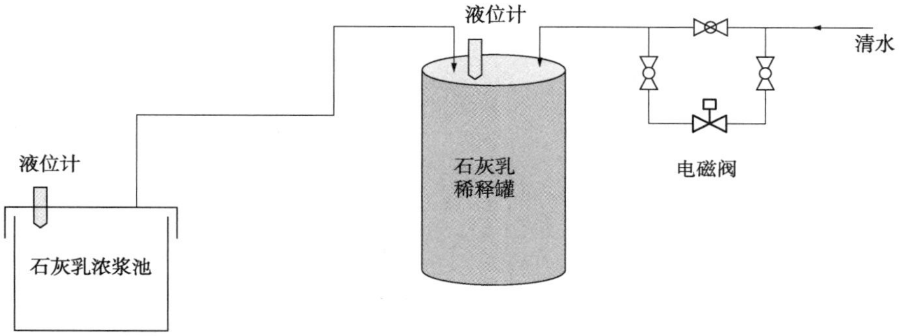

图 4　石灰乳配制工艺示意图

4.3　软件系统设计

4.3.1　自动配药控制设计

建立自动配药控制模型。编排自动配药流程，PLC 实时监测石灰搅拌罐液位，当液位降到配药启动位置时，PLC 发出控制命令，首先启动搅拌机，随后启动浓浆提升泵，同时打开电磁阀注入清水，到达浓浆停止液位，停止搅拌机和浓浆提升泵，继续注入清水，当液位升高至停止高度时关闭电磁阀，停止进水，完成药液的配制工作。PLC 控制调整至与浓浆泵同时启动，避免了配药浓度的大幅波动。图 5 为 PLC 控制逻辑图。

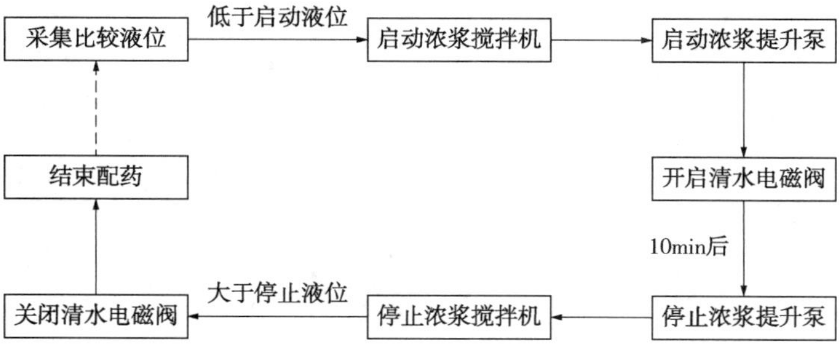

图 5　石灰乳自动配药 PLC 控制逻辑图

4.3.2 智能控制设计

(1) 智能药剂调节设计

智能加药方案采用云边端共同协作的方式，利用云端强大的AI中台算力进行模型学习训练，并将训练好的模型部署在边端，同时兼顾现场端的快速反应能力。

药剂调节控制策略采用前馈加PID反馈串级控制，首先PLC根据来水指标按一定比例进行前馈控制调节，进水指标产生变化加药量随之按比例变化，从而克服传统PID加药控制滞后和延迟。这一步的先期调节能够保证水质在小幅范围内变化，比例值经过AI学习优化后，即可实现将水质指标精确控制，经过前期调节后，再根据过程指标进一步进行PID精细调节，将水质指标精准地控制在设定值附近，最后根据出水指标进一步对加药量进行修正，从而实现水质指标的精准稳定控制。

前馈控制采用比例控制，运行前期比例值根据经验确定。前期由于没有经过AI学习，进行前馈控制时，每一指标只进行单独控制，石灰乳前馈控制量仅用进水pH值控制，pH值变化石灰乳投加量即刻按比例变化。后期经过AI深度学习后，加入进水流量参数的控制，进水流量和进水pH同时对石灰乳加药比例值产生影响。PID参数在运行前期同样根据经验确定，后期经过AI学习后由边缘计算网关计算确定。图6为控制图。

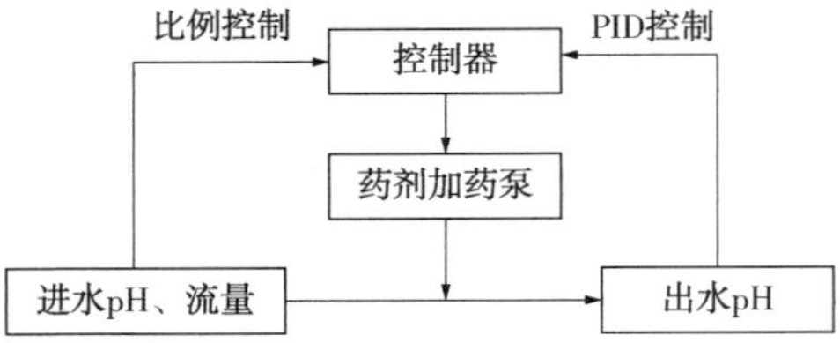

图6 药剂调节PID控制图

(2) 智能人机交互设计

在控制箱上安装触摸屏，并开发人机交互界面，触摸屏上可以监视加药系统运行参数，并可设置和修改各种控制参数。PLC内编写控制程序，对加药泵频率变化幅度进行比较判断，当设定时长内频率变化达到给定值时，PLC保持限值运行，同时通过触摸屏弹出确认窗口，经人工复核确认后PLC解除限制，继续按调节量执行，见图7。

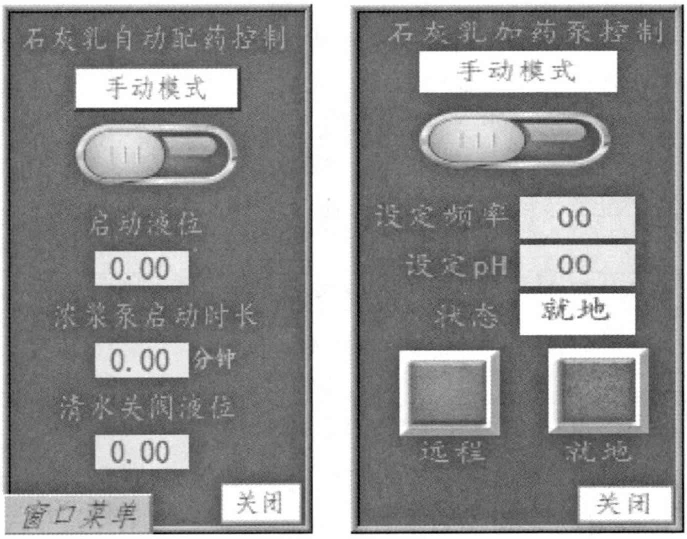

图7 药剂投加触摸界面示意图

PLC编写报警处理程序，智能监测配药系统、加药系统等设备状态和药剂液位，如果设备运行异常或液位异常等，触摸屏上显示报警信息并远传，提醒人工处理。

（3）加药与运行耦合设计

通过 PLC 程序实现加药系统与水处理运行的混合器流量计连锁控制，加药系统根据混合器流量计数据自动开启和停止。当流量为零或小于某一数值时，调节变频器输出频率为 0，停止加药。当流量大于某一数值时重新启动变频开启加药量调节[7]。

4.3.3 智能系统平台设计

（1）数据远传和集中监视

PLC 采集的各种测量数据，一方面通过在本地触摸屏上进行展示，另一方面通过边缘计算网关将数据上传至云平台，并在云平台开发数据驾驶舱展示界面，在分公司生产调度室大屏进行集中展示。此外数据信息还可推送至移动端，可以从手机上进行查看。实现 PC 桌面、移动 APP、大屏等多平台、多方式的数据展示，保证数据随查随看。

通过图形化的方式在触摸屏上和其他平台上展示工艺流程，并将运行数据在流程图上进行展示。能够展示的数据包含：每台水泵的运行状态、各加药罐液位、pH 值、ORP 值、浊度值，及每台设备的运行时间等[8]。效果示意图如图 8 所示。

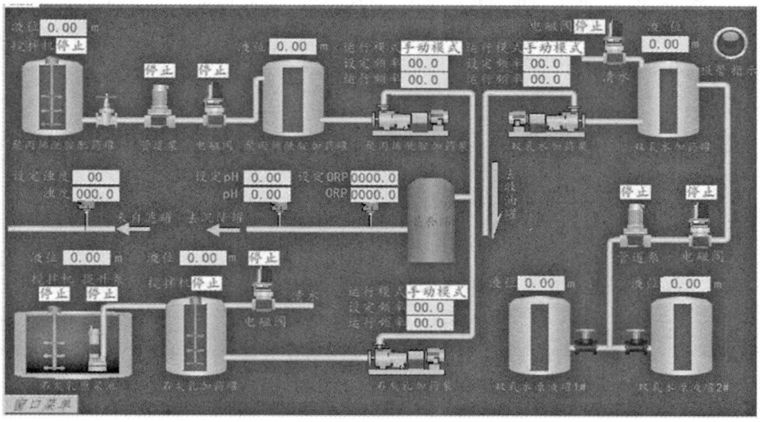

图 8 工艺流程画面效果示意图

系统可自动生成日报表等各类数据报表，并具有历史数据查询功能，可根据数据报表对运行情况进行科学的统计和分析，如图 9 所示。

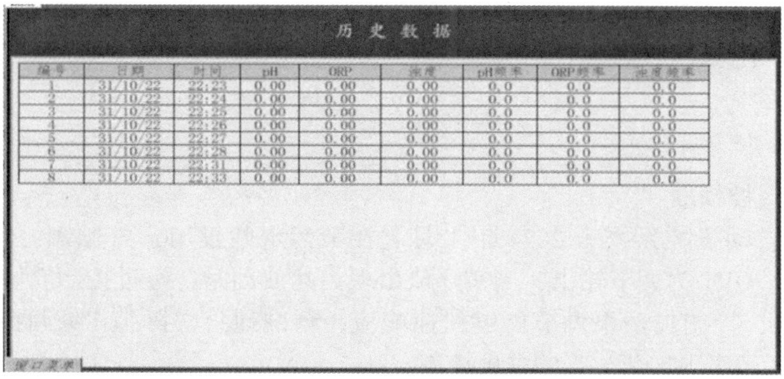

历史数据

编号	日期	时间	pH	ORP	浊度	pH频率	ORP频率	浊度频率
1	31/10/22	22:23	0.00	0.00	0.00	0.0	0.0	0.0
2	31/10/22	22:24	0.00	0.00	0.00	0.0	0.0	0.0
3	31/10/22	22:25	0.00	0.00	0.00	0.0	0.0	0.0
4	31/10/22	22:26	0.00	0.00	0.00	0.0	0.0	0.0
5	31/10/22	22:27	0.00	0.00	0.00	0.0	0.0	0.0
6	31/10/22	22:28	0.00	0.00	0.00	0.0	0.0	0.0
7	31/10/22	22:31	0.00	0.00	0.00	0.0	0.0	0.0
8	31/10/22	22:33	0.00	0.00	0.00	0.0	0.0	0.0

窗口菜单

图 9 自控系统报表示例

（2）数据云平台设计

边缘计算网关将数据上传至云平台，采用 FineReport11.0 开发数据驾驶舱，利用软件实现数据可视化、报表、数据分析、用户权限，触发预警功能。

① 数据收集与整理：根据分公司要求，从单位内部系统数据收集数据，并进行清洗、转换和整合，进行布局构建。

② 数据可视化设计：根据自身需求，利用软件提供的在线组件库，使用复用组件完成内容设计，使用跑马灯，完成轮播动画系统配置。

③ 数据对接：通过数据服务接口进行数据访问，实现数据实时同步显示和更新。

④ 部署与维护：根据分公司的网络架构和安全要求，进行网络安全的配置和设置，保证用户通过浏览器和其他客户端访问驾驶舱。加强日常维护，定期检查数据的准确性和完整性，进行优化和调整。

数据展示界面如图 10 所示。

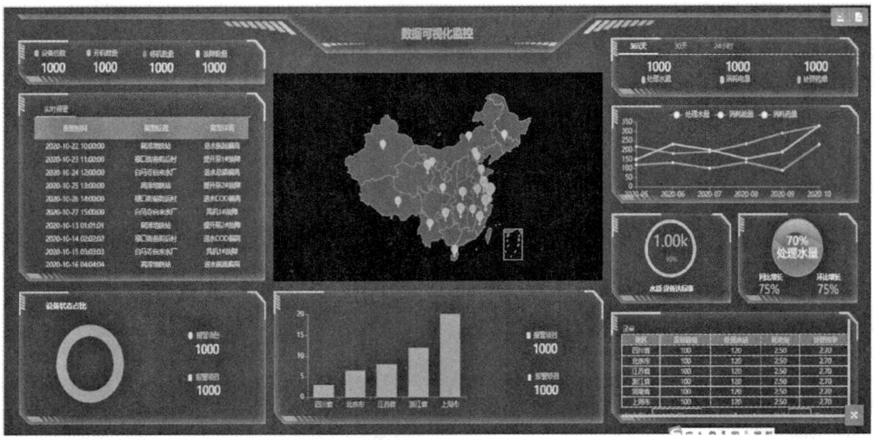

图 10　数据驾驶舱示例

（3）AI 学习和系统优化

AI 学习需要大量的数据，PLC 采集的进口、出口及过程的 pH 值，以及前馈比例、增益、微分、积分等控制参数通过边缘计算网关传送至云平台，云端基于 Transformer 对数据进行分析、建模、训练，将 AI 学习后获得的最佳算法模型传送回边缘计算网关，在边缘网关上执行傅里叶计算，并将计算结果交由 PLC 控制调节和输出[9]。

5　运行效果

5.1　反应快、调控精准

pH 调节剂自动投控系统于 2024 年 1 月起在某污水站投用，图 11 中 SP 代表设定值，PV 代表实际值，OUT 为调节输出，当实际值出现突然波动时，经过控制算法运算后输出到执行机构加药泵，控制加药泵调节能够快速响应，精准地将实际值 PV 调控至设定值 SP，误差为 0.02，从而实现加药过程的精确控制。

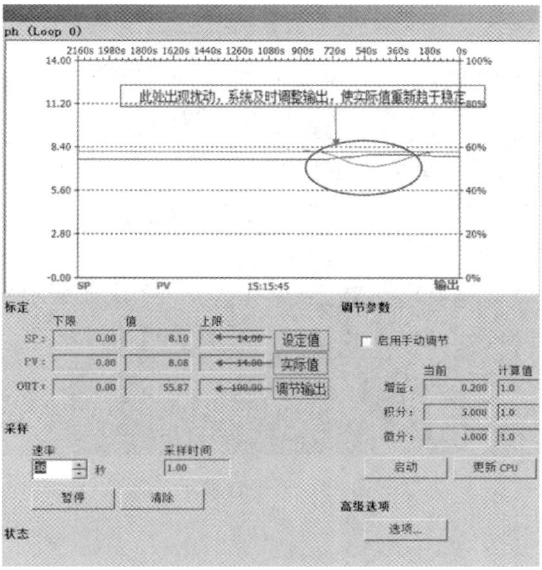

图 11　控制过程显示界面

5.2　现场操作自动化

员工手动操作量大幅降低，避免接触化学药剂，减少人身伤害；水质实时检测精准度提升；药剂配制按水质检测结果将自来水和石灰乳浓浆进行实时调配，实现药剂浓度稳定；药剂投加依据现场水质定性检测结果，开展实时药剂投加量调节，实现精准投加。上位机及云平台显示如图 12、图 13 所示。

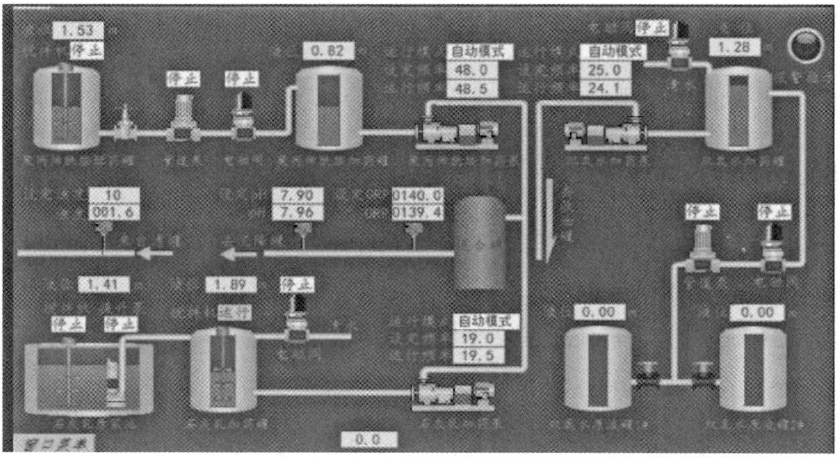

图 12　上位机显示平台

5.3　经济效益指标

某污水处理站处理水量为 $8600m^3$/天，平均药剂成本从 1.007 元/m^3 降至 0.964 元/m^3，年节省药剂费用为：(1.007−0.964)×8600×365 = 13.4977 万元；石灰乳加药控制工作人员工时由 5.75h/班/人，优化至 2.0h/班/人，效率提升近 3 倍。

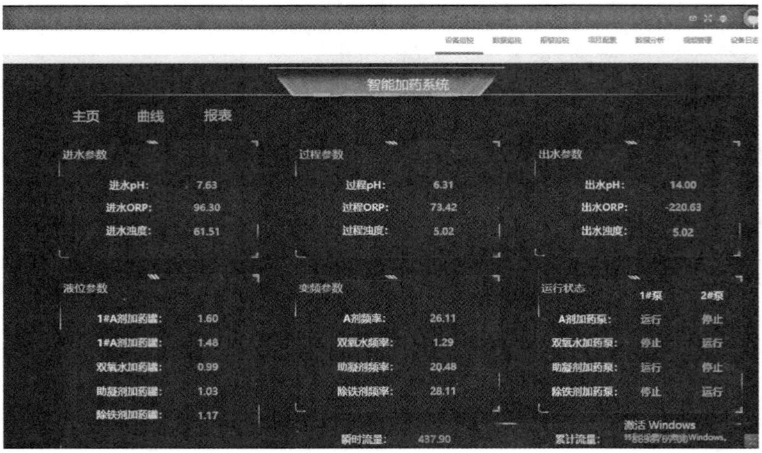

图 13　云平台显示

6 结　　语

油田产出水 pH 调节剂自动投控系统的投运，协助企业取得了如下成效：

（1）实现现场自控管理。实现了污水处理自动配药、自动加药、数据展示、远程控制、超限报警功能；实现对设备状况、实时数据和历史数据的查看，设备的远程控制；减轻了工人劳动量，提高药剂配制质量、投加精度和调节及时性，降低加药成本，保护工人健康。

（2）助力污水处理自控系统持续完善。已建成的现场自控系统具备兼容性和扩展性，预留标准化数据接入口与扩展模块，支持后续新增监测数据快速接入系统，确保系统功能持续升级和优化。

（3）提升专业智能化管理。本系统建设促进了运营管理向专业化、实时化、智能化发展，为油田污水站智能管理提供数据支撑。目前整个系统已在该油田投入使用 2 个污水站，现场 pH 自控投加功能已使用 10 个污水站。

参 考 文 献

[1] 曾杭成，谭玉龙，严星火，等．一种液体药剂自动配药加药装置：CN203370498U[P]．2014-01-01.

[2] 范宝余，李仁刚，王棣，等．云边端协同方法、装置、系统、电子设备及可读存储介质：CN117097797A[P]．2023-11-21.

[3] 王爱文．基于 PLC 技术的污水处理厂站控制云平台设计[J]．自动化应用，2024，65(4)：64-65+68.

[4] 郑宇祺．智慧水务云平台技术的应用与发展[J]．智能建筑与智慧城市，2023，(4)：175-177.

[5] 杨祥龙，汪乐宇．供水加药系统的数学模型[J]．化工自动化及仪表，1998，(5)：16-20.

[6] 黎燕．PLC 在油田自动控制系统的应用研究[J]．石化技术，2019，26(6)：369-370.

[7] 张宝安．胜利油田污水处理厂自动化控制系统的设计与实现[D]．电子科技大学，2013.

[8] 陈云，马兵．一种水处理远程监控运维系统：CN222071079U[P]．2024-11-26.

[9] 卢琛，卢玉强，李晓伟．一种基于云计算的污水处理设备故障监测方法：CN118964833B[P]．2025-3-14.

多水源系统优化减少用水总成本

张　驰

（中石化（天津）石油化工有限公司生产部，天津 300270）

【摘要】 天津石化地处缺水地区，通过持续大规模引入淡化海水、市政中水等非常规水资源，内部深度开展污水回用、雨水回收等措施，形成了多水源的工业用水体系。根据水质特点，在水务系统开展多水源系统优化，挖掘创效潜力，实现连年创效。

【关键词】 水源　节水　优化　非常规水资源

1　概　　述

2021 年，天津石化污水回用量 566 万 t，污水回用率 64%，无雨水回收，工业新鲜水量 382 万 t；外购非常规水资源累计 1459 万 t，其中淡化海水 523 万 t、市政中水 592 万 t、外购中沙二级除盐水 343 万 t；水源种类较多，水质特点各不相同。近年来，天津石化按照向内狠抓系统优化和运行管控、向外拓展水务用户和用水管控的优化思路，通过控制多水源用水总量、优化多水源用水结构，进一步提高污水回用量、雨水回收量，降低中沙二级除盐水购水量，降低新鲜水使用量等措施开展多水源系统优化，降低用水总成本。

2　多水源系统优化

2.1　做好污水回用增产增收

2024 年，天津石化通过增产、调配、平衡等手段增收回用水量 133.5 万 t，替代循环水场、炼油主装置的新鲜水或除盐水，具体举措如下：

（1）增产回用水量：一是扩大含盐污水橇装回收设施规模增产回用水。现有污水回用设施基本饱和，通过扩大橇装污水回收设施扩容回收含盐污水 100m^3/h，增产回用水量 50m^3/h；二是利用 RO 浓水增产回用水。化工 1#污水回用的浓水 RO 设计处理量 180m^3/h，目前进水量为 140m^3/h，通过引入化工 2# 污水回用装置产生的 RO 浓水 40m^3/h，增产回用水量 20m^3/h。

（2）深挖工艺侧回用水用户：一是催化装置烟脱系统及水封罐应用回用水替代新鲜水，

硫黄、焦化等装置湿式空冷增加回用水量 75m³/h；二是常减压装置表面蒸发式空冷、气分湿式空冷、硫黄闭式冷却塔补水等点位使用回用水替代除盐水，增加回用水量 70m³/h。炼油部回用水量完成 124 万 t，同比增加 90 万 t，吨油取水完成 0.24m³/t。

2.2 加大雨水回收量

持续加大雨水回收量，全年实现回收雨水 77 万 t。具体举措如下：

（1）做好雨水收集工作。利用炼油部厂内 0#路边沟、15000m³ 水体防控池（1/3 容积）和原油储运部闲置储罐等设施的储水能力，汛期进行储水，在确保防汛安全、环保达标的前提下全力收集雨水。

（2）做好雨水处理回用。一是利用过滤、反渗透橇装设施，将沟渠雨水就近回收作为循环水补水；通过“短平快”小型技措，增加管线、机泵、流量计，将炼油部厂内 3#路边沟雨水就近回收作为循环水补水；二是做好雨水水质监控，根据污水水质变化及时调整雨水回用点位、时间和水量，解决污水源水因降雨污染、装置波动水质水量不均衡、不稳定等问题，平衡污水处理装置进水水质、水量。

2.3 技术创新降低管网漏损

以“地下水管线人工查漏+地下水管线漏损在线智能监测”为支撑，结合智能噪声在线检测技术，实现漏损动态监测和以降低不平衡量为目标的动态水平衡管理。一是建立并固化主要生产区域的地下水管线定期查漏机制、临时查漏快速反应机制；二是近 200 个噪声漏损检测探头有序布点、定期轮换，重点监控炼油部老区等老旧管线泄漏多发区域；三是组织完善漏损检测平台，进一步优化漏损噪声库算法，泄漏在线检测准确率进一步提升。2024 年，探查并消除公司炼油、化工等作业部新鲜水管线漏损点流量累计 91m³/t，节约新鲜水近 50 万 t。

2.4 合理调配外购非常规水资源

（1）合理调配市政中水用量。一是热电区域 2021 年市政中水用量 592 万 t，超出 350 万 t/a 的最低用量指标，2024 年维持在 400m³/t 左右的市政中水用量，确保既能完成合同最低用量指标又不大幅度超量，将节省的水量指标用于消化富余淡化海水；二是合理利用定价机制降低购水成本。根据合同定价机制，炼油区域市政中水使用量达到 86 万 t/年以上触发增量降价条款，价格由 9.8 元/m³ 降至 8.8 元/m³。2024 市政中水用量 169 万 t，同比多用市政中水 21 万 t 替代外购中沙高价二级除盐水，且有 83 万 t 执行优惠价 8.8 元/m³，大幅降低用水成本。

（2）扩大淡化海水用量自产二级除盐水替代外购高价除盐水。淡化海水采购合同要求最低购买量为年均 6.1 万 t/d，2024 年淡化海水全年富余 421 万 t，折合 1.2 万 t/d。通过在化学水系统投资新增管线等设施，加大使用淡化海水生产二级除盐水，减少外购高价的二级除盐水，自产二级除盐水同比增加 170m³/h，全年多替代 149 万 t。

3 经济效益

2024 年，天津石化污水回用量 602 万 t，与 2021 年比增长 6.3%；新鲜水 309 万 t，与 2021 年比降低 19%；污水回用率从 62%提升至 71%，实现回用雨水 77 万 t。外购非常规水资源累计 1133 万 t，与 2021 年比降低 22%，其中淡化海水 344 万 t，降低 34%；市政中水

517 万 t，同 2021 年比降低 13%；外购中沙二级除盐水 273 万 t，同 2021 年比降低 20%。通过控制用水总量、优化多水源用水结构，年用水成本较 2021 年降低 3156 万元。

4 结　论

通过增产增收污水回用、加大雨水回收、技术创新降低管网漏损和合理调配外购非常规水资源等优化举措，2024 年天津石化污水回用量 602 万 t，污水回用率从 62%提升至 71%；实现回用雨水 77 万 t；外购非常规水资源累计 1133 万 t，与 2021 年比降低 22%。年用水成本较 2021 年降低 3156 万元，经济效益显著。

热电厂水系统优化整合利用

梁利慧

（中石化（天津）石油化工有限公司热电部，天津 300270）

【摘要】 热电厂汽水流程主要介质为除盐水和循环水，一方面作为锅炉用水进行热力循环，另一方面作为冷却介质保证设备稳定运行，因汽水系统庞大，疏放水、炉连排、冷却水等系统未能集中优化回收利用，造成水资源高品低用及外排能耗损失。本文结合电厂疏放水、炉连排、循环水系统进行统筹整合优化，实现水资源回收利用，降低发电水耗，推动水系统减排降碳协同增效。

【关键词】 炉连排　循环水　除盐水　疏放水　发电水耗

水资源回收利用对于节水减排具有重要意义，电厂作为用水大户，发电水耗是电厂无法忽视的成本之一，随着装置的不断扩容，设备数量增加，研究水系统优化整合利用，推进水资源高效利用具有重要意义[1,2]。从设计源头进行节水优化，进行炉连排能量梯级回收利用，优化工艺流程回收疏放水，进行伴热疏水梯级串联利用、循环水联通等水系统综合优化节能改造，可扎实推进降本减费[3]。

1　循环水系统联通优化

电厂循环水主要用于凝汽式汽轮机组建立高度真空，约占到循环水总量的85%，为保证循环水温度，将凝汽器换热后的循环水送入自然通风塔进行循环冷却，冷却塔利用风和由上洒下来的水形成对流，把热源带走，其中一部分水在对流中蒸发，带走了相应的蒸发潜热，水塔蒸发损失量占循环水量的0.15%，全年电厂循环水补水量约321万t，排放损失较大。图1为循环水冷却流程。

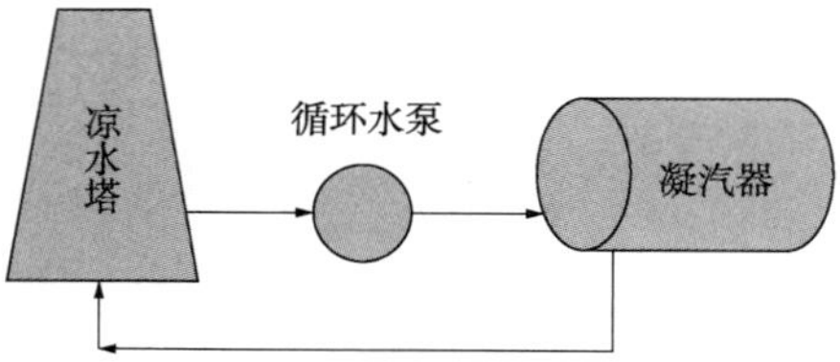

图1　循环水冷却循环流程

热电部一、二电站属于独立电站。一电站配置8台循环泵，夏季抽凝机组运行时循环水量约10100m^3/h，背压机组运行时循环水量约5100m^3/h；冬季抽凝机组运行时循环水量约6800m^3/h，背压机组运行时循环水量约2600m^3/h。无论一电站是否启动凝汽机组，至少需要启动2台循环泵（水量11000m^3/h）保证安全稳定运行，为保证电厂供电标煤耗指标，安排背压机组作为长周期运行机组，在其单独运行时期，循环水需求量低，循环水量严重富裕，造成水资源大量蒸发浪费。表1为一电站循环水用量统计。

表 1　一电站循环水用量统计表

	设　备	流量/(m^3/h)	设备数量	总循环水量/(m^3/h)
3#机	空冷器	120	1	120
	冷油器	80	2	160
4#机	空冷器	120	1	120
	冷油器	80	3	240
5#机	凝汽器	7350	1	7350
	空冷器	120	1	120
	内冷水换热器	33	2	66
	冷油器	115	3	345
	EH 油冷却水换热器	20	1	20
6#机	凝汽器	7350	1	7350
	空冷器	120	1	120
	内冷水换热器	33	2	66
	冷油器	115	3	345
	EH 油冷却水换热器	20	1	20
给水泵	0#给水泵冷油器	10	1	10
	0#给水泵电机空冷器	11	2	22
	3#给水泵冷油器	10	1	10
	3#给水泵电机空冷器	10	1	10
	4#给水泵冷油器	20	1	20
	4#给水泵电机空冷器	24. 5	2	49
	5#给水泵冷油器	20	1	20
	5#给水泵电机空冷器	24. 5	2	49
	6#给水泵冷油器	10	1	10
	6#给水泵电机空冷器	24. 5	2	49
	7#给水泵冷油器	10	1	10
	7#给水泵电机空冷器	24. 5	2	49
高脱下水至机封水	机封水换热器	30	1	30
升压水/循环水至锅炉	锅炉大磨、冷渣器等	130	1	130
循环水至除尘	一期	1200	1	1200
	二期	1800	1	1800

工况说明：

(1) 仅运行 3#机、4#泵，6#、7#泵备用，启 1 台大炉子需要循环水 1527m^3/h；

(2) 仅运行 4#机、4#泵，6#、7#泵备用，启 1 台大炉子需要循环水 1607m^3/h；

(3) 仅运行 3#、4#机，4#、6#泵，启 2 台大炉子累计需要循环水 2819m^3/h；

(4) 运行 3#、4#、5#、6#机、辅机累计需要循环水 19910m^3/h。

二电站配置4台循环水泵长年保持2台运行，循环水量约21000m³/h。原7#机、8#机均为凝汽式汽轮机，2020年7#机由凝汽式改造为背压式机组，循环水总用量降低约40%。夏季运行时，循环水总用量17800m³/h，富裕3200m³/h；冬季运行时循环水总用量12800m³/h，富裕8200m³/h。二电站两台泵运行，在满足二电站冬夏季用水需求的前提下，富裕循环水转供一电站，无论一电站采取哪种运行方式，冬季循环水都可满足。夏季一电站在抽凝机组运行工况下，转供循环水量有4800m³/h缺口，需要一电站再启动1台循环泵匹配运行，一二电站联通流程如图2、图3所示。

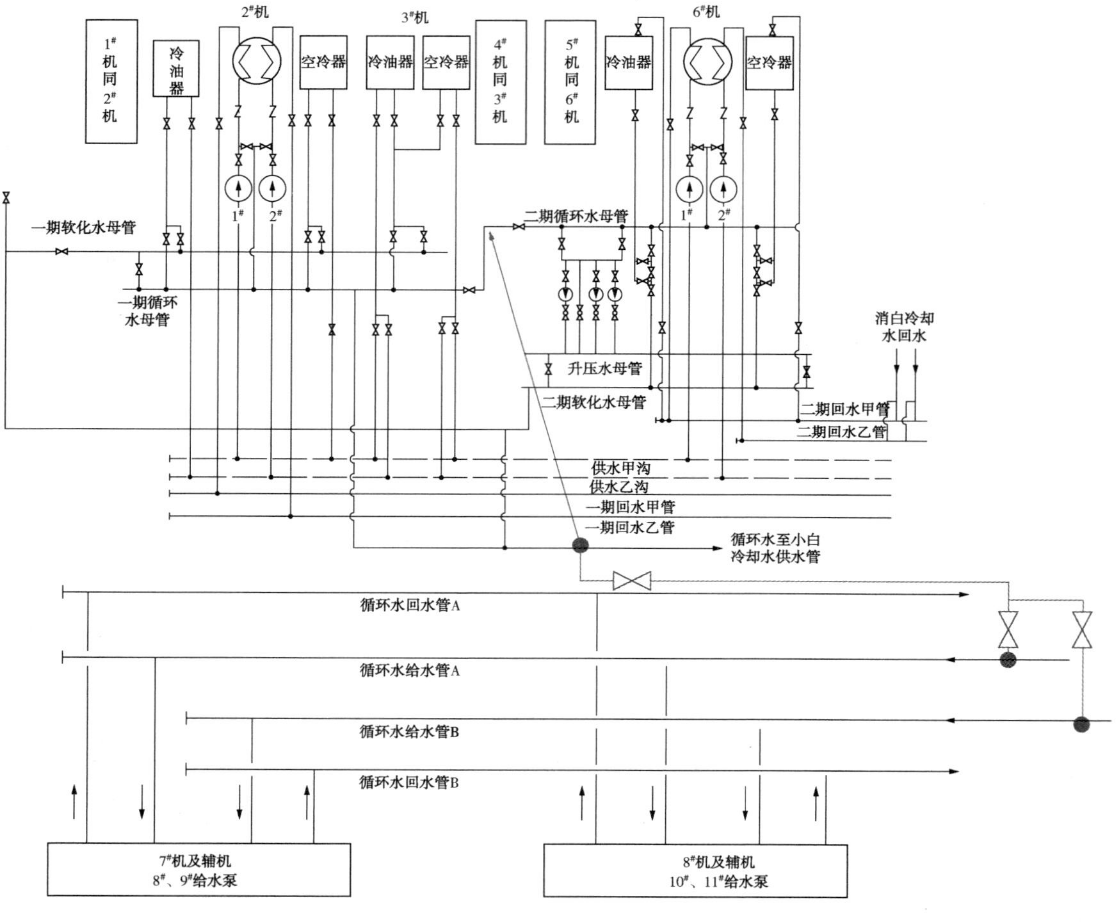

图2 一二电站循环水联通流程图

一二电站循环水系统联通后，循环水资源得到充分利用，最大限度减少循环水量冗余，进而实现减少蒸发散热损失，达到降低新鲜水补水量的目的。一二电站循环水联通后停运一台循环泵，全年可减少循环水散热损失4.03万m³，同时一二电站循环水母管联通后，可以使一二电站循环泵互为备用，即使出现厂用电中断循环泵跳闸，另一电站循环泵启动提供循环冷却水，大幅度提升运行可靠性。

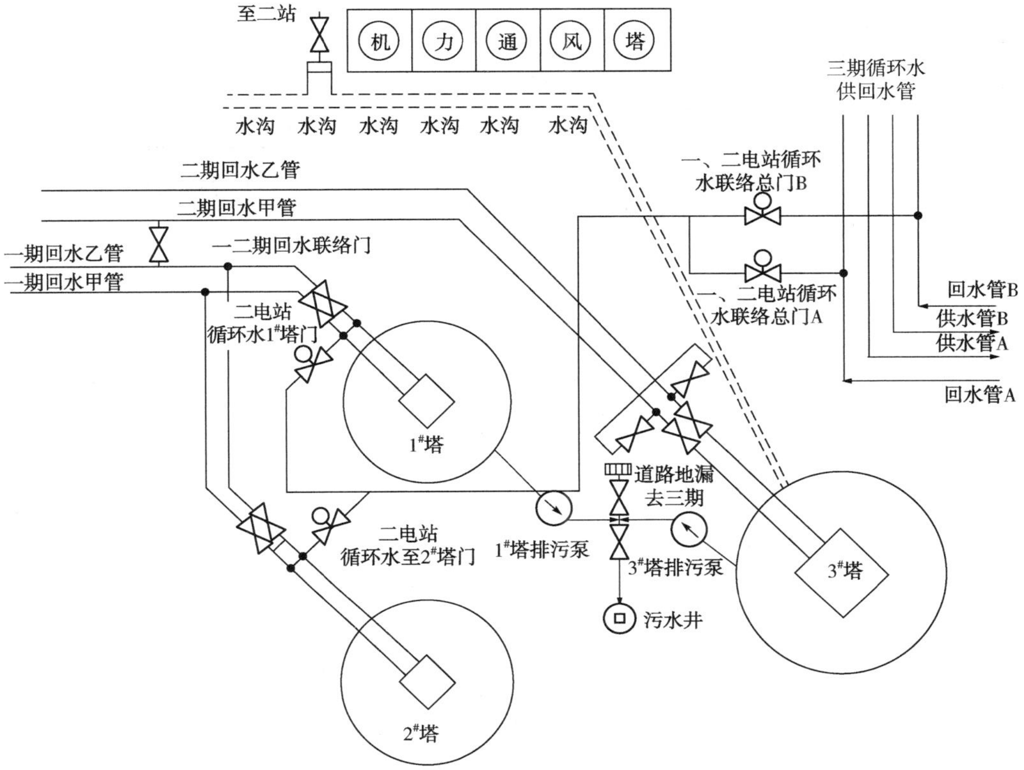

图 3 一二电站循环水回水联通流程图

2 除盐水系统整合优化

2.1 炉连排疏水串联梯级利用

热电部二期煤粉锅炉(6#、7#炉)，每台锅炉额定蒸发量为 $410m^3/h$，排污率为 1%~2%，目前炉连排经过扩容器，一部分蒸汽闪蒸进入除氧器汽平衡回收，高温连排水约 130℃经热盐水换热器换热后，温度降为 100℃，引入定排扩容器，疏水最终排入污水系统，高温热源水未得到充分利用，直接外排造成能耗损失。

将二期连排扩容器疏水引入换热器作为热源加热除盐水，回收连排余热，换热后疏水降温至 45℃以下，引入循环水系统进行回收利用，如图 4 所示。

2.2 优化疏水系统流程回收除盐水

低温热系统改造后，三台锅炉冷渣器回水(1.4~1.8MPa)接入疏水上水母管，再引入冷除盐水母管(5~19m)段，导致此段除盐水管压力高于除盐水母管压力，而疏水箱疏水泵扬程为 150m，造成疏水泵憋压，疏水箱溢流外排，每天损失近 $600m^3$ 除盐水。将三台锅炉冷渣器回水(总计大约 $60m^3/h$)导至 10/11/12 除氧器，19m 疏水上水母管与冷除盐水母管联通门关闭，降低 5~19m 冷除盐水压力，回收疏水，优化流程如图 5 所示。

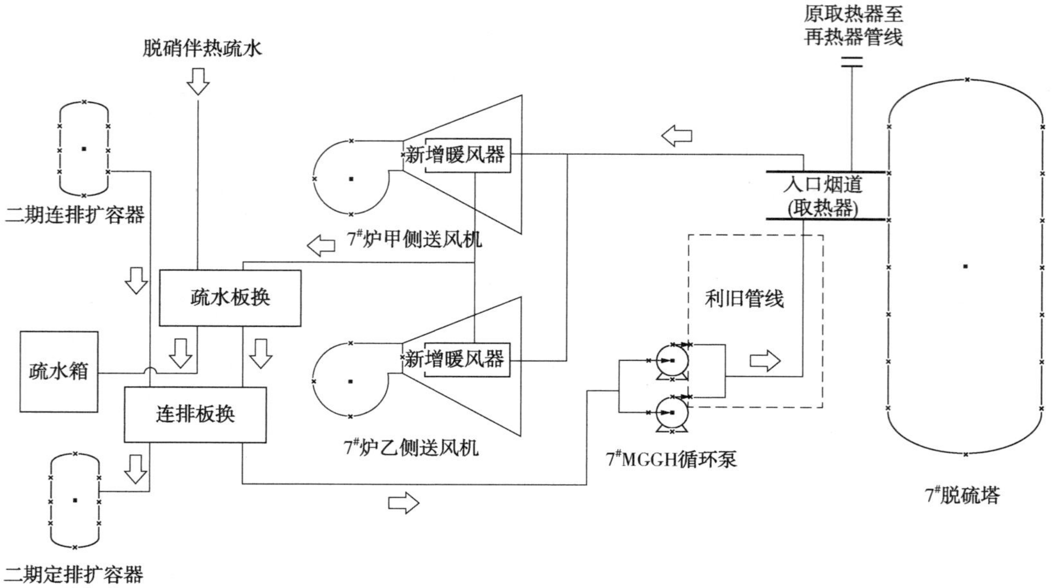

图 4　炉连排脱硝伴热疏水回收流程图

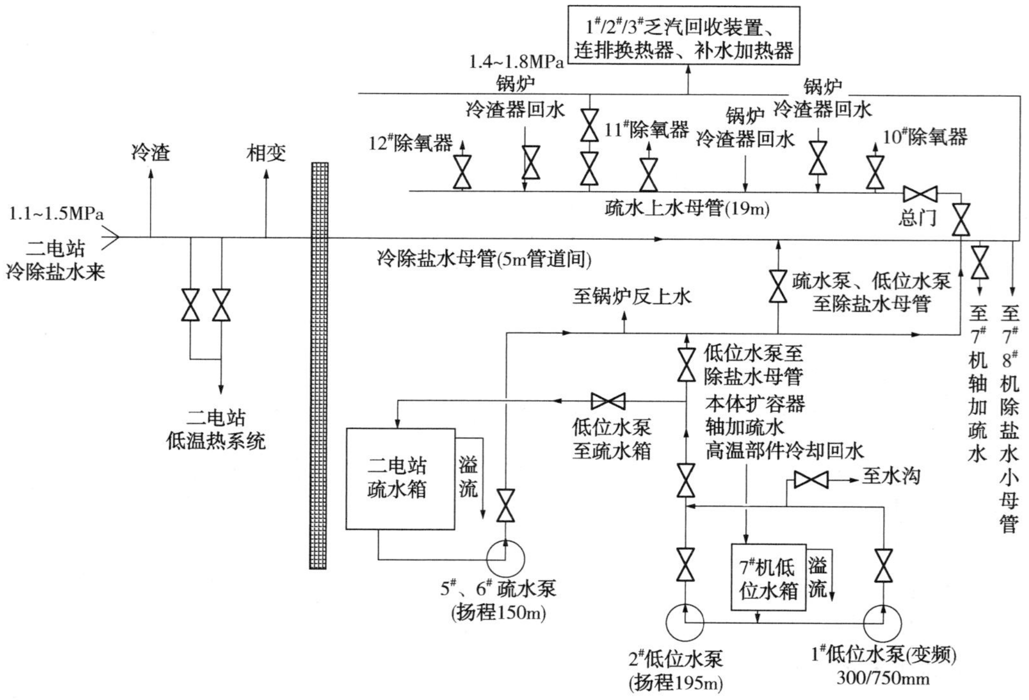

图 5　疏水母管切改流程图

系统导通后，冷除盐水母管（5m 段）水温降低，将锅炉冷渣器回水直接回收至除氧器，厂房内冷除盐水温度降至 31℃，化工热媒水回水温度从 33℃涨至 42℃，二电站疏水箱疏水全部得以回收利用，每天回收疏水箱高温疏水 600m³，回收热量 76GJ。

2.3 疏放水系统优化

汽轮机组凝汽器灌水真空系统找漏试验、机组启动前、停机后凝结水，锅炉水压试验、停炉后放水，上述操作系统除盐水均未回收通过泵全部打入循环水系统，造成优质水高品低用。将化验合格的锅炉水压试验水和停炉后炉本体排放水，全部引入炉疏水箱，通过疏水泵打入除氧器进行回收利用；将汽轮机凝结水启动放水管引入一路接入除氧器，原系统保留，加装阀门隔离，进行切换操作：凝汽器灌水后放水、机组启停机放水在水质不合格前打入原路进循环水系统，待水质合格后关闭凝结水至循环水的阀门，开启凝结水至除氧器的阀门回收凝结水，改造流程如图 6 所示。

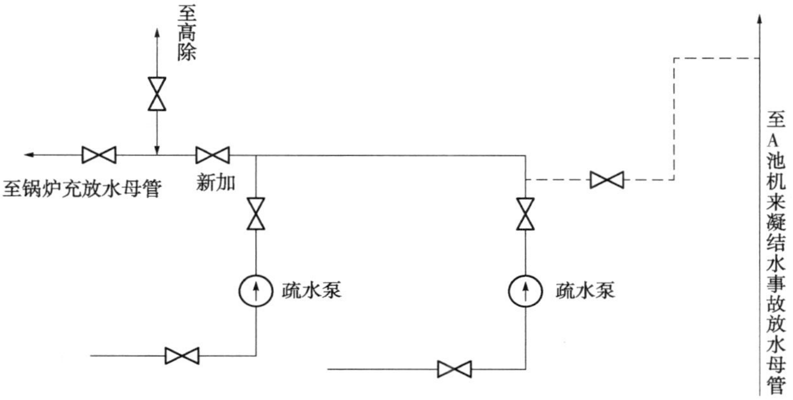

图 6　凝结水切改流程图

3　经济收益

3.1 循环水联通收益

一二电站循环水系统联通改造后，可节省一电站循环泵启动消耗的电费，按照两台小循环泵启动计算，电价 0.56 元/kWh，新鲜水 7.25 元/m^3，则

节约电量：415×24×120+194×24×120=175.4 万 kWh

节电收益：175.4×0.56=98.2 万元

节约循环水量：5200×24×130×0.15%+3700×24×120×0.15%=40320m^3

循环水收益：40320×7.25=29.3 万元

循环后联通合计收益：98.2+29.3=127.5 万元

3.2 炉连排疏水回收效益

两台炉全年运行约 4500h，平均排污率为 6.2m^3/h，疏水从 120℃传热降温至 40℃，回收热量收益：6.2×4500×(120-40)×1000/29307.6=7.6 万元；回收水量收益：6.2×4500×7.25=20.2 万元，炉连排疏水回收效益合计：7.6+20.2=27.8 万元。

3.3 疏水箱水源回收效益

将锅炉冷渣器回水直接回收至除氧器，二电站疏水箱疏水可以进行回收，化工热媒水取热量每小时减少 4.1GJ，乏汽回收和连排换热器取热量增加 5.5GJ，回收疏水箱高温疏水每天 600m^3，回收热量 76GJ，总热量换算为石油焦 0.3t/h，石油焦价格 1044 元/t，全年回收水效益：600×120×13+0.3×1044×365=105 万元。

3.4 疏水路由切改回收除盐水效益

热电部每年方式切换启停炉 10 次，锅炉检修 8 次，汽轮机机组启停切换 5 次，凝汽器灌水找漏 2 次；每台炉停炉放水、锅炉检修打水压每次消耗除盐水约 570m^3，汽轮机启停一次、凝汽器灌水消耗除盐水约 280m^3，除盐水价格为 13 元/m^3，改造后每年减少除盐水外排损失：(10+8)×570×13+(5+2)×280×13=15.9 万元。

水系统优化整合利用后，综合收益为：127.5+27.8+105+15.9=276.2 万元。

4 结束语

针对水系统节能减排的难点、堵点，进行集中整合优化，取得了积极的成效。高效开展节水减排，深入推进水资源高效利用，打造循环经济，推进节水减排降本增效，助力绿色低碳发展。

参考文献

[1] 倪斌，谢斌，韩松，等．某滨海火电厂用水情况分析及节水减排措施探讨[J]．给水排水，2022：48，285-290.

[2] 谭智申，张立德，侯立．蒸汽锅炉冷凝水回收利用与效益分析[J]．节能技术，2016，34(4)：49-52.

[3] 李涛．化工装置蒸汽凝结水余热的综合利用分析[J]．石油化工节能与减排，2013，3(4)：33-36.

“双碳”环境下循环水系统运行优化管理

梁世健

（中国石化茂名石化公司，茂名 525000）

【摘要】 在积极推进“双碳”目标的背景下，循环水系统作为工业生产中能耗和水资源消耗的重要组成部分，其优化管理对于实现节能减排至关重要。深入剖析了“双碳”环境对循环水系统的要求，针对当前循环水系统存在的能耗高、水资源利用效率低等问题进行了详细阐述，并有针对性地提出了一系列优化管理策略，如设备升级、智能控制应用、水质管理及运营模式创新等。通过实际案例分析，为“双碳”目标下循环水系统的可持续发展提供理论和实践参考，验证了优化管理方案在节能减排和提高经济效益方面的显著成效。

【关键词】 “双碳”目标　循环水系统　优化管理　节能减排

1 前　　言

1.1 研究背景与意义

在全球气候变化问题日益严峻的形势下，减少碳排放，实现碳达峰和碳中和已经成为全球共识。在工业领域，电力、化工、冶金等行业广泛使用循环水系统，其在运行过程中对能源、水资源的消耗非常大，所产生的碳排放同样不可低估。因此，在“双碳”环境下，对循环水系统进行优化管理，减少其能源消耗和碳排放，提高水资源的利用效率，不仅为企业降低生产成本、增强竞争力有很大的帮助，而且对实现“双碳”目标有着非常现实的意义。

1.2 国内外研究现状

循环水系统优化管理在国外起步较早，也有较多的研究和实践。例如，一些发达国家通过应用先进的智能控制技术和高效的水处理设备，实现了循环水系统的精准控制和高效运行。在国内，近年来对循环水系统的研究也逐渐增多，但与国外相比，在技术应用和管理模式上仍存在一定差距。目前的研究主要集中在设备节能改造、水质处理技术等方面，对于系统的整体优化管理和智能化应用还需要进一步深入探索。

1.3 研究目标与内容

本文的研究目标是通过对“双碳”环境下循环水系统的深入分析，提出一套系统的优化管理策略，并通过实际案例验证其有效性。具体研究内容包括：概述“双碳”环境和循环水系统，对循环水系统的要求进行分析；分析循环水系统的现状和存在的问题，找准制约系统高效运转的关键因素，有针对性地提出优化管理策略，涵盖设备升级、智能控制、水质管理及运营模式创新等；通过实际案例分析，对管理计划的执行效果进行评估和优化[1]；最后总结与展望研究成果。

2 “双碳”环境与循环水系统概述

2.1 “双碳”目标的内涵与要求

碳达峰是指某一时刻二氧化碳排放量达到历史最高值后又逐步下降的指标，即二氧化碳达到峰值[2]；碳中和是指国家、企业、团体或个人在一定时间内直接或间接产生的二氧化碳或温室气体的排放总量，通过植树造林、节能减排等形式，以抵消自身所产生的二氧化碳或温室气体排放量，达到相对“零排放”[3]。“双碳”目标要求各行业在发展过程中，在优化能源结构，提高能源利用效率，减少碳排放等方面，必须高度重视节能减排工作。

2.2 循环水系统的组成与操作原理

循环水系统主要是由循环泵、冷却塔、热交换器、水质处理设备等组成的循环水系统。其运行原则是：循环水泵将冷却水从水池中抽出，输送到换热器中，吸收工艺设备产生的热量后，温度升高的冷却水进入冷却塔,[4]通过与空气进行热交换，将热量散发到大气中，冷却水温度降低后，再回到水池中，如此循环往复，实现了对工艺设备的冷却。

2.3 “双碳”环境对循环水系统的影响

“双碳”环境对循环水系统提出了更高的要求，一方面要求系统减少能源消耗，减少因消耗能源而排放的碳；另一方面，要求提高水资源利用效率，减少浪费，减少排放。[5]此外，还需要循环水系统具备更高的智能化水平，实现精准控制和优化运行，以适应“双碳”目标下的生产要求。

3 循环水系统现状及问题

3.1 能源消耗状况分析循环水系统

目前，循环水系统的能耗主要集中在两个方面，一是运行循环泵，二是运行风机对热水进行冷却。由于部分企业的设备选型不合理，运行参数设置不当，导致循环水泵和冷却塔风机长期处于高能耗运行状态。

3.2 水资源利用效率问题

循环水系统在运行过程中，出现了浪费水资源的现象。一方面，由于水质管理不善，导致循环水的浓缩倍数较低，需要频繁地补充新鲜水，增加了水资源的消耗；另一方面，循环水系统的排水没有得到有效的处理和回用，直接排放到环境中，造成了水资源的浪费。

3.3 系统运行稳定性与维护成本问题

部分循环水系统由于设备老化、腐蚀严重等原因，导致系统运行不稳定，频繁出现故障，影响了生产的正常进行。同时，为了维持系统的正常运行，需要投入大量的维护成本，包括设备维修、更换和水质处理药剂的使用等，增加了企业的生产成本。

3.4 现有管理模式在“双碳”目标下的不足

传统的循环水系统管理模式主要依靠人工经验进行操作和控制，缺乏对系统运行数据的实时监测和分析，难以实现对系统的精准控制和优化运行。这种管理模式无法满足节能减排和提高运行效率的要求，需要引入智能化的管理手段，实现对循环水系统的精细化管理。

4 优化“双碳”环境下循环水系统的经营策略

4.1 设备优化升级

实施节能型水泵的选型与改造，根据循环水系统的实际需求，合理选择节能型水泵，如变频水泵、高效节能水泵等。对现有水泵进行叶轮切削、更换改造，对水泵运行参数进行调整，提高水泵效率，减少能耗。同时，采用变频调速技术，根据系统实际负荷情况，自动调节水泵转速，实现节能运行[6]。

4.2 智能控制系统的应用

实时监测与数据分析：安装先进的监测设备，对循环水系统的温度、压力、流量、水质等参数进行实时监测，将数据传输到智能控制系统中。对系统运行中出现的问题，通过分析处理这些数据，及时发现并采取相应措施加以调整优化。

以模型为基础优化控制策略：循环水系统的数学模型是根据系统的运行参数和过程要求建立的，这样的系统控制才能达到最好的效果。比如，通过对塔式风机转速的优化和循环泵流量的优化，最大限度地降低了系统的能耗；通过对水质参数的控制，减少水资源的消耗，从而提高循环水的浓缩倍数。

4.3 水质管理与节水措施

采用水质监测与调控技术：建立完善的水质监测体系，及时掌握循环水水质变化，加强循环水水质监测。根据水质监测结果，合理投加水质处理药剂，控制循环水的 pH 值、硬度、碱度等指标，防止结垢、腐蚀和微生物滋生等问题的发生，提高循环水浓缩倍数运行，节省水耗。

4.4 运行管理模式创新

实施业务外包专业化管理：改采购循环水药剂为委托有资质的公司对循环水水质进行总包处理，提供循环水水质处理所需的水处理剂，对系统水质情况进行实时监测分析，根据分析结果投加水处理剂。

优化调度与协同运行机制：优化循环水系统的调度管理，根据生产工艺的要求和系统的实际运行情况，合理安排循环水泵、冷却塔风机等设备的运行时间和运行参数。同时，加强与其他生产系统的协同运行，实现能源的综合利用和优化配置。

5 案例分析

5.1 茂名石化水务炼油循环水系统现状介绍

茂名石化水务炼油区域有 7 套循环水系统，主要为炼油生产装置提供冷却服务，每个循环水系统包括若干个循环泵、冷却塔和热交换器等。茂名石化水务炼油区域的循环水系统在运行过程中存在能耗高、水资源浪费严重、系统水质不稳定等问题，无法满足“双碳”目标下的节能减排要求。

5.2 优化管理方案的实施过程

（1）设备升级改造

对 5 套循环水系统进行了设备升级改造。一是通过检测循环水系统最不利用水点用水需求，在用水装置内个别用水点增加管道加压泵进行局部加压，满足装置用水需求，计算循环水系统水泵合理扬程，实现循环水系统整体降压运行，更换循环水泵及其配套电机，实现水泵节能；二是使用冷却塔模块化能效控制柜(冷却塔联合控制系统见图1)，对冷却塔群进行联合控制，通过对环境温度、环境湿度、湿球温度、进水温度的采集，计算出当前冷却塔系统最大冷却能力和最大可以冷却的温度值，再通过多参数冷却水出水温度设定，得到最佳的出水温度目标值、最佳能效区间值等参数，采用风机联合变频控制，实现冷却塔整体运行高效化；三是通过流速、温差等数据的测算，在条件允许的情况下，对个别水冷器用水由并联改为串联运行，减少了循环水用量。

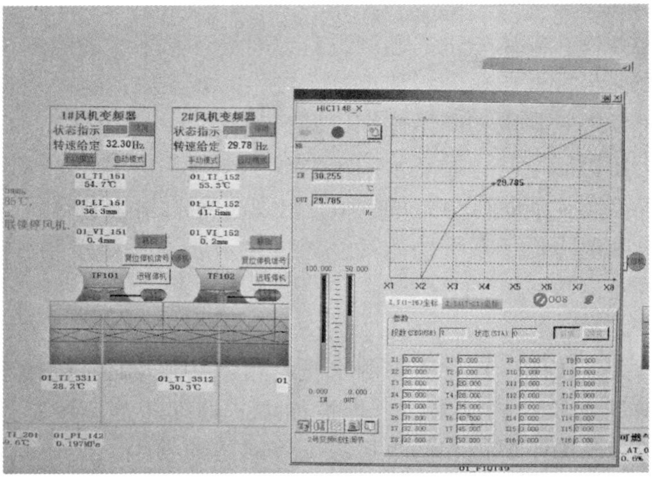

图1　冷却塔联合控制系统

(2) 智能控制系统建设

利用公司数据采集系统，采集循环水运行参数，对循环水系统的各项运行参数进行实时监测，操作人员可根据分析结果及时调整系统运行参数，循环水节能监控系统见图2。

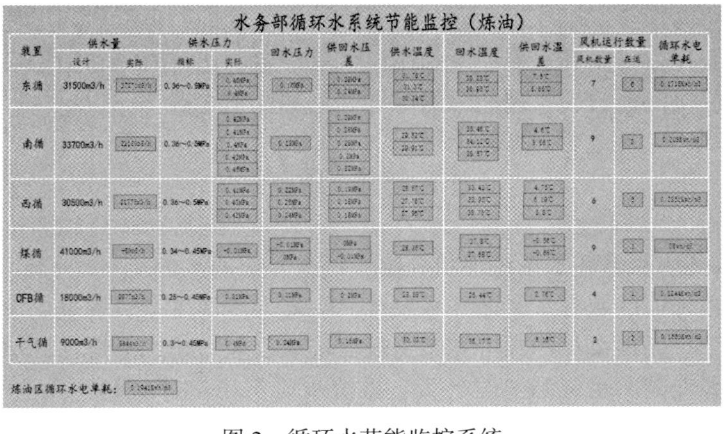

图2　循环水节能监控系统

(3) 水质治理和节水措施

加强了对循环水水质的监测调控，合理投加水质处理药剂(含阻垢缓蚀剂、杀菌剂)，现场安装智能自动加药装置，通过将阻垢缓蚀剂加药泵与自动加药装置联网荧光检测仪连锁实现自动控制投加，并将氧化性杀菌剂加药泵与自动加药装置联锁余氯在线测定仪实现自动投加。从而使循环水中的阻垢缓蚀剂、杀菌剂的浓度始终控制在指标范围内，减少了药剂的浪费，并将常规的含磷阻垢缓蚀剂改为低磷阻垢缓蚀剂，使循环水的浓缩倍数由原来的 5 倍提高到 7 倍以上，从而减少废水排放量。

（4）运行管理模式创新

一是实施循环水业务外包专业化管理：改采购循环水药剂为委托有资质的公司对循环水水质进行总包处理；二是建立循环水单耗自动统计报表(班组小指标竞赛自动统计报表见图 3)，直观反映当班电单耗情况，开展小指标竞赛，优化循环水系统的操作管理，根据系统的实际运行情况，合理安排循环水泵、冷却塔风机等设备的运行时间和运行参数，实现能源的综合利用和优化配置。

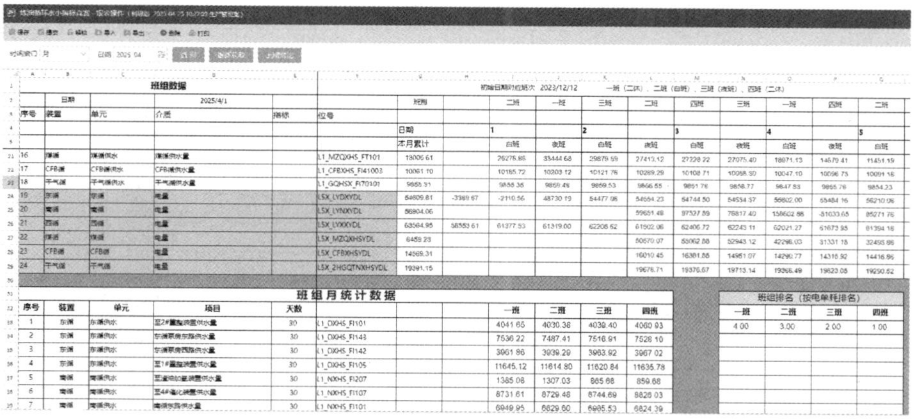

图 3　班组小指标竞赛自动统计报表

5.3　节能减排效果分析

（1）炼油循环水系统能耗显著降低。炼油循环水系统 2016 年对西循进行设备升级改造，2019 年开始逐步对煤循、南循、CFB 循、东循等水场进行设备升级改造，至 2024 年 5 套循环水系统改造完成，同时实施优化管理，循环水电单耗逐年下降(表 1、图 4)，2024 年循环水电单耗较 2019 年下降了 0.0295kWh/t，炼油区年供水量 115000 万 t，年节约电耗：115000×0.0295=3392 万 kWh，电费按 0.5 元/kWh 计算，年节约费用：3392×0.5=1696 万元。

表 1　循环水电单耗统计表

时间	电单耗/(kWh/t)	时间	电单耗/(kWh/t)
2019	0.2006	2022	0.1872
2020	0.1913	2023	0.1871
2021	0.1898	2024	0.1811

（2）循环水水质明显改善，循环水浓缩倍数显著提高(表 2、图 5)，水资源利用效率得到了大幅提高，至 2024 年每年新鲜水补水量较 2020 年减少了 97 万 t/a(表 3、图 6)，废水排放量也相应减少。

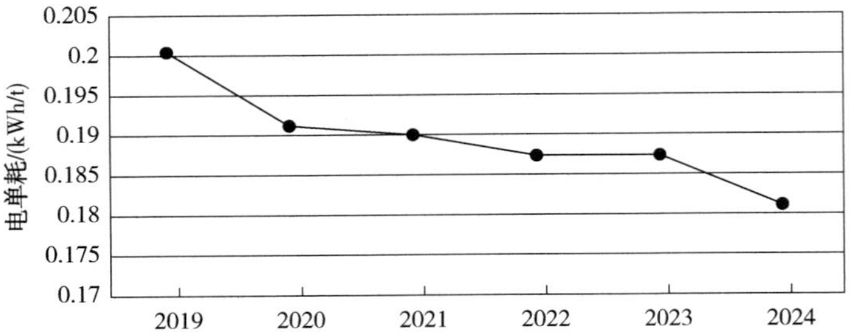

图 4 循环水电单耗统计

表 2 炼油循环水系统水质统计表

时间	水质综合合格率/%	平均浓缩倍数	时间	水质综合合格率/%	平均浓缩倍数
2020 年	99.46	5.56	2023 年	99.91	7.42
2021 年	99.42	5.83	2024 年	99.98	6.78
2022 年	99.41	6.62			

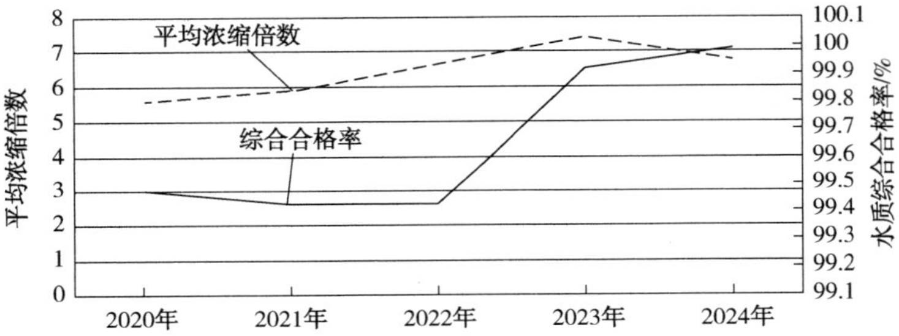

图 5 炼油循环水系统水质统计

表 3 循环水补水量统计表

时间	补新鲜水量/(t/h)	时间	补新鲜水量/(t/h)
2020	870	2023	830
2021	870	2024	759
2022	848		

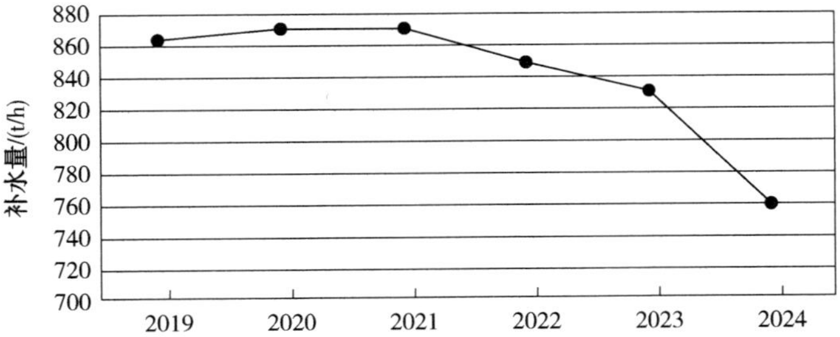

图 6 循环水补水量统计

6 结论与展望

6.1 研究结论

本文通过对"双碳"环境下循环水系统的研究，分析了"双碳"目标对循环水系统的要求，指出了当前循环水系统存在的问题，针对性地提出了一系列优化管理策略，包括设备升级、智能控制、水质管理和运行模式创新等。通过实际案例分析，验证了优化管理方案在节能减排和提升经济效益方面的显著效果。

6.2 研究的局限性

本文的研究主要集中在循环水系统的优化管理策略方面，对于一些关键技术的研究还不够深入，如智能控制算法的优化、水质处理技术的创新等。此外，由于不同行业的循环水系统存在较大差异，本文提出的优化管理策略在实际应用中可能需要根据具体情况进行调整和完善。

6.3 关于优化管理未来循环水系统的前瞻

随着"双碳"目标的不断推进，循环水系统的优化管理将面临更高的要求和挑战。一方面，需要进一步加强对循环水系统关键技术的研究和创新，如开发更加高效的节能设备、智能化的控制算法和先进的水质处理技术等；另一方面，需要加强对循环水系统的全生命周期管理，从系统的设计、建设、运行到维护，实现全过程的节能减排和优化管理。同时，还需要加强与其他行业的协同合作，实现能源的综合利用和优化配置，为实现"双碳"目标做出更大的贡献。

参考文献

[1] 姚佳人．敏捷项目管理方法与传统项目管理方法的比较研究[J]．机械工业标准化与质量，2023，(12)：10-17.

[2] 王玉琳．山东省碳达峰格局研究：城镇化与碳排放的时空关联[D]．济南：山东师范大学，2023.

[3] 杨阳．江阴：聚焦"双碳"产业绿色转型的先行者[J]．中国农村科技，2022，(4)：26-29.

[4] 胥磊．山东海龙公司公用工程设备配置优化研究[D]．大连：大连理工大学，2007.

[5] 潘知亮．房建施工中绿色施工技术的应用[J]．建筑技术研究，2020，3(3)：66-67.

[6] 王玉阁．热水集中供应系统自控节能技术的应用[J]．中国给水排水，2008，24(10)：85-87.

循环水场降压、联通优化探索与应用

张天祥

(中石化(天津)石油化工有限公司水务部，天津 300271)

【摘要】 在循环水场设计建设中，为保证循环水能达到装置最高点，其外送压力一般都会偏大。本文主要介绍基于基础工况的大模型，对循环水外供压力进行降低，以达到节能降本的作用；同时对地理位置较近区域的循环水进行联通，最大限度优化循环水装置运行，有效降低吨水成本。

【关键词】 循环水场　降压　联通　优化

1　实施背景

天津石化公司水务部现有循环水场11套，设计总循环量19.3万m^3/h，由于企业生产装置运行调整，2023年实际循环量约60%，造成循环水单位变动成本增加，达到0.19元/m^3，表1为水务部2023年11套循环水设计量和设计压力。

表1　2023年11套循环水设计量、设计压力及运行负荷

序号	名　称	设计水量/(m^3/h)	设计压力/MPa	负荷率/%
1	炼油1#循	8000	0.40	100
2	炼油2#循	8500	0.46	94
3	炼油3#循	22500	0.45	72
4	炼油4#循	9000	0.53	100
5	烯烃1#循	13000	0.57	0
6	烯烃2#循	11000	0.48	50
7	烯烃3#循	6000	0.54	90
8	化工1#循	26460	0.58	50
9	化工2#循	25000	0.55	100
10	热电1#循	29190	0.18	36
11	热电2#循	34700	0.28	60

为解决水务部整体负荷不高的问题，在与前方装置紧密配合情况下，根据各个装置特点，开展循环水整体降压运行和循环水联通两项工作，有效降低了循环水运行成本。

2 具体实施方案

2.1 循环水场整体降压运行具体实施

为了实施有关节水减排、节约能源、保护环境的要求，在保证系统安全稳定运行的前提下，将循环水系统进行整体降压优化，实现节能效益最大化。

首先梳理前方装置各个用水点的高度、供回水压力、温度、流量和换热器形式等，并根据每套循环水供应前方装置的特点，建立供回水工况模型，摸清每套循环水平均供回水压力、最低和最大供回水压力，排查出压力较高的点位。然后在循环水压力整体降低条件下，排查出具体需要加压或改造点位，通过增设增压泵、单点改造、高低区域分压供水等形式达到局部增压，整体降压的效果[1]。

（1）通过大数据模型计算，整体降低循环水外供压力。

烯烃 3#循环水场主要供聚丙烯装置冷却用水，主要用水设备为水冷器。循环水经主管网输送至聚丙烯装置界区后，分为两根管线，其中一根送入烯烃 2#聚丙烯装置，该装置共有 23 台水冷器，基于基础工况委托相关单位建立大数据模型，与装置实际运行负荷情况进行比较分析，该处用水高点为 E-701 水冷器，当供水压力为 0.45～0.54MPa 时，循环水场回水压力均可满足返塔、布水口及 E701 水冷器的压力要求，经过模型反复计算，当装置供水压力≥0.46MPa 时，回水压力≥0.25MPa，冷却塔布水口压力 0.1MPa，高位水冷器 E-701进口压力 0.081MPa，满足系统运行要求。根据模型，将原循环水整体外供设计压力 0.54MPa 降低为 0.46MPa，实现烯烃 3#循环水降压运行，有效降低循环水运行成本。

（2）通过局部高点加压，整体降压方式，降低循环水外供压力。

热电 2#循环水系统 2009 年投运，主要冷却汽轮机侧冷凝器、机泵、润滑油冷油器、空压站装置等，共有 5 台额定流量为 $10800m^3/h$ 的循环水泵。设计循环水供水能力为 $34700m^3/h$，最大为 $40856m^3/h$，给水温度为 32℃，回水温度为 42℃，供水压力为 0.32～0.37MPa，母管供回水温差约为 4℃。

经现场排查和大数据模型计算，热电锅炉车间和除尘车间空分装置点位较高，该两点通过在管道上增加与流量相匹配的增压泵维持两个高点的原设计压力。此两点排除后，循环水外供压力，整体可降低到 0.25MPa。

（3）通过高低压供水，分区降压。

通过排查，将循环水覆盖的供水区域分为高低压区，其中高压区域主要为高层建筑物上换热器、换热压力损失较大装置等。低压区域一般为换热器高度小于 2m、换热压力损失较小的装置。外送管网分为高压供水和低压供水两条管网，循环水场内外送泵也需要按照高低压进行配置，循环水场外送压力报警点也变更为两个，可有效降低循环水能耗。

（4）通过更换相关设备设施，减少整体压力损失。

热电循环水泵原出口供水压力平均为 0.371MPa，母管供水压力为 0.305MPa。阻力达 6.3m。根据现场各个压力点测量结果判断，主要是止回阀流动阻力过大引起的，同时空压站对压差控制要求高，而凝汽器等装置对压差要求较低，造成装置勒阀运行，系统流阻增大，具有较大的优化空间。因此将循环水泵出口原有多功能阀替换为管力阀，有效降低了换热设备进出口压力损失，为循环水整体降压创造条件[2]。

2.2 循环水场联通

在解决压力不匹配问题的情况下，根据循环水场负荷，实行循环水联通，在负荷较低情况下，实现一套循环水代多套。增加运行循环水场负荷，实现低负荷循环水场停用，如热电1#循为3台自然通风冷却塔，设计总供水能力29190m³/h，实际外供量11000m³/h，最大外供量16120m³/h，裕度量13070～18190m³/h；给水温度32℃，回水温度42℃，供水压力0.18～0.20MPa。热电2#循环水为机械塔设计循环水量34700m³/h，实际循环水量19400m³/h，供水压力0.305MPa，回水0.11MPa。1#循为自然塔，主要特点：塔身高，循环水从塔身流下，进行自然冷却，不需要风机，受环境温度影响较大，冬季降温效果最好，夏季降温效果较差。2#循为机械塔，主要特点：需要通过风机为循环水降温，自然环境对水温影响较小。根据两种塔型的优缺点，在两套循环水压力基本平衡条件下，对两套循环水系统供水管线和回水管线进行联通，发挥运行优势，夏季开机械塔，保证循环水外送温度，冬季开自然塔，实现降本增效。图1为热电1#、2#循环水联通示意图。

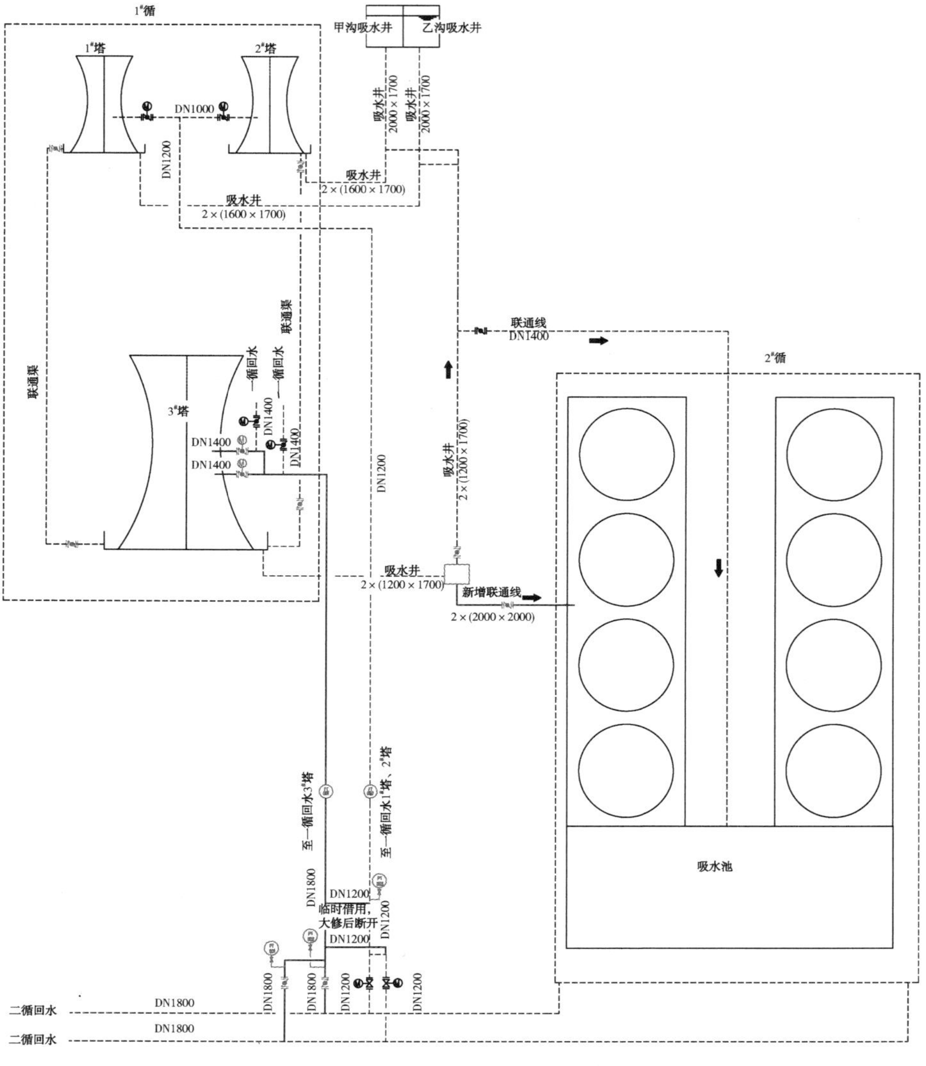

图1 热电1#、2#循环水联通示意图

水务部按照热电 1#、2#循环水联通推广模式，实现烯烃 2#、3#循环水联通，正在开展炼油 1#、2#循环水联通和炼油 3#、4#循环水联通。联通后循环水场有效提高了装置负荷，降低了用电量和药剂费用。

3 取得经验、成效及存在的问题

循环水降压节电，先后停运化工 1#循环水 1000kW 外送泵、炼油 1#循环水 400kW 外送泵、炼油 2#循环水 710kW 外送泵和炼油 4#循环 900kW 外送泵各 1 台，实现年节电超 2700 万 kWh。

循环水联通降本，目前已实现烯烃 2#、3#循环水联通运行，停运烯烃 3#循环水，热电 1#、2#循环水联通试运行，四套循环水实现年降本 420 万元。

存在问题，首先循环水降压方面，在降压前一定要先进行大数据分析，摸清整体情况，然后再阶段降压，如每段降压 0.01~0.02MPa(可根据实际情况再调整)，防止影响前方装置运行。其次，更换相关阻力较小换热器时，一定要对其运行参数进行核对，降低设备的不可靠性。再次，由于循环水平时均正常运行，且主管路管径较大，联通投资费用高，施工难度大，建议联通改造设在大修期间进行，可提前甩头或铺设管路，大修期间联通，可有效降低带压开孔等较高施工费发生和因带压施工对前方装置产生的不确定性。

参 考 文 献

[1] 袁亮. 循环冷却水压力比对循环水系统同步降压的影响[J]. 石化技术与应用，2021，39(5)：338-341.

[2] 王杰，张生安，燕增伟. 论循环水系统节能技术的应用[J]. 化工装备技术，2011，32(1)：54-58.

炼化企业隔油池的VOCs废气治理

刘云彬

（中国石油大连石化公司，大连 116031）

【摘要】 针对大连石化公司提升站3座隔油池VOCs废气排放的问题，通过研究计算排气量，对隔油池进行密闭改造，增上稳定可靠无动力的VOCs治理设备，治理后的VOCs浓度降到30mg/m^{3}以下，符合国家标准要求，并且有效解决了隔油池周边的异味问题，达到了污染物减排的目的。

【关键词】 隔油池　无组织排放　VOCs治理

工业污水集输系统中的无组织排放VOCs和H_2S污染问题日益受到重视。大连石化公司污水提升站现有隔油池3座(一、二、三提升各1座)，是利用重力分离的原理，借助悬浮油、无机泥渣与污水的比重差实现分层分离，进而分离去除，将污水提升进污水处理场，含油泥渣外委处理。3座隔油池主要污染物为非甲烷总烃、苯、甲苯、二甲苯等，目前虽为密闭污水池，但由于建设年代较早，存在密封不严以及局部敞口逸散的问题。因此，本次对隔油池的VOCs治理采用稳定可靠无动力的原位处理成型设备，最大限度减排VOCs并实现VOCs的有效控制。

1　提升站隔油池排气量

1.1　隔油池排气特征

提升站的3座隔油池经过密闭后，排气口接入现场安装的处理设备通过自然的呼吸作用排气，不采用风机进行抽吸，通过进水量的波动导致了液位的变化。

这种液位发生变化的污水池废气量计算是根据进液量确定大呼吸排气，废气排放最大量为来液量的100%。液位变化的污水池废气排放量取决于液位与加盖间的空间体积变化，单位时间内来液量大，液位变化快，体积内压力变化强，最大排气量就高。因此需要通过人工不定期监控隔油池液位，主动控制其液位变化幅度不能过大，以降低污水池与外界的气体交换量。

1.2　隔油池排气量计算

根据液位变化计算排气量，正常运行时，当池内匀速进液，进液量小于VOCs治理设备的处理量时，空间压力缓慢升高，池内空间向外排气，气体依次通过处理设备的各个单元模块，实现呼出气体的净化处理，合格的排气从设备上部两侧的排气口排出；当进液量瞬间增大，液位瞬间上升，各污水池提升泵工作，液位会降低，池内空间压力也会降低，池内需补充外部气体进入池内，平衡池内压力。通过对提升站 3 座隔油池规格尺寸及日常运行中液位的数据，来计算最大排气量，见表 1。

表 1　隔油池排气量计算

序号	名　称	规格/m	液位/m		最大排气量/(m^3/h)
			最低	最高	
1	一提升隔油池	25×14×4	1.30	1.66	5.25
2	二提升隔油池	23×9×4	1.77	2.24	6.95
3	三提升隔油池	27×12×4.5	2.62	3.04	10.99

2　VOCs 治理设备的选用

2.1　设备组成及原理说明

VOCs 治理设备组成主要包括排风盖、挂架、保温箱体、预处理单元、FOA 膜单元、核心处理单元、底座。整机设计充分考虑了各项保障性功能，包括防渗、防漏、防水、防冻、防静电、阻燃、隔爆等。

2.1.1　预处理单元

预处理单元的主要功能是去除废气中的水雾和油滴。通过微米级纤维结构对井内上升气流形成了曲折的通道，在惯性碰撞、扩散拦截和直接拦截三种过滤机理的作用下，水雾和油滴被超细纤维捕获，液体表面张力使小液滴聚结成较大液滴，由于重力作用，回流至污水池。

2.1.2　膜分离单元

膜分离单元的主要功能是使 VOCs 等有害组分优先通过，且完全隔离水汽和油气，为其上部净化单元提供良好的运行条件，提高 VOCs 去除效果和效率。本设备采用的气体质子膜分离技术是一种新型气体分离膜技术，膜材料具有亲有机物、疏水的特性，其表面拥有特异性涂层，涂层上的特殊化合物利用特殊的结构域和范德华力吸附结合小分子有机物，并作跨膜运动。配合隔油池自带的呼吸作用，保证了在无动力情况下实现可持续的分离和净化过程。

2.1.3　处理单元

处理单元依次包括三个核心技术模块，分别为氧化脱硫模块、SODO 催化氧化模块和生物触媒模块，见图 1。

（1）氧化脱硫模块

气体质子膜分离、筛选出的污染物质，先通过氧化脱硫模块完成 H_2S 的分解和去除，该模块内填充的脱硫剂为稀土改性生成的特定金属氧化物，该金属氧化物可与 H_2S 发生反应，最终产物为金属硫化物和 H_2S。对比常规的固体脱硫法，脱硫精度和硫容更高，且全反应过程无明显产热，更加安全高效。经氧化脱硫模块处理后的废气可达到 DB 11/447—2015《炼油与石油化学工业大气污染物排放标准》中其他产生或使用硫化氢的工艺单元要求的 H_2S 排放限值≤5mg/m^3。

（2）SODO 催化氧化模块

脱硫后的废气进入 SODO 催化氧化模块，实现 VOCs 的催化氧化分解。SODO 催化氧化基于铁碳微电解反应机理，通过铁碳原电池形成局部微电流氧化有机污染物，最终分解成 CO_2、H_2O 和少量无机气体。SODO 技术最大创新点在于将纳米复合固态电解质（CSSES）应用其中，实现了铁碳微电解技术在 VOCs 气体治理领域的应用。

（3）生物触媒模块

生物触媒模块为设备最后的保安模块，最后极少数不易氧化和未完全分解的 VOCs 组分在生物触媒模块实现分解和吸附，模块内含的填料是一种以高质量活性炭为载体负载生物酶制作形成的生物触媒活性炭，以生物酶分解为主，附带少量的吸附功能。生物酶本身不同于生物法，酶的本质是一种蛋白质催化剂，比生物法分解效率更快、反应更彻底，比传统的活性炭吸附法极大地缩小了填料用量，同体积使用寿命更长。VOCs 废气经过处理后最终完全达到 GB 31570—2015《石油炼制工业污染物排放标准》大气污染物排放限值中有机废气排放口非甲烷总烃去除率≥97%的标准要求。

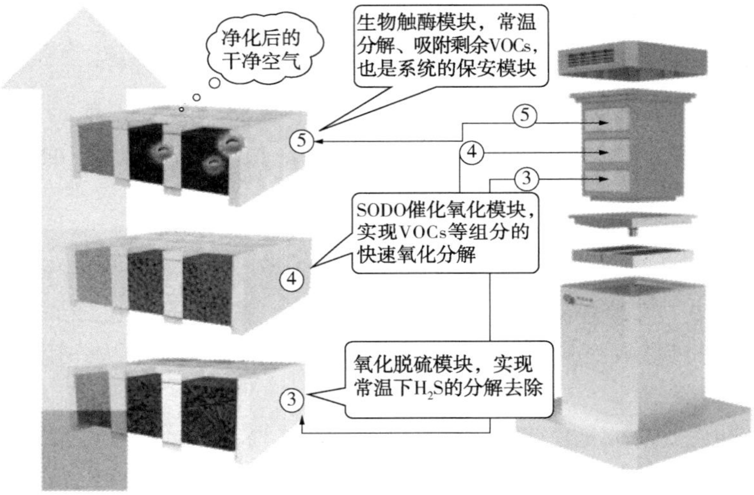

图 1　核心处理单元技术原理图

2.2　主要技术参数

表 2　单台治理设备技术参数

项　目	技术参数	项　目	技术参数
设计进口浓度	NMHC≤40000mg/m^3，H_2S≤200mg/m^3	设计运行风量	0~2m^3/h
设备处理效果	NMHC 去除率≥97%，H_2S≤5mg/m^3	运行环境温度	-30~60℃

3　实施方案

3.1　治理方案

依据规范要求，方案采用了稳定可靠无动力的原位处理成型设备，最大限度减排 VOCs，并实现 VOCs 的有效控制。

本次治理项目共涉及一、二、三提升站共 3 座隔油池。现有的隔油池虽为密闭隔油池，但是由于建设年代较早，部分存在密封不严情况，因此，对各隔油池的 VOCs 治理需要先实现密闭改造，并预留密闭检修口，设集中排气口。

密闭改造后的隔油池的排气口与 VOCs 治理装置入口相连。根据液位变化计算，选择 VOCs 治理装置数量(见图 2)，正常运行时，当池内匀速进液，进液量小于 VOCs 治理装置的处理量时，空间压力缓慢升高，池内空间向外排气，气体依次通过处理设备的各个单元模块，实现呼出气体的净化处理，合格的排气从设备上部两侧的排气口排出；当进液量瞬间增大，液位瞬间上升，各污水池提升泵工作，液位会降低，池内空间压力也会降低，池内需补充外部气体进入池内，平衡池内压力，这时需安装单向阻火呼吸阀，从外将空气吸进池内，避免池内形成真空状态，影响污水输送。

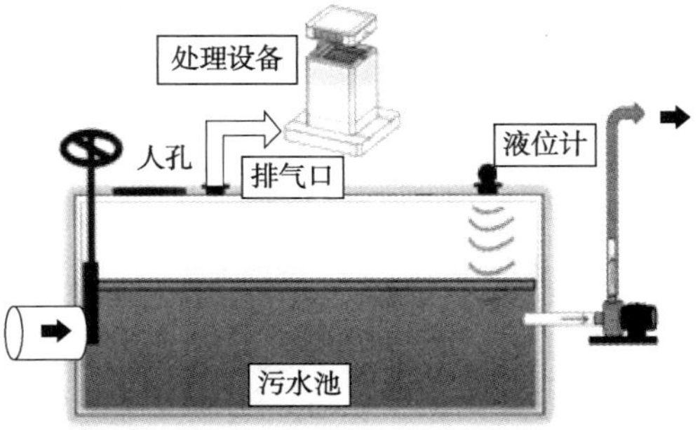

图 2　污水池治理方案示意图

3.2　设备选型方案

根据上述计算得出的 3 座隔油池的排气量，以及单台设备的主要运行参数，可以得出每个隔油池需增上的 VOCs 治理设备数量，见表 3。

表 3　隔油池配置设备表

序号	单元	尺寸/m	安装设备数量
1	一提升隔油池	45×14×4	4 台
2	二提升隔油池	43×9×4	4 台
3	三提升隔油池	27×12×4.5	6 台

3.3　方案实施后运行效果

提升站 3 座隔油池的 14 台 VOCs 治理设备经过 14 天的现场安装，在 2021 年 5 月底正式投用后，隔油池周边异味明显消失。通过环保监测单位使用便携式采样器，按照相关标准定期进行采样发现，VOCs 治理设备起到了显著的效果，废气排放浓度满足国家相关标准的要求，具体见表 4。

表 4　提升站隔油池成绩(VOCs<30mg/m^3)　　mg/m^3

日　期	一提升隔油池	二提升隔油池	三提升隔油池
2021-6-2	2.26	4.62	5.20
2021-6-3	1.72	2.62	13.1
2021-7-5	0.68	0.59	3.15
2021-7-7	0.77	1.42	11.9
2021-7-9	1.05	2.24	3.13

续表

日　期	一提升隔油池	二提升隔油池	三提升隔油池
2021-8-3	1.20	4.55	13.1
2021-9-17	0.82	3.74	27.6
2021-10-29	0.61	3.02	17.8

4 结　论

提升站隔油池的 VOCs 废气治理，使隔油池的无组织排放得到了控制和管理，使治理后的 VOCs 浓度降到 30mg/m^3 以下，符合国家标准要求并且有效解决了隔油池周边异味问题，采用的可靠无动力 VOCs 治理设备，降低了现场改造的风险，节省了能源消耗的成本，达到了污染减排的目的。

参 考 文 献

[1] 王瑜华. 大气中 VOCs 的污染现状及治理技术研究进展[J]. 环境与发展，2020，32(05)：80-81.
[2] 邹智. 炼油化工污水集输系统 VOCS 恶臭气体处理工艺技术比较[J]. 石油化工，2022，38(01)：57-60.

石油炼制污水场废气处理装置蓄热焚烧单元自控逻辑设计研究

朱宇硕

（中国石油大连石化公司动力二车间，大连 116031）

【摘要】 本文针对RTO蓄热焚烧单元自控逻辑从安全、降低人工操作、运行稳定性三方面考虑，介绍了废气焚烧单元自动控制逻辑以及关注点，并对部分逻辑、关键仪表控制等方面提出建议。

【关键词】 炼厂污水处理场废气　RTO　蓄热焚烧炉　自控逻辑　污水VOCs治理

1 引　　言

随着精细化工行业面临环保压力、VOCs整治压力的不断增大，VOCs整治要求提高，废气进行收集、汇总后集中处理成为很多化工企业的选择。蓄热式废气焚烧炉(Regenerative Thermal Oxidizer，简称RTO)作为末端控制技术在石油化工、精细化工、汽车涂装等行业得到了广泛应用，为医药、化工等生产企业的有机废气净化治理开启了新的篇章[1,2]。

废气焚烧装置投资较高，企业一般不会配备多套焚烧装置，而汇总后的废气种类多，成分复杂，产生源头多，加之RTO厂商和企业安全设计经验匮乏，导致RTO设备在投入使用后，发生了不少生产安全事故[3]。因此如何正确制定RTO系统自控逻辑，从而避免安全事故发生，保证装置平稳运行成为一个新课题。本文根据某企业2021年建设运行的RTO装置的运行管理经验，提出自控逻辑设置建议。

2 VOC治理概况

某石化炼油企业污水厂主要处理该石化公司炼油生产装置及辅助系统的含油含盐污水、硫黄回收净化水、部分生活污水以及雨水等。污水处理场分两期建设。2003年污水厂一期投入使用，污水处理规模为500m^3/h，后经改造，处理能力为300m^3/h，2008年污水厂二期设计处理规模为1000m^3/h。一二期污水处理主体流程为隔油-气浮-生化的“老三套”工艺。

污水场VOCs治理装置废气主要分为高浓度废气以及低浓度废气两部分，高浓度废气来自预处理各单元(原水渠、API、DCI、DAF等)以及污水、污油罐区，低浓度废气来自污水场生化区以及污泥区。预处理区高浓度废气通过管道收集后，经过洗涤塔碱洗去除废气中酸性气及部分可溶性VOCs组分进入“RTO蓄热式焚烧炉设备”中净化处理。低浓度废气经收集后进入生物滴滤系统，去除易溶于水的无机硫化物如硫化氢等，之后进入生物过滤系统，将废气中的有机污染物被滤料滤床固定后被微生物降解为无害的化合物。VOC 治理装置工艺流程见图 1。

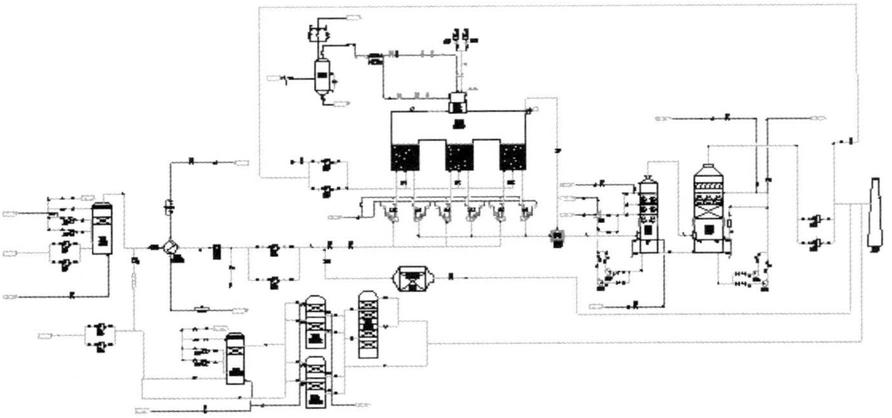

图 1 VOC 治理装置工艺流程示意图

蓄热焚烧单元设计规模为 20000Nm³/h，操作弹性为 60%～120%，是 2021 年建设运行，年运行时间为 8760h，采用“预处理+蓄热式燃烧+尾气处理”工艺。设计停留时间 1.5s 以上，保证废气连续稳定达标排放，实际运行出口 VOCs 小于 20mg/Nm³；设备中增加了蓄热陶瓷，具有高热效率(达到 95%以上)，减少燃料的导入。增上 RTO 设施后，污水系统高浓度废气与低浓度废气分开处理，处理效果稳定，运行成本低，高浓度废气出口浓度远低于标准要求，能够满足越来越严格的环保指标要求。

高浓度区域废气通过管道收集后，经过洗涤塔(原洗涤塔改造)去除废气中酸性废气及部分可溶性 VOCs 组分后，送入 RTO 装置界区，在洗涤塔前端设置 LEL 浓度检测仪，用于监测送入 RTO 的废气浓度是否高于 23%LEL；LEL 仪表距离 RTO 界区需满足安全防护距离，保证 LEL 仪表监测到废气浓度高于 23%LEL 时、切断阀及时关闭以防止爆炸性气体进入 RTO 设备；废气经洗涤塔系统处理，然后通过蒸汽加热器升温除湿后进入“RTO 蓄热式焚烧炉设备”中净化处理，废气中有机组分在 RTO 设备中发生高温(780～850℃)氧化分解反应，生成 CO_2 和 H_2O；RTO 燃烧后的高温尾气(80～150℃)进入骤冷塔降温至 60℃以下，再通过末端碱洗塔，去除废气中燃烧后产生的 SO_2 等酸性组分，净化后的尾气达标排放后通过排气筒进入大气。为保证废气处理装置持续稳定运行，当 RTO 各风机及循环泵故障、备用设备无法启动，提升阀、热旁通阀、新风阀等设备出现故障或尾气浓度超过设定值，炉膛温度超温时，VOCs 气体通过应急活性炭吸附箱处理。高浓度废气处理工艺流程见图 2。

3 蓄热焚烧单元自控逻辑说明及建议

3.1 蓄热焚烧炉切换提升阀自控逻辑

RTO 氧化炉是由三个加固保温室所构成，室内部分区域填满耐高温陶瓷蓄热材。位于 RTO 旁边的切换阀和风管通道，不仅可以控制废气的进出方向，而且使废气在 RTO 炉内起

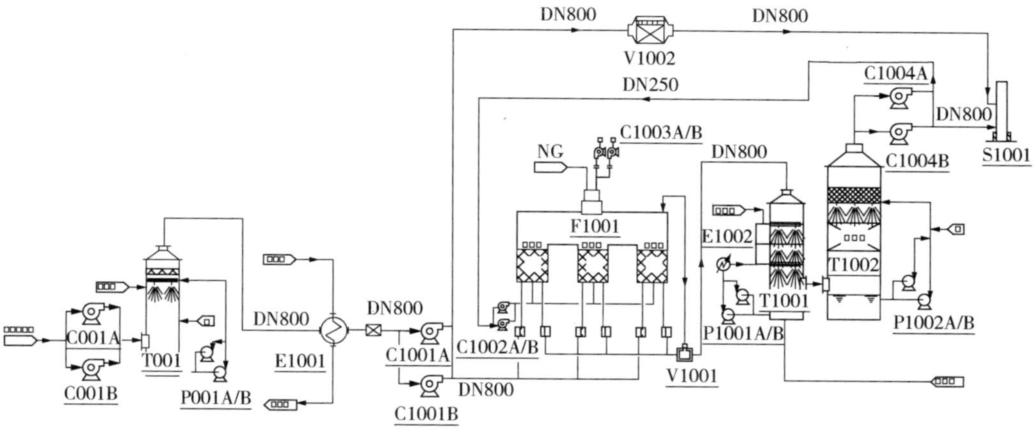

图 2 高浓度废气处理工艺流程示意图

到一个顺时针和逆时针流动的作用。此方向切换的模式由 PLC 控制完成，这种定期切换的控制大大提高了系统热回收效率。一般一个切换动作的循环时间约为 2~4min。为了提高蓄热床的热回收效率，系统通过定时控制进出口提升阀动作来切换废气的流动方向。这样周期性的切换使温度更加均匀地分布到整个氧化炉体。

废气导入时提升阀运行状态为：模式 1，A 进、B 出、C 吹扫；模式 2，B 进、C 出、A 吹扫；模式 3，C 进、A 出、B 吹扫。每种模式保持 60~180s 可调，3 套顺序轮换交替进行，如表 1 所示。下面以模式 1 工作周期来说明：

先打开 B 室排气提升阀、关闭 A 室排气阀，当 B 室排气提升阀开到位后，打开 A 室进气阀，关闭 C 室进气阀，当 A 室进气阀开到位后、打开 C 室吹扫阀、关闭 B 室吹扫阀，C 室吹扫阀开到位后计时(60~180s 可调)，到达后执行下一步(模式 2)。

表 1 焚烧炉各提升阀、吹扫阀的动作描述

序号	模式 1	模式 2	模式 3
A 室进气	开	关	关
B 室进气	关	开	关
C 室进气	关	关	开
A 室出气	关	关	开
B 室出气	开	关	关
C 室出气	关	开	关
A 室吹扫	关	开	关
B 室吹扫	关	关	开
C 室吹扫	开	关	关

自控逻辑设计建议：

(1) 各腔室设自动吹扫

焚烧炉三个腔室设有吹扫自控流程，但提升阀腔室内仍存有未处理的废气，将影响出气阶段尾气污染物浓度。

为保证阀体、管道、腔室内无废气积存，三室提升阀均设有空气吹扫流程，各提升阀关闭后空气吹扫流程电磁阀自动打开，对管路流程内废气吹扫至焚烧室中，保证切换至下一模式后出口废气不会因管路内积存高浓度废气而影响出口污染物浓度。

设置该流程后确保了装置出口尾气浓度稳定达标，VOCs 小于 20mg/Nm^3。

（2）提升阀开启关闭顺序及气缸选型考虑

由于提升阀受引风机、主风机风压影响，提升阀开启关闭顺序需考虑阀板里外备压情况，气缸选型应考虑风机备压。自控开启顺序应为先打开炉体出口阀门，即排气提升阀，后打开进气阀门，另外三个排气阀或三个进气阀门可以同时执行开关动作，但不能有同时关闭状态，否则炉体压力波动可能影响燃烧器运行。

（3）焚烧炉装置启动时阀门自检逻辑

焚烧炉启动阶段提升阀可能存在故障导致炉体、风机憋压故障的情况。

建议焚烧炉装置启动时 6 台提升阀、3 台吹扫阀先执行自检逻辑，全部打开延时 10 秒，检测所有阀门是否打开到位，若打开阀门中有故障阀门则停止并报警，若没有问题则关闭所有阀门延时 10S 后，检测阀门是否有关到位信号，若关闭阀门过程中有故障则停止运行并报警，若没有问题阀门自检完成。

（4）升降温模式进气阀门问题

装置试运行期间发现在焚烧炉升温阶段，进气阶段流程尚未投用，即引风机、主风机未投用运行，导致进气提升阀内外压力差较大，进气提升阀开关不顺畅频繁导致提升阀故障报警。

升降温模式时，三室进气阀门无动作，此时炉膛为负压状态，进气阀门可能因备压无法手动打开，该问题不影响正常运行。

该问题虽然焚烧炉投用正常运行，引风机及主风机开启后自动恢复正常，但可以考虑增大新风阀通量，升温阶段关闭废气引入阀门，全开新风阀，解决该问题。

3.2 炉膛温度自控逻辑

RTO 蓄热焚烧炉运行温度正常在 780～920℃。温度检测仪表为炉膛平均布置三个热电偶，自控数值根据三个热电偶平均值控制。为了防止 RTO 的炉膛温度过高，若温度>920℃，则自动打开新风阀补新风降温，风阀开度根据炉膛温度 PID 自控；若温度超过 940℃，则联锁开高温旁通阀控制炉膛温度，旁通阀开度根据炉膛温度 PID 自控；若温度超过 960℃，则高报警，人工调整入口可燃气浓度或者处理风量；若温度超过 980℃，则触发 SIS 联锁关闭 RTO 入口废气阀门以及燃料气瓦斯切断阀门，同时发出联锁触发信号给 DCS 系统，DCS 系统自控废气导入停止，燃烧器熄火停运，自控执行降温吹扫模式，废气自控引入应急吸附单元。若温度超过燃烧器高温限制器温度 1050℃，则燃烧器自动熄火停运。

温度由燃烧器比例调节阀自动控制，即炉膛温度下降时燃烧器比例调节阀打开，燃料气瓦斯流量增加，为氧化室提供热量，当炉膛温度上升时燃烧器比例调节阀关小，燃料气瓦斯流量下降。若温度持续上升，燃烧器比例调节阀保持最小开度。

自控逻辑设计建议：

（1）蓄热焚烧炉运行温度设定值调整

蓄热焚烧炉运行温度设定值根据实际运行工况以及进出口污染物浓度调整，目前实际运行过程中均可以满足出口 VOCs $\not>$ 120mg/m^3，运行过程中发现，进口污染物浓度越高，焚烧炉膛温度越高，且炉膛温度高会引发蓄热层温度上升、出口温度上升等工况，因此需根据实际工况设定。

目前该装置日常炉膛温度控制790℃，进口废气可燃气浓度(3~5)%LEL，可以稳定运行，当进口废气可燃气浓度升高至10%LEL时，10min内炉温上升至850℃以上，难以控制。

建议日常炉膛温度控制在780℃，若出口污染物浓度满足控制要求可考虑最低降低至765℃，以应对入口污染物浓度突升导致炉膛、蓄热陶瓷飞温等问题。

(2) 新风阀打开后的相关操作调整

现有自控逻辑在新风阀打开时，对系统内各参数变化的关联性考虑不足。仅关注炉膛温度下降，未充分重视高浓度废气处理量降低导致集气系统入口可燃气浓度上升的问题。例如，在一次新风阀打开调节炉膛温度过程中，高浓度废气处理量降低了约50%，集气系统入口可燃气浓度从正常的5% LEL逐步上升至12%LEL，接近联锁值。且新风阀打开后，由于可燃气在密闭罩内聚集，存在安全风险。

因此新风阀打开后RTO炉进气污染物浓度下降，进气温度下降，炉膛温度会有一定程度下降。但会导致高浓度废气实际处理量降低，集气系统入口可燃气浓度上升，需关注入口LEL表数据变化，配合调整相关操作。

建议同步打开密闭罩换气窗等措施，避免发生安全事故。

(3) 限制高温热旁通阀开度

现有自控逻辑对高温热旁通阀开度缺乏有效限制，当炉膛温度过高需开启旁通阀降温时，可能出现旁通阀开度较大，导致大量高温尾气未经充分冷却直接进入后续系统，超出急冷塔处理负荷，影响尾气处理效果和设备安全。例如，在一次炉膛温度异常升高时，高温热旁通阀开度达到50%，急冷塔出口尾气温度从正常的80℃骤升至200℃，超出了设计温度上限，可能对后续碱洗塔等设备造成了热冲击，影响设备使用寿命。

为保证RTO炉出口温度受高温旁通阀开启影响超过急冷塔处理负荷，高温热旁通开度建议予以限制，目前暂定开度≯30%，各装置根据后续单元实际运行能力以及运行工况设定。

(4) 燃烧器温控仪表问题处理

由于燃烧器自带温控热电偶与RTO炉温控热电偶不是同一元件，且燃烧器自带温控热电偶质量参差不齐，容易出现误报警，进而导致联锁误动作。这会使RTO系统不必要地停车，影响生产连续性，增加设备启停损耗和生产成本。

燃烧器一般为厂家橇块设备，温控热电偶为燃烧器自带设备，与RTO炉温控热电偶不是同一仪表元件，因此若该仪表出现误报警将导致联锁误动作，建议设计阶段落实仪表质量或要求采用RTO炉温控数据。

3.3 炉膛压力自控逻辑

正常运行工况下炉膛压力控制1~3kPa，若异常工况上升达到6.5kPa时自控联锁停止废气导入，燃烧器熄火，RTO系统停运(不再执行降温吹扫模式)。炉膛压力自控除保证装置正常运行，避免剧烈燃烧等异常工况炸炉，另外也是用于保护焚烧炉设置的爆破片，避免非必要情况下起爆或变形。

正常工况下炉膛压力取决于风机运行出口压力、电机频率、可燃气体浓度等，无自控调整逻辑，异常达到联锁值时执行联锁动作。

自控逻辑设计建议：

（1）调整炉膛压力联锁参数

当前炉膛压力联锁值设定为6.5kPa，与瓦斯进入燃烧器前的减压压力相同。这就导致在炉膛压力稍有上升达到该联锁值时，燃料气难以进入焚烧炉，燃烧器熄火，RTO系统停运。这种过于敏感的联锁设置，可能使得系统在一些并非严重故障的情况下频繁停车，影响生产的连续性。

该装置RTO蓄热焚烧采用瓦斯作为燃料，瓦斯管网运行压力约0.3MPa。因此设定焚烧炉压力联锁参数可以考虑略低于燃料气压力，避免造成炉膛熄火。

目前设定压力控制3~4kPa，运行效果良好。

（2）优化风机风压与爆破片压力设计选型

原设计未充分考虑提升阀故障时风机风压对炉膛压力的影响，风机风压可能高于爆破片设定压力。一旦提升阀出现故障导致炉膛憋压，风机持续送风就会使炉膛压力迅速升高，超过爆破片设定压力，致使爆破片起爆或变形。这不仅会造成设备损坏，增加维修成本和停机时间，还可能引发安全事故。

一般情况下，炉膛发生闪爆的概率极低，炉膛压力上升的最大可能是提升阀故障导致炉膛憋压，此时焚烧炉废气将因风机风压导致超压。因此建议设计选型时建议风机风压选择应低于爆破片设定压力，或适当提高爆破片设定压力选型。避免因设备故障导致爆破片因风机出口压力而起爆或者变形。

3.4 焚烧炉火检自控逻辑

焚烧炉设置三个火检，其中燃烧器橇块自带一套A火检，另外设置两套B/C火检接入SIS系统，二取二联锁。

燃烧器橇块自带火检检测到熄火后报熄火故障，燃烧器熄火停运，DCS接收到燃烧器熄火报警后自控停止废气导入，并再次发出燃烧器熄火命令，RTO系统执行降温吹扫模式。

B/C火检同时检测到熄火时触发二取二SIS联锁，则触发SIS联锁关闭RTO入口废气阀门以及燃料气瓦斯切断阀门，同时发出联锁触发信号给DCS系统，DCS系统自控废气导入停止，燃烧器熄火停运，自控执行降温吹扫模式，废气自控引入应急吸附单元。

自控逻辑设计建议：

（1）火检自控停炉逻辑改进

该装置原设计火检自控停炉方式为一路一取一、一路二取二，一取一误动作可能性较大，原因是燃烧器橇块自带火检，厂家不允许接收其他信号。该问题导致装置试车阶段频繁出现自带火检误动作导致系统停运。

建议在设计阶段考虑该问题，设置为SIS三取二报警，报警信号触发自控停运燃烧器以及相关单元。

目前该装置取消橇块自带一取一火检，保留二取二火检控制，近年内稳定运行，未出现二取二火检误报警导致联锁停炉。

3.5 焚烧炉入口LEL自控逻辑

因污水处理废气中大部分为空气，而且可燃气浓度随上游装置排污波动较大，为保证生产安全，避免达到爆炸下限的废气送入RTO焚烧炉，因此在前端设置三台LEL浓度检测仪，用于监测送入RTO的废气浓度。废气浓度三取二高于15%LEL时，DCS自控停止废气导入，执行降温吹扫模式，废气自动转入应急吸附单元。LEL 仪表监测到废气浓度三取二高于 23%LEL 时，则触发 SIS 联锁关闭 RTO 入口废气阀门以及燃料气瓦斯切断阀门，同时发出联锁触发信号给 DCS 系统，DCS 系统自控废气导入停止，燃烧器熄火停运，自控执行降温吹扫模式。

正常工况下 LEL 取决于上游装置排污水质等，无自控调整逻辑，异常达到联锁值时执行联锁动作。

自控逻辑设计建议：

（1）调整 LEL 仪表位置

在设计阶段应重点考虑 LEL 仪表位置是否合理，避免废气经 LEL 表进入 RTO 炉时长小于切断阀动作时长，当 LEL 仪表检测到废气浓度超标时，切断阀还未来得及关闭，含有高浓度可燃气体的废气已经进入 RTO 炉，存在极大的安全隐患。某企业异常工况下，LEL 仪表检测到废气浓度超标，但由于废气进入 RTO 炉速度过快，切断阀未能及时响应，致使炉内可燃气体浓度瞬间升高，引发爆炸事故。

LEL 仪表位置应满足废气经 LEL 表进入 RTO 炉时长大于切断阀动作时长。该装置实测切断阀动作时长约 4s，LEL 监测时间约 3s，通过核算风机、管径、风速确定 LEL 仪表位置距离切断阀 180m 以上，满足该时间要求。

（2）优化 RTO 系统启动时废气导入流程

现有 RTO 系统启动时，直接将废气导入焚烧炉单元，忽略了启动阶段可燃气在密闭罩中聚集导致的高浓度问题。这使得在启动初期，入口 LEL 仪表数值波动大且常常高于正常运行状态，增加了达到爆炸下限的风险，若此时贸然导入废气，极易引发安全事故。

每次启动 RTO 系统前，因可燃气在密闭罩中聚集，导致废气导入初始状态可燃气浓度远高于正常运行状态，因此建议废气导入启动动作，应加入废气先引入应急吸附单元约 10min，待入口 LEL 仪表数值稳定后，引入废气进焚烧炉单元。若入口 LEL 仪表数值高于 SIS 联锁值，应先对集气系统进行操作调整。

3.6 焚烧炉出口 LEL 自控逻辑

因瓦斯等流程存在阀门内漏可能，焚烧炉点火前需确认炉内气相空间组成，为保证生产安全，避免可燃气在炉内聚集点火时发生异常，焚烧炉出口设置一台 LEL 监测仪，每次点火前燃烧器自控逻辑执行 60s 吹扫动作，对炉膛内气相空间进行吹扫，在此期间当该仪表显示可燃气浓度高于 1%LEL 时，点火允许不通过，点火成功后此浓度不作为停火条件。

正常工况下 LEL 取决于 RTO 装置运行情况等，无自控调整逻辑，异常达到联锁值时执行联锁动作。

自控逻辑设计建议：

点火前应对炉膛废气进行人工化验分析，与该仪表进行比对，确认无误后进行点火。

3.7 焚烧炉蓄热陶瓷温度自控逻辑建议

RTO 焚烧炉是由三个加固保温室所构成，室内部分区域填满耐高温陶瓷蓄热材。废气通过陶瓷蓄热床进入氧化室，在这个过程中，高温蓄热陶瓷会先预热入口废气然后导入氧化炉腔。当废气经过蓄热床时，温度会急剧上升。在氧化室发生氧化反应后，高温干净的气体会通过并加热另一侧的蓄热床。

每个蓄热室为上中下三层，控制 RTO 蓄热室下层温度 100～350℃，中层温度 300～

700℃，上层温度600~900℃，当温度过高时，可能引发蓄热陶瓷支撑结构受热变形，出口温度上升超过后续单元处理负荷或废气在陶瓷层剧烈反应飞温。当温度过低时导致装置能耗过大或出口污染物浓度上升。

各层陶瓷温度上升时，该室提升阀运行时长人工减少1s，观察运行情况，若仍无好转继续调整，下降时反之调整。为保护蓄热陶瓷支撑结构，防止受热变形，以及保证RTO炉出口温度满足后续单元处理负荷，下层温度设定联锁控制参数≯400℃，若达到联锁值触发DCS系统自控废气导入停止，燃烧器熄火停运，自控执行降温吹扫模式。

自控逻辑设计建议：

（1）优化热电偶布点位置

下层温度自控联锁停机主要是为保护支撑结构，该装置下层热电偶位置距离支撑结构较远，导致监测温度偏高，不能真实反映支撑结构区域温度。

因此建议设计阶段将热电偶布点位置接近支撑结构，若位置偏离，设定控制参数将难以满足，并且不能直接达到控制目的。

（2）增加温度变化梯度报警

现有自控逻辑仅关注蓄热室各层的温度数值，未对温度变化梯度进行监测和控制。当温度波动较大时，由于没有及时预警，操作人员无法及时采取措施调整，可能导致蓄热陶瓷因热应力过大而损坏。例如，在过去的运行中，曾出现过蓄热室温度在短时间内快速上升50℃的情况，虽然当时温度未超过设定的联锁值，但长期的这种大幅度温度波动，使得蓄热陶瓷出现了裂缝，影响了蓄热效果和废气处理效率。

蓄热室温度控制建议增加温度变化梯度报警，避免温度波动较大造成蓄热陶瓷损坏。

4 结论及建议

（1）蓄热焚烧炉运行中比较关键的控制参数有：燃烧器火焰监测、炉膛温度、燃料压力、入口可燃气浓度，以上联锁控制建议由SIS系统自控，其余可由DCS自控。

（2）装置初始设计阶段建议对停机自控联锁仔细讨论，考虑自身人工监控及应急调整能力，确定后果是否可以承受，建议尽量减少停机联锁保证平稳运行。

（3）污水场废气中湿度较大，可能含有水滴，入口LEL表若采用FID原理检测需关注除雾效果。另外各类仪表短管考虑防冻凝措施。

（4）污水场废气存在污染物浓度变化波动较大且随上游装置排污水质情况波动没有规律的工况，RTO系统各项参数随之变化可能引发装置运行波动。因此污水场加强上游管控，保证入水水质平稳是保证RTO系统平稳运行的关键之一。

参考文献

[1] Holh H, West M. Stretching your RTO dollar[J]. Pollution Engineering, 1999, 31(10): 30-33.

[2] Pennington R L, Liszewski M. Get more from your regenerative thermal oxidizer[J]. Chemical Engineering, 1999, 106(5): 137-142.

[3] 胡乾明．蓄热式热力焚化炉生产安全事故分析[J]．山东化工，2015，44(10)：185-186.

“双碳”目标下水煤浆气化协同处理石化企业“三泥”

徐　斌

（中国石化九江石化公司，九江 332004）

【摘要】 在“双碳”目标驱动下，某石化企业成功采用水煤浆气化炉协同处理炼油污水处理场“三泥”。通过实验与工程应用表明，将“三泥”按≤10%的比例与原料煤混合，可保证煤浆流动性（B级以上）、黏度（≤1000mPa·s）及析水率（≤2.5%）满足气化炉稳定运行需求，同时合成气中的有效气（$CO+H_2$）含量提升了0.79%，每年可减少碳排放4045.23t，且外排水质达标，环境风险可控，为石化企业“三泥”无害化、资源化处理提供参考。

【关键词】 双碳　煤气化　三泥　掺烧

污水处理行业碳排放量占全社会总排放量的1%～2%，污泥是污水处理过程中的副产物，其处理处置过程碳减排对污水处理行业的碳中和具有重要的意义[1]。在“双碳”目标大背景下，国家大力推进固体废物规范化、减量化、无害化及资源化处置，削减碳排放量。相关实施意见[2]提出“可利用垃圾焚烧厂、火力发电厂、水泥窑等设施处理能力协同焚烧处置污泥”，回收固体废物中有用的能量，实现废物的安全销毁，做到减污降碳协同增效，提高资源利用效率[3]。

煤气化是指煤与氧气、水在一定的压力和温度下，在气化炉中生成以H_2和CO为主的合成原料气的过程[4]。以水煤浆气化炉为代表的高温煤气化炉可协同处理固体废物，具有降低常规污染物排放、对部分重金属有固化作用及适宜处理高含水率废物等优势，已有多家企业利用水煤浆气化炉实现了高含水率油泥及生化污泥等有机废物的掺烧处理[5,6]。

本文主要介绍了某石化企业“三泥”的产生过程、原“三泥”处理技术存在的不足及“三泥”进水煤浆气化炉协同处置情况。

1　“三泥”来源及组成

石化企业“三泥”主要是指污水处理过程中产生的含油污泥、浮渣及剩余活性污泥。某石化企业炼油污水处理场采用“预处理+PACT+WAR”工艺技术[7]，预处理单元污水调节罐、斜板除油器及两级气浮主要产生含油污泥及浮渣，PACT（Powdered Activated Carbon Treatment）生化池主要产生废炭泥（粉末活性炭及剩余活性污泥的混合物），WAR（Wet Air Regeneration）单元只在运行过程中排放少量的灰分，具体如图1所示。

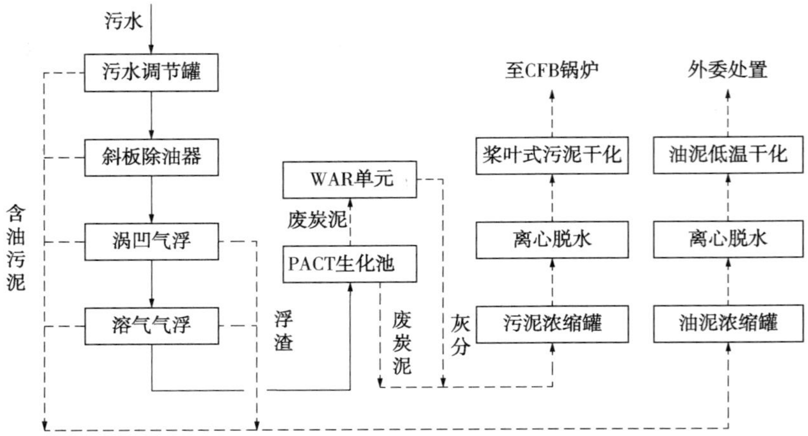

图1 某石化企业“三泥”来源及原三泥处理工艺流程示意图

2 原“三泥”处理存在的不足

该企业原“三泥”处理流程见图1，采用桨叶式污泥干化技术处理PACT生化池排放的废炭泥及WAR单元排放的灰分，污泥含水率降至17%左右，送至CFB锅炉协同处理，因其过低的含水率(是因含水率过低引起还是因固含量过高更合适)，易造成CFB锅炉除尘系统堵塞；采用第三方低温干化技术服务项目处理含油污泥及浮渣，含油污泥含水率降至10%后外委处置，处置费用高昂，且该项目进出物料均由人工手动操作，劳动强度大，现场异味较重。

3 “三泥”进水煤浆气化炉协同处理分析

3.1 水煤浆气化炉协同处理“三泥”技术路线

将浓缩后的油泥/浮渣、废炭泥(含水量97%)替代部分水，按一定比例送至煤制氢装置磨煤机中，与原料煤、添加剂水溶液共磨制浆后，通过高压料浆泵送至气化炉掺烧，见图2。在气化炉内高温高压条件下，“三泥”中的有机物降解较为彻底，转化成高附加值的合成气，重金属固化于玻璃态炉渣中，不会增加污染物排放风险[8]，实现“三泥”污染物消减和资源化利用。

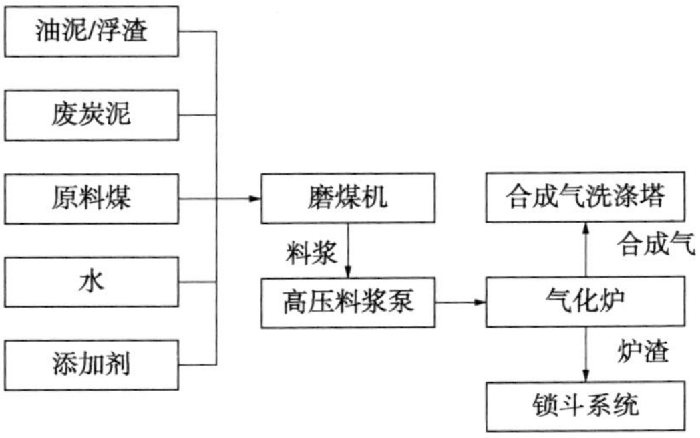

图2 水煤浆气化炉协同处理“三泥”工艺流程

3.2 掺烧比例实验分析

该企业煤制氢装置设计产氢量为10万Nm^3/h，投煤量为1700t/d(干基)，采用GE公司“非催化部分氧化法”水煤浆气化技术，在4.0MPa、1300℃左右条件下进行氧化反应生成主要成分为H_2和CO的粗合成气，气化炉两开一备，原料煤性质见表1。

表1　煤制氢装置原料煤性质

原料煤	全水 M_t/%	内水 M_{ad}/%	灰分 A_{ad}/%	挥发分 V_{ad}/%	可磨性指数	硫/%	固定碳/%	灰流动温度/℃
神优2号煤	12.89	8.80	6.43	29.09	61	0.44	55.68	1169

油泥/浮渣与废炭泥分别按0∶1、1∶1、1∶2、2∶1的比例混合，然后与水煤浆样品按照5%、10%、12%的掺配比例混合，分析掺混后煤浆的浓度、黏度流动性和稳定性等性能参数，实验结果见表2。

表2　掺混后煤浆的成浆性能参数

序号	油泥/浮渣与废炭泥比例	掺配比例/%	浓度/%	表观黏度/(mPa·s)	流动性	24h析水率/%	稳定性
1	0∶1	5	60.08	715	A-	2.0	无沉淀
2		10	60.16	867	B	3.5	无沉淀
3		12	60.16	950	C	4.0	软沉淀
4	1∶1	5	60.10	625	A	1.5	无沉淀
5		10	60.22	712	A-	1.5	无沉淀
6		12	60.11	766	A-	2.0	无沉淀
7	1∶2	5	60.13	679	A	1.5	无沉淀
8		10	60.25	796	B+	2.5	无沉淀
9		12	60.20	854	B	3.0	无沉淀
10	2∶1	5	60.15	637	A	1.5	无沉淀
11		10	60.18	750	A-	2.0	无沉淀
12		12	60.05	795	B+	3.0	无沉淀

注：掺混后煤浆的流动性采用目测的方法，根据煤浆的流动状态将流动性分为四个等级：A级，线状流动；B级，滴状流动；C级，借助外力流动；D级，不流动。并分别用“+”“-”加以区分某一等级中的较好较差者。

根据表2实验结果可以得知，当掺混比例按照5%、10%、12%依次增加时，煤浆的黏度增大，流动性变差，24小时析水率增高。当废炭泥与水煤浆样品的掺混比例达到12%时，有软沉淀产生。

实验表明，在水煤浆样品中掺配油泥/浮渣和废炭泥会对水煤浆的成浆性能造成影响，掺混后会增大煤料与水的接触角，影响煤的润湿性，从而降低煤浆的流动性。为保证煤制氢装置稳定运行，控制水煤浆黏度≤1000mPa·s、流动性在B级以上、24小时析水率≤2.5%，故油泥/浮渣、废炭泥与水煤浆的掺配比例不宜大于10%，最高不超过12%，与戴爱军[9]等的研究结论一致。

4 工程应用

4.1 工程概况

污水处理场预处理单元每天产出的油泥/浮渣(含水率97%)约120t，废炭泥(含水率97%)约59t。油泥/浮渣与废炭泥混合后，与原料煤(干煤)按5%~12%质量比制取煤浆进行掺烧，设计掺烧量为7.5t/h。根据装置现状，在油泥浓缩罐和污泥浓缩罐出口各新增两台螺杆泵，将油泥/浮渣和废炭泥送至煤制氢装置磨煤机下料管处制取煤浆，掺烧处理。同时，污水处理场污泥干化设施全部停运。

4.2 运行效果分析

"三泥"掺烧期间，煤制氢装置整体运行稳定，选取2024年7月15日至2024年7月23日的运行数据进行分析，图3为此期间"三泥"及原料煤的流量趋势，油泥/浮渣平均流量3.04m^3/h，废炭泥平均流量2.09m^3/h，原料煤平均流量54286kg/h，油泥/浮渣和废炭泥掺烧比为9.45%，掺烧煤浆分析数据见表3。

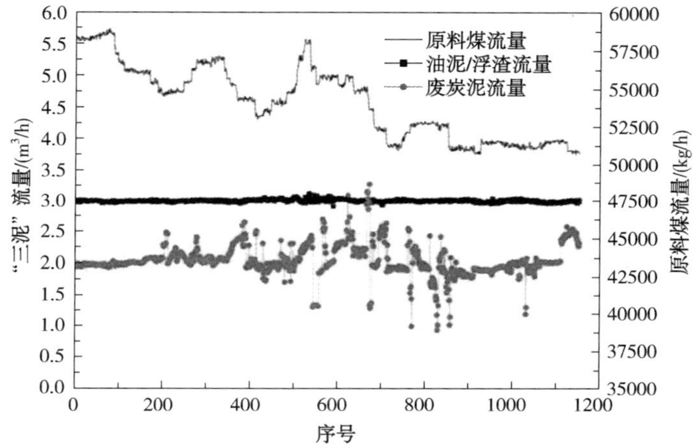

图3 "三泥"及原料煤流量趋势

表3 油泥/浮渣和废炭泥混合掺烧煤浆分析

日期	密度(20℃)/(g/cm^3)	浓度/%(质量分数)	黏度(20℃)/(mPa·s)
2024-07-15 08:00:00	1.183	59.6	652
2024-07-15 15:00:00	1.184	59.5	622
2024-07-16 08:00:00	1.184	59.5	671
2024-07-16 15:00:00	1.186	59.8	723
2024-07-17 08:00:00	1.184	59.6	650
2024-07-17 15:00:00	1.184	59.5	664
2024-07-18 08:00:00	1.184	59.5	620
2024-07-18 15:00:00	1.184	59.5	613

续表

日期	密度(20℃)/(g/cm^3)	浓度/%(质量分数)	黏度(20℃)/(mPa·s)
2024-07-19 08:00:00	1.184	59.5	620
2024-07-19 15:00:00	1.184	59.5	625
2024-07-20 08:00:00	1.186	60.4	832
2024-07-20 15:00:00	1.186	60	776
2024-07-21 08:00:00	1.184	59.6	623
2024-07-21 15:00:00	1.184	59.7	650
2024-07-22 08:00:00	1.182	59.5	613
2024-07-22 15:00:00	1.185	59.5	625
2024-07-23 08:00:00	1.184	59.6	654
2024-07-23 15:00:00	1.184	59.8	690
平均	1.184	59.6	662

此期间，水煤浆添加剂平均流量1976kg/h(添加剂浓度5%)，添加比例为1.66‰，较“三泥”掺烧前添加剂添加比例1.5‰升高，主要原因是“三泥”中含有残留的絮凝剂，影响添加剂对浆体的作用效果。

气化外排水量维持85m^3/h左右，外排废水各项分析数据均在正常范围内，具体分析数据见表4。

表4 气化外排水分析数据

日期	总硬度/(mg/L)	pH	电导率/(μS/cm)	悬浮物/(mg/L)	氨氮/(mg/L)	氯离子/(mg/L)	COD/(mg/L)
管控指标	—	6~9	—	≤80	≤300	—	≤500
7月15日	589.2	8.8	1887	10.0	137.0	153.1	261.8
7月16日	464.3	8.8	1854	8.0	194.0	141.0	252.8
7月17日	515.0	8.3	1971	9.0	174.0	146.0	291.4
7月18日	477.7	8.5	2760	12.0	169.0	163.8	272.4
7月19日	500.4	9.0	1902	8.0	156.0	167.3	264.5
7月20日	511.0	8.6	1400	10.0	168.0	162.3	241.9
7月21日	457.8	9.0	1830	16.0	150.0	155.3	287.4
7月22日	425.8	8.4	1666	12.0	163.0	110.4	252.8
7月23日	433.1	8.5	1753	11.0	144.0	129.6	230.1
平均	486.0	8.6	1891	10.7	161.7	147.6	261.7

“三泥”掺烧前后合成气的组分及压差变化见表5。“三泥”掺烧后，有效气含量略微上升，合成气中$CO+H_2$的含量由78.81%上升至79.60%，增幅为0.79%。

表 5 “三泥”掺烧前后合成气组分及压差变化

项目	氧煤比	渣口压差/kPa	CO/%	CO_2/%	H_2/%	H_2S/%	托砖板温度/℃
掺烧前	470~499.8	18~43	44.77	20.22	34.04	0.12	223.2
掺烧后	470~499.8	18~43	44.32	18.83	35.28	0.13	223.1

4.3 碳排放分析

项目实施后，污水处理场的油泥/浮渣和废炭泥送至煤制氢装置气化炉处理，污水处理场的干化设施停止运行，由此减少碳排放。如表 6，该项目主要由耗电、蒸汽消耗产生碳排放，“三泥”进煤气化炉掺烧新增碳排放量 94.72t/a，停运废炭泥干化设施减少碳排放量 1993.66t/a，停运油泥低温干化设施减少碳排放量 2146.29t/a，故此项目可减少碳排放量达 4045.23t/a，具有较好的环境效益。

表 6 “三泥”掺烧前后碳排放量变化

序号	碳排放源	排放因子	消耗实物量	碳排放量
一、“三泥”进煤气化碳排放计算				
1	外购电力	0.86kg/kWh	110145kWh/a	94.72t/a
二、废炭泥污泥干化设施碳排放计算				
1	外购电力	0.86kg/kWh	298690kWh/a	256.87t/a
2	1.0MPa 蒸汽	150kg/GJ	4292.4t/a	1736.79t/a
3	合计			1993.66t/a
三、油泥低温干化设施碳排放计算				
1	外购电力	0.86kg/kWh	1753822kWh/a	1508.28t/a
2	1.0MPa 蒸汽	150kg/GJ	1576.8t/a	638.01t/a
3	合计			2146.29t/a
四、项目实施前后碳排放量对比				
1	总计			-4045.23t/a

5 结　　论

（1）采用水煤浆气化炉协同处理炼油污水处理场“三泥”，可有效解决传统干化技术能耗高、碳排放量大、运行成本高等问题，每年可减少碳排放 4045.23t，且外排水质达标，环境风险可控。

（2）将“三泥”按≤10%的比例与原料煤混合，可保证煤浆流动性（B 级以上）、黏度（≤1000mPa·s）及析水率（≤2.5%），满足气化炉稳定运行需求，同时合成气中的有效气（$CO+H_2$）含量提升了 0.79%，实现“变废为宝”。

参 考 文 献

[1] 戴晓虎，张辰，章林伟，等. 碳中和背景下污泥处理处置与资源化发展方向思考[J]. 给水排水，

2021，57(3)：1-5.

[2] 国家发展改革委，住房城乡建设部，生态环境部. 关于推进污水处理减污降碳协同增效的实施意见(发改环资〔2023〕1714 号)[EB/OL]. [2025-05-16]. https：//www. gov. cn/zhengce/zhengceku/202312/content_ 6923468. htm.

[3] RIVERA-AUSTRUI J，MARTINEZ K，MARCO-ALMAGROL，et al. Long-term sampling of dioxin-like substances from a clinker kiln stack using alternativefuels[J]. Sci Total Environ，2014，485/486：528-533.

[4] MIDILLI A，KUCUK H，TOPAL M E，et al. A comprehensive review on hydrogen production from coal gasification：Challenges andopportunities [J]. International Journal of Hydrogen Energy，2021，46，25385-25412.

[5] 袁善录，蔡梅，韦孙昌，等. 煤化工含油废弃物处置技术研究进展及开发应用[J]. 煤化工，2021，49(6)：75-78.

[6] 郑红飞，吴国祥，高文刚，等. 生化污泥在水煤浆气化掺烧中的利用[J]. 石化技术与应用，2017，35(6)：479-482.

[7] 徐斌，徐冰洁. PACT+WAR 工艺处理石化污水工程实例及分析[J]. 石油炼制与化工，2023，(03)：113-119.

[8] 李雪冰. 德士古气化炉协同处置危险废物的污染物降解与排放研究[D]. 北京：中国环境科学研究院，2018.

[9] 戴爱军，朱春鹏，袁善录，等. 掺混生化污泥对水煤浆浆体性能及气化性能的影响[J]. 应用化工，2023，(04)：1047-1050.

影响挥发酚测定因素的探讨

贾　婷

（中国石油大连石化公司质检计量中心，大连 116032）

【摘要】 本文论述影响挥发酚测定的因素，重点针对4-APP试剂纯度和加入量、余氯的影响、样品蒸馏的体积、溶液放置时间等方面开展实验，结果表明4-APP必须提纯、余氯可加过量硫酸亚铁消除其影响、样品蒸馏液占水样体积尽可能100%。

【关键词】 余氯　4-AAP　铁氰化钾　待测水样

挥发酚类的分析方法较多，普遍采用的是4-AAP萃取分光光度法。酚类化合物是芳香族羟基化合物，其羟基与苯环上的碳相连。根据苯环上羟基数目的多少又可分为一元酚、二元酚和多元酚。一元酚除对硝基酚外，酚及各种甲酚、二甲酚、氯酚及硝基酚等沸点均在230℃以下，多属于挥发酚。二元酚及多元酚沸点都在230℃以上，不能随水蒸气蒸出。挥发酚的测定，要求操作的条件和手法都很高。

1　原　　理

挥发酚的测定通常指水中或环境样品中挥发性酚类化合物的检测，其原理主要基于酚类化合物的化学特性（如酸性、还原性、与特定试剂的显色反应等）。挥发酚的测定常用4-氨基安替比林分光光度法，在pH值为10.0±0.2和有氧化剂铁氰化钾存在的溶液中，酚与4-AAP生成红色的安替比林染料，用氯仿萃取后比色定量。其核心原理为酚类化合物在特定条件下与显色剂反应生成有色物质，通过分光光度法测定吸光度，从而定量分析。

2　实验内容和结果分析

2.1　4-AAP纯度的影响

4-AAP易吸潮、结块、氧化变质，产生安替比林液，影响测定结果。我们对提纯前后，浓度为0.010mg/L的苯酚标液做了对比分析，其结果见表1。提纯方法：将100mL 2.0% 4-APP移至250mL分液漏斗，加入5mL氯仿萃取，重复两次，弃去氯仿相，萃取至无色透明的溶液待用。

表 1　4-APP 纯度的影响比较

物质名称	吸光值						极差	RSD
未提纯 4-APP	0.070	0.058	0.059	0.063	0.068	0.066	0.010	6.9%
提纯 4-APP	0.046	0.047	0.046	0.048	0.047	0.048	0.002	1.8%

提纯前的空白吸光度是提纯后的 1.5 倍。这是由于未提纯 4-APP 深橙色杂质被萃取到氯仿中，在波长 460mm 处有强烈吸收。未提纯时 0.010mg/L 苯酚标液吸光度极差为 0.010，而 0.002mg/L 标液吸光度为 0.007。可见这是引起超出标准规定限值 1.5 倍误差的原因。提纯后极差值仅为 0.002，且精密度 RSD 由 6.9%提升为 1.8%，大大提高了精密度。

2.2　加氯消毒影响

原水中挥发酚含量极低，故加入一定量的苯酚标液。混匀后分两组，每组 5 份，每份 250mL。其中一组加入相同量的少量二甲苯，向两组中再分别加入余氯进行蒸馏测定，结果见表 2。

表 2　余氯对挥发酚测定的影响

加氯量/(mg/L)	0	0.20	0.40	0.60	0.80
无二甲苯组的吸光度	0.051	0.054	0.057	0.067	0.071
含二甲苯组吸光度	0.054	0.066	0.077	0.092	0.102

结果表明，对于同一样品，随着加氯量的增加吸光度增加。究其原因是余氯与酚反应形成氯酚，氯酚的吸光度升高，在相同加氯量条件下，含有二甲苯水样的吸光度均比不含二甲苯水样高，说明部分二甲苯在氯的存在下转化为可测定的酚。据相关报道，酚的对位取代基，如—NO_3 可阻止酚与 4-APP 反应。在一定温度和催化剂等因素下，酚类的对位取代基可能被取代，形成的对位卤代酚将不再阻止酚与 4-APP 反应。而这种取代反应将有可能在加氯消毒或加热蒸馏过程中发生。为消除这种干扰，可加过量硫酸亚铁还原。

2.3　不同蒸馏量的影响

取原水加苯酚标准液，然后分 4 组，按不同蒸馏量测定本底及加标后水样挥发酚含量，结果如表 3 所示。

表 3　占比与回收率数据比较

蒸馏液与水样体积比/%	本底/(mg/L)	加标液/(mg/L)	测定值/(mg/L)	回收率/%	本底占总本底的比例/%
50	0.0047	0.010	0.00131	83.7	43.5
80	0.0091	0.0080		89.0	84.3
90	0.0106	0.0201		95.0	98.1
100	0.0108	0.0204		96.2	100

对于同一水样，蒸馏液体积比为 50%时，挥发酚只占总量的 43.5%，还不到一半，说明原水中酚的挥发缓慢。此时加标回收率已达 83.7%，它一方面说明苯酚相对易挥发，另一方面也说明水中残留少量酚难挥发，随着蒸馏量体积增加，测得的本底升高，回收率也升高。当蒸馏液体积比为 90%时，测得的本底占总本底的 98.1%，回收率达 95.0%。此后，二者趋于稳定。因此，在检测中蒸馏液所占水样体积比不得小于 90%，最好达 100%。

2.4 铁氰化钾和4-APP用量的影响

2.4.1 4-APP的影响

表4 4-APP加入量比较

4-APP加入量/mL	0.90	1.20	1.50	1.80
空白吸光度	0.062	0.070	0.072	0.084
0.020mg/L苯酚标液吸光度	0.105	0.117	0.118	0.132

从表4实验结果看，空白吸光度与4-APP用量正相关，因此4-APP用量必须准确加入。

2.4.2 溶液放置时间的影响

浓度为0.010mg/L苯酚标液中加入氧化剂铁氰化钾，测定混合后放置时间对吸光度的影响。

加入铁氰化钾后，随着放置时间的延长，吸光度逐渐下降，因此必须严格控制时间。当反应时间在10min时，吸光度最大，为测定结果准确，标准溶液和样品的反应时间应尽可能一致。4-APP和铁氰化钾溶液要临用时现配，将配制好的溶液储存在标色瓶，放置4℃冰箱中保存。用此试剂连续5天测定，结果无明显影响，见表5。

表5 4-APP和铁氰化钾稳定实验(标液浓度0.010mg/L)

试剂放置时间/d	0	1	2	3	4	5
测定浓度/(mg/L)	0.0105	0.0098	0.0097	0.0107	0.0100	0.0097
相对误差/%	5	-2	-3	7	0	-3

2.5 其他因素的影响

根据《水和废水监测分析方法指南》介绍，影响挥发酚测定的因素还有pH和温度值，所以操作时应尽量保持一致。

3 结　　论

4-AAP易吸潮、结块、氧化变质，产生安替比林液，影响测定结果，必须进行提纯。余氯的存在会使测定结果偏高。余氯与酚反应形成氯酚，氯酚的吸光度升高，在相同加氯量条件下，含有二甲苯水样的吸光度均比不含二甲苯水样高。说明部分二甲苯在氯的存在下转化为可测定的酚。为消除这种干扰，可加过量硫酸亚铁还原。

在测定水样时，蒸馏样体积与原水样体积比不得小于90%，最好达100%。4-APP用量与吸光度呈正相关，需准确加入。铁氰化钾的用量小于1.5mL时，由于量不足，反应不完全，测定结果偏低；当超过1.5mL时，吸光度趋于稳定，故铁氰化钾加入量要过量，不得小于1.5mL。加入铁氰化钾后，随着放置时间的延长，吸光度逐渐下降，放置时间最好10min。配好的4-APP和铁氰化钾溶液放4℃冰箱保存，可使用5天，而不影响测定结果。